FAO統計シリーズ
第164号

FAO Statistics Series
No. 164

Collection FAO:
Statistiques N° 164

Colección FAO:
Estadística N° 164

FAO 年報 yearbook annuaire anuario

貿易

Trade

Commerce

Comercio

2002年版
FAO農産物貿易年報
(1997-1999)

国 際 連 合
　食　糧
農 業 機 関
2002年、ローマ

**FOOD
AND AGRICULTURE
ORGANIZATION
OF THE
UNITED NATIONS
Rome, 2002**

**ORGANISATION
DES NATIONS UNIES
POUR
L'ALIMENTATION
ET L'AGRICULTURE
Rome, 2002**

**ORGANIZACIÓN
DE LAS
NACIONES UNIDAS
PARA
LA AGRICULTURA
Y LA ALIMENTACIÓN
Roma, 2002**

Published by arrangement with the
Food and Agriculture Organization of the United Nations
by
Japan FAO Association

本書において、使用の呼称および資料の表示は、いかなる国、領土、市もしくは地域、またはその関係当局の法的地位に関する、またはその国境もしくは境界の決定に関する、国際連合食糧農業機関のいかなる見解の表明をも意味するものではない。

本書に含まれているデータについては、その出所を明示して、他に引用することができる。当該引用に係るデータを示すテキストのコピー2部を、下記宛に送付のこと。

Chief, Publishing and Multimedia Service, Information Division, FAO, Viale delle Terme di Caracalla, 00100 Rome, Italy

FAO農業統計は下記ウェブサイトにて入手可能：
www.fao.org

本年報は、FAO経済社会局統計部により、2000年12月22日現在において利用可能な情報に基づき、作成されたものである。技術的内容に関する質問・照会は下記宛に：

Basic Data Branch, Statistics Division
FAO, Viale delle Terme di Caracalla
00100 Rome Italy

E-mail: ESS-Registry@fao.org
Fax: (+39) 06 57055615

本書の翻訳の責任は、㈳国際食糧農業協会にあり、翻訳の正確さに関しFAOは一切の責任を負わない。

© FAO 2002 English version
© Japan FAO Association 2002 Japanese version

目　次

	ページ
序　文	v
表中の符号	v
解　説	v
分類および定義	v
貿易の報告システム	v
国名および品目名	vi
対象期間	vi
貿易額の算定	vi
為替相場（通貨交換率）表	vi
合計値	vi
表についての注記	vi
大陸別FAO農業貿易指数	vi
農産物貿易	vi
農業生産資材の貿易	vii
国についての注記	viii
国々の分類	viii
国名および大陸名の一覧表	ix
標準衡量換算係数表	xiv
小麦の海上運賃料率	xv
為替相場（通貨交換率）表	xvi

I － 農産物貿易

1. 全商品貿易合計 ... 3
2. 農産物合計 ... 7
3. 食料（魚類およびその製品を除く） ... 11
4. 牛（水牛を含む） － 001.1 ... 15
5. 羊および山羊 － 001.2 ... 18
6. 豚 － 001.3 ... 21
7. 鳥獣肉類（生鮮、冷蔵または冷凍） － 011 ... 23
8. 牛類の肉（生鮮、冷蔵または冷凍） － 011.1 ... 26
9. 羊および山羊の肉（生鮮、冷蔵または冷凍） － 011.2 ... 29
10. 豚肉（生鮮、冷蔵または冷凍） － 011.3 ... 32
11. 家禽肉（生鮮、冷蔵または冷凍） － 011.4 ... 35
12. 馬、ろばなどの肉（生鮮、冷蔵または冷凍） － 011.5 ... 38
13. 屑肉および内臓（生鮮、冷蔵または冷凍） － 011.6 ... 39
14. 他に特掲ない可食の鳥獣の肉類、屑肉および内臓（生鮮、冷蔵または冷凍） － 011.8 ... 42
15. 鳥獣肉類（乾燥、塩蔵または燻製）（気密容器入りか否かを問わない） － 012 ... 45
16. ベーコン、ハムその他の豚肉（乾燥、塩蔵または燻製） － 012.1 ... 48
17. 他に特掲ない可食の鳥獣の肉類、屑肉および内臓（乾燥、塩蔵または燻製） － 012.9 ... 51
18. 他に特掲ない缶詰肉および肉類調整品（気密容器入りか否かを問わない） － EX 014 ... 54
19. 肉エキスおよび肉汁 － EX 014.1 ... 57
20. ソーセージ － 014.2 ... 59
21. その他の調整・保存肉類 － 014.9 ... 62
22. ミルク及びクリーム（脱水、濃縮、乾燥または生鮮のもの） － 022 ... 65
23. ミルク及びクリーム（生鮮のもの） － 022.3 ... 69
24. ホエイ（保存・濃縮のもの） － 022.41 ... 72
25. ミルク及びクリーム（乾燥したもの） － 022.42/43 ... 74
26. ミルク及びクリーム（脱水・濃縮） － 022.49 ... 77
27. バター － 023 ... 80
28. チーズ及びカード － 024 ... 83
29. 鳥卵（殻つき） － 025.1 ... 86
30. 鳥卵（殻なしで、液状、冷凍または乾燥のもの） － 025.2 ... 89
31. 鳥卵（殻なしで、液状または冷凍のもの） － EX 025.2 ... 92
32. 鳥卵（殻なしで、乾燥のもの） － EX 025.2 ... 94
33. 穀物合計 041/042/043/044/045.1/045.2/045.9/046 ... 96
34. 小麦および小麦粉（小麦換算） － 041/046 ... 99
35. 小　麦 － 041 ... 102
36. 米 － 042 ... 105
37. 大　麦 － 043 ... 108
38. とうもろこし － 044 ... 110
39. ライ麦 － 045.1 ... 113
40. オート － 045.2 ... 115
41. その他の穀物 － 045.9 ... 117
42. 小麦粉 － 046 ... 120
43. 麦芽（その粉を含む） － 048.2 ... 123
44. ばれいしょ（生鮮のもの） － 054.1 ... 126
45. 豆類 － 054.2 ... 129
46. トマト（生鮮のもの） － 054.4 ... 132
47. たまねぎ － EX 054.51 ... 135
48. ホップ － 054.84 ... 138
49. オレンジ、タンジェリン及びクレメンティン － 057.1 ... 140
50. レモン及びライム － 057.21 ... 143
51. その他の柑橘類 － 057.22/29 ... 146
52. バナナ － EX 057.3 ... 149
53. りんご － 057.4 ... 152
54. ぶどう － 057.51 ... 155
55. 干しぶどう － 057.52 ... 158
56. ココナッツ（殻つき） － EX 057.71 ... 161
57. ココナッツ（乾燥したもの） － EX 057.71 ... 163
58. な　し － EX 057.92 ... 165
59. も　も － EX 057.93 ... 168
60. パイナップル（生鮮のもの） － EX 057.95 ... 170
61. ナツメヤシの実 － EX 057.96 ... 172

62. パイナップル（缶詰のもの） — EX 058.9 175
63. 砂糖合計（粗糖換算） — 061.1/061.2 177
64. 砂糖（粗糖） — 061.1 180
65. 砂糖（精製糖） — 061.2 183
66. 天然蜂蜜 — 061.6 186
67. コーヒー（生または焙煎のもの）
　　及びその代替品（コーヒーを含む） — 071.1 189
68. カカオ豆（生または焙煎のもの） — 072.1 192
69. ココアパウダーおよび
　　ココアケーク — 072.2/EX 072.31 194
70. ココアペースト — EX 072.31 197
71. ココアバター — 072.32 199
72. チョコレートおよび
　　チョコレート製品 — EX 073 201
73. 茶 — 074.1 204
74. こしょう（黒、白、長粒） — EX 075.1 207
75. ピメント（唐辛子、カイエン、
　　チリー、パプリカ、赤唐辛子） — EX 075.1 210
76. バニラ — 075.21 213
77. ふすま及び他の製粉副産物 — 081.2 215
78. 植物性の油かす — 081.3 218
79. 大豆ミール — 081.31 221
80. 落花生ミール — 081.32 224
81. 綿実ミール — 081.33 226
82. 亜麻仁ミール — 081.34 228
83. ひまわりの種ミール — 081.35 229
84. なたねミール — 081.36 231
85. コプラミール — 081.37 232
86. パーム核ミール — 081.38 234
87. 他に特掲ない油料種子のミール — 081.39 235
88. 肉類のミール — 081.41 237
89. ラード及びその他の精製豚脂・鳥脂 — 091.3 ... 239
90. マーガリン、代用ラード及び
　　他に特掲ない調整可食脂 — 091.4 241
91. ぶどう酒、ベルモット及び
　　類似飲料 — 112.1 244
92. ビール — 112.3 247
93. 葉たばこ — 121 250
94. 落花生（未乾燥、むき実） — 222.1 253
95. 大　豆 — 222.2 256
96. 綿　実 — 222.3 258
97. ひまわり種子 — 222.4 260
98. ご　ま — 222.5 262
99. なたね及びからしな種子 — 222.6241 264
100. コプラ — 223.1 266
101. やしの実および核 — 223.2 268
102. 亜麻仁 — 223.4 270
103. ヒマ種子 — 223.5 272
104. 天然ゴム及び類似の天然樹脂 — 232 273
105. 生　糸 — 261 275
106. 綿　花 — 263.1 277
107. ジュート及び靱皮繊維 — 264 280
108. 亜麻（トウを含む）及び
　　 そのくず — EX 265.1 282
109. サイザル麻その他アゲーブ属の繊維および
　　 そのくず — 265.4 284
110. 羊毛（脂付き） — 268.1 286
111. 羊毛（洗毛済み） — 268.2 288
112. 動物性の油脂及びグリース
　　 （ラードを除く） — 411.3 290
113. 大豆油 — 423.2 293
114. 綿実油 — 423.3 296
115. 落花生油 — 423.4 298
116. オリーブ油 — 423.5 300
117. ひまわり油 — 423.6 303
118. 菜種油及びからし菜種油 — 423.91 306
119. 亜麻仁油 — 424.1 309
120. パーム油 — 424.2 311
121. やし油 — 424.3 314
122. パーム核油 — 424.4 317
123. ひまし油 — 424.5 319
124. コーン油 — EX 424.9 321

Ⅱ － 農業生産資材の貿易

125. トラクター — 722 327
126. 未精製肥料 — 271 330
127. 化成肥料 — 56 333
128. 農　薬 — 591 336

FAO農産物貿易年報

序　文

本書は、FAO貿易年報の第53版である。この年報には、1997－1999年の間における、商品の貿易に関する諸表（輸入および輸出、数量および価額）が示されている。

この年報の発刊が可能となったのは、大部分の情報を提供してくれた各国政府の協力によるものである。この年報作成に用いた基礎的統計の編集を支援された各国政府、国際機関およびその他諸機関の協力に対して、FAOは深甚なる謝意を表するものである。

一般に、諸数値は、電子メディア、国の出版物、FAOの質問書などを通じて、各国政府から提供されたものである。特にEU加盟諸国に関しては、EUROSTATから得られたデータが用いられている。更に、国連統計部から提供されたデータを最大限に活用した。また、この年報が扱う内容をできるだけ完全なものとするため、時として、非公式情報源からのデータによって公式データを補完した場合もある。その他の国立機関、国際機関による貿易情報についても、その利用が図られている。

信頼し得る情報源が欠落している場合、あるいは直近年についての情報の入手が間に合わなかった場合などには、貿易の数量および価額の数値は、貿易相手国の貿易収入に基づいて推計している。

若干の例で見られるのであるが、貿易の数量の情報しか入手できない場合には、対応する貿易価額は、貿易相手国のデータに基づく単位価額を用いて推計している。

当該数値を適切に理解するため、説明ないしは注釈を必要とする、そういった数値が多くの国々について若干存している。本年報で扱った年次期間中、国際的な比較ができなかった場合については、下記および「表についての注記」の「農産物貿易」の項に記してある。

新しい共和国諸国と元の国々とでは、それぞれの領域の範囲が異なっているために、農・林・水産物に関する表は、当面刊行されない。

水産物および林産物のデータは、「総商品貿易」の表には含まれているが、その他の合計値、例えば「農産物合計」、「食料および生体家畜」、「原材料」の合計値には含まれていないし、農業貿易指数にも含まれていない。

水産物および林産物貿易に関する詳細な統計は、FAO水産統計年報およびFAO林産物年報にある。

もっと新しいデータは、FAOのウェブサイト（www.fao.org）から入手可能である。

表中の符号

*	非公式数字または貿易相手国のデータ
F	FAOによる推計値
T	傾向推計値
…	データ入手不可
NES	他に特掲・包含されていない
MT	メトリック・トン
$	アメリカ・ドル

空白の箇所は、貿易取引がないかまたは貿易高が記載単位の2分の1未満であることを示す。

小数点には、ピリオド（.）が用いられている。

解　説

分類および定義

1988年に、多くの国が、"SITC Rev. 3［標準国際貿易分類改訂第3版（国連統計部、Statistical Papers, Series M, No.34, Revision 3）］"またはSITC Rev. 3と一対一の対応をしている、関税協力理事会によるいわゆる「HS分類（*Harmonized commodity description and coding system*）」を採用した。

しかしながらFAOは、1987年までのシリーズとの比較ができるように、SITC Rev. 2の使用を続けることに決定し、新分類を旧分類に調整する努力を行ってきた。品目レベルでのデータが、従前年のデータと必ずしも完全には比較可能でない主要なケースについては、「表についての注記」に記載してある。

貿易に関する報告システム

各国は、輸入および輸出に関するデータを、一般貿易もしくは特別貿易のいずれかのベースで報告することができる。この両者の相違は次の通りである。すなわち、一般貿易にあっては、物品が、国の境界線を基準に、その「入り」または「出」に際して記録が行われるが、特別貿易にあっては、物品が、国内消費向けに、または輸出向けに、税関を通過した際に記録が行われる。

特別輸入の場合は、国内消費のための物品のほか、国内消費のための保税倉庫または自由貿易地域からの引取り物品も含まれる。特別輸出には、当該国において全面的もしくは部分的に、生産または製造された物品の輸出のほか、「内国貨物化」された物品の輸出をも含む。

一般貿易は、全輸入および全輸出（再輸出を含む）を包含する。一般貿易には、特別貿易として報告されているもののほかに、「税関倉庫および自由貿易地域または自由貿易港」への輸入、および「税関倉庫および自由貿易地域または自由貿易港」からの輸出も含まれている。

この年報の輸出および輸入のデータは、特別貿易のベースで報告がなされている下記以外のすべての国々について、一般貿易に関するものである。

アルジェリア、米領サモア、アンゴラ、アルゼンチン、アルバ、オーストリア、ベルギー・ルクセンブルク、ベナン、ボリビア、ボツワナ、ブラジル、ブルネイ・ダルサラーム、ブルキナファソ、ブルンジ、カンボジア、カメルーン、カーボベルデ、ケイマン諸島、中央アフリカ共和国、チャド、チリ、コロンビア、コンゴ民主共和国（1997年5月までザイール）、コンゴ共和国、コスタリカ、キューバ、デンマーク、ジブチ、エジプト、エルサルバドル、フィンランド（1995年から）、フランス、仏領ギアナ、仏領ポリネシア、ガボン、ドイツ、ギリシャ、グアドループ島、グアテマラ、ギニアビサウ、ガイアナ、ホンジュラス、アイスランド、インドネシア、イラン・イスラム共和国、イラク、アイルランド、イスラエル、イタリア、韓国、クウェート、ラオス人民民主共和国、レバノン、リベリア、マダガスカル、マリ、マルチニーク島、モーリタニア、モロッコ、モザンビーク、オランダ、オランダ領アンティル、ニューカレドニア、ニジェール、パナマ、パラグアイ、ペルー、ポルトガル、レユニオン、ルーマニア、ルワンダ、セントルシア、サンピエール島・ミクロン島、セントビンセントおよびグレナディーン諸島、サントメ・プリンシペ、サウジアラビア、セネガル、ソロモン諸島、ソマリア、スペイン、スリナム、スウェーデン（1995年から）、スイス、シリア・アラブ共和国、トーゴ、トリニダード・トバゴ、

トルコ、英国、ウルグアイ。

国名および品目名

表中の国名記載欄は、英略語で、ローマ字12文字以内に限られている。表中の品目名は一部短縮表記され、SITCの分類番号が付されている。SITC番号の前につけられた記号EXは、当該SITC番号に包含される品目のうち、その一部だけが含まれていることを示す。

品目名、国名が不明瞭な場合、読者各位は、「目次」（*iii*頁）および「国名および大陸名の一覧表」（*ix*頁）を是非参照されたい。「目次」では、品目名は略さず表記し、また「国名および大陸名の一覧表」では、表中に使用の英略名とその英語および日本語のフルネームが併記されている。

対象期間

データの対象年次は、次の場合を除き、暦年で示してある。

インドは1987年から、ミャンマーおよびスワジランド（輸入のみ）は1982年から、年度は4月から始まる。

サウジアラビアはイスラム太陰暦年（ヘジラ）であり、グレゴリオ暦年よりも11日短い。バングラデシュ、ガンビア、ネパール、ニュージーランド、パキスタンは6月30日に年度が終わる。

貿易額の算定

一般に、輸出額は、f.o.b.で、輸入額は、c.i.f.で算定されている。オーストラリア、バミューダ諸島、ブルガリア、カナダ、ドミニカ共和国、メキシコ（1992年から1994年まで）、パプアニューギニア、パラグアイ、ポーランド、ソロモン諸島、南アフリカ、ベネズエラ、ザンビア、ジンバブエについては、輸入、輸出ともに、f.o.b.によっている。指数の計算では、これらの国の輸入額を標準変換係数112パーセントによってc.i.f.に換算した。

為替相場（通貨交換率）表

この交換率の表（*xvi*頁）は、当該国の通貨をアメリカ・ドルに換算する際に用いられる年平均交換率を示している。一般に、交換率は、国際通貨基金による年平均の「rh」レート（当該国の単位通貨当たりのアメリカ・ドル）を用いているが、関係国の情報源からデータを得た場合もある。

交換率は、国の通貨の1単位または1,000単位相当額のアメリカ・ドルで示してある。表中の通貨単位は、この年報の出版準備の時点において、国際商取引に法貨として使用されていたものである。

合計値

商品別のすべての表において、大陸および世界についての合計値が示されている。それらは、輸出元、輸出先の如何を問わず、関係各国の輸入または輸出を合計したものである。このように、大陸の合計値にも、同じ大陸内で他の国から輸入または他の国へ輸出した品物が含まれている。従って、これらの合計値は当該大陸の正味貿易量として取り扱われるべきではない。

どの品目でも、輸出合計と輸入合計の数値に差があるが、これは幾つかの要因によるであろう。例えば、輸出国からの品物の発送と輸入国への到着の時間的ずれ、同一生産物についての国によって異なる分類の使用、ある国では一般貿易に基づいてデータを提出するが他の国では特別貿易ベースで提出する、といった実態、などである。

表についての注記

大陸別のFAO農業貿易指数

大陸別のFAO農業貿易指数の表は、新たに独立した国々に関する1989-91年の基準年次期間における貿易データが存在しないため、暫らくの間、中断されている。

農産物貿易

表2は、水産物および林産物を除外した農業貿易を示している。

表3は、食料品（魚類を除く）の貿易が報告されている。この表の適用範囲は、SITCの第0部の「食料品および生体家畜」と同じではない。この表には、他の部の可食生産物が含まれ、第0部の非可食生産物が除外されている。

表4－表124には、異なる農産品目について、貿易量と貿易額とが示されている。貿易量の意味ある集計が可能だった場合は表にしてあるが、そうでない場合は、貿易額のみが示されている。

生体家畜

ある国々では、かなりの数の家畜が登録されずに国境を越えて、隣国へ入っていく。生体家畜に関する国際貿易につき、より代表的なデータを得るために、表4から表6にかけては、記録されていない貿易の推計値が含まれている。この情報の適用範囲と信頼性を一層確かなものにするために、この問題に関する調査が引き続き行われていこう。

食　肉

ある国々では、生鮮、冷蔵または冷凍の食肉（011）、気密容器入りのものであるかどうかを問わない乾燥、塩蔵またはくん製の食肉（012）、他に特掲されていない缶詰食肉および気密容器入りかどうかを問わない食肉調製品（014）に関する当該国の統計が、食肉貿易の内容区分について、SITC Rev. 2の3桁程度のグループ分けしかしていないことがある。このような場合は、貿易相手国から提供された情報を考慮して、当該グループ分け全体の貿易を、SITC Rev. 2の種々のサブグループ（4桁レベル）に振り分ける必要があった。

牛　乳

国別貿易分類にSITC Rev. 3またはHS分類が採用されたため、1988年以降、SITC 022.3、022.42/43、022.49の各表において、ヨーグルト、酸性化ミルク、バターミルクおよび自然牛乳成分からなる製品などのデータが、時として除外されている場合がある。しかしながら、SITC 022の要約表（表22）には、これら製品が含まれている。

殻付き卵

殻付き卵の貿易は、国によって、数量（個数）もしくは重量で、時にはその双方で報告されている。数量（個数）のみの報告の場合、妥当な変換係数を用いて、数量（個数）の重量換算がなされている。

穀類、小麦および小麦粉

表33（穀物合計）および表34（小麦および小麦粉）には、小麦粉が、小麦粉相当分の小麦として含まれている。小麦粉から小麦への変換係数は、すべての国に関して、製粉歩留り72パーセントに基づいている。要約表には、小麦以外の穀物の粉は、含まれていない。

米

　米の貿易データは、もみ100単位＝精米65単位の率で換算し、精米で示してある。玄米は、実際の重量で表に入っている。

豆類（Pulses）

　データは、すべての種類の乾燥した（割ったものを含む）マメ科植物についてである。但し、SITC 081のグループの家畜飼料に分類されているベッチおよびルピナスは除かれている。

バナナ

　数値は、プランタンも含めて、青バナナ（green banana）の貿易についてのものである。

　バナナは、栽培品種によって、果軸や房のまま、あるいは大きさ・重量の種々異なる箱で取り引きされる。バナナの多くの主要貿易国は、輸出入量を、重量を示すことなく、房数または箱数で報告している。トン数を推計するためには、特定年あるいは数年の間にわたって起こり得る果軸や箱の重量の変動は度外視して、それぞれの国において採用されている換算係数が用いられている。

ココナッツ

　関係諸国が、ココナッツを、重量の代わりに数量（個数）で記録している場合にあって、公式換算係数が入手できないときは、平均的に1,000個＝1メトリック・トンとして重量に換算してある。

砂糖合計

　精製糖は、すべての国について、係数1.087を用いて相当粗糖量に換算してある。

ココア製品

　表69（ココアパウダー）は、SITC Rev. 2によれば本来ココアペーストのグループ中に入れられるべき脱脂ココアペースト（ケーク）のデータをも含んでいる。このSITC Rev. 2分類からの逸脱は、これらの商品を専門に扱っている団体の慣行と合致しているものである。

ぬか・ふすまその他の製粉副産物

　この品目に対する貿易統計は、不完全なものである。なぜなら、国によってはぬか・ふすまその他の製粉副産物を、SITC Rev. 2の081のグループの家畜飼料などに分類しているからである。

ぶどう酒、ベルモットおよび類似の飲料

　これら商品の量は、重量で示してある。統計を容量で記録している国については、1,000リットル＝1メトリック・トンとして推計している。

ビール

　サウジアラビアの数値は、アルコールを含有しないビールについてのもの。

落花生

　殻付きで報告されている落花生は、変換係数70パーセントを用いて、むき実相当量に換算してある。

菜種およびからし菜の種子

　貿易統計において、菜種は、一般にからし菜の種と一緒に取扱われている。従って表99は、この両者の種を含めた貿易である。数値には、多くの場合、その他雑多な油糧種子も含まれる。

天然ゴム

　大部分の重要なラテックス貿易国の貿易統計では、ラテックスは、乾燥内容物重量で報告される。現物重量で報告されている場合、乾燥内容物重量は60パーセントとして換算されている。

　輸入国の統計では、生ゴムとゴム加工品が時々一緒にされている。

　シンガポールの輸出、輸入のデータ間の差が不当に大きいので、この国に関するデータは、表から除外してある。（この措置は「国際ゴム調査グループ」によっても踏襲されている。）

　シンガポールの貿易報告にある輸出入データは、次の通りである。

	1994	1995	1996	1997	1998	1999
輸　入						
（1,000 MT）	298	290	253	272	255	262
（百万$）	303	436	344	262	174	154
輸　出						
（1,000 MT）	488	424	369	340	329	353
（百万$）	514	669	528	359	243	219

生糸

　繭で報告されている場合は、現物重量の25パーセントで生糸相当量に換算してある。

サイザルその他のAgave類

　データは、サイザル（Agave sisalana）およびその他agave科（リュウゼツラン科）の繊維についてのものである。

植物油

　若干の国々では、植物油貿易の全部または相当の部分を、「食用油」、「乾性植物油」、「工業用油」または「その他の植物油」などの見出しの下に分類している。

　これらの分類のどれかを、時として本年報の表のいずれかに割当てることが可能ではあったが、このような分類法による貿易は、通常、省略せざるを得なかった。

パーム油

　データは、パーム油の原油および精製したものの他に、パーム・オレインおよびパーム・ステアリンも含むものである。

農業生産資材の貿易

　表125－表128は、各種の農業機械と投入資材の貿易額を示したものである。表125（トラクター）には貿易量も示してある。

トラクター

　データは、1輪走または2輪走の単駆動車軸装備のトラクターを含む各種タイプのトラクターについてのものである。

未精製肥料

　データは、動物性または植物性の肥料、天然カリウム塩類、天然硝酸ナトリウムおよびリン鉱石についてのものである。

化成肥料

　データは、窒素肥料、リン酸肥料、カリ肥料および複合肥料の合計を示す。

農　薬

　データは、殺虫剤、防黴剤、除草剤、消毒剤、その他農薬の貿易額を示す。

国についての注記

当該関係諸国に関して、関税地域と地理的地域の間における顕著な較差および対外貿易の統計上の範囲の変化については、下記に示す通りである。

アンギラ

アンギラのデータは、セントクリストファー・ネイビスのそれに含まれている。

アルバ

アルバのデータは、1984年までオランダ領アンティルのそれに含まれている。

オーストリア

当該関税地域には、ドイツの関税地域に含まれるユングホルツとミッテルベルクは含まれていない。

カメルーン、中央アフリカ共和国、コンゴ共和国、ガボン共和国

中央アフリカ関税経済連盟に加盟の国々の貿易は、それぞれの国別に示してあるが、これらの国相互間の貿易は除外されている。

中国

中国のデータは、台湾地域のそれを含む。

コンゴ民主共和国

旧ザイールに関するすべてのデータは、コンゴ民主共和国の個所に掲げてある。

キプロス

データは、キプロスの南部のみのものである。

チェコ共和国、スロバキア

旧チェコスロバキアのこれらの独立共和国は、1993年から、それぞれ別個に示されている。

エリトリア、エチオピア

旧エチオピア人民民主共和国のエリトリアとエチオピアは、1993年から、それぞれ別個に示されている。

フランス

当該関税地域は、モナコを含み、また1996年のデータからは、仏領ギアナ、グアドループ、マルチニークおよびレユニオンの4海外フランス領土が含まれている。

旧ソ連の独立共和国

1992年以降、アルメニア、アゼルバイジャン、グルジア、カザフスタン、キルギスタン、タジキスタン、トルクメニスタンおよびウズベキスタンは、アジアの欄にそれぞれ分別表示され、ベラルーシ、エストニア、ラトビア、リトアニア、モルドバ、ロシア連邦およびウクライナは、ヨーロッパの欄にそれぞれ分別表示されている。1992年よりも前の年次のデータは、ソ連の個所に示されている。

旧ユーゴスラビア社会主義連邦共和国の独立共和国

1992年以降、独立共和国ボスニア・ヘルツェゴビナ、クロアチア、マケドニア旧ユーゴスラビア共和国、スロベニアおよびユーゴスラビア連邦共和国は、それぞれ分別表示されている。1992年以前の各年のデータは、ユーゴスラビア社会主義連邦共和国の個所に示されている。

イタリア

当該関税地域は、サンマリノ共和国を含み、バチカン市国およびリヴィーニョ、カンピオーネの両自治区は除外されている。

メキシコ

通常の輸入とともに、自由貿易地域（perimetros libres）経由の輸入をも含む。

オランダ領アンティル

1984年までのデータは、キュラソー島、アルバ島、ボネール島の貿易についてのものであり、セントマルタン島、セントユスタティウス島、サバ島を除外してある。1985年からは、アルバ島もまた除外されている。

ニュージーランド

クック諸島、ニウエ島、トケラウ島との貿易は、除外されている。

パナマ

データは、コロン自由貿易地域および運河地域を除いたものである。

ロシア連邦

1992年と1993年のデータは、旧ソ連の地域外の諸国との貿易のみについてのものであり、1994年のデータは、すべての国々との貿易についてのものである。

セントヘレナ島

掲載数値は、セントヘレナとアセンション島の双方の貿易を合わせたものである。

南アフリカ

関税地域は、ボツワナ、レソト、ナミビア、スワジランドを含んでいるが、これらの国々の主要品目に関する推計値は、それぞれ個別に示されている。

スペイン

関税地域は、スペイン領北アフリカを含む。

スイス

関税地域は、リヒテンシュタイン、スイス領に囲まれたビュージンゲン地区およびバーデン地区（これらはドイツの一部）およびイタリアのリヴィーニョとカンピオーネ自治区を含む。自由貿易地域であるサムナウンのスイス峡谷は、関税地域から除外されている。

アメリカ

関税地域は、プエルトリコおよび米領バージン諸島を含む。

国々の分類

経済的な階層および地域による国々の分類は、これを中止し、世界と大陸別合計のみが示されている。

国名および大陸名の一覧表

英略名	英語名	日本語名
WORLD	WORLD	世界
AFRICA	AFRICA	アフリカ
ALGERIA	Algeria	アルジェリア民主人民共和国
ANGOLA	Angola	アンゴラ共和国
BENIN	Benin	ベナン共和国
BOTSWANA	Botswana	ボツワナ共和国
BR INC OC TR	British Indian Ocean Territory	英領インド洋地域
BURKINA FASO	Burkina Faso	ブルキナファソ
BURUNDI	Burundi	ブルンジ共和国
CAMEROON	Cameroon	カメルーン共和国
CAPE VERDE	Cape Verde	カーボベルデ共和国
CENTAFR REP	Central African Republic	中央アフリカ共和国
CHAD	Chad	チャド共和国
COMOROS	Comoros	コモロ・イスラム連邦共和国
CONGO, DEM R	Congo, Democratic Republic of the	コンゴ民主共和国
CONGO, REP	Congo, Republic of the	コンゴ共和国
COTE DIVOIRE	Côte d'Ivoire	コートジボアール共和国
DJIBOUTI	Djibouti	ジブチ共和国
EGYPT	Egypt	エジプト・アラブ共和国
EQ GUINEA	Equatorial Guinea	赤道ギニア共和国
ERITREA	Eritrea	エリトリア国
ETHIOPIA	Ethiopia	エチオピア
ETHIOPIA PDR	former People's Democratic Republic of Ethiopia	エチオピア連邦民主共和国
GABON	Gabon	ガボン共和国
GAMBIA	Gambia	ガンビア共和国
GHANA	Ghana	ガーナ共和国
GUINEA	Guinea	ギニア共和国
GUINEABISSAU	Guinea-Bissau	ギニアビサウ共和国
KENYA	Kenya	ケニア共和国
LESOTHO	Lesotho	レソト王国
LIBERIA	Liberia	リベリア共和国
LIBYA	Libyan Arab Jamahiriya	社会主義人民リビア・アラブ国
MADAGASCAR	Madagascar	マダガスカル共和国
MALAWI	Malawi	マラウイ共和国
MALI	Mali	マリ共和国
MAURITANIA	Mauritania	モーリタニア・イスラム共和国
MAURITIUS	Mauritius	モーリシャス共和国
MOROCCO	Morocco	モロッコ王国
MOZAMBIQUE	Mozambique	モザンビーク共和国
NAMIBIA	Namibia	ナミビア共和国
NIGER	Niger	ニジェール共和国
NIGERIA	Nigeria	ナイジェリア連邦共和国
REUNION	Reunion	レユニオン
RWANDA	Rwanda	ルワンダ共和国
ST HELENA	Saint Helena	セントヘレナ島
SAO TOME PRN	Sao Tome and Principe	サントメ・プリンシペ民主共和国
SENEGAL	Senegal	セネガル共和国
SEYCHELLES	Seychelles	セイシェル共和国
SIERRA LEONE	Sierra Leone	シエラレオネ共和国
SOMALIA	Somalia	ソマリア民主共和国
SOUTH AFRICA	South Africa	南アフリカ共和国

英略名	英語名	日本語名
SUDAN	Sudan	スーダン共和国
SWAZILAND	Swaziland	スワジランド王国
TANZANIA	Tanzania, United Republic of	タンザニア連合共和国
TOGO	Togo	トーゴ共和国
TUNISIA	Tunisia	チュニジア共和国
UGANDA	Uganda	ウガンダ共和国
WESTN SAHARA	Western Sahara	西サハラ
ZAMBIA	Zambia	ザンビア共和国
ZIMBABWE	Zimbabwe	ジンバブエ共和国
N C AMERICA	NORTH AND CENTRAL AMERICA	北および中央アメリカ
ANGUILLA	Anguilla	アンギラ
ANTIGUA BARB	Antigua and Barbuda	アンティグア・バーブーダ
ARUBA	Aruba	アルバ
BAHAMAS	Bahamas	バハマ国
BARBADOS	Barbados	バルバドス
BELIZE	Belize	ベリーズ
BERMUDA	Bermuda	バミューダ諸島
BR VIRGIN IS	British Virgin Islands	英領バージン諸島
CANADA	Canada	カナダ
CAYMAN IS	Cayman Islands	ケイマン諸島
COSTA RICA	Costa Rica	コスタリカ共和国
CUBA	Cuba	キューバ共和国
DOMINICA	Dominica	ドミニカ国
DOMINICAN RP	Dominican Republic	ドミニカ共和国
EL SALVADOR	El Salvador	エルサルバドル共和国
GREENLAND	Greenland	グリーンランド
GRENADA	Grenada	グレナダ
GUADELOUPE	Guadeloupe	グアドループ島
GUATEMALA	Guatemala	グアテマラ共和国
HAITI	Haiti	ハイチ共和国
HONDURAS	Honduras	ホンジュラス共和国
JAMAICA	Jamaica	ジャマイカ
MARTINIQUE	Martinique	マルチニーク島
MEXICO	Mexico	メキシコ合衆国
MONTSERRAT	Montserrat	モンセラット
NETH ANTILLE	Netherlands Antilles	オランダ領アンティル
NICARAGUA	Nicaragua	ニカラグア共和国
PANAMA	Panama	パナマ共和国
PUERTO RICO	Puerto Rico	プエルトリコ
ST KITTS NEV	Saint Kills and Nevis	セントクリストファー・ネイビス
SAINT LUCIA	Saint Lucia	セントルシア
ST PIER MIQU	Saint Pierre and Miquelon	サンピエール島・ミクロン島
ST VINCENT	Saint Vincent and the Grenadines	セントビンセント及びグレナディーン諸島
TRINIDAD TOB	Trinidad and Tobago	トリニダード・ドバコ共和国
TURKS CAICOS	Turks and Caicos Islands	タークス諸島・カイコス諸島
USA	United States	アメリカ合衆国
US VIRGIN IS	United States Virgin Islands	米領バージン諸島
SOUTH AMERIC	SOUTH AMERICA	南アメリカ
ARGENTINA	Argentina	アルゼンチン共和国
BOLIVIA	Bolivia	ボリビア共和国

英略名	英語名	日本語名
BRAZIL	Brazil	ブラジル連邦共和国
CHILE	Chile	チリ共和国
COLOMBIA	Colombia	コロンビア共和国
ECUADOR	Ecuador	エクアドル共和国
FALKLAND IS	Falkland Islands (Malvinas)	フォークランド諸島
FR GUIANA	French Guiana	仏領ギアナ
GUYANA	Guyana	ガイアナ協同共和国
PARAGUAY	Paraguay	パラグアイ共和国
PERU	Peru	ペルー共和国
SURINAME	Suriname	スリナム共和国
URUGUAY	Uruguay	ウルグアイ東方共和国
VENEZUELA	Bolivarian Republic of Venezuela	ベネズエラ・ボリバル共和国
ASIA (fmr)	former ASIA	旧アジア
ASIA	ASIA	アジア
AFGHANISTAN	Afghanistan	アフガニスタン・イスラム国
ARMENIA	Armenia	アルメニア共和国
AZERBAIJAN	Azerbaijan	アゼルバイジャン共和国
BAHRAIN	Bahrain	バーレーン王国
BANGLADESH	Bangladesh	バングラデシュ人民共和国
BHUTAN	Bhutan	ブータン王国
BRUNEI DARSM	Brunei Darussalam	ブルネイ・ダルサラーム国
CAMBODIA	Cambodia	カンボジア王国
CHINA	China	中国
CHINA, H KONG	China, Hong Kong Special Administrative Region	香港特別行政区（中国）
CHINA, MACAO	China, Macao Special Administrative Region	マカオ特別行政区(中国)
CYPRUS	Cyprus	キプロス共和国
EAST TIMOR	East Timor	東チモール
GAZA STRIP	Gaza Strip (Palestine)	ガザ回廊地帯（パレスチナ）
GEORGIA	Georgia	グルジア共和国
INDIA	India	インド
INDONESIA	Indonesia	インドネシア共和国
IRAN	Iran, Islamic Republic of	イラン・イスラム共和国
IRAQ	Iraq	イラク共和国
ISRAEL	Israel	イスラエル国
JAPAN	Japan	日本国
JORDAN	Jordan	ヨルダン・ハシミテ王国
KAZAKHSTAN	Kazakhstan	カザフスタン共和国
KOREA D P RP	Korea, Democratic People's Republic of	朝鮮民主主義人民共和国
KOREA REP	Korea, Republic of	大韓民国
KUWAIT	Kuwait	クウェート国
KYRGYZSTAN	Kyrgyzstan	キルギス共和国
LAOS	Lao People's Democratic Republic	ラオス人民民主共和国
LEBANON	Lebanon	レバノン共和国
MALAYSIA	Malaysia	マレーシア
MALDIVES	Maldives	モルディヴ共和国
MONGOLIA	Mongolia	モンゴル国
MYANMAR	Myanmar	ミャンマー連邦
NEPAL	Nepal	ネパール王国
OMAN	Oman	オマーン国
PAKISTAN	Pakistan	パキスタン・イスラム共和国
PHILIPPINES	Philippines	フィリピン共和国
QATAR	Qatar	カタール国
SAUDI ARABIA	Saudi Arabia	サウジアラビア王国
SINGAPORE	Singapore	シンガポール共和国

英略名	英語名	日本語名
SRI LANKA	Sri Lanka	スリランカ民主社会主義共和国
SYRIA	Syrian Arab Republic	シリア・アラブ共和国
TAJIKISTAN	Tajikistan	タジキスタン共和国
THAILAND	Thailand	タイ王国
TURKEY	Turkey	トルコ共和国
TURKMENISTAN	Turkmenistan	トルクメニスタン
UNTD ARAB EM	United Arab Emirates	アラブ首長国連邦
UZBEKISTAN	Uzbekistan	ウズベキスタン共和国
VIET NAM	Viet Nam	ベトナム社会主義共和国
YEMEN	Yemen	イエメン共和国
EUROPE (fmr)	former EUROPE	旧ヨーロッパ
EUROPE	EUROPE	ヨーロッパ
ALBANIA	Albania	アルバニア共和国
ANDORRA	Andorra	アンドラ公国
AUSTRIA	Austria	オーストリア共和国
BELARUS	Belarus	ベラルーシ共和国
BEL-LUX	Belgium-Luxembourg	ベルギー王国・ルクセンブルグ大公国
BOSNIA HERZG	Bosnia and Herzegovina	ボスニア・ヘルツェゴビナ
BULGARIA	Bulgaria	ブルガリア共和国
CROATIA	Croatia	クロアチア共和国
CZECHOSLOVAK	former Czechoslovakia	チェコスロバキア
CZECH REP	Czech Republic	チェコ共和国
DENMARK	Denmark	デンマーク王国
ESTONIA	Estonia	エストニア共和国
FAEROE IS	Faeroe Islands	フェロー諸島
FINLAND	Finland	フィンランド共和国
FRANCE	France	フランス共和国
GERMANY	Germany	ドイツ連邦共和国
GIBRALTAR	Gibraltar	ジブラルタル
GREECE	Greece	ギリシャ共和国
HOLY SEE	Holy See	バチカン市国
HUNGARY	Hungary	ハンガリー共和国
ICELAND	Iceland	アイスランド共和国
IRELAND	Ireland	アイルランド
ITALY	Italy	イタリア共和国
LATVIA	Latvia	ラトビア共和国
LIECHTENSTEN	Liechtenstein	リヒテンシュタイン公国
LITHUANIA	Lithuania	リトアニア共和国
MACEDONIA	The Former Yugoslav Republic of Macedonia	マケドニア旧ユーゴスラビア共和国
MALTA	Malta	マルタ共和国
MOLDOVA REP	Moldova, Republic of	モルドバ共和国
MONACO	Monaco	モナコ公国
NETHERLANDS	Netherlands	オランダ王国
NORWAY	Norway	ノルウェー王国
POLAND	Poland	ポーランド共和国
PORTUGAL	Portugal	ポルトガル共和国
ROMANIA	Romania	ルーマニア
RUSSIAN FED	Russian Federation	ロシア連邦
SAN MARINO	San Marine	サンマリノ共和国
SLOVAKIA	Slovakia	スロバキア共和国
SLOVENIA	Slovenia	スロベニア共和国
SPAIN	Spain	スペイン
SWEDEN	Sweden	スウェーデン王国
SWITZERLAND	Switzerland	スイス連邦

英略名	英語名	日本語名
UKRAINE	Ukraine	ウクライナ
UK	United Kingdom	英　国
YUGOSLAVIA	Yugoslavia	ユーゴスラビア連邦共和国
YUGOSLAV SFR	former Socialist Federal Republic of Yugoslavia	旧ユーゴスラビア社会主義連邦共和国
OCEANIA	OCEANIA	オセアニア
AMER SAMOA	American Samoa	米領サモア
AUSTRALIA	Australia	オーストラリア
CANTON IS	Canton and Enderbury Islands	カントン・エンダベリ諸島
CHRISTMAS IS	Christmas island (Australia)	クリスマス島
COCOS ISL	Cocos (Keeling) Islands	ココス諸島
COOK IS	Cook Islands	クック諸島
FIJI	Fiji	フィジー諸島共和国
FR POLYNESIA	French Polynesia	仏領ポリネシア
GUAM	Guam	グァム
JOHNSTON IS	Johnston Island	ジョンストン島
KIRIBATI	Kiribati	キリバス共和国
MIDWAY IS	Midway Islands	ミッドウェー諸島
NAURU	Nauru	ナウル共和国
NEW CALEDONIA	New Caledonia	ニューカレドニア
NEW ZEALAND	New Zealand	ニュージーランド
NIUE	Niue	ニウエ
NORFOLK IS	Norfolk Island	ノーフォーク島
PACIFIC ISL	Pacific Islands	太平洋諸島
MARSHALL IS	Marshall Islands	マーシャル諸島共和国
MICRONESIA	Micronesia, Federated States of	ミクロネシア連邦
N MARIANAS	Northern Mariana Islands	北マリアナ諸島
PALAU	Palau	パラオ共和国
PAPUA N GUIN	Papua New Guinea	パプアニューギニア
PITCAIRN	Pitcairn	ピトケアン島
SAMOA	Samoa	サモア
SOLOMON IS	Solomon Islands	ソロモン諸島
TOKELAU	Tokelau	トケラウ諸島
TONGA	Tonga	トンガ王国
TUVALU	Tuvalu	ツバル
VANUATU	Vanuatu	バヌアツ共和国
WAKE ISLAND	Wake Island	ウェーク島
WALLIS FUT I	Wallis and Futuna Islands	ワリス・フテュナ諸島
USSR	former Union of Soviet Socialist Republics	旧ソ連

標準衡量換算係数表

この年報の作成に当って用いられた各種の衡量単位のメートル・トン対比表

*1　lb は、ポンド（0.4536 kg）
*2　MT は、メートル・トン（1,000 kg）

単　位	単位/MT	MT/単位	適用国名
ショート・トン（2,000 lb）	1.10231	0.90718	一般的適用
ロング・トン（2,240 lb）	0.98421	1.01605	一般的適用
ハンドレッドウェイト（112 lb）	19.684	0.050802	英　国
ハンドレッドウェイト（100 lb）	22.046	0.045359	カナダ、アメリカ
小麦・ブッシェル（60 lb）	36.744	0.027216	一般的適用
ライ麦・ブッシェル（56 lb）	39.368	0.025401	カナダ、ニュージーランド 英国、アメリカ
ライ麦・ブッシェル（60 lb）	36.744	0.027216	オーストラリア
大麦・ブッシェル（48 lb）	45.931	0.021772	カナダ、アメリカ
大麦・ブッシェル（50 lb）	44.092	0.022680	オーストラリア、ニュージーランド
オート・ブッシェル（32 lb）	68.894	0.014515	アメリカ
オート・ブッシェル（34 lb）	64.842	0.015422	カナダ
オート・ブッシェル（40 lb）	55.116	0.018144	オーストラリア、ニュージーランド
とうもろこし・ブッシェル（56 lb）	39.368	0.025401	オーストラリア、カナダ ニュージーランド、アメリカ
米（もみ）・ブッシェル（45 lb）	48.991	0.020412	アメリカ
米（もみ）・ブッシェル（42 lb）	52.490	0.019051	オーストラリア
じゃがいも・ブッシェル（60 lb）	36.743	0.027216	カナダ、アメリカ
亜麻仁・ブッシェル（56 lb）	39.368	0.025401	オーストラリア、カナダ、アメリカ
大豆・ブッシェル（60 lb）	36.744	0.027216	アメリカ
アーロバ	66.667	0.015	ブラジル
スペイン・キンタル（100 lb）	21.739	0.0460	チリ、コスタリカ、エルサルバドル グアテマラ、フィリピン、スペイン ベネズエラ
スペイン・キンタル	21.735	0.046009	キューバ、ホンジュラス、ペルー
カンタール（100 ロティス）	22.258	0.044928	エジプト
綿花・キャンデー（784 lb）	2.812	0.35562	バングラデシュ、インド、パキスタン
マウンド（82.28 lb）	26.794	0.037324	バングラデシュ、インド、パキスタン
貫	26.667	0.0375	日　本

小麦の海上運賃料率

年次[1]	アルゼンチン（ラ・プラタ川）	オーストラリア（東部諸州）	カナダ（セントローレンス川諸港）	アメリカ（大西洋沿岸諸港）	アメリカ（メキシコ湾岸諸港）
1982/83	22.42	25.08	09.56	10.92	-
1983/84	20.46	26.00	10.42	12.58	-
1984/85	18.75	27.17	13.02	14.62	-
1985/86	19.38	22.25	10.21	11.13	-
1986/87	17.08	18.46	11.58	11.75	-
1987/88	20.92	21.96	14.78	18.08	15.58
1988/89	23.00	26.79	17.02	21.58	19.06
1989/90	23.00	28.92	22.46	23.67	21.92
1990/91	23.08	27.79	25.00	23.67	22.17
1991/92	24.50	26.04	19.33	24.00	18.35
1992/93	23.17	24.58	18.85	23.25	17.60
1993/94	20.71	25.12	20.19	21.00	15.70
1994/95	20.21	27.12	19.71	16.04	16.04
1995/96	-	-	-	-	-
1996/97	19.38	25.67	19.00	-	18.30
1997/98	-	24.00	16.92	-	16.50
1998/99	13.31	19.00	9.89	12.83	12.75

下記からオランダ（ロッテルダム）へ

年次[1]	アルゼンチン（ラ・プラタ川）	オーストラリア（東部諸州）	カナダ（セントローレンス川諸港）	アメリカ（大西洋沿岸諸港）	アメリカ（メキシコ湾岸諸港）
1982/83	17.42	23.88	09.04	10.23	10.67
1983/84	14.88	24.58	09.67	13.02	11.75
1984/85	18.50	25.33	10.71	14.62	12.62
1985/86	19.21	19.25	08.88	12.54	10.96
1986/87	14.20	16.46	11.23	11.58	11.56
1987/88	17.25	19.96	12.38	17.25	15.88
1988/89	23.50	24.96	14.88	17.58	17.71
1989/90	21.92	27.58	17.92	20.42	22.19
1990/91	22.33	27.79	17.25	20.42	19.00
1991/92	19.25	24.50	17.25	20.75	16.92
1992/93	-	23.00	16.92	20.00	18.69
1993/94	-	23.12	15.79	17.69	17.67
1994/95	24.20	25.08	17.71	17.02	19.15
1995/96	25.91	26.12	19.00	21.00	21.75
1996/97	16.79	23.42	13.67	20.50	18.63
1997/98	17.62	21.15	11.08	16.92	12.35
1998/99		21.00	13.00		11.71

	下記からインド（東部沿岸）へ			下記から日本へ			
年次[1]	オーストラリア（東部諸州）	カナダ及びアメリカ（太平洋沿岸北部）	アメリカ（メキシコ湾岸諸港）	アルゼンチン（ラ・プラタ川）	オーストラリア（東部諸州）	カナダ及びアメリカ（太平洋沿岸北部）	アメリカ（メキシコ湾岸諸港）
1982/83	24.12	27.58	29.54	-	16.77	17.48	23.41
1983/84	22.50	30.01	30.00	-	18.25	18.29	24.42
1984/85	21.96	29.96	30.00	-	19.08	19.35	26.00
1985/86	21.00	30.25	30.00	-	17.54	17.56	24.63
1986/87	18.96	25.60	25.33	-	17.06	17.15	24.42
1987/88	20.92	28.06	25.75	-	24.06	23.75	31.03
1988/89	24.33	42.33	43.58	-	26.19	26.17	32.85
1989/90	24.38	43.00	42.00	-	27.33	27.31	34.06
1990/91	24.71	42.00	41.00	-	26.16	26.16	33.31
1991/92	22.50	38.92	41.00	-	27.95	27.99	34.95
1992/93	24.33	34.67	42.29	-	27.67	27.73	34.69
1993/94	25.50	33.33	42.08	40.00	29.00	29.21	35.90
1994/95	27.75	33.96	45.00	43.17	-	32.79	38.08
1995/96	29.83	35.92	44.00	65.50	-	35.21	37.00
1996/97	26.67	36.00	44.00	65.00	-	28.29	37.00
1997/98	25.00	36.00	44.00	65.50	-	28.08	37.00
1998/99	22.50	36.00	42.42	65.50	-	29.08	37.50

注：積荷準備済み船を3ないし4週間以前に用船契約する現在の慣行に基づく推定月央料率（メートル・トン当りUSドル）。年間平均は、非液状貨物運搬船の料率に基づく。
1 年次は、7月～6月。
2 1995年までは、ティルバリー積荷降し基準。1996年以降は、シーフォース積荷降し基準。

為替相場（通貨交換率）表

国名	通貨					等価USドル							
		1988	1989	1990	1991	1992	1993	1994	1995	1996	1997	1998	1999
ALGERIA	*A DINAR	170.632	132.052	113.120	55.156	45.827	42.852	29.842	21.089	18.271	17.322	17.024	15.038
ANGOLA	*KWANZA	33.425	33.425	33.420	12.270								
BENIN	*CFA FRANC	3.365	3.139	3.683	3.558	3.787	3.536	1.805	2.005	1.955	1.716	1.695	1.626
BOTSWANA	PULA	.551	.497	.538	.496	.469	.413	.373	.361	.303	.274	.236	.216
BURKINA FASO	*CFA FRANC	3.365	3.139	3.683	3.558	3.787	3.536	1.805	2.005	1.955	1.716	1.695	1.626
BURUNDI	*BUR FRANC	7.187	6.310	5.847	5.545	4.814	4.125	3.961	4.015	3.316	2.848	2.233	1.783
CAMEROUN	*CFA FRANC	3.365	3.139	3.683	3.558	3.787	3.536	1.805	2.005	1.955	1.716	1.695	1.626
CAPE VERDE	*CV ESCUDO	13.901	12.829	14.310	14.048	14.747	12.460	12.223	13.018	12.113	10.802	10.187	9.747
CENT AFR REP	*CFA FRANC	3.365	3.139	3.683	3.558	3.787	3.536	1.805	2.005	1.955	1.716	1.695	1.626
CHAD	*CFA FRANC	3.365	3.139	3.683	3.558	3.787	3.536	1.805	2.005	1.955	1.716	1.695	1.626
COMOROS	*CFA FRANC	3.365	3.139	3.683	3.558	3.787	3.536	2.406	2.674	2.607	2.287	2.260	2.168
CONGO	*CFA FRANC	3.365	3.139	3.683	3.558	3.787	3.536	1.805	2.005	1.955	1.716	1.695	1.626
COTE DIVOIRE	*CFA FRANC	3.365	3.139	3.683	3.558	3.787	3.536	1.805	2.005	1.955	1.716	1.695	1.626
DJIBOUTI	*DJIB FRAN	5.627	5.627	5.627	5.627	5.627	5.627	5.627	5.627	5.627	5.627	5.627	5.627
EGYPT	E POUND									.294	.294	.294	.295
EQ GUINEA	*EKUELE	3.365	3.139	3.683	3.558	3.787	3.536	1.805	2.005	1.955	1.716	1.695	1.626
ETHIOPIA PDR	*BIRR	483.090	483.090	483.092	483.092	412.319							
ETHIOPIA	*BIRR						200.000	183.640	162.360	157.443	149.083	140.449	126.002
GABON	*CFA FRANC	3.365	3.139	3.683	3.558	3.787	3.536	1.805	2.005	1.955	1.716	1.695	1.626
GAMBIA	DALASI	.149	.142	.123	.127	.109	.113	.105	.105	.103	.098	.094	.088
GHANA	*CEDI	4.990	3.720	3.070	2.720	2.310	1.560	1.050	.840	.510	.490	.432	.384
GUINEA	*SYLI	2.124	1.693	1.515	1.326	1.111	1.046	1.024	1.009	.996	.913		
GUINEABISSAU	*GUIN PESO	.897	.561	.459	.297	.146	.100	.078	.002	.003	.002	.002	.002
KENYA	K SHILNG	.056	.049	.044	.036	.031	.018	.018	.020	.018	.017	.017	.014
LESOTHO	LOTI	.442	.382	.387	.363	.351	.306	.282	.276	.234	.217	.181	.164
LIBERIA	L DOLLAR	1.000	1.000	1.000	1.000	1.000	1.000	1.000	1.000	1.000	1.000	1.000	1.000
LIBYA	L DINAR	3.496	3.344	3.539	3.563	3.515	3.205	3.126	2.890	2.765	2.621		
MADAGASCAR	*MG FRANC	.715	.624	.670	.547	.536	.523	.358	.235	.247	.197	.184	.160
MALAWI	KWACHA	.391	.363	.367	.357	.285	.227	.131	.065	.065	.059	.032	.023
MALI	*MALI FRAN	3.365	3.139	3.683	3.558	3.787	3.536	1.805	2.005	1.955	1.716	1.695	1.626
MAURITANIA	*OUGUIYA	13.294	11.842	12.367	12.117	11.699	8.428	8.100	7.686	7.283	6.590	5.325	4.774
MAURITIUS	M RUPEE	.075	.066	.067	.064	.064	.057	.056	.058	.056	.049	.049	.040
MOROCCO	*M DIRHAM	121.890	117.850	121.460	115.128	117.267	107.582	108.788	117.142	114.742	105.030	104.167	102.043
MOZAMBIQUE	*METICAL	1.952	1.355	1.080	.722	.400	.272	.166	.114	.089	.087	.084	.077
NIGER	*CFA FRANC	3.365	3.139	3.683	3.558	3.787	3.536	1.805	2.005	1.955	1.716	1.695	1.626
NIGERIA	NAIRA	.223	.136	.125	.101	.061	.045	.046	.046	.046	.046	.046	.011
REUNION	*FR FRANC	168.234	156.925	184.136	177.904	189.361	176.776	180.480	200.516				
RWANDA	*RW FRANC	13.089	12.483	12.374	7.997	7.528	6.106	4.183	3.335	3.250	3.317	3.202	2.995
ST HELENA	*SH POUND	1.782	1.640	1.785	1.769	1.766	1.502	1.532	1.578	1.562	1.638	1.667	1.618
SAO TOME PRN	*DOBRA	11.783	8.087	6.980	5.323	3.171	2.343	1.418	.716	.459	.235	.145	.140
SENEGAL	*CFA FRANC	3.365	3.139	3.683	3.558	3.787	3.536	1.805	2.005	1.955	1.716	1.695	1.626
SEYCHELLES	S RUPEE	.186	.177	.188	.189	.195	.193	.198	.210	.201	.200	.190	.187
SIERRA LEONE	LEONE	.032	.017	.007	.004	.002	.002	.002	.001	.001	.001	.001	.001
SOMALIA	*S SHILNG	6.960	2.284										
SOUTH AFRICA	RAND	.442	.382	.387	.363	.351	.306	.282	.276	.234	.217	.181	.164
SUDAN	S POUND	.222	.222	.222	.184	.014	.006	.004	.002	.001	.001	.001	.001
SWAZILAND	LILANGENI	.482	.402	.378	.354	.343	.299	.279	.272	.225	.221	.181	.164
TANZANIA	*T SHILNG	10.160	7.040	5.130	4.580	3.410	2.510	1.960	1.740	1.720	1.630	1.505	1.348
TOGO	*CFA FRANC	3.365	3.139	3.683	3.558	3.787	3.536	1.805	2.005	1.955	1.716	1.695	1.626
TUNISIA	T DINAR	1.168	1.054	1.140	1.085	1.133	.997	.989	1.058	1.027	.905	.877	.844
UGANDA	U SHILNG	.012	.005	.002	.001	.001	.001	.001	.001	.001	.001	.001	.001
ZAIRE	*ZAIRE	5.550	2.670	1.590	.180			.005					
ZAMBIA	KWACHA	.122	.078	.034	.016	.006	.002	.001	.001	.001	.001	.001	.001
ZIMBABWE	Z DOLLAR	.555	.473	.408	.292	.196	.155	.123	.116	.101	.084	.042	.026
ANTIGUA BARB	EC DOLLAR	.370	.370	.370	.370	.370	.370	.370	.370	.370	.370	.370	.370
ARUBA	AR FLORIN	.559	.559	.559	.559	.559	.559	.559	.559	.559	.559	.559	.559
BAHAMAS	BB DOLLAR	1.000	1.000	1.000	1.000	1.000	1.000	1.000	1.000	1.000	1.000	1.000	1.000
BARBADOS	B DOLLAR	.497	.497	.497	.497	.497	.497	.497	.497	.497	.500	.500	.500
BELIZE	BZ DOLLAR	.500	.500	.500	.500	.500	.500	.500	.500	.500	.500	.500	.500
BERMUDA	BM DOLLAR	1.000	1.000	1.000	1.000	1.000	1.000	1.000	1.000	1.000	1.000	1.000	1.000
CANADA	C DOLLAR	.813	.845	.857	.873	.828	.776	.732	.729	.733	.722	.676	.673
COSTA RICA	*COLONES	13.198	12.271	10.956	8.214	7.438	7.040	6.371	5.577	4.822	4.303	3.888	3.503
CUBA	CU PESO	1.000	1.000	1.000	1.000								
DOMINICA	EC DOLLAR	.370	.370	.370	.370	.370	.370	.370	.370	.370	.370	.370	.370
DOMINICAN RP	DR PESO	.166	.155	.125	.078	.078	.079	.076	.073	.073	.070	.065	.062
EL SALVADOR	S COLON	.200	.200	.132	.125	.120	.115	.115	.114	.114	.114	.114	.114
GREENLAND	*D KRONE	148.860	136.991	161.998	156.948	166.103	154.473	157.550	178.719	172.504	151.612	149.253	143.529
GRENADA	EC DOLLAR	.370	.370	.370	.370	.370	.370	.370	.370	.370	.370	.370	.370
GUADELOUPE	*FR FRANC	168.234	156.925	184.136	177.904	189.361	176.776	180.480	200.516				
GUATEMALA	QUETZAL	.382	.357	.228	.199	.193	.178	.174	.172	.165	.165	.156	.136
HAITI	GOURDE	.200	.200	.200	.200			.069	.069	.062	.060	.060	.060
HONDURAS	LEMPIRA	.500	.500	.271	.188	.182	.156	.120	.106	.086	.077	.075	.070
JAMAICA	J DOLLAR	.182	.175	.140	.091	.044	.041	.030	.026	.026	.028	.027	.026
MARTINIQUE	*FR FRANC	168.234	156.925	184.136	177.904	189.361	176.776	180.480	200.516				
MEXICO	*M PESO	.440	.407	.356	.333	.323	.321	.297	.157	.132	.126	.109	.105
MONTSERRAT	EC DOLLAR	.370	.370	.370	.370	.370	.370	.370	.370	.370	.370	.370	
NETH ANTILLE	*NA GUILDE	555.500	557.633	558.700	558.700	558.700	558.700	558.700	558.700	558.700	558.700	558.700	558.700
NICARAGUA	*CORDOBA											.095	.085
PANAMA	BALBOA	1.000	1.000	1.000	1.000	1.000	1.000	1.000	1.000	1.000	1.000	1.000	1.000
ST KITTS NEV	EC DOLLAR	.370	.370	.370	.370	.370	.370	.370	.370	.370	.370	.370	.370
SAINT LUCIA	EC DOLLAR	.370	.370	.370	.370	.370	.370	.370	.370	.370	.370	.370	.370
ST PIER MQ	*FR FRANC	168.234	156.925	184.136	177.904	189.361	176.776	180.480	200.516	195.529	171.552	169.492	
ST VINCENT	EC DOLLAR	.370	.370	.370	.370	.370	.370	.370	.370	.370	.370	.370	.370
TRINIDAD TOB	TT DOLLAR	.262	.235	.235	.235	.235	.190	.169	.169	.167	.160	.159	.159
BOLIVIA	*BOLIVIANO	.426	.373	.316	.279	.257	.235	.217	.208	.197	.190	.181	.172
CHILE	CL PESO	.004	.004	.003	.003	.003	.002	.002	.003	.003	.002	.002	.002
COLOMBIA	*C PESO	3.360	2.628	2.003	1.586	1.314	1.160	1.185	1.100	.965	.882	.701	.574
ECUADOR	*SUCRE	3.519	1.926	1.313	.960	.669	.519	.456	.391	.319	.250	.183	.092
FALKLAND IS	F I POUND	1.781	1.640	1.785	1.769	1.766	1.502	1.532	1.578	1.562	1.638		
FR GUIANA	*FR FRANC	168.234	156.925	184.136	177.904	189.361	176.776	180.480	200.516				

為替相場（通貨交換率）表

国　名　　　通　貨　　　　　　　　　　等価USドル

		1988	1989	1990	1991	1992	1993	1994	1995	1996	1997	1998	1999
GUYANA	G DOLLAR	.100	.039	.026	.010	.008	.008	.007	.007	.007	.007	.007	.006
PARAGUAY	*GUARANI	1.818	1.028	.813	.754	.669	.574	.523	.507	.485	.456	.363	.322
PERU	*INTIS	.021										.341	.296
SURINAME	*S GUILDER	560.200	560.200	560.200	560.200	560.200	560.200	2.490	2.270	2.490		2.490	1.258
URUGUAY	*U PESO	2.834	1.702	.886	.503	.333	.255	.199		.125	.106	.096	.088
VENEZUELA	*BOLIVAR	68.970	33.100	21.395	17.651	14.705	11.081	7.018	5.721	2.507	2.049	1.826	1.654
AFGHANISTAN	*AFGHANI	19.763	19.763	19.763	19.763	19.763	19.763	19.763	19.763	5.173	.330	.333	.330
BAHRAIN	B DINAR	2.660	2.660	2.660	2.660	2.660	2.660	2.660	2.660	2.660	2.660	2.632	2.660
BANGLADESH	TAKA	.032	.031	.030	.028	.026	.026	.025	.025	.024	.023	.021	.020
BHUTAN	NGULTRUM	.072	.062	.057	.045	.039	.033	.032	.031	.028	.028	.024	.023
BRUNEI DARSM	*B DOLLAR	496.775	512.583	552.279	578.222	613.490			704.225	709.209	675.062	598.802	590.054
CYPRUS	C POUND	2.145	2.027	2.187	2.167	2.221	2.012	2.035	2.211	2.145	1.948	1.923	1.844
HONG KONG	HK DOLLAR	.128	.128	.128	.129	.129	.129	.129	.129	.129	.129	.129	.129
INDIA	I RUPEE	.069	.060	.056	.041	.038	.032	.032	.030	.028	.028	.024	.023
INDONESIA	*RUPIAH	.593	.565	.542	.513	.493	.479	.463	.445	.426	.361	.104	.128
IRAN	*I RIAL	14.428	13.889	14.980	14.750	14.173		.572	.572	.571	.571	.571	.570
IRAQ	I DINAR	3.217	3.217	3.217	3.217	3.217	3.217	3.217	3.217	3.217	3.217	3.226	3.217
JAPAN	*YEN	7.811	7.266	6.940	7.439	7.903	9.021	9.799	10.696	9.199	8.277	7.639	8.776
JORDAN	J DINAR	2.692	1.753	1.507	1.469	1.471	1.443	1.431	1.428	1.410	1.410	1.410	1.410
KOREA REP	*WON	1.369	1.489	1.413	1.364	1.281	1.246	1.245	1.298	1.244	1.074	.714	.841
KUWAIT	K DINAR	3.585	3.405	3.424	3.518	3.408	3.315	3.360	3.350	3.340	3.297	3.297	3.285
LAOS	*KIP	2.400	1.800	1.400	1.400	1.400	1.397	1.400	1.300	1.100	.800	.303	.152
LEBANON	*L POUND	2.492	2.023	1.488	1.081	.652	.574	.594	.616	.635	.649	.660	.662
MACAU	*PATACA	124.220	124.220	124.220	124.220	124.220	124.220	124.220	124.220	124.220	124.220	124.220	124.220
MALAYSIA	*RINGGIT	381.998	369.206	369.720	363.660	392.725	388.525	381.341	398.735	397.431	362.707	255.102	263.145
MYANMAR	KYAT	.157	.149	.158	.159	.164	.162	.166	.177	.167	.160	.158	.159
NEPAL	*N RUPEE	45.349	39.573	35.090	32.162	23.636	22.150	20.304	20.043	18.221	17.547	15.156	14.609
OMAN	O RIAL	2.600	2.600	2.600	2.600	2.600	2.600	2.600	2.600	2.600	2.600	2.600	2.600
PAKISTAN	P RUPEE	.057	.052	.047	.045	.040	.039	.033	.032	.030	.026	.022	.020
PHILIPPINES	P PESO	.047	.046	.041	.036	.039	.037	.038	.039	.038	.034	.024	.026
QATAR	*Q RIYAL	274.730	274.730	274.730	274.730	274.730	274.730	274.730	274.730	274.725	274.725	274.725	274.666
SAUDI ARABIA	*S RIYAL	267.020	267.020	267.020	267.020	267.020	267.020	267.020	267.020	267.020	267.020	266.666	267.020
SINGAPORE	*S DOLLAR	497.010	512.793	552.408	579.160	613.635	618.984	655.297	705.641	709.221	675.087	598.802	590.064
SRI LANKA	SL RUPEE	.031	.028	.025	.024	.023	.021	.020	.020	.018	.017	.015	.014
SYRIA	*S POUND	89.087	89.087	89.087	89.087	89.087	89.087	89.087	89.087	89.087	89.087	89.047	89.087
THAILAND	*BAHT	39.536	38.910	39.116	39.192	39.371	39.496	39.764	40.139	39.460	33.144	24.178	26.464
UNTD ARAB EM	*U DIRHAM	272.410	272.410	272.410	272.410	272.410	272.410	272.410	272.410	272.410	272.410	272.410	272.293
VIETNAM	DONG	.056								.091	.088		
AUSTRIA	ECU								1.308	1.270	1.134	1.121	1.066
BEL-LUX	ECU								1.308	1.270	1.134	1.121	1.066
BULGARIA	LEV	1.200	1.186	1.272	.060	.043	.036	.019	.015	.008	.001	.001	.001
CZECHOSLOVAK	*KORUNA	187.800	66.460	55.020	33.920	35.386							
CZECH REP	*KORUNA						34.310	34.770	37.690	36.850	31.730	30.969	28.974
DENMARK	ECU								1.308	1.270	1.134	1.121	1.066
ESTONIA	KROON					.073	.076	.077	.087	.001	.001	.001	.001
FAROE IS	*D KRONE	148.860	136.991	161.998	156.948	166.103	154.473	157.550	178.719	172.504	151.612	149.253	143.529
FINLAND	ECU								1.308	1.270	1.134	1.121	1.066
FRANCE	ECU								1.308	1.270	1.134	1.121	1.066
GERMANY	ECU								1.308	1.270	1.134	1.121	1.066
GREECE	ECU								1.308	1.270	1.134	1.121	1.066
HUNGARY	*FORINT	19.890	16.800	15.830	13.400	12.670	10.910	9.520	8.000	6.560	6.370	4.664	4.224
ICELAND	*I KRONA	23.400	17.600	17.200	17.000	17.400	14.800	14.300	15.500	15.000	14.100	14.100	13.830
IRELAND	ECU								1.308	1.270	1.134	1.121	1.066
ITALY	ECU								1.308	1.270	1.134	1.121	1.066
LATVIA	LAT											1.695	1.709
LITHUANIA	LITAS						.232	.251	.250	.250	.250	.250	.250
MALTA	M POUND	3.025	2.871	3.153	3.100	3.146	2.617	2.649	2.833	2.775	2.592	2.592	2.504
NETHERLANDS	ECU								1.308	1.270	1.134	1.121	1.066
NORWAY	*N KRONE	153.665	144.936	160.086	154.822	161.347	140.772	141.003	157.960	155.061	141.684	132.450	128.280
POLAND	*ZLOTY	2.322	.691	.105	.100	.070	.060	.044	.410	.370	.310	.287	.253
PORTUGAL	ECU								1.308	1.270	1.134	1.121	1.066
ROMANIA	*LEU	70.100	67.000	47.100	17.700	3.600		1.400	.500	.300	.100	.100	.100
SLOVAKIA	*KORUNA						32.610	31.230	33.670	32.630	29.750	28.385	23.853
SPAIN	ECU								1.308	1.270	1.134	1.121	1.066
SWEDEN	ECU								1.308	1.270	1.134	1.121	1.066
SWITZERLAND	*SW FRANC	685.416	612.046	723.330	700.331	713.735	677.152	733.148	847.179	809.961	689.458	689.458	666.604
UK	ECU								1.308	1.270	1.134	1.121	1.066
YUGOSLAV SFR	*YU DINAR	.383	.032										
AUSTRALIA	A DOLLAR	.729	.816	.770	.785	.769	.703	.693	.743	.759	.744	.629	.645
COOK IS	NZ DOLLAR	.656	.598	.597	.579	.538	.541	.594	.656	.688	.663	.535	.530
FIJI	F DOLLAR	.699	.675	.676	.678	.666	.649	.683	.711	.713	.693	.503	.508
FR POLYNESIA	*CFP FRANC	9.230	8.624	10.077	9.782	10.394	10.565	9.902	11.001	10.780	9.676		
KIRIBATI	A DOLLAR	.784	.793	.781	.779	.735	.680	.732	.742	.783	.744	.629	.645
NEWCALEDONIA	*CFP FRANC	9.233	8.624	10.077	9.782	10.389	10.565	9.902	11.001	10.780	9.676		
NEW ZEALAND	NZ DOLLAR	.647	.624	.587	.599	.555	.532	.563	.633	.668	.696	.535	.530
PAPUA N GUIN	KINA	1.154	1.169	1.047	1.051	1.037	1.022	.995	.784	.759	.697	.483	.394
SAMOA	TALA	.481	.441	.433	.417	.406	.389	.395	.404	.406	.391	.338	.332
SOLOMON IS	S DOLLAR	.481	.437	.396	.369	.341	.314	.304	.294	.281	.268	.207	.203
TONGA	PA'ANGA	.784	.793	.781	.772	.742	.723	.758	.787	.812	.792	.671	.625
TUVALU	A DOLLAR	.784	.793	.781	.779	.735	.680	.732	.742	.783	.744	.629	.645
VANUATU	*VATU	9.580	8.639	8.590	8.958	8.833	8.227	8.597	8.916	8.949	8.636	7.842	7.748
USSR	ROUBLE	1.647	1.588	1.712	.572								

＊＝1,000 通貨単位

تجارة المنتجات الزراعية

農産物貿易

TRADE IN AGRICULTURAL PRODUCTS

COMMERCE DES PRODUITS AGRICOLES

COMERCIO DE PRODUCTOS AGROPECUARIOS

表 1

全商品貿易合計

輸　入：100,000 $　　　　　　　　　　　　　　輸　出：100,000 $

	1994	1995	1996	1997	1998	1999	1994	1995	1996	1997	1998	1999
WORLD (FMR)	42843397	50974080					42368554	50621040				
WORLD	43211285	51528000	53872991	55756319	55238331	57340154	42761952	51120634	53423635	55382075	54610075	55728526
AFRICA (FMR)	1026296	1210617					939193	1092795				
AFRICA	1029613	1215075	1205163	1301794	1316839	1380247	939906	1093596	1221747	1218252	1077524	1128248
ALGERIA	101505	108227	86900*	86884	93230	98500*	94708	102400*	126210*	138941	101260	117000*
ANGOLA	16330	17000*	20530*	23323*	21200*	21200F	30010	38800*	45210*	42219*	28800*	28800F
BENIN	4930	6920*	6650*	6410*	6570*	8175*	3910*	4140*	4240*	4070*	4155*	5500*
BOTSWANA	16398	19159	14365	18887	23533	23533F	18480	21449	22337	27696	20690	20690F
BURKINA FASO	4886*	6669*	7478*	7341*	7812*	6963*	2448*	3060*	3100*	3270*	3232*	2547*
BURUNDI	2238	2336	1238	1232	1569	1410*	1190	1043	374	876	850	552*
CAMEROON	10710*	10671	12266	13617	14340*	13902*	16190*	16537	17690	18600	26713*	29350*
CAPE VERDE	2092	2525	2344	2354	2400F	2400F	50	90	127	140	100F	100F
CENT AFR REP	1513	1889	1799	2320*	1595*	1595F	1514	1786	1468	1737*	1361*	1361F
CHAD	1758	2838	2997	2814	2975	3176	1570	1840*	2383*	2366*	2616*	2112
COMOROS	528	626	643	601	543*	543F	113	113	64	87*	88*	88F
CONGO, DEM R	3830	3900F	4170*	4500F	4500F	4500F	4210	4610*	4320*	4500F	4500F	4500F
CONGO, REP	4000	5559	4880*	6493*	6108*	6108F	9608	11755	14874	16340	12360*	12360F
CÔTE DIVOIRE	19223	28952	31534	36751	40178	42898	29530	38215	42541	42042	44075	47891
DJIBOUTI	2430*	2750F	3080*	2350*	2750*	2750F	170*	170F	230*	277*	228*	228F
EGYPT	101850	117390	141066	155648	168990	169690	34630	49570	46085	53454	51280	44450
EQ GUINEA	640*	580*	1680*	790*	320*	280*	686*	1280*	2320*	4970*	4230*	4070*
ERITREA	3959*	4038*	4822	4946*	5268*	5069*	645*	806*	819	535*	279*	263*
ETHIOPIA	10359	11420*	10309	11000*	14200*	13170*	3788	4225	4383	5883*	5683*	5100*
GABON	9010	9067	9695*	11150	13950	13350	23898	27523	31851	25830	26020	22530
GAMBIA	2099	2454	2388	2777	2281	1920*	381	228	184	160	255	270*
GHANA	15799	16878	19370	21283	22142	23030*	12704	14312	15712	14890	18300	18500F
GUINEA	7061	7500*	8586	9882	10900*	10900F	6260*	6500*	7588	8038	8000*	8000F
GUINEABISSAU	630	664	630*	889*	632*	948*	330	310	215*	486*	268*	493*
KENYA	20714	31034	30328	32361	32874	29140	15416	19468	21312	20482	20128	17540
LESOTHO	9565	11025	11269	11882	9450	8990*	1436	1602	1900	1962	1939	1726
LIBERIA	2800*	3500F	4050*	4000F	4000F	4000F	3500F	4000F	5120*	5000F	5000F	5000F
LIBYA	42060*	62000	66500	65000	60000	62000	78090	85000	101000	99000	60000	79000
MADAGASCAR	5043	5485	5079	4713	5134	5134F	4463	3688	3003	2244	2576	2576F
MALAWI	6099	5115	6417	7837	5730	6636	3812	4398	5131	5175	6804	4766
MALI	6305	7970	7972	7651	8095	7980*	3372	5528	4463	5346	6505	6650*
MAURITANIA	2400	2450F	2500F	2400F	2400F	2400F	4108	4982	4911	4479	4479F	4479F
MAURITIUS	18970	19930	22898	22586	24374	21851	13260	15849	17913	16510	19625	15155
MOROCCO	71760	85360	82572	95248	102623	108047	39758	47138	47453	46890	71352	73729
MOZAMBIQUE	10190*	7840*	7740*	7540*	8050*	11610*	1500	1690*	2220*	2260*	2340*	2680*
NAMIBIA	14081	14256	15528	16419	15071	14256	13222	14200	14614	13630	12180	12467
NIGER	3890*	4380*	4333*	4367*	3834*	3970*	2258*	2867*	3017*	2691*	2976*	2760*
NIGERIA	66573	79120*	69320*	103300*	100020*	141420*	94787	117250*	161530*	152130*	97290*	120820*
RÉUNION	23589	27058					1721	2078				
RWANDA	2360*	2370*	2302*	2704*	2510*	2285*	730*	731	1124	903	620	611
ST HELENA	90F	90F	90F	90F	90F	90F						
SAO TOME PRN	336	340*	280*	160*	200F	200F	54	78*	60F	70F	100F	80F
SENEGAL	11638*	13840*	14750*	13370*	14350*	14600*	7926	9694	9908	9337	9873	10900
SEYCHELLES	2064	2329	3783	3405	3829	3829F	519	532	1394	1133	1215	1215F
SIERRA LEONE	1507	1500F	2108	1500F	1500F	1400F	1155	1000*	1100*	1000F	1100F	1100F
SOMALIA	2690*	1930*	1700*	1800F	1800F	1800F	1360*	1450*	1500F	1500F	1500F	1500F
SOUTH AFRICA	215389	268579	270358	275651	261623	261621F	249876	283315	294967	286234	269959	269959F
SUDAN	11620*	10250*	15044	15797	19150*	19150F	4860*	5070*	6202	5942	5960*	5960F
SWAZILAND	9283	10176	10825	11730	10151	10151F	7920	8687	9014	9612	7904	7904F
TANZANIA	15050	15408	13886	13173	15699	16445	5194	6829	7638	7526	5885	5410
TOGO	3662*	5069*	4251*	4007*	4465*	5880*	1958	2220*	2387	2240*	2400*	3850*
TUNISIA	65739	78969	77015	79586	83413	84391	46443	54730	55170	55639	57296	58383
UGANDA	8998	11655	12527	13180*	14185*	13456*	4629	5603	6393	5495*	5050*	5150*
ZAMBIA	8900F	9500F	11945	7000F	6500F	6500F	10664	11859	12527	11000F	9000F	9000F
ZIMBABWE	22473	26736	28376	39097	27734	27734F	18899	21296	24451	25417	21125	21125F
N C AMERICA	9318578	10203493	10856482	12118526	12754071	14132006	7300009	8451110	9089121	9926571	9840800	10364816
ANTIGUA BARB	2500F	2600F	2750F	3000F	3100F	3100F	445*	412*	440F	450F	450F	450F
ARUBA	15919	17568	20360	21172	15190	20064	12769	12898	17343	17258	11717	14143
BAHAMAS	19200F	12390	13430	16220	20510	16450	17000	14000F	23000F	17000F	20000F	25000F
BARBADOS	6106	7660	8336	9955	10098	10679	1804	2374	2806	2829	2482	2504
BELIZE	2599	2583	2556	2862	2952	3663	1435	1618	1534	1586	1710	1825
BERMUDA	5509	5501	5690	6190*	6290*	6290F	320	520	670	570	440	440F
BR VIRGIN IS	1283	1303	1400F	1400F	1400F	1400F	49	52	50F	50F	52F	52F
CANADA	1484030	1644430	1705310	1970010	2015180	2152990	1651960	1911630	2021530	2152070	2149090	2388440
CAYMAN IS	3240	3990	3778	4303	5056	5000F	161*	408	264	216	144	200F
COSTA RICA	30250	32592	34797	40882	45453	43670	19417	25701	27436	29538	32731	26410
CUBA	23530*	29920*	35690	39873	41812	45000F	13142	15070*	18655	18191	15395	15395F

表 1

全商品貿易合計

輸　入：100,000 $　　　　　　　　　　　　　　　　輸　出：100,000 $

	1994	1995	1996	1997	1998	1999	1994	1995	1996	1997	1998	1999
DOMINICA	962	1172	1298	1261	1203	1246	471	451	512	522	582	593
DOMINICAN RP	29917	31642	35807	41920	48966	53796	7364	8721	9455	10173	8802	8722
EL SALVADOR	25900	33208	32195	37370	39497	30970*	12572	16479	17874	24145	24399	24670*
GREENLAND	3638	4345	4690	3800	4090	4200*	2853	3719	3691	2937	2540	2900*
GRENADA	1186	1215	1521	1663	1999	2071	215	218	199	202	268	457
GUADELOUPE	15383	18968					1526	1612				
GUATEMALA	26476	32925	31462	37125	46508	43770*	15026	19355	22133	23917	25817	24610*
HAITI	2520*	6520*	6650*	6480*	7970*	10420*	840*	1690*	1100*	1200*	1750*	1995*
HONDURAS	14603	16427	18400	21485	24997	27278	9655	12202	13208	14457	15768	12488
JAMAICA	22332	28318	29337	31278	29917	28966	12196	14368	13873	13873	13163	12365
MARTINIQUE	16392	19698					2180	2419				
MEXICO	609790	462743	589641	734757	828163	915654	346130	484383	590794	652658	643764	725375
MONTSERRAT	299	300F	300F	253	193	222	29	30F	30F	35F	40F	47
NETHANTILLES	17577	18409	25186	20828	20622	20622F	13755	15219	12694	14884	11694	11694F
NICARAGUA	8744	9489	11602	14214	14921	18450*	3564	5637	6705	7462	5390	5230
PANAMA	24021	25353	27811	30064	34178	35150*	5398	5772	5664	6479	7039	8210*
ST KITTS NEV	1500F	1323	1459	1472	1480*	1480F	299	270*	305*	356	380F	380F
ST LUCIA	3018	3061	3146	3330	3349	3441	949	1089	794	612	621	589
ST PIER MQ	747	743	726	660	609	609F	149	111	41	51	65	65F
ST VINCENT	1298	1357	1474	1720	1920	2008*	503	593	516	460	496	485*
TRINIDAD TOB	11349	17223	21491	29929	30030	27448	19562	24689	25074	25420	22611	28081
USA	6886760	7708520	8178190	8983050	9446420	10595900	5126270	5847400	6250730*	6886970*	6821400*	7021000*
SOUTHAMERICA	1082160	1365524	1426096	1684250	1665175	1371731	1094966	1276889	1374286	1469044	1366026	1289437
ARGENTINA	215903	201230	237618	304502	314035	255082	158392	209631	238107	264304	264410	233327
BOLIVIA	11963	14336	15363	18508	19831	17550*	11242	11812	12320	12751	11969	10440*
BRAZIL	355119	537830	569470*	650070*	628050*	536000*	435452	465060	477467	529901	511199	480100*
CHILE	115009	153483	178235	196623	187790	151376	116435	164465	155461	166541	150772	161167
COLOMBIA	118830	138531	136570	153777	146345	106586	83986	97638	107540	115228	108901	115753
ECUADOR	36220	41526	39317	45201	55757	30173	38427	43807	48727	52644	42031	44511
FR GUIANA	6734	7833					1492	1582				
GUYANA	5063	5365	5950	6416	6012	5502	4634	4957	5748	5934	5470	5250
PARAGUAY	21404	27822	28505	34034	23773	23773F	8168	9193	10435	11410	10018	10018F
PERU	67520	76880	77800	85680	82000	67500*	45548	55720	58970	67540	57229	61000*
SURINAME	5430*	5830*	5900*	5900*	6000*	6000F	2936	4574	5000*	4600*	4400*	4400F
URUGUAY	27726	28669	33228	37160	38082	33568	19134	21060	23972	27257	27687	22368
VENEZUELA	95240*	126190*	98140*	146380*	157500*	138622	169120*	187390*	230540*	210934	171940	141103
ASIA (FMR)	12189207	14937007					13164053	15506031				
ASIA	12289260	15046630	15871379	16122286	13639427	14812001	13261992	15624959	16048741	17066685	15878867	16751941
AFGHANISTAN	3700F	4500F	4500F	4500F	4500F	4500F	1550F	1550F	1550F	1500F	1500F	1500F
ARMENIA	3938	6739	8558	8923	9024	7130	2325	2709	2903	2325	2205	2100
AZERBAIJAN	7779	6677	9606	7943	10772	9310	6527	6372	6312	7813	6062	6380
BAHRAIN	37485	37163	42736	40255	35662	35883	36173	41134	47005	43835	32702	40883
BANGLADESH	34385	54369	62352	67959	70292	71614	24685	34070	35390	40177	50546	51580
BHUTAN	977	1179	1315	1463	1677	2369	712	1038	995	1197	1070	1315
BRUNEI DARSM	16950	18966	24939	21291	13983	13983F	22960*	23861	26025	26842	20589	20589F
CAMBODIA	4990*	6309*	4667	6600*	6500F	7300F	2400*	3420*	3000F	3300F	3400F	3800F
CHINA	2009642	2356340	2411700	2567950	2449020	2763890	2140549	2604390	2670420	3048730	2942940	3165224
CHINA,H.KONG	1613410	1923550	1980900	2083470	1843530	1795200*	1509320	1733920	1803310	1878170	1738470	1738900*
CYPRUS	30163	36933	39844	36999	36838	36344	9686	12284	13922	12468	10659	10011
GAZA STRIP	4000F	4000F	4000F	4000F	4000F	4000F	1000F	1000F	1000F	1000F	1000F	1000F
GEORGIA	3373	3962	7184	9435	8843	5450	1517	1517	1994	2398	1923	2060
INDIA	278909	380302	388976	424351	422638	446250*	264557	329694	332688	353600	339850	365640*
INDONESIA	319835	406287	429285	416798	273369	306520	400530	454180	498148	535469	488476	483140
IRAN	126170	127740	151170	141960	143230	132900	194340	183600	223910	183810	136830	178530
IRAQ	19000F	23500F	19000F	42600*	44000F	44000F	3820*	4190*	7310F	47310*	49600*	49600F
ISRAEL	237790	282858	299490	290844	274698	306297	170057	190461	206102	225908	232856	235547
JAPAN	2753943	3374460	3495010	3389940	2812690	3095120	3968360	4442140	4114830	4216140	3886350	4172770
JORDAN	33737	36960	42914	41004	38273	37270	14241	17723	18163	18350	18018	17817
KAZAKHSTAN	35612	37810	42613	42751	42566	30370	32310	49744	62304	63663	54038	47230
KOREA D P RP	12700*	12100*	12500*	12700*	13000F	13000F	8400*	7400*	7300*	9100*	9500F	9500F
KOREA REP	1023480	1351190	1503390	1446160	932818	1197520	960132	1250580	1297150	1361640	1323130	1436860
KUWAIT	66804	77821	83741	82553	86139	76618	112301	127786	148897	142372	95501	122176
KYRGYZSTAN	3170	5223	8377	7100	8410	5170	3400	4080	5054	6310	5140	4150
LAOS	4654	6977	6896	7060*	5530*	5240*	2227	3726	3259	3590*	3700*	3690*
LEBANON	59900	72950	75589	74597	70563	62065	7370*	8270*	10178	7167	7152	6768
CHINA, MACAO	21024	20207	19789	20625	19374	20248	18452	19768	19749	21278	21221	21838
MALAYSIA	594591	774920	784051	801335	582858	654901	586964	737606	783043	801169	732169	845189
MALDIVES	2220	2680	3004	3490*	3540*	4020*	460	500	592	730*	760*	630*
MONGOLIA	2580	4153	4510	4683	5033	4258	3680	4733	4229	4515	3452	3356
MYANMAR	14082	18131	19788	21934	26700*	23030*	9135	8858	9219	9510	10017	12500F
NEPAL	10301	12732	13869	16470	13498	12880*	3908	3539	3554	3941	4175	5350*

表　1

全商品貿易合計

輸　入：100,000 $　　　　　　　　　　　　　輸　出：100,000 $

	1994	1995	1996	1997	1998	1999	1994	1995	1996	1997	1998	1999
OMAN	40126	43774	47268	51893	56800	46740*	55432	60663	73437	76287	55172	55172F
PAKISTAN	85408	103756	118148	114083	97035	94264	68930	79373	83110	80354	83950	79556
PHILIPPINES	225460	264794	323292	359338	296600	311680*	134829	173711	205430	252277	294964	321870*
QATAR	19274	33981	28636	29923	30703	31472	29811	35571	38330	38560	50300	53251
SAUDI ARABIA	233433	280871	277645	287407	300100	300100F	424994	499095	605652	607273	397715	397715F
SINGAPORE	1026700	1244140	1313360	1327260	958576	1156420	965431	1182050	1250160	1253050	1106800	1043390
SRI LANKA	44305	48865	50005	58640*	58910*	62460*	31558	38856	40619	46320*	47350*	45870*
SYRIA	54676	47088	53796	40277	38955	38317	35470	39700	39989	39156	28903	34638
TAJIKISTAN	5470	8092	6681	7500	7110	5980	4919	7486	7658	7460	5970	6100
THAILAND	545019	708912	733672	637514	433584	504237	458086	565156	557219	598559	549278	585372
TURKEY	232700	357091	436267	485587	459214	406867	181061	216370	232245	262611	269740	265875
TURKMENISTAN	14680	13640	13134	11830	10080	8500F	21450	18810	16926	7510	5940	6050F
UNTD ARAB EM	265552	280000F	289542	380000*	410000*	440000*	250600*	293700*	393959	563550*	607000*	616000*
UZBEKISTAN	26030	27480	47117	45230	31250	31400F	25490	28210	42108	33480	32180	32350
VIET NAM	58258	81554	111436	115923	115270	116360	40543	54490	72550	91850	93610	115230
YEMEN	20875	12908	15118	20137	21673	23016	9339	15874	19843	23062	14975	25877
EUROPE (FMR)	18212320	22044296					18608512	22814334				
EUROPE	18854293	22944725	23694682	23738310	25113492	24823667	19530601	23993232	24905866	24932921	25739893	25479918
ALBANIA	6018*	7280*	6450*	7130*	8700*	11531	1410*	2049*	2437*	1586*	2080*	2735
AUSTRIA	553576	662371	685190	657368	694986	695490	449727	572355	582333	597822	640797	649887
BELARUS	30660	55636	69393	86888	85493	66640	25100	47068	56515	73012	70697	59220
BEL-LUX	1307440	1613100	1658960	1619240	1689820	1662470	1433750	1742980	1761450	1745250	1818960	1791440
BULGARIA	43132	56382	50739	49320	49567	54687	41077	53449	48902	49397	41935	39672
CROATIA	52293	75099	77880	91040	83830	77774	42604	46327	45118	41707	45410	42797
CZECH REP	149808	252691	277239	273440	288900	280813	142644	216613	219121	229250	264446	263529
DENMARK	359035	441293	452296	449007	490079	500711	417678	493901	513439	492712	487388	487388F
ESTONIA	16649	25463	32241	44372	47872	41077	13125	18400	20780	29354	32448	29377
FAEROE IS	2426	3143	3703	3588	3881	4705	3271	3621	4169	3933	4416	4701
FINLAND	232228	294692	314274	316102	329574	312061	296608	404891	411328	414692	437481	411359
FRANCE	2444500	2893900	2933950	2850170	3077460	3136470	2498430	3011600	3051800	3021330	3206060	3243740
GERMANY	3815430	4638690	4584660	4407890	4714370	4649420	4271080	5234560	5239260	5120610	5437090	5363120
GREECE	215164	258960	269349	269189	298220	255115	94070	110539	112307	113241	107784	98381
HUNGARY	146323	154911	181437	212340	257064	280080	107452	129759	157037	190999	230053	250120
ICELAND	14664	17610	20399	20195	24832	25080*	16110	18074	18854	18501	19260	20070*
IRELAND	256219	323390	343268	377463	431876	456067	340102	447048	483489	533456	643252	703240
ITALY	1692350	2059880	2083040	2101250	2158060	2170070	1914400	2337640	2523420	2404060	2417310	2305750
LATVIA	12440	18190	23190	27210	31910	29450	9910	13040	14430	16770	18110	17230
LITHUANIA	23355	36485	45586	56434	57936	48345	20288	27057	33564	38625	37106	30380
MACEDONIA	14841	17189	16269	17785	19147	19147F	10863	12041	11474	12368	13107	13107F
MALTA	23997	27449	28035	25524	26658	28570*	15589	16480	15827	14643	17124	19860*
MOLDOVA REP	6590	8407	10792	11710	10240	4990	5650	7455	8016	8741	6321	4080
NETHERLANDS	1503970	1852300	1902090	1907240	1956230	2028310	1609500	2031690	2060440	2078260	2139600	2186180
NORWAY	272084	329505	356175	357327	375901	342147	344717	420016	496350	485126	405188	455684
POLAND	215691	290497	371367	423075	470556	459112	172401	228949	244398	257513	282289	274074
PORTUGAL	270725	326097	352095	350531	380501	386116	179964	227841	246228	239546	247203	239114
ROMANIA	71090	102780	114350	112797	118378	103953	61513	79100	80840	84310	83020	85030
RUSSIAN FED	386614	466799	462380	535671	455590	309643	668620	798690	876290	866266	725530	729540
SLOVAKIA	66149	87808	111237	117207	130803	113000	66949	85891	88311	96395	107259	101970
SLOVENIA	73039	94917	93583	92980	100980	99544	68299	83502	83700	84071	90954	86085
SPAIN	920579	1095920	1219110	1156660	1366510	1353680	730314	937627	1021290	1007520	1119640	1041400
SWEDEN	515472	650351	669430	655940	683922	659598	611422	804407	826211	827536	847644	816972
SWITZERLAND	678953	800442	782940	795903	786361	754400	702554	815294	798530	761281	798716	761240
UK	2341720	2720550	2873900	3075080	3212060	3236450	2025690	2367610	2585780	2803950	2739260	2707050
UKRAINE	99890	160523	176034	171280	146756	118461	102720	131668	144008	142319	126374	115816
YUGOSLAVIA	19000*	24000*	41020	48260	48490	48490F	15000*	14000*	18420	26770	28580	28580F
OCEANIA	637381	752553	819190	791153	749328	820502	634479	680848	783874	768602	706966	714168
AMER SAMOA	4924	4128	4670	5000F	5200F	5200F	2484	2686	3100	3200F	3300F	3300F
AUSTRALIA	471920	553673	609111	587589	570770	629915	472491	497526	595119	586904	552413	554934
COOK IS	837	1058	620	720	700	730	41	46	32	43	60	60
FIJI ISLANDS	8263	8667	9871	9650	7220	11800*	5467	6185	7478	6216	5116	6500*
FR POLYNESIA	8700	10053	10193	9612	11259	11259F	2207	1930	2526	2303	2560	2560F
GUAM	5700F	5700F	5700F	5700F	5700F	5700F	854	850	732	420F	420F	420F
KIRIBATI	264	353	380	391	321*	321F	52	74	53	63	63*	63F
NAURU	200F	281	265	152	200F	200F	400F	283	298	253	400F	400F
NEWCALEDONIA	8645	9559	10035	9537	9631	9631F	4168	5293	5414	5575	3979	3979F
NEW ZEALAND	109705	139897	146905	141375	121303	128405	117773	136801	141354	139450	118086	119678
NIUE	41	65	45	65F	65F	65F	2	3	3	4F	4F	4F
NORFOLK IS	250F	250F	250F	250F	250F	250F	27F	27F	27F	27F	27F	27F
PACIFIC IS	500F	500F	500F	500F	500F	500F	180F	180F	180F	180F	180F	180F
PAPUA N GUIN	13290	12701	15150	14839	10840	10874	26487	26654	25305	21461	18012	19724
SAMOA	802	921	990	1002	971	1157	35	88	98	147	189	182

表 1

全商品貿易合計

輸　入：100,000 $　　　　　　　　　輸　出：100,000 $

	1994	1995	1996	1997	1998	1999	1994	1995	1996	1997	1998	1999
SOLOMON IS	1423	1547	1509	1838	1594	1594F	1422	1685	1620	1559	1414	1414F
TONGA	690	806	748	727	658	705	135	147	122	109	78	116
TUVALU	80	93	82	61	70*	70F	3*	1	3	3	3F	3F
VANUATU	894	950	1003	969	915	965	250	283	301	353	339	300F
WALLIS FUT I	250F	363	329	324	330F	330F		3	3	3	4F	4F
CZECH F AREA	173634	242778					161504	198903				
ETHIO F AREA	11000	11000					3720	4230				
USSR F AREA	377456	460590					627342	799034				
YUGO F AREA	135900	180000					108180	123950				

表　2

農産物合計

輸　入：100,000 $　　　　　　　　　　　　輸　出：100,000 $

	1994	1995	1996	1997	1998	1999	1994	1995	1996	1997	1998	1999
WORLD (FMR)	3997136	4554431					3833827	4372245				
WORLD	4049445	4618889	4789229	4668239	4550056	4414432	3890568	4434094	4656989	4580124	4381126	4173101
AFRICA (FMR)	182457	214246					133621	151738				
AFRICA	182511	214396	205668	202723	205926	186410	133675	152029	165157	160276	168171	148854
ALGERIA	34009	32123	27756	28540	26509	23791	349	1078	1367	454	433	346
ANGOLA	3577	4423	4968	4822	4759	3984	13	51	49	45	48	37
BENIN	1403	1549	1392	1325	1296	1442	1151	2014	1871	2147	1932	1359
BOTSWANA	2841	3925	3738	3752	3412	3308	966	1323	1133	1184	1141	935
BURKINA FASO	896	931	919	1025	1267	1126	797	1411	1151	1412	1871	1292
BURUNDI	565	525	212	227	288	148	1135	966	360	864	631	542
CAMEROON	1511	1658	894	1340	1691	1439	3928	5645	6238	4697	5043	4592
CAPE VERDE	641	837	747	764	733	542	2	2	2	2	2	2
CENT AFR REP	582	647	493	514	419	355	369	512	346	345	351	289
CHAD	273	530	675	411	338	329	1178	1451	1279	1491	1424	819
COMOROS	201	285	230	217	194	280	80	66	33	34	28	66
CONGO, DEM R	1992	2826	2523	2401	2044	1445	927	1264	999	589	873	478
CONGO, REP	851	1056	1230	1154	1416	1025	72	109	51	166	139	189
CÔTE DIVOIRE	2988	4456	4206	4390	4506	4410	15567	21726	24212	23734	29987	28305
DJIBOUTI	911	948	901	879	1046	1128	38	46	46	46	68	68
EGYPT	27770	33644	38619	34376	34381	35081	5526	5361	5211	4423	5750	5852
EQ GUINEA	60	113	117	134	164	119	40	40	72	46	126	63
ERITREA	536	430	693	772	619	291	72	39	48F	30	29	32F
ETHIOPIA	3285	2451	1955	1171	1708	1666	3619	4175	4171	5261	5317	4215
GABON	1136	1569	1609	1519	1448	1320	49	93	127	139	104	94
GAMBIA	784	829	775	844	968	1009	153	155	160	113	111	99
GHANA	2093	2072	1739	1369	2010	2461	3586	3929	7802	5240	5737	5318
GUINEA	1769	2149	2145	1964	1886	1588	448	611	433	511	584	366
GUINEABISSAU	330	320	365	259	250	163	321	215	225	216	219F	219
KENYA	4349	3178	2781	5500	5585	3312	10443	11524	11652	11566	13836	10292
LESOTHO	1392	1749	1703	1543	1608	1623	134	120	95	93	74	71
LIBERIA	861	878	839	750	725	602	93	129	246	452	419	568
LIBYA	9585	12715	12701	12086	10370	7804	249	613	438	469	536	476
MADAGASCAR	767	867	662	880	846	710	2371	1999	1379	916	875	805
MALAWI	1645	982	765	734	1204	919	2877	3894	4105	4838	4906	3633
MALI	874	1117	965	907	1081	1017	2390	2695	3119	2975	3119	2641
MAURITANIA	1099	1429	1581	1623	2514	1909	307	382	406	383	342	346
MAURITIUS	2739	3102	3752	3322	3024	3118	3669	4199	5009	4045	4166	3511
MOROCCO	11621	18254	16977	14311	15603	15169	5976	7804	8955	8315	8398	8829
MOZAMBIQUE	4019	2766	2226	1806	2189	1899	633	559	516	526	471	322
NAMIBIA	1007	1323	1208	1090	970	999	2170	2172	2184	1323	1858	1231
NIGER	1019	1081	994	966	1654	1111	495	558	503	481	1029	1015
NIGERIA	8032	11305	12608	14234	14649	14998	3268	4083	6124	5418	5824	5495
RÉUNION	4201	4997					1195	1463				
RWANDA	958	825	1035	815	885	711	160	374	497	553	492	475
ST HELENA	34	35	34	34	32	32						
SAO TOME PRN	69	89	104	56	84	71	53	37	51	41	85	51
SENEGAL	3524	4451	4792	4098	5104	4982	1259	1153	939	896	1040	737
SEYCHELLES	361	455	527	576	501	492	13	17	18	21	19	20
SIERRA LEONE	1345	1409	1450	1351	1390	1273	209	160	107	138	115	83
SOMALIA	997	774	912	914	1032	885	681	757	763	752	679	714
SOUTH AFRICA	15410	20255	19580	18901	17238	13615	21176	22843	24889	25161	24114	21871
SUDAN	3315	2579	2818	3240	3112	2498	4714	5004	5664	5679	5127	3482
SWAZILAND	1037	960	954	2171	2030	2172	2821	2893	3093	3782	4283	3484
TANZANIA	1783	1992	1652	2687	2845	2591	3779	4379	4958	5124	4343	3058
TOGO	391	675	769	681	986	845	756	1272	1327	1284	1334	1244
TUNISIA	7060	10746	8203	9098	9106	7492	5226	4677	3224	5229	4385	5776
UGANDA	486	738	399	915	1991	2391	4247	4674	4918	4230	3881	4083
ZAMBIA	428	697	814	1021	2048	1024	159	361	526	819	809	660
ZIMBABWE	1096	1677	2964	2245	2166	1696	11766	8952	12067	11574	9661	8306
N C AMERICA	517688	541362	605573	653177	672717	686235	734624	878367	938818	918129	874344	810601
ANTIGUA BARB	324	324	337	365	350	302	4	3	4	4	4	4
ARUBA	792	775	801	730	798	724	110	110	110	110	129	129
BAHAMAS	2041	2000	2000	2251	2338	2243	322	319	499	653	833	833
BARBADOS	1214	1341	1444	1680	936	1652	507	690	1033	964	775	759
BELIZE	476	489	514	558	499	461	877	1132	1247	1143	1020	1083
BERMUDA	1397	1050	956	976	951	879						
BR VIRGIN IS	77	99	95	94	99	80						
CANADA	86067	90798	95226	105156	108455	108441	112390	127889	147025	151916	153937	146830
CAYMAN IS	551	586	578	573	556	642						
COSTA RICA	3041	3212	3813	4089	4773	3388	13665	17239	17950	18763	21155	17006
CUBA	6156	6976	7280	7102	6154	5452	7657	7738	10704	9161	7988	6764

表 2

農産物合計

輸　入：100,000 $　　　　　　　　　　　　　　輸　出：100,000 $

	1994	1995	1996	1997	1998	1999	1994	1995	1996	1997	1998	1999
DOMINICA	251	325	352	340	310	276	267	239	236	270	231	221
DOMINICAN RP	4241	5067	5441	6237	6138	5433	3748	3962	4525	5118	4575	3321
EL SALVADOR	3428	4185	5164	5613	5433	4841	3934	5344	5040	7230	5455	4662
GREENLAND	534	563	648	600	692	734	9	24	23	43	25	26
GRENADA	323	368	437	353	367	308	104	136	132	138	158	205
GUADELOUPE	3269	3715					936	839				
GUATEMALA	3566	4028	4640	5435	6473	5705	9543	13044	12878	14897	16199	14312
HAITI	2070	3734	3141	3170	3072	2974	178	344	281	291	315	226
HONDURAS	1978	2124	2983	3840	3142	4308	4212	5347	4845	5136	7278	4686
JAMAICA	2599	3531	3623	4024	4383	4033	2437	2902	3024	3086	2927	2944
MARTINIQUE	3224	3463					1166	1499				
MEXICO	71352	53330	75498	77644	84939	87523	40323	57178	56221	62922	68649	70064
MONTSERRAT	71	67	66	65	69	52						
NETHANTILLES	1996	2179	2142	1719	1980	1805	1010	853	1347	581	220	164
NICARAGUA	1682	1819	2024	2140	2512	3107	2360	2758	3255	3705	2789	3129
PANAMA	2465	2661	3057	3099	3841	3997	3064	3044	2920	3326	2947	3117
ST KITTS NEV	196	242	275	242	253	206	136	161	133	192	136	102
ST LUCIA	720	772	758	805	812	669	557	641	589	404	388	381
ST PIER MQ	120	152	147	140	137	129						
ST VINCENT	302	319	333	412	364	284	349	446	366	345	420	372
TRINIDAD TOB	2156	2677	2872	3049	3249	3073	1444	1894	1882	2287	2274	2213
USA	309008	338391	378928	410674	418641	432514	523315	622594	662550	625444	573516	527048
SOUTHAMERICA	111344	144443	153142	163329	160106	122008	297837	336326	352148	411115	399094	358366
ARGENTINA	12142	11975	13047	17396	16575	13301	78283	101313	97596	122852	124310	108852
BOLIVIA	1454	1654	1675	1634	1841	1738	2477	2609	3476	4176	3831	3387
BRAZIL	44333	62375	62857	65818	58249	41057	125547	133541	143076	160018	152158	138244
CHILE	8425	10700	12770	12922	13083	11737	18057	22415	26298	25433	27634	29667
COLOMBIA	10785	13544	17302	17661	17629	14154	34177	33411	31791	40259	37852	31454
ECUADOR	2499	3588	4183	4883	7053	3266	13945	14525	16268	19445	15658	15770
FR GUIANA	1190	1417					76	105				
GUYANA	438	593	608	642	550	495	1837	1997	2488	2250	2331	2072
PARAGUAY	3566	5761	6436	6726	6291	6093	5896	6737	7934	8934	8224	6025
PERU	11001	12182	13948	14325	14521	10774	4887	5344	6573	8190	6395	7166
SURINAME	566	564	1469	1784	1651	1295	447	450	1049	1173	744	754
URUGUAY	3312	3607	4118	4259	5012	3821	8020	9201	11051	12957	14446	10846
VENEZUELA	11634	16483	14728	15279	17650	14277	4161	4649	4518	5398	5480	4108
ASIA (FMR)	1080448	1326499					626171	724053				
ASIA	1104433	1352220	1396524	1322159	1177051	1190589	656481	759498	778120	763529	690628	645464
AFGHANISTAN	895	1817	1350	1526	1771	1688	932	924	1046	863	863	979
ARMENIA	1614	2368	3120	2679	2561	2048	65	145	134	141	144	183
AZERBAIJAN	2170	2746	3843	2558	3140	1998	1805	371	922	996	751	874
BAHRAIN	3289	3345	3229	4138	3446	3206	106	1046	158	536	544	513
BANGLADESH	5863	10762	12181	13682	13078	20639	1033	1287	1057	1422	1587	1385
BHUTAN	185	215	231	223	187	177	156	188	195	171	174	174
BRUNEI DARSM	2135	2090	2248	1779	1786	1532	76	95	215	217	217	213
CAMBODIA	677	1085	1154	1239	1185	4321	238	392	407	490	304	480
CHINA	124194	182715	175133	163240	133424	128617	145798	143636	143442	134467	121066	117753
CHINA,H.KONG	94834	105748	109417	109960	96787	84374	54059	57650	61621	56543	47429	37188
CYPRUS	5255	7234	9933	9751	7186	6815	4191	6211	8318	7397	5310	4730
GAZA STRIP	567	682	682F	682F	682F	682F	696	811	811F	811F	811F	811F
GEORGIA	2228	2642	2518	1981	2292	1466	283	243	495	626	535	559
INDIA	22050	22236	22082	25774	38328	52363	32395	54937	58507	56564	52253	46040
INDONESIA	31291	48839	56236	44674	36548	47362	48442	54927	59051	60905	50543	51357
IRAN	20639	36261	32143	33432	25299	26712	10814	10663	10723	8906	10853	11121
IRAQ	7639	10730	9234	14269	15543	15129	81	79	104F	179F	218	68F
ISRAEL	16695	18259	20282	19684	18297	18428	11628	13814	13395	12352	11868	12024
JAPAN	377036	411807	417897	382047	347546	352757	16362	17500	15823	16387	15583	16600
JORDAN	7720	8074	7766	9393	9004	8200	1718	2270	1806	4321	3787	2995
KAZAKHSTAN	5010	4984	4843	6054	4590	3608	4710	6606	8100	9178	5065	5082
KOREA D P RP	1737	3748	3891	4466	3878	3187	1436	993	710	1104	1016	429
KOREA REP	78438	96733	107361	97098	67625	73248	13310	16510	17605	18104	16558	16942
KUWAIT	11378	12089	13112	12646	13017	12757	305	333	732	495	471	542
KYRGYZSTAN	892	1069	1835	1112	1011	1082	1032	1367	2126	1932	2017	1884
LAOS	218	220	279	189	242	51	525	720	287	237	304	301
LEBANON	11111	11947	11454	11400	11633	10653	1181	1255	1297	1437	1294	1148
CHINA, MACAO	3171	3079	2979	2624	2297	2263	1053	772	764	469	442	385
MALAYSIA	31824	38771	43829	43715	35346	37330	65648	82276	78224	73295	77564	71175
MALDIVES	541	579	629	538	543	487						
MONGOLIA	473	672	641	818	717	615	428	368	1106	1220	1132	910
MYANMAR	3214	4193	2595	1188	2765	2593	4395	4104	3339	3284	2361	899
NEPAL	1347	1634	1842	1857	1328	1203	540	587	655	1371	591	541

表 2

農産物合計

輸　入：100,000 $　　　　　　　　　　　　輸　出：100,000 $

	1994	1995	1996	1997	1998	1999	1994	1995	1996	1997	1998	1999
OMAN	7866	8422	8530	8625	8461	8094	2158	2395	2231	2698	2753	2768
PAKISTAN	13762	24256	20937	18157	20849	23656	6852	10177	13957	8370	11535	11888
PHILIPPINES	18720	23784	28053	25437	27623	26458	14413	18810	17560	18025	17179	13584
QATAR	2928	3292	2906	3104	2936	2638	167	169	142	136	139	127
SAUDI ARABIA	31234	44818	47409	48936	45831	41926	4120	4569	3988	4719	4664	3210
SINGAPORE	49305	52489	52169	52985	41646	42003	40154	43202	42224	41319	34762	29748
SRI LANKA	4095	6586	7676	8569	8325	7719	3755	6720	8755	10792	10639	9487
SYRIA	9805	7803	8642	7951	7813	8562	7968	7524	8523	10208	8831	7733
TAJIKISTAN	2602	2480	1688	1884	2052	2190	1255	2064	1874	2113	1491	1177
THAILAND	23872	29067	32505	30521	22473	23134	71207	90218	95177	86922	70974	71586
TURKEY	18058	36035	40080	40930	35078	26543	40339	43009	47003	52063	47881	42098
TURKMENISTAN	1576	1977	2657	2484	1519	1683	4040	4809	3577	2781	1553	1465
UNTD ARAB EM	21605	23504	25796	24830	24225	23918	6124	7165	8719	7369	7510	8579
UZBEKISTAN	7892	7455	8855	7856	7613	6723	17120	19841	12635	18531	13985	10716
VIET NAM	6355	11936	10903	7254	9878	10034	10640	14970	18150	20696	22454	24380
YEMEN	8425	8945	11750	6218	7629	7716	731	774	428	363	618	632
EUROPE (FMR)	1958517	2155149					1827357	2044920				
EUROPE	2096059	2321093	2378373	2276983	2288875	2178787	1888000	2112252	2187726	2078831	2041014	2003072
ALBANIA	2312	1796	3187	1735	2303	2074	205	146	341	272	182	201
AUSTRIA	33155	43001	43168	44579	43581	46904	17342	24202	26313	27846	28374	34290
BELARUS	5495	7211	9451	10423	9441	8432	2437	2571	3668	5330	5996	4437
BEL-LUX	147858	181966	170323	164601	173483	162380	161459	195954	188173	181151	187726	177171
BOSNIA HERZG	3002	3405	5364	6192	5228	4627	19	38	127	138	389	248
BULGARIA	4893	4918	4280	4676	4042	3193	8962	11727	8897	6976	6895	6182
CROATIA	5824	9068	8983	8306	5329	6670	4435	4806	4758	4522	4335	3959
CZECH REP	14478	18926	22018	20900	20417	18383	10834	12556	12281	12492	12920	11627
DENMARK	36843	40909	44271	48591	47616	45344	93280	98237	104117	103671	97353	90738
ESTONIA	2815	3874	6970	7439	8124	5675	2118	2028	3332	6135	4170	2618
FAEROE IS	584	657	814	775	889	858	50	101	130	199	228	98
FINLAND	16263	18094	21497	22071	21956	20600	12164	12543	15463	14714	12925	9691
FRANCE	252472	287882	276191	259039	265522	252397	349472	407216	404024	385019	382538	368128
GERMANY	409310	428337	447630	412984	410491	372245	234855	246819	264574	245841	252769	237772
GREECE	33974	39416	38673	37117	37797	36059	29440	33413	36573	30393	29792	30158
HUNGARY	10956	10054	9666	11153	11820	9846	23098	28999	26794	28000	27069	22560
ICELAND	1492	1735	1815	1837	2109	1808	286	313	309	221	233	253
IRELAND	25960	28223	30162	30706	31811	34164	70803	84360	73230	62171	61932	65778
ITALY	228794	235906	255691	241369	237263	220130	132848	145870	168892	157354	160896	159212
LATVIA	1264	1919	2997	3604	7151	6715	762	1091	1159	1588	2475	1489
LITHUANIA	2652	3250	5956	6197	6202	5592	4683	4986	5299	5634	4868	3823
MACEDONIA	3160	3191	2779	4066	3952	3119	1832	2348	2526	3412	2909	3622
MALTA	1948	2619	2872	2901	2952	2886	197	222	307	390	524	559
MOLDOVA REP	479	728	1162	949	881	438	3856	5469	5873	6378	4539	3021
NETHERLANDS	201064	214936	207860	182144	179263	201185	350535	368900	372850	320371	302132	343872
NORWAY	16996	18971	20106	19457	19599	19727	4170	4851	5234	5357	4980	4438
POLAND	25065	31579	40564	38171	37842	32849	19749	23661	25954	31125	29280	25149
PORTUGAL	36063	39636	43153	39393	42029	41774	10946	13248	14874	14642	15046	14513
ROMANIA	7152	9223	9403	7608	10421	8352	4167	5097	7115	6306	4351	4883
RUSSIAN FED	107377	128310	109350	124489	104966	79136	16564	12952	16980	14234	10343	6105
SLOVAKIA	6184	7447	8443	8611	9212	8063	4145	5409	4174	4638	4698	4242
SLOVENIA	7131	8442	8316	7910	7732	7527	3428	3409	3653	3499	3694	2777
SPAIN	108431	135373	131598	118370	121234	118575	109903	131904	149642	151201	148553	140324
SWEDEN	39372	38839	43122	41804	42761	42797	13397	15421	18223	19454	18784	18109
SWITZERLAND	49867	54627	54619	49996	51546	49933	23245	26282	25112	22676	22212	20995
UK	234250	243220	266800	271190	287022	284459	140415	146116	153984	174025	165879	157301
UKRAINE	10008	11843	13417	8886	8942	8948	21044	28654	27454	17528	14855	19064
YUGOSLAVIA	1115	1560	5704	6744	5947	4922	855	717	5318	3928	4139	3665
OCEANIA	37410	45376	49949	49868	45381	50404	179952	195620	235021	248244	207875	206743
AMER SAMOA	297	304	287	285	296	260	140F	140F	140F	140F	140F	140F
AUSTRALIA	20292	25900	27895	28344	26393	30764	119549	126912	160859	169484	143439	146070
COOK IS	117	112	109	141	104	111	6	6	7	5	3	4
FIJI ISLANDS	1137	1259	1269	1343	1191	1083	2089	2404	2625	1871	1565	1679
FR POLYNESIA	1790	2089	2010	1903	1840	1714	81	75	66	60	66	57
GUAM	550	550	558	556	557	552	1	1F	1F	1F	1F	1F
KIRIBATI	105	184	153	125	131	118	33	47	28	30	24	25
NAURU	41	41	36	33	28	13						
NEWCALEDONIA	1312	1446	1710	1616	1550	1365	16	19	40	52	41	40
NEW ZEALAND	8306	10050	11868	11835	9836	11198	53744	61359	66028	70343	56699	53878
NIUE	7	9	9	8	8	7	3	3	3	3	3	3
NORFOLK IS	23	24	24	24	24	28	9F	9F	9F	9F	9F	9F
PACIFIC IS	222	11	11	13	12	12	29					
PAPUA N GUIN	2394	2302	2781	2546	2303	2146	3685	3864	4471	5328	5049	4055

表 2

農産物合計

輸 入：100,000 $　　　　　　　　　　　　　　　　　輸 出：100,000 $

	1994	1995	1996	1997	1998	1999	1994	1995	1996	1997	1998	1999
SAMOA	227	260	295	233	262	213	28	73	76	91	65	56
SOLOMON IS	182	201	230	227	218	218	249	370	308	391	345	309
TONGA	211	217	236	222	222	214	99	101	82	70	51	82
TUVALU	11	13	12	13	13	12						
VANUATU	167	162	214	163	157	144	177	189	197	270	283	237
WALLIS FUT I	18	24	24	20	19	15						
CZECH F AREA	16455	21407					10297	13160				
ETHIO F AREA	3767	2731					3637	3923				
USSR F AREA	109272	127356					34267	41220				
YUGO F AREA	16988	21824					6073	6542				

表 3

食 料（魚類およびその製品を除く）

輸 入：100,000 $　　　　　　　　　　　　　　　　　輸 出：100,000 $

	1994	1995	1996	1997	1998	1999	1994	1995	1996	1997	1998	1999
WORLD (FMR)	2691796	3068477					2552023	2938444				
WORLD	2727842	3114686	3265387	3114693	3076351	3031738	2587258	2981215	3143371	3041955	2960924	2843257
AFRICA (FMR)	144657	173721					76152	82663				
AFRICA	144707	173685	165963	162609	165223	150083	76201	82844	95034	89052	97405	91903
ALGERIA	28129	27784	23991	25211	22753	20343	308	925	1099	352	291	271
ANGOLA	2462	3138	3634	3552	3484	2748						
BENIN	1227	1388	1189	1122	1079	1249	214	271	282	306	311	287
BOTSWANA	2222	3041	2974	2905	2640	2573	848	1130	988	1033	1001	844
BURKINA FASO	659	777	781	880	1127	978	253	390	286	302	306	327
BURUNDI	539	497	182	208	278	127		5	35	2	6	8
CAMEROON	1301	1438	681	1180	1461	1190	1773	2583	2897	2676	2773	2384
CAPE VERDE	543	689	615	671	613	449	1	1		1	2	2
CENT AFR REP	357	308	188	249	304	249	184	11	19	8	20	20
CHAD	194	414	491	314	252	250	705	332	342	334	336	336F
COMOROS	193	277	222	211	188	274	80	66	33	34	28	66
CONGO, DEM R	1835	2625	2321	2110	1810	1216	78	51	65	57	50	38
CONGO, REP	777	956	1117	1060	1334	950	67	88	39	160	137	186
CÔTE DIVOIRE	2660	4001	3671	3913	3991	3806	11187	15074	19032	17477	23818	23773
DJIBOUTI	649	693	659	639	807	895	36	44	44	44	66	66
EGYPT	22530	27896	32010	27767	27054	28194	2679	3202	3596	2685	3715	2778
EQ GUINEA	38	64	77	94	124	98	39	37	70	45	126	63F
ERITREA	533	430	691	767	607	279	66	38	41F	26	24	27F
ETHIOPIA	3145	2098	1666	965	1525	1514	255	413	413	406	504	509
GABON	946	1327	1345	1213	1139	1019	13	26	44	60	28	45F
GAMBIA	661	728	677	765	894	926	122	124	129	90	86	77
GHANA	1920	1832	1512	1227	1892	2310	3386	3740	7638	5046	5580	5084
GUINEA	1555	1923	1850	1717	1612	1346	218	180	189	182	191	180
GUINEABISSAU	288	277	322	217	210	123	315	202	205	203F	206F	207
KENYA	3947	2624	2360	5005	4929	2878	2726	2811	2831	2710	3069	2400
LESOTHO	1145	1502	1456	1296	1361	1376	33	18	15	19	29	26
LIBERIA	761	814	786	614	605	491	17	15	25	21	38F	37F
LIBYA	7369	10755	10316	9333	8172	6005	165	397	223	253	334	268
MADAGASCAR	664	735	595	787	754	642	1314	991	617	491	373	538
MALAWI	1579	936	698	671	1146	863	359	391	505	524	611	317
MALI	671	793	733	708	808	823	935	1123	1115	1080	1059	1059
MAURITANIA	942	1272	1429	1485	2376	1766	297	372	395	372	332	332
MAURITIUS	2208	2448	2971	2586	2309	2463	3512	4020	4858	3909	3995	3385
MOROCCO	7828	13238	12774	10265	11576	11152	4986	6612	7849	7299	7389	7880
MOZAMBIQUE	2050	2166	1845	1482	1855	1621	457	362	305	328	281	218
NAMIBIA	1007	1323	1208	1090	970	999	2151	2155	2169	1316	1851	1221
NIGER	722	768	672	665	1379	836	434	509	427	405	636	621
NIGERIA	7083	9634	10975	12584	12850	13199	2144	1962	2956	2700	2392	3532
RÉUNION	3287	3878					1121	1386				
RWANDA	907	782	984	765	835	665	4	3	3	3	3	3
ST HELENA	25	26	24	24	23	18						
SAO TOME PRN	51	65	78	37	57	44	52	37	51	41	84	50
SENEGAL	3038	4026	4396	3759	4551	4438	855	633	569	507	617	501
SEYCHELLES	301	371	435	509	436	424	7	10	11	9	7	5
SIERRA LEONE	1265	1327	1371	1273	1318	1204	136	39	53	44	43	39
SOMALIA	958	717	862	876	993	851	655	726	737	731	665	700
SOUTH AFRICA	10110	13695	12454	11493	10185	8312	15922	15370	17781	18356	17684	16421
SUDAN	2756	1992	2085	2337	2283	1920	2744	2810	3393	3551	3433	2278
SWAZILAND	820	741	734	1614	1451	1540	2702	2770	2949	3577	4105	3344
TANZANIA	1343	1630	1377	2421	2483	2365	746	1024	1413	1315	1558	1385
TOGO	272	447	583	497	796	740	135	104	237	190	183	236
TUNISIA	4895	8155	5765	6387	6621	5294	4465	3957	2558	4184	3621	5086
UGANDA	367	639	340	857	1675	2098	469	487	497	305	307	188
ZAMBIA	330	558	686	823	1827	802	86	249	336	357	407	243
ZIMBABWE	644	1029	2103	1407	1421	1151	3745	2572	2670	2926	2696	2009
N C AMERICA	344835	345179	393767	413460	432162	450802	499635	605480	670068	631842	599647	579282
ANTIGUA BARB	261	270	280	305	290	252						
ARUBA	562	535	539	481	565	500	10	10	10	10	29	29
BAHAMAS	1672	1620	1597	1678	1607	1522	91	118	118	117	117	117
BARBADOS	986	1094	1154	1305	777	1284	417	528	866	752	584	571
BELIZE	331	359	373	390	377	333	834	1083	1199	1082	958	1021
BERMUDA	1136	757	698	713	718	642						
BR VIRGIN IS	32	39	35	34	30							
CANADA	61874	63550	67303	73373	75194	76524	89752	102125	117389	119719	122082	116944
CAYMAN IS	396	403	408	408	398	476						
COSTA RICA	2651	2774	3401	3544	4099	2852	9130	11411	11860	12203	14133	11843
CUBA	4852	5485	5989	5796	4781	4149	6641	6461	9483	7770	5867	5303

表 3

食 料（魚類およびその製品を除く）

輸 入：100,000 $ 　　　　　　　　　輸 出：100,000 $

	1994	1995	1996	1997	1998	1999	1994	1995	1996	1997	1998	1999
DOMINICA	164	212	241	241	214	195	263	235	232	265	225	217
DOMINICAN RP	3316	4050	4221	4771	4857	4049	2811	2736	3159	3455	2945	2012
EL SALVADOR	2477	3274	3840	4204	4000	3847	1047	1375	1375	1741	1974	1839
GREENLAND	367	390	463	411	498	519		1		1	14	9
GRENADA	290	335	399	315	337	277	99	117	116	122	142	201
GUADELOUPE	2440	2697					844	736				
GUATEMALA	2926	3159	3677	4059	4903	4374	5393	6614	6799	7586	8847	6989
HAITI	1946	3470	2964	3032	2862	2790	82	104	84	120	117	104
HONDURAS	1641	1665	2328	2947	2338	3494	2135	1916	2240	1927	2499	1541
JAMAICA	2172	2968	3076	3398	3453	3342	1794	2168	2211	2178	1958	1911
MARTINIQUE	2621	2786					801	1161				
MEXICO	56119	40884	61097	60044	64571	69368	29078	39479	38077	40855	47203	47711
MONTSERRAT	37	34	33	32	31	31						
NETHANTILLES	1754	1898	1816	1512	1722	1572	999	840	1335	568	208	151
NICARAGUA	1457	1564	1706	1788	2008	2634	1454	1423	1650	1932	1280	1491
PANAMA	1981	2102	2388	2413	3054	3223	2746	2562	2590	2893	2501	2759
ST KITTS NEV	155	192	220	202	213	165	126	153	127	185	129	95
ST LUCIA	593	631	623	664	665	534	505	584	548	360	339	339
ST PIER MQ	86	106	102	101	100	88						
ST VINCENT	259	273	296	363	320	239	341	440	362	339	416	371
TRINIDAD TOB	1885	2370	2541	2553	2740	2485	888	1204	1069	1412	1367	1352
USA	185396	193235	219960	232386	244431	259014	341353	419897	467168	424251	383711	374361
SOUTHAMERICA	82848	106083	112071	118187	119452	89572	173969	206543	211146	243190	259152	235154
ARGENTINA	8601	7753	8466	12545	11667	9352	58775	78539	70256	88864	97234	80968
BOLIVIA	1338	1527	1503	1449	1638	1621	1771	1622	2063	2218	2328	1591
BRAZIL	33524	47823	47326	48779	46582	32712	64448	70006	72636	79489	88375	84695
CHILE	6016	7589	9265	9258	9308	8617	14464	17897	20426	18297	19471	21736
COLOMBIA	8020	10017	13270	13155	13371	10239	8042	8363	8862	9929	11296	10979
ECUADOR	1804	2559	2835	3397	5452	2323	8964	11012	13315	16695	12849	12841
FR GUIANA	814	952					76	105				
GUYANA	365	504	510	519	471	434	1722	1958	2398	2187	2284	2014
PARAGUAY	1505	2125	2018	1800	1604	1532	3844	3532	4911	6861	6540	4520
PERU	9561	10315	12210	11980	11840	8466	2181	2107	3102	3024	2761	3362
SURINAME	393	465	1135	1369	1283	917	447	450	1040	1166	737	747
URUGUAY	2069	2079	2482	2657	2760	2493	6882	8220	9788	11502	12378	9567
VENEZUELA	8838	12374	11051	11277	13476	10866	2355	2731	2350	2958	2900	2135
ASIA (FMR)	701870	875848					381958	439754				
ASIA	722093	897901	939307	874782	801464	840762	387714	446867	456225	461132	437686	414036
AFGHANISTAN	544	1226	909	835	610	957	470	442	589	450	457	546
ARMENIA	1390	2038	2578	2280	2127	1501	4	20	23	36	44	37
AZERBAIJAN	1845	2483	3497	2243	2236	1871	327	140	216	318	303	304
BAHRAIN	2792	2838	2691	3252	2844	2577	68	1008	120	434	446	423
BANGLADESH	4622	9137	9730	10422	9490	16848	112	38	4	16	248	191
BHUTAN	156	182	191	182	147	137	105	158	170	142	146	145
BRUNEI DARSM	1537	1491	1702	1228	1299	1125	54	74	211	211	211F	211F
CAMBODIA	489	890	768	827	804	3911	25	19	40	46	28	61
CHINA	73541	111891	98395	84398	74718	80208	99308	95760	97137	90623	83290	78653
CHINA,H.KONG	51328	60571	64713	72255	67016	57633	19540	23692	27624	29004	26113	19918
CYPRUS	2221	2722	3116	2808	2582	2453	1481	2115	1804	1180	1189	1053
GAZA STRIP	567	682	682F	682F	682F	682F	696	811	811F	811F	811F	811F
GEORGIA	1960	2283	2080	1508	1802	1058	104	80	165	116	63	62
INDIA	15867	14923	16640	19994	31832	46659	15157	31286	29369	26026	28912	24224
INDONESIA	18822	32727	38029	27446	24563	35593	22249	22691	24387	32786	23832	30590
IRAN	16566	31157	27438	28889	22244	24041	8719	8601	9024	6411	9470	9223
IRAQ	6663	9702	8230	13240	14106	13799	70	69	94F	169F	209F	59F
ISRAEL	13365	14350	16192	15990	14813	14642	8106	9896	9614	8516	8340	7930
JAPAN	253749	274897	289209	257802	232073	241654	8401	8253	7821	7851	8495	9073
JORDAN	6601	6850	7144	8018	7546	6695	1409	1678	1521	2836	2607	2096
KAZAKHSTAN	3003	3382	2963	4101	3192	2562	3187	4960	6370	6988	3946	4075
KOREA D P RP	1447	3357	3213	4024	3401	2588	747	462	114	271	429	71
KOREA REP	41217	50048	60190	53782	39822	43902	8462	10592	11767	12440	11421	11809
KUWAIT	9592	10303	11304	10798	11162	10774	233	250	584	376	308	389
KYRGYZSTAN	732	833	1577	867	753	838	296	531	1054	634	606	434
LAOS	212	214	267	184	237	48	393F	469F	156	141	111	141
LEBANON	8405	9005	8632	8439	8119	7860	984	1051	1023	1149	1007	854
CHINA, MACAO	1280	1284	1332	1312	1186	1127	110	68	48	42	37	36
MALAYSIA	23663	28207	31430	32864	25521	27845	49567	60148	56954	55443	62340	55786
MALDIVES	410	439	468	405	400	348						
MONGOLIA	446	643	549	607	515	415	137	87	99	154	157	192
MYANMAR	1654	2562	953	998	2039	2218	4030	3694	2968	2961	2055	722
NEPAL	793	1123	1109	1157	840	911	444	474	569	1285	522	475

表 3

食 料（魚類およびその製品を除く）

輸 入：100,000 $ 　　　　　　　　　　　　　　　　　輸 出：100,000 $

	1994	1995	1996	1997	1998	1999	1994	1995	1996	1997	1998	1999
OMAN	5050	5772	5790	5895	5677	5004	930	1222	1059	1426	1481	1507
PAKISTAN	9022	16878	16037	13316	14869	16165	4675	7838	7072	6716	9781	10574
PHILIPPINES	12988	17912	23248	19392	21784	21340	12069	15833	14477	14995	14850	11327
QATAR	2450	2738	2487	2616	2447	2242	155	149	122	116	119	109
SAUDI ARABIA	28025	39069	42647	41557	39760	34606	3465	3895	3324	3904	3788	2694
SINGAPORE	29971	33291	32396	31060	24834	27547	16794	19852	17708	17203	14511	14318
SRI LANKA	3497	5562	6406	7077	6759	6485	754	1335	1476	1866	1709	2026
SYRIA	7431	5799	6394	6116	5802	6601	5395	4704	6465	7251	5786	5812
TAJIKISTAN	2396	2265	1474	1676	1841	1982	196	209	272	304	225	226
THAILAND	8426	11283	13192	13421	9910	10304	43593	54155	58090	56724	48557	50411
TURKEY	8024	20292	21360	18416	16179	13845	33131	35300	35588	41073	38066	33056
TURKMENISTAN	1422	1712	2304	2155	1219	1423	218	112	2	1	109	109
UNTD ARAB EM	18109	20509	22965	21528	21412	20063	3664	4954	5975	5057	5217	5997
UZBEKISTAN	7476	7057	8514	7456	7369	6526	1424	1061	1622	2029	1314	1153
VIET NAM	2938	5676	5588	3614	4173	4084	6089	6367	10450	12532	13889	13923
YEMEN	7388	7647	10587	5651	6709	7068	168	262	73	68	132	201
EUROPE (FMR)	1309607	1447959					1284033	1458446				
EUROPE	1407625	1561827	1619760	1511367	1526885	1465735	1322350	1506075	1541073	1439208	1415603	1369103
ALBANIA	1593	1398	2935	1641	2149	1897	23	13	81	35	43	37
AUSTRIA	21265	29227	30382	30192	28911	32568	11853	17163	19875	20628	21390	23983
BELARUS	3458	4604	5614	7049	5936	5264	1863	2035	2760	4393	4908	3543
BEL-LUX	103932	132523	123643	116813	122732	114786	126265	156460	151561	142134	149546	138660
BOSNIA HERZG	2235	2418	4086	4613	3987	3630	6	16	88	90	355	211
BULGARIA	3287	3037	2910	3254	2521	1739	4454	5905	4161	3475	3676	3465
CROATIA	4301	6831	6700	5969	3792	4625	3242	3326	3253	2851	3033	2486
CZECH REP	8076	10720	12745	11073	11235	10799	6398	8895	7958	7609	7783	7361
DENMARK	19947	22857	24582	26714	26542	26763	72546	77848	79071	80671	74704	69713
ESTONIA	1886	2338	4917	5283	5805	3688	1607	1597	2678	5671	3571	2123
FAEROE IS	309	363	375	352	372	369	8	3				
FINLAND	9890	11078	13632	13284	13616	13237	7913	7259	8617	8813	7390	5723
FRANCE	172017	195446	185633	169323	176212	171011	245952	290779	286404	267616	258750	243644
GERMANY	284233	293243	315220	279074	276890	252569	159970	169664	182965	168716	173261	163159
GREECE	25268	29777	28310	27169	27533	26137	20488	22603	23391	19553	20712	19660
HUNGARY	5960	4749	4099	5273	5876	4623	18778	23846	21182	23625	22901	18827
ICELAND	1012	1139	1222	1203	1300	1225	94	108	137	88	85	97
IRELAND	16128	18600	19701	20515	21536	22616	60396	72843	60817	49937	49185	53497
ITALY	149007	150263	166921	156158	155847	146582	96478	105286	122422	113087	113267	110334
LATVIA	905	1187	1960	2217	4134	3758	460	700	881	1224	1862	938
LITHUANIA	1465	1617	3691	3535	3536	2998	2924	4092	4332	4406	3637	2604
MACEDONIA	2548	2502	2144	3238	3121	2307	1094	1306	872	1139	863	848
MALTA	1389	1983	2200	2146	2154	2119	129	180	239	323	307	342
MOLDOVA REP	299	418	724	591	527	279	2425	3107	2770	3149	2130	1484
NETHERLANDS	140177	154269	147554	128715	130309	144352	230576	240932	239060	202819	194398	218009
NORWAY	11024	12513	13893	12718	12710	12881	2237	2441	2484	2218	2224	2265
POLAND	13132	16202	23869	20317	20577	17911	15532	19703	21784	26516	24714	20545
PORTUGAL	23992	26682	29348	26461	28313	28641	4910	6700	7379	7398	7800	6930
ROMANIA	4617	5744	5454	4413	6928	4747	3440	4438	6086	5120	3416	4161
RUSSIAN FED	79853	91937	85251	91414	74681	57033	6235	6690	10947	8193	7064	3821
SLOVAKIA	3588	4326	4908	4880	5400	4732	2944	4144	2993	3220	3443	3152
SLOVENIA	4808	5592	5527	5147	5081	5206	2352	2308	2312	2196	2110	1414
SPAIN	68339	86201	85512	74202	77195	76482	91793	109837	124644	124067	120416	113372
SWEDEN	22861	24505	27347	25867	27794	28848	8327	10874	13064	14031	13373	12156
SWITZERLAND	29755	31926	31905	29026	29412	28658	14531	16679	15823	14134	14614	14568
UK	158868	166466	182476	182108	194187	193185	76343	82539	82391	82911	82910	76364
UKRAINE	5364	6019	8162	4757	4731	5326	16911	23039	21716	14366	12393	16680
YUGOSLAVIA	838	1125	4209	4663	3301	2507	855	717	3876	2785	3367	2926
OCEANIA	25733	30013	34520	34288	31166	34785	127389	133406	169825	177531	151430	153779
AMER SAMOA	244	250	233	231	242	212						
AUSTRALIA	12713	15479	17730	17952	17061	20121	81612	82232	112535	116422	100772	104646
COOK IS	86	81	79	102	83	92	4	4	5	3	3	2
FIJI ISLANDS	981	1092	1095	1157	1032	901	2053	2368	2588	1834	1530	1644
FR POLYNESIA	1473	1717	1630	1512	1412	1311	49	46	37	33	39	31
GUAM	366	366	374	372	373	369						
KIRIBATI	78	130	117	95	88	82	33	47	28	30	24	25
NAURU	29	29	26	24	19	9						
NEWCALEDONIA	984	1083	1276	1207	1129	954		1	24	35	20	19
NEW ZEALAND	5856	6844	8548	8504	6770	8007	41558	45902	51084	55443	45731	44177
NIUE	6	6	6	6	5	4	3	3	3	3	3	3
NORFOLK IS	12	13	13	13	13F	12						
PACIFIC IS	139	11	11	13	12	12	29					
PAPUA N GUIN	2106	2061	2395	2239	2038	1861	1515	2055	2816	2855	2526	2503

表 3

食　料（魚類およびその製品を除く）

輸　入：100,000 $　　　　　　　　　　　　　　　輸　出：100,000 $

	1994	1995	1996	1997	1998	1999	1994	1995	1996	1997	1998	1999
SAMOA	202	233	269	208	235	195	20	64	67	78	53	45
SOLOMON IS	150	153	186	187	191	194	239	360	295	381	331	294
TONGA	161	166	186	175	178	179	91	96	73	59	34	63
TUVALU	8	10	10	11	10	8						
VANUATU	121	124	166	118	114	105	169	180	188	260	274	228
WALLIS FUT I	18	24	24	20	19	15						
CZECH F AREA	9021	11707					6653	9980				
ETHIO F AREA	3628	2564					273	269				
USSR F AREA	82246	89675					8886	12152				
YUGO F AREA	12584	16059					4345	4362				

表 4

SITC 001.1

牛

	輸入：頭			輸入：1,000 $			輸出：頭			輸出：1,000 $		
	1997	1998	1999	1997	1998	1999	1997	1998	1999	1997	1998	1999
WORLD	8802020	8447609	8391324	4348490	4456920	4246969	9260847	8851079	9494612	4444408	4456219	4216845
AFRICA	971548	1103853	1034722	387272	459966	506693	659745	730962	723845	201570	204555	205157
ALGERIA	3219	16600*	19800*	6991	36400*	41300*						
ANGOLA	700*				900*							
BENIN	15000F	15000F	15000F	6000F	6000F	6000F						
BOTSWANA	10013*	10013F	10013F	2517	2517F	2517F	886	886F	886F	154	154F	154F
BURKINA FASO							100000F	100000F	100000F	12000F	12500F	12500F
CAMEROON	3648	3648F	3648F	1000	1000F	1000F	2968	3000F	3000F	2633	2600F	2600F
CENT AFR REP	21300	24092*	21337*	5350F	6000F	5300F	1300	5300*	5100*	400F	1600F	1600F
CHAD							50000F	50000F	50000F	20000F	20000F	20000F
CÔTE DIVOIRE	110000F	110000F	110000F	40000F	40000F	40000F						
DJIBOUTI							30000F	30000F	30000F	4300F	4300F	4300F
EGYPT	56726	91000	209057	48727	56567	133955						
ERITREA	1600F	1000F	1000F	800F	500F	500F						
GABON	2000F	2000F	2000F	700F	700F	700F						
GHANA		1*	1*		1	3		1*	1*			2
GUINEA							15000F	15000F	15000F	10000F	10000F	10000F
KENYA			89			19	420	81	20	110	11	3
LESOTHO	10000F	10000F	10000F	5000F	5000F	5000F	310F	400F	400F	502	643	643F
LIBERIA	2000F	2000F	2000F	900F	900F	900F						
LIBYA	211000*	227000*	55000*	47500*	45600*	22000*						
MADAGASCAR								166	436		14	36
MALAWI	10*	64	64F	5*	60	60F	250F	2*	2F	33	1	1F
MALI							200000F	200000F	200000F	70000F	70000F	70000F
MAURITANIA							60000F	50000F	50000F	20000F	16000F	16000F
MAURITIUS	9578	12460	12020	7247	5768	9600						
MOROCCO	11810	28628	17716	14681	38814	22796						
MOZAMBIQUE	1300*	11200*	4700*	600*	2000*	2400*						
NAMIBIA							92661	143344	143344F	29000F	45000F	45000F
NIGER	15000F	3928	3928F	3500F	533	533F	83000	98678	98678F	25000F	13397	13397F
NIGERIA	330000F	330000F	330000F	125000F	125000F	125000F						
SENEGAL	10000F	10000F	10000F	4000F	4000F	4000F						
SIERRA LEONE	25000F	25000F	25000F	12000F	12000F	12000F						
SOMALIA							40*			10*		
SOUTH AFRICA	92661	143344	143344F	30000F	47000F	47000F	8772	4485*	5476*	3480	1531	2691
SUDAN							10000F	10000F	10000F	2600F	2600F	2600F
SWAZILAND	19000F	20000F	26000F	13017	15724	20797	596	100F	262	214	36	76
TANZANIA	42	42F	20*	24	24F	10*	1200F			631		
TOGO	765*	765F	765F	37	37F	37F						
TUNISIA	8603	5541	1910	10107	7185	2245						
UGANDA	270*	2*		240F	1			125*			53	
ZAMBIA	100	100F	130*	118	118F	890*	35F			13		
ZIMBABWE	203	425*	180	311	517	131	2307	19394	11240	490	4115	3554
N C AMERICA	2443829	2424328	2409410	1380019	1385566	1281272	2361167	2374507	2672390	1356847	1343855	1219286
BAHAMAS		1F			2							
BARBADOS							3	4	90	1		26
BELIZE							251	251F	580*	104	104F	310*
BR VIRGIN IS	80F	80F	80F	120F	120F	120F						
CANADA	63410	111090	222421	36477	63847	107066	1382980	1318003	990427	965758	958872	727483
COSTA RICA	644	2603	450*	385	1075	520*	710	569	1000*	196	311	820*
DOMINICAN RP	50*	220*	220F	55*	160*	160F						
EL SALVADOR	10200	17300	34345	3340	6671	13662*	75	60	1*	40F	30F	1
GUATEMALA	5	30*	30F	5	38	38F	1723	3005	340*	599	608	70*
HONDURAS	4715*	3045	2497	1550	1060	833	667*	2882		166	741	
JAMAICA	4F	4F	4F	17F	17F	17F						
MEXICO	315366	250714	192529	195371	148092	132037	666660	724624*	959928	198297	209883	290679
NETHANTILLES		20*	20F		21	21F						
NICARAGUA	909*	2120*	7153	366	916	4796	18014*	38423*	385000*	3704	8143	15635
PANAMA	40	322	61	107	647*	165*	7601	1350	5587	11130	2257	10194
ST KITTS NEV	2F	2F	2F	2F	2F	2F						
ST LUCIA	1			1								
ST PIER MQ	32F	32F	32F	30F	30F	30F						
TRINIDAD TOB	7			17			2			4		
USA	2048363	2036746	1949566	1142174	1162870	1021805	282481	285336	329437	176848	162906	174068
SOUTHAMERICA	182976	202733	45607	89168	121434	27465	314409	309299	96050	80252	126233	28529
ARGENTINA	5077	21602	5664	4888	21179	5410	121274	10222	21041	18608	2527	3942
BOLIVIA	1500*	204	204F	421	71	71F	2300F	3450	3450F	666	687	687F
BRAZIL	52903*	43179	19952	58139	44018	16537	1511*	3729	7477	473	1105	1006
CHILE		128	128F		290	290F	2217	3129	660*	663	856	180*

表 4

SITC 001.1

牛

	輸入：頭			輸入：1,000 $			輸出：頭			輸出：1,000 $		
	1997	1998	1999	1997	1998	1999	1997	1998	1999	1997	1998	1999
COLOMBIA	6785	3433*	2557*	3041	1607	885	18700	139741*	8269*	7913	62944	3159
ECUADOR	783*	4040	28*	1170	5509	136	2252*	1283		615	213	
PARAGUAY	96000*	12100*	12100F	14317	1802	1802F	60000*	21936*	28976*	23743	16946	6946
PERU	2338	3708*	3568	1044	1627	1440	1	1		2	3	3
SURINAME	25*	20F	20F	29	30F	30F						
URUGUAY	2		8	34		172	101182	125620	26177	26207	40893	12606
VENEZUELA	17563	114319	1378	6085	45301	692	4972*	188		1362	59	
ASIA	1341183	978883	1362302	535281	363774	435835	188545	185519	255855	61740	54546	55423
AZERBAIJAN			300F			39						
BAHRAIN	540	540F	1500F	421	421F	480*						
BANGLADESH		500*	500F		277	277F						
BHUTAN	16089F	16089F	16089F	208F	208F	208F						
BRUNEI DARSM	10000	13000	31000	4600	4900	10500						
CAMBODIA							360		25000	32	59F	2400
CHINA	479*	1654	106	2606	1957	599	65700	74730	65682	35609	41091	38797
CHINA,H.KONG	96913	94754	61213	17946	19393	18308	14			76		
CYPRUS							12751	3132	1724	3823	1303	675
GAZA STRIP	550F	550F	550F	350F	350F	350F						
INDIA	23678	3728	3728F	410	58	58F						
INDONESIA	438571	111474	278922	180358	37503	79859		1420	1206		942	1160
ISRAEL	8000*	56000*	30922	3133	14709	12580	70F	35F	20F	39	19	7
JAPAN	20029	18712	13477	26301	19479	14922	55	72	3	4996	630	39
JORDAN	23939	6607	21710	17441	5041	12646	1	2	1755	2	3	626
KAZAKHSTAN	127	1501	275	87	188	38	4930	1086	433	894	210	56
KOREA REP	48	3	4	1402	485	584	200	400	300	361	753	542
KUWAIT	4553	7306	3771	4881	6202	4901	4			9	9	
KYRGYZSTAN							2200F	2300F	2300F	450F	500F	500F
LAOS							40000F	20000F	40000	10000F	6000F	9000
LEBANON	188000*	157000*	199000*	113000*	107000*	115000*						
CHINA, MACAO	5624	7876	5660	1292	1295	1349						
MALAYSIA	124100*	45650*	117174*	36100*	18764	25087	164F	103	122*	61F	39	53
MYANMAR							16000*	68000*	110800*	950F	950F	950F
NEPAL	18000F	6500F	6500F	4894	1628	1628F	23700	3730	3730F	475	65	65F
OMAN	9			9			179	179F	179F	73	73F	73F
PAKISTAN	47	159		39	116							
PHILIPPINES	239575	205000	244762	85844	72884	82379						
QATAR	1200*	1100*	900*	550*	470*	310*						
SAUDI ARABIA	3787	3110	2500*	6834	6494	3500*						
SINGAPORE	401	454	35	182	198	18	222	302	78	108	142	23
SRI LANKA			25			68	3					
SYRIA	2000	313	97	566	94	36		4900F			335	
THAILAND	19151	101051	198367	2458	16217	22131	21992	5128	2523	3782	1423	457
TURKEY	29		271	231		704						
UNTD ARAB EM	23000F	23000F	23000F	9106F	9106F	9106F						
UZBEKISTAN			100*			130*						
YEMEN	72744	95252	99844	14032	18337	18040*						
EUROPE	3861625	3737601	3539052	1956158	2125362	1994840	4201324	4241733	4353933	2387319	2539113	2436070
ALBANIA	3	692	692F	9	1052	1052F						
AUSTRIA	25925	28727	25245	16238	18981	23242	131021	128755	146890	69986	71809	80021
BELARUS		5035	61		1703	34	680F	97	28	640F	92	14
BEL-LUX	117910	125302	68462	84215	93562	37682	298228	274595	310391	207693	207291	214765
BOSNIA HERZG	39500*	39700*	32000*	18700*	25400*	20600*						
BULGARIA	200	700	80*	206	894	110*	2200	1800	1800	932	1256	1256
CROATIA	74383	18364	15624	31555	29699	23593	803	149	18	708	79	29
CZECH REP	2753	16366	13228	2146	6787	4434	83617	67146	53880	28235	27047	18294
DENMARK	171	59	3431*	136	101*	3298	72658	82393	85708	21546	30717	29543
ESTONIA	36	77	56	59	96	64	229	301	55	182	240	43
FAEROE IS			10*			52						
FINLAND	2	26	9	11	85	17	3	38	20	6	51	1
FRANCE	318524	275508	303559	126860	127111	125144	1787250	1668038	1597459	1352330	1413766	1299079
GERMANY	172724	167666	148269	65101	66108	55510	734639	735638	648084	326100	373878	292819
GREECE	100751	120265	158136	45346	46504	53825	371		132	516		213
HUNGARY	3580	5946	5295	2175	4855	2867	120971	91189	66959	46757	39439	27775
ICELAND										3		
IRELAND	621	566	378	820	980	642	33754	119680	326680	20138	59816	143060
ITALY	1675102	1925171	1598885	998232	1179917	1137521	142908	130218	117754	40045	35460	31589
LATVIA	1895	409	468	469	1015	488						
LITHUANIA	868	942	432	1093	1295	475	3104	84	2062	653	59	412
MACEDONIA	600*	550*	1200*	325*	700*	630*		60*			20*	
MALTA	144	39	74	181	55	87			2			4
MOLDOVA REP							412	1075	5578	118	324	1070

表　4

SITC 001.1

牛

	輸入：頭			輸入：1,000 $			輸出：頭			輸出：1,000 $		
	1997	1998	1999	1997	1998	1999	1997	1998	1999	1997	1998	1999
NETHERLANDS	617637	371470	504943	195475	159114	193322	88256	66214	78253	57026	48783	61639
NORWAY	101	13	13	267	21	22	2		30	6		6
POLAND	6606	5245	5656	8503	6615	6102	405634	519242	498688	72693	105841	91975
PORTUGAL	24236	16357	14924	24379	19111	16888	9051	7433	4788	4694	4744	2939
ROMANIA	1418	1174	195	1381	1784	297	111991	185218	270000*	22669	14632	34834
RUSSIAN FED	13600	4359	3564	6855	3263	3226	145	317	19	74	27	4
SLOVAKIA	2357	1410	150*	2528	1762	329	50285	41388	12556*	12927	12032	8869
SLOVENIA	11155	18700F	30000F	5563	10112	12000F	344			398	17	
SPAIN	631206	576740	595128	293179	302918	261177	95086	114385	111098	85080	87843	89427
SWEDEN	19	5	6	95	24	11	316	4768	8796	391	1623	1761
SWITZERLAND	4175	3879	4583	5064	4782	5459	11	3	505	22	4	338
UK	8000	3430	3036	12034	5083	3770	36	126	17	5	36	4
UKRAINE	5000*	2400*	500*	6682	3200F	650*	17000*		4300*	8551		2100F
YUGOSLAVIA	423	309	760*	276	673	220*	10319	1383	1383F	6195	2187	2187F
OCEANIA	859	211	231	592	818	864	1535657	1009059	1392539	356680	187917	272380
AUSTRALIA	50*	70*	81	322	442	577	1530584	1003630	1387184	353008	184339	269096
COOK IS			1		1*	1						
FR POLYNESIA	61F	61F	61F	121F	121F	121F						
NEWCALEDONIA	7	47	47F	28	83	83F		15			64	
NEW ZEALAND	13	33	41	58	171	82	5073	5414	5355	3672	3514	3284
SAMOA	220*			60*								
TONGA	508			3								

表 5

SITC 001.2

羊および山羊

	輸入：10頭			輸入：1,000 $			輸出：10頭			輸出：1,000 $		
	1997	1998	1999	1997	1998	1999	1997	1998	1999	1997	1998	1999
WORLD	2037164	1810846	1963437	992722	887692	917143	2162411	2017897	2077679	1026507	862654	814916
AFRICA	254584	265657	267069	140805	142823	140943	571352	614154	612058	234040	246822	244863
ALGERIA	16F	16F	16F	49	49F	49F						
BENIN	1200F	1200F	1200F	810F	810F	810F						
BOTSWANA	773	773F	773F	166	166F	166F	1	1F	1F			
BURKINA FASO							25956F	25956F	25956F	6709F	6709F	6709F
CAMEROON				9	9	9	130	130F	130F	43	43F	43F
CENT AFR REP	900F	900F	900F	330F	330F	330F	22F	22F	22F	119F	119F	119F
CHAD							15000F	15000F	15000F	9000F	9000F	9000F
CONGO, DEM R	450F	450F	450F	260F	260F	260F						
CONGO, REP	1400F	1400F	1400F	700F	700F	700F						
CÔTE DIVOIRE	23000F	23000F	23000F	16400F	16400F	16400F						
EGYPT	4466	500	851	2215	247	589	2026	2208		3789	1435	
ERITREA	1000F	400F	400F	300F	120F	120F	4900	1800	3000F	1600F	600	1000F
ETHIOPIA							400	2000	1000F	140	700	400F
GABON	70F	70F	70F	20F	20F	20F						
GHANA						4						
GUINEA	1800F	1800F	1800F	1100F	1100F	1100F	3500F	3500F	3500F	1600F	1600F	1600F
KENYA	4	17	4	20	19*	32	53	2	50	11	2	18
LESOTHO	9000F	9000F	9000F	5000F	5000F	5000F						
LIBERIA	400F	400F	400F	220F	220F	220F						
LIBYA	5085*	402	402F	3917*	1385	1385F						
MADAGASCAR									4			1F
MALI							45000F	45000F	45000F	25000F	25000F	25000F
MAURITANIA							32000F	32000F	32000F	14500F	14500F	14500F
MAURITIUS	792	1057	617	452	458	486						
MOROCCO	6	10	22	28	28	65	1			6		
NAMIBIA	1115F	1115F	1115F	501F	501F	501F	86514	108632	108632F	30500F	38000F	38000F
NIGER	2000F	70F	70F	1000F	29	29F	20000F	30000F	30000F	9000F	11698	11698F
NIGERIA	70000F	70000F	70000F	39000F	39000F	39000F						
SENEGAL	38000F	38000F	38000F	32000F	32000F	32000F						
SIERRA LEONE	4000F	4000F	4000F	2500F	2500F	2500F						
SOMALIA							210000F	210000F	210000F	58000F	58000F	58000F
SOUTH AFRICA	86514	108633	108632	30000	38004	38000	498	131	149*	2411	695	198
SUDAN							124831	136811F	136811F	71441	78367F	78367F
SWAZILAND	1008	921	3205	648	544	899		1	1		1	1
TOGO	573*	573F	573F	79	79F	79F						
TUNISIA	1000	950	28	3073	2842	87*						
UGANDA									180			47
ZAMBIA	1	1F	1F							5	5F	5F
ZIMBABWE	11	1	142	8	3	103	521	962	623	166	348	157
N C AMERICA	61470	55541	57134	26320	21565	28457	152471	78167	57271	69816	36488	27690
BAHAMAS	8	4F	4F	173	13F	13F						
BARBADOS	3		3	34		33	18	28	26	26	51	32
CANADA	1126	1745	1334	923	1312	990	4702	4743	5324	6567	5611	5553
COSTA RICA		1	1F		2	2F		1	1F		2	2F
EL SALVADOR	2*			1			11*			1		
GRENADA	2	2F	2	2	2F	10						
GUATEMALA		3	3F	5	1	1F	35			1		
HONDURAS	400*	16	5	12	40	3						
JAMAICA	2F	2F	2F	19F	19F	19F						
MEXICO	54977	48845	50282	18234	14139	21814	291	354	93*	131	159	106
NETHANTILLES	182	60	170	140F	25	175						
NICARAGUA	22*		8	1			2			1		
ST KITTS NEV										4	4F	4F
ST LUCIA	2*	1*	1	8	2							
ST PIER MQ	2F	2F	2F	2F	2F	2F						
TRINIDAD TOB	2				8		5	1	2	5	1	2
USA	4741	4859	5317	6758	6008	5393	147406	73040	51826	63080	30660	21991
SOUTHAMERICA	30863	13037	13388	7667	4915	3112	46079	2139	17640	11871	15998	7107
ARGENTINA	13752	3275*	2082	2399	1321	555	22			10*	15	
BRAZIL	17060*	9632	11181	5225	3350	2345	192*		41	99		63
CHILE	3*	110	110F	11	151	151F	6669	901	901F	1076	137	137F
COLOMBIA	3			8				6			6	
ECUADOR		9	3*		54	39						
PARAGUAY	45*	8	8F	11	1	1F						
PERU		3	4		4	6						
URUGUAY			1	10	28	13	38986	1200	16664	10644	15834	6896
VENEZUELA					3	6	210*	31	34	42	6	11

表 5

SITC 001.2

羊および山羊

	輸入：10頭			輸入：1,000 $			輸出：10頭			輸出：1,000 $		
	1997	1998	1999	1997	1998	1999	1997	1998	1999	1997	1998	1999
ASIA	1294447	1060474	1154867	564335	499690	512277	367367	325965	333150	297205	210417	172194
AZERBAIJAN									2F			2
BAHRAIN	33914	42117	50517	18225	17856	16856						
BHUTAN	173F	173F	173F	12F	12F	12F	4F	4F	4F	1F	1F	1F
BRUNEI DARSM	150*	250*	270F	150*	230*	220*						
CHINA	163	202	260	1281	3478	3368	1447	1224	1345	514	461	321
CHINA,H.KONG	669	580	433	303	262	206						
CYPRUS							750	314		2951	1096	
INDIA	2742	2178		232	157			2000	2000F		204	204F
INDONESIA	671		83	158		24		8	3		61	55
IRAN		36			26		63457	45000	50000	12347	13000	15000
IRAQ							100F	100F	100F	80F	80F	80F
ISRAEL	1000	1400	5300F	300	472	1743		7F			40	93
JAPAN	4	9	2	29	117	54						
JORDAN	36667	24015	40632	16300	10394	17969	91122	56883	49585	100835	47112	35181
KAZAKHSTAN	215	17	126	34F	1	9	4958	880	244	782	194	51
KOREA REP	447			1164		14						
KUWAIT	188804	187810	185659	89101	94539	77096	89	31	7	71	23	6
LEBANON	17500	7700	10200	44000	9500	3800	10000F	10000F	10000F	7000F	7000F	7000F
CHINA, MACAO	11	19	365	10	8	67						
MALAYSIA	3854F	2500F	5316	4058F	2515	4441	19F	129	502	11F	111	195
MONGOLIA							6200F	6500F	7200F	3100F	3500F	3500F
MYANMAR				6	6F	6F						
NEPAL	761*	542*	541*	219*	206*	122*	2743	2180	2100	270	175	230
OMAN	136857	145694	140194	47084	52933	50933	82686	82686F	82686F	22122	22122F	22122F
PAKISTAN	3946	510		1061	117		80	217	752	21	97	305
PHILIPPINES	1			13								
QATAR	47500	46800	34300	20000	15000	21000	7113F	6253F	6253F	5191F	5191F	5191F
SAUDI ARABIA	547915	373611	468781	231234	225228	254032	4700	7252	7252F	3803	6310	6310F
SINGAPORE	3041	2805	3742	2077	1656	2222	1855	1494	2782	1131	797	1607
SRI LANKA	22			180								
SYRIA	84400	40600	44100	34188	17754	20680	48400	68800	65300	47767	48863	54446
THAILAND	39	5		221	6		22	48	6	2	8	2
TURKEY	34		590	1247	2	884	23252*	13203	5519	81095	45319	9403
UNTD ARAB EM	176400*	132500*	97500*	49000*	31000*	19000*	17800F	17800F	17800F	7871F	7871F	7871F
UZBEKISTAN							570F	570F	570F	240F	240F	240F
YEMEN	6546	48400	65783	2448	16215	17519		2382	21138		541	2778*
EUROPE	395797	416133	470974	253519	218637	232288	463642	454542	523476	255109	216015	231055
AUSTRIA	8	9	19	24	38	31	1804	1714	2040	1173	1109	1115
BELARUS			2			10						
BEL-LUX	8294	5948	5174	7113	4765	4307	3517	1279	387	2772	1064	335
BOSNIA HERZG	1150*	13030*	980*	450*	3000*	5900*						
BULGARIA							2010	20	20F	966	10	10F
CROATIA	3316	20	156	957	252	1687		11			211	
CZECH REP	61	109	11	172	58	18	177	71	91	101	60	52
DENMARK	158	151	32	98	132	17	1462	794	736*	1258	519	421
ESTONIA	8			7							3	
FINLAND									3			36
FRANCE	67694	69730	78037	59641	48202	47855	84314	91907	100413	51282	46652	51089
GERMANY	4149	6279	6670	3653	4080	3075	8041	6969	8241	5869	5036	5260
GREECE	20523	27586	56406	10847	14507	22003	1415	1087	104	674	408	72
HUNGARY	17843	8193	11695	5316	3153	4566	85577	75198	78316	49522	36879	35192
IRELAND	6	140	3	14	169	5	10856	15199	20286	9249	11648	11997
ITALY	186506	188399	193224	111967	95274	88929	1216	488	1027	718	250	510
LATVIA				1								
LITHUANIA			1							10		8
MALTA			6			30						
MOLDOVA REP							864	63	1436	202	18	257
NETHERLANDS	18150	29599	47138	12645	13757	19371	45558	48374	69338	35738	31471	36263
NORWAY								6			20	1
POLAND	44	1	9	138		13	20590	20777	18948	10380	8489	6968
PORTUGAL	6544	16668	12569	3092	6047	4827	3796	2159	2323	2060	993	1044
ROMANIA	568		150	110		30	126013	112800	122000	41766	31400	36380
RUSSIAN FED	710*	249	97	452*	195	93	490*		20	88*		2
SLOVAKIA	52	880	137	28	141	92	12383	10869	10775	3795	2972	2325
SLOVENIA	44	2	20	27	30	30	5		8		1	1F
SPAIN	51434	40957	46077	30080	18784	21884	28730	33342	34612	16723	17208	14363
SWITZERLAND	46	53	22	185	171	103	128	45	60	123	98	102
UK	8488	8132	12339	6502	5882	7412	22895	31217	52294	19828	19415	27288
UKRAINE							680*	151*		219	45F	
YUGOSLAVIA							1120			595		

表 5

SITC 001.2

羊および山羊

	輸入：10頭			輸入：1,000 $			輸出：10頭			輸出：1,000 $		
	1997	1998	1999	1997	1998	1999	1997	1998	1999	1997	1998	1999
OCEANIA	4	4	5	76	62	66	561501	542931	534084	158466	136914	132007
AUSTRALIA	1*		1	14		7	536614	522371	514006	147568	125143	120380
NEWCALEDONIA	2	2	3	22	19	28	8			42		
NEW ZEALAND	2	2	1	40	43	31	24879	20559	20078	10856	11771	11627

表 6

SITC 001.3

豚

	輸入：頭			輸入：1,000 $			輸出：頭			輸出：1,000 $		
	1997	1998	1999	1997	1998	1999	1997	1998	1999	1997	1998	1999
WORLD	11633888	14728299	15947031	1378519	1280104	1241447	13133810	15126953	16060186	1455676	1324962	1240340
AFRICA	24718	8487	10395	3223	1197	1042	2436	3574	1024	318	150	123
BOTSWANA	2255	2255F	2255F	60	60F	60F						
CONGO, REP	3F	3F	3F	3F	3F	3F						
KENYA	45*		7	33		15		60	7		16*	2*
MALAWI	23	35	35F	6	9	9F	87			2		
MAURITIUS			3			1						
MOROCCO		1			10							
NAMIBIA	20162	4524	4524F	2400F	550F	550F						
NIGER		108	108F					2	2F			
NIGERIA	30F	30F	30F	25F	25F	25F						
SOUTH AFRICA	50			14			1415	602*	171	205	44	37
SWAZILAND	1628*	1100F	3360*	425	378	349	234*			37		
TANZANIA	10F	10F	10F	3	3F	3F	200F	200F	200F	72	72F	72F
TOGO	12*	12F	12F	1	1F	1F						
TUNISIA	160*	150		37	30							
UGANDA		60	7F		2	1						
ZIMBABWE	340	199	41	216	126	25	500*	2710	644*	2	18*	12
N C AMERICA	3213878	4389569	4348035	329748	308260	247608	3237520	4353118	4315222	334040	311585	246213
BAHAMAS	12			12								
BARBADOS		30	15*		58	22		1				
CANADA	3301	9622	8067	929	1500	2031	3180778	4122807	4137316	321055	287669	226898
COSTA RICA	169	698	130*	164	435	160*	28	64	40*	9	27	30*
DOMINICAN RP	30*	380*	380F	15*	260*	260F						
EL SALVADOR	28*	50*	44	11	21	30						
GREENLAND			400			1						
GUATEMALA		87	87F		160	160F		27	27F		12	12F
HONDURAS	2497*	3781	283	182	211	76	42*	8	8F	1		
MEXICO	27877	251838	202186	8805	16676	17764	419	394	4*	170	180F	1
NICARAGUA		33*				5	155*	363*	736	173	283	474
PANAMA	383	133	777	211	81	620						
ST PIER MQ	3F	3F	3F	3F	3F	3F						
TRINIDAD TOB							1		2			
USA	3179578	4122914	4135663	319416	288850	226481	56097	229454	177089	12632	23414	18798
SOUTHAMERICA	6352	12283	11082	2197	3224	2652	4616	11869	17659	774	1561	1346
ARGENTINA	2137	2974*	3555	502	613	770	168	1169	12854	34	12	160
BOLIVIA	27*	515	515F	12	132	132F						
BRAZIL	754*	1072	695	584	893	505		96	174		28	82
CHILE	340	102	32	542	227	100	3485	2723	2700*	595	803	130*
COLOMBIA	2520	4902*	391*	222	577	100	887	86*	1911*	136	34	935
ECUADOR	325*	1135*	160*	179	329	99						
PERU	48		53	86		69		1			4	
SURINAME	35*	20F	20F	34	20F	20F						
URUGUAY	166	45	67	36	36	10	76	1638	20	9	199	39
VENEZUELA		1518*	5594*		397	847		6156			481	
ASIA	3419508	3279842	3296636	431449	377086	361716	3735992	3711819	2653258	438653	407650	286734
ARMENIA			25			3						
BHUTAN	77F	77F	77F	3F	3F	3F						
CHINA	1805*	4197	2192	2938	3095	4198	2281521	2204115	1961250	302063	290783	236691
CHINA,H.KONG	2125953	2018467	1856896	261265	239668	210869						
CYPRUS	128	371		105	409		10107	3116	11747	983	391	765
INDIA	12502	12148	12148F	113	134	134F						
INDONESIA	55*		7	100		110	215163	263414	292907	18253	17151	24470
JAPAN	1062	1235	909	2558	2913	2450						
KAZAKHSTAN	137F	144	102	29	19	9	8701	330	1251	619	26	58
KOREA REP	3702	406	1594	5344	491	2034		1483	325		375	338
LAOS							64200F	64200F	64200F	3200F	3200F	3200F
CHINA, MACAO	156694	157005	143730	14312	14403	13249						
MALAYSIA	440*	120F	2	670*	172	13	1046000*	1063760	210265	112000*	94213	19948
NEPAL							12500F	12150*	12150F	130*	150*	150F
PHILIPPINES	3868	1819	3034	4225	1309	2893						
SINGAPORE	1046648	1018652	1210000F	134492	110564	121000F	348	269		470	327	
SRI LANKA		30			32							
SYRIA	13F			4F								
THAILAND	1424	171*	920	1589	174	1051	1052	2582	2763	135	234	314
TURKEY					2							
VIET NAM	65000F	65000F	65000F	3700F	3700F	3700F	96400F	96400F	96400F	800F	800F	800F

表 6

SITC 001.3

豚

	輸入：頭			輸入：1,000 $			輸出：頭			輸出：1,000 $		
	1997	1998	1999	1997	1998	1999	1997	1998	1999	1997	1998	1999
EUROPE	4969363	7038069	8280834	611783	590236	628328	6151990	7045212	9071780	680580	603327	705140
ALBANIA		6399	6399F		80	80F						
AUSTRIA	171822	164512	305338	27796	24949	33838	112445	128058	69617	9405	10308	5836
BELARUS	150F	261	2	3F	73			5979	7035		1100	1091
BEL-LUX	839009	941193	876462	80387	61195	43498	597445	669058	1079092	104393	91781	119206
BOSNIA HERZG	41200*	63300*	62000*	5000*	6400*	2800*						
BULGARIA	100				6							
CROATIA	51190	2225	594	3064	4419	1324	2414	90	25	128	147	27
CZECH REP	1179	11241	2588	336	1024	276	123953	157395	56473	12065	14714	4283
DENMARK	2262	712	133	363	92	15	1196619	1732817	1426979	132857	120856	91273
ESTONIA	31	22	103	39	29	97	1645	790	7012	308	197	632
FINLAND	1			1			243	68	196	398	117	267
FRANCE	388069	393927	479824	38301	29065	29777	437926	581535	328360	52851	45662	26283
GERMANY	1558445	2522160	2811025	203579	191571	198732	648047	1066648	1073227	66091	79530	68959
GREECE	15315*	7184	12217*	2232	1698	1647		758	40		30	2
HUNGARY	488	5222	878	467	1264	335	181414	90345	153811	12190	9002	11673
ICELAND					106	63						
IRELAND	10857	9470	3688	1110	693	437	229993	258518	243787	29746	24883	23416
ITALY	566930	1128616	1166425	97082	142866	121554	10574	21713	28302	2699	3087	4159
LATVIA	9492	2110	12974	1503	899	2272			18			13
LITHUANIA	39	215	1768	51	180	491	8004	2396	3709	1139	368	386
MACEDONIA		840*	840F		90*	90F						
MOLDOVA REP	8259	4379		883	1403		36	40F	1560	8	8F	94
NETHERLANDS	218763	174655	444525	38533	22806	46455	1583812	1502570	3436246	104702	98469	232682
NORWAY	30	8		16	10		18	332	135	38	246	294
POLAND	699	2422	580	400	780	177	61504	29831	3075	5927	2496	604
PORTUGAL	328298	242620	540610	44788	24400	50283	12813	5787	14174	2396	838	1585
ROMANIA	186	3570	3800*	1119F	1127	1205	26028		150*	1209		7
RUSSIAN FED	16000*	22233	5502	2300*	1508	503	130*	401	102	19*	30	8
SLOVAKIA	5854	10041	7880*	1066	10080	4810						
SLOVENIA	58983	1447	63000*	3159	755	18000*						
SPAIN	487407	1110999	1288940	36423	43116	51653	708081	532316	949329	101678	59952	87324
SWEDEN	24		15	8*		19	17068	7004	13767	3059	886	2257
SWITZERLAND	1399	1230	1266	605	478	436	21	46		18	57	
UK	183861	203174	180251	20630	15960	16390	188856	250662	175504	36890	37445	21661
UKRAINE	274*	900*	425F	49	170F	75F	375*			40		
YUGOSLAVIA	2747	782	782F	378	1056	1056F	2526	55	55F	326	1118	1118F
OCEANIA	69	49	49	119	101	101	1256	1361	1243	1311	689	784
AUSTRALIA							580*	1011*	658*	1129	538	638
COOK IS	10			8								
FR POLYNESIA	40*	40F	40F	90*	90F	90F						
NEWCALEDONIA	10*			10*			626	249	249F	120	113	113F
NEW ZEALAND							50	101	336	62	38	33
PAPUA N GUIN		9F	9F	11F	11F	11F						

表 7

SITC 011

鳥獣肉類（生鮮、冷蔵または冷凍）

輸　入：10 MT　　　　　輸　入：10,000 $　　　　　輸　出：10 MT　　　　　輸　出：10,000 $

	1997	1998	1999	1997	1998	1999	1997	1998	1999	1997	1998	1999
WORLD	1728995	1821964	1945187	3787289	3638156	3639364	1856882	1931646	2080079	3825048	3544299	3615591
AFRICA	54203	51061	59031	65094	63271	62013	7659	8825	6116	23209	27196	16785
ALGERIA	899	1821	1721	1630	3637	3037						
ANGOLA	3453*	4254*	3651	5100*	5370*	3371						
BENIN	926	1316	2316	934	1134	1524						
BOTSWANA	123	123F	123F	212	212F	212F	1676	1598	1198	7758	7444	5844
BURUNDI	1				2							
CAMEROON	349	599	939	354	571	650						
CAPE VERDE	18	18F	13	47	47F	28						
CENT AFR REP	6	6	6	15	15	15						
CHAD	3	3	3	25	25	25	20F	20F	20F	45F	45F	45F
COMOROS	241	301	380	571	561	604						
CONGO, DEM R	3175	2477	1477F	3331	2351	1421F						
CONGO, REP	1203	1879	1340	1387	2147	1268				1F	1F	1F
CÔTE DIVOIRE	477	463	762	524	490	668				1F	1F	1F
DJIBOUTI	87	87	88	367	366	359						
EGYPT	12874	13403	17835	19240	22111	27168	132	106	71	369	230	120
EQ GUINEA	340	420	390	405	521	388						
ETHIOPIA							58F	58F	58F	125F	125F	125F
GABON	2006	2210	2045	2907	2942	2016	2F	2F	2F	4F	4F	4F
GAMBIA	31F	31F	31F	29F	29F	29F						
GHANA	1105	1040	2535	878	933	2394						
GUINEA	407F	407F	407F	380F	380F	380F						
GUINEABISSAU	6F	6	6F	11F	11	11F						
KENYA	22	27	36	33	36	38	72	70	57	126	150	120
LESOTHO	400F	400F	400F	550F	550F	550F						
LIBERIA	412	358	362	392	337	296						
LIBYA	576	550	498	1260	1226	1260						
MADAGASCAR			8			15	62	4	1	117	8	3
MALAWI	48	64	65	120	76	77						
MAURITANIA	13F	13F	13F	19F	19F	19F						
MAURITIUS	1482	1506	1258	2796	2260	1955		5		1	13	
MOROCCO	817	578	269	1491	800	302	19	24	39	52	52	84
MOZAMBIQUE	190	360	280	370	620	460						
NAMIBIA	339	339F	339F	754	754F	754F	1735	2669	820	6200*	9500*	3200
NIGER	8	4	10	8	5	9	2	2F			1	1F
NIGERIA	71	71F	71F	131	131F	131F						
RWANDA	6F	6F	6F	10F	10F	10F						
ST HELENA	11	11F	12	34	34F	32						
SAO TOME PRN	1*			3*								
SENEGAL	56	114	214	105	208	371	14	17	31	9	24	28
SEYCHELLES	105	128	97	346	344	244	1			2		
SIERRA LEONE	32	32	41	63	60	65						
SOUTH AFRICA	19820	14004	17257	15359	9861	8212	1128	1616	1338	3219	4218	3284
SUDAN	29	29F	29F	21	21F	21F	1692	1340	780	4006	3860	2060
SWAZILAND	702	595	525	1037	730	506	168	206	206	237	283	462
TANZANIA	20	17	18	29	28	31	10	10F	10	12	12F	12
TOGO	503	541	811	348	367	393	5	5F	5F	4	4F	4F
TUNISIA	795	431	247	1423	897	526	16	47	54	37	68	69
UGANDA		2	8		5	10		1			1	
ZAMBIA	9	9F	9	27	27F	26	7	7F	7F	16	16F	16F
ZIMBABWE	11	8	80	17	14	131	843	1020	1419	872	1136	1304
N C AMERICA	218680	258490	277736	414721	451465	495906	474783	486000	506620	814275	759293	800430
ANTIGUA BARB	552	459	447	1032	911	699						
ARUBA	684	924	917	1401	1347	1126						
BAHAMAS	1395	1324	1485	3400	2433	2299						
BARBADOS	645	600	722	1279	1005	1291	5	5	12	20	15	28
BELIZE	4	4F	4F	9	9F	9F	1	1	1	2	2	2
BERMUDA	507	487	486	2047	1937	1834						
BR VIRGIN IS	55F	55F	24	125F	125F	66						
CANADA	30779	32082	33659	70231	67697	69179	73729	79687	91766	163665	157485	191510
CAYMAN IS	267F	267F	236	667F	667F	1076						
COSTA RICA	203	403	255	324	668	380	1512	1420	1471	3173	3011	3268
CUBA	2021	3361	3951	1940	2470	2200						
DOMINICA	320	299	257	448	383	330						
DOMINICAN RP	723	3715	1059	1023	4859	1735						
EL SALVADOR	895	487	648	2088	2223	1172	216	60	107	282	239	126
GREENLAND	236	242	238	952	940	966	2	13	7	9	138	87
GRENADA	467	418	428	603	491	443						
GUATEMALA	1478	2102	2873	1638	2570	3085	212	205	123	327	376	210
HAITI	364	402	420	278	294	286						

表 7

SITC 011

鳥獣肉類（生鮮、冷蔵または冷凍）

輸 入：10 MT　　　輸 入：10,000 $　　　輸 出：10 MT　　　輸 出：10,000 $

	1997	1998	1999	1997	1998	1999	1997	1998	1999	1997	1998	1999
HONDURAS	474	433	742	688	559	832	184	185	185F	340	368	368F
JAMAICA	3849	5361	4253	3253	4506	3399	25	25F	25F	33	33F	33F
MEXICO	66556	84500	92667	84014	98530	108861	4048	4621	5131	14072	13855	14872
MONTSERRAT	61F	61F	61F	75F	75F	75F						
NETHANTILLES	1540	1862	1702	3154	3101	2008		25	25F		61	61F
NICARAGUA	112	224	249	115	256	231	2473	2095	2266	4212	2880	4455
PANAMA	380	747	1177	442	1012	1500	359	533	511	822	1105	1341
ST KITTS NEV	285	289	258	371	398	336						
ST LUCIA	998	969	815	1545	1443	1111	1	1	1	1	1	1
ST PIER MQ	58F	58F	54	239F	239F	225						
ST VINCENT	556	459	451	682	667	487						
TRINIDAD TOB	807	1005	995	1391	1691	1599	11	26	36	21	42	43
USA	101412	114892	126203	229268	247961	287066	392006	397099	404954	627296	579683	584026
SOUTHAMERICA	38579	39310	33195	71511	68729	48616	110972	130210	153624	216487	241159	264251
ARGENTINA	9282	13832	10496	16393	21588	14135	30123	20745	24343	76248	59064	64732
BOLIVIA	150	58	62	184	101	102	285	326	143	329	401	171
BRAZIL	13715	10076	6191	24348	18849	9099	52937	81464	105839	86063	123740	152274
CHILE	8260	7302	8840	18818	17515	17183	3143	3766	3114	5200	5745	5123
COLOMBIA	2144	1935	1940	3391	2762	2501	148	367	167	341	837	351
ECUADOR	265	429	224	390	654	209	77	108	317	102	187	520
GUYANA	480	570	740	580	490	430						
PARAGUAY	109	58	58F	138	76	76F	2593	3724	2148	4762	6829	3509
PERU	2629	2863	2617	3732	3176	2181			3			5
SURINAME	821	962	892	1993	1707	1007						
URUGUAY	383	456	623	1070	996	1042	20733	19706	17534	42052	44352	37537
VENEZUELA	342	770	512	476	816	651	933	4	17	1389	4	30
ASIA	513886	530573	689508	1206504	1073778	1245512	182628	190891	204415	309285	273394	258169
ARMENIA	2851	3037	2497	3339	3544	2493	15	11	2	16	10	1
AZERBAIJAN	3068	1673	2684	2821	1939	1265			8			5
BAHRAIN	2137	1655	1905	3850	2882	3072						
BANGLADESH	37	174	177	206	548	554	1			7	2	2F
BHUTAN	3	2F	2F	6	3F	3F						
BRUNEI DARSM	1167	1014	917	2419	2124	1929	362F	362F	362F	1930F	1930F	1930F
CAMBODIA	7	7F	6	11	11F	11				4F	4F	4F
CHINA	32252	35812	116378	42821	37912	85834	55351	48862	44145	120051	83361	68515
CHINA,H.KONG	119446	133453	160701	144616	143355	145154	70688	79280	96228	74041	71935	74008
CYPRUS	268	271	299	1049	1204	1456	391	344	432	701	631	572
GEORGIA	800	5240	3040	785	4660	1660						
INDIA					1	1F	18431	16288	18832	21433	18511	19395
INDONESIA	3397	1646	4996	4750	1697	5155	310	742	652	1335	1874	1285
IRAN	7274	10069	4202	14313	18764	7986	548	617	583	182	187	149
IRAQ	210	210	210	330	330	330						
ISRAEL	5755	5833	5608F	13345	14721	12966	282	262	240	2012	1789	1504
JAPAN	183980	185411	201070	694549	609548	705701	321	371	444	904	884	1213
JORDAN	3122	3192	2807	5486	5134	4266	93	97	165	170	177	292
KAZAKHSTAN	3409	3306	1586	5018	3354	1268	4131	1201	1285	5687	1732	1164
KOREA D P RP	230*	174*	78F	390*	310*	147*						
KOREA REP	28981	18361	38998	78843	44327	79000	6011	9989	10079	25001	31561	34016
KUWAIT	6656	6721	6925	12038	11432	10745	68	42	13	108	66	24
KYRGYZSTAN	50	40	36	75	65	34	200F	200F	200F	220F	220F	220F
LEBANON	1142	1193	1059	2808	2998	2596						
CHINA, MACAO	1166	1094	1165	512	495	528	1	5	3		2	2
MALAYSIA	10392	9885	12526	18003	13117	16283	942	1013	973	1789	1542	1354
MALDIVES	137	149	137	311	312	185						
MONGOLIA	13	21	14	19	24	15	835	797	1459	1058	1032	1378
MYANMAR	7	7F	7F	10	10F	10F						
OMAN	5673	4697	5159	8795	6316	6434	265	265F	265F	435	435F	435F
PAKISTAN	2		4	3	1	10	22	23	101	25	33	202
PHILIPPINES	8364	7128	12814	11663	9078	13326		12			14	
QATAR	2006	2486	2322	3280	3650	3014	136	156	186	371	351	351
SAUDI ARABIA	30979	38549	45769	52716	57907	56997	2101	2806	955	3777	4671	1423
SINGAPORE	10813	9482	14538	21099	16549	23868	787	483	478	1729	1004	830
SRI LANKA	238	221	246	355	270	247	91	44	25	160	88	72
SYRIA	37	1	1F	47	3	3F	3	7	7F	2	11	11F
TAJIKISTAN	2000F	2200F	2000F	2000F	2200F	2200F						
THAILAND	337	352	781	547	551	596	15722	22257	23412	38316	42497	43667
TURKEY	86	5	3	95	15	2	1323	1450	1152	1906	1974	1357
TURKMENISTAN	1004	630	1010	1720	1110	1670						
UNTD ARAB EM	17340	18270	17570	27650	26250	21500	2681	1847	1167	4270	2606	1818
UZBEKISTAN	14400	13200	13400	20800F	20800F	20800F				78F	78F	78F
VIET NAM	72	43	43F	31	23	23F	520	1035	539	1568	2181	893

表　7

SITC 011

鳥獣肉類（生鮮、冷蔵または冷凍）

輸　入：10 MT　　　　　輸　入：10,000 $　　　　　輸　出：10 MT　　　　　輸　出：10,000 $

	1997	1998	1999	1997	1998	1999	1997	1998	1999	1997	1998	1999
YEMEN	2578	3658	3823	2975	4227	4177		25	25F		1	1F
EUROPE	889712	928798	870089	2005679	1960748	1766047	882458	905335	1003119	2019775	1846009	1860575
ALBANIA	1379	1648	2742	1686	2582	3309	5			15		
AUSTRIA	9843	9809	13209	31634	30831	34883	15133	16376	22124	37849	36983	41437
BELARUS	2015	3136	2991	1928	3728	2538	2527	4734	2206	7974	5529	2751
BEL-LUX	37964	38368	35290	84759	78596	74643	100171	106373	96869	222006	200921	164295
BOSNIA HERZG	3023	3051	2241	5244	4580	2745	64*	81*	81F	237*	216*	216F
BULGARIA	4038	6613	3522	3826	5365	2630	2145	1424	1109	4958	4022	3125
CROATIA	3032	1250	2014	7110	2487	3126	388	483	353	1385	1578	911
CZECH REP	3108	5703	4684	3506	5819	4999	1634	2594	1527	3868	5171	2838
DENMARK	14839	12783	14110	43594	38166	38669	117208	118430	125277	304960	260986	250416
ESTONIA	9103	14441	9835	7515	12879	7006	6643	11533	7669	3322	6033	3345
FAEROE IS	197	196	203	605	611	590						
FINLAND	1820	2293	2628	7467	8130	8174	3418	2858	3298	7024	5028	4839
FRANCE	94536	103317	107735	274363	265960	257788	157923	154680	158442	356166	325244	304234
GERMANY	142357	157562	142213	390754	371274	302899	68910	75821	102195	158688	163034	184667
GREECE	34215	35540	44956	75983	77815	69118	988	950	943	1661	1573	1843
HUNGARY	4593	5556	2534	6106	5827	1840	22902	21477	23217	58562	51801	47830
ICELAND	2	5	3	7	34	33	121	101	118	364	327	371
IRELAND	3913	5274	5864	10278	13010	14169	52529	56905	68105	136288	136362	163427
ITALY	108916	125485	119048	330306	336167	294352	25529	24758	26296	54753	53641	50571
LATVIA	1688	2182	1930	1500	3257	2372	19	23	36	54	79	103
LITHUANIA	1634	1805	1736	2006	2285	2338	1877	482	1202	2711	668	1333
MACEDONIA	1932	2802	1861	2806	4265	2699	84	84F	74	415	415F	370
MALTA	757	652	826	1918	1720	2283	1	9	9	3	37	32
MOLDOVA REP	510	408	390	711	454	218	3927	1562	1976	6795	2553	2118
NETHERLANDS	40653	37012	53976	98928	84946	107034	162557	168288	211230	369139	336688	391652
NORWAY	512	621	656	2482	2584	2567	764	405	2142	930	428	1462
POLAND	11407	12652	6293	15903	13378	7748	9327	12115	17074	21268	25414	21176
PORTUGAL	12070	14261	16830	34121	35581	39610	966	664	577	1629	1060	814
ROMANIA	1962	9541	4786	2100	11517	6025	5982	1004	482	9445	1695	591
RUSSIAN FED	227203	192207	128342	228821	201369	116587	1808	966	138	2563	1455	142
SLOVAKIA	1012	2237	2222	1711	3407	2498	206	200	345	558	462	520
SLOVENIA	2733	3009	2194	6451	5554	3401	1565	1411	832	3092	3020	1749
SPAIN	22521	24285	24776	60251	65874	65699	37354	41566	51963	85913	85308	90758
SWEDEN	4993	6134	7594	23136	24445	28335	6208	6283	5384	13831	9170	8359
SWITZERLAND	8050	7310	7318	35091	31759	30737	244	89	107	291	54	37
UK	63176	72310	80993	190430	195204	208169	53446	60393	55253	114384	103768	90815
UKRAINE	6059	5731	9464	8224	7752	12691	17854	10099	14367	26578	15021	21183F
YUGOSLAVIA	1949	1610	2084	2420	1538	1524	35	115	100	98	264	249
OCEANIA	13936	13732	15628	23780	20164	21271	198383	210384	206186	442019	397249	415381
AMER SAMOA	400	405	376	698	680	656						
AUSTRALIA	1227	687	2412	3811	2146	5276	121823	131776	135416	251753	242032	264448
COOK IS	115	116	95	172	153	173						
FIJI ISLANDS	1033	1177	1417	1461	1272	988	14F	14F	14F	28F	28F	28F
FR POLYNESIA	1449	1701	1622	4224	4015	3012						
GUAM	672F	672F	670	1324F	1324F	1318						
KIRIBATI	49	59	71	67	57	48						
NAURU	38	28	19	136	91	33						
NEWCALEDONIA	961	990	881	1587	1483	1352	2	4	4F	17	25	25F
NEW ZEALAND	1343	1189	1889	2978	2231	3079	76344	78451	70585	189827	154876	150644
NIUE	7	7F	7	20	20F	16						
NORFOLK IS	16F	16F	17	59F	59F	59						
PAPUA N GUIN	5201	4897	4406	5244	4380	3454	10F	10F	10F	31	31F	31F
SAMOA	488	731	735	675	906	589						
SOLOMON IS	17	9	13	31	16	19						
TONGA	452	551	501	532	570	469						
TUVALU	15	22	20	28	29	17						
VANUATU	38	58	64	63	73	59	190	130	158	363	257	205
WALLIS FUT I	48*	50*	46*	81*	70*	65*						

表 8

SITC 011.1

牛　肉（生鮮、冷蔵または冷凍）

	輸入：MT			輸入：1,000 $			輸出：MT			輸出：1,000 $		
	1997	1998	1999	1997	1998	1999	1997	1998	1999	1997	1998	1999
WORLD	5148837	5009702	5440469	13868653	13693004	14386536	5254025	5015165	5433353	13676823	13212685	14387486
AFRICA	215457	181063	204510	320239	313286	332545	47987	59690	40190	163134	199094	116861
ALGERIA	8780	18004	17004	15938	36010	30010						
ANGOLA	5700*	3900*	4100*	13000*	11000*	10000*						
BENIN	2100F	2100F	2100F	2200F	2200F	2200F						
BOTSWANA	181	181F	181F	427	427F	427F	15798	15011	11011	76175	73040	57040
BURUNDI	8			18								
CAPE VERDE	91	91F	36	309	309F	117						
CENT AFR REP	41	41F	41F	91	91F	91F						
CHAD	7F	7F	7F	60F	60F	60F	200F	200F	200F	450F	450F	450F
COMOROS	1000*	1100*	1794*	3200*	2600*	2832*						
CONGO, DEM R	5167	3000*	3000F	6391	4500*	4500F						
CONGO, REP	3130	2479	2479F	4378	3709	3709F						
CÔTE DIVOIRE	1000*	1000*	1100*	1550*	1500*	1450*	3F	3F	3F	6F	6F	6F
DJIBOUTI	500F	500F	500F	2600F	2600F	2600F						
EGYPT	102384	102579	137192	161553	181799	222648	524	508	385	876	741	460
EQ GUINEA	470F	470F	470F	570F	570F	570F						
ETHIOPIA							73F	73F	73F	125F	125F	125F
GABON	4400*	3100*	2820*	6900*	5000*	3670*						
GAMBIA	272F	272F	272F	129F	129F	129F						
GHANA	1922	1146	4420	1852	1221	5217		1				
GUINEA	1495F	1495F	1495F	1972F	1972F	1972F						
KENYA	17		10	65	1	27	119	230	273	197	513	507
LIBERIA	230F	230F	230F	350*	350F	350F						
LIBYA	4198F	4198F	4198F	10184F	10184F	10184F						
MADAGASCAR							609	40	8	1134	58	11
MALAWI			10			10						
MAURITANIA	12F	12F	12F	35F	35F	35F						
MAURITIUS	7503	7305	5108	14012	11716	8727		8			25	
MOROCCO	3982	2563	549	8600	5856	1337	91	111	327	269	247	743
MOZAMBIQUE	700*	1400*	1400F	1900*	3100*	3100F						
NAMIBIA							17346	26687	8200	62000*	95000*	32000
NIGER								5	5F		6	6F
NIGERIA	640F	640F	640F	1300F	1300F	1300F						
ST HELENA	20F	20F	20F	140F	140F	140F						
SAO TOME PRN	10*			30*								
SENEGAL	163	215	708	236	415	1401	3	12	19	3	58	81
SEYCHELLES	478	419	308*	1557	1205	932		3			3	
SIERRA LEONE	100F	100F	100F	250F	250F	250F						
SOUTH AFRICA	48414	15858	7051	40225	11410	5179	3180	4249	4156	8337	9283	8047
SUDAN	289	289F	289F	214	214F	214F	2700*	4400*	2800*	8000*	13600*	6600*
SWAZILAND	2258	2028	2164	4141	2461	1475	286	548	1063	808	1668	2434
TANZANIA	62	62F	71	46	46F	74	80*	80F	80F	92	92F	92F
TUNISIA	7653	4177	2407	13572	8658	5158	3			16		
UGANDA		2	6		4	13		3			3	
ZAMBIA	80	80F	80F	244	244F	244F	40	40F	40F	88	88F	88F
ZIMBABWE			138			193	6932	7481	11547	4555	4091	8171
N C AMERICA	1084251	1244649	1349648	2402144	2712392	3125106	1013016	1061166	1178161	3201806	3124951	3733484
ANTIGUA BARB	150F	220*	220F	500F	800F	800F						
ARUBA	1500F	1669	1669F	5100F	3118	3118F						
BAHAMAS	3551	1770*	1770	14341	6000*	7200						
BARBADOS	1695	1435	1644	4277	4041	4515						1
BELIZE			1		1F	1F	7	7F	7F	23	23F	23F
BERMUDA	1800F	1800F	1800F	11400F	11400F	11400F						
CANADA	173456	162871	177783	432580	392998	418700	288851	322356	370438	671676	791190	1020452
CAYMAN IS	700F	700F	1400*	2400F	2400F	8500*						
COSTA RICA	339	1087	591	1055	2676	1388	13072	10726	12479	28737	24717	29727
CUBA	110F	110F	110F	800F	800F	800F						
DOMINICA	57	43	43	155	146	126						
DOMINICAN RP	200*	310*	220*	550*	920*	420*						
EL SALVADOR	8437	2843	3900	20096	18925	8145						
GREENLAND	599	622	650	3182	3686	4008						
GRENADA	142	142F	142F	486	486F	486F						
GUATEMALA	2404	4614	5190*	4201	8848	13350*	901	1186	607	1585	2401	1056
HAITI	7*	10*	10F	49*	17*	17F						
HONDURAS	243	123	172	698	217	373	1747	1645	1645F	3273	3267	3267F
JAMAICA	151	181	231	647	657	867	8F	8F	8F	27F	27F	27F
MEXICO	147738	230383	261979	355711	501856	595926	3150	2753	2986	8233	8249	10069
MONTSERRAT	8F	8F	8F	45F	45F	45F						
NETHANTILLES	3950*	5606	3000*	11187*	12898	6000*		95	95F		287	287F
NICARAGUA	6	93	143	31	220	277	23135	19244	19646	40751	27630	41827

表 8

SITC 011.1

牛　肉（生鮮、冷蔵または冷凍）

輸　入：MT　　　　輸　入：1,000 $　　　　輸　出：MT　　　　輸　出：1,000 $

	1997	1998	1999	1997	1998	1999	1997	1998	1999	1997	1998	1999
PANAMA	111	163	653	491	786	1835	3097	4357	4015	7220	9339	11936
ST KITTS NEV	78	78F	78F	273	273F	273F						
ST LUCIA	625	570	410*	2372	2179	1730*						
ST PIER MQ	276F	276F	276F	1404F	1404F	1404F						
ST VINCENT	161	161F	161F	498	498F	498F						
TRINIDAD TOB	2744	2922	3348	5663	6291	7444	4	8	23	10	25	70
USA	733013	823839	882047	1521951	1727806	2025450	679044	698781	766212	2440271	2257796	2614742
SOUTHAMERICA	208158	183212	139985	431578	400861	270373	453181	402639	480912	1230081	1213219	1330192
ARGENTINA	9224	28454	11934	13605	50479	19076	199915	115823	159956	621173	474018	524462
BOLIVIA	1244	185	185F	1519	400	400F	78	423	334	157	981	706
BRAZIL	104505	73080	37487	203403	156365	71128	52442	80851	150740	196295	276595	443835
CHILE	79592	70650	83683	184558	172149	166700	39	20	20F	141	37	37F
COLOMBIA	3062	3931	1853	6298	7370	3576	1162	3353	1366	2613	7578	2835
ECUADOR	386	879	197	686	1558	312			10			23
PARAGUAY	450	229	229F	802	340	340F	23176	34079	18976	45748	65934	33446
PERU	9044	3183	2246	19681	7549	4696						
SURINAME	10	10F	10F	76	50F	50F						
URUGUAY		340	46		555	96	176291	168088	149503	363801	388070	324824
VENEZUELA	641	2271	2115	950	4046	3999	78	2	7	153	6	24
ASIA	1502602	1411825	1501442	4420613	3849703	4173202	269923	236826	251827	355312	309848	284807
ARMENIA	12330	14185F	8439	12567	14676F	9017	138	100		152	93	
AZERBAIJAN	2808	3750F	110	2998	2998F	184						
BAHRAIN	3698	3000*	2500*	7736	6600F	6000F						
BANGLADESH	4	3	3F	23	7	7F	8	2	2F	67	21	21F
BRUNEI DARSM	1292F	1292F	1292F	5129F	5129F	5129F						
CAMBODIA	24F	24F	24F	54F	54F	54F						
CHINA	65059	63795	73235	207875	176873	225197	31510	43109	19160	53863	72910	25718
CHINA,H.KONG	32232	40637	45509	111190	119773	140914	1913	3074	3052	6403	8444	7818
CYPRUS	1565	1592	1875	6897	9199	11795	891	649	476	1725	1787	930
GEORGIA	500F	400F	400F	750F	600F	600F						
INDIA							176329	153956	186700	196913	165912	190700
INDONESIA	23315	8814	21096	36524	10328	30479	5		15	8		71
IRAN	46786	43830	25552	105677	101477	60632	1	2	11	4	12	54
ISRAEL	54140	54742	52098F	124166	139001	120245						3
JAPAN	647312	666368	677373	2615274	2335233	2454121	86	105	120	6418	5684	7967
JORDAN	18427	12846	15067	31125	21307	23114	503	503	936	962	944	1520
KAZAKHSTAN	649	1302	1504	1301	2471	2509	34226	9873	8813	47944	14449	8157
KOREA D P RP	1200*	1100*	500*	2000*	1900*	1000*						
KOREA REP	166091	92026	177478	464379	249095	453402	156	162	147	667	991	1009
KUWAIT	10843	11065	10453	22977	24259	23258	117	54	25	166	96	67
KYRGYZSTAN							2000F	2000F	2000F	2200F	2200F	2200F
LEBANON	9000*	9500*	8000*	24000*	26000*	22000*						
CHINA, MACAO	683	641	661	677	626	603	1	1	1		6	2
MALAYSIA	71003F	63481	73098	115308F	81602	91280	1013F	915	2025	2601F	1919	1841
MALDIVES	603F	603F	213	2212F	2212F	858						
MONGOLIA	9	10F	10F	31	32F	32F	7033	6500F	12468	9898	9500F	12286
MYANMAR	6	6F	6F	11	11F	11F						
OMAN	10191	10191F	10191F	14285	14285F	14285F	1745	1745F	1745F	2944	2944F	2944F
PAKISTAN	4	4	19	2	10	53	204	106	283	220	114	506
PHILIPPINES	68490	52495	64167	97108	70892	79402						
QATAR	1500*	3200*	1200*	3400*	6900*	3000*	18F	18F	18F	31F	31F	31F
SAUDI ARABIA	37678	50624	36385	78687	109433	79628	762	2991	2991F	1278	2158	2158F
SINGAPORE	13962	11916	14916	45668	36809	43915	649	417	306	3254	2296	1351
SRI LANKA	50	78	59	387	331	362	213	127	135	798	540	591
TAJIKISTAN	20000F	22000F	20000F	20000F	22000F	22000F						
THAILAND	1476	1846	1442	4056	4248	3276	2	39		4	62	4
TURKEY	548		1	395		1	35	13	33	93	36	159
TURKMENISTAN	4200*	1700*	3500*	6200*	2000*	3600*						
UNTD ARAB EM	52200*	48000*	40000F	72500*	71000*	64000F	10365F	10365F	10365F	16699F	16699F	16699F
UZBEKISTAN	120000F	110000F	110000F	174000F	174000F	174000F						
YEMEN	2724	4756*	3066	3044	6332	3239*						
EUROPE	2114248	1968133	2224155	6236623	6372461	6444300	2269538	1975952	2272046	6187149	5940673	6313198
ALBANIA	2556	3026	2588	3867	6079	5335						
AUSTRIA	10828	10145	15312	45398	47614	68897	53108	46074	70118	145488	133322	186650
BELARUS	8900	4706	2354	6000	5469	1936	7100	7020	6856	41283	14240	8755
BEL-LUX	35934	24836	31611	118927	101446	129416	138656	112786	92597	427405	395468	326525
BOSNIA HERZG	7800*	4800*	4800F	16000*	11050*	11050F						
BULGARIA	20902	25435	15157	24473	31040	14355	353	295	295F	598	336	336F
CROATIA	9141	4363	5431	21038	9189	10189	1584	1424	948	8288	8162	4623

表 8

SITC 011.1

牛　肉（生鮮、冷蔵または冷凍）

	輸入：MT			輸入：1,000 $			輸出：MT			輸出：1,000 $		
	1997	1998	1999	1997	1998	1999	1997	1998	1999	1997	1998	1999
CZECH REP	1407	5518	3326	1712	6595	3698	2435	1394	2249	5440	3765	4058
DENMARK	65353	64559	67976	234467	244492	239833	124162	101579	86798	352463	356544	267425
ESTONIA	2542	4678	575	3542	6888	1132	1638	2529	1259	1597	1887	1657
FAEROE IS	589	634	595	1876	2234	1870						
FINLAND	6142	8958	9330	26199	33953	29556	7378	3642	3652	19516	13637	14243
FRANCE	240362	265532	293553	832016	922860	948885	363546	312892	330644	1080026	1038526	1046289
GERMANY	169546	155015	156038	669366	682131	675261	392123	343431	429624	992956	964534	1023268
GREECE	122809	144269	176947	392431	419713	355184	2607	2190	2187	6423	5656	7374
HUNGARY	13256		440	18816		507	10349	5110	9292	24689	13004	22748
ICELAND		10	12		163	198	17			11		1
IRELAND	2106	4607	4429	6692	15693	12183	330690	357649	464284	864738	928601	1144859
ITALY	345515	389023	397380	1414357	1653972	1561137	115808	88384	102036	251128	210506	208494
LATVIA	3166	2412	1418	4187	6060	3255	7	39	8	30	259	45
LITHUANIA	105	1257	284	241	1940	596	17052	2067	11159	24073	3719	12152
MACEDONIA	6200*	7800*	4800	10900*	13600*	9000						
MALTA	6211	5255	6931	15210	14058	19679	9	3	41	27	26	171
MOLDOVA REP	1213	2282*	936	1445	3045*	775	18014	7286*	10623	27022	12817*	12489
NETHERLANDS	136674	119261	162814	414437	382635	512096	373852	292580	351869	1316768	1233987	1435451
NORWAY	2806	3139	2910	12370	14840	12698	1338	2003	8188	1576	1798	6092
POLAND	7052	640	99	10949	1070	269	16825	62566	16780	28394	95683	29058
PORTUGAL	39326	46757	63633	147410	173331	221988	1509	1020	148	4075	2377	685
ROMANIA	3718	15276	3357	5652	25699	6171	565	156	256	1340	226	403
RUSSIAN FED	615670	419526	531389	847833	615397	557533	7755	3073	14	10388	4252	14
SLOVAKIA	522	1991	2993	1363	3159	3782	200	650	144	1054	1735	449
SLOVENIA	873	1163	760*	2005	2760	1570*	3588	3481	3300*	10117	10785	10020*
SPAIN	54519	62524	67903	253914	313094	343820	104346	112015	128258	264957	315898	311150
SWEDEN	21532	26505	31720	98419	110424	124460	4167	1736	1913	13627	6297	5607
SWITZERLAND	5135	6668	8153	39652	51737	56756	1878		44	1961	5	29
UK	137066	118519	139413	521839	427205	489324	4194	4489	5490	18822	18110	31567
UKRAINE	906	2370	1134	1656	4250F	2070F	164637	96210	130793	240656	144000F	190000F
YUGOSLAVIA	5866	4674	5654	9964	7576	7836	48	179	179F	213	511	511F
OCEANIA	24121	20820	20729	57456	44301	41010	1200380	1278892	1210217	2539341	2424900	2608944
AMER SAMOA	1500F	1500F	1500F	3000F	3000F	3000F						
AUSTRALIA	2690*	1160*	1314	9380	4186	4902	851367	913671	913824	1844983	1795218	1948097
COOK IS	204	213	153	602	527	524						
FIJI ISLANDS	1350	900*	1600	2403*	1670*	1100	30F	30F	30F	50F	50F	50F
FR POLYNESIA	5340*	6240*	6660*	19200*	16880*	15000*						
GUAM	1100F	1100F	1100F	2800F	2800F	2800F						
KIRIBATI	18	18	38	57	57	57						
NAURU	150F	150F	30*	600F	600F	110*						
NEWCALEDONIA	813	672	680	1678	1094	1228				5	4	4F
NEW ZEALAND	4309	2245	2251	7364	3534	4397	347035	363843	294736	690642	627028	658713
NIUE	10F	10F	10*	35F	35F	20*						
NORFOLK IS	150F	150F	150F	560F	560F	560F						
PAPUA N GUIN	4655*	4849	3720*	6070*	5928F	4090*	50F	50F	50F	51	51F	51F
SAMOA	600F	600F	600F	1100F	1100F	1100F						
SOLOMON IS	40F	40F	40F	80F	80F	80F						
TONGA	741	522	432	1025	748	540						
TUVALU	1F	1F	1F	2F	2F	2F						
VANUATU							1898	1298	1577	3610	2549	2029

表 9

SITC 011.2

羊　肉（生鮮、冷蔵または冷凍）

	輸入：MT			輸入：1,000 $			輸出：MT			輸出：1,000 $		
	1997	1998	1999	1997	1998	1999	1997	1998	1999	1997	1998	1999
WORLD	847274	885731	865629	2561098	2355916	2217337	852811	879613	888152	2433944	2071671	1985989
AFRICA	46698	44534	48157	46046	33088	32823	15387	11802	5746	34557	27749	15640
ALGERIA	175	175F	175F	319	319F	319F						
ANGOLA	30*	40*	40F	100*	100*	100F						
BOTSWANA	283	283F	283F	543	543F	543F	1	1F	1F	2	2F	2F
CAMEROON	3	3F	3F	11	11F	11F						
CAPE VERDE	2	2F	2F	7	7F	7F						
CENT AFR REP	3	3*	3F	16F	16F	16F						
CHAD				4F	4F	4F						
CONGO, DEM R	7	7F	7F	6	6F	6F						
CONGO, REP	20	10	10F	80	40	40F						
CÔTE DIVOIRE	80*	100*	100*	240*	150*	100*						
DJIBOUTI	10*	10*	10*	30*	20*	20*						
EGYPT	976	1091	974	1328	2467	1913	373	213	83	723	282	89
ETHIOPIA							502F	502F	502F	1110F	1110F	1110F
GABON	90*	155*	195	250*	290	320						
GHANA	30	420	1100	64	484	1276						
KENYA	184	241	277	220	294	250	10	9	12	31	25	30
LIBERIA	3*	3F	3F	20*	20F	20						
LIBYA	1188*	1130*	610*	1716*	1757*	2100*						
MADAGASCAR	1			1			2			9		
MAURITANIA	10F	10F	10F	35F	35F	35F						
MAURITIUS	5218	4701	5075	10979	7186	7830						
MOROCCO	1941	96	59	4899	221	131	38	36	19	106	99	38
NAMIBIA	60*	60F	60F	60*	60F	60F						
NIGER					1	1F		2	2F		2	2F
ST HELENA	20F	20F	10*	25F	25F	10*						
SENEGAL	1	15	27	6	55	85	1	3	56	3	16	76
SEYCHELLES	95	85	47*	345	280	159						
SOUTH AFRICA	35782	35527	38853	23651	17949	16891	243	2002	68	511	1149	287
SUDAN							14215	9000	5000F	32058	25000	14000F
SWAZILAND	82	152	88	206	293	273	2	3	3	4	5	5
TANZANIA	90	90F	90F	207	207F	207F						
TUNISIA	292	90		649	202	1*						
UGANDA			20*			13						
ZIMBABWE	22	15	26	29	46	82		31			59	1
N C AMERICA	83261	104624	110432	260580	283109	301560	3336	3165	3037	8606	10092	9217
ANTIGUA BARB	50*	50F	30*	140*	140F	40*						
ARUBA	10F	10F	10	35F	35F	50						
BAHAMAS	1495	730*	1102*	3616	1600*	2907*						
BARBADOS	2353	1471	1995	4542	1317	3472						
BELIZE				1	1F	1F						
BERMUDA	350F	350F	140*	1600F	1600F	470*						
CANADA	12542	13865	14537	41710	37569	41505	344	361	437	1133	1446	2053
COSTA RICA	36	52	52F	96	154	154F		1	1F	1	4	4F
DOMINICA	25	25F	25F	70	70F	70F						
DOMINICAN RP	15*	30*	60*	35*	80*	140*						
EL SALVADOR	1	5	4	3	12	12						
GREENLAND	26	84	8	130	207	44	4	99	58	35	1119	669
GRENADA	23	23F	30	83	83F	40						
GUATEMALA	25	8	40*	49	69	110*						
HONDURAS	2	8	14	8	32	39		13	13F		26	26F
JAMAICA	4250	6000	5110*	7200	10950	8410*						
MEXICO	21607	27438	34160	32777	30470	35711	27			75	1	
NETHANTILLES	590*	518	420*	1100*	1376	690*						
NICARAGUA	3	3		8	9							
PANAMA	2	8		8	32							
ST KITTS NEV	156	120*	130*	344	170*	190*						
ST LUCIA	646	708	690*	1466	1403	940*						
ST PIER MQ	32F	32F	32F	145F	145F	145F						
ST VINCENT	69	69F	69F	172	172F	172F						
TRINIDAD TOB	1090	1238*	1319	2279	2847	2683		1	3		4	9
USA	37863	51779	50455	162963	192566	203565	2961	2690	2525	7362	7492	6456
SOUTHAMERICA	8869	9136	6938	12908	15548	10393	21029	21583	17340	45406	43725	36551
ARGENTINA	1998	1905	1817	3034	3178	2845	1152	652	459	4149	2468	1505
BOLIVIA	1	3	3F	5*	13	13F						
BRAZIL	5782	6692	4589	8344	11487	6800	121	50	1	257	108	4
CHILE	618	142	230*	824	186	230*	3379	3804	4637	7560	6898	8400
COLOMBIA	10	12	6	57	70	44	310	279	302	772	688	676

表 9

SITC 011.2

羊　肉（生鮮、冷蔵または冷凍）

	輸入：MT			輸入：1,000 $			輸出：MT			輸出：1,000 $		
	1997	1998	1999	1997	1998	1999	1997	1998	1999	1997	1998	1999
ECUADOR	2	17	2	2	54	8						
PARAGUAY	54			68	2	2F						
PERU	360	256	209	520*	411	297						
SURINAME	9	10F	10F	12	15F	15F						
URUGUAY							16047	16792	11941	32637	33550	25966
VENEZUELA	35	99	72	42	132	139	20	6		31	13	
ASIA	214228	233368	201519	490653	455884	361617	18801	28535	13695	46717	57348	28222
AZERBAIJAN	4900	4000	107	9800	10000	325			5			8
BAHRAIN	677	1100*	1100*	1770	2700*	2200*						
BANGLADESH	335	1729	1729F	1963	5446	5446F						
BHUTAN	1F	1F	1F	1F	1F	1F						
BRUNEI DARSM	460*	260*	300*	1200*	390*	580*						
CHINA	24615	29423	33106	46451	40838	47274	1421	2855	3466	2965	4140	4419
CHINA,H.KONG	3155	4671	4974	12326	13639	13915	359	824	211	1298	2618	689
CYPRUS	966	864	926	3231	2192	2258	30	36	41	146	162	159
INDIA					5	5F	7547	8649	1348	16917	18835	2885
INDONESIA	689	430	870	1022	558	998		69	13		101	20
IRAN	11000*	20993	2116	17000*	38577	2179		2	4	1	10	11
ISRAEL	400*	700*	860F	682	1082	1527						
JAPAN	37340	35211	30069	107284	87210	76116						
JORDAN	8834	12195	10007	18236	21221	16753	106	187	145	244	262	190
KAZAKHSTAN	81	190	301	252	352	695	989	108	79	1022	164	76
KOREA REP	9074	8200	6222	11309	8226	6606	3022	3438	2263	7991	8004	5149
KUWAIT	4006	3658	3584	9753	7784	6485	1	9		1	24	24
LEBANON	260*	250*	370*	650*	450*	490*						
CHINA, MACAO	226	291	283	143	174	193	1					
MALAYSIA	12492	12621	13395	27041	19047	19565	20		30	40		14
MALDIVES	50	50F	50F	80	80F	80F						
MONGOLIA					2		10	80*	733	11	50*	724
OMAN	7495	6410*	6050*	14644	9000*	8100*	357	357F	357F	558	558F	558F
PAKISTAN	17			25			8	122	725	19	220	1513
PHILIPPINES	430	422	406	634	636	607						
QATAR	1200*	1300*	1700*	3700*	3900*	3600*	1300*	1500*	1800*	3600*	3400*	3400*
SAUDI ARABIA	51787	53180	50000	120108	107969	81000	1067	873	873F	2254	1777	1777F
SINGAPORE	9254	9592	9740	22283	18151	17441	186	113	143	1088	615	642
SRI LANKA	923	798	569	1722	1104	860			1		1	6
SYRIA	366	1	1F	456	17	17F	13F			5F		
THAILAND	69	123	104	233	408	219	21	7	1	48	24	2
TURKEY							1903	1806	1357	7509	7783	5776
TURKMENISTAN	5000F	4000F	6000F	9500F	8000F	12000F						
UNTD ARAB EM	18000*	20500*	16500*	47000*	46500*	34000*	440*	7500*	100*	1000*	8600*	180*
YEMEN	126	205	79	152	227	82*						
EUROPE	438396	438893	444374	1687933	1516660	1466843	194639	204008	225421	769513	712807	745499
ALBANIA	117	51	250*	111	82	420*						
AUSTRIA	2156	1957	1950	10825	10230	11079	18	34	60	109	190	284
BEL-LUX	23950	26873	27482	126054	127121	128505	9137	10901	13542	50746	52354	61338
BOSNIA HERZG	100*	20*	150*	120*	35*	300*	25*	140*	140F	150*	730*	730F
BULGARIA	298	25	160*	245	16	300*	3788	4286	4500	14724	16120	15000
CROATIA	1123	222	422	3792	880	1756			1			3
CZECH REP	144	232	179	424	657	601	33			68	6	
DENMARK	3312	4509	4093	15224	18957	17703	415	493	372	1950	2001	1363
ESTONIA	4	10	75	35	78	141						
FAEROE IS	508	522	507	1829	1813	1833				1		
FINLAND	841	812	974	3880	4191	3922	127	58	41	383	285	183
FRANCE	151941	157942	167705	583159	520204	515519	8760	9178	10688	47691	46726	49806
GERMANY	40149	41115	38995	188616	176735	157823	2428	1802	2267	11342	8379	11212
GREECE	14461	15108	17991	39331	42103	42958	404	519	472	2010	2153	1882
HUNGARY	82	76	101	234	202	392	455	479	638	2284	2477	2923
ICELAND			1			4	1048	794	834	3235	2727	2746
IRELAND	1157	1526	1479	3638	4522	3974	45462	47618	55129	174236	154553	183942
ITALY	22346	23181	23046	100398	96440	87324	1850	2718	3140	7020	9494	10749
LATVIA	2	11	11	20	53	60						
LITHUANIA			2300			3500F						
MACEDONIA							839	839F	740	4152	4152F	3700*
MALTA	857	763	821	2802	2077	2044		2	5		19	50
MOLDOVA REP							1506	356	1106	1999	554	1056
NETHERLANDS	7101	7541	7884	35793	35519	36452	5253	4887	7019	24522	20833	20378
NORWAY	106	227	471	409	777	1749	1131	154	512	1163	192	316
POLAND	1	7	30	7	73	272	119	166	202	265	316	531
PORTUGAL	6274	8389	9432	31592	25143	26496	15	29	25	83	123	112
ROMANIA			25		24		559	245	251	1628	881	714

表 9

SITC 011.2

羊　肉（生鮮、冷蔵または冷凍）

	輸入：MT			輸入：1,000 $			輸出：MT			輸出：1,000 $		
	1997	1998	1999	1997	1998	1999	1997	1998	1999	1997	1998	1999
RUSSIAN FED	17635	13008	2589	14840	12903	2657	381	367	137	583	559	221
SLOVAKIA							266	85	109	788	436	446
SLOVENIA	8	11	11F	22	30	30F						
SPAIN	9541	9634	11384	33340	33254	37986	15316	14476	14191	50941	43157	42043
SWEDEN	2970	3260	3834	12896	11074	13108	127	50	59	609	242	288
SWITZERLAND	7312	6859	6181	63665	55066	52316						
UK	123899	115000	113831	414607	336420	315560	94499	103209	109105	366187	343048	333373
UKRAINE	1	1	11	1F	1F	10F	677	123	136	640F	100F	110F
YUGOSLAVIA							1			4		
OCEANIA	55822	55176	54209	62978	51627	44101	599619	610520	622913	1529145	1219950	1150860
AMER SAMOA	900*	950*	660*	980*	800*	560*						
AUSTRALIA	100*	165*	335	122	206	304	242628	257713	274299	478953	422921	430819
COOK IS	76	151	191	161	236	320						
FIJI ISLANDS	7890*	9490	11090	11000*	9600	7500	10F	10F	10F	30F	30F	30F
FR POLYNESIA	1304	1104	1210*	4960	3560	3110*						
GUAM	40F	40F	40F	130F	130F	130F						
KIRIBATI	7	7F	7F	17	17F	17F						
NAURU	50*	50F	50*	160*	160F	70*						
NEWCALEDONIA	506	461	540*	1961	1592	1100*	4			42	1	1F
NEW ZEALAND	2206	1866	3111	2414	2053	3697	356977	352797	348604	1050120	796998	720010
NORFOLK IS	10F	10F	20*	30F	30F	30*						
PAPUA N GUIN	37255	33644	32044	34596	26161F	23061						
SAMOA	3000*	3900*	3000*	3600*	3800*	2300*						
TONGA	2418	3278	1861	2767	3202	1842						
TUVALU	50*	50F	40*	60*	60F	40*						
VANUATU	10*	10*	10*	20*	20*	20*						

表 10

SITC 011.3

豚　肉（生鮮、冷蔵または冷凍）

輸　入：10MT　　　輸　入：1,000 $　　　輸　出：10MT　　　輸　出：1,000 $

	1997	1998	1999	1997	1998	1999	1997	1998	1999	1997	1998	1999
WORLD	386713	449799	492254	10476387	9350070	9327185	403111	439935	514437	10440243	8735674	8932133
AFRICA	1589	2341	1986	27042	34348	22046	364	370	348	6407	5685	7173
ALGERIA				5	5F	5F						
ANGOLA	80*	180*	57*	3300*	5400*	410*						
BOTSWANA	25	25F	25F	410	410F	410F	2*	2F	2F	27	27F	27F
CAMEROON	3	3F	3*	50	50F	50*						
CAPE VERDE	2	2F	2F	42	42F	42F						
CENT AFR REP	1	1	1F	31F	31F	31F						
CHAD	1	1	1	82	82	82						
CONGO, DEM R	79	54*	54F	875	520*	520F						
CONGO, REP	159	349	94	1677	4066	870						
CÔTE DIVOIRE	1F	1F	1F	26F	26F	26F						
DJIBOUTI	3F	3F	3F	145F	145F	145F						
EGYPT		523			6742							
EQ GUINEA	33*	13*	13*	380*	140*	110*						
ETHIOPIA				2F	2F	2F						
GABON	292*	255*	282*	3370*	3200*	2400*						
GAMBIA	4F	4F	4F	160F	160F	160F						
GHANA	2	5	15	34	63	179						
KENYA			4	2	23	64	57	43	26	971	881	628
LIBERIA	44*	23*	17*	400*	260*	250*						
MADAGASCAR			6			109						
MALAWI	4*	1*	1F	100*	40*	40F						
MAURITIUS	28	37	39	748	894	1066				6		
MOROCCO	3	2	2	56	39	32	1	1		20	32	5
NAMIBIA	113F	113F	113F	1979F	1979F	1979F						
NIGER					1	1F					1	1F
SENEGAL	8	9	12	253	268	240	1	1	1	42	25	12
SEYCHELLES	34	43	33*	1183	1142	710				3		
SOUTH AFRICA	645	681	1151	11378	8436	11403	100	60	153*	2252	1174	2693
SWAZILAND	20	10	8	298	127	136	126	130	69	1313	989	1840
TANZANIA	4	1*	1F	15	3*	3F						
TOGO	1	1F	1F	13	13F	13F						
TUNISIA					2	2						
UGANDA		1	1		13	18						
ZAMBIA			1*	22	22F	10*	2*	2F	2F	59	59F	59F
ZIMBABWE			43	6	2	528	75	132	95	1714	2497	1908
N C AMERICA	29538	38841	46865	688745	680876	771622	59897	68334	75797	1806830	1590734	1723893
ANTIGUA BARB	2*	2*	2*	80*	70*	50*						
ARUBA	49*	61*	56*	1300*	1400*	1700*						
BAHAMAS	244	200F	81*	6654	5500F	1600*						
BARBADOS	53	34	96	1256	721	1457				9	10	12
BELIZE	3	3F	3F	56	56F	56F						
BERMUDA	50F	50F	50F	1703F	1703F	1703F						
CANADA	3839	4106	3880	92069	87714	83779	27711	28970	37055	734423	551463	671556
CAYMAN IS	7F	7F	2*	300F	300F	90*						
COSTA RICA	16	48	48F	316	682	682F	2	62	62F	37	1209	1209F
CUBA	110*	150*	140*	1600*	1900*	1200*						
DOMINICA	3	3F	5	60	60F	70						
DOMINICAN RP	11*	290*	380*	140*	4700*	6500*						
EL SALVADOR	1	73	119	17	1327	1962						2
GREENLAND	101	95	99	4359	3643	3771						
GRENADA	5	5F	5*	95	95F	60*						
GUATEMALA	60	205	246	1115	3138	4146				8	10	10F
HAITI	20*	58*	76*	332*	520*	440*						
HONDURAS	34	88	307	691	1442	3774		2	2F		36	36F
JAMAICA	6*	10*	6*	130*	330*	160*						
MEXICO	5398	10910	13685	69031	100351	132816	2813	3548	3736	113733	115704	127263
NETHANTILLES	217*	200F	140*	5270*	5200F	2100*						
NICARAGUA	1	16	44	32	308	676	2	4		8	8	53
PANAMA	40	281	536	755	4840	8109						
ST KITTS NEV	15	15F	7*	346	346F	390*						
ST LUCIA	24	25	20*	706	594	260*						
ST PIER MQ	17F	17F	17F	528F	528F	528F						
ST VINCENT	1	4*	6*	68	170*	170*						
TRINIDAD TOB	102	168	183	2357	2887	2594	5	17	5	129	313	152
USA	19110	21719	26628	497379	450351	510779	29365	35733	34932	958491	921981	923600
SOUTHAMERICA	4550	5454	5148	117586	110171	87448	6719	8549	8385	164689	177973	141776
ARGENTINA	3079	4002	3604	84349	83164	61401	5	6	1	43	64	31

表 10

SITC 011.3

豚　肉（生鮮、冷蔵または冷凍）

	輸入：10MT			輸入：1,000 $			輸出：10MT			輸出：1,000 $		
	1997	1998	1999	1997	1998	1999	1997	1998	1999	1997	1998	1999
BOLIVIA	5	3	3F	51	59	59F						
BRAZIL	457	64	40	9619	1840	2393	5646	7202	7541	141626	147947	117045
CHILE	93	111	319	1256	1730	4001	1044	1337	843	22726	29841	24700
COLOMBIA	350	550	520	7659	9589	8716	1	4		18	107	
ECUADOR	66	83	14	1046	1664	232						
PARAGUAY	3	4	4F	16	43	43F						
PERU	6	21	32	128	330	345						
URUGUAY	369	403	573	10535	9214	9735						
VENEZUELA	124	214	41	2927	2538	523	25	1		276	14	
ASIA	68895	73657	102761	3148738	2590202	3428784	22877	24329	18261	704702	547579	430059
ARMENIA	33	35	70	555	555	962						
AZERBAIJAN	2*	28*	30	24F	380*	233						
BANGLADESH		1	1F		5	5F						
BHUTAN	1*	2F	2F	37*	19F	19F						
BRUNEI DARSM	60*	140*	35*	1700*	2500*	720*						
CHINA	755	2866	11380	22270	19005	84965	15204	10638	5385	424342	182654	67444
CHINA,H.KONG	8399	12761	13330	168921	210335	177973	740	2690	2689	8611	29470	19802
CYPRUS		3	4	23	94	71	174	178	173	3007	2774	2203
INDIA							24	11	11F	236	121	121F
INDONESIA	10	6	16	166	72	265	37	19	12	1364	240	199
JAPAN	51196	50494	60006	2697097	2190414	2857444	1	1	4	117	88	274
JORDAN		1	1	7	20	125						
KAZAKHSTAN	7	113	14	185	1907	286	328	111	289	5332	1880	2573
KOREA D P RP	110*	64*	28*	1900*	1200*	470*						
KOREA REP	6149	5295	12469	220407	137605	218550	5623	9286	9014	240298	301428	325294
CHINA, MACAO	518*	530*	510	2021	2145	2145		1		2	3	1
MALAYSIA	23	31	113	675	520	1773	108F	99	54	2684F	1373	951
MALDIVES	10F	10F	10F	556F	556F	556F						
MONGOLIA				6								
MYANMAR	2	2F	2F	35	35F	35F						
OMAN	12	12F	12F	361	361F	361F						
PHILIPPINES	704	713	1812	12385	10385	21322		12			140	
SINGAPORE	841	539	2914	18873	11820	60460	52	45	29	1610	1232	605
SRI LANKA	3	16		63	258	4	1	1		20	13	11
SYRIA					8F	11						
THAILAND	61		1	463		29	108	218	70	3137	4577	1301
TURKEY								2		2	6	
UZBEKISTAN										780F	780F	780F
VIET NAM							477*	1019*	530*	13158*	20800*	8500*
EUROPE	280181	327825	331537	6439082	5894443	4940852	312299	336936	408567	7726604	6378047	6549881
ALBANIA	82	739	754*	1219	12193	8900*						
AUSTRIA	4545	4522	6998	114892	107599	124824	5938	7483	11062	148440	151242	156337
BELARUS	610	235	526	9200	3041	5895	1780	1182	796	35000	23012	10059
BEL-LUX	6804	7236	5872	139017	109336	86252	47552	52511	49764	1191592	971395	765984
BOSNIA HERZG	300*	405*	405F	10100*	8500*	8500F	60*	59*	59F	2200*	1300*	1300F
BULGARIA	307	634	227	3995	7020	2157	672	26	20	9727	497	498
CROATIA	1825	672	1072	43513	13540	16229	8	19	6	249	899	224
CZECH REP	234	2307	1650	3074	18399	16576	729	1906	579	15570	32319	6876
DENMARK	3696	2365	3618	95895	47449	63942	82135	84137	92680	2406113	1945929	1972900
ESTONIA	709	857	1320	10393	10021	13321	184	417	383	2768	6204	5152
FAEROE IS	37	42	42	1302	1194	1145						
FINLAND	869	1052	1276	32128	30724	34174	1898	1697	1980	42995	29741	24081
FRANCE	28472	32227	32874	692360	576667	517906	34804	35172	42380	816901	642762	616829
GERMANY	74839	84660	77861	1846120	1556790	1221559	14228	22557	39311	336871	367961	521676
GREECE	16422	13712	19342	255475	229257	212199	88	149	98	1814	2778	1886
HUNGARY	2024	3372	1365	32957	43926	12699	9581	7455	9644	218535	153434	167754
ICELAND						1						
IRELAND	1117	1553	1596	34481	38231	44059	7833	8972	7709	196573	164922	165145
ITALY	65431	77672	70738	1591378	1431016	1128915	2563	2615	4601	69108	65048	73924
LATVIA	250	420	455	4320	11055	6722			1		2	21
LITHUANIA	181	141	329	3216	2595	4880	17	49	1	350	840	23
MACEDONIA	225*	570*	520	5200*	10500*	9200						
MALTA	4	1	5	127	14	84					6	
MOLDOVA REP	254	34	111	3993	569	599	1577	700*	706	32322	10000	7025
NETHERLANDS	5456	3974	8781	123794	70716	129980	49771	61687	85202	1121342	999346	1237174
NORWAY	82	158	186	2427	3221	2894	418	64	1145	5274	621	7013
POLAND	2911	5666	4248	60453	72791	61401	3897	1608	8992	59447	26098	59706
PORTUGAL	5923	6958	7429	133783	122154	113375	326	236	369	5678	3967	4997
ROMANIA	47	2944	1843	703	39579	24146	5721	836	315	84154	12095	2259
RUSSIAN FED	30895	42749	44233	518384	695578	405685	491	311	5	9049	4841	30
SLOVAKIA	242	1437	1203	5590	20622	12788	2	1		17	12	2

表 10

SITC 011.3

豚　肉（生鮮、冷蔵または冷凍）

	輸入：10MT			輸入：1,000 $			輸出：10MT			輸出：1,000 $		
	1997	1998	1999	1997	1998	1999	1997	1998	1999	1997	1998	1999
SLOVENIA	2265	2361	1660*	52548	40591	28200*	5	15	15F	87	256	256F
SPAIN	6202	6678	7005	150555	139621	134367	16869	19644	28198	401247	350957	426391
SWEDEN	1933	2536	2889	93456	100018	105585	3718	3129	3904	93031	57733	58262
SWITZERLAND	1454	880	1069	41686	20950	22337	2	6	2	45	38	28
UK	13273	15556	21398	316738	291593	349383	18483	22090	17821	399486	347112	238889
UKRAINE	211	312	447	3771	5000	7600	939	119	746	20397	2900	15400F
YUGOSLAVIA	51	190	190F	839	2373	2373F	8	75	75F	222	1780	1780F
OCEANIA	1961	1681	3958	55194	40030	76433	955	1416	3080	31011	35656	79351
AUSTRALIA	920	540	2218	27978	16480	46879	949	1408	3072	30759	35399	79111
COOK IS				3	1	2						
FIJI ISLANDS	3F	6*	6F	120F	110*	110F						
FR POLYNESIA	48	70	70F	1576	1876	1876F						
GUAM	250F	250F	250F	4400F	4400F	4400F						
KIRIBATI	1	1	1F	28	11	11F						
NAURU	18*	8*	11*	600*	150*	150*						
NEWCALEDONIA	32	5	30*	457	27	80*				2	7	7F
NEW ZEALAND	667	771	1340	19601	16486	22441	5	8	8	250	250	233
PAPUA N GUIN	4*	10*	5*	53*	105*	90*						
SAMOA	5F	8*	12*	30F	40*	70*						
TONGA				8	4	4F						
VANUATU	1F	1F	2*	40F	40F	20*						

表 11

SITC 011.4

家禽肉（生鮮、冷蔵または冷凍）

	輸入：MT			輸入：1,000 $			輸出：MT			輸出：1,000 $		
	1997	1998	1999	1997	1998	1999	1997	1998	1999	1997	1998	1999
WORLD	5632515	5872394	6359587	7946823	8004898	7548242	6413823	6894072	7263872	8699231	8539092	8046225
AFRICA	202490	197006	237510	195378	192342	159640	5186	7815	6732	12568	15547	7957
ALGERIA	17	17F	17F	23	23F	23F						
ANGOLA	26700*	34000*	29000*	33000*	34000*	20000*						
BENIN	7100*	11000*	21000*	7100*	9100*	13000*						
BOTSWANA	455	455F	455F	639	639F	639F						
CAMEROON	3377	5878	9272	3358	5527	6316						
CAPE VERDE	66	66F	66F	106	106F	106F						
CENT AFR REP	3	3	3	14	14	14						
CHAD	9	9	9	66	66	66						
COMOROS	1400*	1900*	2000*	2500*	3000*	3200*						
CONGO, DEM R	23455	20000*	10000F	24161	17300*	8000F						
CONGO, REP	5989	10701	8300	6680	11903	6400	3F	3F	3F	5F	5F	5F
CÔTE DIVOIRE	1000*	1000*	2000*	1200*	1200*	1700*						
DJIBOUTI	270F	270F	280*	670F	670F	600*						
EGYPT	37	10		103	15		379	313	209	1983	1233	579
EQ GUINEA	2600*	3600*	3300*	3100*	4500*	3200*						
GABON	9796	12496	11596	15409	17809	11909	19F	19F	19F	39F	39F	39F
GHANA	8939	8724	19137	6700*	7470	16994						1
GUINEA	2500*	2500*	2500*	1700*	1700*	1700*						
GUINEABISSAU	60F	60*	60F	110F	110*	110F						
KENYA	16	20	23*	38*	37*	17	25	35	19	53	79	36
LESOTHO	4000F	4000F	4000F	5500F	5500F	5500F						
LIBERIA	2030*	1700*	1800*	2010*	1600*	1200*						
LIBYA	330*	130*	130F	560*	176*	176F						
MADAGASCAR			15			16	4	2	1	11	10	8
MALAWI	440*	630	630F	1100*	720	720F						
MAURITANIA	100F	100F	100F	70F	70F	70F						
MAURITIUS	76	597	187	188	768	305		44			106	
MOROCCO	2212	3105	2066	1324	1872	1519	53	69	40	109	119	54
MOZAMBIQUE	1200*	2200*	1400*	1800*	3100*	1500*						
NAMIBIA	2200F	2200F	2200F	5500F	5500F	5500F						
NIGER	80	33	96	80	30	73						
NIGERIA	40*	40F	40F									
RWANDA	60F	60F	60F	100F	100F	100F						
ST HELENA	70*	70F	90*	170*	170F	170*						
SENEGAL	52	138	266	132	306	498	8	15	13	15	33	24
SEYCHELLES	127	316	255*	348	741	556	4			13	1	1F
SIERRA LEONE	220*	220*	310*	380*	350*	400*						
SOUTH AFRICA	86871	61020	95246	61790	48920	41227	4059	5740	4223	8776	12114	4812
SWAZILAND	3494	2238	1314	4040	3384	1968	20	129	263	29	113	283
TANZANIA	3	3F	3F	2	2F	2F	7	7F	10*	14	14F	10*
TOGO	5014	5400*	8100*	3469	3660*	3920*	49	49F	49F	38	38F	38F
TUNISIA		40	66	3	87	95	140	461	534	285	666	680
UGANDA		14	41		30	55		2			2	
ZAMBIA	3	3F	3F	4	4F	4F	5	5F	5F	13	13F	13F
ZIMBABWE	79	40	74	131	63	72	411	922	1344	1185	962	1374
N C AMERICA	458661	561536	556342	514347	568009	477827	2553719	2520491	2524315	2268273	2027083	1664051
ANTIGUA BARB	5300*	4300*	4200*	9600*	8100*	6100*						
ARUBA	4800*	6900*	6900*	7500*	8800*	6300*						
BAHAMAS	5521	7800	10430*	7162	9200	9550*						
BARBADOS	1435	2516	2196	2217	3707	2972	50	42	115	187	142	262
BELIZE	13	13F	13F	28	28F	28F						
BERMUDA	2400*	2200*	2400*	5700*	4600*	4700*						
BR VIRGIN IS	550F	550F	240*	1250F	1250F	660*						
CANADA	64066	81911	81698	115292	137759	129733	61288	72034	62819	55430	61065	46344
CAYMAN IS	1800*	1800F	840*	3600F	3600F	1800*						
COSTA RICA	437	1081	1037	403	1315	1228	1620	2359	1500*	2124	3247	1600*
CUBA	19000*	32000*	38000*	17000*	22000*	20000*						
DOMINICA	2930	2741	2301	4048	3405	2892						
DOMINICAN RP	6200*	33500*	6100*	8800*	42000*	9400*						
EL SALVADOR	394	1067	891	684	1796	1176	1171	568	1068	1439	2362	1254
GREENLAND	429	493	441	1134	1259	1201						
GRENADA	4302	3805	3905	5240	4116	3716						
GUATEMALA	11144	14035	20790*	10250	13219	12820*	1218	861	615	1681	1346	1036
HAITI	500F	500F	500F	650F	650F	650F						
HONDURAS	3544	3192	3698	4488	3790	3776		35	35F		37	37F
JAMAICA	28029	40329	29530*	16353	21823	12450*	239	239F	239F	297	297F	297F
MEXICO	262798	284097	300555	244763	226335	199371	5145	4042	7358	5860	3558	4394
MONTSERRAT	600F	600F	600F	700F	700F	700F						
NETHANTILLES	8450*	10218	12000*	13300*	10813	11000*						

表 11

SITC 011.4

家禽肉（生鮮、冷蔵または冷凍）

	輸入：MT			輸入：1,000 $			輸出：MT			輸出：1,000 $		
	1997	1998	1999	1997	1998	1999	1997	1998	1999	1997	1998	1999
NICARAGUA	1084	1945	1854	1070	1975	1306	236	73	1219	345	115	1544
PANAMA	701	1497	2171	1128	2187	3235	109	388	84	422	693	162
ST KITTS NEV	2461	2530*	2300*	2737	3180*	2500*						
ST LUCIA	7884	7335	6437	10202	9336	7707	13	13F	13F	13	13F	13F
ST PIER MQ	73F	73F	33	250F	250F	110						
ST VINCENT	5296	4300*	4200*	6053	5800*	4000*						
TRINIDAD TOB	2001	2839	2281	2453	3180	2223	49	79	278	71	79	197
USA	4519	5369	7801	10292	11836	14523	2482581	2439758	2448972	2200404	1954129	1606911
SOUTHAMERICA	80102	100146	87188	112113	116658	84984	444421	668972	829941	541563	805831	950148
ARGENTINA	46747	63052	52037	58192	71007	53298	16725	17067	15637	11365	10026	8203
BOLIVIA	142	324	366	206	505	512	2771	2835	1100*	3132	3029	1000*
BRAZIL	1396	1327	292	2689	2263	550	397175	632002	795970	493093	774956	920947
CHILE		41	41F	2	82	82F	14798	14876	13977	17568	15207	14500
COLOMBIA	12283	6046	7270	18146	7879	8594						
ECUADOR	1302	1626	954	1798	2162	973	508	701	2789	886	1661	4975
GUYANA	4800*	5700*	7400*	5800*	4900*	4300*						
PARAGUAY	219	266	266F	304	357	357F	426	129	48	387	163	75
PERU	4816	12033	9447	4840	10261	5882			25			46
SURINAME	8188	9600*	8900*	19839	17000*	10000*						
URUGUAY	8	18	22	32	31	58	3076	1362	236	1809	789	123
VENEZUELA	201	113	193	265	211	378	8942		159	13323		279
ASIA	2268688	2405106	3543115	3055747	2877490	3359692	1110718	1180349	1361339	1675370	1533692	1580818
ARMENIA	15281	15227	15659	19557	19500	14821						
AZERBAIJAN	22510	8300	25581	14181	5000	10871			78			39
BAHRAIN	16541	12000*	15000*	27482	18000*	21000*						
BANGLADESH	1			15								
BHUTAN	15*	8F	8F	25*	10F	10F						
BRUNEI DARSM	9000F	7000F	7000F	15400F	12800F	12500F	3615F	3615F	3615F	19304F	19304F	19304F
CAMBODIA	20*	20F	10*	20F	20F	20*						
CHINA	215785	204546	832508	138478	117786	439777	329240	313622	342544	627680	529230	542461
CHINA,H.KONG	822067	870282	1148839	832452	765055	859100	552110	583026	745450	538576	477602	535383
CYPRUS	136	177	132	305	454	378	391	409	270	503	413	251
GEORGIA	7500*	52000*	30000*	7100*	46000*	16000*						
INDIA					2	2F	19	58	58F	14	41	41F
INDONESIA	811	754	8979	965	989	6596	78	2996	2917	156	3337	4006
IRAN	14957	35868	14353	20456	47585	17045	5457	5860	5210	1803	1772	1210
IRAQ	2100F	2100F	2100F	3300F	3300F	3300F						
ISRAEL		40F		1	130	1	2405F	2290F	2059	9841	9348	7264
JAPAN	508268	509381	565056	1016064	946507	985478	3027	3468	3790	2445	2928	3112
JORDAN	3447	6049	2531	4781	7650	2118	276	240	489	431	526	986
KAZAKHSTAN	33112	30212	13817	48096	28549	9102	894	280	571	1415	405	689
KOREA REP	39919	19009	56337	68445	26803	55248	291	672	864	471	867	996
KUWAIT	51630	52422	55125	87505	82170	77557	560	356	100	914	537	153
KYRGYZSTAN	500F	400F	360*	750F	650F	340*						
LEBANON	2000F	2000F	2000F	3100F	3100F	3100F						
CHINA, MACAO	4788	3890	4641	1898	1589	1819	1	25	21	1	11	9
MALAYSIA	8271	14822	28575	16897	22114	39029	6879	8157	6932	11795	11531	10006
MALDIVES	620	740	1010	260	270	360						
MONGOLIA	106	190*	120*	140	190*	100*						
MYANMAR	24	24F	24F	23	23F	23F						
OMAN	38777	30030	35040*	58216	39074	41100*	542	542F	542F	830	830F	830F
PHILIPPINES	2769	4174	30974	2950	4808	24750	1			2		
QATAR	17000*	20000*	20000*	25000*	25000*	23000*	37F	37F	37F	70F	70F	70F
SAUDI ARABIA	210519	273395	362680*	314455	350840	398380*	18590	23622	5118	32542	41219	8738
SINGAPORE	70254	63345	86991	113267	91740	110606	6238	3614	3848	10555	5042	5366
SRI LANKA	1357	1172	1805	1343	1004	1218	533	306	107	706	317	108
SYRIA					1F		15F	68	68F	19F	107F	107F
THAILAND	170	287	280	295	540	1553	156016	219831	233128	379595	418011	434315
TURKEY	289	27	11	501	55	18	7077	6489	2233	8178	8471	3644
TURKMENISTAN	840F	600*	600F	1500F	1100*	1100F						
UNTD ARAB EM	100000*	111000*	116000*	150000*	138000*	110000*	16000*	600*	1200*	25000*	760*	1300*
UZBEKISTAN	24000F	22000F	24000F	34000F	34000F	34000F						
VIET NAM	722*	426F	426F	312*	225*	225F	426*	166*	90*	2524*	1013*	430*
YEMEN	22652	31189	34543	26211	34858	38047*						
EUROPE	2596752	2578523	1906245	4025958	4203178	3428672	2286886	2498568	2522348	4188623	4143124	3830086
ALBANIA	6174	2076	13100	6887	2913	13880	32			110		
AUSTRIA	34137	34831	36469	110889	107513	102721	11705	11650	9626	36262	32700	23320
BELARUS	5153	13605	12562	4077	17068	10633	2373	27998	5992	3456	17353	7722
BEL-LUX	118319	121627	116651	224469	217735	187702	237263	283178	271446	337741	385840	319745

表 11

SITC 011.4

家禽肉（生鮮、冷蔵または冷凍）

	輸入：MT			輸入：1,000 $			輸出：MT			輸出：1,000 $		
	1997	1998	1999	1997	1998	1999	1997	1998	1999	1997	1998	1999
BOSNIA HERZG	19000*	21200*	13000*	25800*	25800*	7300*	19*	88*	88F	23*	128*	128F
BULGARIA	12613	24224	11000*	7956	11902	7500F	10536	9314	6000*	24301	22859	15000F
CROATIA	791	352	1427	1487	586	2370	1781	2515	2450	4527	4916	4051
CZECH REP	16780	11841	14080	21362	19242	21500	3874	3014	4463	8503	7449	9308
DENMARK	25957	20866	16294	69908	52885	46209	100523	117199	119622	174497	195349	185418
ESTONIA	76462	119276	76565	57409	100690	49778	59279	99163	65736	27416	49266	24478
FAEROE IS	379	267	405	809	627	842						
FINLAND	1849	1569	1984	8781	7276	8513	624	560	1918	1031	721	2394
FRANCE	98376	113235	121303	218119	224332	218366	749794	781165	743731	1432676	1366578	1187188
GERMANY	376386	428069	346464	1011542	1108995	811922	77051	97185	111642	164413	200164	206502
GREECE	29999	43633	42952	54598	67412	59671	5348	3634	4901	5807	3932	6783
HUNGARY	2649	10356	5148	2182	6088	1170	107215	123203	112687	261055	283664	228876
ICELAND	15	36	14	67	144	84						
IRELAND	10885	17207	32590	35877	45662	78708	24056	28491	32789	55868	54122	69044
ITALY	18730	18495	19015	49687	41817	40419	83022	102742	92471	162930	197036	170478
LATVIA	9584	13384	11650	5114	13063	11573	123	161	248	98	204	299
LITHUANIA	8685	10973	7490	9880	13058	10457	525	1135	226	918	1049	284
MACEDONIA	9900	13000	7400	10800	17000	7700						
MALTA	431	402	357	974	915	806		81	40		319	89
MOLDOVA REP	1312	1425F	1846	1637	886F	806	3595	864	475	6279	2079	382
NETHERLANDS	136379	135369	197755	269738	236277	276519	520088	533534	654601	965262	850477	946179
NORWAY	135	132	202	412	471	794	8	123	8	33	271	24
POLAND	60605	49152	13733	59904	42996	11829	25052	26788	43983	83424	87393	78748
PORTUGAL	8702	9785	11585	14949	16966	17877	3363	2238	1180	5225	3276	1639
ROMANIA	14438	48663	23374	13759	47885	27351	1318	1152	864	6577	3382	1883
RUSSIAN FED	1106437	814483	230386	790144	563252	149099	4141	2223	695	4546	2825	603
SLOVAKIA	5125	3364	3404	6678	6455	4488	914	783	2747	1522	1145	3044
SLOVENIA	3166	4672	3750*	7859	10328	2300*	11568	9411	3800	17602	15438	3500
SPAIN	83595	90612	83746	144343	149577	119720	43699	45348	49305	90449	87913	79342
SWEDEN	2731	3172	7808	10944	11080	28990	10280	5173	3119	14606	5902	4200
SWITZERLAND	35918	34564	32642	109898	101555	90024	246	211	472	692	223	98
UK	186973	285915	290578	568905	839843	877651	187090	177949	174122	289470	258539	246777
UKRAINE	56920	51469	88716	76247	68000F	117000*	234	75	831	917	300F	2400F
YUGOSLAVIA	11062	5222	8800	11867	4884	4400	147	220	70	387	312	160
OCEANIA	25822	30077	29187	43280	47221	37427	12893	17877	19197	12834	13815	13165
AMER SAMOA	1600F	1600F	1600F	3000F	3000F	3000F						
AUSTRALIA	20*			11			12117	17643	18987	11462	13285	12671
COOK IS	864	796	595	943	760	868						
FIJI ISLANDS	290*	290F	290F	300*	300F	300F	100F	100F	100F	200F	200F	200F
FR POLYNESIA	6710	8380	7090	14842	16542	9132						
GUAM	3000F	3000F	3000F	5700F	5700F	5700F						
KIRIBATI	427	520*	620*	529	440*	350*						
NEWCALEDONIA	6087	6616	5173	8243	8593	7615				2	44	44F
NEW ZEALAND			2			4	676	134	110	1170	286	250
NIUE	60*	60F	60*	160*	160F	140*						
PAPUA N GUIN	64*	64F	63	154*	154F	128						
SAMOA	1200*	2700*	3600*	2000*	4100*	2400*						
SOLOMON IS	125*	50*	90*	231*	80*	110*						
TONGA	1335	1671	2674	1467	1692	2250						
TUVALU	100*	170*	160*	220*	230*	130*						
VANUATU	360*	560*	610*	570*	670*	550*						
WALLIS FUT I	480*	500*	460*	810*	700*	650*						

表 12

SITC 011.5

馬　肉（生鮮、冷蔵または冷凍）

	輸入：MT			輸入：1,000 $			輸出：MT			輸出：1,000 $		
	1997	1998	1999	1997	1998	1999	1997	1998	1999	1997	1998	1999
WORLD	133099	127754	123195	420837	396789	367124	140918	131556	130441	382902	363271	350808
AFRICA	1	25	1		30	1	37	2	1	110	4	1
BOTSWANA	1	1F	1F									
SOUTH AFRICA		24			30		37	2	1	110	4	1
N C AMERICA	2623	2370	2363	2759	2504	2426	32328	30350	25803	104705	96519	87540
BAHAMAS	2	2F	2F	5	5F	5F						
CANADA	181	117	42	429	255	99	15570	14594	12797	52841	50294	48444
GREENLAND	1			5								
GUATEMALA		20	20F		38	38F						
HONDURAS	6			7			19	18	18F	32	10	10F
MEXICO	2410	2165	2268	2296	2156	2264	3179	3339	2481	8172	8000	6053
USA	23	66	31	17	50	20	13560	12399	10507	43660	38215	33033
SOUTHAMERICA	192	173	107	192	176	99	49367	44845	46391	98291	91782	87424
ARGENTINA							32694	27083	27386	69523	60804	59077
BRAZIL							11220	12760	14396	17511	20612	19198
CHILE	192	162	40*	192	165	60*						
ECUADOR							261	380	368	131	193	187
PARAGUAY											12	98
PERU		11	67		11	39						
URUGUAY							5192	4622	4229	11126	10173	8864
ASIA	13571	13264	13363	34524	34220	34648	1323	762	801	3714	2444	2151
BANGLADESH	15			11								
CHINA		53			78		834	451	560	3226	2124	1929
INDONESIA							3			16		
JAPAN	13352	12931	13288	34362	33934	34585	2		4			
KAZAKHSTAN		12	1		8	1	378	209	116	375	235	92
MALAYSIA	8F		15	30F		6		2			5	
MONGOLIA							102	100F	100F	83	80F	80F
OMAN	4	4F	4F	3	3F	3F						
PAKISTAN					1							
PHILIPPINES	192	259	50	117	184	40						
SAUDI ARABIA		5	5F		13	13F						
THAILAND										14		13
TURKEY							4			11	10	37
EUROPE	116710	111920	107351	383347	359844	329941	51701	48439	50799	161254	155126	156061
ALBANIA	170	88	88F	270	150	150F						
AUSTRIA	481	458	380	786	767	537			1			4
BEL-LUX	40830	40183	40697	117450	116790	110980	31029	29738	29038	98208	96927	88657
CROATIA							10			15	15F	
CZECH REP	981	2164	1622	1210	2985	1651						
DENMARK	49	82	21	93	166	57	474	393	296	996	794	564
FINLAND	265	267	207	620	641	415	48				44	
FRANCE	30291	27679	26394	128070	112617	102596	4524	4192	4780	20773	18311	21331
GERMANY	1625	856	535	2643	1437	830	592	7	29	1051	22	72
HUNGARY	437	474	378	423	646	378						
ICELAND							122	212	335	352	520	927
IRELAND		11	3F	5	36	11	1331	648	514	2437	1762	1348
ITALY	20537	18570	17765	62609	57847	51734	609	286	103	1530	1046	1121
MALTA			4			12						
NETHERLANDS	15477	14473	13508	33794	31517	28802	5322	3549	4755	14655	10827	15189
POLAND			42			36	5196	6956	7513	15060	19082	19418
PORTUGAL		53	38		40	200						
RUSSIAN FED		1597	577	375F	1498	354						
SLOVAKIA	118		202	209		225			42			37
SLOVENIA	11	26	26F	13	34	34F	1	13	13F	1	19	19F
SPAIN	66	62	57	270	248	196		38	2		128	6
SWEDEN	1269	836	1024	3103	2415	2295	113	40	45	218	76	99
SWITZERLAND	4103	4041	3783	31404	30010	28448						
UK							2002	2022	2804	5597	5247	6794
UKRAINE							328	345	529	317	350F	475F
OCEANIA	2	2	10	15	15	10	6162	7158	6646	14828	17396	17631
AUSTRALIA							5360	6359	6049	12475	15599	16246
FR POLYNESIA	2F	2F	10*	15F	15F	10*						
NEW ZEALAND							802	799	597	2353	1797	1385

表 13

SITC 011.6

屑肉および内臓（生鮮、冷蔵または冷凍）

	輸入：MT			輸入：1,000 $			輸出：MT			輸出：1,000 $		
	1997	1998	1999	1997	1998	1999	1997	1998	1999	1997	1998	1999
WORLD	1376694	1531802	1460053	1720819	1749677	1777959	1539079	1667007	1615745	1760199	1765493	1685765
AFRICA	59219	57875	72765	59576	54610	66657	1648	1564	1361	2052	1969	1656
ALGERIA				3	3F	3F						
ANGOLA	1300*	2800*	2800F	1600*	3200*	3200F						
BENIN	60F	60F	60F	35F	35F	35F						
BOTSWANA	44	44F	44F	44	44F	44F	903	903F	903F	1302	1302F	1302F
CAMEROON	14	14F	14F	18	18F	18F						
CAPE VERDE	7	7F	7F	8	8F	8F						
COMOROS	7F	7F	7F	10F	10F	10F						
CONGO, DEM R	2326	1221	1221F	1872	1183	1183F						
CONGO, REP	1280	2090	1650	1000	1700	1610						
CÔTE DIVOIRE	2666	2510	4400	2119	1920	3300						
DJIBOUTI	50F	50F	50F	150F	150F	150F						
EGYPT	25346	25121	40188	29416	30086	47123	38	26	28	101	44	60
ETHIOPIA							3F	3F	3F	5F	5F	5F
GABON	2762	3702	2912	2870	2860	1630						
GHANA	118	61	515	112	86	221						
GUINEA	70F	70F	70F	130F	130F	130F						
KENYA	1		7	3		20	2	1*	1	3	3	2
LIBERIA	435*	435F	435F	335*	335F	335F						
LIBYA	40*	40F	40F	140*	140F	140F						
MADAGASCAR							4		1	1		
MAURITIUS	1736	2079	1807	2018	1969	1545		2			2	
MOROCCO	7				26		7	13		18	26	
NIGER					2	2F		5	5F		1	1F
SENEGAL	9	49	80	12	117	112	113	104	203	18	35	36
SEYCHELLES	8	20	15	20	62	43						
SOUTH AFRICA	20016	16722	15777	16047	10202	5356	418	415	167	328	478	172
SWAZILAND	910	769	632	1574	339	401	116	83	38	216	56	59
TANZANIA	4	4F	4F	10	10F	10F	4	4F	4F	7	7F	7F
UGANDA			2		1	3						
ZAMBIA							2	2F	2F	4	4F	4F
ZIMBABWE	3		28	4		25	38	3	6	49	6	8
N C AMERICA	257140	278093	285105	246269	233459	248701	522494	548865	564395	719758	716623	761494
ARUBA	40*	50*	30*	70*	120*	90*						
BAHAMAS	688	690	480	1523	1320	1030						
BARBADOS	425	235	424	478	250	488	1			3		
BELIZE	3	3F	3F	3	3F	3F						
CANADA	18491	20218	23270	16019	16307	15372	92947	97033	99384	115418	114296	120425
COSTA RICA	1060	1326	380	1347	1809	310	411	500	109	832	928	138
DOMINICA	152	151F	151F	145	145F	145F						
DOMINICAN RP	700*	410*	410F	700*	890*	890F						
EL SALVADOR	113	219	495	80	153	415	1			2		
GREENLAND	294	269	289	655	578	611		9			7	
GRENADA	156	156F	156F	129	129F	129F						
GUATEMALA	136	275	200	137	327	320						
HAITI	2900F	2900F	2900F	1700F	1700F	1700F						
HONDURAS	244	115	464	448	95	356	73	104	104F	97	287	287F
JAMAICA	6000*	7000*	7600*	8200*	11300*	12100*						
MEXICO	176885	191584	190743	135052	123611	122215	846	590	1127	4631	3042	913
NETHANTILLES	220*	269	190*	640*	701	260*		156	156F		325	325F
NICARAGUA	8	38	59	7	44	54	1356	1612	1753	1027	1042	1121
PANAMA	2595	2995	3586	2039	2274	1819	382	584	1008	573	1017	1316
ST LUCIA	577	822	411	682	896	454						
ST PIER MQ	12F	12F	12F	53F	53F	53F						
TRINIDAD TOB	1209	1374	1176	1155	1699	1040	1	1	1	1	1	3
USA	44232	46982	51676	75007	69055	88847	426476	448276	460753	597174	595678	636966
SOUTHAMERICA	42903	45813	46204	40525	43524	32659	68998	74541	71947	58113	58322	70837
ARGENTINA	4054	4875	3124	4749	8006	4660	46222	43557	35917	32842	25634	32175
BOLIVIA	66	42	42F	56	32	32F						
BRAZIL	20891	18992	19136	19300	16291	10073	11783	16928	21490	11739	17128	21441
CHILE	1266	912	1220*	1339	835	750*	2271	5184	3680*	2332	3911	2030*
COLOMBIA	2589	3853	5063	1739	2690	4075						
ECUADOR	303	942	942	365	1104	555						
PARAGUAY	338	51	51F	187	22	22F	2325	3033	2440	1485	2194	1468
PERU	12012	12943	13880	12140	13185	10550						
URUGUAY	137	149	422	133	143	493	6376	5818	8420	9703	9447	13723
VENEZUELA	1247	3054	2324	517	1216	1449	21	21		12	8	

表 13

SITC 011.6

屑肉および内臓（生鮮、冷蔵または冷凍）

	輸入：MT			輸入：1,000 $			輸出：MT			輸出：1,000 $		
	1997	1998	1999	1997	1998	1999	1997	1998	1999	1997	1998	1999
ASIA	396959	459153	546970	811792	843738	1001440	123154	162389	167553	159982	184797	156986
ARMENIA	349	380F	134	218	218F	94						
AZERBAIJAN	440	400	223	440	250	65						
BANGLADESH				10	10	10						
BRUNEI DARSM	270*	140*	180*	650*	310*	250*						
CAMBODIA	13F	13F	13F	27F	27F	27F						
CHINA	9146	31083	110489	12582	23218	59159	4314	2431	1250	6387	2643	1621
CHINA,H.KONG	209184	254982	223010	261705	274851	199441	114111	153295	153189	148279	172435	142051
CYPRUS	3	50	6	4	77	15	772	480	1778	1397	911	2089
INDIA					4	4F	173	110	110F	254	200	200F
INDONESIA	8981	6310	18824	8615	4906	13139	17	23	163	6	39	88
IRAN	1			1			18	305	602	9	74	217
ISRAEL	3010	2850*	3120F	8605	6993	7883						5
JAPAN	117080	120791	120640	446635	477535	626763	83	127	491	60	139	776
JORDAN	508	827	446	715	1139	544	46		81	61		226
KAZAKHSTAN	155F	216*	48	263F	238*	32	1520F	432*	376	773F	185*	53
KOREA REP	12956	11375	25132	22873	21377	55850	410	2761	7369	579	4322	7701
KUWAIT	79	60	89	140	83	146				3		
LEBANON	160*	180*	220*	330*	430*	370*						
CHINA, MACAO	767	813	856	360	401	449	1	11	4		4	3
MALAYSIA	11560	6652	8896	18534	7778	10664	13F	4	137	67F	6	126
MONGOLIA	9	10F	10F	14	15F	15F	1115	1200F	1200F	503	600F	600F
MYANMAR	5	5F	5F	8	8F	8F						
OMAN	198	198F	171	365	365F	421	6	6F	6F	21	21F	21F
PAKISTAN			23			47						
PHILIPPINES	4599	6682	14274	3291	3760	7012						
QATAR	98F	98F	60*	243F	243F	80*	2F	2F	2F	7F	7F	7F
SAUDI ARABIA	8700	7804	8140*	12311	10091	10220*	185	326	326F	615	808	808F
SINGAPORE	6107	4401	4416	9404	5691	4958	257	122	142	598	212	227
SRI LANKA	4	6	23	4	5	23		2			5	2
THAILAND	1041	1247	5976	389	295	871	89	484	60	351	2153	122
TURKEY							22	18	17	12	30	40
UNTD ARAB EM	1256F	1256F	1256F	2715F	2715F	2715F						
YEMEN	280	324	290	341	705	165		250	250F		3	3F
EUROPE	608544	678723	498920	548097	560367	419196	688203	730126	668122	641088	635149	509573
ALBANIA	272	562	562F	307	500	500F	18			19		
AUSTRIA	1479	1397	3554	1914	1922	5498	24024	28260	27529	13165	18186	9630
BELARUS		1304	2315		737	954		484	763		680	607
BEL-LUX	52652	56465	44514	36485	29875	20645	76037	72671	45179	58280	55014	29809
BOSNIA HERZG	100F	100F	100F	180F	180F	180F						
BULGARIA	3487	9224	5758	1575	3191	1510	5	27	27F	16	33	33F
CROATIA	953	814	2128	963	609	650	121	22	12	48	21	45
CZECH REP	9120	13914	10576	6533	9575	4918	180	266	471	85	209	414
DENMARK	13492	11554	14199	11610	9854	10263	122266	119986	113105	110999	105259	72305
ESTONIA	4491	11873	7933	3413	11082	5658	3602	9438	5819	1257	2969	2015
FAEROE IS	122	116	99	219	227	194						
FINLAND	47	229	232	100	298	253	5534	6341	5642	4018	4620	3999
FRANCE	92881	103929	100352	133163	151584	134823	74069	61129	46781	80939	57102	37309
GERMANY	53398	65666	66304	56915	51551	37420	66031	77514	72514	52824	62734	54439
GREECE	8760	13126	15483	12253	14068	15181	123	1083	691	155	819	335
HUNGARY	9174	10937	5417	6171	7390	2898	4508	1881	5064	2506	1450	1941
ICELAND							15		1	10		3
IRELAND	7066	6651	3662	2959	2598	1011	39359	41272	50002	60149	55726	67770
ITALY	15779	17626	15399	31689	36075	33384	19364	18026	11204	19404	19588	11222
LATVIA	1571	1803	1602	1167	2251	1803			23			32
LITHUANIA	4835	4406	3291	5715	5251	3245	741	962	383	358	462	162
MACEDONIA	760*	1000*	920	950*	1070*	820			6			
MALTA	27	86	76	26	90	93						
MOLDOVA REP	20	20F		19	19F		383	111	483	322	81	213
NETHERLANDS	26447	23568	40368	21639	17928	23509	178794	172422	174841	176517	169497	159576
NORWAY	187	316	112	175	304	110	933	1058	1180	1055	1301	1041
POLAND	17297	19607	6449	27665	15787	3498	2395	3574	7937	2157	2779	4038
PORTUGAL	4292	3995	5134	5150	4613	4658	1070	602	488	652	400	283
ROMANIA	995	2035	2559	634	1992	2414	35	60	132	36	42	70
RUSSIAN FED	216604	231915	70335	113947	114920	45566	825	115	1	879	95	
SLOVAKIA	1908	2641	3583	3158	3817	3691	142	130	73	238	108	61
SLOVENIA	230	254	444	292	288	371	81	184	184F	111	198	198F
SPAIN	13011	10333	12179	12880	12996	12100	31108	36582	36838	26700	31596	26159
SWEDEN	189	126	147	351	278	402	6710	12482	7768	6393	12194	6694
SWITZERLAND	6212	5558	4987	4388	4755	3852	274	616	502	89	231	136
UK	38205	40930	43510	41608	41881	36349	26177	59779	48557	18848	29154	15547
UKRAINE	568	348	309	475F	263F	232F	3273	3042	3915	2850F	2560F	3440F

表 13

SITC 011.6

屑肉および内臓（生鮮、冷蔵または冷凍）

	輸入：MT			輸入：1,000 $			輸出：MT			輸出：1,000 $		
	1997	1998	1999	1997	1998	1999	1997	1998	1999	1997	1998	1999
YUGOSLAVIA	1913	4295	4328	1409	548	543	6	7	7F	9	41	41F
OCEANIA	11929	12145	10089	14560	13979	9306	134582	149522	142367	179206	168633	185219
AUSTRALIA	210	61	40	287	85	78	88233	97241	97108	123785	121945	138079
COOK IS	4	3	8	8	8	17						
FIJI ISLANDS	770	1030	1130	780	1030	860						
FR POLYNESIA	609	534	514	1349	986	726						
GUAM	60F	60F	40*	160F	160F	100*						
KIRIBATI	30	30F	30F	33	33F	33F						
NEWCALEDONIA	45	73	73F	126	174	174F						
NEW ZEALAND	221	61	94	297	103	198	46346	52278	45256	55401	46668	47120
PAPUA N GUIN	9950	10263	8130	11500	11380F	7100						
SAMOA	30F	30F	30F	20F	20F	20F						
VANUATU							3F	3F	3F	20	20F	20F

表 14

SITC 011.8

他に非特掲の鳥獣の肉類・屑肉・内臓（生鮮、冷蔵または冷凍）

	輸入：MT			輸入：1,000 $			輸出：MT			輸出：1,000 $		
	1997	1998	1999	1997	1998	1999	1997	1998	1999	1997	1998	1999
WORLD	284406	294267	280394	878271	831202	769252	337058	329698	324858	857142	755106	767502
AFRICA	2274	6696	7514	2657	5008	6416	2702	3680	3649	13258	21908	18565
ALGERIA	12	12F	12F	11	11F	11F						
BOTSWANA	17	17F	17F	58	58F	58F	40	40F	40F	72	72F	72F
CAMEROON	73	73F	73F	100	100F	100F						
CHAD	5	5	5	36	36	36						
CONGO, DEM R				2	2F	2F						
CONGO, REP	21F	21F	21F	55F	55F	55F						
CÔTE DIVOIRE	17F	17F	17F	105F	105F	105F						
DJIBOUTI	10F	10F	10F	70F	70F	70F						
EGYPT							1	2	2	2	4	13
ETHIOPIA							2F	2F	2F	5F	5F	5F
GABON	87	97	107	270	260	230						
GHANA	21	1	29	22	4	49						
KENYA		2	1		7	5				1		1
LIBERIA	980*	980F	980F	800*	800F	800F						
MADAGASCAR			7		1	24		1	2	10	11	10
MAURITANIA	7F	7F	7F	51F	51F	51F						
MAURITIUS	2	9	14	19	68	80						
MOROCCO			1		9	3						
NIGER		6	6F		11	11F						
NIGERIA	30F	30F	30F	9F	9F	9F						
SENEGAL	249	632	942	414	921	1378	2	29	18	6	72	48
SEYCHELLES		2	10	6	6	39						
SOUTH AFRICA	667	4077	4138	495	1662	2068	2336	3147	3233	11871	17975	16828
SWAZILAND	74	664	975	115	696	804					1	
TANZANIA	2	2F	2F	12	12F	12F	4	4F	4F	7	7F	7F
TUNISIA		7		2	25	4	16	7	1	67	18	5
UGANDA			1			1		2	1		3	1
ZAMBIA				2	2F	2F						
ZIMBABWE		25	109*	1	27	409	301	446	345	1218	3740	1575
N C AMERICA	5486	5220	4816	32361	34304	31813	23965	12620	12522	32769	26930	24619
BAHAMAS	249	251F	251F	699	702F	702F						
BARBADOS	12	4	1	23	11	5						
BERMUDA	20F	20F	20F	70F	70F	70F						
CANADA	665	781	467	4207	4372	2602	1175	794	1239	5728	5096	5827
CAYMAN IS	100F	100F	100F	370F	370F	370F						
COSTA RICA	2	10	10F	22	41	41F						
DOMINICA	1	1F	1F	1	1F	1F						
EL SALVADOR		4	3	2	14	14	984	28		1376	30	
GREENLAND	4	3	3	56	29	23	15	24	16	51	252	199
GRENADA	1	1F	1F	1	1F	1F						
GUATEMALA	471	22	22F	623	59	59F						
HAITI	30F	30F	30F	50F	50F	50F						
HONDURAS	354	17	1	540	16	4		14	14F		12	12F
JAMAICA										1	1F	1F
MEXICO	137	236	118	508	522	304	1		6	13		27
NETHANTILLES	22	10	10F	42	26	26F						
NICARAGUA	1	1		2	3							
ST KITTS NEV	5	5F	5F	7	7F	7F						
ST LUCIA	4	4	4F	22	20	20F						
ST PIER MQ	10F	10F	10F	10F	10F	10F						
ST VINCENT	21	21F	21F	31	31F	31F						
TRINIDAD TOB		1	1		3	2		7			2	
USA	3377	3688	3737	25075	27946	27471	21790	11753	11247	25600	21537	18553
SOUTHAMERICA	66	86	45	207	356	201	5530	4022	5863	26724	20742	25580
ARGENTINA	1	6	8	5	43	71	4480	3214	4059	23389	17624	21866
BRAZIL	11	28	4	125	246	49	173	27	380	111	58	269
CHILE	1	3	3F	4	5	5F	506	404	404F	1674	1559	1559F
COLOMBIA		5	2	6	20	7	1			9		
ECUADOR			4	1	1	7		1	7		13	13
PERU	1	1			10	8				2		1
URUGUAY	1	19	14	1	17	36	347	376	1013	1443	1488	1872
VENEZUELA	51	24	10	55	16	26	23			96		
ASIA	53862	46439	61067	102973	86540	95736	73594	56765	66321	147050	98228	98648
ARMENIA	220	230	35	494	494	34	12F	10F	15	8F	6F	6
AZERBAIJAN			517	764	764	972						

表　14

SITC 011.8

他に非特掲の鳥獣の肉類・屑肉・内臓（生鮮、冷蔵または冷凍）

	輸入：MT			輸入：1,000 $			輸出：MT			輸出：1,000 $		
	1997	1998	1999	1997	1998	1999	1997	1998	1999	1997	1998	1999
BAHRAIN	449	449F	449F	1516	1516F	1516F						
BANGLADESH	18*	5	37F	37	10	74						
BRUNEI DARSM	50F	50F	50F	110F	110F	110F						
CAMBODIA	11F	11F	11F	12F	12F	12F	3F	3F	3F	40F	40F	40F
CHINA	372	565	639	556	1319	1968	34151	19778	20618	82049	39913	41562
CHINA,H.KONG	43834	36348	51381	59561	49892	60200	30990	25677	33487	37240	28782	34338
CYPRUS	7	3	5	32	19	44	83	86	25	227	258	91
INDONESIA	67	93	23	211	119	69	2633	4144	3293	11795	15023	8461
ISRAEL							416	327	340F	10277	8541	7764
JAPAN	4491	4488	4208	28777	24746	22498						
JORDAN						3		40	1		41	1
KAZAKHSTAN	27	2	44	85	12	56	20			7		
KOREA REP	284	56	120	1021	162	341			3	1		14
KUWAIT	2	4		8	24	3						
CHINA, MACAO	19	11	111	25	13	75			1			
MALAYSIA	360	968	147	1548	109	517	422F	63	60	698F	586	597
MONGOLIA							91	90F	90F	83	85F	85F
MYANMAR	15	15F	15F	27	27F	27F						
OMAN	13	13F	13F	74	74F	74F						
PAKISTAN					1		3			7		
PHILIPPINES	124	119	142	149	117	127						
QATAR	259F	259F	259F	460F	460F	460F						
SAUDI ARABIA	1109	479	479F	1602	727	727F	401	246	246F	1077	744	744F
SINGAPORE	141	181	179	1499	1278	1303	17	112	53	183	643	111
SRI LANKA	15			33	1	3	158			77		
SYRIA					1	1F						
THAILAND	7	21	1	34	15	7	6	29	218	21	145	911
TURKEY	27	25	14	55	91		4188	6160	7868	3260	3416	3918
UNTD ARAB EM	1941F	1941F	1941F	4282F	4282F	4282F						
YEMEN		103	247		146	233*					5	5F
EUROPE	220663	233534	204474	735752	700528	630661	210622	226898	206782	523519	495162	501453
ALBANIA	3680	3289	3289F	4203	3903	3903F	4			22		
AUSTRIA	3903	4078	4447	31631	32662	35269	3100	2907	3293	35028	34187	38140
BELARUS		9392	7427		10967	5963		21	484		7	362
BEL-LUX	39913	41338	33224	85188	83652	82929	34071	29342	19242	56087	52209	50888
BOSNIA HERZG	230*	340*	310*	240*	230*	120*						
BULGARIA	19	874	874	13	481	481	41	65	65	211	379	379
CROATIA	61	23	14	306	69	67	304	674	60	723	1767	164
CZECH REP	307	292	564	740	740	1044	2533	2209	2294	9011	7958	7723
DENMARK	3269	2607	2336	8741	7855	8678	2888	3281	5779	2582	3980	4181
ESTONIA	437	3	3	362	27	33	71	23	50	177	8	151
FAEROE IS	3	2	3	15	17	18				3		
FINLAND	361	584	788	2964	4217	4905	1483	1010	1928	2253	1275	3494
FRANCE	46784	42589	39300	156739	151333	139789	30488	26518	23998	82651	82435	83591
GERMANY	34069	38300	35186	132335	135102	124170	8587	12603	12770	27425	26547	29497
GREECE	1895	2141	2766	5740	5594	5989	515	582	197	397	395	169
HUNGARY	97	3	205	277	18	358	10681	9547	8044	76549	63976	54060
ICELAND		2	2	2	24	44	5	4	13	33	25	29
IRELAND	6744	7212	518	19127	23356	1748	6057	3649	1238	8874	3934	2160
ITALY	11938	11234	10494	52946	44500	40605	9002	9277	7992	36413	33695	29719
LATVIA	51	16	66	187	91	306	57	28	70	413	325	636
LITHUANIA	901	3	698	1007	9	702	286	168	242	1411	610	707
MACEDONIA	210	520	290	210	480	270						
MALTA	5	4	14	45	45	107						
MOLDOVA REP	11	12F	3	15	18F	3	2		12	3	3F	11
NETHERLANDS	29897	30173	29620	90089	74871	62981	44557	59035	67193	72325	81915	102573
NORWAY	1066	818	1002	9024	6226	7426	42	73	81	195	100	131
POLAND	10	451	90	54	1065	178	4709	5022	4405	23929	22793	20264
PORTUGAL	2873	4053	4188	8330	13563	11510	443	391	248	576	453	425
ROMANIA		1	115	229	17	114	134	72	164	716	326	584
RUSSIAN FED	6736	14053	5819	2691	10142	4978	69	770	488	182	1977	549
SLOVAKIA	31	3		111	15	3	515	343	336	1963	1185	1160
SLOVENIA	388	349	349F	1772	1508	1508F	363	874	874F	3007	3499	3499F
SPAIN	2460	2903	2441	7206	9947	8801	10373	10762	9058	24835	23428	22484
SWEDEN	1905	2082	2520	12189	9163	8509	3495	12062	1895	9826	9260	8437
SWITZERLAND	7284	6608	6738	60218	53517	53636	17		2	127	43	80
UK	12887	7178	8620	40598	15101	13426	35671	35580	34238	45434	36465	35203
UKRAINE	93	4	1	85F	3F			4	4F		3F	3F
YUGOSLAVIA	145		150	123		90	59			141		
OCEANIA	2055	2292	2478	4321	4466	4425	20645	25713	29721	113822	92136	98637
AUSTRALIA	50	80	252	328	502	592	9028	11053	13177	15110	15951	19458

表 14

SITC 011.8

他に非特掲の鳥獣の肉類・屑肉・内臓（生鮮、冷蔵または冷凍）

	輸入：MT			輸入：1,000 $			輸出：MT			輸出：1,000 $		
	1997	1998	1999	1997	1998	1999	1997	1998	1999	1997	1998	1999
COOK IS				1		1						
FIJI ISLANDS	1F	1F	1F	7F	7F	7F						
FR POLYNESIA	50	50F	40	293	293F	263						
GUAM	20F	20F	20F	50F	50F	50F						
KIRIBATI	4	4F	4F	9	9F	9F						
NEWCALEDONIA	1835	2035	2042	3403	3347	3326	16	34	34F	119	190	190F
NEW ZEALAND	17	10	27	108	134	53	11554	14579	16463	98331	75733	78727
PAPUA N GUIN	53	53F	53F	71	71F	71F	47F	47F	47F	262F	262F	262F
TONGA	25	39	39F	50	52	52F						
VANUATU				1F	1F	1F						

表 14

表 15

SITC 012

鳥獣肉類（乾燥、塩蔵または燻製）

	輸　入：MT			輸　入：1,000 $			輸　出：MT			輸　出：1,000 $		
	1997	1998	1999	1997	1998	1999	1997	1998	1999	1997	1998	1999
WORLD	627471	673812	526821	1709732	1550834	1530682	453400	440768	464114	1816053	1553873	1599024
AFRICA	6037	5249	5786	8485	8625	9709	2066	1930	1842	3285	3093	3078
ALGERIA	3	3F	3F	15	15F	15F						
ANGOLA	570*	980*	980F	3300*	4200*	4200F						
BOTSWANA	60	60F	60F	180	180F	180F	1460	1460F	1460F	2236	2236F	2236F
BURKINA FASO	1F	1F	1F	4F	4F	4F						
CAMEROON	33	30	10	94	20	10						
CAPE VERDE	6	6F	6F	27	27F	27F						
CENT AFR REP	1F	1F	1F	6F	6F	6F						
CHAD	15F	15F	15F	106F	106F	106F						
CONGO, DEM R				2	2F	2F						
CONGO, REP	12	7	12	25	25	15						
CÔTE DIVOIRE	7F	10	10	56F	20	30						
DJIBOUTI	22F	17	17	265F	195	175						
EGYPT	8	10	4	73	49	24	1		3	1		28
GABON	62	32	52	377	177	187						
GAMBIA	16F	16F	16F	17F	17F	17F						
GHANA	3966	2664	2976	2314	1795	2466						
GUINEABISSAU	10	10F	10	10	10F	10						
KENYA		18	35	1	50	83	209	183	193	325	411	386
LIBERIA	525	525F	460	510	510F	460						
MADAGASCAR	2	3	4	9	14	13						
MALAWI		5	5F		2	2F						
MAURITANIA	1F	1F	1F	5F	5F	5F						
MAURITIUS	5	7	69	32	44	249						
MOROCCO	3	3	2	16	28	14		1			2	
NIGER		3	3F		11	11F		16	16F		11	11F
NIGERIA				1F	1F	1F						
ST HELENA	30F	20*	20*	140F	80*	80*						
SENEGAL	11	18	14	53	90	70	14	9	4	4	5	22
SEYCHELLES	5	8		42	88	6						
SIERRA LEONE	320F	320F	320F	270F	270F	270F						
SOUTH AFRICA	28	48	236	193	197	604	354	135	136	675	256	332
SWAZILAND	54	76	145	161	160	180		22	5		9	14
TANZANIA	25	54	54	16	33	23						
TOGO	210	210F	210F	40	40F	40F						
TUNISIA			1			6						
UGANDA		28	14		63	41		2			3	
ZIMBABWE	26	40	20	125	91	77	28	102	25	44	160	49
N C AMERICA	45261	60416	67442	125613	126390	146734	66471	67776	67535	156757	153894	154464
ANTIGUA BARB	150	180	160	310	280	250						
ARUBA	105	75	55	170	70	50						
BAHAMAS	2326	2350F	1880	5626	5750F	4510						
BARBADOS	865	243	884	1481	460	1171						
BELIZE	474	250	210	835	475	300						
BERMUDA	310F	310F	310F	1110F	1110F	1110F						
BR VIRGIN IS	20F	20F	20F	120F	120F	120F						
CANADA	2544	3283	6036	9093	11270	17429	21647	20024	26249	64295	48818	60252
CAYMAN IS	450F	430	420	2120F	2090	2070						
COSTA RICA	9	32	32F	60	130	130F	3	3	3F	16	17	17F
DOMINICA	135	133F	133F	233	233F	233F						
DOMINICAN RP	110	90	160	180	120	400						
EL SALVADOR	72	60	194	218	141	408						
GREENLAND	84	61	83	499	332	457	1				10	8
GRENADA	436	436F	170	927	927F	420						
GUATEMALA	512	569	356	1316	1177	724						
HAITI	450F	450	440	700F	730	660						
HONDURAS	258	107	250	353	228	572	47	33	33F	61	11	11F
JAMAICA	475	675	466	761	1011	624						
MEXICO	12440	30078	27484	20123	29722	28852	568	533	2377	1929	3100	9730
MONTSERRAT	50F	50F	50F	80F	80F	80F						
NETHANTILLES	440*	596	390*	1400*	1827	660*						
NICARAGUA	23	44	32	93	99	68	903	258	200	184	59	219
PANAMA	1359	1336	1480	2368	2086	2285		46				8
ST KITTS NEV	137	137F	137F	263	263F	263F						
ST LUCIA	344	218	200	706	437	220						
ST PIER MQ	21F	21F	21F	88F	88F	88F						
ST VINCENT	254	254F	265	371	371F	389						
TRINIDAD TOB	1241	1306	1257	1642	1579	1448		2	13		4	23
USA	19167	16622	23867	72367	63184	80743	43302	46923	38614	90262	101877	84204

表 15

SITC 012

鳥獣肉類（乾燥、塩蔵または燻製）

	輸入：MT			輸入：1,000 $			輸出：MT			輸出：1,000 $		
	1997	1998	1999	1997	1998	1999	1997	1998	1999	1997	1998	1999
SOUTHAMERICA	6574	6730	6213	40402	40915	35098	1801	2525	2494	4729	6161	6638
ARGENTINA	3610	3946	3873	28788	30494	25995	32	540	4	102	537	44
BOLIVIA	8	39	39F	58	116	116F		12	12F		18	18F
BRAZIL	954	692	754	3795	3471	3474	1125	1519	2181	2642	3874	5348
CHILE	159	163	163F	874	887	887F	50	14	14F	68	59	59F
COLOMBIA	495	693	430	1756	2409	1536	116	98	70	255	225	246
ECUADOR	48	74	47	168	327	144	4			30		
PARAGUAY	30	39	39F	79	66	66F						
PERU	10	24	32	106	128	139						2
SURINAME	1065	740	710	4261	2380	2240						
URUGUAY	70	31	36	280	214	210	400	325	213	1616	1441	921
VENEZUELA	125	289	90	237	423	291	74	17		16	7	
ASIA	15855	14641	15130	61703	59961	59970	12339	13394	11126	29838	24645	19322
ARMENIA	300	350	26	610	610	38						
AZERBAIJAN	20	35	156	60	120	104						
BAHRAIN	13	13F	13F	40	40F	40F						
BANGLADESH	1		1F	19		7						
BRUNEI DARSM	1100F	1100F	1100F	3140F	3140F	3140F						
CAMBODIA	5F	5F	5F	12F	12F	12F						
CHINA	282	380	332	1248	1565	976	8460	11536	9245	18834	19834	14024
CHINA,H.KONG	9438	7994	7900	28787	25340	23280	847	182	186	3154	808	779
CYPRUS	80	50	5	246	160	57	97	57	34	213	160	116
INDIA							131	11	11F	144	146	146F
INDONESIA	38	9	64	85	38	135	46	27	106	146	87	371
ISRAEL							58F	29F	34F	202	120	120
JAPAN	1290	1664	1940	14809	17495	18719	28	30	2	653	287	305
JORDAN					1							
KAZAKHSTAN	55	117	67	231	432	140	297	258		126	72	
KOREA D P RP							2F	2F	2F	10F	10F	10F
KOREA REP	99	86	131	1334	719	1091	12	160	308	83	163	411
KUWAIT	43	53	63	504	525	741						2
LEBANON	60F	60F	40	490F	490F	250						
CHINA, MACAO	439	324	322	733	450	359	1	3	1	1	4	3
MALAYSIA	62F	200	115	222F	421	439	1387F	498	462	4336F	1489	1432
MALDIVES				1F	1F	1F						
MONGOLIA							30	30F	30F	17	16F	16F
MYANMAR	16	16F	16F	49	49F	49F						
OMAN	2	2F	2F	9	9F	9F						
PAKISTAN				2					2			4
PHILIPPINES	65	141	300	614	1206	1765	2		48	10	1	129
SAUDI ARABIA	39	94	20*	172	413	70*	103	67	67F	243	117	117F
SINGAPORE	1233	1058	1729	5761	4270	6188	702	357	387	922	560	443
SRI LANKA	8	7	6	80	52	49	8	5	5	47	34	36
SYRIA	30F			49F								
THAILAND	489	142	74	274	105	68	11	49	135	153	318	612
TURKEY	58	74	36	122	127	72	27	13	1	74	19	6
TURKMENISTAN	480F	550F	550F	1450F	1600F	1600F						
UNTD ARAB EM	110F	110F	110F	550F	550F	550F						
VIET NAM							90	80	60	470	400	240
YEMEN		7	7F		21	21F						
EUROPE	552939	586089	431549	1470187	1311824	1276000	369790	354489	380400	1615416	1362727	1411173
ALBANIA	49	23	50	38	28	20						
AUSTRIA	2688	2743	2086	16499	17172	13526	2758	3002	3105	15036	16339	17350
BELARUS	10	14	12	55	25	20			70			81
BEL-LUX	6499	7725	10604	49450	54930	61639	23535	23143	19124	112122	105758	82317
BOSNIA HERZG	780*	685*	585	4225*	3250*	2150	20*			90*		
BULGARIA	123	1185	1185F	161	597	597F	12	178	178F	34	138	138F
CROATIA	1183	240	806	7899	1201	3792	376	106	132	1738	130	544
CZECH REP	32	68	73	201	410	399	123	69	33	127	191	63
DENMARK	3707	3085	4306	18789	15686	18428	131423	128625	116723	452765	346014	328806
ESTONIA	459	690	219	458	1257	305	65	237	149	61	238	202
FAEROE IS	34	46	42	173	195	177				3	1	
FINLAND	292	778	652	1969	3102	2807	177	109	122	281	191	138
FRANCE	32029	34015	36730	199048	202669	180992	27247	25842	27330	115086	101082	98516
GERMANY	16006	28507	41139	107071	146868	163342	15042	11670	10244	73704	52771	48734
GREECE	472	1544	745	2076	2905	2746	57	66	51	114	186	183
HUNGARY	9	59	10	79	158	80	4064	2844	1098	8587	3464	1499
ICELAND		2			10		18	24	21	69	79	57
IRELAND	6491	6961	6683	27712	20669	20776	5218	7159	7214	15241	15575	19116
ITALY	7677	9315	9217	36384	36405	32845	33848	31786	35470	329010	322869	311781

表 15

SITC 012

鳥獣肉類（乾燥、塩蔵または燻製）

	輸入：MT			輸入：1,000 $			輸出：MT			輸出：1,000 $		
	1997	1998	1999	1997	1998	1999	1997	1998	1999	1997	1998	1999
LATVIA	1028	719	1633	621	1127	2428	604	363	35	2895	981	200
LITHUANIA	23	4		56	13	5	135	52	7	518	212	39
MACEDONIA	626*	275*	280	2322*	1250*	1220	2	2F	2F	26	26F	26F
MALTA	8	6	11	454	70	100						
MOLDOVA REP	1			2	2F	2	19	20F	11	8	8F	14
NETHERLANDS	4480	3949	7905	27299	23717	40652	95218	87851	132900	334923	227963	359241
NORWAY	265	264	184	1351	1489	1182	64	136	110	342	607	544
POLAND	108	153	123	760	1053	894	4580	6143	2215	9813	14491	2540
PORTUGAL	2529	2855	3492	13808	16137	16628	566	706	1061	3802	3420	3865
ROMANIA	298	176	10	614	360	24			1	2	6	5
RUSSIAN FED	227093	237194	58106*	98998	90659	11117*	24	8	22	50	20	32
SLOVAKIA	247	70	51	447	229	123	1453	180	65	800	1209	525
SLOVENIA	173	358	331	1201	2289	1484	715	770	220	4589	4727	1283
SPAIN	3753	5399	6680	5389	8669	9978	14646	12726	14141	91126	91611	89565
SWEDEN	1056	1454	1230	6333	8439	6666	1434	1653	1127	3607	3013	2095
SWITZERLAND	2149	2844	2563	21583	23796	22568	930	935	983	13197	13504	13514
UK	230246	232486	233682	815557	624058	655784	5137	7928	6262	24747	31675	23915
UKRAINE	88*	80*	6	406F	450F	24F	21	3	21	20F	3F	20F
YUGOSLAVIA	228	118	118F	699	480	480F	259	153	153F	883	4225	4225F
OCEANIA	805	687	701	3342	3119	3171	933	654	717	6028	3353	4349
AUSTRALIA	80*	50*	67	565	547	1000	678	541	652	3945	2523	3742
COOK IS	12	5	4	63	28	35						
FIJI ISLANDS	2F	2F	2F	5F	5F	5F						
FR POLYNESIA	155	185	230*	635	665	500*						
GUAM	150F	150F	150F	500F	500F	500F						
KIRIBATI	12	12F	12F	14	14F	14F						
NAURU	3F	3F	3F	15F	15F	15F						
NEWCALEDONIA	84	70	60	646	567	425				5	3	3F
NEW ZEALAND	44	53	16	154	168	77	250	108	60	2065	814	591
PAPUA N GUIN	27F	27F	27F	239F	239F	239F						
SAMOA	10	10F	10	20	20F	10						
TONGA	195	89	89F	330	195	195F						
VANUATU	31F	31F	31F	156F	156F	156F	5F	5F	5F	13F	13F	13F

表 16

SITC 012.1

ベーコン、ハムその他の豚肉（乾燥、塩蔵または燻製）

	輸入：MT			輸入：1,000 $			輸出：MT			輸出：1,000 $		
	1997	1998	1999	1997	1998	1999	1997	1998	1999	1997	1998	1999
WORLD	557824	517774	416271	1572242	1361879	1317086	399861	387929	422211	1687822	1421146	1478221
AFRICA	4496	3271	3834	5790	4821	6004	269	339	255	571	706	566
ALGERIA	3	3F	3F	15	15F	15F						
ANGOLA	240*	340*	340F	2100*	2000*	2000F						
BOTSWANA	19	19F	19F	56	56F	56F						
BURKINA FASO	1F	1F	1F	4F	4F	4F						
CAMEROON	33	30*	10*	94	20*	10*						
CAPE VERDE	6	6F	6F	26	26F	26F						
CENT AFR REP	1F	1F	1F	6F	6F	6F						
CHAD	13F	13F	13F	88F	88F	88F						
CONGO, DEM R				2*	2F	2F						
CONGO, REP	10*	5*	10*	20*	20*	10*						
CÔTE DIVOIRE	7F	10*	10*	56F	20*	30*						
DJIBOUTI	15F	10*	10*	110F	40*	20*						
EGYPT		1	2	4	5	14						
GABON	50*	20*	20F	340*	140F	140F						
GHANA	3962	2592	2874	2310	1738	2396						
GUINEABISSAU	10*	10F	10*	10*	10F	10*						
KENYA					1*	1	209	183	193	325	411	385
MADAGASCAR	2	3	4	9	14	13						
MAURITIUS	5	6	67	26	36	239						
MOROCCO	3	3	2	16	27	14		1			2	
NIGER		3	3F		9	9F						
ST HELENA	30F	20*	20*	140F	80*	80*						
SENEGAL	10	18	14	53	87	68			4		1	22
SEYCHELLES	5	5		37	25	1						
SOUTH AFRICA	24	48	216	184	194	552	55	106	35	232	183	111
SWAZILAND	25	29	115	59	61	130			1			2
TANZANIA	21	50*	50*	13	30*	20*						
TOGO	1	1F	1F	11	11F	11F						
UGANDA		24	13*		56	39					1	
ZIMBABWE					1		5	49	22	14	108	46
N C AMERICA	31891	31978	41400	103638	94193	118214	37711	41056	50678	108066	98860	116875
ANTIGUA BARB	60*	90*	70*	100*	70*	40*						
ARUBA	100*	70*	50*	150*	50*	30*						
BAHAMAS	1732	1750F	1750F	4210	4250F	4250F						
BARBADOS	756	217	761	1292	404	961						
BELIZE	459	210*	200*	811	400*	290*						
BERMUDA	250F	250F	250F	900F	900F	900F						
BR VIRGIN IS	20F	20F	20F	120F	120F	120F						
CANADA	2124	2719	5415	7348	8923	15250	15909	15344	22912	55745	42323	56575
CAYMAN IS	400F	400F	400F	2000F	2000F	2000F						
COSTA RICA	6	16	16F	49	107	107F	3	3	3F	16	17	17F
DOMINICA	132	130F	130F	225	225F	225F						
DOMINICAN RP	70*	10*	80*	120*	20*	300*						
EL SALVADOR	16	17	113	35	76	248						
GREENLAND	82	60	82	489	329	452						
GRENADA	392	392F	150*	809	809F	380*						
GUATEMALA	262	246	246F	758	664	664F						
HAITI	30F	30*	20*	90F	120*	50*						
HONDURAS	178	77	142	155	146	259		3	3F		6	6F
JAMAICA	450*	650*	450*	700*	950*	580*						
MEXICO	7286	7270	6781	11700	10166	11412	327	224	1158	1454	2063	5342
MONTSERRAT	50F	50F	50F	80F	80F	80F						
NETHANTILLES	340*	438	310*	1100*	1373	520*						
NICARAGUA	20	42	30	87	92	64	18		103	16		181
PANAMA	97	410	430	332	850	953						
ST KITTS NEV	131	131F	131F	253	253F	253F						
ST LUCIA	319	203	190*	666	407	190*						
ST PIER MQ	21F	21F	21F	88F	88F	88F						
ST VINCENT	245	245F	245F	349	349F	349F						
TRINIDAD TOB	1160	1155	1199	1546	1405	1347		2	10		4	18
USA	14703	14659	21668	67076	58567	75852	21454	25480	26489	50835	54447	54736
SOUTHAMERICA	4018	4592	4129	31616	33584	27995	710	1224	657	1293	1755	1466
ARGENTINA	3393	3719	3650	27888	29514	25046	19	515	4	61	491	43
BOLIVIA	6	26	26F	29	59	59F						
BRAZIL	233	288	243	2135	2165	1831	673	698	642	1189	1207	1366
CHILE	64	95	95F	538	652	652F	16	11	11F	27	57	57F
COLOMBIA	19	45		73	147	1						

表 16

SITC 012.1

ベーコン、ハムその他の豚肉（乾燥、塩蔵または燻製）

	輸入：MT			輸入：1,000 $			輸出：MT			輸出：1,000 $		
	1997	1998	1999	1997	1998	1999	1997	1998	1999	1997	1998	1999
ECUADOR	33	26	4	117	150	5	2			16		
PARAGUAY	23	26	26F	50	39	39F						
PERU	10	10	6	104	80	80						
SURINAME	43	50F	20*	174	180F	40*						
URUGUAY	70	31	36	272	214	206						
VENEZUELA	124	276	23	236	384	36						
ASIA	9254	9192	9219	40096	39993	38914	4649	4463	2758	12735	8490	4726
ARMENIA	300F	350F	2	610F	610F	7						
AZERBAIJAN	20*	35*	94	60*	120*	79						
BRUNEI DARSM	950F	950F	950F	2500F	2500F	2500F						
CHINA	50	36	21	182	194	109	2506	3486	1975	7386	5875	2495
CHINA,H.KONG	5306	5105	5239	18998	17381	16333	447	76	42	1432	316	176
CYPRUS	18	4	4	68	24	43	59	35	34	182	148	116
INDONESIA	27	9	52	21	35	122	13		40	58		22
ISRAEL							55F	25F	30F	185	94	98
JAPAN	834	1100	1231	11763	14170	14886	26	25		210	183	
JORDAN					1							
KAZAKHSTAN	15F	20*			95*	109*	12F	10*		25F	13*	
KOREA REP	17	63	105	101	328	314	6	35	138	16	98	323
LEBANON	60F	60F	40*	490F	490F	250*						
CHINA, MACAO	315	245	238	412	289	246	1	1	1	1	1	3
MALAYSIA	44F	152	35	173F	195	115	964F	431	355	2636F	1154	1061
OMAN				1	1F	1F						
PHILIPPINES	1	5	46	11	8	69	1		23	2	1	60
SINGAPORE	957	876	1086	4366	3362	3723	538	322	107*	494	484	232
SRI LANKA				2	1	2	7	4	5	43	29	34
SYRIA	15F			40F								
THAILAND	274	102	34	94	33	25	1	13	8	13	94	106
TURKEY	51	73	35	109	121	69	13			52		
YEMEN		7	7F		21	21F						
EUROPE	507806	468326	357304	1389422	1187598	1124617	356294	340618	367751	1564604	1310873	1354184
ALBANIA	19	23	30*	25	28	20*						
AUSTRIA	2347	2368	1793*	15838	15407	11061	2586	2874	3089	14543	15949	17144
BELARUS	10F	14	5	55F	25	10						
BEL-LUX	5747	6974	9794	45492	49842	55755	22463	21700	18113	109253	102991	79613
BOSNIA HERZG	750*	670*	570*	4100*	3200*	2100*						
BULGARIA	120	649	649F	154	360	360F	4	49	49F	18	72	72F
CROATIA	1157	240	804	7761	1200	3780	371	106	130	1716	130	534
CZECH REP	27	57	67	148	307	351	38	69	33	80	189	62
DENMARK	1967	1061	1436	12265	7487	8389	129865	127527	113563	451087	344448	320735
ESTONIA	127	509	187	268	988	238	65	236	148	60	236	194
FAEROE IS	32	33	36	169	149	156						
FINLAND	265	706	536	1582	2426	1978	68	48	19	169	133	78
FRANCE	29571	30835	33714	183888	185255	165520	22335	20830	23546	100244	87846	87961
GERMANY	9920	14736	11726	84128	107406	86980	14723	11517	10118	72918	52435	48391
GREECE	257	864	539	1753	2335	2454	22	51	46	86	170	181
HUNGARY	9	34	10	79	117	80	3965	2823	1098	8505	3429	1499
ICELAND		2			10							1
IRELAND	6430	6706	6585	27433	19908	20174	5134	7061	7036	15091	15465	18656
ITALY	7201	8834	8614	34425	33011	28864	33227	30983	34977	321320	314595	302544
LATVIA	694	699	1632	591	1108	2419	406	195	8	1792	421	21
LITHUANIA	11	4		38	13	5	103	41	5	417	156	26
MACEDONIA	600*	250*	250F	2200*	1100*	1100F	2	2F	2F	26	26F	26F
MALTA	3	3	6	172	22	58						
MOLDOVA REP	1			2	2F	2						
NETHERLANDS	3679	3285	4526	24076	20706	27037	93520	85388	131451	328790	220937	351693
NORWAY	32	44	52	305	504	568	40	85	83	187	434	419
POLAND	7	45	48	117	280	281	4103	5721	2034	9290	13195	1959
PORTUGAL	2126	2504	3082	13262	15586	16320	561	697	1034	3763	3395	3833
ROMANIA	23	73	3	95	248	16			1	1	5	5
RUSSIAN FED	200991	148701	33650*	88211	60768	5318*	22*	6	2	47*	13	5
SLOVAKIA	246	66	48	440	204	95	1421	78	33	456	451	208
SLOVENIA	162	347	320*	1107	2205	1400*	656	730	180*	4414	4544	1100*
SPAIN	596	1362	1871	3688	6603	8309	13865	12431	13639	90468	90996	87964
SWEDEN	965	1432	1158	5809	8247	6283	1225	1392	988	3072	2353	985
SWITZERLAND	1783	2476	2149	16899	19164	17835	147	97	113	1273	899	1044
UK	229630	231526	231294	811800	620492	648834	5110	7761	6093	24679	30888	23159
UKRAINE	80*	80*	6*	400F	450F	24F						
YUGOSLAVIA	221	114	114F	647	435	435F	247	120	120F	839	4072	4072F

表 16

SITC 012.1

ベーコン、ハムその他の豚肉（乾燥、塩蔵または燻製）

	輸入：MT			輸入：1,000 $			輸出：MT			輸出：1,000 $		
	1997	1998	1999	1997	1998	1999	1997	1998	1999	1997	1998	1999
OCEANIA	359	415	385	1680	1690	1342	228	229	112	553	462	404
AUSTRALIA	20*	20*		97	73	1	224	216	105	527	409	377
COOK IS	5	5	4	36	26	32						
FIJI ISLANDS	1F	1F	1F	4F	4F	4F						
FR POLYNESIA	60*	90*	100*	290*	320*	220*						
GUAM	150F	150F	150F	500F	500F	500F						
KIRIBATI	6	6F	6F	6	6F	6F						
NEWCALEDONIA	82	70	60*	622	542	400*				5	3	3F
NEW ZEALAND	4	23	14	32	84	54	4	13	7*	21	50	24
SAMOA	10*	10F	10*	20*	20F	10*						
TONGA	19	38	38F	58	100	100F						
VANUATU	2F	2F	2F	15F	15F	15F						

表 17

SITC 012.9

他に非特掲の鳥獣の肉類・屑肉・内臓（乾燥、塩蔵または燻製）

	輸入：MT			輸入：1,000 $			輸出：MT			輸出：1,000 $		
	1997	1998	1999	1997	1998	1999	1997	1998	1999	1997	1998	1999
WORLD	69647	156038	110550	137490	188955	213596	53539	52839	41903	128231	132727	120803
AFRICA	1541	1978	1952	2695	3804	3705	1797	1591	1587	2714	2387	2512
ANGOLA	330*	640*	640F	1200*	2200*	2200F						
BOTSWANA	41	41F	41F	124	124F	124F	1460	1460F	1460F	2236	2236F	2236F
CAPE VERDE				1	1F	1F						
CHAD	2F	2F	2F	18F	18F	18F						
CONGO, REP	2F	2F	2F	5F	5F	5F						
DJIBOUTI	7F	7F	7F	155F	155F	155F						
EGYPT	8	9	2	69	44	10	1		3	1		28
GABON	12	12	32	37	37	47						
GAMBIA	16F	16F	16F	17F	17F	17F						
GHANA	4	72	102	4	57	70						
KENYA		18	35	1	49	82						1
LIBERIA	525	525F	460	510	510F	460						
MALAWI		5	5F		2	2F						
MAURITANIA	1F	1F	1F	5F	5F	5F						
MAURITIUS		1	2	6	8	10						
MOROCCO						1						
NIGER					2	2F		16	16F		11	11F
NIGERIA				1F	1F	1F						
SENEGAL	1				3	2	14	9		4	4	
SEYCHELLES		3		5	63	5						
SIERRA LEONE	320F	320F	320F	270F	270F	270F						
SOUTH AFRICA	4		20	9	3	52	299	29	101	443	73	221
SWAZILAND	29	47	30	102	99	50		22	4		9	12
TANZANIA	4	4F	4F	3	3F	3F						
TOGO	209	209F	209F	29	29F	29F						
TUNISIA			1			6						
UGANDA		4	1		7	2		2			2	
ZIMBABWE	26	40	20	124	91	77	23	53	3*	30	52	3
N C AMERICA	13370	28438	26042	21975	32197	28520	28760	26720	16857	48691	55034	37589
ANTIGUA BARB	90F	90F	90F	210F	210F	210F						
ARUBA	5F	5F	5F	20F	20F	20F						
BAHAMAS	594	600F	130*	1416	1500F	260*						
BARBADOS	109	26	123	189	56	210						
BELIZE	15	40	10	24	75	10						
BERMUDA	60F	60F	60F	210F	210F	210F						
CANADA	420	564	621	1745	2347	2179	5738	4680	3337	8550	6495	3677
CAYMAN IS	50F	30*	20*	120F	90*	70*						
COSTA RICA	3	16	16F	11	23	23F						
DOMINICA	3	3F	3F	8	8F	8F						
DOMINICAN RP	40	80	80F	60	100	100F						
EL SALVADOR	56	43	81	183	65	160						
GREENLAND	2	1	1	10	3	5	1			10	8	
GRENADA	44	44F	20	118	118F	40						
GUATEMALA	250	323	110*	558	513	60*						
HAITI	420F	420F	420F	610F	610F	610F						
HONDURAS	80*	30	108	198	82	313	47	30	30F	61	5	5F
JAMAICA	25F	25F	16	61F	61F	44						
MEXICO	5154	22808	20703	8423	19556	17440	241	309	1219	475	1037	4388
NETHANTILLES	100*	158	80*	300*	454	140*						
NICARAGUA	3	2	2	6	7	4	885	258	97	168	59	38
PANAMA	1262	926	1050	2036	1236	1332			46			8
ST KITTS NEV	6	6F	6F	10	10F	10F						
ST LUCIA	25	15	10	40	30	30						
ST VINCENT	9	9F	20	22	22F	40						
TRINIDAD TOB	81	151	58	96	174	101			3			5
USA	4464	1963	2199	5291	4617	4891	21848	21443	12125	39427	47430	29468
SOUTHAMERICA	2556	2138	2084	8786	7331	7103	1091	1301	1837	3436	4406	5172
ARGENTINA	217	227	223	900	980	949	13	25		41	46	1
BOLIVIA	2	13	13F	29	57	57F		12	12F		18	18F
BRAZIL	721	404	511	1660	1306	1643	452	821	1539	1453	2667	3982
CHILE	95	68	68F	336	235	235F	34	3	3F	41	2	2F
COLOMBIA	476	648	430	1683	2262	1535	116	98	70	255	225	246
ECUADOR	15	48	43	51	177	139	2				14	
PARAGUAY	7	13	13F	29	27	27F						
PERU		14	26	2	48	59						2
SURINAME	1022	690	690F	4087	2200	2200F						
URUGUAY					8	4	400	325	213	1616	1441	921

表 17

SITC 012.9

他に非特掲の鳥獣の肉類・屑肉・内臓（乾燥、塩蔵または燻製）

	輸入：MT			輸入：1,000 $			輸出：MT			輸出：1,000 $		
	1997	1998	1999	1997	1998	1999	1997	1998	1999	1997	1998	1999
VENEZUELA	1	13	67	1	39	255	74	17		16	7	
ASIA	6601	5449	5911	21607	19968	21056	7690	8931	8368	17103	16155	14596
ARMENIA			24			31						
AZERBAIJAN			62			25						
BAHRAIN	13	13F	13F	40	40F	40F						
BANGLADESH	1		1F	19		7						
BRUNEI DARSM	150F	150F	150F	640F	640F	640F						
CAMBODIA	5F	5F	5F	12F	12F	12F						
CHINA	232	344	311	1066	1371	867	5954	8050	7270	11448	13959	11529
CHINA,H.KONG	4132	2889	2661	9789	7959	6947	400	106	144	1722	492	603
CYPRUS	62	46	1	178	136	14	38	22		31	12	
INDIA							131	11	11F	144	146	146F
INDONESIA	11		12	64	3	13	33	27	66	88	87	349
ISRAEL							3F	4F	4F	17	26	22
JAPAN	456	564	709	3046	3325	3833	2	5	2	443	104	305
KAZAKHSTAN	40	97	67	136	323	140	285	248		101	59	
KOREA D P RP							2F	2F	2F	10F	10F	10F
KOREA REP	82	23	26	1233	391	777	6	125	170	67	65	88
KUWAIT	43	53	63	504	525	741						2
CHINA, MACAO	124	79	84	321	161	113		2			3	
MALAYSIA	18F	48	80	49F	226	324	423F	67	107	1700F	335	371
MALDIVES				1F	1F	1F						
MONGOLIA							30	30F	30F	17	16F	16F
MYANMAR	16	16F	16F	49	49F	49F						
OMAN	2	2F	2F	8	8F	8F						
PAKISTAN				2						2		4
PHILIPPINES	64	136	254	603	1198	1696	1	25		8		69
SAUDI ARABIA	39	94	20*	172	413	70*	103	67	67F	243	117	117F
SINGAPORE	276	182	643	1395	908	2465	164	35	280	428	76	211
SRI LANKA	8	7	6	78	51	47	1	1		4	5	2
SYRIA	15F			9F								
THAILAND	215	40	40	180	72	43	10	36	127	140	224	506
TURKEY	7	1	1	13	6	3	14	13	1	22	19	6
TURKMENISTAN	480F	550F	550F	1450F	1600F	1600F						
UNTD ARAB EM	110F	110F	110F	550F	550F	550F						
VIET NAM							90*	80*	60*	470*	400*	240*
EUROPE	45133	117763	74245	80765	124226	151383	13496	13871	12649	50812	51854	56989
ALBANIA	30		20	13								
AUSTRIA	341	375	293	661	1765	2465	172	128	16	493	390	206
BELARUS			7			10			70			81
BEL-LUX	752	751	810	3958	5088	5884	1072	1443	1011	2869	2767	2704
BOSNIA HERZG	30*	15*	15F	125*	50*	50F	20*			90*		
BULGARIA	3	536	536F	7	237	237F	8	129	129F	16	66	66F
CROATIA	26		2	138	1	12	5		2	22		10
CZECH REP	5	11	6	53	103	48	85			47	2	1
DENMARK	1740	2024	2870	6524	8199	10039	1558	1098	3160	1678	1566	8071
ESTONIA	332	181	32	190	269	67		1	1	1	2	8
FAEROE IS	2	13	6	4	46	21				3	1	
FINLAND	27	72	116	387	676	829	109	61	103	112	58	60
FRANCE	2458	3180	3016	15160	17414	15472	4912	5012	3784	14842	13236	10555
GERMANY	6086	13771	29413	22943	39462	76354	319	153	126	786	336	343
GREECE	215	680	206	323	570	292	35	15	5	28	16	2
HUNGARY		25			41		99	21		82	35	
ICELAND							18	24	21	69	79	56
IRELAND	61	255	98	279	761	602	84	98	178	150	110	460
ITALY	476	481	603	1959	3394	3981	621	803	493	7690	8274	9237
LATVIA	334	20	1	30	19	9	198	168	27	1103	560	179
LITHUANIA	12			18			32	11	2	101	56	13
MACEDONIA	26*	25*	30	122*	150*	120						
MALTA	5	3	5	282	48	42						
MOLDOVA REP							19	20F	11	8	8F	14
NETHERLANDS	801	664	3379	3223	3011	13615	1698	2463	1449	6133	7026	7548
NORWAY	233	220	132	1046	985	614	24	51	27	155	173	125
POLAND	101	108	75	643	773	613	477	422	181	523	1296	581
PORTUGAL	403	351	410	546	551	308	5	9	27	39	25	32
ROMANIA	275	103	7	519	112	8				1	1	
RUSSIAN FED	26102	88493	24456*	10787	29891	5799*	2	2	20	3	7	27
SLOVAKIA	1	4	3	7	25	28	32	102	32	344	758	317
SLOVENIA	11	11	11F	94	84	84F	59	40	40F	175	183	183F
SPAIN	3157	4037	4809	1701	2066	1669	781	295	502	658	615	1601
SWEDEN	91	22	72	524	192	383	209	261	139	535	660	1110

表 17

SITC 012.9

他に非特掲の鳥獣の肉類・屑肉・内臓（乾燥、塩蔵または燻製）

	輸入：MT			輸入：1,000 $			輸出：MT			輸出：1,000 $		
	1997	1998	1999	1997	1998	1999	1997	1998	1999	1997	1998	1999
SWITZERLAND	366	368	414	4684	4632	4733	783	838	870	11924	12605	12470
UK	616	960	2388	3757	3566	6950	27	167	169	68	787	756
UKRAINE	8*			6F			21	3	21	20F	3F	20F
YUGOSLAVIA	7	4	4F	52	45	45F	12	33	33F	44	153	153F
OCEANIA	446	272	316	1662	1429	1829	705	425	605	5475	2891	3945
AUSTRALIA	60*	30*	67	468	474	999	454	325	547	3418	2114	3365
COOK IS	7			27	2*	3						
FIJI ISLANDS	1F	1F	1F	1F	1F	1F						
FR POLYNESIA	95F	95F	130*	345F	345F	280*						
KIRIBATI	6	6F	6F	8	8F	8F						
NAURU	3F	3F	3F	15F	15F	15F						
NEWCALEDONIA	2			24	25	25F						
NEW ZEALAND	40	30	2	122	84	23	246	95	53	2044	764	567
PAPUA N GUIN	27F	27F	27F	239F	239F	239F						
TONGA	176	51	51F	272	95	95F						
VANUATU	29F	29F	29F	141F	141F	141F	5F	5F	5F	13F	13F	13F

表 18

SITC EX 014

他に非特掲の缶詰肉および肉類調整品

	輸入：MT			輸入：1,000 $			輸出：MT			輸出：1,000 $		
	1997	1998	1999	1997	1998	1999	1997	1998	1999	1997	1998	1999
WORLD	1776709	1792285	1737829	5309571	5333374	5228041	2276247	2160526	1964877	6279941	6013934	5464429
AFRICA	39432	41659	41989	76645	79722	77001	12983	10778	10514	37545	27759	26973
ALGERIA	101	101F	106	172	172F	161						
ANGOLA	9800	11100	11900	24000	23300	23300						
BENIN	180	200	220	590	600	630						
BOTSWANA	2008	2008F	1629	3772	3772F	3132	553	553F	772	1854	1854F	2151
BURKINA FASO	13F	13F	13F	125F	125F	125F						
BURUNDI	59	27	19	140	36	40F						
CAMEROON	590	728	827	1126	1267	1056						
CAPE VERDE	788	892	892F	1434	1631	1631F						
CENT AFR REP	56F	56F	56F	106F	106F	106F						
CHAD	85	85	85	523	523	523						
CONGO, DEM R	1135	1209	1228	2306	1108	791						
CONGO, REP	1982	2082	1242	2533	3513	2143	25F	25F	25F	93F	93F	93F
CÔTE DIVOIRE	492	322	322F	818	518	518F	21F	21F	21F	242F	242F	242F
DJIBOUTI	200F	150	150	950F	480	410						
EGYPT	1113	2881	3027	2376	5858	5762	74	44	50	153	101	92
EQ GUINEA	35F	40	30	110F	105	65						
ERITREA	100F	100F	100F	180F	180F	180F						
ETHIOPIA	2F	2F	2F	10F	10F	10F						
GABON	2016	2186	2076	5018	5603	5393						
GAMBIA	20	40	30	40	40	30						
GHANA	645	480	1337	936	808	2202						
GUINEA	260	250	250	660	620	610						
GUINEABISSAU	430	420	420F	1150	1130	1130F						
KENYA	458	131	64	1073	458	123	305	382	458	346	539	720
LESOTHO	1500F	1500F	1500F	4500F	4500F	4500F						
LIBERIA	525*	425	415	1270*	970	800						
LIBYA	20F	20F	20F	150F	150F	150F						
MADAGASCAR	39	20	52	79	53	134				25	2	1
MALAWI	80	60	60F	270	245	245F	2	2	2F	4	2	2F
MALI	41	31	41	146	116	106						
MAURITANIA	4F	10	10F	20F	10	10F						
MAURITIUS	2022	2517	2395	5463	5742	5356	3851	2297	814	10851	6386	2022
MOROCCO	297	412	451	1123	1424	1370	66	77	86	375	396	336
MOZAMBIQUE	340	560	390	600	980	790						
NAMIBIA							2918	1856	1856F	9000F	6000F	6000F
NIGER	50	113	114	150	310	306						
NIGERIA	4175	4355	4355F	4246	4746	4746F						
RWANDA	2F	2F	2F	6F	6F	6F						
ST HELENA	40F	40F	50	105F	105F	85						
SAO TOME PRN	70*	130*	130F	180*	300*	300F						
SENEGAL	231	120	236	586	348	682	17	11	10	90	56	47
SEYCHELLES	227	192	221	593	642	646						
SIERRA LEONE	70	70	60	220	140	130						
SOUTH AFRICA	1799	878	1460	2068	1103	1919	2225	2540	4150	5675	5228	9441
SWAZILAND	4077	3392	2723	2471	2490	2229	43	23	30	43	36	41
TANZANIA	176	202	252	265	375	455	21	21F	21F	42	42F	42F
TOGO	199	198	251	287	287	290						
TUNISIA		3	3	25	47	50	9	31			88	108
UGANDA	50	415	143	100	1515	269	1				6	
ZAMBIA	385	455	557	1140	1106	1281	7	7F	7F	19	19F	19F
ZIMBABWE	445	36	73	434	49	75	2855	2909	2181	8733	6669	5616
N C AMERICA	251174	281505	302806	815260	868711	875113	314318	287135	235897	729681	689465	630464
ANTIGUA BARB	280*	350*	320*	750*	900*	720*						
ARUBA	510	490	470	1450	1250	1080						
BAHAMAS	3292	3375	1825	8895	9628	4428						
BARBADOS	2127	1734	2340	3690	3189	3397	917	995	882	2427	2626	2295
BELIZE	1166	1113	1023	2903	2874	2494	83	83F	83F	228	228F	228F
BERMUDA	730	790	660	3127	2827	2037						
CANADA	48613	56701	59158	193026	207961	208912	44552	50505	56819	129872	127872	146277
CAYMAN IS	280F	280F	300	510F	510F	540						
COSTA RICA	177	196	196F	589	713	713F	688	1596	900	1766	3656	2400
CUBA	14600	16700	16800	27800	28600	29200						
DOMINICA	427	269	163	923	455	256						
DOMINICAN RP	325	390	370	730	750	780						
EL SALVADOR	1725	3887	4392	4592	9492	9831	246	495	518	659	1585	1531
GREENLAND	935	982	1018	4292	4363	4631						2
GRENADA	539	789	522	1603	2568	1948						
GUATEMALA	3230	4516	4201	6207	8461	9513	2326	1951	1921	2903	3854	3684
HAITI	240	653	443	740	1386	906						

表 18

SITC EX 014

他に非特掲の缶詰肉および肉類調整品

	輸入：MT			輸入：1,000 $			輸出：MT			輸出：1,000 $		
	1997	1998	1999	1997	1998	1999	1997	1998	1999	1997	1998	1999
HONDURAS	964	1570	3090	2244	3958	7975		6	6F		14	14F
JAMAICA	5133	4908	5643	13653	12513	12643	277	76	96	877	214	269
MEXICO	29965	33851	33695	65842	69359	73941	5944	7729	7940	13520	15492	21515
MONTSERRAT	110F	110F	110F	175F	175F	175F						
NETHANTILLES	2250	2103	1793	5760	4926	3770	20	46	46F	40	77	77F
NICARAGUA	241	319	638	551	746	1324	173	47	406	140	96	982
PANAMA	2525	3573	4657	6848	9648	12346	165	344	373	699	1108	1149
ST KITTS NEV	401	401F	401F	1016	1016F	1016F						
ST LUCIA	648	702	481	2017	2136	1440						
ST PIER MQ	179F	179F	145	879F	879F	672						
ST VINCENT	232	497	457	545	1409	1139						
TRINIDAD TOB	1169	2346	2186	2746	5458	4630	1301	1011	1266	3171	2530	3151
USA	128161	137731	155309	451157	470561	472656	257626	222251	164641	573379	530113	446890
SOUTHAMERICA	27429	37783	35667	59811	67991	62976	216804	221424	250200	564679	618020	610610
ARGENTINA	8675	11440	15771	22463	23847	30914	101209	80126	73099	262193	226098	174938
BOLIVIA	200	423	421	372	1030	1020	4	1	1F	10	3	3F
BRAZIL	1723	2401	1085	8321	9441	4706	101751	125429	163369	268135	350642	403339
CHILE	1848	2495	2015	4773	6319	6053	3719	4648	4538	9074	11370	9854
COLOMBIA	11119	15346	11915	12126	13657	8845	1		90	2	2	119
ECUADOR	524	711	322	910	1094	473	109	127	54	427	329	211
GUYANA	200	200F	200	540	540F	360						
PARAGUAY	915	1317	1317F	2582	3140	3140F	942	554	138	1524	1086	308
PERU	702	1013	1047	2253	2766	2972		2	5		4	25
SURINAME	439	412	272	2446	2402	1182						
URUGUAY	645	724	971	1820	1735	2373	8517	10319	8856	21791	27895	21585
VENEZUELA	439	1301	331	1205	2020	938	552	218	50	1523	591	228
ASIA	367973	378140	420972	1053908	1008565	1132677	231748	226964	270450	628754	610913	734365
ARMENIA	3447	3440	2073	6592	5335	3280	4	6F		3	6F	
AZERBAIJAN	5551	8265	5233	7125	11565	4894			92			102
BAHRAIN	1091	1142	1142	2226	2321	2291	127	127	127F	215	235	235F
BANGLADESH				19								
BHUTAN	5F	5F	5F	7F	7F	7F						
BRUNEI DARSM	1520	950	860	2110	2080	1750						
CAMBODIA	459F	459F	448	1146F	1146F	1126						
CHINA	2783	1170	2482	6953	3938	7288	149890	127714	153492	346967	304354	366903
CHINA,H.KONG	77317	75938	74872	190030	167328	151767	8941	5667	6956	34540	19219	19201
CYPRUS	1374	1609	1698	4175	4704	4531	110	183	200	401	632	517
GEORGIA	1260*	519	229	1672*	822	282						
INDIA		1	1F		4	4F	240	242	242F	506	550	550F
INDONESIA	2911	859	710	2906	982	1086	176	39	423	778	113	268
IRAN							65		18	69		43
IRAQ	36	16	40	100	27	60						
ISRAEL		45	235	1	148	512	3340F	3003F	3040	16942	15566	16275
JAPAN	178688	200762	231187	620601	624855	731385	1188	1089	1050	6802	5839	7823
JORDAN	1714	1599	2339	5004	4506	5719	718	926	776	2131	2641	1917
KAZAKHSTAN	8589	8256	6155	17157	11412	8099	2239	285	139	5330	530	156
KOREA D P RP	209*	280	140	314*	440	230						
KOREA REP	13806	9814	12356	31401	20786	27794	1210	2901	3256	5146	10060	13074
KUWAIT	4161	4465	5180	12871	14075	18128	324	447	482	1090	1569	1527
KYRGYZSTAN	120*	90*	360*	160*	60*	150*	8900	8500	8500	4200	4000	4000
LEBANON	7000	7900	7300	18200	20500	18100						
CHINA, MACAO	2523	2295	2444	4172	3553	3164	112	108	338	123	122	269
MALAYSIA	8636	4961	7151	9860	5133	7796	1266	2228	2548	4503	5263	5453
MALDIVES	50	40	60	190	130	160						
MONGOLIA	293	375F	375F	640	693F	693F	160	100F	100F	180	178F	178F
MYANMAR	32	32F	32F	85	85F	85F				12F	12F	12F
OMAN	1924	1924F	1972	5120	5120F	5041	4	4F	4F	85	85F	85F
PAKISTAN	12	18	88	44	74	261	5		3	28		10
PHILIPPINES	6937	5205	12513	12798	9462	21333	402	285	297	1086	586	811
QATAR	911F	911F	911F	2516F	2516F	2516F	15F	15F	15F	24F	24F	24F
SAUDI ARABIA	6120	7493	7865	14527	18029	17409	3856	3626	4111	9140	9199	10414
SINGAPORE	20448	19196	24210	55416	49474	67845	1679	1463	1806	5200	3965	4540
SRI LANKA	50	96	84	163	282	388	60	73	27	152	165	127
SYRIA	15	12	12F	59	37	37F	8F	39	39F	18F	44	44F
TAJIKISTAN	317	69	140	765	152	340						
THAILAND	121	143	216	682	500	986	45922	67440	81819	178996	224113	277747
TURKEY	42	23	37	195	111	205	780	444	536	4060	1808	2022
TURKMENISTAN	2630	2860	3070	4090	4450	4560						
UNTD ARAB EM	4375F	4375F	4375F	10706F	10706F	10706F	1F	1F	1F			
UZBEKISTAN	304	273	276F	538	454	454F						
VIET NAM	135	115	40	442	322	120	6	6F	10	27	27F	30

表 18

SITC EX 014

他に非特掲の缶詰肉および肉類調整品

	輸入：MT			輸入：1,000 $			輸出：MT			輸出：1,000 $		
	1997	1998	1999	1997	1998	1999	1997	1998	1999	1997	1998	1999
YEMEN	57	140	56	130	241	95	3	3F		8		8F
EUROPE	1070730	1031668	914053	3243825	3247796	3022759	1473145	1389413	1166665	4247884	4012767	3395959
ALBANIA	1354	2169	2446	1529	2731	2920						
AUSTRIA	12399	11360	15177	58636	60918	78899	15996	20056	20460	50626	62004	64594
BELARUS	4000	1353	3929	6830	3414	3952	8230	5624	11222	14244	11079	10568
BEL-LUX	50020	55762	61126	205180	225365	235769	215902	226750	133554	630945	622265	440543
BOSNIA HERZG	20150*	15590*	13490	54000*	42900*	40100		40*	40F		108*	108F
BULGARIA	5605	10210	4089	2486	4139	1853	11429	3603	4513	9658	3693	3693
CROATIA	8263	2404	6601	31652	7484	17703	11075	9430	9141	37890	28562	28623
CZECH REP	6620	5527	5765	16232	15426	14468	13165	19803	14462	23396	34442	22639
DENMARK	16496	16251	17756	65352	60478	64406	191957	209810	170264	620883	678940	499540
ESTONIA	17415	8366	2851	15177	10971	3462	18959	10073	1280	12053	9061	1840
FAEROE IS	880	949	954	3206	3275	3177						
FINLAND	3078	3037	3749	15611	15139	17196	5837	4467	3160	19543	14793	10632
FRANCE	66742	67413	65817	264059	264250	234471	173234	160649	179861	533628	513728	545356
GERMANY	136545	164059	140591	560690	633255	540112	80932	86673	83141	340295	355217	330637
GREECE	10842	10613	9937	35563	33758	31950	8535	4850	2449	51483	19743	4890
HUNGARY	393	424	540	820	911	1098	76979	58751	41859	192645	143745	100786
ICELAND	62	70	83	436	471	510	161	167	132	473	411	246
IRELAND	25652	25421	24440	97441	96501	95632	53764	53509	59318	220734	219479	236515
ITALY	26244	28350	30169	104959	110379	115559	51895	54275	51114	222615	224686	214415
LATVIA	905	1099	603	1900	3529	1776	4953	3615	1167	9793	7373	1817
LITHUANIA	921	844	241	1414	887	673	6659	3571	250	16608	7495	541
MACEDONIA	9210*	8160*	7610	22880*	19100*	15440	108	34	34F	102	35	35F
MALTA	3401	3635	3916	10618	11083	11096	2	9	12	29	13	43
MOLDOVA REP	889	990F	330	1575	1608F	399	2887	2389	1068	8054	5930	1612
NETHERLANDS	74247	66180	89086	239710	232471	272377	125379	104634	126931	379185	313965	379165
NORWAY	275	256	278	1436	1285	1310	1642	941	711	5097	4044	3652
POLAND	9830	3475	4351	22687	8001	8093	211870	190442	109781	350841	296721	122790
PORTUGAL	9852	11271	14958	32563	35988	42113	9921	11577	9276	23216	24021	16243
ROMANIA	8038	35833	17578	10837	44027	12275	1505	636	2258	3147	1411	4017
RUSSIAN FED	254074	151147	42127	347185	212460	57695	13406	6557	6481	20160	12989	9055
SLOVAKIA	5481	6871	6247	11718	16854	13831	2406	3228	1085	3991	4712	1872
SLOVENIA	1638	1800	1661	6600	7403	5932	14145	14041	7076	40020	40074	22248
SPAIN	30126	29245	26835	104756	101516	90685	52871	51818	47862	164524	148360	135868
SWEDEN	18045	20110	22657	81801	84230	86957	11188	11335	9547	33009	34716	31487
SWITZERLAND	8753	10905	10424	63263	71215	67680	194	137	120	1369	771	623
UK	214121	239857	251054	731481	790614	823588	42106	32596	39746	149742	127708	118113
UKRAINE	6763	9640	3787	7807	11289	4878	28817	18621	12588	42930	27440	18120
YUGOSLAVIA	1401	1022	800	3735	2471	2724	5036	4702	4702F	14956	13033	13033F
OCEANIA	19971	21530	22342	60122	60589	57515	27249	24812	31151	71398	55010	66058
AMER SAMOA	500F	500F	280	2500F	2500F	690						
AUSTRALIA	6234*	6510*	6947	13194	14547	14090	16719	16519	15874	38409	36069	37044
COOK IS	354	441	312	1578	1454	1213						
FIJI ISLANDS	230	220	70	750	710	170	274F	194	304	918F	470	450
FR POLYNESIA	1384	1514	1624	6603	6833	6913	25F	25F	25F	183F	183F	183F
GUAM	1470F	1470F	1390	3600F	3600F	3200						
KIRIBATI	505	500	490	1580	1352	1282						
NAURU	190*	190F	70*	640*	640F	190*						
NEWCALEDONIA	2474	2640	2156	9300	9372	6712	2	3	3F	60	47	47F
NEW ZEALAND	2014	3423	4645	8347	9974	13541	9758	7600	14434	30804	17217	26910
NIUE	30*	20*	20*	70*	40*	40*						
NORFOLK IS	15F	15F	15F	30F	30F	30F						
PAPUA N GUIN	2533	2014	1491	6509	4469F	3103	469F	469F	509	1018F	1018F	1418
SAMOA	110F	110F	110F	150F	150F	150F						
SOLOMON IS	560	540	540	1160	1040	1040						
TONGA	891	946	1710	2450	2247	3810						
TUVALU	71	71	81	277	247	237						
VANUATU	121	121	151	354	354	354	2F	2F	2F	6F	6F	6F
WALLIS FUT I	215F	215F	170*	800F	800F	520*						

表 19

SITC EX 014.1

肉エキスおよび肉汁

	輸入：MT			輸入：1,000 $			輸出：MT			輸出：1,000 $		
	1997	1998	1999	1997	1998	1999	1997	1998	1999	1997	1998	1999
WORLD	20876	21053	21054	99589	85732	125849	18851	15372	18517	77463	70269	105563
AFRICA	765	153	101	1428	296	190	412	95	181	970	378	563
BOTSWANA	29	29F	29F	77	77F	77F	1	1F	1F	10	10F	10F
CÔTE DIVOIRE				1F	1F	1F						
EGYPT	1	4	2*	5	21	9			3			17
GABON	1F	1F	1F	7F	7F	7F						
GHANA		1*				7						
KENYA	397	2	6	944	6	21						
MADAGASCAR						1						
MAURITIUS			1		1	2						
MOROCCO	8	5		37	46	2	58	69	86	268	317	336
SENEGAL	1		1	7	2	6						
SOUTH AFRICA	6	2	3	30	3	12	353	25	89*	692	51	198
SWAZILAND	27	64	38	36	65	22						
ZAMBIA	20	20F	20*	41	41F	30*						
ZIMBABWE	275	25		243	19				2			2
N C AMERICA	2053	2094	2545	7347	6927	12039	2144	1844	2190	7130	6282	8177
BAHAMAS	2	5*	5F	9	28*	28F						
BARBADOS	24	10	87	89	36	315						
CANADA	1784	1489	1961	5815	4528	6678	70	105	70	246	295	148
COSTA RICA	4	7	7F	17	26	26F						
EL SALVADOR	10	23		41	116							
GUATEMALA		23	23F	2	13	13F						
HONDURAS	1	5	1	3	10	1						
JAMAICA	1F	1F	1F	4F	4F	4F						
MEXICO	53	280	72	192	257	625	19	10	19	434	215	468
NICARAGUA			3			8	100			28		
PANAMA		1		1	7							
TRINIDAD TOB					1							
USA	174	250	385	1173	1902	4341	1955	1729	2101	6422	5772	7561
SOUTHAMERICA	188	265	183	862	1116	1891	2785	2912	3385	12916	23984	49662
ARGENTINA	3	5	2	23	25	26	1145	836	418	5203	4904	5108
BOLIVIA	9	4	4F	10	14	14F						
BRAZIL	17	28	10	387	190	128	1466	1827	2829	6966	17408	42269
CHILE	41	44	40*	247	355	910*	7			9		
COLOMBIA	6	8	9	37	80	165						
ECUADOR	1											
PARAGUAY		1	1F		5	5F						
PERU	19	21	27	108	189	567			2			5
URUGUAY		41			196	4	167	249	136	738	1672	2280
VENEZUELA		92	113	90	50	62	72*					
ASIA	13195	9074	11339	66057	40095	57008	5182	3522	4430	31085	17519	20443
ARMENIA				750F	750F							
AZERBAIJAN						1						
BRUNEI DARSM	10*	30*	40*	40*	20*	10*						
CAMBODIA	37F	37F	37F	91F	91F	91F						
CHINA	761	132	306	1056	649	1153	1050	590	960	1121	875	1790
CHINA,H.KONG	6132	2756	3360	37357	14101	12507	2290	1259	1340	19710	9842	8727
CYPRUS	1	1			7	7						
INDONESIA	53		5	13		8	152	16		712	99	
ISRAEL			20F			67						
JAPAN	2121	1796	1934	9691	9430	14729	310	230	350	3881	2847	4568
KAZAKHSTAN		86	55		225	53			14			1
KOREA REP	1746	2011	2773	7059	6140	10407	370	694	829	2089	1989	3058
CHINA, MACAO	158	112	51	893	537	428	33	19	20	48	30	29
MALAYSIA	240*	203	241	650*	716	1330	340*	180	89	2100*	859	191
MYANMAR	11	11F	11F	51	51F	51F						
OMAN	2	2F	2F	39	39F	39F	1	1F	1F	72	72F	72F
PHILIPPINES	10	40	184	103	224	441						
SAUDI ARABIA	297	147	147F	352	152	152F	24			65		
SINGAPORE	1576	1670	2120	7566	6676	15013	46	84	84	438	400	701
SRI LANKA	4	7	6	25	38	41	1			2		
THAILAND	35	33	43	320	249	422	497	381	733	835	469	1294
TURKEY	1		4	1		58	68	65	7	12	29	4
YEMEN							3	3F			8	8F

表 19

SITC EX 014.1

肉エキスおよび肉汁

	輸入：MT			輸入：1,000 $			輸出：MT			輸出：1,000 $		
	1997	1998	1999	1997	1998	1999	1997	1998	1999	1997	1998	1999
EUROPE	4397	9214	6232	22332	36064	52433	6011	4836	6688	19210	16819	20944
ALBANIA			40*									
AUSTRIA	30	22	23	159	202	212	19	2	2	45	11	8
BELARUS			5			58						
BEL-LUX	99	209	199	694	1228	1608	193	140	135	1600	1739*	639
BULGARIA		48	48F		20	20F						
CROATIA	46	32	24	568	665	505						
CZECH REP	106	157	79	709	869	341	34	20	20	56	38	42
DENMARK	91	127	239	587	797	1363	49	42	67	530	423	818
ESTONIA	1				2		4			14		
FAEROE IS	1		1	3	2	5						
FINLAND	10	5	1	1122	467	153						
FRANCE	568	903	480	2113	5548	2739	445	446	701	2673	2946	3920
GERMANY	785	834	1159	3663	7042	16460	80	179	79	418	1354	1278
GREECE	133	145	136	242	249	819	52	27	47	308	178	258
HUNGARY		7	150		3	85						
ICELAND			1	2	4	4		1			4	
IRELAND	117	209	158	492	882	652			400			1829
ITALY	266	244	414	1397	2101	6162	3049	2724	3657	5653	5599	5902
LATVIA						1	3			1		
LITHUANIA	1	1		3	1		1			4		
MALTA	31	50	39	251	462	388						
NETHERLANDS	604	501	1163	3391	4353	9089	425	224	759*	1503	1035	3596
NORWAY			1			9						
POLAND	20	48	31	91	270	498	9	157	19	32	246	88
PORTUGAL	89	71	75	488	572	821	2	4		3	5	1
ROMANIA		2	3			2						
RUSSIAN FED		4094	376		1532	112		1	2		2	5
SLOVENIA	11	13	13F	133	181	181F	1			7		
SPAIN	246	221	111	1174	1681	1207	24	12	33	195	141	310
SWEDEN	65	132	83	273	707	618	5	16	14	28	112	102
SWITZERLAND	295	282	237	1775	2640	3749	5	25	8	53	213	118
UK	755	842	929	2937	3323	4327	1611	816	745*	6087	2773	2030
UKRAINE	1		1	2F								
YUGOSLAVIA	26	14	14F	61	254	254F						
OCEANIA	278	253	654	1563	1234	2288	2317	2163	1643	6152	5287	5774
AUSTRALIA	190*	200*	568	826	865	1376	1960	1595	944	4458	3787	3134
COOK IS				1		1						
FR POLYNESIA	9F	9F	9F	100F	100F	100F						
NEWCALEDONIA	1	1	1F	3	4	4F						
NEW ZEALAND	77	42	75*	623	255	797	277	488	579	1244	1050	1790
PAPUA N GUIN				1F	1F	1F	80F	80F	120*	450F	450F	850*
VANUATU	1F	1F	1F	9F	9F	9F						

表 20

SITC 014.2

ソーセージ

	輸入：MT			輸入：1,000 $			輸出：MT			輸出：1,000 $		
	1997	1998	1999	1997	1998	1999	1997	1998	1999	1997	1998	1999
WORLD	501839	471546	398086	1337150	1284805	1162871	757280	702100	503166	1801908	1663525	1201754
AFRICA	16238	19846	19020	34572	37556	35978	698	711	995	1242	1250	1890
ALGERIA	5	5F	10*	21	21F	10*						
ANGOLA	6700*	8500*	8500F	20000*	21000*	21000F						
BENIN	40*	40F	40F	70*	70F	70F						
BOTSWANA	538*	538F	538F	1190	1190F	1190F	2	2F	2F	4	4F	4F
BURKINA FASO	3F	3F	3F	15F	15F	15F						
CAMEROON	272	410*	390*	579	720*	490*						
CAPE VERDE	386	490*	490F	723	920*	920F						
CENT AFR REP	8F	8F	8F	2F	2F	2F						
CHAD	37F	37F	37F	156F	156F	156F						
CONGO, DEM R	59	30*	30F	122	80*	80F						
CONGO, REP	530*	720*	200*	1000*	1300*	330*						
CÔTE DIVOIRE	52F	52F	52F	247F	247F	247F	1F	1F	1F	6F	6F	6F
DJIBOUTI	100F	50*	50*	750F	280*	210*						
EGYPT	1		22	4		26		2			9	1
EQ GUINEA	10F	10F	10F	55F	55F	55F						
GABON	720*	1040*	1040F	1900*	2800*	2800F						
GAMBIA	20*	40*	30*	40*	40*	30*						
GHANA	86	53*	67	123	77	105						
GUINEA	40*	30*	30*	80*	40*	30*						
GUINEABISSAU	20*	10*	10F	50*	30*	30F						
KENYA		4*	2	2	15	4	305	381	456	345	535	711
LIBERIA	105*	140*	150*	265*	320*	190*						
LIBYA	10F	10F	10F	100F	100F	100F						
MADAGASCAR	16	12	18	52	36	58						
MALAWI	40*	40F	40F	170*	200F	200F						
MALI	1F	1F	1F	6F	6F	6F						
MAURITIUS	505	707	713	1278	1508	1411						
MOROCCO	66	158	153	269	465	402	1	3		3	8	
MOZAMBIQUE	210*	280*	280F	430*	620*	620F						
NIGER			9F		33	33F						
NIGERIA	3795F	3795F	3795F	3046F	3046F	3046F						
RWANDA	2F	2F	2F	6F	6F	6F						
ST HELENA	20F	20F	20F	55F	55F	55F						
SAO TOME PRN	70*	130*	130F	180*	300*	300F						
SENEGAL	26	40	41	62	113	137	4	7	9	17	33	42
SEYCHELLES	3	7	5F	17	17	18						
SIERRA LEONE	20*	20*	10*	100*	20*	10*						
SOUTH AFRICA	56	81	52	244	249	171	337	269	440	689	426	831
SWAZILAND	1349	1801	1408F	544	511	408	12	2	11	12	3	13
TANZANIA	164	190*	240*	260	370*	450*						
TOGO	61	61F	80*	117	117F	80*						
TUNISIA			1		1	4		6			29	1*
UGANDA		112	142		202	261		1			6*	
ZAMBIA	90	160*	160F	234	200*	200F						
ZIMBABWE	2		1*	8	3	12	36	37	76	166	191	281
N C AMERICA	47567	56088	54436	129392	138189	139698	146535	125644	81072	282895	247921	181724
ANTIGUA BARB	130*	150*	120*	280*	270*	250*						
ARUBA	250*	220*	200*	770*	640*	540*						
BAHAMAS	2453	2500F	970*	6653	6800F	1800*						
BARBADOS	104	54	100	242	123	259	799	817	717	1948	2027	1766
BELIZE	500	524	559	1256	1307	1367	3	3F	3F	8	8F	8F
BERMUDA	360*	420*	290*	1800*	1500*	710*						
CANADA	12203	14078	14254	41470	44496	47395	11727	14300	10878	24796	22697	17869
CAYMAN IS	240F	240F	240F	410F	410F	410F						
COSTA RICA	36	43	43F	136	146	146F	307	934	560*	652	1967	1400*
CUBA	3100*	5200*	5300*	7800*	8600*	9200*						
DOMINICA	226	80*	60*	.	526	130*						110*
DOMINICAN RP	125*	190*	170*	330*	350*	380*						
EL SALVADOR	659	1498	1412	1394	2938	2666	40	279	369	106	967	1120
GREENLAND	486	442	431	2117	1883	1876						2
GRENADA	345	467	290*	908	1400	1020*						
GUATEMALA	2010	2710	1900*	2610	3535	2800*	277	587	590*	610	1203	1300*
HAITI	100*	323*	323F	240*	566*	566F						
HONDURAS	245	598	1472	458	1357	3558						
JAMAICA	930*	910*	1110*	2050*	1950*	2210*	261	60*	80	848	185	240
MEXICO	16064	18373	18283	32756	34693	38391	2221	2577	2214	2426	2647	2434
MONTSERRAT	100F	100F	100F	140F	140F	140F						
NETHANTILLES	910*	957	610*	2200*	2223	1000*						
NICARAGUA	120	187	324	252	429	590	73	47	401	112	96	976

表 20

SITC 014.2

ソーセージ

	輸入：MT			輸入：1,000 $			輸出：MT			輸出：1,000 $		
	1997	1998	1999	1997	1998	1999	1997	1998	1999	1997	1998	1999
PANAMA	274	503	625	837	1884	2266	1	135	177	2	211	320
ST KITTS NEV	187	187F	187F	448	448F	448F						
ST LUCIA	360	336	150*	894	898	390*						
ST PIER MQ	64F	64F	30*	307F	307F	100*						
ST VINCENT	62	180*	200*	207	580*	520*						
TRINIDAD TOB	275	367	375	529	458	672	1122	830	1013	2530	1850	2304
USA	4649	4187	4308	19372	17728	17918	129704	105075	64070	248857	214063	151985
SOUTHAMERICA	3555	3848	3495	10439	9431	7162	5752	7295	9112	10991	12132	14751
ARGENTINA	1470	2004	2265	2642	3235	3166	927	719	578	1682	1435	1099
BOLIVIA	37	33	33F	64	41	41F		1	1F		2	2F
BRAZIL	351	285	115	2027	1436	519	4327	5973	8040	8280	9449	12693
CHILE	95	167	170*	473	640	690*	378	437	437F	581	731	731F
COLOMBIA	377	232	70	1377	827	292					1	
ECUADOR	42	32	22	119	117	66	53	123	54	160	327	211
GUYANA	200*	200F	200*	540*	540F	360*						
PARAGUAY	116	86	86F	400	254	254F						
PERU	172	173	110	675	759	528						
SURINAME	314	170*	140*	1508	830*	600*						
URUGUAY	281	193	170	451	312	246	55	31		232	145	
VENEZUELA	100	273	114	163	440	400	12	11	2	56	42	15
ASIA	76937	74889	77747	193555	188006	189556	15048	14352	15810	33892	34249	34592
ARMENIA	1102	970*	238	2457	1200*	541						
AZERBAIJAN	2100*	4400*	3138	3700*	7500*	3048			85			98
BAHRAIN	992	992F	992F	1961	1961F	1961F						
BHUTAN	3F	3F	3F	2F	2F	2F						
BRUNEI DARSM	1220*	630*	630F	1260F	1400*	1400*						
CAMBODIA	21F	21F	10*	40F	40F	20*						
CHINA	378	327	937*	1024	752	1630	10563	9765	9674	22119	21555	20080
CHINA,H.KONG	23659	23329	22246	48328	47532	40852	1184	1002	1675	2617	2185	3343
CYPRUS	87	83	95	325	277	295	90	157	65	337	566	174
GEORGIA	680*	19*	19F	742*	22*	22F						
INDONESIA	346	109	120	346	184	195	9	23	411	19	14	225
IRAN							46	15	24			35
ISRAEL		45F		1	148		500F	350F	90F	1698	1202	288
JAPAN	12887	14830	17765	59336	64407	73668	8	23	13	79	211	100
JORDAN	163	253	271	517	692	735			85	1		218
KAZAKHSTAN	6639	4089	2861	12952	6871	3553	54	189		145	332	
KOREA D P RP	180*	180F	40*	270*	270F	60*						
KOREA REP	4208	2499	2898	9321	4840	4908	127	174	307	747	638	1102
KUWAIT	3774	4065	4785	11719	12837	17042	309	434	450	1045	1527	1448
LEBANON	3200F	3200F	3800*	9500F	9500F	9900*						
CHINA, MACAO	825	780	751	1141	922	800	4	7	8	15	27	32
MALAYSIA	2500*	1759	2661	3200*	2012	3109	79F	174	133	250F	329	269
MALDIVES	30*	20*	40*	110*	50*	80*						
MONGOLIA	21	25F	25F	67	70F	70F	2			2		
OMAN	661	661F	661F	1245	1245F	1245F	3	3F	3F	12	12F	12F
PAKISTAN	1	4	4	5	12	5						
PHILIPPINES	506	194	714	1039	388	1288	365	55	62	926	221	223
QATAR	103F	103F	103F	271F	271F	271F						
SAUDI ARABIA	2420	2840	2840F	4767	5451	5451F	1007	1215	1700*	1350	2885	4100*
SINGAPORE	4273	4392	4876	9177	8432	8591	392	401	508	1101	904	932
SRI LANKA	3	10	11	33	74	49	50	52	16	113	100	67
SYRIA	10*	10*	10F	20*	20*	20F						
THAILAND	15	65	73	55	94	240	49	58	120	273	245	362
TURKEY	22	13	16	82	39	57	207	270	390	1019	1296	1484
TURKMENISTAN	130*	260*	470*	440*	650*	760*						
UNTD ARAB EM	3350F	3350F	3350F	7200F	7200F	7200F						
UZBEKISTAN	298*	267*	270F	507*	423*	423F						
VIET NAM	100*	80*	20*	320*	200*	60*						
YEMEN	30F	12	4	75F	18	5*						
EUROPE	351986	311685	237978	957780	900704	779739	588345	553411	395168	1468387	1365161	965171
ALBANIA	325	654	790*	811	1731	1900*						
AUSTRIA	3938	4100	6174	22895	26855	35802	7508	11715	10909	24674	35912	35062
BELARUS	1500F	716	2137	750F	1686	3016		1661	4383		2625	4428
BEL-LUX	18525	18609	17811	73313	76427	70922	80320	87613	31165	148162	148994	70226
BOSNIA HERZG	11600*	12000*	12000F	32200*	32400*	32400F						
BULGARIA	4510	8378	2300*	1652	2977	750*	133	94	94F	203	187	187F
CROATIA	7517	1533	4340	25229	4552	11706	3631	2290	1226	11488	7331	4358
CZECH REP	2432	1951	2246	7730	7172	7050	2420	2949	1554	6677	8800	3489

表 20

SITC 014.2

ソーセージ

	輸入：MT			輸入：1,000 $			輸出：MT			輸出：1,000 $		
	1997	1998	1999	1997	1998	1999	1997	1998	1999	1997	1998	1999
DENMARK	4414	3840	5058	18497	14714	19654	55391	52364	43056	169230	162287	113735
ESTONIA	14596	5947	1098	11888	7815	1619	17463	8407	730	10560	7059	1213
FAEROE IS	321	306	300	1115	1077	973						
FINLAND	983	902	989	4879	4931	4937	3456	3094	1986	11310	9809	6271
FRANCE	25258	27164	24349	100605	106469	84982	64525	58765	58442	159736	147485	127613
GERMANY	25935	29392	28339	155542	166660	148572	41291	46131	44062	177335	189023	167560
GREECE	1805	1861	1929*	7649	7978	8752	1723	2394	1598	2476	3096	2578
HUNGARY	34	54	53	180	226	296	29674	35757	25327	106425	96308	62521
ICELAND						3	19	14	13	55	44	31
IRELAND	2353	2074	2675	7868	7340	8199	1557	1820	2447	6760	7254	8625
ITALY	2881	3384	3628	13205	13352	14151	22932	22801	24319	142411	143189	141021
LATVIA	676	645	421	1545	2162	1077	3992	2545	757	8049	5701	1315
LITHUANIA	147	607	68	357	430	172	3188	2092	105	8933	4495	280
MACEDONIA	5600*	5100*	5100F	12000*	9500*	9500F						
MALTA	865	1070	1098	2604	2993	2951		8	9		7	28
MOLDOVA REP	670	750F	81	1167	1200F	44	14	15F	19	26	26F	3
NETHERLANDS	17829	10898	19618	50790	38594	53313	30817	24932	27946	72337	57701	57690
NORWAY	66	43	55	292	190	262	575	486	379	2867	2709	2602
POLAND	1887	1029	1181	5687	4089	4332	157803	129462	72215	230871	174825	50347
PORTUGAL	3707	3998	6190	12193	12142	16446	8152	10675	8070	19598	20989	13003
ROMANIA		11270	5640	860F	13971	4098	23	27	8	153	92	26
RUSSIAN FED	127536	81917	14762	162392	102504	16579	7761	3594	3335	10096	7870	4030
SLOVAKIA	1093	2063	1384	3464	6409	3389	177	124	126	542	408	359
SLOVENIA	367	369	380*	2010	2113	2300*	9576	8862	2300*	25078	21945	5500*
SPAIN	10834	9368	8319	32387	30016	25152	26522	26320	20483	89845	79750	61604
SWEDEN	5379	6528	7329	26930	29131	30373	1171	1323	1438	2782	3738	4246
SWITZERLAND	2722	2692	2625	33841	33874	30734	13	12	20	144	136	190
UK	38843	43089	44640	117478	118797	119926	2985	2989	4727	10097	10493	10622
UKRAINE	4428	7101	2721	4569	7500F	3000F	47	427	271	135	1195F	730F
YUGOSLAVIA	410	283	150*	1206	724	410*	3486	1649	1649F	9332	3678	3678F
OCEANIA	5556	5190	5410	11412	10919	10738	902	687	1009	4501	2812	3626
AUSTRALIA	2700*	2300*	2274	3143	2715	2496	808	609	889	4220	2608	3400
COOK IS	79	171	74	333	481	221						
FIJI ISLANDS	30*	20*	20*	70*	30*	40*	4F	4F	4F	10F	10F	10F
FR POLYNESIA	400F	400F	410*	2300F	2300F	2300*						
GUAM	1000F	1000F	1000F	2200F	2200F	2200F						
KIRIBATI	59	50*	60*	175	120*	110*						
NEWCALEDONIA	701	719	690*	1742	1885	1600*				13	11	11F
NEW ZEALAND	67	68	195	486	417	824	90	74	116	258	183	205
PAPUA N GUIN	31*	31F	60*	86*	86F	200*						
SAMOA	30F	30F	30F	50F	50F	50F						
SOLOMON IS	60*	40*	40*	200*	80*	80*						
TONGA	377	339	505	510	438	500						
TUVALU	2F	2F	2F	2F	2F	2F						
VANUATU	20	20	50	115	115	115						

表 21

SITC 014.9

その他の調整・保存肉類

	輸 入：MT			輸 入：1,000 $			輸 出：MT			輸 出：1,000 $		
	1997	1998	1999	1997	1998	1999	1997	1998	1999	1997	1998	1999
WORLD	1253994	1299686	1318689	3872832	3962837	3939321	1500116	1443054	1443194	4400570	4280140	4157112
AFRICA	22429	21660	22868	40645	41870	40833	11873	9972	9338	35333	26131	24520
ALGERIA	96	96F	96F	151	151F	151F						
ANGOLA	3100*	2600*	3400*	4000*	2300*	2300*						
BENIN	140F	160	180	520F	530	560						
BOTSWANA	1441	1441F	1062	2505	2505F	1865	550	550F	769	1840	1840F	2137
BURKINA FASO	10F	10F	10F	110F	110F	110F						
BURUNDI	59	27	19	140	36	40F						
CAMEROON	318	318F	437	547	547F	566						
CAPE VERDE	402	402F	402F	711	711F	711F						
CENT AFR REP	48F	48F	48F	104F	104F	104F						
CHAD	48	48	48	367	367	367						
CONGO, DEM R	1076	1179	1198	2184	1028	711						
CONGO, REP	1452	1362	1042	1533	2213	1813	25F	25F	25F	93F	93F	93F
CÔTE DIVOIRE	440*	270*	270F	570*	270*	270F	20F	20F	20F	236F	236F	236F
DJIBOUTI	100F	100F	100F	200F	200F	200F						
EGYPT	1111	2877	3003	2367	5837	5727	74	42	47	153	92	74
EQ GUINEA	25F	30*	20*	55F	50*	10*						
ERITREA	100F	100F	100F	180F	180F	180F						
ETHIOPIA	2F	2F	2F	10F	10F	10F						
GABON	1295	1145	1035	3111	2796	2586						
GHANA	559	426	1270	813	724	2097						
GUINEA	220F	220F	220F	580F	580F	580F						
GUINEABISSAU	410F	410F	410F	1100F	1100F	1100F						
KENYA	61	125	56	127	437	98		1	2	1	4	9
LESOTHO	1500F	1500F	1500F	4500F	4500F	4500F						
LIBERIA	420F	285	265	1005*	650	610						
LIBYA	10F	10F	10F	50F	50F	50F						
MADAGASCAR	23	8	34	27	17	75				25	2	1
MALAWI	40*	20	20F	100	45	45F	2	2	2F	4	2	2F
MALI	40	30	40	140	110	100						
MAURITANIA	4F	10	10F	20F	10	10F						
MAURITIUS	1517	1810	1681	4185	4233	3943	3851	2297	814	10851	6386	2022
MOROCCO	223	249	298	817	913	966	7	5		104	71	
MOZAMBIQUE	130*	280*	110*	170*	360*	170*						
NAMIBIA							2918	1856	1856F	9000F	6000F	6000F
NIGER	50	104	105	150	277	273						
NIGERIA	380*	560*	560F	1200*	1700*	1700F						
ST HELENA	20F	20F	30*	50F	50F	30*						
SENEGAL	204	80	194	517	233	539	13	4	1	73	23	5
SEYCHELLES	224	185	216	576	625	628						
SIERRA LEONE	50F	50F	50F	120F	120F	120F						
SOUTH AFRICA	1737	795	1405	1794	851	1736	1535	2246	3621	4294	4751	8412
SWAZILAND	2701	1527	1277	1891	1914	1799	31	21	19	31	33	28
TANZANIA	12	12F	12F	5	5F	5F	21	21F	21F	42	42F	42F
TOGO	138	137	171	170	170	210						
TUNISIA		3	2	25	46	46		3	31		59	107
UGANDA	50	303	1	100	1313	8						
ZAMBIA	275	275F	377	865	865F	1051	7	7F	7F	19	19F	19F
ZIMBABWE	168	11	72	183	27	63	2819	2872	2103	8567	6478	5333
N C AMERICA	201554	223323	245825	678521	723595	723376	165639	159647	152635	439656	435262	440563
ANTIGUA BARB	150*	200*	200*	470*	630*	470*						
ARUBA	260	270	270	680	610	540						
BAHAMAS	837	870	850	2233	2800	2600						
BARBADOS	1999	1670	2153	3359	3030	2823	118	178	165	479	599	529
BELIZE	666	589	464	1647	1567	1127	80	80F	80F	220	220F	220F
BERMUDA	370	370	370	1327	1327	1327						
CANADA	34626	41134	42943	145741	158937	154839	32755	36100	45871	104830	104880	128260
CAYMAN IS	40F	40F	60*	100F	100F	130F						
COSTA RICA	137	146	146F	436	541	541F	381	662	340*	1114	1689	1000*
CUBA	11500F	11500F	11500F	20000F	20000F	20000F						
DOMINICA	201	189	103	397	325	146						
DOMINICAN RP	200	200F	200F	400	400F	400F						
EL SALVADOR	1056	2366	2980	3157	6438	7165	206	216	149	553	618	411
GREENLAND	449	540	587	2175	2480	2755						
GRENADA	194	322	232	695	1168	928						
GUATEMALA	1220	1783	2278	3595	4913	6700	2049	1364	1331	2293	2651	2384
HAITI	140*	330*	120*	500*	820*	340*						
HONDURAS	718	967	1617	1783	2591	4416		6	6F		14	14F
JAMAICA	4202	3997	4532	11599	10559	10429	16F	16F	16F	29F	29F	29F
MEXICO	13848	15198	15340	32894	34409	34925	3704	5142	5707	10660	12630	18613

表 21

SITC 014.9

その他の調整・保存肉類

	輸入：MT			輸入：1,000 $			輸出：MT			輸出：1,000 $		
	1997	1998	1999	1997	1998	1999	1997	1998	1999	1997	1998	1999
MONTSERRAT	10F	10F	10F	35F	35F	35F						
NETHANTILLES	1340	1146	1183	3560	2703	2770	20	46	46F	40	77	77F
NICARAGUA	121	132	311	299	317	726			5			6
PANAMA	2251	3069	4032	6010	7757	10080	164	209	196	697	897	829
ST KITTS NEV	214	214F	214F	568	568F	568F						
ST LUCIA	288	366	331	1123	1238	1050						
ST PIER MQ	115F	115F	115F	572F	572F	572F						
ST VINCENT	170	317	257	338	829	619						
TRINIDAD TOB	894	1979	1811	2216	5000	3958	179	181	253	641	680	847
USA	123338	133294	150616	430612	450931	450397	125967	115447	98470	318100	310278	287344
SOUTHAMERICA	23686	33670	31989	48510	57444	53923	208267	211217	237703	540772	581904	546197
ARGENTINA	7202	9431	13504	19798	20587	27722	99137	78571	72103	255308	219759	168731
BOLIVIA	154	386	384	298	975	965	4			10	1	1F
BRAZIL	1355	2088	960	5907	7815	4059	95958	117629	152500	252889	323785	348377
CHILE	1712	2284	1805	4053	5324	4453	3334	4211	4101	8484	10639	9123
COLOMBIA	10736	15106	11836	10712	12750	8388	1		90	2	1	119
ECUADOR	481	679	300	791	977	407	56	4		267	2	
PARAGUAY	799	1230	1230F	2182	2881	2881F	942	554	138	1524	1086	308
PERU	511	819	910	1470	1818	1877		2	3		4	20
SURINAME	125	242	132	938	1572	582						
URUGUAY	364	490	801	1369	1227	2123	8295	10039	8720	20821	26078	19305
VENEZUELA	247	915	127	992	1518	466	540	207	48	1467	549	213
ASIA	277841	294177	331886	794296	780464	886113	211518	209090	250210	563777	559145	679330
ARMENIA	2345	2470	1835	3385	3385	2739	4	6F		3	6F	
AZERBAIJAN	3451	3865	2095	3425	4065	1845			7			4
BAHRAIN	99	150*	150*	265	360*	330*	127	127	127F	215	235	235F
BANGLADESH				19								
BHUTAN	2F	2F	2F	5F	5F	5F						
BRUNEI DARSM	290	290	190	810	660	340						
CAMBODIA	401F	401F	401F	1015F	1015F	1015F						
CHINA	1644	711	1239	4873	2537	4505	138277	117359	142858	323727	281924	345033
CHINA,H.KONG	47526	49853	49266	104345	105695	98408	5467	3406	3941	12213	7192	7131
CYPRUS	1286	1525	1603	3850	4420	4229	20	26	135	64	66	343
GEORGIA	580*	500F	210*	930*	800F	260*						
INDIA		1	1F		4	4F	240	242	242F	506	550	550F
INDONESIA	2512	750	585	2547	798	883	15		12	47		43
IRAN							19		3	45		8
IRAQ	36*	16*	40*	100*	27*	60*						
ISRAEL			215F			445	2840F	2653F	2950	15244	14364	15987
JAPAN	163680	184136	211488	551574	551018	642988	870	836	687	2842	2781	3155
JORDAN	1551	1346	2068	4487	3814	4984	718	926	691	2130	2641	1699
KAZAKHSTAN	1950F	4081*	3239	4205F	4316*	4493	2185F	96*	125	5185F	198*	155
KOREA D P RP	29*	100*	100F	44*	170*	170F						
KOREA REP	7852	5304	6685	15021	9806	12479	713	2033	2120	2310	7433	8914
KUWAIT	387	400	395	1152	1238	1086	15	13	32	45	42	79
KYRGYZSTAN	120*	90*	360*	160*	60*	150*	8900	8500	8500	4200	4000	4000
LEBANON	3800	4700	3500	8700	11000	8200						
CHINA, MACAO	1540	1403	1642	2138	2094	1936	75	82	310	60	65	208
MALAYSIA	5896	2999	4249	6010	2405	3357	847F	1874	2326	2153F	4075	4993
MALDIVES	20F	20F	20F	80F	80F	80F						
MONGOLIA	272	350F	350F	573	623F	623F	158	100F	100F	178	178F	178F
MYANMAR	21	21F	21F	34	34F	34F				12F	12F	12F
OMAN	1261	1261F	1309	3836	3836F	3757				1	1F	1F
PAKISTAN	11	14	84	39	62	256	5		3	28		10
PHILIPPINES	6421	4971	11615	11656	8850	19604	37	230	235	160	365	588
QATAR	808F	808F	808F	2245F	2245F	2245F	15F	15F	15F	24F	24F	24F
SAUDI ARABIA	3403	4506	4878	9408	12426	11806	2825	2411	2411F	7725	6314	6314F
SINGAPORE	14599	13134	17214	38673	34366	44241	1241	978	1214	3661	2661	2907
SRI LANKA	43	79	67	105	170	298	9	21	11	37	65	60
SYRIA	5	2	2F	39	17	17F	8F	39	39F	18F	44	44F
TAJIKISTAN	317*	69*	140*	765*	152*	340*						
THAILAND	71	45	100	307	157	324	45376	67001	80966	177888	223399	276091
TURKEY	19	10	17	112	72	90	505	109	139	3029	483	534
TURKMENISTAN	2500F	2600F	2600F	3650F	3800F	3800F						
UNTD ARAB EM	1025F	1025F	1025F	3506F	3506F	3506F	1F	1F	1F			
UZBEKISTAN	6F	6F	6F	31F	31F	31F						
VIET NAM	35*	35F	20*	122*	122F	60*	6*	6F	10*	27*	27F	30*
YEMEN	27	128	52	55	223	90						

表 21

SITC 014.9

その他の調整・保存肉類

	輸入：MT			輸入：1,000 $			輸出：MT			輸出：1,000 $		
	1997	1998	1999	1997	1998	1999	1997	1998	1999	1997	1998	1999
EUROPE	714347	710769	669843	2263713	2311028	2190587	878789	831166	764809	2760287	2630787	2409844
ALBANIA	1029	1515	1616	718	1000	1020						
AUSTRIA	8431	7238	8980	35582	33861	42885	8469	8339	9549	25907	26081	29524
BELARUS	2500	637	1787	6080	1728	878	8230	3963	6839	14244	8454	6140
BEL-LUX	31396	36944	43116	131173	147710	163239	135389	138997	102254	481183	471532	369678
BOSNIA HERZG	8550*	3590*	1490	21800*	10500*	7700		40*	40F		108*	108F
BULGARIA	1095	1784	1741	834	1142	1083	11296	3509	4419	9455	3506	3506
CROATIA	700	839	2237	5855	2267	5492	7444	7140	7915	26402	21231	24265
CZECH REP	4082	3419	3440	7793	7385	7077	10711	16834	12888	16663	25604	19108
DENMARK	11991	12284	12459	46268	44967	43389	136517	157404	127141	451123	516230	384987
ESTONIA	2818	2419	1753	3287	3156	1843	1492	1666	550	1479	2002	627
FAEROE IS	558	643	653	2088	2196	2199						
FINLAND	2085	2130	2759	9610	9741	12106	2381	1373	1174	8233	4984	4361
FRANCE	40916	39346	40988	161341	152233	146750	108264	101438	120718	371219	363297	413823
GERMANY	109825	133833	111093	401485	459553	375080	39561	40363	39000	162542	164840	161799
GREECE	8904	8607	7872	27672	25531	22379	6760	2429	804	48699	16469	2054
HUNGARY	359	363	337	640	682	717	47305	22994	16532	86220	47437	38265
ICELAND	62	70	82	434	464	506	142	152	119	418	363	215
IRELAND	23182	23138	21607	89081	88279	86781	52207	51689	56471	213974	212225	226061
ITALY	23097	24722	26127	90357	94926	95246	25914	28750	23138	74551	75898	67492
LATVIA	229	454	182	355	1367	698	958	1070	410	1743	1672	502
LITHUANIA	773	236	173	1054	456	501	3470	1479	145	7671	3000	261
MACEDONIA	3610*	3060*	2510	10880*	9600*	5940	108	34	34F	102	35	35F
MALTA	2505	2515	2779	7763	7628	7757	2	1	3	29	6	15
MOLDOVA REP	219	240F	249	408	408F	355	2873	2374	1049	8028	5904	1609
NETHERLANDS	55814	54781	68305	185529	189524	209975	94137	79478	98226	305345	255229	317879
NORWAY	209	212	223	1144	1086	1048	1067	455	332	2230	1335	1050
POLAND	7923	2398	3139	16909	3642	3263	54058	60823	37547	119938	121650	72355
PORTUGAL	6056	7202	8693	19882	23274	24846	1767	898	1206	3615	3027	3239
ROMANIA	8038	24561	11935	9977	30056	8175	1482	609	2250	2994	1319	3991
RUSSIAN FED	126538	65136	26989	184793	108424	41004	5645	2962	3144	10064	5117	5020
SLOVAKIA	4388	4808	4863	8254	10445	10442	2229	3104	959	3449	4304	1513
SLOVENIA	1260	1418	1268	4457	5109	3451	4568	5179	4776	14935	18129	16748
SPAIN	19046	19656	18405	71195	69819	64326	26325	25486	27346	74484	68469	73954
SWEDEN	12601	13450	15245	54598	54392	55966	10012	9996	8095	30199	30866	27139
SWITZERLAND	5736	7931	7562	27647	34701	33197	176	100	92	1172	422	315
UK	174523	195926	205485	611066	668494	699335	37510	28791	34274	133558	114442	105461
UKRAINE	2334*	2539	1065	3236	3789	1878F	28770*	18194*	12317*	42795	26245F	17390F
YUGOSLAVIA	965	725	636	2468	1493	2060	1550	3053	3053F	5624	9355	9355F
OCEANIA	14137	16087	16278	47147	48436	44489	24030	21962	28499	60745	46911	56658
AMER SAMOA	500F	500F	280	2500F	2500F	690						
AUSTRALIA	3344*	4010*	4105	9225	10967	10218	13951	14315	14041	29731	29674	30510
COOK IS	275	270	238	1244	973	991						
FIJI ISLANDS	200F	200F	50	680F	680F	130	270F	190	300	908F	460	440
FR POLYNESIA	975	1105	1205	4203	4433	4513	25F	25F	25F	183F	183F	183F
GUAM	470F	470F	390*	1400F	1400F	1000*						
KIRIBATI	446	450	430	1405	1232	1172						
NAURU	190*	190F	70*	640*	640F	190*						
NEWCALEDONIA	1772	1920	1465	7555	7483	5108	2	3	3F	47	36	36F
NEW ZEALAND	1870	3313	4375	7238	9302	11920	9391	7038	13739	29302	15984	24915
NIUE	30*	20*	20*	70*	40*	40*						
NORFOLK IS	15F	15F	15F	30F	30F	30F						
PAPUA N GUIN	2502	1983	1431	6422	4382F	2902	389F	389F	389F	568F	568F	568F
SAMOA	80F	80F	80F	100F	100F	100F						
SOLOMON IS	500F	500F	500F	960F	960F	960F						
TONGA	514	607	1205	1940	1809	3310						
TUVALU	69	69	79	275	245	235						
VANUATU	100F	100F	100F	230F	230F	230F	2F	2F	2F	6F	6F	6F
WALLIS FUT I	215F	215F	170*	800F	800F	520*						

表 22

SITC 022

ミルク及びクリーム（脱水、濃縮、乾燥または生鮮のもの）

輸　入：1,000 $　　　　　　　　　　　　　　輸　出：1,000 $

	1994	1995	1996	1997	1998	1999	1994	1995	1996	1997	1998	1999
WORLD (FMR)	11313376	14552645					10960530	13573363				
WORLD	11402388	14665924	13796548	12886927	12758555	12631218	11109524	13761397	13104838	12946641	12544576	12113219
AFRICA (FMR)	1032341	1354101					55671	69370				
AFRICA	1031844	1352226	1126283	1183115	1241552	1197955	55671	69370	60336	69071	74380	72647
ALGERIA	521108	412605	338694	384395	479843	468979		1797	1656			
ANGOLA	20600*	28900*	23620*	24800*	21800*	18400						
BENIN	3827	6770*	6770	6770F	6770F	3260						
BOTSWANA	26989	40532	44411	38700	33617	30517	36	71	162	169	169F	169F
BURKINA FASO	6020	12956	6155	6655	8185	7055						
BURUNDI	1640	2729	1206	2834	2789	873						
CAMEROON	6897	9666	6964	15005	11343	9871		203	29	1098	1098F	1098F
CAPE VERDE	6518	8750	7925	6612	6566	6645						
CENT AFR REP	1966	1297	616	584	574	574F						
CHAD	823	1734	1832	2610	2610	2610						
COMOROS	1480*	920*	1000	880	790	1390						
CONGO, DEM R	11190	11580	10620	11912	7279	2285						
CONGO, REP	7156	11903	16563	12051	15954	8806	92	83	83F	83F	83F	83F
CÔTE DIVOIRE	23950	40246	50039	45688	49128	45975	227	131	1172	1172F	1172F	1172F
DJIBOUTI	7430	8320	7850	7850F	7850F	7420						
EGYPT	36619	54777	53515	53463	53332	78970	118	77	70	68	41	6104
EQ GUINEA	650*	1040*	1369	1500	1200	1200						
ERITREA	3500*	2750*	110F	550F	5500F	2600F						
ETHIOPIA	1266	1325	2033	2033F	2033F	2033F						
GABON	7430	10421	11620	12098	11618	10548						
GAMBIA	3970	5890	5261	4988	5088	5378						
GHANA	6510	9560	2963	2647	14925	16779			108	50	53	72
GUINEA	7400*	8600*	12831	6090	6490	6970						
GUINEABISSAU	1230*	1350*	1170	1170F	1170F	770						
KENYA	3945	1324	211	2077	7505	4981	3530	2492	2004	1798	1642	896
LESOTHO	4800F	4900F	4900F	4900F	4900F	4900F						
LIBERIA	1760	2660	1520	1990	1380	1860						
LIBYA	29960*	73856	46748	52972	57106	53106						
MADAGASCAR	2863	4077	4716	4594	2807	3123				89		
MALAWI	5444	2716	3304	3810	2680	3600	93	36	36F	2	36	36F
MALI	10430*	14950*	18490	11060	11360	12230						
MAURITANIA	14697	15692	14792	15992	11892	9192						
MAURITIUS	32613	38659	40289	35651	31983	32010	132	83	9	176	46	39
MOROCCO	25374	45538	21846	21204	14519	10394	52	14	20	27	17	50
MOZAMBIQUE	14600*	14150*	12700	12500	11700	10000F						
NIGER	4240	12940	9550	10350	13672	11465					2137	2137F
NIGERIA	37530	270403	211033	211033F	211033F	211033F		146	146F	146F	146F	146F
RÉUNION	21122	19891					150	225				
RWANDA	1645	3856	2260	1860	1660	1460						
ST HELENA	230*	400	390	370	370F	370						
SAO TOME PRN	360*	400*	770*	280*	390*	390F						
SENEGAL	30540	30492	32943	30387	33331	30017	6	22	22F	644	977	1285
SEYCHELLES	4136	3942	4916	4604	3860	2655	8		3	7	5	5F
SIERRA LEONE	3910*	2565*	2460	2440	2440	2200						
SOMALIA	1900	4000	350	730	1000	1000F						
SOUTH AFRICA	13107	19332	27206	32138	9643	8391	38585	48009	41302	43271	52761	50638
SUDAN	6307	9212	6350	9897	9897F	9897F						
SWAZILAND	7000	7500	7500	19707	11842	11649				6633	1845	1353
TANZANIA	1390	5040	3860	1623	1635	1635F						
TOGO	2627	6468	6272	3878	3886	2742	390	444	1219	1167	1167F	1167F
TUNISIA	30157	38045	21063	28880	16372	12135	2572	4124	1142	1564	895	252
UGANDA	1125	2300	1108	1720	2378	1030					2592	101
ZAMBIA	1484	1624	1602	2142F	1822F	1981	91	100	100	61	61F	61F
ZIMBABWE	379	673	1997	2441	2035	2601	9589	11313	11053	10846	7437	5783
N C AMERICA	841541	870840	945498	964123	933968	870473	411719	509276	444717	578182	563493	535434
ANTIGUA BARB	2070*	2180	1960	2690	2250	1750						
ARUBA	5230*	4540*	4840	4840	4564	4574	330F	330F	330F	330F	2259	2259F
BAHAMAS	9656	9855	9000	10172	10160	8770				5	5F	5F
BARBADOS	3010	3677	4673	5346	2195	4540	170	280	361	412	327	224
BELIZE	5935	6591	7162	6766	6207	4690	256	31	7	25	25F	25F
BERMUDA	1525	1010	820	1110	910	650						
BR VIRGIN IS	800F	700	700F	700F	700F	660						
CANADA	37383	32766	48356	51043	55375	59661	84724	99307	147937	145834	134357	116872
CAYMAN IS	2977	2950	2950F	2950F	2240	2110						
COSTA RICA	6194	6692	1801	7974	10173	6964	6488	7013	15562	14594	16665	8310
CUBA	64845*	84470*	56000	22507	33807	23807						

表 22

SITC 022

ミルク及びクリーム（脱水、濃縮、乾燥または生鮮のもの）

輸入：1,000 $ 輸出：1,000 $

	1994	1995	1996	1997	1998	1999	1994	1995	1996	1997	1998	1999
DOMINICA	1814	2891	3181	2925	2982	2973		5				
DOMINICAN RP	56880*	66850*	72340*	72620	72040	27740						
EL SALVADOR	25368	36937	37662	42530	44398	36742	22	86	126	820	225	264
GREENLAND	3542	3606	4223	3815	3360	3562						
GRENADA	3380	3811	4162	4110	4043	2872						
GUADELOUPE	24163	28696					650	448				
GUATEMALA	33365	29880	34106	46693	49948	29976	20	80	120	51	169	169F
HAITI	15080*	27500*	16410*	20743	23276	30380						
HONDURAS	15108	15600	20408	24953	23204	34940	559	166	185	18	1113	1113F
JAMAICA	13174	20444	19449	16121	13569	12649	689	692	227	287	227	227F
MARTINIQUE	24290	28617					347	388				
MEXICO	371792	331131	436813	427963	332229	310774	11901	8201	15281	24401	23601	41107
MONTSERRAT	470*	100*	100F	100F	100F	50*						
NETHANTILLES	9509	16505	10300*	9150	15782	9500*	2783	336	1100	150F	49	49F
NICARAGUA	11282	13836	5830	8200	12059	13027	106	1686	2935	1480	3011	2337
PANAMA	5587	3017	11598	14390	5882	9319	5553	6321	8011	10663	10289	8432
ST KITTS NEV	1571	1679	1290	1338	1338F	1338F						
ST LUCIA	4894	5488	5698	6263	6445	3868	10		3	2	1	1
ST PIER MQ	443	866	700	614	594	568						
ST VINCENT	1640*	1740	1720*	2330	2296	1840*						
TRINIDAD TOB	21580	29582	27476	26012	24542	22986	3831	5349	4303	6361	3099	4584
USA	56984	46633	93770	117155	167300	197193	293280	378557	248229	372749	368071	349456
SOUTHAMERICA	482307	826015	845860	783880	839725	642485	169410	288012	307026	327806	394573	435252
ARGENTINA	33697	28187	29547	33482	9934	6106	87266	195222	183041	207525	239341	292335
BOLIVIA	10419	11788	18635	17565	19431	8286	365	1199	378	792	1660	1449
BRAZIL	156991	433110	387015	377084	413201	372853	1854	2845	15537	4281	4501	4043
CHILE	29151	39103	55303	22101	30288	21124	19175	25056	24771	26042	25945	23945
COLOMBIA	9419	18685	25452	53622	53084	20968	2933	3744	3304	5525	8227	19901
ECUADOR	5255	4707	9622	12351	17319	4823	1010	2041	3756	1044	462	1760
FR GUIANA	7282	8253										
GUYANA	5200	9950	9110	11700	11600	10460						
PARAGUAY	17445	18867	19175	16437	10927	10927F		2		16	33	8
PERU	88623	97452	113699	108565	88515	68861	1775	248	936	1138	2014	1730
SURINAME	1960*	3197	8662	6409	6715	6595						
URUGUAY	260	153	566	665	1048	710	51727	54494	72220	73550	110015	87965
VENEZUELA	116605	152563	169074	123899	177663	110772	3305	3161	3083	7893	2375	2116
ASIA (FMR)	2670733	3589622					464032	498052				
ASIA	2726880	3658687	3773526	3470260	2914408	3016458	465032	500886	534949	544142	488308	444342
AFGHANISTAN	3700	1500	1500	1500F	1500F	1500F						
ARMENIA	10900	21146	4610	10480	15265	3564						
AZERBAIJAN	6867	9081	5031	1980	1030	790							5
BAHRAIN	24909	25215	25615	28210	20460	20660				4278	4272	4252
BANGLADESH	44800	42323	51405	67150	54686	109629	144	72				35
BHUTAN	869	376	358	358	358	358						
BRUNEI DARSM	7684	7582	11103	9697	9477	6730						
CAMBODIA	6950	8250	5485	4436	4586	4506			2	2F	2F	2F
CHINA	311036	329676	324609	389045	281333	332273	22888	28036	32027	41153	37678	49283
CHINA,H.KONG	279499	308855	345290	365751	319466	270944	174822	174058	195981	189493	163254	122301
CYPRUS	4758	5931	6140	6527	6985	6335	350	570	808	452	396	191
GEORGIA	11600*	12800*	11600F	10500F	9900F	9900F						
INDIA	1831	11469	727	1447	2955	2992	10192	6101	1584	3279	1521	1670
INDONESIA	97014	178855	150312	125414	90367	217676	3363	6952	6941	4941	7742	16802
IRAN	16052	21030	21030	18497	17849	14144				171	85	260
IRAQ	4150	15900	8100F	3839	4714	6100						
ISRAEL	12255	9383	10088	15105	14012	13775	3867	3924	5293	2173	2794	3566
JAPAN	185633	266859	216206	210598	158830	153852	1348	1706	1745	1717	1953	2566
JORDAN	24591	33611	928	33901	46897	32401	1258	4478	733	4701	2726	1042
KAZAKHSTAN	12650	8232	16817	28228	23054	14827	1000	2834	1210	1781	17	115
KOREA REP	59016	83302	90499	72106	45460	59046	1537	2400	2696	1868	2571	2109
KUWAIT	81126	82777	104346	86607	89611	90882	1158	1602	2097	2316	1973	3544
KYRGYZSTAN	800	7000	10248	6420	5900F	5900F			622	1484	1400F	1400F
LAOS	6750	5785	5575	4435	6175	485						
LEBANON	43320	56670	48170	44060	43860	47760						
CHINA, MACAO	10203	11261	12249	12555	10350	9959	1330	440	424	675	232	205
MALAYSIA	239791	333659	345267	331054	225763	234719	56792	61981	60577	55175	48944	45481
MALDIVES	4616	5380	6323	5550	5840	5380						
MONGOLIA	1870	1530	1770	2259	2415F	1785				34	37F	37F
MYANMAR	30520	23885	11330	8622	10391	12473						
NEPAL	993	555	372	467	936	936						
OMAN	57441	62207	65172	73128	73128F	67778	4950	5195	5348	3419	3419F	3419F
PAKISTAN	16404	17146	30498	16558	25429	29463	260	816	372	552	1093	1176

表 22

SITC 022

ミルク及びクリーム（脱水、濃縮、乾燥または生鮮のもの）

輸　入：1,000 $　　　　　　　　　　　　　　　輸　出：1,000 $

	1994	1995	1996	1997	1998	1999	1994	1995	1996	1997	1998	1999
PHILIPPINES	278886	379005	341993	343257	261988	280562	83	66	193	440	580	811
QATAR	26434	36207	30629	28929	28929F	30469	16	74	74F	74F	74F	74F
SAUDI ARABIA	92173	205858	310081	238253	211315	182461	58652	69851	77289	91177	103331	78451
SINGAPORE	164586	227391	205913	208271	156192	166824	73802	85906	97335	89913	62525	66331
SRI LANKA	39025	80736	84877	91597	106980	100893	813	813	208	201	242	320
SYRIA	18116	17518	24380	35647	31187	43072	3058	2808	1818	2338	1462	700
TAJIKISTAN	1400*	1800*	1800F	1500F	1400F	1400F						
THAILAND	210047	306562	345460	349586	254286	222410	33627	33519	34779	36535	33309	32338
TURKEY	9798	15224	18795	17601	16125	15032	277	467	1191	1121	827	1087
TURKMENISTAN	2900	5465	5624	5100	5200	5200						
UNTD ARAB EM	111657	127449	128836	84100*	112127	95500*	7099	3357	3602	2649	2749	2749F
UZBEKISTAN	9030	3541	3541F	4341	4341F	4341F						
VIET NAM	86280	186240	223664	16174	29046	23290						
YEMEN	55950	56460	99160	49420	66310	55482	2346	2860		30	1100	2020
EUROPE (FMR)	6065915	7630422					8410294	10503117				
EUROPE	6243277	7880461	7006446	6402603	6750912	6821320	8700268	10893987	9943387	9449094	9346621	8960077
ALBANIA	930	1660	1585	1061	4525	4385						
AUSTRIA	20323	40960	55994	61878	58320	76929	39113	126022	141112	166454	187637	261228
BELARUS	1665	410	450	450	3684	3381	10700	19500	54847	54172	29230	17620
BEL-LUX	786770	1432720	954159	784767	921446	887046	1043214	1427448	1187764	984854	1083919	1072526
BOSNIA HERZG	9240	14070*	19600	34230*	17280	21120			1430*	1630*	1000	2000
BULGARIA	12987	9586	5381	3654	8618	8218	1924	1501	993	379	397	549
CROATIA	22446	44917	50302	19725	25898	28323	6579	6592	11295	18340	31769	14574
CZECH REP	7328	8896	11653	9656	14660	24580	117662	142911	125638	90522	86641	80215
DENMARK	28265	38340	37751	46169	37672	38969	373984	381974	371571	380416	347908	325888
ESTONIA	6013	16259	26030	17994	16885	7560	32064	50206	76234	60648	38897	24897
FAEROE IS	723	858	943	743	808	559						
FINLAND	1069	18561	20901	22533	20953	17276	26142	43796	50195	69225	69202	63374
FRANCE	694699	816218	740569	693350	841319	857223	1683789	2009987	1772325	1760183	1687983	1619064
GERMANY	492507	456926	505899	470044	559528	547167	2466790	2827888	2928623	2709004	2733749	2452657
GREECE	277923	284768	260332	231007	239685	229993	16523	18021	16095	18293	18991	21302
HUNGARY	18613	13520	12007	15150	15129	13855	9294	10924	10050	11187	22376	27037
ICELAND	20	43	21	112	54	78	53	62	38	26	44	31
IRELAND	79626	128155	127234	137382	165150	187871	412415	678795	383122	454080	335414	384447
ITALY	1338724	1363189	1426394	1376119	1390468	1301028	18194	20849	28139	23824	36813	33772
LATVIA	1372	3188	2425	3394	6012	7181	5684	8126	11102	20379	21464	13799
LITHUANIA	3436	1449	52207	29868	18850	9472	68002	104777	101802	105081	71392	42108
MACEDONIA	8280	9564	8796	5465	5813	3128			12	88		
MALTA	7701	6479	6739	6037	5953	5746	3			22	111	52
MOLDOVA REP	418	541	1015	864	896	357	3860	8722	7076	3746	4305	2989
NETHERLANDS	1417748	2046831	1589385	1297227	1166625	1389726	1313850	1679499	1462250	1196937	1197238	1249146
NORWAY	663	901	744	679	819	1111	1353	857	307	529	162	582
POLAND	9981	12517	14769	25266	53573	68920	158871	196588	145562	197317	161718	123694
PORTUGAL	61278	73498	81194	79925	89579	94520	46664	66019	79567	87088	110624	103644
ROMANIA	7740	8723	14984	9846	21392	16297	725	3174	1695	2446	232	319
RUSSIAN FED	129283	179721	164049	214033	196826	156924	56660	49944	66272	36371	32279	17156
SLOVAKIA	13598	12452	14038	11993	12485	14820	13388	19361	15332	14468	16946	16820
SLOVENIA	950	1003	2719	2906	3023	2472	22126	29539	28477	24334	26197	16595
SPAIN	459956	461925	442739	409111	430946	423537	72194	121675	164676	180236	216229	257810
SWEDEN	12533	18879	20846	20104	19558	27556	10784	42925	37419	58401	42467	42278
SWITZERLAND	25394	31173	31908	27362	26099	21995	8183	27215	23909	17572	13022	32096
UK	256965	292685	287026	323990	338961	314451	580074	660996	557318	638964	674846	590525
UKRAINE	3610	8176	7276	5058	4190	2620	79407F	108110F	78165F	59316	44221F	48085F
YUGOSLAVIA	22500	20700	6386	4351	7230	4926			2977	2622	1198	1198F
OCEANIA	76539	77695	98935	82946	77990	82527	1307424	1499866	1814423	1978346	1677201	1665467
AMER SAMOA	2850	2600	2830	2500	3200	3600						
AUSTRALIA	22947	24368	28549	26582	30207	38017	486429	602866	809462	753653	718248	744226
COOK IS	985	770	810	743	567	611						
FIJI ISLANDS	6177	7496	8209	8714	5554	5474	30					
FR POLYNESIA	6451	8086	8347	7917	6817	6027	8					
GUAM	2580	1930	2380	2380	2480	2880						
KIRIBATI	519	754	744	695	579	499						
NAURU	440*	380*	260*	120*	80*	60*						
NEWCALEDONIA	9661	9470	17968	9818	9015	7897			39	96	78	78F
NEW ZEALAND	3557	5093	9945	6678	5491	6697	820957	897000	1004919	1224594	958872	921160
NIUE	30*	40*	40*	40*	30*	20*						
NORFOLK IS	103*	128	128F	128F	128F	122						
PACIFIC IS	240*											
PAPUA N GUIN	16122	12020	13877	12292	9441F	6901			3	3F	3F	3F
SAMOA	1470	1725	1595	1525	1625	1135						
SOLOMON IS	600*	710*	710F	710F	710F	710F						

表 22

SITC 022

ミルク及びクリーム（脱水、濃縮、乾燥または生鮮のもの）

輸 入：1,000 $ 輸 出：1,000 $

	1994	1995	1996	1997	1998	1999	1994	1995	1996	1997	1998	1999
TONGA	965	955	1049	974	996	1157						
TUVALU	80	175	105	105F	105F	65						
VANUATU	762	655	1049	685	625	315						
CZECH F AREA	8867	8995					119471	149408				
ETHIO F AREA	5263	5950										
USSR F AREA	144000	203950					141980	205670				
YUGO F AREA	43910	62312					6687	7510				

表 23

SITC 022.3

ミルク及びクリーム（生鮮のもの）

	輸入：MT			輸入：1,000 $			輸出：MT			輸出：1,000 $		
	1997	1998	1999	1997	1998	1999	1997	1998	1999	1997	1998	1999
WORLD	6273710	6754575	7120433	3176788	3335809	3225410	5990141	6469457	6640982	2946620	3183449	3131825
AFRICA	86261	59168	54131	54395	42536	39160	20897	21319	12959	12636	15391	9359
ALGERIA	1649	960	1060	1460	1200	1100						
ANGOLA	2200*	2500*	1200*	1500*	1800*	700*						
BENIN	450F	450F	600	370F	370F	340						
BOTSWANA	25020	13395F	13395F	12903	7172F	7172F	38	38F	38F	61	61F	61F
BURKINA FASO	300F	340*	330*	260F	290*	260*						
CAMEROON	1114	1099	1150*	865	864	940*						
CAPE VERDE	974	740	940	563	517	712						
CENT AFR REP	167F	167F	167F	128F	128F	128F						
CHAD	3	3	3	22	22	22						
COMOROS	130*	130F	90F	50F	50F	30F						
CONGO, DEM R	335	921	921F	264	641	641F						
CONGO, REP	660	660	420	440	520	350						
CÔTE DIVOIRE	3350F	2935	2635	2752F	2475	2575	1F	1F	1F	1F	1F	1F
DJIBOUTI	840F	840F	840F	500F	500F	500F						
EGYPT	102	65	51	262	96	58			23			57
ETHIOPIA	1F	1F	1F	2F	2F	2F						
GABON	1640	1880	1580	1315	1620	1400						
GAMBIA	2671F	2671F	2671F	2068F	2068F	2068F						
GHANA	361	377	1242	249	276	1006	1		2			
GUINEA	360F	360F	500*	390F	390F	570*						
GUINEABISSAU	80F	80F	80F	70F	70F	70F						
KENYA	132	271	451	81	190	254	33	28	35	29	39	33
LESOTHO	4300F	4300F	4300F	4900F	4900F	4900F						
LIBERIA	40*	40F	60F	30F	30F	50F						
LIBYA	341F	341F	341F	680F	680F	680F						
MADAGASCAR	184	347	274	182	249	223						
MALAWI	520*	180*	180F	360F	110F	110F						
MALI	210	210F	190	160	160F	130						
MAURITANIA	8300	6200	4000	5400	4400	2500						
MAURITIUS	2816	2811	2834	1938	1873	2280						
MOROCCO	2788	140	158	1328	182	248	10		3	7		2
MOZAMBIQUE	4900*	4800*	2000*	2700F	2900F	1200F						
NIGER	190	633	544	150	487	421		4	4F		3	3F
NIGERIA	610F	610F	610F	680F	680F	680F						
RWANDA	100F	100F	100F	60F	60F	60F						
SENEGAL	2733	3603	3772	1392	2057	2024		15	18		23	24
SEYCHELLES	63	50	50*	243	210	200*						
SIERRA LEONE	40*	40*	30*	40*	40*	20*						
SOUTH AFRICA	127*	678	1131	30	179	299	7769	13827	7430	4820	10463	6532
SWAZILAND	877	1314	1297	530	741	841	56	29	19	37	17	11
TANZANIA	748	748F	748F	596	596F	596F						
TOGO	636	617	646	470	478	516	509	509F	509F	211	211F	211F
TUNISIA	12725			5778		1			159			133
UGANDA		96*	38*		41	37		2254*	24		1840	10
ZAMBIA	416F	416F	446	197F	197F	211	29	29F	29F	20	20F	20F
ZIMBABWE	58	49	55	37	25	35	12451	4585	4667	7448	2713	2261
N C AMERICA	87088	72206	69544	56949	55715	60019	66206	57514	38180	47570	42748	31564
ANTIGUA BARB	700*	690*	620*	780*	740*	710*						
ARUBA	540*	136	136F	460*	94	94F						
BAHAMAS	4408	4500F	4500F	4130	4200F	4200F				2	2F	2F
BARBADOS	252	151	274	298	211	327	71	138	102	61	115	93
BELIZE	61	373	373F	66	395	395F						
BERMUDA	130	150	130	130	150	130						
BR VIRGIN IS	320F	320F	280*	300F	300F	330*						
CANADA	371	480	417	714	926	806	6446	6879	11088	4031	5188	9581
CAYMAN IS	930F	930F	930F	1850F	1850F	1850F						
COSTA RICA	71	112	112F	130	220	220F	10840	12624	4369	5934	7024	2512
DOMINICA	576	580	580F	704	724	724F						
DOMINICAN RP	680*	490*	490F	410*	310*	310F						
EL SALVADOR	2711	2264	4349	1970	1625	2612	5	32	1	7	48	2
GREENLAND	2191	1905	1902	2082	1819	1807						
GRENADA	379	352	352	423	356	346						
GUATEMALA	5946	8602	8602F	4175	5611	5611F						
HAITI	820*	630*	630*	780*	620*	680*						
HONDURAS	413	486	403	256	293	332	1	1116	1116F	1	996	996F
JAMAICA	163F	158	158F	281F	269	269F	11F	11F	11F	9F	9F	9F
MEXICO	51817	28337	20433	23127	14301	12721	1478	1204	1061	1251	870	671
NETHANTILLES	1940*	2060	2500*	2900*	3727	4800*						
NICARAGUA	98	170	279	58	124	168	1	1		3	1	

表 23

SITC 022.3

ミルク及びクリーム（生鮮のもの）

	輸 入：MT			輸 入：1,000 $			輸 出：MT			輸 出：1,000 $		
	1997	1998	1999	1997	1998	1999	1997	1998	1999	1997	1998	1999
PANAMA	49	3	93	37	7	83	7			15	1	
ST KITTS NEV	6	6F	6F	17	17F	17F						
ST LUCIA	451	378	395	695	710	777				2	1	1F
ST PIER MQ	372	352	350*	356	336	330*						
ST VINCENT	228	228F	250*	236	236F	320*						
TRINIDAD TOB	24	54	50	46	83	77	2173	2013	1585	1847	1767	1469
USA	10441	17309	19950	9538	15461	18973	45173	33496	18847	34407	26726	16228
SOUTHAMERICA	149995	148464	130678	71794	67640	43260	148572	148668	136251	65185	63655	43223
ARGENTINA	21128	5874	1003	5538	2753	841	44980	23648	38822	24489	11418	10429
BOLIVIA	413	765	688	196	438	374		138	138F		337	337F
BRAZIL	123025	137984	125497	60610	59968	37234	76	9	92	78	30	120
CHILE	104	49	49F	186	80	80F	4579	3232	2151	2248	1698	1296
COLOMBIA	2	134	386	4	68	276	1326	1996	1854	1574	1962	2162
ECUADOR	888	311	122	801	521	240		11	389		6	374
PARAGUAY	73	16	16F	40	9	9F	12			8		
PERU	2724	163	831	1746	166	990						
SURINAME	299	240	180	513	400	280						
URUGUAY	45			25			97508	119407	92804	36729	48098	28504
VENEZUELA	1294	2928	1906	2135	3237	2936	91	227	1	59	106	1
ASIA	224173	223591	201518	304062	172316	163803	94297	98598	121614	91632	95396	116342
ARMENIA	1532	1629	42	2070	2080	26						
AZERBAIJAN	1961	250	576	1435	100	174						
BAHRAIN	10260	4200*	4200F	11256	4700F	4700F	343	336	346	3696	3684	3694
BANGLADESH	3	1	1F	21	1	1F						
BHUTAN	4F	4F	4F	6F	6F	6F						
BRUNEI DARSM	660*	780*	920*	1200*	760*	680*						
CAMBODIA	2000F	2400*	3300*	950F	1100*	1700*	5F	5F	5F	2F	2F	2F
CHINA	16254	11009	18224	100006	5251	12495	26148	24504	25205	19176	18222	18161
CHINA,H.KONG	52818	53759	55527	42709	40745	40933	15304	12294	9957	15843	11849	9091
CYPRUS	930	1045	1073	2437	2711	2641	223	206	147	241	229	159
INDIA	20	12	12F	46	7	7F		20	20F		12	12F
INDONESIA	3312	3375	8667	3053	2250	6017	201		66	464	3	107
IRAN	38*			40F				18	82		13	20
ISRAEL		70F			136	1	400F	510F	670F	397	495	596
JAPAN	21	21	11	81	126	68	129	178	103	205	305	179
JORDAN	2183	1486	426	3161	2278	830	46		16	53	1	35
KAZAKHSTAN	12776	29791	3141	14427	4779	1461	599		37	1092		25
KOREA REP	8259	3259	5164	9258	4365	6277	16	59	1	11	36	2
KUWAIT	13339	16321	18246	17115	19013	20589	954	1132	1513	1006	1229	1758
KYRGYZSTAN	375	350F	350F	420	400F	400F	1765	1750F	1750F	1484	1400F	1400F
LEBANON	1400*	1300*	1100*	2300*	2200*	1800*						
CHINA, MACAO	2762	2867	2966	3184	3201	3337	15	8	7	3	4	12
MALAYSIA	9289	5943	5980	15990	7096	5679	2200	1231	3440	1588	1354	3977
MALDIVES	130	100	120	230	120	100						
MONGOLIA	16	20F	20F	12	15F	15F						
MYANMAR	40	40F	220	22	22F	150						
OMAN	2475	2475F	2475F	3209	3209F	3209F						
PAKISTAN	96	52	9	169	83	15		14	14		5	5
PHILIPPINES	29474	25498	20820	15949	13477	12665		92			81	
QATAR	6016F	6016F	6016F	7480F	7480F	7480F	1F	1F	1F	1F	1F	1F
SAUDI ARABIA	5949	1600	2301	11302	2164	2752	34693	42853	61000	35831	44528	62600
SINGAPORE	31812	29211	33540	22826	18689	21028	6286	7984	10669	5843	7463	8223
SRI LANKA	170	237	56	107	135	64	7	42	28	9	50	29
SYRIA	97			375			2213	1982	866	1615	1422	660
THAILAND	2577	102	8	5000	277	21	2316	2485	3708	2664	2297	3800
TURKEY	65	37	24	116	73	25	421	154	271	385	139	302
UNTD ARAB EM	5000*	16027F	5000*	6100*	21127F	5500*	12F	12F	12F	23F	23F	23F
YEMEN	60*	2304*	979		2140	957*		728	1680		549	1469*
EUROPE	5703547	6225902	6637218	2671722	2978789	2898922	5526836	6014174	6195066	2642336	2891461	2851098
ALBANIA	573	2333	2641	461	1627	1631						
AUSTRIA	2800	2731	3756	6104	5319	6864	377903	423617	638609	120166	140389	212920
BELARUS	200	4784	447	150	799	557		15204	1127		3400	222
BEL-LUX	602023	821335	913183	401028	530132	502142	885271	933773	985916	408932	458858	447533
BOSNIA HERZG	26050*	10400	16950F	16250*	5480*	10600*	1900*	1000F	4000F	980*	1000F	2000*
BULGARIA	664	915	739	298	433	371	25	23	23F	29	28	28F
CROATIA	47733	43992	53900	16725	16004	17163	15396	25820	18220	9854	17583	8236
CZECH REP	2625	3197	11564	3039	3322	4989	29248	12845	8433	6278	3167	2580
DENMARK	14694	14562	12202	11761	12655	11597	37478	28701	38993	43458	34519	41200
ESTONIA	9760	8017	828	1701	1624	389	6167	4032	5429	1125	793	1059

表 23

SITC 022.3

ミルク及びクリーム（生鮮のもの）

	輸入：MT			輸入：1,000 $			輸出：MT			輸出：1,000 $		
	1997	1998	1999	1997	1998	1999	1997	1998	1999	1997	1998	1999
FAEROE IS	451	450	210	429	458	241						
FINLAND	333	435	434	647	844	906	10689	6368	4157	5135	4328	3653
FRANCE	745916	750055	912109	407656	445278	467224	919072	935877	947961	485572	491595	476825
GERMANY	441631	631903	711604	164649	252869	267885	2437694	2530676	2366229	953227	1024974	938410
GREECE	48330	61018	87458	48572	55004	55784	588	693	822	562	849	1327
HUNGARY	6290	11543	968	7440	3324	838	26466	35335	23652	7717	10244	6848
ICELAND		7	11		17	25	4	20	8	7	25	7
IRELAND	208173	281159	338757	98248	122606	130530	135246	158931	115646	60639	61675	49149
ITALY	2139114	2186215	2280949	923571	934659	892281	3406	11964	17504	3810	7616	10283
LATVIA	5188	6020	5974	687	1578	2067	12420	9352	436	2409	3333	264
LITHUANIA	230	95	176	323	117	276	10885	13344	1405	3529	3507	401
MACEDONIA	6850*	7385	2490	3180	3510	1190	28			88		
MALTA	256	81	105	366	174	209		5	6		27	2
MOLDOVA REP	391	375F	44	104	96F	22	86	415*	199	58	165*	54
NETHERLANDS	759700	590041	639950	230057	205572	218372	166784	219726	320558	174814	174932	207043
NORWAY	68	11	4	84	23	8	77	30	32	142	44	43
POLAND	1105	1368	1573	1697	2119	2303	4516	1140	521	4126	924	404
PORTUGAL	79212	88280	74374	35388	38503	31253	85050	157410	146224	38945	71567	61609
ROMANIA	1497	3408	1701	1281	1922	941	68	1	40	91	14	32
RUSSIAN FED	37133	87006	59324	18566	31916	18422	770	1323	1539	722	1133	793
SLOVAKIA	882	735	672	1439	1208	996	10924	8946	15318	2804	1861	4102
SLOVENIA	1942	2091	1410	1565	1914	1363	51621	56163	36109	19635	20946	12182
SPAIN	322243	378738	329956	153687	180313	157317	124362	142513	175098	86276	98789	117259
SWEDEN	181	304	792	406	458	776	5545	7538	13053	9799	12750	14888
SWITZERLAND	22810	23001	22792	14972	15015	14452	1637	1562	1254	3863	3554	2724
UK	160881	200941	146264	97040	101403	76549	159507	266401	304183	184773	235326	225847
UKRAINE	2634	429	447	848	140*	145*	3286	1143	79	1023	400F	25F
YUGOSLAVIA	2984	542	460	1303	354	244	2717	2283	2283F	1748	1146	1146F
OCEANIA	22646	25244	27344	17866	18813	20246	133333	129184	136912	87261	74798	80239
AMER SAMOA	2200*	3000*	3750*	1300*	2000*	2400*						
AUSTRALIA	2158*	2015*	4156	2461	2374	4995	86663	79183	85851	51630	41939	46877
COOK IS	117	83	127	148	93	136						
FIJI ISLANDS	330	320	340	390	320	290						
FR POLYNESIA	3966	3966	3956	3173	3153	3333						
GUAM	2200*	2700*	3500*	1200*	1300*	1700*						
KIRIBATI	70	41	31	245	82	32						
NEWCALEDONIA	4463	4619	4580*	3483	3501	3110*	2			11	6	6F
NEW ZEALAND	399	633	627	496	618	398	46668	50001	51061	35617	32850	33353
NIUE	40*	40*	40*	40*	30*	20*						
NORFOLK IS	140F	140F	170*	120F	120F	110*						
PAPUA N GUIN	4796	5439	4189	3377	3484F	2434				3F	3F	3F
SAMOA	1400*	1800*	1400*	1100*	1400*	960*						
TONGA	47	138	138F	73	138	138F						
VANUATU	320*	310*	340*	260*	200*	190*						

表 24

SITC 022.41

ホエイ（保存・濃縮のもの）

	輸入：MT			輸入：1,000 $			輸出：MT			輸出：1,000 $		
	1997	1998	1999	1997	1998	1999	1997	1998	1999	1997	1998	1999
WORLD	900979	956624	1036157	618400	721084	716820	1027984	1065354	1098576	687401	754553	705040
AFRICA	12217	8528	10502	11045	9490	9826	451	695	2324	335	345	821
ALGERIA	21	21F	21F	37	37F	37F						
CAMEROON				1	1F	1F						
CONGO, DEM R	35	35F	35F	69	69F	69F						
EGYPT	1743	1777	2888	1468	1394	2110						
GABON	1F	1F	1F	2F	2F	2F						
GHANA		951	1492	1	846	1297						
KENYA	3			3								
MAURITIUS		1	5		3	5						
MOROCCO	705	804	859	698	825	745						
NIGER								1	1F		2	2F
NIGERIA	240F	240F	240F	210F	210F	210F						
SENEGAL	167	165	161	119	139	117						
SOUTH AFRICA	7651	3384	3241	6889	4904	3917	169	675	2317	139	306	818
SWAZILAND	1053	515	684	1041	497	610	252	6	6	162	4	1
TOGO	4	4F	4F	2	2F	2F						
TUNISIA	502	600	732	426	537	596	30			34		
UGANDA								13			33	
ZIMBABWE	92	30	139	79	24	108						
N C AMERICA	98077	107731	115764	68876	80123	76442	153097	148788	160964	138306	134617	133116
BAHAMAS	14	15F	15F	30	30F	30F						
BARBADOS	11	2	14	11	3	15						
CANADA	36554	37996	48375	23245	24944	27792	34077	25472	22114	19117	17058	13271
COSTA RICA	573	649	370*	421	621	370*		8	8F		6	6F
EL SALVADOR	1257	1591	1765	915	1244	1251			71			65
GUATEMALA	1767	1557	640	1269	1270	480	35	116	116F	34	87	87F
HONDURAS	118	200	234	89	188	257		12	12F		15	15F
JAMAICA	240*	230*	240*	310*	290*	180*						
MEXICO	49174	56642	55947	32946	41579	35419	33	22	79	36	44	57
NICARAGUA	297	466	397	228	432	297	5		6	8		7
PANAMA	145	269	260	96	224	195			1			12
ST LUCIA		1	1F		13	13F						
TRINIDAD TOB	471	393	360	436	469	369						
USA	7456	7720	7146	8878	8816	9774	118947	123158	138557	119111	117407	119596
SOUTHAMERICA	20242	40202	38779	17268	32719	29839	380	1923	2513	528	1575	1989
ARGENTINA	760	1301	1350	1173	2380	3558	298	324	927	479	539	957
BOLIVIA	33	80	80F	25	68	68F						
BRAZIL	9505	27078	25801	7158	19153	16359	1		8	1	1	18
CHILE	1164	1426	1488	1031	1406	1600	53	1558	1558F	28	997	997F
COLOMBIA	3558	4636	4055	3256	4653	3619						
ECUADOR	29	89	19	21	72	16						
PARAGUAY		3	3F		14	14F						
PERU	2982	3096	4281	2390	2267	2766	5			8		
URUGUAY	296	275	227	309	294	218	23	41		12	38	
VENEZUELA	1915	2218	1475	1905	2412	1621			20			17
ASIA	260066	222835	276738	189205	172068	229827	32715	20863	15602	28240	19550	15085
BANGLADESH	39	116	1000F	364	852	7559						
CHINA	89359	78819	97717	46949	45240	66020	1017	766	772	988	1293	517
CHINA,H.KONG	26042	16662	6363	15491	11660	3770	26200	16200	9266	19665	13113	8690
CYPRUS	7	138	199	7	98	110						
INDIA	6	16	16F	9	9	9F	620	128	450	669	121	270
INDONESIA	11154	7727	25196	10311	8619	26316		35				6
ISRAEL	700F	850F	850F	817	1065	1112						
JAPAN	37481	37351	41157	45249	43506	51029	15	9	9	320	91	109
JORDAN	42		3	45		4	22	35		21	53	
KAZAKHSTAN	20	40*	31	15	37*	15	101	90F		19		
KOREA REP	23224	24015	30619	20314	17958	21866		36	4		25	25
LAOS	110F	110F	110F	135F	135F	135F						
LEBANON	100*	110*	110F	60*	60*	60F						
MALAYSIA	12040	12338	13988	9747	8840	9746	36F	130	70	27F	107	60
MYANMAR	31	31F	50*	24	24F	50*						
OMAN	125	125F	110*	511	511F	370*						
PAKISTAN	48	97	142	54	79	117						
PHILIPPINES	21144	20179	24312	12606	15145	18809			1			1
QATAR	24F	24F	24F	77F	77F	77F						
SAUDI ARABIA	566	630	630F	675	680	680F	20	22	22F	23	19	19F

表 24

SITC 022.41

ホエイ（保存・濃縮のもの）

	輸入：MT			輸入：1,000 $			輸出：MT			輸出：1,000 $		
	1997	1998	1999	1997	1998	1999	1997	1998	1999	1997	1998	1999
SINGAPORE	4278	2897	6471	3882	2697	4138	3457	2966	4164	5214	4333	4713
SRI LANKA	1316	1229	1387	889	888	915			1			5
SYRIA	25			12								
THAILAND	25589	16222	22832	15705	11066	14186	1226	466	672	1292	372	566
TURKEY	3129	1906	918	2458	1526	738	1	15	136	2	23	104
VIET NAM	3467*	1100*	2400*	2799*	1100*	1800*						
YEMEN		103	103F		196	196F						
EUROPE	506958	574605	591429	325585	421464	365210	803245	847604	866891	493572	566190	516654
ALBANIA		4	4F		4	4F						
AUSTRIA	8032	7360	9106	7337	6653	5268	14477	14970	13821	2383	2864	3986
BELARUS		8	9		54	50		13	144		22	84
BEL-LUX	55759	58099	54842	34079	38605	32621	40023	30084	28638	12869	10668	14172
BULGARIA	1208	1372	1000*	657	698	360*	1	13	13F		15	15F
CZECH REP	473	795	888	397	407	398	15920	16639	18819	1866	2419	3552
DENMARK	10026	6130	5034	8944	7114	5691	14532	14864	13474	25144	24451	21445
ESTONIA		25	54		21	48	365	140	21	221	112	6
FINLAND	157	338	269	567	900	746	14503	20265	22502	13145	14409	15558
FRANCE	40931	50588	49463	32048	41394	37459	305886	313226	346260	177200	211430	200635
GERMANY	45070	48759	46114	37255	45603	43076	143170	139204	130655	83409	100744	82821
GREECE	4218	4365	4657	3104	4309	3799	178	210	317	180	184	256
HUNGARY	1021	1508	1458	1068	1489	1521	2908		3890	1436		988
ICELAND	2	13	23	1	13	15						
IRELAND	9927	13997	8657	8929	8993	5934	42984	46065	39005	45457	44680	41248
ITALY	37598	42637	37584	23479	30465	24313	37155	65573	72249	7337	11877	10945
LATVIA	1	9	9	1	15	10			20			44
LITHUANIA	170	151	17	168	697	26	1101	2668	2839	1265	2331	2085
MACEDONIA	20*	20*	20F	15*	18*	18F						
MALTA	50	36	55	66	49	60						
NETHERLANDS	217543	248474	292637	112835	155921	147106	115129	120330	112326	92884	109890	94784
NORWAY	246	232	295	314	342	409		13			16	
POLAND	1339			1810			9060	13307		3204	6440	
PORTUGAL	2732*	2025	2054	1751	1622	1460	2924	2477	3509	1171	1300	1402
ROMANIA		857	720	98F	638	487						
RUSSIAN FED		3343	2070		1942	1172						
SLOVAKIA	28	66	264	12	111	190	3061	4028	3797	170	244	150
SLOVENIA	53	195	195F	51	177	177F						
SPAIN	43362	44869	44225	24069	28856	24359	1925	1995	6635	971	1251	3056
SWEDEN	1523	6972	6591	2075	3770	3722	737	1280	1279	617	890	749
SWITZERLAND	600	741	1282	844	1249	1696	7123	10351	11119	3284	3426	3106
UK	23938	29223	21814	22382	37620	23000	30023	29868	35425	19284	16501	15427
UKRAINE	911	1375		1200F	1700F		60	21	134	75	26F	140F
YUGOSLAVIA	20	19	19F	29	15	15F						
OCEANIA	3419	2723	2945	6421	5220	5676	38096	45481	50282	26420	32276	37375
AUSTRALIA	2600*	2200*	2819	5132	4485	5526	32393	40011	43372	21651	28400	31904
KIRIBATI	5	5F	5F	4	4F	4F						
NEW ZEALAND	778	482	85	1229	675	90	5703	5470	6910	4769	3876	5471
PAPUA N GUIN	6F	6F	6F	31F	31F	31F						
VANUATU	30F	30F	30F	25F	25F	25F						

表 25

SITC 022.42/43

ミルク及びクリーム（乾燥したもの）

	輸入：MT			輸入：1,000 $			輸出：MT			輸出：1,000 $		
	1997	1998	1999	1997	1998	1999	1997	1998	1999	1997	1998	1999
WORLD	3024402	2963529	3286735	6711861	6123714	6145251	3218857	3087512	3358485	6794950	6007975	5860095
AFRICA	452743	496188	501422	950308	1020935	990696	17772	23530	28567	34678	36615	42916
ALGERIA	169302	220320	214000*	380056	475764	465000F			150			
ANGOLA	6000*	5600*	5600F	13000*	10500*	10500F						
BENIN	1000F	1000F	360	2700F	2700F	770						
BOTSWANA	5914	6372	6072	11458	12106	9006	26	26F	26F	63	63F	63F
BURKINA FASO	970	1110	1340	1795	2095	2395						
BURUNDI	602	1022	408	2834	2789	873						
CAMEROON	3631	2569	4060*	8355	4689	6010*	210	210F	210F	951	951F	951F
CAPE VERDE	2112	2112F	2518	5335	5335F	5295						
CENT AFR REP	60	70	70F	130	120	120F						
CHAD	470	470	470	920	920	920						
COMOROS	120F	120F	120F	300F	300F	300F						
CONGO, DEM R	3893	2400*	2900	8508	4600*							
CONGO, REP	2762	3681	3005	7180	10427	6520	13F	13F	13F	60F	60F	60F
CÔTE DIVOIRE	11479	14000	13930*	27383	29900	24500*	340F	340F	340F	1170F	1170F	1170F
DJIBOUTI	2300F	2300F	2300F	6000F	6000F	6000F						
EGYPT	25541	27898	44348	50870	50669	75434	37	8	2339	40	19	5956
EQ GUINEA	100F	100F	100F	200F	200F	200F						
ERITREA	250F	2500F	1200*	550F	5500F	2600F						
ETHIOPIA	600F	600F	600F	1932F	1932F	1932F						
GABON	2380*	2040*	2130	6290*	4960*	5010						
GAMBIA	200F	200F	190*	620F	620F	510*						
GHANA	592	5271	4440	1460	9714	8223	64	18	22	38	25	35
GUINEA	500F	500F	500F	1800F	1800F	1800F						
GUINEABISSAU	200F	200F	200F	460F	460F	460F						
KENYA	863	2694	2695	1958	6945	4566	629	277	195	1744	1575	798
LIBERIA	220*	230	330	700*	660	810						
LIBYA	4442*	6057*	6057F	8741*	12616*	12616F						
MADAGASCAR	1943	1020	1170	3846	1726	1706	20			89		
MALAWI	1420*	1430*	1330*	3330*	2490*	3410*	1	16	16F	2	36	36F
MALI	3000F	3000F	3000F	8300F	8300F	8300F						
MAURITANIA	4600	2600	2400	5900	2800	2000						
MAURITIUS	12181	12066	12885	32774	29091	28424	15	19	15	37	42	30
MOROCCO	9644	7244	5278	16973	11708	7348	17	2	21	18	13	40
MOZAMBIQUE	3900*	3100*	3100F	8700*	7600*	7600F						
NIGER	3300	4399	3140*	7600	9007	5400*		600	600F		820	820F
NIGERIA	113678F	113678F	113678F	209635F	209635F	209635F	111F	111F	111F	146F	146F	146F
RWANDA	810*	710*	700*	1800*	1600*	1400*						
ST HELENA	10*	10F	10*	20*	20F	20*						
SAO TOME PRN	60*	100*	100F	210*	300*	300F						
SENEGAL	14561	15340	15234	28234	30937	27645	210	418	551	644	954	1247
SEYCHELLES	962	813	400*	3774	3018	1533						
SIERRA LEONE	530F	530F	530F	1600F	1600F	1600F						
SOMALIA	310	360	360F	730	1000	1000F						
SOUTH AFRICA	10756	945	2005	19460	1336	2711	8952	13421	17430	21797	24096	27017
SUDAN	4084	4084F	4084F	9897	9897F	9897F						
SWAZILAND	6206	1870	2912	9951	5059	4862	3512	789	626	4435	1154	1047
TANZANIA	674	650	650F	428	440	440F						
TOGO	1346	1346F	448	1632	1632F	450						
TUNISIA	9793	6774	5404	18840	12057	7929	114	482	60	346	368	80
UGANDA	900	984	379	1700	2151	969		293	107		524	88
ZAMBIA	910	770	770F	1651F	1331F	1331F	50	50F	50F	21	21F	21F
ZIMBABWE	662	929	1512	1788	1879	2416	3451	6437	5685	3077	4578	3311
N C AMERICA	295808	281227	292360	658376	568131	486461	160382	174000	197079	291182	279948	292102
ANTIGUA BARB	70F	70F	70F	210F	210F	210F						
ARUBA	1000F	1000F	1000F	3200F	3200F	3200F						
BAHAMAS	232	620	600	538	1430	1340						
BARBADOS	1414	562	1144	3097	1262	2395		3	1		8	3
BELIZE	1288	1135	1020*	3968	3510	2150*	1	1F	1F	3	3F	3F
BERMUDA	300*	300*	250*	730*	600*	350*						
CANADA	4459	6032	8744	8931	11308	14717	38778	39046	43648	76075	58312	59586
COSTA RICA	10	97	97F	80	219	219F	2943	2865	1510*	8098	8752	5310*
CUBA	10300*	19000*	18000*	21700*	33000*	23000*						
DOMINICA	396	340	420*	910	1000	1200*						
DOMINICAN RP	24000F	24000F	13000*	71300F	71300F	27000*						
EL SALVADOR	15239	10004	18534	37385	38544	29656	295	60	56	799	154	119
GREENLAND	64	91	107	308	451	506						
GRENADA	639	639F	250*	1911	1911F	750*						
GUATEMALA	16755	16950	11208	36019	38377	22155	10	27	27F	8	58	58F
HAITI	1900F	1900F	1900F	4700F	4700F	4700F						

表 25

SITC 022.42/43

ミルク及びクリーム（乾燥したもの）

	輸入：MT			輸入：1,000 $			輸出：MT			輸出：1,000 $		
	1997	1998	1999	1997	1998	1999	1997	1998	1999	1997	1998	1999
HONDURAS	8575	8561	12158	23671	21552	32741	4	52	52F	13	23	23F
JAMAICA	6620*	6470*	6670	14300*	11800*	11300	39	39	39F	277	217	217F
MEXICO	174381	149552	160362	358042	256314	239781	6556	6934	12010	18102	17194	34598
NETHANTILLES	1500F	666	1400*	3650F	1830	2600*						
NICARAGUA	3044	6615	5097	7476	10972	11980	316	617	393	852	2082	1018
PANAMA	3702	2544	3727	7944	5129	6701			158			396
ST KITTS NEV	33	33F	33F	118	118F	118F						
ST LUCIA	280	388	450*	874	1212	810*						
ST PIER MQ	3F	3F	3F	9F	9F	9F						
ST VINCENT	676	727F	580*	1440	1440F	1050*						
TRINIDAD TOB	8905	9339	9370	23937	20552	19657	295	21	536	717	65	1456
USA	10023	13589	16166	21875	26181	26166	111145	124335	138648	186238	193080	189315
SOUTHAMERICA	297151	360842	316548	642240	696702	538386	111710	151004	224479	245250	307096	371237
ARGENTINA	11630	1619	164	24021	3257	277	82324	110332	169146	180197	224426	277687
BOLIVIA	6241	7852	2500*	13173	14713	4340*	447	559	616	792	1323	1112
BRAZIL	139049	170729	192105	291047	319685	311847	1018	1048	159	2828	2684	541
CHILE	10627	16120	12456	19587	27537	18300	8333	6820	8308	17259	14326	14612
COLOMBIA	20618	21761	8915	46989	44970	14579	287	1127	6979	1115	3258	16125
ECUADOR	3546	5725	926	7601	11750	2029	263	109	620	713	344	1308
GUYANA	3900	4200	3800	11000	11000	9900						
PARAGUAY	4648	3512	3512F	13856	9919	9919F		33			33	
PERU	39508	39836	35396	91086	77977	58973	9			63		1
SURINAME	996	1000F	1000F	5584	6000F	6000F						
URUGUAY	37	178	55	83	407	110	16895	30976	38287	36809	60702	59058
VENEZUELA	56351	88310	55719	118213	169487	102112	2134		364	5474		793
ASIA	1087738	978151	1138671	2489236	2096248	2173895	80879	84246	84057	234115	233260	214322
AFGHANISTAN	1000F	1000F	1000F	1500F	1500F	1500F						
ARMENIA	1200	1420F	1199	5209	5209F	3313						
AZERBAIJAN	150	680	315	300	700	203			1			5
BAHRAIN	3831	3831F	3831F	11094	11094F	11094F						
BANGLADESH	25509	21390	41492	66665	53833	102027			22F			35
BHUTAN	100F	100F	100F	250F	250F	250F						
BRUNEI DARSM	1446F	1446F	680*	6330F	6330F	4300*						
CAMBODIA	400*	400F	170*	1000*	1000*	320*						
CHINA	110124	108096	136008	232663	218429	245331	8049	8456	11379	15224	13752	25262
CHINA,H.KONG	71360	63998	60364	243975	211258	177281	37037	33439	31314	135109	124186	101023
CYPRUS	535	684	512	1114	1220	816	294	222	29	127	140	14
GEORGIA	3000F	2800F	2800F	9000F	8500F	8500F						
INDIA	691	1860	1860F	1197	2936	2936F	1558	844	844F	2502	1312	1312F
INDONESIA	44441	37004	108334	90096	67051	160502	1730	2353	2221	2945	4217	5713
IRAN	5922	5743	4632	18457	17849	14020	101	35	193	132	53	214
IRAQ	836*	1610*	1900*	2439*	3314*	4700*						
ISRAEL	6500*	5400*	4451F	13769	11487	11009	580F	800F	600F	1105	1443	1059
JAPAN	73697	57086	56477	140958	97267	80097	31	5	12	284	68	202
JORDAN	10223	13315	10342	29578	39811	28344	1509	1207	487	4431	2592	993
KAZAKHSTAN	2793	5200*		4820	4065		443	13		480		
KOREA REP	2368	2842	3303	4747	4612	4975	102	363	16	179	655	64
KUWAIT	14974	15345	17687	39170	39316	42156	597	218	712	1106	578	1537
KYRGYZSTAN	2000F	1850F	1850F	6000F	5500F	5500F						
LEBANON	12100	12700	15700*	39600	39500	44500*						
CHINA, MACAO	1015	1006	987	6308	4521	4397	189	127	242	404	178	182
MALAYSIA	146200*	104453	126082	297900*	192680	203156	7790	12802	12600	29900	42206	36451
MALDIVES	1300	1400	1700	4600	5000	5100						
MONGOLIA	771	800F	410	1247	1350F	720						
MYANMAR	3308	4468	7600*	5203	6972	8900*						
OMAN	12228	12228F	12228F	32763	32763F	32763F	341	341F	341F	776	776F	776F
PAKISTAN	8228	14294	16090	15795	25036	28778	264*			264		
PHILIPPINES	137706	118148	123687	271563	201923	211592	13	90	161	47	219	679
QATAR	2980	2980F	3220*	8500	8500F	7640*	57F	57F	57F	73F	73F	73F
SAUDI ARABIA	72674	57807	60814	185823	152681	143413	3671	4282	4282F	7061	7598	7598F
SINGAPORE	55310	50322	59725	126457	97207	103811	13279	15076	15080	24728	25545	25634
SRI LANKA	41478	53595	54033	90277	105471	99656	31	17	40	87	56	83
SYRIA	10432	9751	11391	35003	31135	43020						
TAJIKISTAN	800F	700F	700F	1400F	1400F	1400F						
THAILAND	140171	103278	105827	314243	230480	199587	2976	3288	3017	6678	7187	4773
TURKEY	8262	7744	9216	14913	14247	14212	228	182	378	417	352	566
TURKMENISTAN	2000F	2200F	2200F	4000F	4200F	4200F						
UNTD ARAB EM	19000*	24000*	27000*	38000*	41000*	36000*	7F	7F	7F	26F	26F	26F
UZBEKISTAN	1500F	1600F	1600F	2641F	2641F	2641F						
VIET NAM	8085*	15935*	16000*	13149F	27130F	21000*						
YEMEN	19090	25642	23154	49420	57880	48235*	2	22	22F	30	48	48F

表 25

SITC 022.42/43

ミルク及びクリーム（乾燥したもの）

	輸入：MT			輸入：1,000 $			輸出：MT			輸出：1,000 $		
	1997	1998	1999	1997	1998	1999	1997	1998	1999	1997	1998	1999
EUROPE	874107	830269	1016140	1930380	1706642	1920061	1942923	1741265	1827134	4175448	3661681	3483891
ALBANIA	360	326	76*	470	665	328F						
AUSTRIA	4521	5658	10623	11104	13786	21486	11244	10348	8860	22913	21321	18719
BELARUS		378	2131		887	1749	8200	13307	15056	14000	15050	11676
BEL-LUX	97302	97517	91936	231089	225166	207383	157911	152611	163383	348598	337902	326362
BOSNIA HERZG	1400*	900*	340*	3200*	2500*	820*						
BULGARIA	1398	5174	5174F	2009	6821	6821F	204	262	401	331	275	427
CROATIA	526	399	1331	1223	816	2267	70	51	36	198	146	111
CZECH REP	232	277	611	505	485	1109	45093	47132	50311	73182	70426	63215
DENMARK	8685	5657	7978	17940	11443	14155	108812	104612	106317	296011	269963	238756
ESTONIA	8840	7893	3640	13243	11155	4466	27754	17384	18294	41742	22483	21564
FAEROE IS	61	80	59	163	198	144						
FINLAND	2103	2180	1866	5509	6000	4557	18180	19153	19130	33746	32291	27322
FRANCE	36431	54194	79746	84578	116569	164805	350956	296627	299980	831389	699001	639249
GERMANY	79850	67017	66585	178660	144893	129426	362280	339905	352946	803103	744287	689393
GREECE	12852	15229	14242	34402	33387	32893	120	67	206	227	140	567
HUNGARY	2089	2641	3253	2384	3896	4680	87	3429	5999	226	4903	7124
ICELAND	1			5		1					2	
IRELAND	3996	3583	7569	10045	8467	18626	136256	94170	129488	314679	204437	263581
ITALY	157692	149339	140006	327512	302703	268619	556	1693	586	1933	4126	1704
LATVIA	557	314	290	875	846	646	3023	3648	2727	4910	8036	5878
LITHUANIA	18020	11153	4789	23812	11077	4892	53292	40802	28805	77110	51056	33099
MACEDONIA	455*	540*	250*	880*	1030*	390*						
MALTA	864	1191	769	2215	2785	1779		49			48	
MOLDOVA REP	96	110F	118	249	260F	193	2442	2560F	2605	3669	4120F	2930
NETHERLANDS	301950	233835	332151	702385	527441	711809	258327	252141	287525	595866	575118	583432
NORWAY	12	12	32	25	23	47	54	70	277	151	99	380
POLAND	9754	7376	6927	13089	9027	8882	115694	104669	88352	186029	145549	107238
PORTUGAL	5881	7083	5045	12257	16667	11545	13773	8032	11199	31521	22010	27054
ROMANIA	1628	4596	3517	6084	11257	7524	1891	182	250	2355	214	278
RUSSIAN FED	38416	68801	144431	51349	51829	102548	18978	18061	8238	24465	19035	8577
SLOVAKIA	1681	928	874	4116	2538	2053	5079	10316	9357	7736	13970	11144
SLOVENIA	473	397	397F	932	736	736F	478	1740	1740*	1027	3128	2290*
SPAIN	43865	44639	43442	107000	105984	102826	16008	12257	32426	38618	28595	58532
SWEDEN	2964	3037	3817	6849	7304	8269	12986	7399	10762	26883	13092	15027
SWITZERLAND	5172	4274	2580	10291	8641	4654	4843	2752	16921	8475	4131	21372
UK	23158	20346	27383	62041	53176	62943	181034	155335	132156	345413	317721	264884
UKRAINE							27220*	21000*	22800*	38720*	29000F	32000F
YUGOSLAVIA	822	3195	2162	1890	6184	3990	78	1	1F	222	6	6F
OCEANIA	16855	16852	21594	41321	35056	35752	905191	913467	997169	1814277	1489375	1455627
AMER SAMOA	100F	100F	100F	300F	300F	300F						
AUSTRALIA	5800*	6200*	10123	11652	12448	15265	340812	356833	396966	647545	581831	594803
COOK IS	89	99	72	386	337	269						
FIJI ISLANDS	3410*	2820*	3340*	7840*	4770*	4720*						
FR POLYNESIA	1020*	890*	840*	2840*	1760*	1390*						
GUAM	350F	350F	350F	900F	900F	900F						
KIRIBATI	76	170	160	303	350	320						
NAURU	30*	50*	40*	30*	50*	50*						
NEWCALEDONIA	1721	1596	1670*	6154	5315	4540*	1	1	1F	7	5	5F
NEW ZEALAND	890	1774	2304	1738	2467	2729	564378	556633	600202	1166725	907539	860819
NORFOLK IS	2F	2F	10*	6F	6F	10*						
PAPUA N GUIN	2776*	2310*	1640*	7489*	4970F	3670*						
SAMOA	150*	110*	130*	390*	190*	140*						
SOLOMON IS	190F	190F	190F	710F	710F	710F						
TONGA	241	181	615	533	433	729						
TUVALU	10F	10F	10	50F	50F	10						

表 26

SITC 022.49

ミルク及びクリーム（脱水・濃縮）

	輸入：MT			輸入：1,000 $			輸出：MT			輸出：1,000 $		
	1997	1998	1999	1997	1998	1999	1997	1998	1999	1997	1998	1999
WORLD	881967	1052791	975486	1119174	1216431	1099271	1089618	1046065	1040311	1218754	1162774	1067871
AFRICA	122329	130321	128041	151914	153058	144636	20508	21274	21475	14950	16569	16128
ALGERIA	1334	1334F	1334F	2210	2210F	2210F						
ANGOLA	5500*	4900*	4800*	8800*	7400*	5100*						
BENIN	2700F	2700F	1500	3700F	3700F	2150						
BOTSWANA	9607	9607F	9607F	9877	9877F	9877F	11	11F	11F	14	14F	14F
BURKINA FASO	4000*	5500*	3800*	4600*	5800*	4400*						
CAMEROON	4626	4626F	2123	5733	5733F	2870	71	71F	71F	147	147F	147F
CAPE VERDE	520	520F	498	714	714F	638						
CENT AFR REP	209F	209F	209F	316F	316F	316F						
CHAD	797F	797F	797F	1668F	1668F	1668F						
COMOROS	390*	370*	622*	530*	440*	1060*						
CONGO, DEM R	1739	1110*	920	2672	1570*	1210						
CONGO, REP	3178	3940	1102	4410	4986	1915	9F	9F	9F	23F	23F	23F
CÔTE DIVOIRE	11943	12943	16100	15553	16753	18900	1F	1F	1F	1F	1F	1F
DJIBOUTI	1000F	1000F	800*	1300F	1300F	890*						
EGYPT	449	425	917	602	532	1298	3	7	33	7	14	91
EQ GUINEA	730*	690*	680*	1300*	1000*	1000*						
ETHIOPIA	26F	26F	26F	99F	99F	99F						
GABON	3223	3623	2023	4386	4886	3986						
GAMBIA	3600*	4000F	4800*	2300*	2400*	2800*						
GHANA	605	3149	5499	934	3617	5742	6	19	28	10	28	37
GUINEA	3600*	4400*	5500*	3900*	4300*	4600*						
GUINEABISSAU	490F	490F	260F	640F	640F	240F						
KENYA	11	144	75	24	312	103	5	2	5	6	6	30
LIBERIA	940*	580*	910*	1260*	690*	1000*						
LIBYA	34000*	38000*	34000*	43000*	43000*	39000*						
MADAGASCAR	338	797	1136	503	739	1096						
MALAWI	110*	70*	70F	120	80	80F						
MALI	2400*	2900*	3800*	2600*	2900*	3800*						
MAURITANIA	5100F	5100F	5100F	4100F	4100F	4100F						
MAURITIUS	626	757	1014	917	990	1280	108	1		116	3	
MOROCCO	2022	1306	1309	2124	1546	1498	1		1	2	2	2
MOZAMBIQUE	700*	1200*	1200F	1100*	1200F	1200F						
NIGER	1800	2567	3446	2600	4165	5631		561	561F		1312	1312F
NIGERIA	223F	223F	223F	508F	508F	508F						
ST HELENA	200F	200F	200F	350F	350F	350F						
SAO TOME PRN	60*	60*	60F	70*	90*	90F						
SENEGAL	524	167	135	642	198	231		24			14	
SEYCHELLES	283	322	480	568	616	897						
SIERRA LEONE	500F	500F	340*	800F	800F	580*						
SOUTH AFRICA	462	228	39	886	251	123	18419	20342	20518	13268	14709	14239
SWAZILAND	5667	2863	4836	6770	4015	3917	1679	64	22	1181	71	15
TANZANIA	623	623F	623F	580	580F	580F						
TOGO	1790	1790F	1790F	1745	1745F	1745F						
TUNISIA	3456	3360	3081	3836	3771	3397	87			47		
UGANDA	10	47	7*	20	160	10		45			98	
ZAMBIA	143F	143F	239	294F	294F	439						
ZIMBABWE	75	15	11	253	17	12	108	141	191	128	141	203
N C AMERICA	52496	62726	62045	67096	79837	72812	62917	70119	44253	68160	73200	45369
ANTIGUA BARB	1300*	1300*	1100*	1700*	1300*	830*						
ARUBA	840F	840F	730	1140F	1140F	1050	200F	737	737F	330F	2259	2259F
BAHAMAS	4316	4300*	3400*	5474	4500*	3200*	3	3F	3F	3	3F	3F
BARBADOS	1012	445	876	1728	570	1242	10	16	2	13	19	3
BELIZE	2091	1800*	1990	2660	2230F	2080	18	18F	18F	22	22F	22F
BERMUDA	200*	200*	220*	250*	160*	170*						
BR VIRGIN IS	400F	400F	420*	400F	400F	330*						
CANADA	1202	535	172	875	601	256	39053	48360	28358	42209	46942	24365
CAYMAN IS	900F	410*	350*	1100*	390*	260*						
COSTA RICA	5386	6674	4800	7209	8758	5800	40	265	290	36	240	272
CUBA	650F	650F	650F	800F	800F	800F						
DOMINICA	818	818F	830*	1209	1209F	1000*						
DOMINICAN RP	880*	330*	330F	910*	430*	430F						
EL SALVADOR	1276	1804	1643	1599	2350	2512	3		10	10		19
GREENLAND	2	7	7	5	16	15						
GRENADA	1092	1092F	1092F	1776	1776F	1776F						
GUATEMALA	1929	1449	570*	3853	2548	1000*						
HAITI	14481*	17925*	22000*	15263*	17956*	25000*						
HONDURAS	560	646	988	764	969	1394	2	2	2F	1	2	2F
JAMAICA	342	132	132	430	210	250				1F	1F	1F
MEXICO	546	785	3381	769	611	3420	3663	4408	3088	4435	4547	4771

表 26

SITC 022.49

ミルク及びクリーム（脱水・濃縮）

	輸入：MT			輸入：1,000 $			輸出：MT			輸出：1,000 $		
	1997	1998	1999	1997	1998	1999	1997	1998	1999	1997	1998	1999
MONTSERRAT	100F	100F	80*	100F	100F	50*						
NETHANTILLES	2000*	5931	2000*	2600*	10225	2100*	100F	20	20F	150F	49	49F
NICARAGUA	346	395	386	421	481	511	66	93	127	149	193	211
PANAMA	37	9	139	39	16	117	7788	7321	5661	10591	10288	8020
ST KITTS NEV	955	955F	955F	1203	1203F	1203F						
ST LUCIA	2687	2361	1650*	4670	4492	2250*						
ST PIER MQ	60F	60F	50*	90F	90F	70*						
ST VINCENT	512	560*	470*	654	620*	470*						
TRINIDAD TOB	835	2288	1971	979	2947	2133	2627	766	1056	3794	1260	1649
USA	4741	7525	8663	6426	10739	11093	9344	8110	4881	6416	7375	3723
SOUTHAMERICA	25705	19836	13620	35998	24019	15047	7102	12476	14739	9945	15167	13708
ARGENTINA	44	42	73	94	86	161	678	1049	736	596	1250	671
BOLIVIA	3611	4139	3790	3871	3747	3039						
BRAZIL	7052	4369	1240	10690	5329	1021	578	638	2374	1096	1284	2394
CHILE	110	481	461	194	553	432	3707	6344	7580*	4067	6467	6390*
COLOMBIA	1466	1480	1344	3249	3292	2229	216	350	1195	466	706	817
ECUADOR	963	1208	858	1277	1700	899	112			304		
GUYANA	560*	590*	640*	700*	600*	560*						
PARAGUAY	955	453	453F	2362	855	855F						
PERU	10005	5724	2217	12365	5973	2694	838	1660	1667	1067	2014	1729
SURINAME	100	100F	100F	312	315F	315F						
URUGUAY		17	17		25	27		1383	672		1177	403
VENEZUELA	839	1233	2427	884	1544	2815	973	1052	515	2349	2269	1304
ASIA	213560	238890	217578	293716	307769	268718	107142	71788	74117	122931	68719	66293
ARMENIA	1192	2913	42	2942F	7717	45						
AZERBAIJAN	160	40	276	180	60	203						
BAHRAIN	4621	3547	3647	5860	4666	4866	220	220F	220F	151	151F	151F
BANGLADESH	93		14	100		42						
BHUTAN	53	53	53	100	100	100						
BRUNEI DARSM	1395	1775	1540*	1657	1877	1270*						
CAMBODIA	2459F	2459F	2459F	2486F	2486F	2486F						
CHINA	2585	2956	2725	4068	4754	3682	3418	2665	4207	4976	3883	4523
CHINA,H.KONG	50708	48636	46130	54754	49162	42359	7894	5832	2646	10276	6883	2874
CYPRUS	2136	2043	1957	2952	2847	2673	11	8	8	20	27	18
GEORGIA	1500F	1400F	1400F	1500F	1400F	1400F						
INDIA	60	1	40	195	3	40	49	2	2F	88	2	2F
INDONESIA	1240	612	1180	1721	558	927		80	129		83	221
IRAN			100			124						
IRAQ	1000F	1000F	1000F	1400F	1400F	1400F						
ISRAEL	360F	230F	240F	515	317	355	50	20	90F	56	21	102
JAPAN	856	1181	1618	1657	2878	4038	19	14	51	119	91	134
KAZAKHSTAN	5850F	21401	18189	8400F	13581	10961	135F	22	96	180F	17	90
KOREA REP	2			3		1	32			26		
KUWAIT	10789	10981	9840	17608	17713	15073	63	14	51	65	16	70
LAOS	2585	5486	65	4100F	5860	100						
LEBANON	1200F	1200F	880	2100F	2100F	1400						
CHINA, MACAO	2206	2130	1853	2582	2239	1897	219	64	21	268	50	11
MALAYSIA	4348	8968	6399	4369	9779	6151	19723	5465	5973	23426	5095	4755
MALDIVES	700F	700F	200*	720F	720F	180*						
MONGOLIA	1050F	1100F	1100F	1000F	1050F	1050F	3	5F	5F	34	37F	37F
MYANMAR	2405	2405F	2405F	3373	3373F	3373F						
NEPAL	300F	600F	600F	467	936	936F						
OMAN	15659	15659F	12000*	20209	20209F	15000*	293	293F	293F	307	307F	307F
PAKISTAN	294	203	476	377	212	553	62	14	14	288	51	51
PHILIPPINES	4416	1627	4841	5389	1806	4317	269	153	55	393	280	131
QATAR	8600F	8600F	10600	12300F	12300F	14700						
SAUDI ARABIA	18662	27237	20440	36191	46561	33016	3218	3139	2682	3316	2907	2425
SINGAPORE	38527	25527	27192	45571	27750	29345	48750	26382	32178	52916	24135	26579
SRI LANKA	255	683	172	105	304	146	94	76	71	102	81	79
SYRIA	291	68	68F	257	52	52F	1	28	28F	3	40	40F
THAILAND	2351	1817	1287	3701	1999	1663	21602	25536	23622	23234	21097	20441
TURKEY	2	102		7	206		49	66	17	113	236	49
TURKMENISTAN	950F	900F	900F	1100F	1000F	1000F						
UNTD ARAB EM	20000*	23000*	24000*	40000*	50000*	54000*	1000*	1000*	1000F	2600*	2700*	2700F
UZBEKISTAN	1700*	1500F	1500F	1700*	1700F	1700F						
YEMEN		8150	8150F		6094	6094F		658	658F		503	503F
EUROPE	461086	594123	547156	559639	640985	588159	875934	845785	840626	983058	966606	888304
ALBANIA	64	710	710F	112	1962	1962F						
AUSTRIA	2478	2384	2738	3952	3659	4014	1772	1998	700	3051	3629	807

表 26

SITC 022.49

ミルク及びクリーム（脱水・濃縮）

	輸入：MT			輸入：1,000 $			輸出：MT			輸出：1,000 $		
	1997	1998	1999	1997	1998	1999	1997	1998	1999	1997	1998	1999
BELARUS		14			36		31832	11452	7769	40172	9574	5147
BEL-LUX	25361	26086	30929	32363	32015	28527	46553	91407	85347	67026	115355	99228
BOSNIA HERZG	1100*	2400*	1300*	880*	1800*	2200*						
BULGARIA	681	1050	1050F	671	472	472F	1	13	13F	1	36	36F
CROATIA	191	18882	13682	386	6831	5516	263	308	479	500	543	823
CZECH REP	1313	1028	1051	1481	726	648	3339	3671	4088	4235	4755	4223
DENMARK	577	425	770	971	866	1320	39	35	24	118	98	54
ESTONIA	477	734	717	554	796	568	157	494	142	1457	607	108
FAEROE IS	3	6	2	8	9	5						
FINLAND	639	582	589	1114	966	960				5	2	
FRANCE	72125	117660	83116	100043	143972	95846	54173	43462	43136	61438	51680	51262
GERMANY	16618	24597	30383	27486	39646	44442	371788	338293	348792	362112	347516	326905
GREECE	103970	104467	96392	131992	126018	114242	134	531	687*	220	685	789
HUNGARY	1824	1708	1467	2648	2511	1747	1	1426	1263	2	1140	1025
IRELAND	2629	2819	8519	2900	3310	8324	447	402	171	777	527	180
ITALY	8016	12223	10728	9905	12303	10899	65	131	266	252	513	379
LATVIA	268	115	289	336	189	403	13248	8618	10021	11899	7736	6944
LITHUANIA	826	623	640	956	813	701	16256	8037	9737	17097	8558	5736
MACEDONIA	5*	25*	25F	10*	80*	80F						
MALTA	2705	2226	2753	3212	2659	3265	17	17	7	22	22	9
MOLDOVA REP	210	220F	82	283	300F	62	10	10		19	20	
NETHERLANDS	127697	170843	178963	143471	167084	186394	224045	215090	229429	269514	270399	275747
NORWAY	10	14	16	24	40	42	67		55	116		150
POLAND	9	108		19	101	1	631	334	193	860	341	213
PORTUGAL	3181	3535	6984	5469	5875	9860	49	1538	94	321	1417	172
ROMANIA	23	198	69	38	203	26						1
RUSSIAN FED	54533	68077	39275	39513	38857	20331	7629	11665	8733	10561	11350	6601
SLOVAKIA	1504	1303	1075	2141	2007	1606	2993	1022	1251	3685	586	668
SLOVENIA	25	85	85F	62	113	113F	179	125	125F	139	96	96F
SPAIN	17860	14742	16560	26025	22701	22144	18867	24426	19038	32638	38709	29156
SWEDEN	452	212	183	925	369	295	5176	7258	6181	8363	8778	4942
SWITZERLAND	912	753	788	977	852	842		2	2	1	5	4
UK	12603	12701	13992	18394	19990	19623	62779	63586	51572	67343	67418	51088
UKRAINE	146	549	1215	200F	800F	625F	13407*	10417*	11294*	19071*	14500F	15800F
YUGOSLAVIA	51	19	19F	118	54	54F	17	17	17F	43	11	11F
OCEANIA	6791	6895	7046	10811	10763	9899	16015	24623	45101	19710	22513	38069
AMER SAMOA	800F	800F	800F	900F	900F	900F						
AUSTRALIA	1020*	1350*	927	2791	3767	2392	14431	22829	37512	14309	17648	28159
COOK IS	50	38	54	116	64	120						
FIJI ISLANDS	328F	328F	328F	444F	444F	444F						
FR POLYNESIA	950F	950F	680*	1900F	1900F	1300F						
GUAM	350F	350F	350F	280F	280F	280F						
KIRIBATI	95	95	95	140	140	140						
NAURU	50F	110*	40*	90F	30*	10*						
NEWCALEDONIA	84	99	160*	163	192	240*					2	2F
NEW ZEALAND	994	779	2326	1565	1006	2658	1584	1794	7589	5401	4863	9908
NORFOLK IS	1F	1F	1F	2F	2F	2F						
PAPUA N GUIN	1242*	1041	651	1222*	783F	593						
SAMOA	20F	20F	20F	35F	35F	35F						
TONGA	347	474	214	368	425	290						
TUVALU	30F	30F	30F	55F	55F	55F						
VANUATU	120F	120F	60	400F	400F	100						

表 27

SITC 023

バター

	輸入：MT			輸入：1,000 $			輸出：MT			輸出：1,000 $		
	1997	1998	1999	1997	1998	1999	1997	1998	1999	1997	1998	1999
WORLD	1325426	1215536	1207282	3502644	3396205	3112649	1405970	1337763	1313657	3600255	3482928	2914790
AFRICA	89163	84710	86908	158749	160098	159531	3083	5460	4143	7230	9136	7499
ALGERIA	10440	8900	6700	23854	19000	15000						
ANGOLA	300*	250*	200*	750*	640*	370*						
BENIN	170*	200*	220*	400*	510*	570*						
BOTSWANA	139*	139F	139F	302	302F	302F	1	1F	1F	2	2F	2F
BURKINA FASO	90*	90*	90*	150*	120*	110*						
CAMEROON	270	330*	340*	655	900*	840*						
CAPE VERDE	51	40*	50*	177	90*	100*						
CENT AFR REP	15	10	5	15	10	5						
CHAD	10*		10*	50*		10*						
COMOROS	15*	20*	20*	20*	30*	30*						
CONGO, DEM R	250*	290*	150*	570*	720*	430*						
CONGO, REP	86	194	180*	189	344	460*						
CÔTE DIVOIRE	600*	460*	600*	1300*	880*	1100*	600*	460*	600*	1200*	1000*	1200*
DJIBOUTI	120*	160*	180*	250*	350*	460*						
EGYPT	37759	35253	43115	58555	60224	75964	289	29	45	548	40	71
ERITREA							100F	100F	100F	80F	80F	80F
ETHIOPIA	1070F	1070F	1070F	594F	594F	594F				1F	1F	1F
GABON	600*	740*	710*	1400*	1600*	1500*						
GAMBIA	120*	70*	100*	130*	60*	70*						
GHANA	50	537	1138	105	1215	2292						
GUINEA	100*	100*	100*	220*	240*	290*						
GUINEABISSAU	20*	5*	10*	30*	5*	10*						
KENYA	760	359	547	1269	958	927	221	161	72	664	446	80
LIBERIA	15	15	20	65	65	70						
LIBYA	2200*	3300*	3200*	3000*	5000*	5400*						
MADAGASCAR	179	173	185	331	393	372						
MALAWI	50*	50*	110*	120F	80F	250*						
MALI	100*	120*	180*	260*	350*	520*						
MAURITANIA	500F	500F	500F	900F	900F	900F						
MAURITIUS	1002	981	941	2816	2278	2345	4	1		16	1	
MOROCCO	16457	22104	19818	29433	43673	33932			23	1	1	44
MOZAMBIQUE	800*	1300*	310*	2300*	3200*	1200*						
NIGER	70*	21	40*	180*	60	110*						
NIGERIA	1500*	1500F	1500F	4700*	4700F	4700F						
ST HELENA	10*	10*	10*	10*	10*	10*						
SAO TOME PRN	1*	1*	1F	3F	3F	3F						
SENEGAL	786	740	823	1374	1410	1419		20	19		46	62
SEYCHELLES	211	135	190*	383	395	560*	1			4		
SIERRA LEONE	15	40	15	65	200	70						
SOMALIA	80	80	80	200F	200F	200F						
SOUTH AFRICA	8910	1595	776	15327	3029	1424	1708	4609	3199	4262	7296	5744
SUDAN	350*	300*	280*	910*	950*	730*						
SWAZILAND	619	567	397	801	599	542	2	1	6*	2		7
TANZANIA	108	110	60	101	130	40						
TOGO	51	50*	30*	108	115*	80*						
TUNISIA	1509	1034	1049	2751	2094	1870	70	27	25	242	107	58
UGANDA	10	14	15	30F	20	18		6			16	
ZAMBIA	40	150	100	40F	150F	120F						
ZIMBABWE	555	603	604	1556	1302	1212	87	45	53	208*	100	150
N C AMERICA	54127	84955	84754	111387	174156	163829	27708	22117	15744	49723	41725	27126
ANTIGUA BARB	100*	130*	130*	330*	350*	270*						
ARUBA	170*	120*	100*	480*	310*	220*						
BAHAMAS	775	690	860	1731	1370	1770						
BARBADOS	390	200	373	881	506	935						
BELIZE	64	92	110	172	230F	240	1	1F	1F	3	3F	3F
BERMUDA	280*	310*	260*	560*	660*	480*						
CANADA	3316	3275	5820	6042	6083	10288	11591	12077	10932	21548	25907	20403
CAYMAN IS	50*	50*	70*	110*	100*	110*						
COSTA RICA	8	341	70	19	788	120	125	709	717	388	285	197
CUBA	1800*	1600*	2100*	4000*	2900*	3100*						
DOMINICA	8	8F	8F	21	21F	21F						
DOMINICAN RP	2400*	2600*	2500*	4700*	4700*	4100*						
EL SALVADOR	309	328	348	636	702	710	4		7	7		17
GREENLAND	100	92	83	342	336	303						
GRENADA	105	30*	30*	64	50*	50*						
GUATEMALA	683	665	1000*	1433	1541	2000*	8	1	1F	17	2	2F
HAITI	50*	50*	90*	100*	80*	110*						
HONDURAS	1003	1678	886	1862	3192	2550	50	100	100F	69	344	344F
JAMAICA	1400*	1800*	2000*	3000*	3500*	3200*						

表 27

SITC 023

バター

	輸入：MT			輸入：1,000 $			輸出：MT			輸出：1,000 $		
	1997	1998	1999	1997	1998	1999	1997	1998	1999	1997	1998	1999
MEXICO	24793	27325	34047	52221	52560	68251	51	191	403	138	793	940
NETHANTILLES	220*	243	700*	680*	698	1600*						
NICARAGUA	941	1387	1452	1845	3060	2815	14	1	30	24	3	45
PANAMA	965	609	932	1978	1367	1911						
ST KITTS NEV	44	25*	30*	111	60*	80*						
ST LUCIA	208	196	190*	538	614	540*						
ST PIER MQ	50*	50*	40*	200*	210*	200*						
ST VINCENT	34	30*	50*	104	100*	150*						
TRINIDAD TOB	1240	935	1007	2807	2130	2307	4	13	17	4	32	50
USA	12621	40096	29468	24420	85938	55398	15860	9024	3536	27525	14356	5125
SOUTHAMERICA	15121	24628	21020	28637	49832	36395	23964	16357	24444	38723	32645	35221
ARGENTINA	1043	2936	38	1918	8085	65	5107	4434	9856	9048	8861	14772
BOLIVIA	33	55	80*	61	100	75*				1		
BRAZIL	6995	13693	13819	12611	25450	22401	1994	86	82	3460	172	83
CHILE	1718	1185	446	3673	2662	1100	573	135	90*	730	273	210*
COLOMBIA	661	253	68	1180	548	175						
ECUADOR	18	255	1	34	536	1	108	12	6	74	9	5
GUYANA	40	52	40	105	120	70						
PARAGUAY	122	46	46F	323	76	76F						
PERU	3555	4881	5721	7009	9826	10787		17		1	44	
SURINAME	115	115	90	232	260	220						
URUGUAY	37	29	27	62	49	43	16172	11673	14410	25392	23286	20150
VENEZUELA	784	1128	644	1429	2120	1382	10			17		1
ASIA	241008	240224	247784	464395	495329	469970	37101	35994	37741	73871	71104	72814
ARMENIA	5849	6500F	4163	9291	9291F	6814			20			23
AZERBAIJAN	7887	8200*	8533	8242	8400F	6708	68	50F	66	156	156F	61
BAHRAIN	1119	1100*	1000*	2621	3000*	2400*						
BANGLADESH	1700	1373	1130	3420	2306	1995						
BHUTAN	150F	150F	150F	354F	354F	354F						
BRUNEI DARSM	430	370	440	1900	1300	1200						
CAMBODIA	30*	40*	70*	60*	80*	80*						
CHINA	13646	14680	18763	28076	29896	35019	72	239	70	225	440	161
CHINA,H.KONG	11423	12223	12705	22940	23642	23464	6714	5373	5744	11027	9241	8474
CYPRUS	1027	1137	1237	2361	2829	2668	72	79	327	172	176	456
GAZA STRIP							19600F	19600F	19600F	39000F	39000F	39000F
GEORGIA	1900*	2000*	2000*	4100F	4200F	2800*						
INDIA	4352	4311	5000	6452	6860	8000F	298	909	909F	899	2527	2527F
INDONESIA	6943	6665	13588	11945	11833	20426	7	163	539	4	252	642
IRAN	7457	25992	11392	16032	58965	22425					3	1
IRAQ	3000*	3000*	3000*	4200F	4400F	4600F						
ISRAEL	350F	200F	180F	755	419	364	30F	40F	100F	26	31	84
JAPAN	690	565	548	1871	1643	1711	20		17	84	2	78
JORDAN	14272	14089	13333	29327	31887	29879	46	140	203	155	328	365
KAZAKHSTAN	5016	4433	2733	9654	7883	4137	153	895	1	450	1584	1
KOREA D P RP	89*	170*	230*	129*	180*	290*						
KOREA REP	1153	499	896	2297	1213	1965	2	7	6	10	38	8
KUWAIT	3034	4479	4922	8077	11355	11457	35	24	28	104	49	60
KYRGYZSTAN	376	550*	80*	575	1300*	100*	247	115*	50*	689	250*	100*
LEBANON	6100	6800	6500	14900	18300	15300						
CHINA, MACAO	347	320	292	582	587	519		3			5	1
MALAYSIA	11508	7284	9765	27598F	14740	19002	350*	524	553	1050*	1037	1212
MALDIVES	175	105	125	592	242	282						
MONGOLIA	97	134	134F	149	150F	150F						
MYANMAR	161	400	650	308	996	1566						
NEPAL	100F	16F	16F	232	36	36F	135F	29F	29F	1579	333	333F
OMAN	4623	4623F	4623F	10138	10138F	10138F	2379	2379F	2379F	3009	3009F	3009F
PAKISTAN	143	486	334	463	1227	820						
PHILIPPINES	12185	10739	10038	20898	18874	17678	21	9	7	53	20	17
QATAR	1200	650	700	3000F	1600	1500						
SAUDI ARABIA	21291	20494	29310	48107	46559	60481	52	242	449	80	365	882
SINGAPORE	16499	15765	18534	33435	32254	36046	4164	4034	4040	10377	9134	10005
SRI LANKA	744	837	1155	1319	1465	1946	70	50	37	323	214	171
SYRIA	6384	4851	6121	12714	10184	11821	209	104	104F	1271	608	608F
THAILAND	12750	10535	11043	24720	22007	22060	7	2	59	5	15	106
TURKEY	3821	5323	5731	6412	10531	9869	188	83	103	708	386	428
TURKMENISTAN	9000F	10000F	10000F	25000F	27000F	27000F						
UNTD ARAB EM	11600*	14000*	13000*	26000F	29000*	25000*	50*	900*	2300*	75*	1900*	4000*
UZBEKISTAN	6800*	7900*	5800*	9800F	15000F	8300*						
VIET NAM	5000	5100	6900	11000F	9000	10000						
YEMEN	18587	1136	920	12349	2203	1600	2112	1	1F	2340	1	1F

表 27

SITC 023

バター

	輸入：MT			輸入：1,000 $			輸出：MT			輸出：1,000 $		
	1997	1998	1999	1997	1998	1999	1997	1998	1999	1997	1998	1999
EUROPE	915191	769723	749489	2712875	2490989	2252034	882520	842192	788355	2609268	2608074	2163553
ALBANIA	651	356	470*	1509	989	1000*						
AUSTRIA	3877	3588	4974	13970	13551	16215	3111	2477	2689	11149	9818	11379
BELARUS	2905	442	971	4363	1008	2913	20819	17602	15203	48550	40131	26183
BEL-LUX	103759	101137	100491	378177	367002	326150	111209	116830	108126	362681	412698	335526
BOSNIA HERZG	1800*	1700*	2000*	4200*	3900*	4500*						
BULGARIA	353	717	830*	588	950	1100F	79	27		159	81	
CROATIA	169	295	489	445	677	941	339	479	453	1123	1727	1429
CZECH REP	1201	956	679	2118	2225	1468	22145	24682	25558	36389	40821	31857
DENMARK	24781	19819	18268	70912	57971	47303	43770	43050	39663	137532	152453	139663
ESTONIA	24174	14738	2437	43141	29253	3889	28563	18128	9973	36201	25071	14411
FAEROE IS	91	84	62	263	264	184						
FINLAND	529	651	131	1491	2698	385	28137	27341	30347	65637	68813	65396
FRANCE	137381	133670	129819	477000	483274	400628	81131	68243	70819	227534	204592	190363
GERMANY	156822	134930	123476	553836	506591	409558	53670	39476	46012	151447	138121	139470
GREECE	6754	7011	7767	24733	27963	23708	107	119	64	343	375	200
HUNGARY	732	404	470	1342	821	846	442	3135	4775	741	5020	6222
ICELAND							91	15	451	191	77	524
IRELAND	2480	3967	4713	7490	11357	14209	138577	135412	126409	479593	481440	385333
ITALY	52087	60124	46864	170577	178309	142520	22505	23418	13180	82032	81839	37826
LATVIA	577	783	507	1220	2320	1313	2981	5486	2886	5212	14941	6815
LITHUANIA	529	298	564	914	519	437	23060	29263	15301	43913	49573	19471
MACEDONIA	460*	750*	480*	980*	1500*	930*						
MALTA	660	631	642	1591	1657	1587	337	553	433	435	711	527
MOLDOVA REP	415	38	54	782	84	151	58	175	69	194	531	138
NETHERLANDS	94022	69879	96933	281000	230133	300173	163065	161336	167500	490192	498840	471410
NORWAY	55	64	182	100	147	360	2518	1959	5071	3885	3494	6202
POLAND	4941	1022	7646	8302	2115	11257	3026	4992	2676	6771	9355	5221
PORTUGAL	2716	3111	3065	9511	11071	10284	8642	6618	6818	30373	23637	20753
ROMANIA	314	542	803	746	1344	1596	65	36	3	152	81	12
RUSSIAN FED	169698	83053	53200	269125	146701	87900	6251	3034	2100	9986	5587	3571
SLOVAKIA	338	218	240	743	487	621	1169	1464	2250	2114	2851	3018
SLOVENIA	40	145	100*	138	335	300*	384	1676	560*	952	3186	640*
SPAIN	9431	9618	9735	32773	34732	31709	19440	13578	7960	69625	47785	22318
SWEDEN	718	501	180	2280	1706	505	21952	17132	16375	65185	56402	45960
SWITZERLAND	5338	4137	4966	10386	8994	8774			17	2		44
UK	101210	109287	122076	331295	356464	393070	70022	63962	56117	226959	202022	169671
UKRAINE	2814	337	2875	3967	500F	3000*	4827	10494	8497	11946	26000F	2000F
YUGOSLAVIA	369	720	330*	867	1377	550*	28			70	1	
OCEANIA	10816	11296	17327	26601	25801	30890	431594	415643	443230	821440	720244	608577
AMER SAMOA	130*	125*	150*	330*	270*	360*						
AUSTRALIA	4100*	4400*	8323	9700	10638	14102	116184*	99761	145164	182763*	170699	184704
COOK IS	71*	46	45	159	114	124						
FIJI ISLANDS	1800F	1800F	3400	3880	3731	5750	30F	30F	30	80F	80F	80F
FR POLYNESIA	1400*	1400*	1700*	4700*	3900*	3800*						
GUAM	330*	280*	260*	790*	660*	620*						
KIRIBATI	12	12F	12F	35	35F	35F						
NAURU	10*	10*	10F	30*	30*	30F						
NEWCALEDONIA	633	776	1100*	1626	1837	2000*	1	2	2F	8	18	18F
NEW ZEALAND	743	822	500	1591	1276	1004	315379	315850	298034*	638589	549447	423775
NIUE	10F	10F	10*	10F	10F	10*						
NORFOLK IS	12F	12F	20*	35F	35F	30*						
PAPUA N GUIN	731	700	850	1666	1460F	1400						
SAMOA	370*	370*	470*	890*	710*	730*						
SOLOMON IS	60*	60*	60*	150*	120*	90*						
TONGA	284	343	297	679	685	565						
TUVALU	10*	10*	10*	40*	20*	20*						
VANUATU	60*	70*	60*	140*	120*	70*						

表 28

SITC 024

チーズ及びカード

	輸入：MT			輸入：1,000 $			輸出：MT			輸出：1,000 $		
	1997	1998	1999	1997	1998	1999	1997	1998	1999	1997	1998	1999
WORLD	2824497	2773099	2866361	9912802	10047458	9930290	2905439	2996458	3049242	10612709	10736631	10341472
AFRICA	57882	52495	57125	144012	132165	144269	10964	10753	14707	28772	24150	33628
ALGERIA	15316	15316F	15316F	30180	30180F	30180F						
ANGOLA	730*	510*	400*	2800*	1900*	1100*						
BENIN	100*	100*	90*	430*	420*	410*						
BOTSWANA	2397	2397F	2397F	1952	1952F	1952F	3	3F	3F	6	6F	6F
BURKINA FASO	50*	40*	50*	150*	100*	90*						
CAMEROON	324	324F	290*	1127	1127F	820*						
CAPE VERDE	162	162F	170*	550	550F	590*						
CENT AFR REP	40*	20*	20*	160*	30*	20*						
CHAD	104F	104F	104F	774F	774F	774F						
COMOROS	10F	10F	10*	10F	10F	10*						
CONGO, DEM R	130*	60*	40*	320*	150*	130*						
CONGO, REP	54	155	155F	142	486	486F						
CÔTE DIVOIRE	418F	418F	430*	1868F	1868F	1900*						
DJIBOUTI	110F	110F	130*	680*	680F	680*						
EGYPT	15698	14226	16393	36583	35113	38784	2745	2118	5195	3812	3482	10012
ETHIOPIA	15F	15F	15F	35F	35F	35F						
GABON	220*	260*	260*	940*	1000*	860*						
GAMBIA	70*	60*	70*	90*	70*	60*						
GHANA	136	93	194	214	222	484						
GUINEA	110F	110F	110*	410F	410F	330*						
GUINEABISSAU	30F	30F	30F	130F	130F	130F						
KENYA	27	128	147	170	562	424	97	91	66	165	108	90
LESOTHO	250F	250F	250F	250F	250F	250F						
LIBERIA	65*	65F	65F	300*	300F	300F						
LIBYA	6491*	4777*	6900*	17347*	14059*	24000*						
MADAGASCAR	228	219	410	837	707	1196				2		
MALAWI	30*	50*	50*	80F	170F	170F						
MALI	50*	50*	60*	310F	190*	220*						
MAURITANIA	40	20	40	60	30	40						
MAURITIUS	1904	2004	2299	8284	7909	8838		43	3	2	86	9
MOROCCO	2288	3269	2748	5886	8714	6861	6416	6995	7751	20124	16616	19146
MOZAMBIQUE	520*	420*	530*	1200*	1400*	1900*						
NIGER	20*	32	20*	110*	128	60*						
NIGERIA	180*	180F	180F	660F	660F	660F						
RWANDA	3F	3F	3F	16F	16F	16F						
ST HELENA	30*	30F	30*	90*	90F	70*						
SAO TOME PRN	5*	5*	5F	40*	50F	50F						
SENEGAL	484	718	741	1395	2184	2197	1	15	22	1	158	197
SEYCHELLES	383	205	240*	1515	968	1150*						
SIERRA LEONE	110F	110F	50*	450F	450F	200*						
SOUTH AFRICA	5186	3096	2924	14522	9910	9539	1588	1370	1549	3912	2799	3688
SUDAN	50F	50F	50F	140F	140F	140F						
SWAZILAND	556*	799	957	1921	1877	1598	4*	1	1	7	2*	1
TANZANIA	14*	20*	20F	57	80*	80F						
TOGO	99	99F	30*	228	228F	90*						
TUNISIA	2333	1182	1483	7298	3319	3793	70	75	31	592	742	164
UGANDA		34	66*		67	87		2			8	
ZAMBIA	10F	10F	10F	30F	30F	30F						
ZIMBABWE	302	150	143	1271	470	485	40	40	86	149	143	315
N C AMERICA	227984	262207	315477	888542	983235	1102383	70587	76602	81533	247869	248801	258071
ANTIGUA BARB	130*	115*	150*	560*	590*	560*						
ARUBA	1000*	1300*	1200*	3500*	4500*	4500*	20F	20F	20F	50F	50F	50F
BAHAMAS	2165	1100*	1300*	6756	3300*	4400*						
BARBADOS	2565	1233	2329	7125	3538	7246	20	2	6	27	6	23
BELIZE	817	475	560	2648	1871	1601	130	130F	130F	399	399F	399F
BERMUDA	590*	580*	510*	1700*	2200*	1100*						
BR VIRGIN IS	20F	20F	20F	60F	60F	60F						
CANADA	23565	23836	25236	116916	117323	123647	23312	29306	25747	89353	100991	88660
CAYMAN IS	350F	350F	350F	1900F	1900F	1900F						
COSTA RICA	824	895	895F	2864	3269	3269F	168	181	181F	621	659	659F
CUBA	1700*	2500*	3000*	4600*	7000*	7900*						
DOMINICA	263	180*	130*	881	620*	510*						
DOMINICAN RP	1400*	2100*	2500*	4700*	6900*	7500*						
EL SALVADOR	6955	3320	6261	17442	13083	16491	53	36	28	217	164	150
GREENLAND	433	373	392	2538	2244	2361						
GRENADA	405	430*	400*	1498	1400*	1000*						
GUATEMALA	1806	2395	2509	5394	7053	6651	35	19	19F	149	73	73F
HAITI	570*	510*	770*	2300*	1900*	2500*						
HONDURAS	521	834	1767	1183	1948	3888	89	672	672F	253	1278	1278F

表 28

SITC 024

チーズ及びカード

	輸入:MT			輸入:1,000 $			輸出:MT			輸出:1,000 $		
	1997	1998	1999	1997	1998	1999	1997	1998	1999	1997	1998	1999
JAMAICA	3800*	4100*	4300*	11000*	10000*	8400*	727	727F	300*	3471	3471F	1400*
MEXICO	26078	33816	44518	80886	82747	103865	424	1409	555	1349	3027	1184
MONTSERRAT	130F	130F	130F	300F	300F	300F						
NETHANTILLES	2180*	2639	2800*	7000*	9242	10000*	100F	389	389F	200F	708	708F
NICARAGUA	374	455	567	1066	1439	1609	4752	2514	9797	12341	4919	13374
PANAMA	1205	1727	3423	3609	4702	8586	560	602	531	2342	2466	2166
ST KITTS NEV	237	237F	60*	860	860F	220*						
ST LUCIA	731	745	878	2338	3089	3595					1	1F
ST PIER MQ	149F	149F	60*	718F	718F	290*						
ST VINCENT	221	150*	170*	951	590*	660*						
TRINIDAD TOB	4007	4956	5250	11039	13658	13086	40	3	37	102	8	151
USA	142793	170557	203042	584210	675191	754688	40157	40592	43121	136995	130581	147795
SOUTHAMERICA	53625	52892	47630	166399	160643	124780	37145	36910	44382	118164	116941	110997
ARGENTINA	5243	6051	8640	19092	20594	23620	21609	19056	23324	69987	60124	56844
BOLIVIA	512	589	589F	932	1326	1326F	1			2		
BRAZIL	28705	23870	20056	88787	70256	44696	391	845	1028	1668	3432	3394
CHILE	7048	4984	3602	16172	12731	8800	526	442	900*	1657	1476	3400*
COLOMBIA	857	603	399	3234	2152	1586	118	596	307	501	1111	963
ECUADOR	178	227	169	409	542	383	11	24	29	41	122	103
GUYANA	1200*	1000*	750*	4200*	3100*	1700*						
PARAGUAY	1087	982	982F	4437	3506	3506F			1			1
PERU	1873	1973	1453	6692	6605	4731	4	9		15	40	
SURINAME	585	620*	370*	4876	5400*	2900*						
URUGUAY	1401	1099	871	2599	2248	1873	11959	15250	18769	38561	48530	46216
VENEZUELA	4936	10894	9749	14969	32183	29659	2526	688	24	5732	2106	76
ASIA	370169	384641	420285	1131556	1162207	1197578	23182	19417	17713	67247	59188	54658
ARMENIA	288	300	55	729	729	108						
AZERBAIJAN	2913	300	647	2124	320	555			26	12F	12F	21
BAHRAIN	3631	2300*	2300*	14914	8300*	7900*						
BANGLADESH	55	15	455F	141	40	701						
BHUTAN	17	17	17	36	36	36				1F	1F	1F
BRUNEI DARSM	90*	90*	70*	460*	320*	180*						
CAMBODIA	6F	6F	6F	32F	32F	32F						
CHINA	7213	8037	9149	20139	21784	24582	839	897	369	768	2148	1184
CHINA,H.KONG	7718	7498	7860	30723	28045	27511	1487	1438	1099	5834	4755	3892
CYPRUS	2986	2792	3174	13477	12593	13325	2902	3007	3081	12767	13244	13521
GAZA STRIP							700F	700F	700F	2100F	2100F	2100F
GEORGIA	190*	200F	200F	610*	600F	600F						
INDIA	47	116	96	183	343	260	26	38	38F	66	126	126F
INDONESIA	4692	4458	8550	11177	10710	16756	10	169	13	110	477	57
IRAN	40	20	58	193	108	280	37	66	71	47	83	89
IRAQ	822*	1251*	1251F	1976*	3137*	3137F						
ISRAEL	1030	880	1140F	4354	3333	3493	880	610	140F	2519	1975	410
JAPAN	171407	183448	186905	523873	557586	543314	49	90	141	464	753	1155
JORDAN	7081	7307	7130	20859	21011	19705	1085	771	1245	2637	1791	2838
KAZAKHSTAN	808	935	901	2329	2577	1758	1175	352	554	2261	567	506
KOREA REP	19199	13263	21285	59545	35905	55157	96		56	378		206
KUWAIT	13968	14087	14043	48706	49564	47381	163	48	91	409	108	222
KYRGYZSTAN							260	200F	200F	710	600F	600F
LEBANON	21000*	22000*	23000*	71000*	70000*	69000*	170F	170F	170F	160F	160F	160F
CHINA, MACAO	260	254	263	940	954	870	1	1	1	2	9	3
MALAYSIA	2800*	3237	4260	10000*	9066	11239	58F	145	117	218F	414	323
MALDIVES	150F	150F	80*	680F	680F	280*						
MONGOLIA	6	8F	10*	26	28F	40*						
MYANMAR	54	40*	80*	218	80*	60*						
NEPAL	20*	20*	20*	90*	50*	50*						
OMAN	4708	4708F	4708F	15460	15460F	15460F	31	31F	31F	71	71F	71F
PAKISTAN	313	203	218	542	696	679						
PHILIPPINES	16892	14260	15029	39409	31705	30294	68	90	100	291	244	337
QATAR	1700*	1800*	1800*	4900*	5500*	5600*	40F	40F	40F	71F	71F	71F
SAUDI ARABIA	51832	63605	76820	152820	192692	215995	4275	3320	1994	9632	9425	5687
SINGAPORE	5351	4982	5909	23650	20853	22571	732	696	886	3762	2856	3339
SRI LANKA	697	802	808	2428	2500	2585	12	15	23	90	93	142
SYRIA	12	15	15F	31	40	40F	1006	966	539	3100	2300	1733
THAILAND	1756	1314	1382	5923	4273	4456	133	39	135	73	125	446
TURKEY	1292	2442	2991	3206	6127	7172	5770	4339	4674	15624	11606	12344
TURKMENISTAN	250F	200F	120*	1200F	1000F	370F						
UNTD ARAB EM	12000*	11000*	11000*	31000*	29000*	31000*	1177F	1177F	1177F	3070F	3070F	3070F
UZBEKISTAN	10*	58*	58F	47*	146*	146F						
VIET NAM	798*	784*	880*	3114*	3841*	2800*						
YEMEN	4067	5439	5542	8292	10443	10100*		2	2F		4	4F

表 28

SITC 024

チーズ及びカード

	輸入：MT			輸入：1,000 $			輸出：MT			輸出：1,000 $		
	1997	1998	1999	1997	1998	1999	1997	1998	1999	1997	1998	1999
EUROPE	2078850	1986873	1982913	7458540	7491754	7223320	2377307	2437432	2426406	9177347	9379308	8910268
ALBANIA	500	465	465F	926	734	734F						
AUSTRIA	45686	47312	61594	165015	163871	204031	31116	30890	44458	114569	113245	156568
BELARUS	250	346	65	840	596	162	9070	17942	11189	25450	48971	25433
BEL-LUX	186681	197185	199602	717714	775125	743440	109705	116449	115213	399838	419416	399632
BOSNIA HERZG	5100*	4600*	5600*	17000*	14000*	16000*						
BULGARIA	1645	2794	1200*	2460	3280	1500F	7188	5154	5600	17217	14295	16000
CROATIA	2539	2420	4057	10515	7800	11135	3447	3063	2233	12984	11786	8168
CZECH REP	11002	11180	15426	29330	27314	30969	17530	19863	19400	38038	46513	41123
DENMARK	33879	30888	36772	97375	93126	105648	252671	249100	250811	971460	985136	978119
ESTONIA	2649	4436	1940	7157	13076	4717	9022	10989	5129	7676	13835	8497
FAEROE IS	471	482	498	1991	2129	2186						
FINLAND	17302	18160	18379	75195	77402	78672	31269	28371	23831	113121	101105	79312
FRANCE	153718	167326	188472	633586	676609	677282	471489	481553	488584	1999999	2012240	1957598
GERMANY	476361	441518	417503	2110809	1933857	1740324	510803	497945	445453	1672474	1626535	1378430
GREECE	68059	94838	67341	241525	249953	223311	18590	26638	23818	80341	95094	88270
HUNGARY	7704	7179	7269	16124	16194	15222	12463	13231	13287	33373	33218	30333
ICELAND	88	94	98	617	696	688			133	1	2	169
IRELAND	18590	15421	20594	70486	61500	77481	81656	85663	86135	314020	309276	289951
ITALY	305861	305419	318861	1146669	1149739	1091719	131027	142326	157663	766001	792476	814705
LATVIA	212	601	888	579	2284	3218	4823	5415	3013	11111	17707	10828
LITHUANIA	253	437	668	683	1229	1634	19593	29814	22948	47523	70389	50028
MACEDONIA	1000*	1200*	1300*	3100*	3100*	3100*						
MALTA	5663	5521	5348	21936	20680	18993	8	32	61	38	167	254
MOLDOVA REP	103	115F	44	242	260F	72	14	10F	34	51	45F	64
NETHERLANDS	84895	100869	116845	273248	305893	310946	444516	437029	460431	1707050	1757290	1685198
NORWAY	2647	2775	3070	19209	19551	20700	24062	27043	23335	69551	78737	74926
POLAND	8270	7052	3421	22983	18720	11527	26203	32713	30904	62077	69270	54243
PORTUGAL	13560	16313	20799	43608	52299	62041	3008	3633	2786	13653	13346	10333
ROMANIA	1963	5769	2189	5579	12911	5443	778	354	1278	1938	1130	3327
RUSSIAN FED	208673	83569	19801	163436	96759	36482	2640	2001	1461	3940	3230	1923
SLOVAKIA	4207	3849	3532	9229	9379	7279	10335	9738	9827	25094	23692	21835
SLOVENIA	1675	1646	1210	6648	6944	5256	1958	2762	2118	5874	7907	6526
SPAIN	81046	86363	94223	330972	351960	349502	22144	26020	31871	81529	93867	111641
SWEDEN	30603	35314	38958	130506	149175	152076	6124	16076	16394	20468	60910	56718
SWITZERLAND	30856	30548	31162	191161	187345	179744	60703	56474	60067	361975	344285	319153
UK	261775	249191	272312	880271	977991	1026786	48559	54787	61028	189979	206260	220930
UKRAINE	1499	2861	777*	3516	6000F	1900*	4404	3958	5517	7890	6700F	8800F
YUGOSLAVIA	1865	817	630*	6300	2273	1400*	389	396	396F	1044	1233	1233F
OCEANIA	35987	33991	42931	123753	117454	137960	386254	415344	464501	973310	908243	973850
AMER SAMOA	10F	10F	20*	35F	35F	50*						
AUSTRALIA	30600	28000	36683	97619	91148	113355	149974	182039	208230	389503	428818	462977
COOK IS	65	39	42	204	153	202						
FIJI ISLANDS	300*	180*	310*	650*	400*	580*						
FR POLYNESIA	1110	1080	1510	7200	6700	7700						
GUAM	150F	150F	140*	620F	620F	510*						
KIRIBATI	4	4F	10*	15	15F	10*						
NEWCALEDONIA	1336	1279	1352	7381	7494	7494	18	18	18F	156	157	157F
NEW ZEALAND	1948	2721	2314	8073	9187	6609	236246	233271	256237	583553	479170	510618
NIUE	10F	10F	10*	10F	10F	10*						
NORFOLK IS	15F	15F	30*	70F	70F	90*						
PAPUA N GUIN	313*	369	370*	1405*	1205F	1060*						
SAMOA	20*	20*	30*	80*	70*	80*						
SOLOMON IS	20*	20*	30*	70*	50*	50*						
TONGA	46	54	30*	151	147	40*						
VANUATU	30F	30*	40*	130F	110*	80*	16F	16F	16F	98F	98F	98F

表 29

SITC 025.1

鳥卵（殻つき）

	輸入：MT			輸入：1,000 $			輸出：MT			輸出：1,000 $		
	1997	1998	1999	1997	1998	1999	1997	1998	1999	1997	1998	1999
WORLD	866622	930450	906637	1131951	1151939	985930	880862	946026	967540	1125335	1130580	1008033
AFRICA	16473	16693	18325	37618	40816	36393	6638	6233	6280	9024	8787	8626
ALGERIA	680*	680F	680F	3100*	3100F	3100F						
ANGOLA	850*	850F	850F	1400F	1400F	1400F						
BOTSWANA	181	181F	181F	633	633F	633F				19	19F	19F
CAMEROON	19	19F	30*	35	35	40	77	77F	77F	58	58F	58F
CAPE VERDE	105	160*	160F	465	450*	450F	1	1F	1F	3	3F	3F
CENT AFR REP	6F	6F	6F	13F	13F	13F						
CHAD	16F	16F	16F	122F	122F	122F						
CONGO, DEM R	10F	10F	10F	18F	18F	18F						
CONGO, REP	460*	1400*	660*	780*	1400*	400*						
CÔTE DIVOIRE	290*	190*	170*	1200*	500*	290*	18F	18F	18F	37F	37F	37F
DJIBOUTI	340F	340F	440F	670F	670F	550F						
EGYPT	88	218	28*	759	2497	297	83	145	28*	276	566	114
EQ GUINEA	20F	20F	20F	50F	50F	50F						
ETHIOPIA	10F	10F	10F	20F	20F	20F						
GABON	9F	9F	9F	7F	7F	7F						
GAMBIA	490F	490F	490F	720F	720F	720F						
GHANA	69	148	121	428	1135	636	9	2		4	2	
KENYA	44	16	17	251	86	60	15	17	14	29	34	27
LESOTHO	100F	100F	100F	200F	200F	200F						
LIBERIA	1790*	1700*	1900*	2050*	1300*	1000*						
LIBYA	3015*	3402*	3800*	11681*	13907*	14000*						
MADAGASCAR	55	24	53	171	74	128						
MALAWI	2191	1571	2600*	1860	924	860*		2F	2F		2F	2F
MAURITANIA	20F	20F	20F	20F	20F	20F						
MAURITIUS	43	5	37	28	7	33	42	32		93	54	
MOROCCO	374	144	623	977	404	1459						
MOZAMBIQUE	2000*	2300*	2300F	2600*	3900*	3900F						
NAMIBIA							35F	35F	35F	1100F	1100F	1100F
NIGER		92	92F		86	86F		1	1F			
NIGERIA	149F	149F	149F	1431F	1431F	1431F						
ST HELENA	10F	10F	20*	10F	10F	10*						
SAO TOME PRN		10*	10F		10*	10F						
SENEGAL	2	12	13	32	47	158	1		3	2		4
SEYCHELLES	84	84	80*	593	432	419						
SIERRA LEONE	900F	410*	990*	1350F	450*	840*						
SOUTH AFRICA	3	6	14	18	17	21	3927	3688	2704	4026	3502	3038
SUDAN	40F	60*	40*	200F	230*	100*						
SWAZILAND	541	711	1024	784	1080	1139	1	41	7	1	45	6
TANZANIA	931	400*	300*	488	450*	440*						
TOGO	33	33F	33F	12	12F	12F						
TUNISIA	504	631	213	2440	2847	1291	11		60	46		250
UGANDA		52	15		108	19		4	6		4	7
ZAMBIA							450F	450F	450F	869	869F	869F
ZIMBABWE	1	4*	1	2	14	11	1968	1720	2874*	2461	2492	3092
N C AMERICA	60194	73347	56255	117407	142879	115377	79350	86166	69984	151495	178562	135952
ARUBA	10F	10F	20*	20F	20F	40*						
BAHAMAS	510	360*	280*	1156	750*	650*						
BARBADOS	809	522*	756	2753	1842	2878		1			2	
BELIZE	151	200*	130*	579	860*	460*						
BERMUDA	300F	300F	300F	360F	360F	360F						
CANADA	27052	37875	25876*	39631	51620	39528	2385	2268	2674	23633	20055	21568
CAYMAN IS	200F	200F	200F	230F	230F	230F						
COSTA RICA	754	1410	380*	2377	6036	1300*	116	1126	1126F	101	1477	1477F
DOMINICA					1	1F						
DOMINICAN RP	280*	1200*	1200F	850*	5000*	5000F						
EL SALVADOR	288	664	1754	577	2523	2511	7156	9890*	6481	6298	7693	5749
GREENLAND	343	349	416	851	806	899						
GUATEMALA	157	233	180*	324	882	1200*	560	1941	1100*	1236	2138	520*
HAITI	190*	51*	51F	600*	121*	121F						
HONDURAS	7461	6094	6671	8538	7802	6437	4			3		
JAMAICA	2400*	2200*	2500*	6500*	5600*	6500*						
MEXICO	11910	12172	7350	26173	36667	19118	5	21	82	41	199	645
MONTSERRAT	30F	30F	10*	22F	22F	20*						
NETHANTILLES	30*	227	70*	30*	218	70*						
NICARAGUA	1535	2381	1837	5521	5592	5592	24	10		27	11	
PANAMA	287	23	54	931	74	141	1030	995	635	1612	3414	992
ST KITTS NEV	8	8F	10*	25	25F	10*						
ST LUCIA	9	9	9F	40	42	42F						
ST PIER MQ	27F	27F	27F	63F	63F	63F						

表 29

SITC 025.1

鳥卵（殻つき）

	輸入：MT			輸入：1,000 $			輸出：MT			輸出：1,000 $		
	1997	1998	1999	1997	1998	1999	1997	1998	1999	1997	1998	1999
TRINIDAD TOB	1713	3612	2336	3518	5100	4729	17	12	10	27	31	25
USA	3740	3190	3838	15737	10623	17477	68053	69902	57876	118517	143542	104976
SOUTHAMERICA	8168	9049	5247	32138	36515	17780	8560	10596	7014	20715	29946	13956
ARGENTINA	2338	2643	1477	7486	9744	3985	404	584	70	921	2183	290
BOLIVIA	85	16	20*	210	55	150*	214	771	950*	164	494	450*
BRAZIL	994	144	65	4259	3078	2387	2754	4690	1505	7168	15040	5296
CHILE	52	60	36	1208	1085	1100	1376	1139	1032	3872	4224	2500
COLOMBIA	1528	2033	427*	5326	5884	2420	1405	724	1225	5813	3741	2594
ECUADOR	286	570	236	734	2606	553	120	932	1929	117	1127	1640
GUYANA	440*	600*	400*	1300*	2000*	1300*						
PARAGUAY	10F	1	1F	16	3	3F		1			3	
PERU	780	870	1070	2848	1551	1075	104	576	90*	332	1284	415
SURINAME	220	150*	110*	2097	2400*	1500*						
URUGUAY	64	64	62	826	855	856	601	245	205	535	946	763
VENEZUELA	1371	1898	1343	5828	7254	2451	1582	934	8	1793	904	8
ASIA	228028	239887	240401	260516	243323	224794	180135	169184	145789	207125	176619	137137
ARMENIA	7068	5900	857	7679	6500F	3713						
AZERBAIJAN	10378	9500F	7989	3456	4000F	3967						
BAHRAIN	305	305F	305F	4824	4824F	4824F	3	3F	3F	1	1F	1F
BANGLADESH	4690	21140	26300F	1484	4635	5255						
BHUTAN	604F	604F	604F	330F	330F	330F						
BRUNEI DARSM	486	520	347	1680	1960	1300						
CAMBODIA	20*	10*	10F	70*	60*	60F						
CHINA	319	434	274	902	641	817	62172	57257	44968	43324	34365	25396
CHINA,H.KONG	83068	83848	82776	99002	86569	74405	1183	667	568	2234	1454	990
CYPRUS	15*	28	8	122	478	161	76	33	110	268	168	360
GEORGIA	2600F	2500F	2500F	2600F	2500F	2500F						
INDIA	11	5	5F	27	13	13F	9382	10885	1000F	13532	11973	1200F
INDONESIA	274	48	2905	1161	277	14224	12	240	155	38	390	351
IRAN	4300*	126*	257*	4000*	223	449	659	1984	2256*	620	1649	1444*
IRAQ	1600*	1953*	2700*	7172*	11655*	3500*						
ISRAEL	230F	210F	240F	499	446	530	5300F	2600F	2030F	7545	4185	3269
JAPAN	1851	1048	889	3480	2530	2158	36	55	70	86	133	315
JORDAN	28	38	93	120	160	355	2095	2464	1979	9136	13833	8707
KAZAKHSTAN	894	911	2197	1179	1404	1497	440	798	189	768	871	127
KOREA REP	349	271	520	762	515	889						
KUWAIT	12158	9484	9082	15829	12085	10189	1084	1884	2538	981	1536	2135
KYRGYZSTAN	6052	6100F	6100F	757	850F	850F						
LEBANON	2000F	2000F	2000F	6000F	6000F	6000F	4000*	2500*	390*	2100*	1200*	220*
CHINA, MACAO	4383	4159	4017	2002	1609	1506	135	92	34	85	64	22
MALAYSIA	1824F	598	971	1602F	553	1337	36144	28696	46448	58665	35446	49549
MALDIVES	400*	420*	350*	750*	630*	430*						
MONGOLIA	13	15F	15F	14	16F	16F						
MYANMAR	6	6F	6F	4	4F	4F						
OMAN	10037	10000*	8000*	12086	10000*	5200*	756	756F	756F	1129	1129F	1129F
PAKISTAN	8	42	119	14	228	398		21	11		51	8
PHILIPPINES	143	16	246	193	232	773	21	2	32	69	102	149
QATAR	3090	3090F	3090F	2722	2722F	2722F	4F	4F	4F	16F	16F	16F
SAUDI ARABIA	3199	3477	4044	4449	4371	2932	13227	13479	13479F	16223	16732	16732F
SINGAPORE	38273	39651	41770	49613	41855	50119	359	137	147	415	254	245
SRI LANKA			7			2	395	331	348	590	489	527
SYRIA	27	2	2F	252	56	56F	3703	3645	612	2402	2975	616
THAILAND	20	269	174	119	615	323	2570	5895	1962	3320	6595	2404
TURKEY	205	237	637	1188	1341	2428	30259	30733	22577	30778	33966	16283
TURKMENISTAN	20F	15F	15F	80F	70F	70F						
UNTD ARAB EM	15000*	21000*	16000*	17000*	24000*	11000*	920*	920*	920F	800*	740*	740F
VIET NAM	780*	1330*	1330*	490*	1500*	1500*	5200*	3100*	2200*	12000*	6300*	4200*
YEMEN	11300*	8577*	10650*	4803	4866	5992*		3	3F		2	2F
EUROPE	552643	590384	585503	678991	685398	589130	604992	672417	737481	732305	731908	707972
ALBANIA	17025	667	667F	1028	769	769F						
AUSTRIA	9400	8101	11105	22545	20620	21126	2753	3064	2457	5159	6666	3638
BELARUS	280	1060	269	180	333	144	16519	67869	76539	20203	38825	42441
BEL-LUX	52804	45128	36842	61724	52847	39297	76704	71591	72071	83680	69638	50683
BOSNIA HERZG	7000*	1350*	1900*	6200*	1200*	2500*	60*			100*		
BULGARIA	2836	5285	5285F	3010	3657	3657F	4712	1673	1673F	4593	2810	2810F
CROATIA	128	67	169	967	804	1223	1301	195	1471	1545	573	1217
CZECH REP	2355	3311	1253	4377	4660	1592	7208	5937	7552	5333	5112	5861
DENMARK	12494	14789	15757	15692	17095	15110	9916	9730	8365	14159	15197	12252
ESTONIA	2335	341	260	827	795	632	822	65	12	126	376	469

表 29

SITC 025.1

鳥卵（殻つき）

	輸入：MT			輸入：1,000 $			輸出：MT			輸出：1,000 $		
	1997	1998	1999	1997	1998	1999	1997	1998	1999	1997	1998	1999
FAEROE IS	428	435	432	765	785	704						
FINLAND	6	8	66	34	32	179	12045	9740	6750	11416	7928	5129
FRANCE	52480	44859	53321	60664	46451	46667	32732	37998	52544	66505	79433	94616
GERMANY	263753	272173	232859	313096	288184	221069	52201	60235	68784	63210	68730	67923
GREECE	1691	2278	1802	6266	7149	6674	1813	586	1086	1656	649	1179
HUNGARY	1196	2050	613	5024	7828	2859	5063	5856	4099	15284	18401	11287
ICELAND	8	8	9	176	158	138	253	344	316	434	596	460
IRELAND	1793	1196	1228	4938	4810	4226	767	1314	369	738	1351	474
ITALY	8094	15603	26070	14328	19602	25662	3234	4168	2945	7697	9548	7446
LATVIA	978	2634	2430	1030	3295	2661	1022	4210	1878	821	3857	1414
LITHUANIA	389	2029	1180	674	1665	983	3692	4992	1674	4349	3757	1081
MACEDONIA							1214	1300F	1300F	3019	3100F	3100F
MALTA	306	666	667	1747	1557	1463						
MOLDOVA REP	173	267	85	448	1239	126	1032	1796	3681	1204	1863	2540
NETHERLANDS	50782	47842	72632*	58610	55290	59487	318149	312050	359434	346643	302759	311284
NORWAY	427	1191	534	549	1100	725	1129	572	250	1151	392	112
POLAND	4286	2335	1343	5331	7258	5265	257	639	1353	363	1485	890
PORTUGAL	3514	3526	3923	5368	5623	4052	2069	3177	4857	2937	4458	3989
ROMANIA	585	20062	5521	2721	6933	3473	331	151	26	582	236	160
RUSSIAN FED	2500	37403	53684	5600	50424	48746	1400	4077	5198	2500	4133	3466
SLOVAKIA	174	306	788	905	1132	1557	2747	720	1039	3166	1159	1151
SLOVENIA	125	130	130F	1138	1037	1037F	2147	684	684F	2451	804	804F
SPAIN	4173	5450*	2274	11053	14312	10443	25019	27567	32676*	26669	26671	33809
SWEDEN	6111	8958	8878	5984	7322	6621	3695	2983	4218	3678	3208	5623
SWITZERLAND	22719	22615	23300	30150	27778	25894				1		
UK	15215	13141	15407	20518	15993	18757	10735	24852	11631	29378	46662	30263
UKRAINE	692	2247	1234	992	3200F	1850F	2209	2100	367	1450F	1370F	240F
YUGOSLAVIA	3388	873	1586	4332	2461	1762	42	182	182F	105	161	161F
OCEANIA	1116	1090	906	5281	3008	2456	1187	1430	992	4671	4758	4390
AMER SAMOA	150F	150F	150F	300F	300F	300F						
AUSTRALIA	20	30	32	74	79	149	414	645	564	1895	2512	2694
FIJI ISLANDS	700*	650*	440*	2600*	1400*	840*	10F	10F	10F	20F	20F	20F
FR POLYNESIA	2F	2F	2F	5F	5F	5F						
KIRIBATI	1	1F	10*	3	3F	10*						
NAURU	30*	30F	30F	70*	70F	70F						
NEWCALEDONIA	45	46	50*	358	302	300*		2	2F	1	6	6F
NEW ZEALAND	4	2	13	1405	464	427	763	773	416	2755	2220	1670
PAPUA N GUIN	14F	14F	14F	86F	86F	86F						
SOLOMON IS	40*	30*	30*	120*	60*	40*						
TONGA		25	25F		29	29F						
VANUATU	20*	20*	20*	90*	40*	30*						

表 30

SITC 025.2

鳥　卵（液状、冷凍または乾燥のもの）

輸　入：1,000 $　　　　　　　　　　　　　　　　　　輸　出：1,000 $

	1994	1995	1996	1997	1998	1999	1994	1995	1996	1997	1998	1999
WORLD (FMR)	252834	245950					259080	244905				
WORLD	254828	250230	315655	350564	290441	259793	265535	251714	324667	347137	278525	261170
AFRICA (FMR)	347	781					91	302				
AFRICA	347	781	773	1666	2305	3349	91	302	1426	528	855	706
ALGERIA				3	3F	3F						
ANGOLA		10*										
BOTSWANA	47	76	22	47	47F	47F		10				
CAMEROON		3	1									
CENT AFR REP	2	7	7F	7F	7F	7F						
CONGO, DEM R				17	17F	17F						
CÔTE DIVOIRE	40*	43	87	87F	87F	87F						
EGYPT	9	23		129	262	761						
GABON	38	26	46	54	34	24						
GHANA					27	8						
KENYA	3	3		2	2	2	3	1			3	10
MADAGASCAR	1	3				1						
MALAWI	7											
MAURITIUS	12	8	6	12	5	5			3	3	7	
MOROCCO	60	57	92	88	87	107						
NIGERIA		444	444F	444F	444F	444F						
RÉUNION	20	33										
SENEGAL					1	6						1
SEYCHELLES		5	13	1	6							
SOUTH AFRICA	84	34	38	81	97	2	82	288	1423	521	845	624
SWAZILAND				578	1021	1441					2	22
TANZANIA				106	106F	106F						
TOGO	3											
TUNISIA	8	6	10	9	49	281						46
UGANDA					2	2F					2	
ZAMBIA	13											
ZIMBABWE			7	1	1		6				3	3
N C AMERICA	12322	11663	13541	15167	12956	10654	45601	51483	71979	76878	51932	47937
ARUBA	12*	20*	20*	40*	40*	40F						
BAHAMAS				247	247F	247F						
BARBADOS		2		7	3	13						
BELIZE				1	1F	1F						
BERMUDA	190	140	140	140	140	140						
CANADA	3878	4580	7856	8739	7007	4746	5181	6174	5795	8757	6440	7224
COSTA RICA	17	36	109	293	475	475F					62	62F
EL SALVADOR	5			5	19	86	12			152	571	1161
GREENLAND	22	22	32	34	49	83						
GUADELOUPE	16	4										
GUATEMALA	35	10	32	209	524	533			1		7	7F
HONDURAS	7	29	9	116	19	103						
JAMAICA	4	38	44	44F	44F	44F						
MARTINIQUE	101	117										
MEXICO	5716	4862	2131	1062	1450	674	23	76	596	486	891	750
NETHANTILLES	104	78	100*	160*		60*						
NICARAGUA	23	4	28	43						5		
PANAMA	35	38	44	59	78	87						
TRINIDAD TOB	245	275	419	469	390	510						
USA	1912	1408	2577	3499	2470	2812	40385	45233	65587	67478	43961	38733
SOUTHAMERICA	2499	5366	4569	6390	6091	3259	2554	2718	4395	7611	5071	4107
ARGENTINA	937	2515	1134	1453	1765	1100	439	811	1715	3925	1853	626
BOLIVIA			1	6	72	72F						
BRAZIL	128	906	1480	2649	2535	489	2090	1683	2220	2308	2279	2126
CHILE	3	7	11		40	40F	9	224	376	985	920	920F
COLOMBIA	421	751	1013	1036	519	340						
ECUADOR	3	1		4	32	5						
PARAGUAY	4	16	24	38	7	7F						
PERU	542	434	649	565	567	415						430
URUGUAY	85	29	185	405	327	257						
VENEZUELA	376	707	72	234	227	534	16		84	393	19	5

表 30

SITC 025.2

鳥　卵（液状、冷凍または乾燥のもの）

輸　入：1,000 $　　　　　　　　　　　　　　　　輸　出：1,000 $

	1994	1995	1996	1997	1998	1999	1994	1995	1996	1997	1998	1999
ASIA (FMR)	48534	58419					10824	9369				
ASIA	48771	58511	71568	76225	55659	57818	10994	12460	28381	28722	13467	14160
ARMENIA		2	2F	1	1F							
AZERBAIJAN	197	10			10	9						
BANGLADESH			6	2		575						
CHINA	737	810	564	736	332	406	1753	1996	4643	4308	4106	4074
CHINA,H.KONG	2701	3525	3634	4379	3364	3825	84	73	107	114	111	23
CYPRUS	9	9	11	63	14	7						
GEORGIA		55*	50F	50F	45F	45F						
INDIA	9		1				3	1346	15541	13097	4469	3346
INDONESIA	273	299	746	596	547	1025	1	1	160	81		134
IRAN				25								
ISRAEL						4	6084	2413	1404	3799	1276	847
JAPAN	38515	44339	54671	57688	40861	41753	103	356	211	189	139	526
JORDAN	24	20	8	5	4						31	17
KAZAKHSTAN		25	441	20	239	131	170	3091	895	672*	62*	176
KOREA D P RP		65*	84*	84F	84F	84F						
KOREA REP	2202	3312	4470	4158	2449	1932		24	70		23	88
KUWAIT	12	196	198	373	383	331						
CHINA, MACAO	8	33	5	2	3	2			2			
MALAYSIA	730	289	545	545F	622	586	10	14				5
MONGOLIA				18	20F	20F						
MYANMAR				20	20F	20F						
OMAN	10	5	74									
PAKISTAN	18	43	11	9	87	60					51	
PHILIPPINES	1077	1199	1043	1721	1452	1522						
SAUDI ARABIA	204	1311	1330	1249	895	684		1		74	50	50F
SINGAPORE	1018	1162	1410	2308	2149	2131	76	77	54	101	82	113
SRI LANKA		2		9	24	8			11			
SYRIA		10	32	8	31	31F			3	3F	48	48F
THAILAND	518	1061	1100	873	755	1412	2710	3068	5227	6284	2995	4711
TURKEY	429	549	952	1103	1048	995			53		24	2
TURKMENISTAN	40*											
UNTD ARAB EM	40*	180*	180F	180F	180F	180F						
YEMEN					40	40F						
EUROPE (FMR)	188711	168037					196715	180198				
EUROPE	190768	173315	222986	249117	212720	182494	206130	184416	217500	232405	206390	192791
ALBANIA			4	1								
AUSTRIA	8522	4704	5526	14669	14973	9040	90	78	953	3073	2924	757
BELARUS	100				332	526	340				580	397
BEL-LUX	7683	6969	8701	12227	10172	16737	44612	39533	47405	57927	51077	36930
BOSNIA HERZG	215*	540*	240	15	39	39F			20			
BULGARIA	440	272	661	1309	1309	121	1491	2228	864	1550	2788	942
CROATIA	2	17	217		103		927	652	853	533	554	459
CZECH REP	558	272	3339	2361	1093	827	2173	3840	1977	2483	2163	1059
DENMARK	3934	5318	6998	12062	9480	8147	9887	10798	14826	8956	10890	8617
ESTONIA	201	83	444	242	178	80	756	596	564	494	203	275
FAEROE IS	6	9	7	11	9	15						
FINLAND	60	163	388	304	330	267	555	641	823	931	1079	198
FRANCE	23764	23918	28080	26543	27836	17988	32092	30283	45324	45288	43366	35397
GERMANY	50129	47228	59353	62785	51647	42690	14151	13078	17326	23316	20480	17939
GREECE	3642	3529	4197	3557	3743	2783	106	106	99	167	376	481
HUNGARY	432	220	208		15	6	1722	892				609
ICELAND	182	171	184	180	165	145		2				1
IRELAND	857	586	824	1334	1561	984	283	1	13	42	76	14
ITALY	27950	19614	31440	21655	15698	7825	2233	3279	4910	7327	8334	7770
LATVIA	11		19	113	538	614	192		160		296	509
LITHUANIA	15	14	2	194	26	68	140	86	231	110	184	279
MACEDONIA	6						195	140	50	10	10F	10F
MALTA	91	324	167	232	110	108	3	138	97		1	29
MOLDOVA REP		45	45F			8	145	306	391	764		404
NETHERLANDS	8103	7610	10130	10130	9941	17118	80682	66634	68746	65835	49570	68713
NORWAY	9	2277	5067	4511	1118	1112	1028	823	917	1170	708	1088
POLAND	5177	1842	2842	4599	4693	3471		413	665	1910	80	124
PORTUGAL	727	1598	3055	2992	3488	2830	10	29	170	177	855	1289
ROMANIA	61	459	313	360	270	22	183	453	451	1226	47	83
RUSSIAN FED	220	1000*	1587	11945*	3143	1065	1800*	135*	821	542*	1522	534
SLOVAKIA	1134	638	607	1647	743	907	142	327		52	172	82
SLOVENIA	663	630	1152	886	989	940*	28		7	18	20	20F
SPAIN	7274	7187	7192	6032	5660	4337	138	704	1305	1120	2054	2187
SWEDEN	5885	1134	1493	2522	2793	1511	595	688	766	2130	2899	2201

表 30

SITC 025.2

鳥　卵（液状、冷凍または乾燥のもの）

輸　入：1,000 $　　　　　　　　　　　　　　　　輸　出：1,000 $

	1994	1995	1996	1997	1998	1999	1994	1995	1996	1997	1998	1999
SWITZERLAND	15702	17978	18798	19335	21179	20815	4	21	29	12	5	4
UK	16793	14266	19379	23387	18694	18641	5130	6007	4884	4064	2917	3374
UKRAINE	220	2700	310F	957	640F	695F	4300F	1640F	1750F	1018	160F	16F
YUGOSLAVIA			17	20	12	12F			62	63		
OCEANIA	121	594	2218	1999	710	2219	165	335	986	993	810	1469
AUSTRALIA	38	563	2090	1780	485	2039	158	325	944	984	808	1226
COOK IS					1	1						
FIJI ISLANDS	6											
FR POLYNESIA	8	1	1F	1F	1F	1F						
NEWCALEDONIA				28	24	24F						
NEW ZEALAND	69	30	117	180	189	144	7	10	42	9	2	243
PAPUA N GUIN			10	10F	10F	10F						
CZECH F AREA	948	246					1663	3504				
USSR F AREA	300	1090					3130	500				
YUGO F AREA	340	415					60					

表 31

SITC EX 025.2

鳥　卵（液状または冷凍のもの）

	輸入：MT			輸入：1,000 $			輸出：MT			輸出：1,000 $		
	1997	1998	1999	1997	1998	1999	1997	1998	1999	1997	1998	1999
WORLD	125729	110688	120079	209425	172069	164927	136169	124696	138683	214793	179995	178390
AFRICA	318	468	902	749	1247	1684	225	209	882	523	849	647
BOTSWANA	3	3F	3F	28	28F	28F						
CENT AFR REP	10F	10F	10F	7F	7F	7F						
CONGO, DEM R	3	3F	3F	17	17F	17F						
EGYPT	22	63	106	48	111	176						
GABON	30*	30*	20*	50*	30*	20*						
GHANA		3	1*		18	3		1	1F			
KENYA				2	2							4
MADAGASCAR						1						
MAURITIUS	5	4	2	12	5	5	4			7		
MOROCCO	4		7	12		20						
SENEGAL					1	1						1
SOUTH AFRICA	3	2	2	3	2	2	221	205	863	516	842*	617
SWAZILAND	238	349	746	569	1020	1395		1	15		2	22
TUNISIA		1	2		4	7						
UGANDA					2	2F		1			2	
ZIMBABWE					1			1	3		3	3
N C AMERICA	7625	6317	6103	11298	9409	7814	23059	16241	18681	41323	29007	31389
ARUBA	20*	20*	20F	40*	40*	40F						
BAHAMAS	9	9F	9F	35	35F	35F						
BARBADOS	2		7	7	3	13						
BELIZE				1	1F	1F						
BERMUDA	100F	100F	100F	140F	140F	140F						
CANADA	4504	3541	3377	6183	4627	3359	2179	1276	1217	3147	2022	1754
COSTA RICA	112	252	252F	190	452	452F		23	23F		62	62F
EL SALVADOR			108			86	98	316	656	152	571	1161
GREENLAND	8	14	24	34	49	83						
GUATEMALA	86	278	278F	139	503	503F		6	6F		7	7F
HONDURAS	69	7	66	114	17	103						
JAMAICA	16F	16F	16F	44F	44F	44F						
MEXICO	358	567	215	691	1031	343	42	2	66	161	8	66
NETHANTILLES	35*		20*	160*		60*						
NICARAGUA	8			43			5			4		
PANAMA	2	1	19	8	3	59						
TRINIDAD TOB			40			68						
USA	2296	1512	1552	3469	2464	2425	20735	14618	16713	37859	26337	28339
SOUTHAMERICA	1346	1351	1146	2702	2337	1983	1632	1289	1299	2492	2195	2128
ARGENTINA	800	819	563	1363	1466	761	148	34	25	347	82	107
BOLIVIA	2	1	1F	6	1	1F						
BRAZIL	172		50	527	4	214	1482	1250	955	2130	2101	1590
COLOMBIA	1	1	3	5	7	17						
ECUADOR	1	6	2	1	31	5						
PARAGUAY				1	1	1F						
PERU	259	271	234	565	567	415				319		430
URUGUAY		24	26		33	36						
VENEZUELA	111	229	267	234	227	533	2	5		15	12	1
ASIA	20970	14072	16988	46121	29112	32837	8022	6042	6454	15426	8256	9719
CHINA	674	163	60	537	171	39	2328	2627	2757	3653	3667	3743
CHINA,H.KONG	1693	1458	1823	2465	2230	2642	88	29	3	81	40	5
CYPRUS	9	1	1	58	1	3						
INDIA							2069	943	943F	5195	1346	1346F
INDONESIA	1	53	172		81	190	47		49	79		134
IRAN	4			25								
ISRAEL							190F	270F	25F	231	379	34
JAPAN	15591	9796	12358	36528	21189	25279	9	4	54	65	40	305
JORDAN									2			17
KAZAKHSTAN							24*	8*		72*	20*	
KOREA REP	855	624	479	1806	1282	921		29	69		23	88
CHINA, MACAO				2	2	2						
MALAYSIA	111F	168	121	185F	313	152						
MONGOLIA	4	5F	5F	5	6F	6F						
OMAN			60*									
PHILIPPINES	406	311	319	872	736	576						
SAUDI ARABIA	360	178	178F	874	364	364F		19	19F		22	22F
SINGAPORE	946	979	1042	1713	1718	1660	3	13	1	12	20	3
SRI LANKA					2	2						

表 31

SITC EX 025.2

鳥　卵（液状または冷凍のもの）

	輸入：MT			輸入：1,000 $			輸出：MT			輸出：1,000 $		
	1997	1998	1999	1997	1998	1999	1997	1998	1999	1997	1998	1999
THAILAND	22	24	51	165	143	173	3264	2088	2531	6038	2691	4021
TURKEY	234	252	259	706	694	648		12	1		8	2
UNTD ARAB EM	60F	60F	60F	180F	180F	180F						
EUROPE	95384	88426	94607	148297	129813	120081	102604	100312	110230	154043	138938	133102
AUSTRIA	3433	3235	3228	5990	5277	4302	626	764	193	1196	1360	290
BELARUS		2	13		9	38		18			90	
BEL-LUX	4683	4409	9961	8283	6686	11257	27626	25875	19249	42458	37405	24485
BOSNIA HERZG	7*	7F	7F	15*	15F	15F						
BULGARIA	50	1	1F	202	1	1F	55	1	1F	220	2	2F
CROATIA							133	120	110	236	235	226
CZECH REP	35	106	34	41	88	53	323	182	139	342	328	356
DENMARK	4716	4933	4469	5837	5799	5387	3483	4514	3874	8956	10888	8617
ESTONIA	1	3	2	3	1	10		14	34	1	14	53
FAEROE IS	3	2	4	10	9	14						
FINLAND	42	36	44	154	142	169	719	840	189	928	1072	195
FRANCE	19529	21456	15879	25329	24735	15922	14683	17899	15761	23091	23532	20025
GERMANY	30192	25676	28448	44852	35131	31424	11579	9815	10390	18321	16071	14521
GREECE	622	669	593	1382	1536	1340	15	63	102	78	351	412
HUNGARY			1			1						
ICELAND	62	59	58	179	165	145						1
IRELAND	281	239	290	589	437	455		2	2		6	6
ITALY	11211	7525	5146	19708	12815	6489	3825	6492	5238	3742	5939	4778
LATVIA		54	109		306	403			23			100
LITHUANIA	53	1	26	162	3	68	24	46	108	110	176	257
MACEDONIA							21	21F	21F	10	10F	10F
MALTA	36	41	50	90	103	100					1	
NETHERLANDS	2913	2813	8085	4291	5028	13078	32111	26802	48292	48076	34942	52262
NORWAY	166	48	64	440	148	192	970	922	847	264	244	269
POLAND	574	536	324	1328	1134	521	1219	189	78	493	75	64
PORTUGAL	663	729	796	1513	1796	1672	68	716	1199	143	787	1191
ROMANIA	4	1	4	12	1	9			33		95F	61
RUSSIAN FED	490*	120	331	945*	184	155	100*	41	2	400*	117	2
SLOVAKIA	5	17	17	6	16	13						
SLOVENIA	179	238	260*	438	605	590*	24	8	8F	18	20	20F
SPAIN	1180	1744	1882	2339	3028	2873	768	1589	1829	1089	1938	2002
SWEDEN	416	313	326	815	833	872	163	505	362	389	774	424
SWITZERLAND	10293	10503	10421	17959	19083	16943			2	1		3
UK	2825	2465	3252	4458	4112	4928	4069	2874	2144	3386	2561	2470
UKRAINE	686	442	479	907	575F	630F						
YUGOSLAVIA	34	3	3F	20	12	12F						
OCEANIA	86	54	333	258	151	528	627	603	1137	986	750	1405
AUSTRALIA	70*	50*	325	195	116	492	616	602	879	977	748	1165
COOK IS					1	1						
FR POLYNESIA				1F	1F	1F						
NEWCALEDONIA	3	3	3F	20	21	21F						
NEW ZEALAND	13	1	5	32	2	3	11	1	258	9	2	240
PAPUA N GUIN				10F	10F	10F						

表 32

SITC EX 025.2

鳥　卵（乾燥のもの）

	輸入：MT			輸入：1,000 $			輸出：MT			輸出：1,000 $		
	1997	1998	1999	1997	1998	1999	1997	1998	1999	1997	1998	1999
WORLD	34613	39015	30091	141139	118372	94866	30734	26229	26424	132344	98530	82780
AFRICA	315	354	597	917	1058	1665	1		13	5	6	59
ALGERIA	1	1F	1F	3	3F	3F						
BOTSWANA	11	11F	11F	19	19F	19F						
CÔTE DIVOIRE	14F	14F	14F	87F	87F	87F						
EGYPT	14	34	206	81	151	585						
GABON	1F	1F	1F	4F	4F	4F						
GHANA		2	2*		9	5						
KENYA										1	3	6
MOROCCO	13	15	17	76	87	87						
NIGERIA	210F	210F	210F	444F	444F	444F						
SENEGAL			1			5						
SEYCHELLES		4		1	6							
SOUTH AFRICA	16	24		78	95		1		1	5	3	7
SWAZILAND	6	1	45	9*	1	46						
TANZANIA	28	28F	28F	106	106F	106F						
TUNISIA	1	9	61	9	45	274			11			46
ZIMBABWE						1						
N C AMERICA	1719	2426	1972	3869	3547	2840	9051	7361	5567	35555	22925	16548
BAHAMAS	77	77F	77F	212	212F	212F						
CANADA	1336	1877	1320	2556	2380	1387	1233	1142	1641	5610	4418	5470
COSTA RICA	23	4	4F	103	23	23F						
EL SALVADOR	3	16		5	19							
GUATEMALA	20	5	10*	70	21	30*						
HONDURAS	1	1		2	2							
MEXICO	132	335	287	371	419	331	92	280	211	325	883	684
NICARAGUA							1			1		
PANAMA	10	15	6	51	75	28						
TRINIDAD TOB	114	95	97	469	390	442						
USA	3	1	171	30	6	387	7725	5939	3715	29619	17624	10394
SOUTHAMERICA	749	1020	466	3688	3754	1276	1074	742	566	5119	2876	1979
ARGENTINA	22	126	194	90	299	339	703	398	115	3578	1771	519
BOLIVIA		13	13F		71	71F						
BRAZIL	454	676	100	2122	2531	275	48	51	158	178	178	536
CHILE		9	9F		40	40F	269	292	292F	985	920	920F
COLOMBIA	181	130	100	1031	512	323						
ECUADOR				3	1							
PARAGUAY	7	1	1F	37	6	6F						
URUGUAY	85	65	49	405	294	221						
VENEZUELA						1	54	1	1	378	7	4
ASIA	6371	6426	6819	30104	26547	24981	3463	1478	1703	13296	5211	4441
ARMENIA				1	1F							
AZERBAIJAN		10*	10		10F	9						
BANGLADESH	1		300F	2		575						
CHINA	63	38	136	199	161	367	143	101	72	655	439	331
CHINA,H.KONG	234	152	200	1914	1134	1183	5	14	9	33	71	19
CYPRUS	2	2	1	5	13	4						
GEORGIA	25F	20F	20F	50F	45F	45F						
INDIA							1956	857	830*	7902	3123	2000*
INDONESIA	116	128	249	596	466	835	4			2		
ISRAEL						4	1200F	300F	290F	3568	897	813
JAPAN	4402	4675	4335	21160	19672	16474	7	2	17	124	99	221
JORDAN	1	1		5	4				4		31	
KAZAKHSTAN	6	80	58	20	239	131	100*	10*	138	600*	42*	176
KOREA D P RP	25F	25F	25F	84F	84F	84F						
KOREA REP	547	272	272	2352	1167	1011						
KUWAIT	139	183	129	373	383	331						
CHINA, MACAO						1						
MALAYSIA	72F	70	98	360F	309	434				4		5
MONGOLIA	4	5F	5F	13	14F	14F						
MYANMAR	4	4F	4F	20	20F	20F						
PAKISTAN	3	12	7	9	87	60			17		51	
PHILIPPINES	232	192	281	849	716	946						
SAUDI ARABIA	123	201	150*	375	531	320*	10	28	28F	74	28	28F
SINGAPORE	117	88	99	595	431	471	15	12	21	89	62	110
SRI LANKA	2	5	2	9	22	6						
SYRIA	2	6	6F	8	31	31F	1F	91	91F	3F	48	48F

表 32

SITC EX 025.2

鳥　卵（乾燥のもの）

	輸　入：MT			輸　入：1,000 $			輸　出：MT			輸　出：1,000 $		
	1997	1998	1999	1997	1998	1999	1997	1998	1999	1997	1998	1999
THAILAND	173	175	325	708	612	1239	22	38	203	246	304	690
TURKEY	78	72	97	397	354	347		4			16	
YEMEN		10	10F		40	40F						
EUROPE	25084	28662	19895	100820	82907	62413	17144	16636	18563	78362	67452	59689
ALBANIA				1								
AUSTRIA	2035	2466	1453	8679	9696	4738	416	371	247	1877	1564	467
BELARUS		68	230		323	488		167	79		490	397
BEL-LUX	1295	1303	1967*	3944	3486	5480	3591	3493	4324	15469	13672	12445
BOSNIA HERZG		6*	6F		24*	24F						
BULGARIA	259	309	70*	1107	1308	120*	342	724	260*	1330	2786	940*
CROATIA		124			103		61	80	56	297	319	233
CZECH REP	629	288	258	2320	1005	774	425	572	187	2141	1835	703
DENMARK	1810	1296	1323	6225	3681	2760		1			2	
ESTONIA	64	52	24	239	177	70	166	54	108	493	189	222
FAEROE IS				1		1						
FINLAND	34	45	22	150	188	98	1	2	2	3	7	3
FRANCE	398	1409	599	1214	3101	2066	5192	4651	4905	22197	19834	15372
GERMANY	5601	5119	2983	17933	16516	11266	979	1050	971	4995	4409	3418
GREECE	443	447	331	2175	2207	1443	20	7	10	89	25	69
HUNGARY		3	9		15	5				206		609
ICELAND				1								
IRELAND	205	207	197	745	1124	529	5	21	1	42	70	8
ITALY	392	689	381	1947	2883	1336	659	506	734	3585	2395	2992
LATVIA	24	33	60	113	232	211		47	207		296	409
LITHUANIA	5	9		32	23				3	38		8	22
MALTA	33	1	2	142	7	8	20		10	97		29
MOLDOVA REP			1			8	131		206	764		404
NETHERLANDS	1443	1680	1213	5839	4913	4040	3579	3373	4331	17759	14628	16451
NORWAY	994	270	234	4071	970	920	198	137	258	906	464	819
POLAND	629	799	967	3271	3559	2950	201	1	27	1417	5	60
PORTUGAL	295	348	357	1479	1692	1158	5	25	25	34	68	98
ROMANIA	62	58	3	348	269	13	302	10	12	1131	47	22
RUSSIAN FED	3000*	6259	1559	11000*	2959	910	85*	668	392	142*	1405	532
SLOVAKIA	550	362	334	1641	727	894	10	35	53	52	172	82
SLOVENIA	91	78	80*	448	384	350*						
SPAIN	840	659	547	3693	2632	1464	6	36	38	31	116	185
SWEDEN	296	344	237	1707	1960	639	369	485	674	1741	2125	1777
SWITZERLAND	283	528	1080	1376	2096	3872	1	1		11	5	1
UK	3359	3383	3348	18929	14582	13713	127	76	198	678	356	904
UKRAINE	15F	20F	20F	50F	65F	65F	242	40	4	1018	160F	16F
YUGOSLAVIA							11			63		
OCEANIA	375	127	342	1741	559	1691	1	12	12	7	60	64
AUSTRALIA	350*	90*	316	1585	369	1547	1	12	11	7	60	61
NEWCALEDONIA	1			8	3	3F						
NEW ZEALAND	24	37	26	148	187	141			1			3

表 33

SITC 041-046

穀物合計

	輸入：100MT			輸入：10,000 $			輸出：100MT			輸出：10,000 $		
	1997	1998	1999	1997	1998	1999	1997	1998	1999	1997	1998	1999
WORLD	2410848	2450520	2604081	4672197	4216571	4028893	2483327	2561490	2654952	4298728	3952934	3661916
AFRICA	372762	407147	387354	697711	663100	552124	32130	27810	18066	57614	50343	32446
ALGERIA	61932	56637	57657	135511	83200	64449						
ANGOLA	4046	4576	4090	8247	8626	5746						
BENIN	1526	964	1850	4335	2420	4485						
BOTSWANA	1509	1272	1332	6381	5212	5312	11	10	10	38	37	37
BURKINA FASO	1556	2021	1949	5125	7045	5845	34F	34F	34F	31F	31F	31F
BURUNDI	95	180	148	352	603	400						
CAMEROON	3220	4032	2986	3863	4755	3940	63	63	63	217	217	217
CAPE VERDE	1085	763	762	2356	1221	1084						
CENT AFR REP	399	419	447	890	840	650						
CHAD	587	385	523	1614	912	912						
COMOROS	415	330	547	1063	840	1584						
CONGO, DEM R	5924	5775	2689	9377	7495	3920						
CONGO, REP	1820	2278	2272	3865	3853	2510	1F	1F	1F	5F	5F	5F
CÔTE DIVOIRE	7233	7943	8683	17293	18033	16561	41	536	504	73	754	624
DJIBOUTI	659	856	1715	1541	1746	2766						
EGYPT	100771	104818	96637	122897	116576	95124	2086	4350	3283	7280	13595	9250
EQ GUINEA	96*	164*	120*	225*	400*	232						
ERITREA	3249	3042	796	5980	4510	1270	1	1F	1F	3	3F	3F
ETHIOPIA	2493	5827	6457	4562	10262	9377	396F	151F	1F	1102F	402F	2F
GABON	878	830	919	2204	1629	1550						
GAMBIA	1280	1422	1443	2475	2565	2345	2F	2F	2F	9F	9F	9F
GHANA	2371	3701	2878	5459	8165	7668	70	426	242	117	270	237
GUINEA	3233	2882	3392	8100	7285	7000						
GUINEABISSAU	407	389	231	1177	1317	627						
KENYA	15861	9320	7531	31170	20428	11771	472	720	613	1595	2199	1156
LESOTHO	1448	1741	1941	2825	3175	3325		19	19		50	50
LIBERIA	1477	1706	1361	2480	2570	2080						
LIBYA	23189	20311	16898	45135	30592	19872						
MADAGASCAR	1219	1490	1666	3071	3495	3616	114	17	13	220	61	71
MALAWI	1722*	4025	2589	3780	8571	6351	37	56	58	205	257	185
MALI	1138	1208	1250	3016	2816	2476	50F	50F	50F	70F	70F	70F
MAURITANIA	3682	8002	5012	7786	16426	10058						
MAURITIUS	2265	2671	2874	5502	5090	6005	424	305	262	785	461	391
MOROCCO	27616	40880	43794	46889	54880	56315	621	912	648	1520	2004	949
MOZAMBIQUE	3666	5397	3813	6092	8514	5424						
NAMIBIA	1610	1200	1740	2980	2120	2860						
NIGER	671	2564	2115	2171	5871	3579		9	9		14	14
NIGERIA	18822	21324	22263	46060	47380	50912	440	468	468	396	425	425
RWANDA	1542	1958	1706	2975F	3797	2067						
ST HELENA	10	5	4	40	21	15						
SAO TOME PRN	52	104	72	143	260	160						
SENEGAL	6042	8562	8836	15227	20774	20740	2	22	4	5	56	12
SEYCHELLES	198	138	151	960	796	841						
SIERRA LEONE	2885	3115	2756	8781	8993	8401						
SOMALIA	1158	2099	1380	3288	5128	2578						
SOUTH AFRICA	13991	13168	15460	32169	27248	25191	20074	10204	6328	30992	15128	9681
SUDAN	7036	7941	6565	14892	16390	8350	700	1770	1700	1030	2655	2530
SWAZILAND	575	448	938	2164	1637	2741	30	38	29	102	151	69
TANZANIA	2835	3517	6009	6021	7621	10391	79	339	133	241	909	335
TOGO	1025	3316	3170	2129	5241	4961	49	48	85	144	142F	143
TUNISIA	19717	19532	20154	31590	29394	23386	967	1119	1148	2079	2080	1713
UGANDA	1317	2004	1445	3890	5292	4519	528	431	176	1506	974	352
ZAMBIA	1068	4947	900	3537	12169	2460	7	8	8F	112	115	115F
ZIMBABWE	2140	2944	2437	6058	6905	5322	4833	5702	2177	7738	7270	3771
N C AMERICA	212598	251224	274860	410048	407946	400206	1020273	1002939	1116975	1566913	1373789	1338578
ANTIGUA BARB	48	48	48	255	250	250						
ARUBA	52	110	81	277	580	451						
BAHAMAS	171	182	191	1000	932	1005	1	1F	1F	5	5F	5F
BARBADOS	829	674	684	1694	1207	1377	55	83	50	212	366	181
BELIZE	113	215	151	410	585	435						
BERMUDA	22	25	23	106	103	103						
BR VIRGIN IS	3	3F	3F	10	12	12F						
CANADA	14172	16444	13947	29896	30409	25332	237322	210135	200453	392019	327615	277642
CAYMAN IS	11	9	8	53	46	39						
COSTA RICA	6810	7392	6191	12009	13570	8578	126	188	183	277	431	428
CUBA	14930	13715	13082	29150	23784	16454						
DOMINICA	73	70	70	331	322	322						
DOMINICAN RP	11195	9607	13326	18966	12694	12994						
EL SALVADOR	5290	3732	1475	10134	8847	3604	39	27	47	61	99	92

表　33

SITC 041-046

穀物合計

	輸　入：100MT			輸　入：10,000 $			輸　出：100MT			輸　出：10,000 $		
	1997	1998	1999	1997	1998	1999	1997	1998	1999	1997	1998	1999
GREENLAND	20	25	27	114	142	152						
GRENADA	155	289	243	464	729	565	47	40	40F	177	140	140F
GUATEMALA	5534	7026	9342	10331	11292	12436	886	143	385	2664	642	1569
HAITI	4024	5120	5122	13160	12720	11370						
HONDURAS	3745	2251	4076	9676	4706	7327	16	82	82F	45	257	257F
JAMAICA	4995	4508	5251	11873	9157	9751				1	1F	1F
MEXICO	71655	116212	135928	119042	149723	166920	5508	3936	3746	10304	6234	5971
MONTSERRAT	22	21	21	44	39	40						
NETHANTILLES	1131	1252	1121	3687	3872	3702	917	281	46	5226	1429	137
NICARAGUA	1641	1807	2024	5262	4917	5564	253	52	32	537	144	84
PANAMA	2407	3714	3420	4283	7252	5044	23	11	1	130	104	5
ST KITTS NEV	42	77	36	196	313	155						
ST LUCIA	206	211	210	863	880	877						
ST PIER MQ	10	10F	10F	40	40F	40F						
ST VINCENT	559	447	352	1418	1040	720	327	307	261	1459	1614	1352
TRINIDAD TOB	2928	2329	2052	5532	4716	4554	90	99	93	366	457	275
USA	59805	53696	56345	119771	103068	100034	774665	787556	911556	1153431	1034252	1050439
SOUTHAMERICA	173314	218400	202367	360749	363737	281741	247069	274440	202806	393249	379749	265456
ARGENTINA	1845	432	255	8083	3157	1906	220734	255318	186315	314401	310504	213008
BOLIVIA	1969	1944	1364	4666	4936	4173	90	68	192	343	339	525
BRAZIL	69379	100138	90783	155190	165787	125981	3706	375	614	5556	1791	2280
CHILE	13061	13993	21529	22420	21275	28758	463	734	522	5226	8814	6404
COLOMBIA	31906	36895	30937	58875	61430	40636	4	12	3	43	127	48
ECUADOR	6316	10007	7445	11225	18888	9564	2434	769	1063	7754	2679	2293
GUYANA	538	550	625	1052	885	1015	2858	2498	2498	8478	8251	8251
PARAGUAY	244	1174	1061	719	2107	1699	4856	3120	1746	5149	3403	1526
PERU	25019	27978	25557	58231	48378	37334	72	101	132	401	541	646
SURINAME	362	560*	366*	1717	2393	1370	1104	841	713	8939	5714	5234
URUGUAY	982	1250	795	2198	2194	1392	9871	8891	8366	32809	31445	22155
VENEZUELA	21695	23479	21650	36374	32308	27914	876	1713	643	4151	6143	3087
ASIA	1126656	1080088	1176063	2117124	1839323	1862475	307156	355508	321315	731142	811602	660646
AFGHANISTAN	2551	1699	2991	3492	1822	4672						
ARMENIA	3808	2257	2971	8886	6264	5204			1			4
AZERBAIJAN	5483	6916	7247	10596	9815	9660			1	3		3
BAHRAIN	1736	1149	979	5408	3583	3054	663	597	597F	971	900	900
BANGLADESH	16130	21765	47641	24594	37961	91537	1	1	2	3	7	13
BHUTAN	442	346	429	954	601	581	189	189	190	208	212	207
BRUNEI DARSM	432	479	650	2595	2912	2024						
CAMBODIA	402	614	622	549	1359	1385	59	29	45	185	105	135
CHINA	112163	100096	95172	200981	155509	128118	85231	90227	75162	131629	158111	120390
CHINA,H.KONG	6403	5932	6062	30093	25833	23493	523	402	362	2008	1440	1244
CYPRUS	6339	6266	5841	9902	6977	6275	9	24	9	33	49	29
GAZA STRIP	2500F	2500F	2500F	4500F	4500F	4500F						
GEORGIA	3087	4270	2124	5570	5813	2800						
INDIA	14898	18212	17304	26739	28272	58034	24355	49813	26031	91918	151110	77628
INDONESIA	50873	56825	85986	106539	154599	188153	193	6349	940	1126	6688	1278
IRAN	87107	51800	84386	170817	87823	124535	65	47	47	149	103	132
IRAQ	27882	30842	36102	65150	70550	77150F						
ISRAEL	26140	28281	29350	43749	35554	38130	6F	27F	8	20	108	27
JAPAN	278720	269970	278133	490865	411247	382008	4070	7343	6090	8683	21944	15190
JORDAN	14454	19083	16937	27185	29291	23882	105	70	160	299	199	440
KAZAKHSTAN	201	211	222	711	331	311	38886	31856	41454	58013	34457	36152
KOREA D P RP	14510	15009	11944	30192	27963	22557	5	5F	5F	9	9F	9F
KOREA REP	118333	119932	108044	188600	161541	150870	188	254	428	623	629	740
KUWAIT	6371	5968	7007	16549	14898	15712	296	30	191	631	66	587
KYRGYZSTAN	1553	1301	1883	3047	1780	2350	435	380	346F	900	726	684F
LAOS	245	408	89	911	1224	236	1*	4	4F	1*	4*	4F
LEBANON	7649	6794	7474	11025	8929	9744	6	6F	2	23F	23F	6
CHINA, MACAO	355	346	350	697	666	633			1	1	1	7
MALAYSIA	44773	35695	41506	104607	64831	66919	2492	3164	1459	2290	2741	2962
MALDIVES	351	314	248	934	784	694						
MONGOLIA	1219	1470	799	2662	2054	1225	1	1		3	2	2
MYANMAR	410	698	1008	1059	1553	1703	783	1270	560	1328	2330	1530
NEPAL	333F	244	449	751	609	969	4480	99	88	6678	184	171
OMAN	4334	4403	3873	9986	8641	7451	1470	1443	1343F	3774	3638	3288F
PAKISTAN	25034	25274	32435	49406	35779	42144	17714	19756	17952	48035	56923	59266
PHILIPPINES	34792	47838	30550	69505	102796	68730	4	2	4	350	50	49
QATAR	1517	1383	1279	4004	3551	4032	19	34	12	72	122	32
SAUDI ARABIA	69622	53087	61354	136964	102973	62238	77	43	43	327	197	197
SINGAPORE	6893	5757	8300	22598	17399	21351	1484	1056	653	2246	1786	1161
SRI LANKA	12864	11887	12239	20283	18398	18024	15	27	14	99	141	86

表 33

SITC 041-046

穀物合計

	輸入：100MT			輸入：10,000 $			輸出：100MT			輸出：10,000 $		
	1997	1998	1999	1997	1998	1999	1997	1998	1999	1997	1998	1999
SYRIA	8381	6535	13684	16860	12291	18551	11822	4284	1120	23607	9469	2426
TAJIKISTAN	3764	4560	4805	10010	11970	12630						
THAILAND	8297	9400	9219	17542	16151	15011	56675	66889	69480	219280	212705	197170
TURKEY	37969	29708	29426	70124	46565	40289	17368	31349	25965	33999	38624	27245
TURKMENISTAN	4196F	816	822	8198F	2186F	2121F						
UNTD ARAB EM	11572	14287	19106	28853	34235	39927	916	1317	4460	3101	3221	9642
UZBEKISTAN	12649	14452	11743	24345	23460	17878	150			500		
VIET NAM	4381	7069	8133	8751	11448	9720	36391	37045	46023	88005	102490	99545F
YEMEN	22537	25940	24645	18388	24039	33262	8	77	63	11	91	68
EUROPE	515670	484763	552833	1058104	918502	907049	635195	700484	775103	1127085	1042564	1068551
ALBANIA	2935	2781	2888	6289	5816	4059		1	1	1	2	2F
AUSTRIA	3270	4278	4161	9886	9895	9586	6851	9191	11480	14280	16146	17234
BELARUS	11350	8869	16862	20708	14162	19179	214	481	105	500	1129	224
BEL-LUX	61282	55643	55301	118862	99367	90094	25280	23420	33249	58583	51707	58473
BOSNIA HERZG	3838*	5155*	4068	6474*	7965*	5409	8	342		13	729	
BULGARIA	4614	546	530	8322	1137	1400	1238	10583	7159	1460	9198	6546
CROATIA	1905	653	832	3712	1483	1412	235	1965	997	644	2239	1495
CZECH REP	6210	3283	2315	10200	5408	4527	544	2449	8227	1296	3275	7712
DENMARK	4397	5547	7618	11920	13063	16417	20260	19304	20060	33873	27980	24704
ESTONIA	1546	1654	1457	2156	2011	1659	299	161	176	552	169	220
FAEROE IS	28	26	32	91	81	89						
FINLAND	2351	3933	3798	6071	7504	6996	6920	5091	3501	9988	5526	3509
FRANCE	14124	14448	13294	50715	51354	44631	282042	287640	348590	486917	436403	470772
GERMANY	27415	26727	30676	71030	65874	67557	73912	80800	100775	126637	126594	133152
GREECE	12871	12206	12723	25418	24205	22159	7571	2979	3343	16988	7335	6975
HUNGARY	805	611	780	2830	2706	3179	25818	44515	26763	35328	41766	27411
ICELAND	616	608	592	1265	1119	939					2	
IRELAND	4999	7195	8706	11063	13151	14817	3024	3126	743	5112	4173	1326
ITALY	82601	83154	80822	167392	153213	133711	22834	22302	20306	68159	61274	56353
LATVIA	815	499	407	1449	1424	1147	189	45	234	273	126	456
LITHUANIA	1618	696	470	2820	1062	801	1799	2017	3308	3257	2838	3076
MACEDONIA	5553	2412	1010	11006	4317	1589	32	64	64F	214	352	352F
MALTA	1702	1738	1872	2950	2411	2348					4	1
MOLDOVA REP	459	696	227	1241	1179	286	848	1969	3425	2312	2328	2749
NETHERLANDS	59957	58184	67405	110139	100284	106885	16702	12397	13619	37649	30664	28321
NORWAY	4063	4417	5350	7410	6394	7655	4	5	28	32	38	81
POLAND	14294	14052	8860	27434	19071	12355	1555	259	4439	3052	562	3817
PORTUGAL	26845	31292	30457	50387	54269	48594	1362	896	1374	2730	2023	2395
ROMANIA	2708	2159	1947	5883	4233	3937	7952	8918	10254	8967	8671	9456
RUSSIAN FED	39105	20167	70118	71250	30843	65447	19607	21112	9873	23327	17695	7818
SLOVAKIA	1568	1075	730	3787	2660	2040	1090	4654	4148	2204	5221	4086
SLOVENIA	4542	3992	8655	7334	5224	8669	196	136	150	470	475	461
SPAIN	63903	67086	68854	108668	107175	100508	18675	14129	15568	44177	32830	30630
SWEDEN	1145	2119	2344	5257	6711	6939	14818	14677	13272	22886	18606	13775
SWITZERLAND	4076	3600	3921	11350	9639	9616	9	26	10	128	145	134
UK	31995	32300	31508	86141	79236	76199	54802	57980	42585	91455	83408	59906
UKRAINE	737	775	931	2049	1999	2671	16841	40735	61425	19692	32683	77608
YUGOSLAVIA	3427	190	310	7145	859	1544	1665	6113	5850	3931	8250	7321
OCEANIA	9848	8896	10604	28461	23964	25299	241504	200310	220686	422725	294888	296239
AMER SAMOA	22	41F	48	67	160F	140						
AUSTRALIA	490	404*	531	2866	2445	2966	241388	199728	220611	421904	293524	295581
COOK IS	21	28	21	71	52	60						
FIJI ISLANDS	1493	1438	1283	3849	3413	2487	28F	28F	28F	70	70	70
FR POLYNESIA	360	336	353	1130	949	991						
GUAM	120F	120F	120F	490F	490F	490F						
KIRIBATI	95	105	100	300	281	262						
NEWCALEDONIA	390	375	320	1198	1007	797				1	7	7F
NEW ZEALAND	2607*	1932	3520	7359	4535	6544	88	554	48	272	810	105
NORFOLK IS	1*	1F	2*	3	3F	4						
PACIFIC IS	36	36	35	100	100	98						
PAPUA N GUIN	3352	3190	3385	7948	7465	7404				477	477F	477F
SAMOA	171	175	165	542	519	503						
SOLOMON IS	342	350	360	1171	1201F	1231F						
TONGA	77	83	88	211	204	214						
TUVALU	14	15	14	36	35	31						
VANUATU	105	114	109	439	423	404						
WALLIS FUT I	13	13F	10	42	42F	33						

表 34

SITC 041/046

小麦および小麦粉（小麦換算）

	輸入：100MT			輸入：10,000 $			輸出：100MT			輸出：10,000 $		
	1997	1998	1999	1997	1998	1999	1997	1998	1999	1997	1998	1999
WORLD	1184747	1199851	1232034	2215192	1887610	1783862	1218278	1217547	1264468	2035933	1734478	1625650
AFRICA	236667	257245	233252	423105	382280	286621	5763	6359	6829	13696	12531	10901
ALGERIA	50406	39938*	41351*	115504	64700*	47200*						
ANGOLA	2822*	2951*	2811*	5800*	5100*	3460*						
BENIN	573*	433*	531*	1250*	855*	750*						
BOTSWANA	631	379	359	2671	1519	1519	1			1		
BURKINA FASO	867*	863*	791*	2670	2780	1580*						
BURUNDI	74	123	104	287	395	258						
CAMEROON	1497	2263*	2236*	1957	2630*	2490	63	63	63	217	217	217
CAPE VERDE	224	141*	152*	277	163*	126*						
CENT AFR REP	383	403	431	850	800	610						
CHAD	510*	361*	500*	1422*	740*	740*						
COMOROS	72*	71*	244*	160*	120*	560F						
CONGO, DEM R	5273	5137	2011*	6967	5100	1490*						
CONGO, REP	1516*	1874*	1735*	3050*	3250*	1860*				2F	2F	2F
CÔTE DIVOIRE	2466*	3486*	2923*	5580*	6330*	4100*	36*	361*	500*	68*	550*	620*
DJIBOUTI	428*	651*	1416*	945*	1180*	1960*						
EGYPT	69908	74253*	60625	83902	77560*	55847	22	47	205	45	42	444
EQ GUINEA	94*	104*	119*	220*	230*	230*						
ERITREA	2203	2443*	736	3640*	3140*	1160F						
ETHIOPIA	2083*	5009*	5599*	3800*	8700	7810*						
GABON	576*	671*	632*	1070*	1050*	760*						
GAMBIA	337	479	500	630	720	500	2F	2F	2F	9F	9F	9F
GHANA	1996	2881	2185	3758	5568	5357	27	126	178	73	67	190
GUINEA	896	1008	708*	2500*	2813*	1400*						
GUINEABISSAU	97*	42*	42*	210*	100*	70*						
KENYA	4209	5001	6030	7981	9637	8766	417	609	296	1425	1845	593
LESOTHO	608F	608F	608F	1090F	1100F	1100F		19	19		50	50
LIBERIA	916*	1115*	454*	1540*	1590	590						
LIBYA	13924*	13962*	12342*	29300*	21600*	13500*						
MADAGASCAR	640	901	721	1387	1827	1286		2*			5	
MALAWI	1028*	720	790*	1879	1324	530*						
MALI	653	651*	696*	1410*	1240*	970*						
MAURITANIA	2247*	6895*	3750*	4560*	13600*	6500						
MAURITIUS	1123	1487	1396	2154	2220	1954	424	304	261	785	456	388
MOROCCO	20550	25814	28163	36614	38856	38984	619	909	647	1511	1988	947
MOZAMBIQUE	1995*	3809*	1972*	2930*	5310*	1690*						
NAMIBIA	330	473	440*	580*	720*	560*						
NIGER	218	416	753*	440	1299	1890						
NIGERIA	11779	15331	15331F	19392F	24662F	24662F	440	468	468	396	425	425
RWANDA	156	497*	93*	418F	1500	170*						
ST HELENA	8*	3*	3*	31*	12*	10*						
SAO TOME PRN	39*	69*	58*	87*	130*	100*						
SENEGAL	1764	2273	2381	4009	5050	4529	2	14		4	33	5
SEYCHELLES	63	61	66	233	216	178						
SIERRA LEONE	452*	682*	324*	1080*	1290*	700*						
SOMALIA	364*	354*	451*	870	673	513*						
SOUTH AFRICA	3596	5148	5092	7525	7906	5768	1907	1148	2025	4090	2261	3405
SUDAN	6693	6319*	5280*	13840	12700*	6300*						
SWAZILAND	361	135	509	1338	522	1264	19	22	19	65	87	32
TANZANIA	1723	1532*	3572	3122	1880*	3830	57	83*	17*	183	170*	30*
TOGO	608	931	741	1467	1705	1355	48	48F	85	141	141F	143
TUNISIA	12152	13342	11007	20754	22001	13571	952	1104	1147	2027	2024	1711
UGANDA	941*	1040	777	3020*	2715	2096		9	3*		40	9
ZAMBIA	297	679*	329	1276	1340	780	5	5F	5F	105	105F	105F
ZIMBABWE	1296	1032	382*	3662	2114	639	722	1018	885	2548	2020	1573
N C AMERICA	73346	80065	84421	139796	127849	116391	460026	459549	466185	762589	674176	614956
ANTIGUA BARB	42	42	42	150	150	150						
ARUBA	28	71	43	92	289	160						
BAHAMAS	93	97F	50	401	350F	180	1	1F	1F	4	4F	4F
BARBADOS	332	274*	216	677	502*	533	38	75	47	123	319	163
BELIZE	107	179*	139	345	494*	384						
BERMUDA	18	21	19	70	70	73						
BR VIRGIN IS	3*	3F	3F	12*	12F	12F						
CANADA	1021	1355	772	1864	1668	1181	190549	179178	163855	320816	284895	233910
CAYMAN IS	7F	7F	7F	33F	33F	33F						
COSTA RICA	1885	2121	1959	3891	4081	2941	3	85	78*	8	184	125*
CUBA	9650	9678*	9958*	18300*	14800*	10100*						
DOMINICA	60	60	60	249	247	247						
DOMINICAN RP	3156*	2454*	3402*	6180*	3710*	3930*						
EL SALVADOR	1740	1447	374	3369	3729	651	21	9	8	20	25	5

表 34

SITC 041/046

小麦および小麦粉（小麦換算）

	輸入：100MT			輸入：10,000 $			輸出：100MT			輸出：10,000 $		
	1997	1998	1999	1997	1998	1999	1997	1998	1999	1997	1998	1999
GREENLAND	14	19	21	73	95	100						
GRENADA	107	194	194	263	414	424	47	40*	40F	177	140*	140F
GUATEMALA	2832	4354	4516*	5583	7548	6567*	6	3	3	25	16	10
HAITI	1979*	3095*	2737*	4890*	5400*	3050*						
HONDURAS	1548	1399	2307	4434	2466	3518				1	1	1F
JAMAICA	1914*	1862*	2032	4878*	4290*	4290				1F	1F	1F
MEXICO	18763	25099	27113	33960	34656	36959	4165	1544	3472	8041	2491	4876
MONTSERRAT	21F	21F	21F	37F	37F	37F						
NETHANTILLES	136*	262	144*	274*	452	332*	17	118	15*	26	443	37*
NICARAGUA	652	1234	1389	1462	2598	2527	1	23	12	1	62	29
PANAMA	935	1129	993	1931	2039	1650	1		1	4		1
ST KITTS NEV	30	29F	29F	120	120F	120F						
ST LUCIA	177	178	178F	578	619	619F						
ST PIER MQ	10*	10F	10F	38	38F	38F						
ST VINCENT	377	261	231	757	386	306	239	213	183	866	861	738
TRINIDAD TOB	1917	1149	1401	3102	2286	1792	59	87	84	233	396	217
USA	23790	21959	24063	41782	34271	33488	264882	278172	298386	432244	384338	374699
SOUTHAMERICA	97580	117421	120394	193688	169776	159715	100587	113897	94576	155839	144703	109626
ARGENTINA	21	25	25	57	45	48	96002	110289	93302	148411	139632	107193
BOLIVIA	1921	1875	1295*	4441	4707	3960*	20	26	26	54	83	83
BRAZIL	54123	68441	71695	108828	88413	87272	27	74	50	97	178	123
CHILE	3139	4114	6329	5688	6686	8916	10	2	2*	50	12	6*
COLOMBIA	10250	11134	10585	18917	17881	15185		2		1	4	
ECUADOR	4948	5013	4585	8872	8859	6691				1	1	2
GUYANA	538*	550*	625	1052*	885*	1015F						
PARAGUAY	210	1074	956*	371	1589	1140*	2612	1401	23	2974	1617	28
PERU	12075	12783	12910	25921*	21016	18613		23	35	1	49	66
SURINAME	232	409*	210*	1014	1730*	720*						
URUGUAY	193	96	57	414	183	114	1864	2016	1101	4014	2916	2002
VENEZUELA	9929	11908	11121	18113	17782	16042	50	64	36	237	212	124
ASIA	481271	463448	476287	915948	740042	778573	74700	63931	73330	135953	94772	87821
AFGHANISTAN	1603*	881*	1893*	2150*	780*	2330*						
ARMENIA	3727	2133	2655	8432	5610	4243						
AZERBAIJAN	5099	6285	6882	10200	8300F	9040F			1			1
BAHRAIN	1163	604*	564*	2791	1122*	691*	663	597	597F	971	900*	900
BANGLADESH	14200	10422	24237	20415	14364	36135						
BHUTAN	226F	226F	226F	318	318F	318F	189F	189	189F	205	205	205F
BRUNEI DARSM	67*	71*	80*	252*	245*	233*						
CAMBODIA	125*	221	257*	260*	610F	586						
CHINA	29150	26013	15485	58816	48311	28070	6371	3823	2308	12616	7608	4670
CHINA,H.KONG	2741	2426	2498	7592	6728	6616	390	310	282	1011	873	791
CYPRUS	963	716	912	1872	1164	1345	8	12	8	30	42	25
GAZA STRIP	2500F	2500F	2500F	4500F	4500F	4500F						
GEORGIA	3011*	4174*	2079	5350*	5500*	2700						
INDIA	14886	18125	14448	26728	28117	54757	313	88	116	561	163	195
INDONESIA	36336	34680	32253	78064	63536	47206		2	5	5	7	22
IRAN	59579	35352	61559	111128	53003	80130	20	15	11	27	22	22
IRAQ	20042*	23552	27292	38100*	47600	48700F						
ISRAEL	10749	15607	15707F	18471	18776	18573	2F	14F	3F	6	80	13
JAPAN	63166	57597	59746	136422	109466	107481	3711	3761	4650	7724	7601	8586
JORDAN	5960	8669	4065	10875	12884	5859	47	4	1	95	9	3
KAZAKHSTAN	102	115	184	209	104	190	31039	27807	34507	49702	30811	30875
KOREA D P RP	4348	3875*	5313*	8050	5960*	9870						
KOREA REP	33260	46966	21899	59424	66366	53389	187	253	427	598	620	710
KUWAIT	1875	2525	1791	3536	4015	2651	289		170	599	1	507
KYRGYZSTAN	1357	1111	1667	2744	1490	2040*	418	363	333F	863	692	650F
LAOS	46	2	42	140	5	100						
LEBANON	4183	3801*	4167*	4770	4200*	4740						
CHINA, MACAO	99	94	95	194	187	185				1		
MALAYSIA	10818	10646	13317	39041	18847	21804	2377F	2843	1202	2047F	2184	2487
MALDIVES	167*	129	64	350*	200	110						
MONGOLIA	1133	1393	712*	2384	1800*	934	1	1		2	2	2
MYANMAR	409	697*	1007*	1056	1550	1700*						
NEPAL	35F	130	335	114	363	723	4470	11		6668	13	
OMAN	2517	3262	2402	4122	4951F	3351	1367	1429F	1329F	3498	3599F	3249F
PAKISTAN	25003	25244	32398	49212	35476	41814	8	40	40	5	154	154
PHILIPPINES	24415	18906	20572	43154	29216	40912						
QATAR	580*	636	486	1468	1675F	1175F	3	3F	3F	10	10F	10F
SAUDI ARABIA	260	290	389	617	661	701				1	1	1
SINGAPORE	3445	2937	3849	6259	4835	6043	1377	869	525	2010	1405	873
SRI LANKA	8876	9132	8907	12387	13028	11829						

表 34

SITC 041/046

小麦および小麦粉（小麦換算）

	輸入：100MT			輸入：10,000 $			輸出：100MT			輸出：10,000 $		
	1997	1998	1999	1997	1998	1999	1997	1998	1999	1997	1998	1999
SYRIA	201	119	166	260	78	109	8851	4284	1120	19089	9465	2421
TAJIKISTAN	3720*	4528*	4745*	9760	11840	12400						
THAILAND	5721	6980	7876	12804	12729	13024	185	136	206	446	358	470
TURKEY	25522	17211	16139	45751	23219	18606	12168	16169	21996	26645	26249	23864
TURKMENISTAN	4145F	764	764	8050F	2000F	2000F						
UNTD ARAB EM	6241*	8048*	12458*	12000*	13725	18810	244*	893*	3286*	520*	1680	6100*
UZBEKISTAN	12514*	13972	11403	24260	22600	17200						
VIET NAM	4191	6076*	6831*	8061	9900	7900*						
YEMEN	20798	23605	20970	13038	18087	24749*		14	13		17	16
EUROPE	290503	277007	312132	530517	458754	432943	381302	418613	454640	635418	582223	583574
ALBANIA	2710	2520	2697	5609	4984	3463		1	1F	1	2	2F
AUSTRIA	1315	2245	2157	2255	3139	3068	5049	5390	4682	9349	9543	8372
BELARUS	9000	6102	11659	17001	9482	13344	193	253	82	473	526	125
BEL-LUX	30229	30852	34907	53173	48422	49075	16969	18645	26918	31627	32391	38777
BOSNIA HERZG	3679*	3781*	2695*	6100*	6300*	3850*	7*	22*		7*	29*	
BULGARIA	3779	103	50	6717	190	164	1094	9267	5708F	1163	7642	5250F
CROATIA	1615	461	146	2772	842	245	89	250	384	238	502	620
CZECH REP	2346	1000	581	3488	1131	678	286	1716	6023	501	1883	5457
DENMARK	2278	3652	4662	4602	6984	8523	11234	10495	9575	17913	14501	11762
ESTONIA	1133	1059	910	1470	1351	1106	103	26	61	148	49	86
FAEROE IS	27	25	31	76	67	73						
FINLAND	1429	2486	2302	2605	3765	3417	746	435	145	1702	883	242
FRANCE	7198	7671	6341	14872	15196	11478	168840	155178	199425	278931	226259	249138
GERMANY	9975	9603	12463	18401	17958	19009	47568	57285	56158	82544	94842	80154
GREECE	7577	6893	6309	14185	12813	9952	5283	2271	2738	11156	4240	4638
HUNGARY	38	17	14	83	45	26	12348	20449	7686	17369	18273	7468
ICELAND	228	221	219	514	462	388					2	
IRELAND	3607	5171	7024	7330	8513	11078	1431	1223	528	2479	1920	849
ITALY	70065	69459	59985	134201	121563	94074	15353	14746	13009	27656	22539	17435
LATVIA	319	65	54	579	230	180	163	42	233	243	112	443
LITHUANIA	381	125	26	592	138	48	1520	1798	2530	2821	2490	2481
MACEDONIA	4587*	1853*	650*	9300*	3520*	1200	4	4	4F	23	21	21F
MALTA	557	478	593	1095	818	907					1	1
MOLDOVA REP	115	613	176	215	918	122	137	406	1710	186	394	1125
NETHERLANDS	27353	29951	34962	45009	45884	49825	11178	8881	9343	19054	13962	12023
NORWAY	2173	1716	3609	3709	2515	4855		1	24	3	8	49
POLAND	6830	6826	2178	13132	8219	2970	966	84	3989	1990	191	3196
PORTUGAL	12641	15105	15211	22463	24700	22317	1131	695	1129	1971	1286	1765
ROMANIA	976	1163	376	1834	1938	610	4514	4551	7642	4966	4263	7203
RUSSIAN FED	26804	13988	47196	45488	18333	34434	6193	16560	8379	10383	14222	6717
SLOVAKIA	210	593	256	276	684	298	351	1205	1060	460	1158	929
SLOVENIA	1835	1409	2406	3406	2230	3280	175	103	103F	327	177	177F
SPAIN	30188	33448	32627	51857	53008	48250	11238	7253	4944	22251	13383	8128
SWEDEN	360	865	1179	826	1645	2033	7690	5798	3416	12453	8512	4250
SWITZERLAND	2251	1855	2505	5230	4207	4913	4	5	5	51	57	44
UK	11656	13512	12904	24161	26037	23558	37976	43602	29946	61231	61572	42190
UKRAINE	68	51	34	137	113F	67*	11046	28514	45869	12768	21100F	60100
YUGOSLAVIA	2971	73	38	5758	126	67F	423	1455	1191*	980	3288	2360
OCEANIA	5380	4665	5548	12138	8910	9618	195901	155199	168907	332439	226074	218772
AMER SAMOA	21F	21F	21F	60F	60F	60F						
AUSTRALIA	15*	16*	28	60	67	97	195855	155162	168869	332307	225976	218682
COOK IS	19	27	18	55	42	43						
FIJI ISLANDS	873*	819*	894*	1676	1313	1320	28F	28F	28F	70	70	70
FR POLYNESIA	223*	223*	222*	553*	442	421						
GUAM	14F	14F	14F	60F	60F	60F						
KIRIBATI	44	53	49	93	74	55						
NEWCALEDONIA	279	275	225*	646	562	354*				1		
NEW ZEALAND	2263	1593	2171	5542	3079	3826	19	9	10	60	27	20
NORFOLK IS	1*	1F	2*	3*	3F	4*						
PACIFIC IS	36*	36F	35*	100*	100F	98*						
PAPUA N GUIN	1274*	1239*	1529	2509*	2344F	2544F						
SAMOA	60	64	54	100	77	61						
SOLOMON IS	102*	110	120	251	281F	311F						
TONGA	74	80	80	194	186	177						
TUVALU	3*	5*	4*	14*	13*	9*						
VANUATU	35	44	39	89	73	54						
WALLIS FUT I	10*	10F	8*	24*	24F	15*						

表 35

SITC 041

小 麦

	輸入：100MT			輸入：10,000 $			輸出：100MT			輸出：10,000 $		
	1997	1998	1999	1997	1998	1999	1997	1998	1999	1997	1998	1999
WORLD	1049561	1081211	1124755	1937561	1681588	1619742	1069653	1094235	1140928	1750133	1523217	1444096
AFRICA	187170	218191	203239	312130	314727	247478	1607	1656	2180	2416	2542	2820
ALGERIA	35085	36660*	40990*	73044	57200*	46500*						
ANGOLA	440*	520*	130*	800*	700*	160*						
BENIN	235*	16*	100*	520*	35*	120*						
BOTSWANA	542*	290*	270*	2252	1100*	1100*				1		
BURKINA FASO	664*	724*	360*	2270F	2500F	920*						
BURUNDI			1			1						
CAMEROON	1073	1680*	2000*	1223	1800*	2200F						
CAPE VERDE	224	140*	150*	276	160*	120*						
CHAD	10*			22*								
CONGO, DEM R	1217	970*	400*	2800*	1500*	490*						
CONGO, REP	683*	860*	860*	1250*	1350*	970*						
CÔTE DIVOIRE	2430*	3130*	2430*	5500*	5700*	3400*						
DJIBOUTI	53*	318*	1055*	85*	470*	1400*						
EGYPT	69020*	73440*	59620*	82105	76000*	54700*			2			7
ERITREA	1817	2221*	500F	2900*	2840*	850F						
ETHIOPIA	1872*	4630*	5500*	3440*	8100*	7700*						
GABON	395*	490*	410*	720*	770*	530*						
GHANA	1960*	2851	2161*	3668	5501*	5311		90	2			151
KENYA	3881	4789	5838	7148	9109	8258				1	1	
LESOTHO	400F	400F	400F	690F	700F	700F						
LIBERIA	735*	573*	190*	1140*	770F	260F						
LIBYA	3520*	2850*	2980*	8800*	5400*	3700*						
MADAGASCAR	175	780	363	343	1560	684						
MALAWI	195*	220	40*	179	544	90*						
MALI	480	211*	210*	1050*	430*	300*						
MAURITANIA	1080*	5270*	2500*	2060*	10700*	5000F						
MAURITIUS	954	1227	1395	1797	1832	1951						
MOROCCO	20548	25811	28148	36608	38846	38946		48			258	
MOZAMBIQUE	1620*	3170*	1430*	2500*	4600*	1500*						
NAMIBIA	330	473	440*	580*	720*	560*						
NIGER		15	350*		205	1100F						
NIGERIA	10688	14240	14240F	15850F	21120F	21120F	440*	468	468F	396F	425F	425F
RWANDA	10F	330*		38F	1000F							
SENEGAL	1697	2132	2131	3848	4715	3920						
SEYCHELLES			1F	2	2	3						
SIERRA LEONE	230*	390*	200*	490*	710*	500*						
SOMALIA	31*	35*	20*	60F	63F	33*						
SOUTH AFRICA	3585	5112	5077	7486	7818	5725	945	529	1283	1502	862	1689
SUDAN	3383	3430*	3710*	7763	8200*	4600*						
SWAZILAND	328	89*	416	1198	298	1105						
TANZANIA	1250*	1460*	3500*	2500*	1800*	3750*		11*		2	40*	
TOGO	607	930*	740*	1462	1700*	1350*	7	7F	7F	18	18F	18F
TUNISIA	12053	13200	10865	20525	21669	13310	1			4	1	2
UGANDA	295*	484	480	1080*	1298	1371						
ZAMBIA	88	610*	260*	429	1100F	540*						
ZIMBABWE	1286	1020	380*	3629	2092	631	212	593	330	492	937	528
N C AMERICA	66186	71785	77374	122455	109846	103385	450276	448335	449375	741530	653259	591238
BARBADOS	233	251*	153*	416	440*	326						
BELIZE	106	175*	135*	342	480*	370*						
CANADA	747	1055	182	1322	1084	292	188579	177019	161581	315696	279640	228600
COSTA RICA	1873	2113	1950*	3840	4040	2900*						
CUBA	8080*	7650*	8430*	15300*	10800*	8300*						
DOMINICA			1									
DOMINICAN RP	2920*	2260*	3310*	5600*	3200*	3700*						
EL SALVADOR	1732	1436	364	3338	3667	610					17	
GRENADA	98	185*		219	370*	380*						
GUATEMALA	2777	4290*	4470*	5478	7430*	6500*		1			6	
HAITI	76*	581*	1195*	190*	800*	1150*						
HONDURAS	1528	1367	2279	4411	2415	3469						
JAMAICA	1890*	1830*	2000*	4800*	4200*	4200*						
MEXICO	18010	24738	26587	32298	33944	36004	4015	1168	3339	7659	1806	4539
NETHANTILLES	120*	180*	130*	230*	360*	305*		105			381	
NICARAGUA	651	1150*	1310*	1453	2400*	2326	1			1		
PANAMA	934	1127	990	1928	2026	1638						
ST VINCENT	376	260*	230*	752	380*	300*						
TRINIDAD TOB	1870	1077*	1328*	2914	2019	1572		5			10	
USA	22163	20059	22146	37624	29790	29043	257681	270037	284455	418175	371400	358099

表 35

SITC 041

小 麦

	輸入：100MT			輸入：10,000 $			輸出：100MT			輸出：10,000 $		
	1997	1998	1999	1997	1998	1999	1997	1998	1999	1997	1998	1999
SOUTHAMERICA	90884	111728	116092	179394	159169	151713	91934	106503	88906	140846	133384	101605
ARGENTINA		1	3	5	4	16	87913	103706	87965	134676	129834	99853
BOLIVIA	1742	1545	851*	3840	3217	1760*						
BRAZIL	48502	63955	68910	97449	81392	83214		42	16		78	36
CHILE	3081	4065	6280	5571	6580	8810	1		1*	14	3	2*
COLOMBIA	10229	11107	10567	18847	17805	15134						
ECUADOR	4926	5006	4571	8830	8836	6658						
GUYANA	520*	525*	600*	1000*	820*	950F						
PARAGUAY	166	1004	400*	264	1442	560*	2423	1250	7	2632	1409	8
PERU	11562	12305	12620	24532*	19959	17957					3	3
SURINAME	138	280*	160*	764	1300*	610*						
URUGUAY	91	29	16	190	41	36	1597	1504	917	3524	2058	1703
VENEZUELA	9926	11906	11113	18104	17774	16008						
ASIA	440615	426073	437388	845931	685020	720923	37329	40586	51873	63706	53078	52000
AFGHANISTAN	1400*	700*	1650*	1730*	500*	2000*						
ARMENIA	2207	1348	2397	5037	4010	3769						
AZERBAIJAN	1140	1840*	5231	1900	2800F	6819						
BAHRAIN	487	590*	550*	1754	1100*	670*						
BANGLADESH	14119	10403	24237	20295	14335	36128						
BHUTAN	200F	200F	200F	280	280F	280F					1*	1F
BRUNEI DARSM	3*	2*	1	12*	5*	3*						
CAMBODIA	110*	206*	225*	220*	570F	500F						
CHINA	28264	25071	14387	57143	46539	25897	7	60	9	11	143	26
CHINA,H.KONG	185	158	117	491	386	268		4			3	13
CYPRUS	941	683	873	1804	1074	1250					1	
GEORGIA	1900*	3160*	1065*	3200*	4100*	1300*						
INDIA	14858	18040	14363*	26703	27960	54600*		18	46*		33	64*
INDONESIA	36119	34348	27129	77652	63042	40438				3		6
IRAN	59419	35352	61559	110778	53003	80130		4		2		17
IRAQ	19750*	23260*	27000*	37400*	46900*	48000F						
ISRAEL	10740	15600	15674F	18437	18753	18463		13F	1F	2	77	4
JAPAN	63153	57579	59734	136339	109366	107414			3			8
JORDAN	5871	8572	3935	10599	12669	5605						
KAZAKHSTAN	62	44	61	115	20	42	27924	24571	31036	43041	25555	27014
KOREA D P RP	570	2000*	4725*	650F	2660*	9070*						
KOREA REP	33255	46951	21886	59385	66274	53324	2	2	1	6	27	3
KUWAIT	1841	2482	1748	3437	3882	2529						
KYRGYZSTAN	1260	1000*	1500F	2558	1300*	1900*	47	30*		126	42*	
LEBANON	3961	3620*	4000*	4200F	3860*	4500F						
MALAYSIA	10699	10563	13073	38806	18733	21536	16F	65	26*	67F	126	56
MONGOLIA	173	379	170*	572	950*	363						
MYANMAR	49	100*	35*	123	250F	100*						
NEPAL		40*	245*		70	430*		11			13	
OMAN	2285	3030*	2170*	3771	4600F	3000*	238	300F	200F	799	900F	550F
PAKISTAN	25002	25201	32398	49211	35413	41814		40	40		154	154
PHILIPPINES	23988	18672	20226	42268	28692	40284						
QATAR	508*	560*	410*	1300*	1500F	1000F						
SAUDI ARABIA				2F	1	1F						
SINGAPORE	1344	1275	1266	2796	2188	2141	14	9	7	21	20	10
SRI LANKA	8727	8435	8568	12062*	11746	11204						
SYRIA							8849	4283	1119	19082	9464	2420
TAJIKISTAN	3220*	4000*	3120*	8800F	11200F	11200F						
THAILAND	5462	6519	7064	12291	11996	11968					1	
TURKEY	25518	17208	16130	45734	23210	18590	154	11093	18647	376	16337	19053
TURKMENISTAN		2200F			3000F							
UNTD ARAB EM	4880*	7930*	12000*	9400*	13500F	18000F	77*	87*	730*	170*	180F	2600*
UZBEKISTAN	12000*	13000F	10000F	23000F	21000F	15000F						
VIET NAM	2080	3020*	4400*	3879	4600F	4100*						
YEMEN	10664	12929	11866	6800	9981	15295*		1			2	1*
EUROPE	260181	249683	286019	467639	405828	388403	294728	344844	383191	473729	459938	482734
ALBANIA	748	599	599F	1515	1063	1063F		1	1F		2	2F
AUSTRIA	1056	1864	1748	1784	2387	2344	4631	4942	4289	8381	8545	7557
BELARUS	7340	5146	10679	13065	7290	11258		95	13		211	14
BEL-LUX	28543	28672	32160	50177	45059	45273	4646	7321	14207	9079	13743	20282
BOSNIA HERZG	1540*	2100*	1653*	2200*	3700*	2550*	7*	22*		7*	29*	
BULGARIA	3567	13	13F	6316	14	14F	1059	9185	5500F	1112	7524	5000F
CROATIA	1518	372	69	2519	616	83	7	48	132	28	77	198
CZECH REP	2247	840	442	3229	720	374	35	1551	5680	64	1616	5021
DENMARK	1032	2266	2528	2039	4082	4462	10597	9901	8905	16361	13068	10332
ESTONIA	448	381	265	712	309	267	32	4	59	50	5	78

表　35

SITC 041

小　麦

	輸入：100MT			輸入：10,000 $			輸出：100MT			輸出：10,000 $		
	1997	1998	1999	1997	1998	1999	1997	1998	1999	1997	1998	1999
FAEROE IS			9		1	16						
FINLAND	1338	2457	2285	2407	3695	3374	17	70	12	42	125	34
FRANCE	4378	4135	2909	8959	8043	5417	146004	137327	183165	236909	196043	226041
GERMANY	8780	8485	11404	15675	15359	16855	38620	49317	46656	66195	81031	65592
GREECE	7525	6728	6210	13998	12446	9679	3778	1042	1765	8276	2269	3135
HUNGARY	37	11	12	82	31	17	9708	18941	5986	12612	16074	5587
ICELAND	143	133	111	291	235	158					2	
IRELAND	2635	3788	5720	4951	5975	8251	1125	889	274	1828	1315	386
ITALY	69767	69165	59528	133658	121391	93288	1554	799	1236	3274	1618	2787
LATVIA	264	11	1	456	30	3F	135	24	192*	185	57	330*
LITHUANIA	365	116	10	559	117	15	1227	1510	2475	2217	1998	2395
MACEDONIA	1740*	475*	175*	2700*	520*	170*				2		
MALTA	486	403	521	917	637	765					1	
MOLDOVA REP	90	605*	57	162	900*	31	109	322	1566	115	252	955
NETHERLANDS	23709	26389	30756	38390	40027	43049	3932	2563	2273	6818	4599	3843
NORWAY	2131	1680	3575	3584	2414	4765			23			44
POLAND	6641	6622	1950	12740	7827	2628	740	3	3920	1482	13	3086
PORTUGAL	12388	14856	15005	21929	24138	21894	886	404	984	1439	676	1482
ROMANIA	115	354	72	149	400	92	4512	4548	7627	4961	4255	7194
RUSSIAN FED	21430	10952	45471	34326	12339	32033	5433	15237	6508	8825	12747	4827
SLOVAKIA	202	582	135	256	663	147	277	1191	1051	307	1132	915
SLOVENIA	1679	1204	2100F	2997	1768	2800F	1	1	1F	2	2	2F
SPAIN	29738	33078	32336	50985	52202	47647	3630	2025	1466	7644	4097	3035
SWEDEN	307	790	1101	681	1471	1869	7297	5294	3178	11812	7571	3843
SWITZERLAND	2243	1846	2496	5199	4171	4880	1		1	6	2	4
UK	11024	12490	11867	22272	23661	20793	36453	42131	28531	57491	58174	39016
UKRAINE	32	6	13	54	10F	22*	8123	27669	45257	5848	19300F	58800F
YUGOSLAVIA	2952	70	35*	5709	119	60F	151	468	260*	356	1767	920*
OCEANIA	4525	3752	4643	10013	6999	7840	193780	152311	165403	327907	221017	213700
AUSTRALIA	7*	7*	9	31	33	39	193779	152311	165403	327904	221015	213699
FIJI ISLANDS	720*	750*	780*	1400*	1200F	1200F						
FR POLYNESIA	1*	1*		3*	2F	1F						
NEWCALEDONIA	266	261	210*	592	509	300*						
NEW ZEALAND	2160	1453	2064	5237	2775	3591	1	1		3	2	
PAPUA N GUIN	1270*	1170*	1460*	2500*	2200F	2400F						
SOLOMON IS	102*	110*	120*	250F	280F	310F						

表 36

SITC 042

米

	輸入：10MT			輸入：1,000 $			輸出：10MT			輸出：10MT		
	1997	1998	1999	1997	1998	1999	1997	1998	1999	1997	1998	1999
WORLD	1887748	2360806	2608116	7796592	9125308	8761280	2104551	2879585	2598643	7809033	9568409	7903233
AFRICA	430204	465021	476823	1305823	1379761	1346074	22012	46159	32811	79676	146867	94960
ALGERIA	5596	4650*	4600	21870	20600*	18400						
ANGOLA	2400*	3960*	3100*	7200F	15000*	6600F						
BENIN	9260	5040	12920	30500	15300	37000						
BOTSWANA	1182	1182F	1182F	16585	16585F	16585F	27	27F	27F	279	279F	279F
BURKINA FASO	6103	10797	10797F	23500F	41600F	41600F						
BURUNDI	64	517	120*	358	1982	500*	1			3		
CAMEROON	17231	17231F	6000	19052	19052F	7502F						
CAPE VERDE	2623	1450*	1980*	9014	4000F	5700F						
CENT AFR REP	159	159F	159F	397	397F	397F						
CHAD	230*	229F	229F	1000F	1600F	1600F						
COMOROS	3432	2590	3024*	9027	7196	10237*						
CONGO, DEM R	5578	5578F	5578F	22291	22291F	22291F						
CONGO, REP	2815	3659	4930	7677	5302	6000F	5F	5F	5F	30F	30F	30F
CÔTE DIVOIRE	47000*	44000*	57340	116000F	116000*	124000						
DJIBOUTI	1730*	1470*	2410*	4600*	4300*	6700*						
EGYPT	69	70	663	409	276	4459	20260	42893	30698	71363	135190	87592
EQ GUINEA	20*	600*	10*	50*	1700*	20F						
ERITREA	200	720*		600F	2200F							
ETHIOPIA	360*	120*	130*	1300*	900*	550*						
GABON	3000F	1560*	2860*	11000F	5400*	7800*						
GAMBIA	9427	9427F	9427F	18445*	18445F	18445F	1F	1F	1F	2F	2F	2F
GHANA	3742	7799	6913	16973	24402	23070	17	11	73	59	81	136
GUINEA	20532	15900	24000	50000*	38720*	50000*						
GUINEABISSAU	3020*	3400*	1820*	9500*	12000*	5400*						
KENYA	6244	6278	5264	16698	17419	14202	253	20	11	619	140	83
LESOTHO	300F	300F	300F	1200F	1200F	1200F						
LIBERIA	1310	910	4070	3700	3300	9400						
LIBYA	11340	11920	11000	46000	47500	33000						
MADAGASCAR	5782	5808	9447	16757	16411	23298	216	101	102	1068	507	645
MALAWI	98*	86	86	365	222	222	302*	523	540F	1778	2514	1800*
MALI	4810	5530	5500F	16000F	15700	15000F						
MAURITANIA	13970	10690	12230	31400	27400	34800						
MAURITIUS	6544	6239	8324	24813	21239	30559		11	2	1	49	21
MOROCCO	170	139	140	1189	1151	1038	3	1		21	12	2
MOZAMBIQUE	4480*	4870*	3400*	13200*	16500*	10300*						
NIGER	4000	9553	1772	16500	36304	7003F		27	27F		80	80F
NIGERIA	69905	59406	68793*	263030*	223524*	258843*						
RWANDA	2550	1910	1020	6800F	7200F	3200F						
ST HELENA	20F	20F	11*	85F	85F	50F						
SAO TOME PRN	130*	350*	140*	560*	1300*	600*						
SENEGAL	40201	55707	62516	108181	146510	159206		80	1	1	224	8
SEYCHELLES	580	485	630	4738	4202	5321				1		
SIERRA LEONE	24320F	24320F	24320F	77000F	77000F	77000F						
SOMALIA	7830	15150	6110	24000	41500	17000						
SOUTH AFRICA	58018	51964	51523	170445	150805	140052	749	768	723	3682	2675	2380
SUDAN	1988	5520*	1450*	8221	20000*	5500*						
SWAZILAND	882	965	1159	4419	5206	6546	28	95	65	189	448	279
TANZANIA	9821	10850*	4670*	24605	30400*	12000*	112	1450*	500*	425	4240*	1500*
TOGO	3677	23360*	23800*	5659	34400*	35100*						
TUNISIA	693	1177	2106	2714	3773	6337						
UGANDA	760	5370	3974	4200	15901	13620		138	23		354	73
ZAMBIA	707	630*	660*	4282	2570*	2080*	10	10F	10F	40	40F	40F
ZIMBABWE	3299	3410	2219	11714	15791	8741	29		4	115	2	10
N C AMERICA	202579	194424	205879	891447	827762	804481	242526	316364	270182	1003152	1235969	961008
ANTIGUA BARB	68F	65F	65F	1050F	1000F	1000F						
ARUBA	190	333	333F	1600	2661	2661F						
BAHAMAS	741	726*	1290*	5712	4945*	7260*		1F	1F	11	11F	11F
BARBADOS	774	561	506	4097	2262	3553	172	84	28	878	457	173
BELIZE	41	95	106*	282	235	360*	1	1	1	4	4	4
BERMUDA	33*	41*	35*	340*	310*	280*						
CANADA	27267	25867	26235	124362	119339	114385	158	171	148	1890	1882	1702
CAYMAN IS	45*	21*	13*	200*	130*	60*						
COSTA RICA	5868	8084	5141*	25567	34626	16030*	1235	1001	1027*	2680	2415	2975*
CUBA	33400*	37500*	26720*	78500F	86500F	56300*						
DOMINICA	126	100F	100F	810	731F	731F						
DOMINICAN RP	6850	6600	8210	35700	33700	28500						
EL SALVADOR	2386	2585	2250	11264	12891	8578	21	115	38	30	471	130
GREENLAND	13	23	27	169	293	348						
GRENADA	158	295	186	1509	2195	1015						

表 36

SITC 042

米

	輸入：10MT			輸入：1,000 $			輸出：10MT			輸出：1,000 $		
	1997	1998	1999	1997	1998	1999	1997	1998	1999	1997	1998	1999
GUATEMALA	1778	228	1163	8692	1102	4289	261	168	90*	1643	1125	570*
HAITI	19500*	19600*	23200*	81000*	72000*	82000*						
HONDURAS	3309*	3351	6175	16430*	14838	21841	89*	5	5F	240*	63	63F
JAMAICA	10090*	6810	8980	38600*	27300	33370						
MEXICO	31049	29177	40502	129127	111486	125052	192	747	873	1194	2047	2261
MONTSERRAT	10*	3*	3*	65*	20*	30*						
NETHANTILLES	9700F	9350F	9350F	33600F	33000F	33000F	9000*	1627	310*	52000*	9860	1000*
NICARAGUA	8120	4066	4233	34382	16887	18820	388	19		1621	101	1
PANAMA	167	4950	485	817	21762	2041	217	110	6	1262	1043	39
ST KITTS NEV	114	480*	64*	735	1900*	320*						
ST LUCIA	281	320	320F	2790	2564	2564F						
ST PIER MQ	1F	1F	1F	20F	20F	20F						
ST VINCENT	1387	1600*	900*	6060	6300*	3900*	878	933	774	5937	7533	6138
TRINIDAD TOB	2947	3733	3921	11991	13720	19144	314	113	74	1330	589	458
USA	36165	27859	35364	235976	203045	217029	229600	311269	266807	932432	1208368	945483
SOUTHAMERICA	137213	203985	131169	580237	860340	388732	179569	168845	178541	724126	718042	539834
ARGENTINA	1161	1346	1609	3479	7350	4630	53995	54728	65948	204922	225326	172496
BOLIVIA	91	28	28F	415	165	165F	2	135	135F	2	470	470F
BRAZIL	81612	130896	98427	323392	545370	275115	916	657	4764	2397	3857	13735
CHILE	9064	7155	11623	31540	26808	35200	1	266	25	5	1665	150
COLOMBIA	16722	29274	3701	71663	120265	12913	17	35	1	151	266	21
ECUADOR	274	9697	279	1061	47035	1085	11216	5416	3008	46402	21878	10608
GUYANA							28579	24976	24976	84784	82506	82506
PARAGUAY	74	252	312*	304	947	1350*	1219	176	130	2354	436	226
PERU	28097	25683	14963	147779	112059	57718	433	4	224	1532	16	298
SURINAME	3	8*	11*	45	80F	100F	11039	8410	7130	89386	57140	52340
URUGUAY	105	32	204	411	158	358	64888	65919	69904	255283	281882	195769
VENEZUELA	12	14	13	148	103	98	7266	8124	2296	36908	42600	11215
ASIA	797406	1198978	1448298	3302335	4509412	4613190	1448900	2151720	1900825	4765120	6335227	5131732
AFGHANISTAN	9100*	7800*	10600*	13000*	10000*	23000*						
ARMENIA	617*	695F	1154	4070*	4780F	6503			8			35
AZERBAIJAN	3842	4000	1798	3957	13600	4758	4		1	29		13
BAHRAIN	3399	3000	3220	20615	19600	22000						
BANGLADESH	17944	112721	221532	40264	234819	540918	6	11	17*	25	69	130*
BHUTAN	1932	970	960	6028	2500	1300	1	3	4	30	62	20
BRUNEI DARSM	3230	3770	3200	22500F	26000F	14000						
CAMBODIA	2760*	3920*	3640*	2800*	7400*	7900*	360*	60*	220*	950*	150*	450*
CHINA	33039	24689	17211	141821	121184	79477	100992	379161	281901	277892	936071	674592
CHINA,H.KONG	34870	32386	32782	221290	186525	164440	1223	798	742	9240	4957	4092
CYPRUS	361	401	401	2397	2606	2567	6	4	3	38	46	29
GEORGIA	360*	580*	50*	1300*	2300*	150*						
INDIA	5	663	5009	17	1298	9717F	238879	496294	257100	910169	1507380	770000F
INDONESIA	34808	189496	474806	108932	861123	1327460	6	198	270	67	1300	1447
IRAN	63750	63129	85200	245585	205638	252500	23	1	43	227	12	387
IRAQ	68400	62900	78100	253000F	212000F	267000F						
ISRAEL	9848	8655	8632F	46288	39594	39488	8F		4	35		18
JAPAN	56873	49938	66423	331243	272565	309328	3585	35818	14395	9503	143307	65840
JORDAN	10451	8796	11352	44577	35325	48344	192	442	1467	878	1269	4023
KAZAKHSTAN	640*	113	295	2800*	480*	1059	910*	2482*	4253*	6119	8070*	18730*
KOREA D P RP	31000	50750	25000	104000	133700	75000						
KOREA REP	2405	6162	15582	10166	21675	53904		5	1	6	28	16
KUWAIT	10477	11190	12589	74691	82520	85700	70	99	166	325	376	737
KYRGYZSTAN	260*	400*	560*	1300*	1400*	2100*	32	30F	30F	103	85F	85F
LAOS	1993	4059	471	7700F	12175	1350F						
LEBANON	4465	3720*	5100*	23000F	19000F	25600*	64	64F	22*	230F	230F	60*
CHINA, MACAO	2468	2414	2478	4797	4491	4323		2	18	4	3	67
MALAYSIA	63000	65787	61247	236000	232277	189264	7	209	12*	48	355	46
MALDIVES	1843F	1843F	1843F	5810F	5810F	5810F						
MONGOLIA	770	660	766	2502	2200	2569				2		
MYANMAR	2	2F	2F	15	15F	15F	2830	8697	3600	6032	18500F	12000F
NEPAL	2950F	1110F	1110F	6331	2417	2417F		788	788F		1605	1605F
OMAN	13714	7300*	8000*	51264	31000*	33000*	62	40*	40F	252	130*	130F
PAKISTAN	20	85	147	107	453	767	176721	197160	179119	479777	567684	591118
PHILIPPINES	72240	241400	83438	211325	646610	239933		4	29		31	148
QATAR	3980	2530*	4200*	18000*	13000*	24000*	108*	250*	30*	500F	1000*	100*
SAUDI ARABIA	70505	78307	27900*	433089	500739	144000*	760	388	388F	3202	1819	1819F
SINGAPORE	27503	25513	40430	151829	121412	147266	119	614	470	585	1735	1843
SRI LANKA	30592	16755	20614	71922	39318	46055	143	274	140	967	1410	859
SYRIA	22093	13615	13428	84039	47978	50219	1F			16F		
TAJIKISTAN	440*	320*	600*	2500*	1300*	2300*						
THAILAND	33	84	141	252	562	819	556752	653749	683890	2157457	2097924	1950411

表 36

SITC 042

米

	輸入：10MT			輸入：1,000 $			輸出：10MT			輸出：1,000 $		
	1997	1998	1999	1997	1998	1999	1997	1998	1999	1997	1998	1999
TURKEY	26799	27527	24694	94794	96455	97605	55	59	147	520	555	863
TURKMENISTAN	200F	300F	160*	1000F	1500F	650F						
UNTD ARAB EM	34100*	39800*	47200*	140000*	177000*	187000*	6000*	4000*	11500*	24000F	15000*	35000*
UZBEKISTAN	50	4000*	3000*	90F	8000F	6000F	1500			5000F		
VIET NAM		130*	520*		280F	1700F	357480	370000	460000	870892	1023997	995000F
YEMEN	17275	14593	20714	53328	46788	61915*		19	8		67	19*
EUROPE	282659	260840	309023	1569649	1406667	1469578	146080	141309	149415	955296	906406	907464
ALBANIA	1367	1969	1425	5107	6365	5114						
AUSTRIA	3759	3239	3095	26988	22510	22213	7	10	32	108	134	353
BELARUS	1650	1795	1954	6000	7173	7672		124	198		561	925
BEL-LUX	23586	20362	21255	139816	115687	103689	13526	12319	12296	139295	128170	123372
BOSNIA HERZG	310*	370*	220*	1700*	2000*	810*						
BULGARIA	3417	2695	4050	6912	5675	8838	375	886	364*	1507	3147	770*
CROATIA	918	781	896	5000	4244	5076	31	36	34	295	347	322
CZECH REP	5422	6157	5747	18026	20578	18943	1331	1600	1387	5385	6490	5635
DENMARK	2339	2631	3222	20585	22555	25388	580	110	64	4505	1101	1111
ESTONIA	518	317	383	2288	1088	1206	392	13	19	1989	31	111
FAEROE IS	9	9	11	135	127	153						
FINLAND	2454	2197	2268	23007	18230	15971	11	4	1	134	69	23
FRANCE	37036	37997	39409	248037	239060	230926	7969	6146	7494	59074	47052	57350
GERMANY	24483	23401	25471	158903	149380	151056	4191	4164	5681	34651	34681	46094
GREECE	747	679	1007	8444	7269	9594	6399	5909	4113	31544	28679	19226
HUNGARY	3967	3954	5047	14688	15079	19249	7		6	48		25
ICELAND	88	77	84	1159	938	864						
IRELAND	1025	1326	1126	11368	13703	10467	6	3	3	193	24	45
ITALY	7831	6091	6621	48449	34497	32483	63240	60160	66737	374112	352238	365179
LATVIA	545	623	663	1927	3892	4238	1	6	15	7	48	125
LITHUANIA	993	1314	957	3955	4674	3502	160	414	104	765	1498	427
MACEDONIA	37	10	280	130	80	1000	278	600	600F	1889	3310	3310F
MALTA	187	169	206	1749	1479	1651	1				31	8
MOLDOVA REP	1616	420*	352	6567	2000*	888	18			63		1
NETHERLANDS	25046	21737	22291	131932	119172	103833	13089	13701	12643	97381	102515	88241
NORWAY	1671	1665	1602	11794	11388	10765	20	22	10	204	219	138
POLAND	10811	8701	10461	39348	30168	34684	438	239	633	2192	1157	2458
PORTUGAL	9273	10836	9856	52361	54141	47314	1394	1456	914	5751	5791	3474
ROMANIA	6628	6358	8855	18508	14025	20245	11	96	247	49	345	665
RUSSIAN FED	37566	26499	55805	125197	80119	160289	1316	1104	476	3914	2884	995
SLOVAKIA	3528	3402	3381	12761	13356	12184	593	175	222	3862	1229	1153
SLOVENIA	782	879	1529*	4521	5139	7960*	135	170	310*	1158	1377	1100*
SPAIN	8563	8243	8584	46158	40436	36691	27372	28472	31463	141432	139506	145211
SWEDEN	3595	3710	3911	33773	33470	33637	126	41	105	1049	566	1140
SWITZERLAND	4846	5103	5470	25429	25739	25236	37	40	44	574	487	563
UK	39066	37544	43580	284751	258090	271049	3008	3275	3176	42043	42628	37764
UKRAINE	5268	6419	6732	13409	16000F	17000F	10	16*	23*	52	90*	150*
YUGOSLAVIA	1712	1160	1220	8767	7241	7100	8			71	1	
OCEANIA	37687	37558	36923	147101	141366	139225	65465	55186	66870	281663	225898	268235
AMER SAMOA	10*	200F	270*	70*	1000F	800*						
AUSTRALIA	4282*	3716*	4991	25790	23124	28343	65460	55178	66859	281623	225783	268122
COOK IS	20	16	24	159	98	166						
FIJI ISLANDS	5350*	5740	3530	20200*	20200	10970						
FR POLYNESIA	950	950F	950F	4737F	4737F	4737F						
GUAM	960F	960F	960F	4100F	4100F	4100F						
KIRIBATI	505	505F	505F	2023	2023F	2023F						
NEWCALEDONIA	904	952	880	4829	4199	4113		2	2F		68	68F
NEW ZEALAND	2476	2581	2831	15220	12687	14582	5	7	10	40	47	45
PAPUA N GUIN	16824	16524	16524F	47030	46230	46230F						
SAMOA	1100F	1100F	1100F	4400F	4400F	4400F						
SOLOMON IS	2400*	2400*	2400*	9200*	9200*	9200F						
TONGA	27	36	78	145	170	363						
TUVALU	105F	105F	105F	218F	218F	218F						
VANUATU	700F	700F	700F	3500F	3500F	3500F						
WALLIS FUT I	25F	25F	25F	180F	180F	180F						

表 37

SITC 043

大 麦

	輸入：10MT			輸入：1,000 $			輸出：10MT			輸出：1,000 $		
	1997	1998	1999	1997	1998	1999	1997	1998	1999	1997	1998	1999
WORLD	2043532	1723176	2076817	3372171	2230743	2309485	2146518	1814155	2165911	3113816	2090365	2347053
AFRICA	146323	196059	168435	201434	163859	151214	11216	27	3	14671	111	24
ALGERIA	22015	60300*	48200*	33141	48000*	43000*						
BOTSWANA	5	5F	5F	12	12F	12F						
EGYPT	2614	1210	330	3843	1377	448			1			8
ERITREA	426				600F							
GHANA				1								
KENYA				1	1							1
LIBYA	63800*	33500*	14400*	75000*	19000*	5300*						
MALAWI								1*	1F		5	5F
MAURITANIA	110F	110F	120*	410F	410F	330*						
MAURITIUS		1		7	6	6						
MOROCCO	8614	73354	76229	12824	61729	73877		25			105	
SEYCHELLES					1	1F						
SOUTH AFRICA	17687	13201	8005	30922	20117	10684	11215			14662		
SWAZILAND		1*		2*	4							
TANZANIA				1	1F	1F				1	1F	1F
TUNISIA	30371	13960	21145	43033	12083	17555	1		1	8		9
ZIMBABWE	680*	417		1637	1118							
N C AMERICA	106563	98252	92476	174311	147198	136106	416420	204085	204906	581571	276669	257530
BARBADOS	1	1	2	10	5	10						
BERMUDA	2F	2F	2F	20F	20F	20F						
CANADA	2240	1309	4232	2781	5038	3639	253614	147290	135507	370075	199714	172859
COSTA RICA	1	3	1*	5	15	10*						
GREENLAND	44	34	30	218	153	137						
MEXICO	17304	23859	25226	38478	40575	47826						
NICARAGUA	20	17	17	68	85	77						
PANAMA	7	2	5	52	18	26						
TRINIDAD TOB		1		2	2	2						
USA	86944	73025	62962	132677	101287	84359	162806	56795	69399	211496	76955	84671
SOUTHAMERICA	60075	42155	32900	127391	71170	47705	37643	14006	15335	58728	18833	22048
ARGENTINA	13877	1389	2	26682	2991	17	22877	13843	12564	26250	18391	16292
BOLIVIA					1	1F						
BRAZIL	12489	8317	5406	26760	12806	7622					2	
CHILE	3663	1066	6035	7189	1738	8100	132	31	36*	433	121	110*
COLOMBIA	20580	18103	13016	41616	30455	19004		4			42	
ECUADOR	32	139	34	96	306	85					1	
PARAGUAY	31	155	155F	36	557	557F						
PERU	6385	6850	5160	19030*	13726	7737		1	1		8	9
URUGUAY	3015	6131	3091	5962	8547	4576	14633	126	2734	32037	242	5636
VENEZUELA	4	5	1	20	43	6	1	1		8	26	1
ASIA	1116682	882882	1215334	1869210	1109373	1228960	157370	186784	91165	192658	145678	55812
AFGHANISTAN	380F	380F	380F	420F	420F	420F						
ARMENIA	135	150F	469	388	315F	963						
AZERBAIJAN		1180*	1550		680*	1053						
BAHRAIN	243	243F	243F	484	484F	484F						
BANGLADESH	25	58	4F	63	132	81						
CHINA	208651	174485	250032	419203	273570	323576	657	836	580	1963	2171	1116
CHINA,H.KONG	43	34	21	146	70	42	12			58		2
CYPRUS	36443	35935	28763	54085	33960	24922						
GEORGIA	25F	20F	20F	25F	25F	25F						
INDIA								6	6F		48	48F
INDONESIA	3	4	7	7	10	12			7	2		20
IRAN	60524	20744	42349	103772	30402	53556	27	40		117	180	
IRAQ	10000F	10000F	10000F	17500F	17500F	17500F						
ISRAEL	36865	48000	59708	53620	44719	56957		100F	25F		194	52
JAPAN	160811	146962	162445	268509	216237	218691						
JORDAN	50793	50570	74454	81322	66788	79249	389	198	112	1159	551	313
KAZAKHSTAN	123	484	41	103	1068	30	74223	34562	62698	73302	24764	32419
KOREA D P RP	655*	832*	590*	1957*	2470*	1100*						
KOREA REP	5372	8078	7651	10131	10635	11491		1	2	11	16	49
KUWAIT	23714	13089	30137	38482	12351	32610						
LEBANON	5760	7914*	4400*	5200F	6384*	2200*						
CHINA, MACAO	6	5	5	14	13	10						
MALAYSIA	40F	55	84	220F	264	490	6F	2	1	24F	29	16
MONGOLIA	9	10F	10F	39	42F	42F						
OMAN	2282	1800*	3000*	3516	2400*	3500*	967	100F	100F	2510	250F	250F

表 37

SITC 043

大　麦

	輸入：10MT			輸入：1,000 $			輸出：10MT			輸出：1,000 $		
	1997	1998	1999	1997	1998	1999	1997	1998	1999	1997	1998	1999
PAKISTAN			32			82	339			525		
PHILIPPINES	493	302	387	859	609	658						
QATAR	2837	2837F	2837F	3150F	3150F	3150F	28F	28F	28F	55F	55F	55F
SAUDI ARABIA	495353	335245	464000*	783561	352758	320000*	1	6	6F	3	24	24F
SINGAPORE	11	7	13	59	40	55	5	2	8	15	10	18
SRI LANKA		2	2		8	7	1			9	1	2
SYRIA			58468			59296	29700	2	2F	45000F	3	3F
THAILAND	1346	472	660	4013	1267	1418	6	4		102	11	
TURKEY	1796	11167	5780	3151	17915	6546	50830	150719	27409	67583	117151	21205
TURKMENISTAN	32F	20F	20F	65F	50F	50F						
UNTD ARAB EM	11800F	11748*	6700*	15000F	12567*	8600*	180*	180F	180F	220*	220F	220F
YEMEN	113	50	71	146	70	94*						
EUROPE	613705	503185	558519	999555	738365	736379	1167409	1057190	1476486	1704963	1248276	1588574
ALBANIA	29	27	27F	101	77	77F						
AUSTRIA	6340	6454	5328	10657	10100	9320	9567	10202	44765	16012	12771	44845
BELARUS	9520	6624	20280	12500F	7006	17248	210F	267	9	270F	352	8
BEL-LUX	159618	144257	119929	271533	224160	177074	52670	22724	39883	80610	27041	41211
BOSNIA HERZG	60*	160*	700*	200*	130*	660*						
BULGARIA	1209			2090				935	935F		870	870F
CROATIA	1393	707	1703	2571	746	2049	69	218	98	253	546	157
CZECH REP	14878	3559	3821	19664	4269	3780	871	1959	17254	1336	2455	13103
DENMARK	9254	7271	10756	17038	12132	17864	79927	77931	68166	139826	122356	98530
ESTONIA	3180	2742	1992	3745	2632	1988	1200	1025	3	1479	831	8
FAEROE IS			1		1	2						
FINLAND	12	4504	6277	95	7533	10426	20941	15073	9358	29551	15002	8136
FRANCE	6404	2017	2509	11861	3141	3591	356361	479934	609947	566087	579528	699868
GERMANY	41568	42101	43353	84508	68929	72728	151559	113235	275073	228124	118396	276253
GREECE	14908	13910	14089	27216	23450	22339		2	2		5	4
HUNGARY	3291	1251	2048	6232	1842	2387	10698	19013	11526	11683	14153	10097
ICELAND	2012	1644	1756	3280	2484	2223						
IRELAND	2500	6092	1255	5020	9927	3016	14809	17390	1417	24243	20176	2463
ITALY	63418	58263	59393	106560	87844	86839	53	135	421	170	484	654
LATVIA	1334	411	12	1946	644	59	265	25		297	59	1
LITHUANIA	351	69	45	578	122	79	2115	276	842	2664	225	719
MACEDONIA	1000F	270*	270F	1400*	300*	300F						
MALTA	4633	5761	6079	6737	6065	5187						
MOLDOVA REP	1516	6		2341	17		1120	1481	5552	1319	809	2898
NETHERLANDS	93611	58211	92410	146869	82464	126661	34272	12811	19841	48646	22690	23696
NORWAY	2794	10519	1647	3831	9524	1607	9	14	22	52	78	119
POLAND	14579	18719	32161	24034	24226	30263	2419	224	140	4755	604	178
PORTUGAL	19686	23295	19570	32037	36077	29783	338	41	260	518	67	396
ROMANIA	8464	2985	5256	15767	4082	6185	25905	3824	7795	28884	2874	5524
RUSSIAN FED	54099	24197	49583	61054	22090	30583	130001	34687	9974	120016	24533	6689
SLOVAKIA	7953	56	445	11961	73	362	630	3764	15070	840	4466	12586
SLOVENIA	4686	8911	14900*	5655	5253	6500*	3	17	17F	6	13	13F
SPAIN	40475	21244	20766	62236	30213	28555	26463	19823	60877	38437	16886	54633
SWEDEN	3519	7816	7016	7174	13413	12423	41812	26840	51652	63797	34792	47192
SWITZERLAND	1522	2289	1149	2846	3188	1593				10	5	2
UK	12192	16840	11978	25362	34194	22593	156696	134897	118813	243974	164922	131434
UKRAINE	37	6	13	139	17F	35F	46111	58172	106525	50591	60000F	106000F
YUGOSLAVIA	1660			2716			319	251	251F	513	287	287F
OCEANIA	184	643	9153	270	778	9121	356461	352064	378017	561225	400798	423065
AUSTRALIA	19*	15*	1	21	16	18	356457	347178	378013	561208	393955	423053
FIJI ISLANDS	160F	160F	160F	210F	210F	210F						
KIRIBATI				7F	7F	7F						
NEWCALEDONIA	3	5	5*	10	11							
NEW ZEALAND	2	462	8987	18	534	8886	3	4887	4	17	6843	12
TONGA	1			4								

表 38

SITC 044

とうもろこし

	輸入：100MT			輸入：10,000 $			輸出：100MT			輸出：10,000 $		
	1997	1998	1999	1997	1998	1999	1997	1998	1999	1997	1998	1999
WORLD	722013	726623	766610	1164995	1037274	981669	730704	759472	784959	1016466	911276	870790
AFRICA	76139	80444	85677	118580	120254	109919	21716	14774	6066	31944	19702	9152
ALGERIA	8743	10180*	11000*	14371	11500*	11000*						
ANGOLA	975*	1110*	850*	1700F	1900F	1500F						
BENIN	27*	27F	27F	35F	35F	35F						
BOTSWANA	505	520F	600F	1517	1500F	1600F	1	1F	1F	1	1F	1F
BURUNDI	14	6	33	30	10	91						
CAMEROON		45	150*	1	220	700F						
CAPE VERDE	566	445*	380*	1109	590*	320*						
CHAD	53*			80F								
CONGO, DEM R	93*	80*	120*	180*	165*	200*						
CONGO, REP	22*	38*	44*	48*	73*	50*						
CÔTE DIVOIRE	56*	47*	15*	95*	85*	43*	1*	170*		1*	200*	
DJIBOUTI	40F	40F	40F	90F	90F	90F						
EGYPT	30590*	30429	35849*	38539	38807	38694*	26	10	6	66	25	44
ERITREA	124			150F								
ETHIOPIA	268F	300F	350F	350F	430F	470F						
GABON	2*	3*	1*	32*	37*	8F						
GHANA	1	40*	3	4	149	3	40	297	56	36	193	32
GUINEA	284	284F	284F	600F	600F	600F						
KENYA	11011	3688	735	21452	9040	1268	26	91	305	95	247	500
LESOTHO	800F	1100F	1300F	1600F	1950F	2100F						
LIBERIA	430*	500F	500F	570*	650F	550F						
LIBYA	1740*	1790*	2000F	3700*	2300*	2500F						
MADAGASCAR		8		1	27	1	93	7	1	114	11	1
MALAWI	542*	3246	1740*	1450	7125	5700*	7*	1		26	3F	2F
MALI	4	4F	4F	6F	6F	6F						
MAURITANIA	7F	7F	7F	15F	15F	15F						
MAURITIUS	481	555	641	849	738	982						
MOROCCO	6185	7493	7185	8861	9463	8885				1		
MOZAMBIQUE	1210*	1100F	1500F	1800*	1550F	2700F						
NAMIBIA	1280	727	1300F	2400F	1400F	2300F						
NIGER	14F	853	853F	21F	736	736F					1	1F
RWANDA	1120*	1260*	1500*	1800F	1500F	1500F						
SENEGAL	249	718	202	393	1072	290			2			5
SEYCHELLES	77	29	22*	253	159	131						
SIERRA LEONE	1*	2*		1*	3*	1*						
SOMALIA	10*	137*	225*	16F	165*	225*						
SOUTH AFRICA	2527	1287	3767	4125	1920	3714	16956	8971	4209	25027	12564	5980
SUDAN		440*	780*		680*	1100F		70*			125*	
SWAZILAND	108	200	292*	354	572	793	7	6	4	16	19	10
TANZANIA	130	900*	1970*	438	2700*	5360*		100*	55*		300*	140F
TOGO	49	49F	49F	96	96F	96F	1			2	1F	
TUNISIA	4457	4670	6814	6259	5793	7408						
UGANDA	200*	411	268	310*	912	1054	528	387	160	1506	807	292
ZAMBIA	700*	4150*	450*	1830*	10400F	1300*		1*	1F	1*	4*	4F
ZIMBABWE	444	1527	1830	1051	3093	3800*	4029	4661	1265*	5052	5203	2140
N C AMERICA	63720	89180	95622	101323	122473	121971	422878	426389	529333	551723	470599	524861
ARUBA	5F	5F	5F	25F	25F	25F						
BAHAMAS	3	12*	11*	24	85*	96*						
BARBADOS	416*	343*	413*	580F	464*	470*				1	1	
BELIZE	2	26*	2*	37	67*	15*						
CANADA	10003	12159	9895	14771	15780	11785	2632	2587	8894	4936	4342	9582
COSTA RICA	4330	4453	3710*	5520	5980	4000*		2	2F		4	4F
CUBA	1940*	285*	450*	3000*	330*	720*						
DOMINICA				2	2F	2F						
DOMINICAN RP	7350*	6490*	9100*	9200*	5600*	6200*						
EL SALVADOR	3259	2027	875	5534	3822	2090	16	6	35	34	27	74
GREENLAND				1	1	1						
GRENADA	32	65*	30*	50	95*	39*						
GUATEMALA	2514	2641	4700*	3837	3600	5400*	842	120	370*	2431	484	1400*
HAITI	95*	65*	65F	170*	120*	120F						
HONDURAS	1160	449	1148	2536	628	1580	7	81	81F	19	251	251F
JAMAICA	2040*	1920*	2280*	3000*	2000*	2000*						
MEXICO	25189	52119	55458	37953	62413	64819	1319	2312	177	2127	3521	787
NETHANTILLES	25*	55*	42*	53*	120F	70*						
NICARAGUA	163	159	198	284	546*	1058	144	26	20	281	65	52
PANAMA	1432	2072	2365	2154	2971	3146						
ST KITTS NEV				3	3F	3F						
ST LUCIA	1	1		5	4	1*						
ST VINCENT	43*	26*	31*	55*	24*	24*						

表 38

SITC 044

とうもろこし

| 輸　入：100MT | 輸　入：10,000 $ | 輸　出：100MT | 輸　出：10,000 $ |

	1997	1998	1999	1997	1998	1999	1997	1998	1999	1997	1998	1999
TRINIDAD TOB	712	801*	253	1214	1037	830			2	1	1	12
USA	3007	3009	4592	11317	16758	17477	417917	421254	519751	541893	461904	512699
SOUTHAMERICA	53639	73873	62949	90076	94732	73156	117300	128016	82310	150526	147375	93228
ARGENTINA	262	90	46	4638	1681	1187	109792	124425	78898	134839	133516	81229
BOLIVIA	36	63	63F	151	163	163F	50	13	137*	63	14	200*
BRAZIL	5347	17289	8221	9258	19522	8858	3582	222*	75	5201	1185	723
CHILE	7952	8810	12626	11984	11373	14640	366	601	454	5024	8433	6260
COLOMBIA	17341	20101	18087	27256	26796	21095	1	6	2	24	92	42
ECUADOR	1169	3744	2536	2004	4903	2471	1312	226	762	3112	481	1225
PARAGUAY	22	52	52F	295	330	330F	2119	1701	1710	1929	1742	1476
PERU	9370	11707	10419	15274*	14455	11842	24	73	70	185*	437	495
SURINAME	129	150*	155*	699	655*	640*						
URUGUAY	433	431	356	919	855	628		161		10	215	9
VENEZUELA	11578	11437	10390	17598	14001	11303	53	586	200	139	1260	1569
ASIA	411430	369546	393369	619482	486454	454414	68612	55652	45575	91994	63850	49236
ARMENIA	1	35	23	4	140F	96						
AZERBAIJAN		90*	4		65*	3						
BAHRAIN	198	210*	58*	475	420*	82*						
BANGLADESH	133*	63	1250*	146	99	1300*						
BHUTAN	16F	16F	100*	20*	20F	120F						
BRUNEI DARSM	42*	32*	250*	93*	67*	390*						
CAMBODIA	1*	1F	1F	9*	9F	9F	11*	11F	11F	19*	19F	19F
CHINA	57867	50244	48934	84316	64035	55715	66173	46867	43050	85895	53174	45002
CHINA,H.KONG	157	254	267	307	401	382	2*	8	1	15	22	4
CYPRUS	1686	1904	2001	2346	2112	2147		11		3		
GEORGIA	10*	9*	10F	15F	9F	10F						
INDIA		14	2350*		20	2300*	16	21	130*	44	45	270*
INDONESIA	10984	3135	6181	17168	4784	8032	190	6325	906	1089	6545	1104
IRAN	15100	8060	10072	24754	11216	13800						
ISRAEL	5480	6230	5510F	8483	7167	7696	1F	1F	2F	7	6	7
JAPAN	160975	160489	166061	244879	211381	188309				2		3
JORDAN	2366	4473	4286	3700	6177	5248			1		2	4
KAZAKHSTAN	21	1	1	206	22	2	132	86	65	188	90	63
KOREA D P RP	6540	5960*	4060*	10900*	8350*	5050*						
KOREA REP	83126	71115	81152	125126	91083	88366	1			9		1
KUWAIT	1067	1008	936	1662	1371	1209		20	2		28	4
KYRGYZSTAN	170	150F	160F	173	150F	100F	14	14F	10F	26	25F	25F
LAOS				1F	1F	1F	1*	4	4F	1*	4*	4F
LEBANON	2434	1820*	2350*	3400F	2150*	2200*						
MALAYSIA	27446	18406	21999	41497	22587	25990	110*	299	253*	200*	497	408
MALDIVES				3F	3F	3F						
MYANMAR				1	1F	1F	500	400*	200*	725	480*	330*
NEPAL	3F	3F	3F	5	4	4F						
OMAN	216	230*	370*	377	340*	440*						
PAKISTAN	28	20	18	180	254	242					1	
PHILIPPINES	3030	4700	1495	5412	8741	3599	4	2	1	350	47	34
QATAR	215*	170*	49*	310*	150*	31*	2F	2F	2F	5F	5F	5F
SAUDI ARABIA	12710*	11406	11750*	14400	16766	15000*		3	3F	2	8	8F
SINGAPORE	690	264	402	1127	405	559	92	125	79	165	199	93
SRI LANKA	902	1065	1256	659	1410	1561						
SYRIA	5970	5053	6328	8194	7407	7489	1F			12F	2	2F
THAILAND	2388	2322	1215	4050	3074	1583	572	1253	722	1704	1919	1227
TURKEY	8538	7692	8391	13039	9751	9818	99	98	62	480	574	526
TURKMENISTAN	28F	20F	40F	40F	30F	50F						
UNTD ARAB EM	690*	1030*	1190*	1300*	1500*	1500*	48*			140*		1F
UZBEKISTAN	10F			16F		18*						
VIET NAM	190*	980*	1250*	690*	1520*	1650*	643	45*	23*	916	90*	45F
YEMEN		870	1596		1263	2309*		60	48		66	49*
EUROPE	116924	113480	128766	235079	213067	221683	100048	134421	121257	189798	209331	193602
ALBANIA	85	60	46*	159	187	76*				1		
AUSTRIA	377	554	648	2730	2536	2537	768	2661*	1264	3122	5075	3504
BELARUS	877	1641	868	1786	2625	1381		143	2		431	4
BEL-LUX	11156	6890	4927	20980	13808	10267	1364	895	743	3813	2445	2002
BOSNIA HERZG	120*	1320*	1280*	180*	1450*	1410*	1*	320*		6*	700*	
BULGARIA	372	174	75*	704	377	350*	78	1080	1300*	98	1067	1100*
CROATIA	30	4	394	113	76	391	131	1680	591	340	1618	797
CZECH REP	1240	1208	762	2178	1688	1534	4	333	236	40	414	273
DENMARK	469	548	528	2369	1628	1669	1	8	5	30	19	34
ESTONIA	2	80	3	9	95	7		17			17	1

表　38

SITC 044

とうもろこし

	輸入:100MT			輸入:10,000 $			輸出:100MT			輸出:10,000 $		
	1997	1998	1999	1997	1998	1999	1997	1998	1999	1997	1998	1999
FAEROE IS				1	1	1						
FINLAND	30	6	5	119	49	40				4	2	1
FRANCE	2265	2429	2410	8435	10419	8346	73403	79794	83523	139168	140954	140145
GERMANY	9498	9465	10162	24857	23256	23416	3534	3594	3956	7663	7461	7977
GREECE	3450	3713	4800	7109	8031	8823	1648	117	193	2677	227	391
HUNGARY	29	34	25	608	912	935	11921	21087	17082	15727	20408	17682
ICELAND	166	204	187	286	298	238						
IRELAND	1035	1276	1437	2060	2241	2349	5	32	20	14	61	133
ITALY	4104	6029	12334	14866	16654	24845	1116	1492	508	2922	3322	2079
LATVIA	101	171	117	177	356	230						
LITHUANIA	764	389	264	1196	432	311	47	7	7	77	8	8
MACEDONIA	852*	526*	300*	1540*	750*	250*						
MALTA	629	638	625	878	747	683					1	
MOLDOVA REP	13	3	3	44	17	45	597	1414	1159	1987	1852	1333
NETHERLANDS	17691	17344	18433	31901	29503	29907	290	408	466	2192	2725	3436
NORWAY	541	599	651	840	808	842				2	1	4
POLAND	4433	4090	1806	7215	5024	2451	1	1	1	10	6	13
PORTUGAL	10858	12273	11862	18478	19483	17716	20	45	99	67	135	191
ROMANIA	223	56	159	621	471	683	834	3888	1807	1046	4015	1633
RUSSIAN FED	2833	793	7049	6799	1771	10126	10	57	8	115	59	10
SLOVAKIA	46	118	69	770	605	457	609	3046	1534	1252	3474	1754
SLOVENIA	1983	1077	3820*	2642	1498	3500*	5	12	12F	12	143	143F
SPAIN	25032	26164	29350	40009	40400	40690	1669	1743	884	3189	3261	1963
SWEDEN	38	53	31	231	239	186	2	2	1	25	20	11
SWITZERLAND	600	475	294	1928	1408	1167	1	1	1	17	21	32
UK	14729	13010	12672	29479	22948	22162	94	29	95	336	114	245
UKRAINE	138	66	223	557	270*	900F	707	5881	1130*	997	4350*	1780*
YUGOSLAVIA	112	2	150*	227	8	765F	1189	4632	4632F	2853	4927	4927F
OCEANIA	160	100	226	455	294	526	151	221	418	481	419	711
AUSTRALIA	9*	2*	3*	70	17	18	86	170	383	293	335	642
FIJI ISLANDS	19*	19F	19F	47*	47F	47F						
FR POLYNESIA	41*	17*	35*	100*	30*	93*						
GUAM	10F	10F	10F	20F	20F	20F						
KIRIBATI	1F	1F	1F	4F	4F	4F						
NEWCALEDONIA	10	2	4*	37	14	21*						
NEW ZEALAND	68	17	138	173	61	276	65	51	34	188	83	69
PAPUA N GUIN	1*	31*	15*	2F	100F	45*						
SAMOA	1F	1F	1F	2F	2F	2F						

表 39

SITC 045.1

ライ麦

	輸入：MT			輸入：1,000 $			輸出：MT			輸出：1,000 $		
	1997	1998	1999	1997	1998	1999	1997	1998	1999	1997	1998	1999
WORLD	938921	1136003	2367715	148030	132940	202019	962470	930480	2248982	137518	97035	210248
AFRICA	165	158	22141	38	37	2724	4	220	1249	6	48	256
ALGERIA	3	3F	3F	3	3F	3F						
BOTSWANA	103	103F	103F	20	20F	20F						
CONGO, DEM R	50	50F	50F	12	12F	12F						
KENYA			21800			2636						
SOUTH AFRICA			185			53	3	220	1248	5	48	256
SWAZILAND	9*			3			1		1	1		
ZIMBABWE		2			2							
N C AMERICA	144399	94824	84369	22215	11783	8283	137998	87043	86355	22658	11351	9253
CANADA	17	463	1868	1	31	166	136886	85011	82525	22510	11187	8839
GREENLAND	17	30	30	15	25	26						
GUATEMALA	9	22	22F	6	8	8F						
MEXICO	133	136	121	55	52	46		7			2*	
USA	144223	94173	82328	22138	11667	8037	1112	2025	3830	148	162	414
SOUTHAMERICA	153	44	1213	31	13	405	113	4		19	3	
ARGENTINA	87		10	12		12	28	4		10	3	
CHILE							85			9		
COLOMBIA		38	64		9	13						
ECUADOR			100*			15						
PARAGUAY	48			10								
PERU			996			342						
VENEZUELA	18	6	43	9	4	23						
ASIA	312559	669032	1179193	48330	68185	104628	4464	14471	100328	473	2120	5523
ARMENIA			12979			1119						
AZERBAIJAN			10									
CHINA	17	300646	346127	9	24278	30990			16			19
CHINA,H.KONG	8			4			4		2			
GEORGIA	2750F	2800F	2800F	720F	720F	720F						
INDIA								25	25F		6	6F
INDONESIA	1	21		1	27		9	151	12	7	42	11
ISRAEL	3300*	3300*	24000F	609	635	5071						
JAPAN	290407	327382	398506	44805	37931	34434						
KAZAKHSTAN	98	1784	334	6	147	22	4447	14292	257	460	2064	16
KOREA REP	3957	14919	222868	1566	3066	18666		1	5		1	12
MALAYSIA			46			18	3F	1		3F	6	
PHILIPPINES		5			1							
SINGAPORE							1			1	1	
SRI LANKA		14			2							
SYRIA		124			73							
THAILAND	21	49	24	10	19	11			1			1
TURKEY		9988	167499		686	12977	1		100012			5458
UZBEKISTAN	12000*	8000F	4000F	600F	600F	600F						
EUROPE	478490	371824	1080268	76044	52869	85868	819868	828499	2061020	114352	83457	195205
ALBANIA	22	25	25F	5	9	9F						
AUSTRIA	35154	29724	36545	6120	5040	5030	3721	4241	80100	753	744	4359
BELARUS	12000F	12570	154198	700F	1261	13648		4092	10		551	2
BEL-LUX	28336	18386	10654	4391	2428	1460	854	758	2054	136	117	258
CROATIA	2425	2856	2548	354	364	311	219	460	384	58	177	242
CZECH REP	58751	9412	389	7331	672	126	499	876	2083	113	149	171
DENMARK	8806	8294	69923	2244	2073	10756	96946	92195	353654	13772	9201	25494
ESTONIA	1273	18167	29835	159	1558	2148	1941	1350	10564	255	147	1064
FAEROE IS			3			1						
FINLAND	64190	77030	63406	10212	11041	8831	8		2781	3		707
FRANCE	575	938	1317	649	802	699	27592	30820	48444	5567	5418	6826
GERMANY	10027	21003	17258	4509	5017	5067	579508	586327	1125703	77982	55806	109273
GREECE	601	536	351	62	108	58						
HUNGARY	321	627	689	103	163	171	4042	12268	7745	609	1340	778
ICELAND	940	1019	8	158	120	2						
IRELAND	6	124	2	14	67	1		12	111		7	190
ITALY	17301	13430	11972	3071	2266	1817	406	150	807	335	127	671
LATVIA	17927	11366	15769	2615	2287	2676						
LITHUANIA	30268	1160	3822	4549	75	453		13399	62614		1624	4128
MOLDOVA REP	202	2505	3	25	220							
NETHERLANDS	89482	50637	43010	13260	6687	5938	2539	6508	5010	526	1200	977

表 39

SITC 045.1

ライ麦

	輸入：MT			輸入：1,000 $			輸出：MT			輸出：1,000 $		
	1997	1998	1999	1997	1998	1999	1997	1998	1999	1997	1998	1999
NORWAY	20260	28360	31162	2577	2449	2321						
POLAND	43320	32328	47737	6144	2645	2892	193	239	32297	78	76	1952
PORTUGAL	11115	15312	16114	1897	2494	2462	414	41		60	8	
ROMANIA		213			18					209F		
RUSSIAN FED	2200*	3069	495497	230*	399	15553	21400*	47984	18757	3200*	2602	1102
SLOVAKIA	15913	1762	1840	2540	224	236			357			33
SLOVENIA	2885	6349	14000*	390	652	920*	69			14		
SPAIN	573	268	435	170*	157	135	9533	11626	32776	1550	1712	2472
SWEDEN	1064	754	980	372	549	321	48095	11774	2936	6061	1726	489
SWITZERLAND	2235	2261	10233	925	871	1518		75			42	
UK	318	109	551	268	72	309	396	1259	48	206	423	17
UKRAINE		1227			80F		21493	2044	271784	2865	260F	34000F
YUGOSLAVIA								1	1F			
OCEANIA	3155	121	531	1372	53	111	23	243	30	10	56	11
AUSTRALIA	3150*	110*		1369	48		23	31	30	10	10	11
NEWCALEDONIA	5	11	10*	3	5	10*						
NEW ZEALAND			521			101		212			46	

表 40

SITC 045.2

オート

	輸入：MT			輸入：1,000 $			輸出：MT			輸出：1,000 $		
	1997	1998	1999	1997	1998	1999	1997	1998	1999	1997	1998	1999
WORLD	2667857	2374849	2357622	406512	299207	267976	2640008	2467140	2481535	367536	278152	250389
AFRICA	29600	23115	28555	4935	4458	4173	1852	1620	59	598	611	51
ALGERIA	72	72F	72F	26	26F	26F						
BOTSWANA	15	15F	15F	45	45F	45F						
GHANA	1	14	1		75*	4	15	9	6	14	3	7
KENYA			3		1	3		1			2	
LIBYA	1000F	1500*	1500F	280F	350*	350F						
MADAGASCAR	120			68								
MAURITIUS	493	432	405	117	55	65						
MOROCCO	5	268	597	4	50	156						
NIGERIA	515F	515F	515F	324F	324F	324F						
RWANDA	1000F	1000F	1000F	750F	750F	750F						
SEYCHELLES	1			1								
SOUTH AFRICA	26050	19109	24397	3221	2739	2418	336	107	47	79	37	39
SWAZILAND	79	3	11	33	6	20		2			3	
TANZANIA	2	2F	2F	2	2F	2F						
TUNISIA							1500	1500	5	503	564	3
UGANDA		7	2		8	3						
ZAMBIA							1	1F	1F	2	2F	2F
ZIMBABWE	247	178	35	64	27	7						
N C AMERICA	1964757	1820862	1748635	276263	204980	180738	1612830	1168249	1197047	220964	130554	118127
BAHAMAS	6			12								
BARBADOS	319	130	249	190	72	121		1			1	
CANADA	4776	4346	3633	449	367	285	1586230	1138847	1174861	217068	125584	115011
COSTA RICA	83	89	90*	44	37	20*	3	3	3F	4	3	3F
CUBA		200*	200F		35*	35F						
DOMINICAN RP	220*	160*	160F	90*	50*	50F						
EL SALVADOR	23		14	4		2						
GUATEMALA	271	186	186F	167	78	78F	23	27	27F	2	11	11F
HONDURAS	107	46	138	50	22	55						
JAMAICA	1432F	1432F	1432F	874F	874F	874F						
MEXICO	52894	68053	59851	9228	9247	7331	27	23	1	4	2	
NICARAGUA	328	136	324	73	69	138			1			1
PANAMA	1945	1690	1359	842	556	400						
ST KITTS NEV	3	3F	3F	3	3F	3F						
TRINIDAD TOB	267	414	378	122	146	126		1		1	2	
USA	1902083	1743977	1680618	264115	193424	171220	26547	29347	22154	3885	4951	3101
SOUTHAMERICA	62992	66419	81899	17124	15295	14267	9092	18794	9522	1370	3046	1507
ARGENTINA	590	652	731	142	171	207	1295	7476	2666	166	898	224
BOLIVIA		2	2F	1	2	2F	43	26	30*	20	14	20*
BRAZIL	62	19	6	37	14	4	249	1194	903	37	234	143
CHILE							7192*	10083	5900*	1031	1884	1100*
COLOMBIA	20911	20958	21524	7810	6531	5544	3	1		11	2	
ECUADOR	16647	15455	29054	2216	2566	2807	1	6	2	1	4	2
PARAGUAY	1	631	631F	17	236	236F	290	4		75	1	
PERU	9697	11585	18899	2189	1669	2504						
URUGUAY	1486	8382	3443	213	1135	358	8		20	8		12
VENEZUELA	13598	8735	7609	4499	2971	2605	11	4	1	21	9	6
ASIA	125486	121293	138271	24764	22008	20983	13933	8196	33341	1473	670	2035
ARMENIA				3F	3F							
AZERBAIJAN		700*	197		70F	18						
BANGLADESH		61	9F		13	18						
CHINA	3705	1871	1366	362	230	132	9	9F	101	2		21
CHINA,H.KONG	587	390	807	200	144	215	232		191	42		35
CYPRUS	277	367	237	94	113	68						
INDIA								8	8F		22	22F
INDONESIA	279	145	630	108	66	219	99			212		
ISRAEL	70F		3000F	22		1631						
JAPAN	83882	90175	84884	17379	15983	13345						
KAZAKHSTAN	7	1		1	2		13218	8072	18444	985	535	971
KOREA REP	24388	16811	26242	3678	2505	2736			11			7
KUWAIT	79	13		23	17	17						
CHINA, MACAO	907	1014	682	215	278	138		3			1	
MALAYSIA	3866F	2310	2024	666F	491	417	140*	69	129	150*	102	222
OMAN	25	25F	25F	21	21F	21F						
PAKISTAN		16			6							
PHILIPPINES	5493	3983	4598	866	692	656						

表 40

SITC 045.2

オート

	輸入：MT			輸入：1,000 $			輸出：MT			輸出：1,000 $		
	1997	1998	1999	1997	1998	1999	1997	1998	1999	1997	1998	1999
SAUDI ARABIA	747	1374	270*	871	981	430*						
SINGAPORE	309	267	188	65	42	29	34	29	19	11	8	16
SRI LANKA			17			3						
THAILAND		30	70		12	14	109	4		32	1	
TURKEY		533	10518		136	643	92	2	14438	39	1	741
UNTD ARAB EM	865*	1200*	2500*	190*	200*	230*						
YEMEN		7	7F		3	3F						
EUROPE	483616	342871	359571	83017	52385	47658	878535	1119912	988958	124382	125660	105219
AUSTRIA	18426	18440	11737	3583	3136	1858	2831	6817	20648	548	1198	2826
BELARUS		980	41679		91	3336		61			11	
BEL-LUX	32991	37896	36144	5833	5664	4867	3668	1237	2243	747	301	438
BOSNIA HERZG	150*	130*	130F	35*	15*	15F						
BULGARIA								144	144F		14	14F
CROATIA	5	2	11	3	2	2	141	221	376	30	31	40
CZECH REP	21	10	220	8	4	18	1133	2111	4638	217	289	353
DENMARK	28471	14962	21179	5294	2906	4141	281	2820	4084	61	343	598
ESTONIA	30		97	51		13	47			8		
FINLAND	7	4	95	3	2	47	407868	314784	239161	53128	31328	23790
FRANCE	635	2789	3291	192	388	488	46461	47370	102512	8553	7423	12587
GERMANY	85942	42531	59065	14142	6772	8187	24753	39257	24258	4941	5941	3784
GREECE	23945	10520	7323	4347	1420	1026						
HUNGARY							2796	4966	9562	309	361	639
ICELAND	202	106	233	55	40	41		2			1	
IRELAND	143	225	342	49	89	105	10671	13036	5124	1636	1671	692
ITALY	53753	38837	42718	9986	5882	6070	54	48	375	15	16	68
LATVIA		4	53		5	36						
LITHUANIA	374	15		50	5		290	657		26	50	
MACEDONIA	54*	50*	50F	10*	10*	10F						
MALTA	944	845	820	254	187	171						
MOLDOVA REP	511	276		406	203				42			7
NETHERLANDS	21699	16734	26074	3666	2547	3795	5638	4355	4847	1343	760	841
NORWAY	58371	18698	6170	8184	2182	631	8	8	17	4	4	20
POLAND	109	109	5666	23	29	352	28501	9810	15	2923	987	1
PORTUGAL	23004	23148	9417	4129	3915	1423	94	48	568	16	8	82
ROMANIA	6	200	46	4	41	4			1			
RUSSIAN FED	10000*	7750	18890	900*	453	1135	525*	1913	1112	45*	124	51
SLOVAKIA	270	9	231	53	3	42	113		937	32		79
SLOVENIA	3065	3958	5900*	409	276	200*						
SPAIN	51022	50657	23593	8189	6996	3284	27215	15635	13977	5177	2961	2093
SWEDEN	2137	3668	2644	331	559	432	237560	601375	464955	31865	62825	46258
SWITZERLAND	51048	38624	23410	9412	6294	3241	3	1555		3	138	
UK	15735	10683	12338	3344	2268	2688	75523	51600	34322	12262	8865	5152
UKRAINE		11	5		1F		1414	35	54993	142	4F	4800F
YUGOSLAVIA	546			72			947	47	47F	224	6	6F
OCEANIA	1406	289	691	409	81	157	123766	150369	252608	18749	17611	23450
AUSTRALIA		10*	2		6	2	123608	150293	252527	18666	17585	23403
COOK IS	1	1	1	2	1	2						
FR POLYNESIA	12F	12F	12F	6F	6F	6F						
NEWCALEDONIA	73	94	94F	26	26	26F						
NEW ZEALAND	1320	172	582	375	42	121	158	76	81	83	26	47

表 41

SITC 045.9

その他の穀物

	輸入：10MT			輸入：1,000 $			輸出：10MT			輸出：1,000 $		
	1997	1998	1999	1997	1998	1999	1997	1998	1999	1997	1998	1999
WORLD	748920	805390	896903	1196798	1128667	1092859	732129	811208	817643	1035389	1037837	943834
AFRICA	20052	31175	33916	48028	57538	51646	13100	20401	18760	24789	33453	28634
ALGERIA	212	228	248	1314	1368	1058						
ANGOLA	88*	1190	1190F	270*	1260	1260F						
BOTSWANA	2531	2531F	2531F	5274	5274F	5274F	68	68F	68F	82	82F	82F
BURKINA FASO	786	786F	786F	1050F	1050F	1050F	338F	338F	338F	307F	307F	307F
CAMEROON	1	1F	1F	2	2F	2F						
CAPE VERDE	320	320F	320F	680	680F	680F						
CHAD	6F	6F	6F	120F	120F	120F						
CÔTE DIVOIRE	108F	108F	108F	183F	183F	183F	44F	44F	44F	41F	41F	41F
DJIBOUTI	180F	180F	180F	460F	460F	460F						
EGYPT	49	86	635	311	434	927	118	42	9	327	93	19
ERITREA	8591	5270	600	20700F	11500F	1100F	10	10F	10F	25	25F	25F
ETHIOPIA	1057	5057	4957	2824F	10424F	10424	3956F	1506F	6F	11018F	4018F	18F
GABON	5F	5F	5F	22F	22F	22F						
GAMBIA	1F	1F	1F	3F	3F	3F						
GHANA		1	1	1	5	4	5	4	3	5	7	8
GUINEABISSAU	78F	78F	78F	170F	170F	170F						
KENYA	173	33	219	666	85	531	32	180	117	141	934	551
LESOTHO	100F	30F	30F	150F	50F	50F						
LIBYA	16F	16F	16F	65F	65F	65F						
MADAGASCAR	2			6	1	1						
MALAWI	1417*	502	503	4143	999	992		33	33	3	23	23
MALI							500F	500F	500F	700F	700F	700F
MAURITANIA	200F	200F	200F	300F	300F	300F						
MAURITIUS	14	7	15	59	20	62						
MOROCCO	27	2214	8026	128	2678	9387	10	7	2	60	39	19
MOZAMBIQUE	130*	10*	10F	420*	40*	40F						
NIGER	390	3404	3329	600	2047	2518		58	58		54	54
NIGERIA	472F	472F	472F	3332F	3332F	3332F						
RWANDA	5	5F	5F	18F	18F	18F						
SENEGAL	90		8	69	8	6		2	5		7	23
SEYCHELLES				6	8							
SOMALIA	10	930	930F	15F	1400F	1400F						
SOUTH AFRICA	377	255	4029	604	563	3894	117	55	83	320	275	281
SUDAN	1435*	6300*	3600*	2300F	10100F	4000F	7000F	17000F	17000F	10300F	25300F	25300F
SWAZILAND	158	170	204	267	218	264	5	1	2	20	3	4
TANZANIA	2	2	2	2	2	2	108	108F	108F	151	151F	151F
TOGO	1	1F	1F	1	1F	1F	1	1F	1F	1	1F	1F
TUNISIA	16	57	74	32	147	180	1		2	10	1	5
UGANDA	1000	170	34*	1400	739	65		212	105		910	441
ZAMBIA	1	546	546F	24	1720	1720F	7	7F	7F	15	15F	15F
ZIMBABWE	5	6	20	37	42	81	779	223	259	1263	467	566
N C AMERICA	235252	335542	466512	325047	384511	488833	539665	524031	611135	697677	635603	641690
BAHAMAS	6	6F	6F	26	25F	25F						
BARBADOS	2	2	9	68	68	61						
BELIZE			2*									
CANADA	1496	1648	1786	5022	4845	5181	15328	13857	15635	51122	45410	43094
COSTA RICA	76	86	71	359	411	311	1	1	1F	10	3	3F
DOMINICAN RP	13	14	14F	65F	90	90F						
EL SALVADOR	515	6	14	1033	64	42	3	2		42	4	
GUATEMALA	66	64	80	247	264	314	106	19	29	437	283	1009
HONDURAS	7054	667	25	10576	1263	389				2		
JAMAICA	180	310	270	480	500	370						
MEXICO	223379	330086	461844	294404	365173	471164	46	51	93	165	170	822
NICARAGUA	92	46	89	642	691	765	691	14	3	924	67	24
PANAMA	25	7	5	264	86	19						
ST LUCIA				3	1	1F						
TRINIDAD TOB	11	14	14	49	64	51						
USA	2337	2586	2284	11809	10966	10050	523490	510087	595375	644975	589666	596738
SOUTHAMERICA	17349	18282	17858	45077	45471	37587	73691	140549	64380	84600	136785	62636
ARGENTINA	508	367	156	3562	3802	1844	72397	136721	62372	80167	128937	56850
BOLIVIA	24	38	35	325	496	332	200	151	151F	2232	1930	1930F
BRAZIL	4979	5266	4830	20850	20333	15772	29	9	34	152	190	461
CHILE	6969	2472	8089	8755	3611	8722	4	2	2F	37	21	21F
COLOMBIA	3763	7135	3767	5934	10268	6083	1		2	13	1	27
ECUADOR	24	1122	14	118	1348	38	1	6	4	11	85	53
PARAGUAY	12	9	9F	164	149	149F	2			32		
PERU	280	1193	164	1363	1619	493	42	43	39	616	532	548

表 41

SITC 045.9

その他の穀物

	輸入：10MT			輸入：1,000 $			輸出：10MT			輸出：1,000 $		
	1997	1998	1999	1997	1998	1999	1997	1998	1999	1997	1998	1999
URUGUAY	291	231	184	2059	1716	1203	549	1102	7	521	1012	24
VENEZUELA	500	449	610	1947	2129	2951	466	2514	1768	819	4077	2722
ASIA	381662	310047	268692	572309	419300	327119	30336	18476	18747	72219	46107	40784
ARMENIA	48	50	14	38	38	62						
AZERBAIJAN		163	243		153	351						
BAHRAIN	110	110F	110F	323	323F	323F						
BANGLADESH		4	1F		7	4						
BHUTAN	65F	65F	65F	130*	130F	130F						
BRUNEI DARSM			1	2	2F	10						
CAMBODIA	1F	1F	1F	7F	7F	7F	116F	116F	116F	712F	712F	712F
CHINA	9393	8965	5531	17095	12366	9153	25226	15371	15538	51331	35046	31435
CHINA,H.KONG	81	57	76	299	307	265	51	45	30	479	489	361
CYPRUS	65	77	88	270	323	285						4
INDIA	112	58	58F	93	53	53F	1374	736	736F	2962	1561	1561F
INDONESIA	691	587	649	4028	1565	1456	20	1	8	39	16	40
IRAN							400	281	319	880	615	707
ISRAEL	52060	7454	10289F	67416	11167	15464	18F	18F		33	32	4
JAPAN	290676	280188	246056	433711	361291	286377	2	5	6	66	112	179
JORDAN	41	48	48	199	182	152		14			58	
KAZAKHSTAN	8	167	4	48	356	70	252	346	1	375	126	3
KOREA D P RP	4568*	157*	119	6460*	355	265	53	53F	53F	90	90F	90F
KOREA REP	8864	1102	1777	14970	3041	4349	6	4	8	144	51	213
KUWAIT	94	74	73	309	231	193		20				28
LEBANON	99	99	74	350	403	241						
CHINA, MACAO	1	1		2	2	1						
MALAYSIA	1661	356	371	3801	943	1057	25	5	20	209	110	389
MONGOLIA	88	100	100	245	300	300						
NEPAL							93	93	93F	101	101	101F
OMAN	6	6F	6F	79	79F	79F						
PAKISTAN	20	7	16	34	31	33						
PHILIPPINES	196	216	552	338	441	947					2	
QATAR	402F	402F	402F	1109F	1109F	1109F	5F	5F	5F	10F	10F	10F
SAUDI ARABIA	582	228	221	1943	977	941	5	11	11F	37	48	48F
SINGAPORE	38	20	33	160	97	145	26	6	10	101	60	68
SRI LANKA	263	138	134	453	274	276	1			9	1	2
SYRIA	1F	3		21F	10	7	3F	2	2F	41F	28	28F
THAILAND	501	419	469	2603	1614	1769	2411	1245	1631	13705	6334	4320
TURKEY	10490	8296	677	15397	20757	879	111	49	68	595	301	277
TURKMENISTAN	6F	5F	5F	15F	12F	12F						
UNTD ARAB EM	424F	424F	424F	335F	335F	335F	61F	61F	61F	191F	191F	191F
YEMEN	7	4	4F	26	19	19F	78	11	11F	109	13	13F
EUROPE	89851	107275	107822	196809	216522	184744	55128	81161	61157	119706	146299	117289
ALBANIA				3								
AUSTRIA	331	282	306	1668	1410	1392	111	85	469	663	434	1200
BELARUS	2360	1483	1538		5017	2634		44	4		244	20
BEL-LUX	9637	8763	8809	25518	23429	20441	2819	3550	3275	10645	13072	11667
BULGARIA	1	2	2F	3	23	23F	275	523	191	490	861	307
CROATIA	49	115	61	347	282	322	8	29	10	29	84	24
CZECH REP	56	94	96	318	366	290	179	147	376	510	402	558
DENMARK	1174	1248	1186	4332	4840	4104	21	470	793	1124	1588	3351
ESTONIA	273	273	74	521	371	107	173	2	73	302	18	156
FAEROE IS				2	2	3						
FINLAND	23	10	10	156	96	120	1			6		
FRANCE	3051	3092	3041	13337	14000	12362	26256	32771	23891	48903	52481	38260
GERMANY	3770	4740	4057	15661	16505	14287	11924	19257	10864	18611	28093	14812
GREECE	327	312	275	1168	1369	831	1	1	9	3	2	236
HUNGARY	94	331	250	368	404	381	4103	9045	6677	9664	15000	11069
ICELAND	1	1		5	9	3						
IRELAND	26	21	40	279	185	307	3	3	2	127	37	51
ITALY	5967	7077	13550	15189	16699	20706	318	329	626	1177	1258	1823
LATVIA	278	447	102	441	1547	357		2			23	
LITHUANIA	324	320	421	1189	55	386	20	19	505	139	5F	602
MACEDONIA	92*	50*	50F	122*	83*	83F	2			15		
MALTA	246	197	175	1031	731	576						1
MOLDOVA REP	103	103F	131	482	4	308	8	8F	10	15	15F	9
NETHERLANDS	19356	22214	18488	36569	38106	31303	4158	3475	4640	16128	12603	14855
NORWAY	1163	4136	3916	2224	5166	4254	1			6	1	5
POLAND	585	694	801	1323	1213	1142	148	25	275	562	820	1497
PORTUGAL	1085	1158	1865	4029	4226	4630	332	51	234	567	140	444
ROMANIA	1	8	3	4	71	11	131	864	2	281	709	8
RUSSIAN FED	1800	2086	1912	2250	4332	1308	536	4164	2427	1118	4008	2075

表 41

SITC 045.9

その他の穀物

	輸 入：10MT			輸 入：1,000 $			輸 出：10MT			輸 出：1,000 $		
	1997	1998	1999	1997	1998	1999	1997	1998	1999	1997	1998	1999
SLOVAKIA	12	13	7	98	60	25	63	88	118	186	192	184
SLOVENIA	1178	4228	5875	1888	3634	3312	13	27	23	140	164	303
SPAIN	32638	40160	37014	51269	59881	47015	180	302	383	779	791	977
SWEDEN	44	51	55	353	277	382	752	578	2	1301	833	64
SWITZERLAND	554	1216	1246	3313	4157	3768	1		1	12	3	19
UK	3236	2317	2466	11291	7887	7544	23	39	15	402	393	335
UKRAINE	2	33	4	5	65F	7F	2464	5003	5037	5622	11975	12327F
YUGOSLAVIA	15	2	2	53	20	20	105	11	11F	179	50	50F
OCEANIA	4754	3070	2103	9528	5325	2930	20208	26591	43465	36398	39590	52801
AUSTRALIA	56*	108*	13	171	421	146	20188	26581	43455	31531	34787	47977
FIJI ISLANDS	500	100	10	850	120	20						
FR POLYNESIA	9F	9F	9F	35F	35F	35F						
NEWCALEDONIA	87	12	12F	288	71	71F						
NEW ZEALAND	151	164	176	827	693	733	20	9	10	95	31	52
PAPUA N GUIN	3951	2677	1882	7345F	3979F	1919				4772	4772F	4772F
TONGA	1	1	1F	12	6	6F						

表 42

SITC 046

小麦粉

	輸入：MT			輸入：1,000 $			輸出：MT			輸出：1,000 $		
	1997	1998	1999	1997	1998	1999	1997	1998	1999	1997	1998	1999
WORLD	9732607	8541412	7723471	2776303	2060215	1641201	10700155	8877710	8894124	2857999	2112609	1815534
AFRICA	3563481	2811669	2160754	1109756	675531	391430	299210	338576	334660	112799	99890	80818
ALGERIA	1103000*	236000*	26000*	424600*	75000*	7000*						
ANGOLA	171500	175000*	193000*	50000*	44000*	33000*						
BENIN	24300*	30000*	31000*	7300*	8200*	6300*						
BOTSWANA	6403	6403F	6403F	4185	4185F	4185F	7	7F	7F	4	4F	4F
BURKINA FASO	14600*	10000*	31000*	4000*	2800*	6600*						
BURUNDI	5348	8829	7443	2865	3945	2569						
CAMEROON	30507	42000*	17000*	7339	8300*	2900*	4520	4520F	4520F	2168	2168F	2168F
CAPE VERDE	22	60*	160*	10	30*	60*						
CENT AFR REP	27600*	29000*	31000*	8500*	8000*	6100*						
CHAD	36000*	26000*	36000*	14000*	7400*	7400*						
COMOROS	5200*	5100*	17600*	1600*	1200*	5600F						
CONGO, DEM R	291966	300000F	116000*	41670	36000F	10000*						
CONGO, REP	60000*	73000*	63000*	18000*	19000*	8900*	23F	23F	23F	15F	15F	15F
CÔTE DIVOIRE	2600*	25600*	35500*	800*	6300*	7000*	2600*	26000*	36000*	680*	5500*	6200*
DJIBOUTI	27000*	24000*	26000*	8600*	7100*	5600*						
EGYPT	63912	58500*	72354	17967	15600*	11467	1614	3395	14617	449	417	4375
EQ GUINEA	6800*	7500*	8600*	2200*	2300*	2300*						
ERITREA	27818	16000*	17000*	7400*	3000*	3100F						
ETHIOPIA	15200*	27300*	7100*	3600*	6000*	1100*						
GABON	13000*	13000*	16000*	3500*	2800*	2300*						
GAMBIA	24254	34500*	36000*	6300*	7200*	5000*	115F	115F	115F	88F	88F	88F
GHANA	2601	2130	1737	899	674	456	1903	9100	6362	712	670*	390
GUINEA	64496	72571	51000*	25000*	28130*	14000*						
GUINEABISSAU	7000*	3000*	3000*	2100*	1000*	700*						
KENYA	23560	15307	13777	8335	5278	5078	29992	43832	21288	14241	18437	5927
LESOTHO	15000F	15000F	15000F	4000F	4000F	4000F	3F	1400F	1400F	1	497	497F
LIBERIA	13000*	39000*	19000*	4000*	8200*	3300*						
LIBYA	749000*	800000*	674000*	205000*	162000*	98000*						
MADAGASCAR	33473	8747	25756	10443	2670	6019			110*			50
MALAWI	60000*	36000*	54000*	17000*	7800*	4400*	10		3			
MALI	12400*	31700*	35000*	3600*	8100*	6700*						
MAURITANIA	84000*	117000*	90000*	25000*	29000*	15000*						
MAURITIUS	12178	18754	34	3566	3875	34	30495	21908	18811	7850	4562	3883
MOROCCO	147	262	1140	54	96	384	44581	62013	46598	15113	17299	9465
MOZAMBIQUE	27000*	46000*	39000*	4300*	7100*	1900*						
NIGER	15700*	28912	29000*	4400*	10947	7900*		7	7F		2	2F
NIGERIA	78540F	78540F	78540F	35416F	35416F	35416F						
RWANDA	10545*	12000*	6700*	3800F	5000*	1700*						
ST HELENA	600*	240*	200*	310*	120*	100*						
SAO TOME PRN	2800*	5000*	4200*	870*	1300*	1000*						
SENEGAL	4785	10108	17989	1613	3343	6090	120	988	135	44	326	46
SEYCHELLES	4508	4336	4700*	2309	2141	1752						
SIERRA LEONE	16000*	21000*	8900*	5900*	5800*	2000*						
SOMALIA	24000*	23000*	31000*	8100*	6100*	4800*						
SOUTH AFRICA	809	2621	1101	388	879	433	69251	44530	53424	25883	13997	17163
SUDAN	238352	208000*	113000*	60769	45000*	17000*						
SWAZILAND	2378	3326	6716	1398	2237	1591	1374	1605	1344	644	865	315
TANZANIA	34034	5200*	5200F	6221	800*	800F	4066*	5200*	1200*	1818	1300*	300*
TOGO	78*	78F	78F	54	54F	54F	2960	2960F	5600*	1237	1237F	1250*
TUNISIA	7147	10214	10246	2281	3319	2615	68456	79427	82593	20229	20228	17089
UGANDA	46500*	39968	21377	19400*	14170	7247		608	190*		400	84
ZAMBIA	15097	5000*	5000F	8469	2400*	2400F	375	375F	375F	1054	1054F	1054F
ZIMBABWE	723	863	203*	325	222	80	36745	30563	39941*	20566	10824	10453
N C AMERICA	515511	596154	507359	173414	180031	130064	701969	807343	1210258	210587	209163	237176
ANTIGUA BARB	3000F	3000F	3000F	1500F	1500F	1500F						
ARUBA	2000*	5133	3100*	920*	2892	1600*		4	4F		4	4F
BAHAMAS	6709	7000F	3600*	4010	3500F	1800*	39	39F	39F	42	42F	42F
BARBADOS	7148	1640*	4564	2618	620*	2072	2708	5375	3379	1226	3190	1630
BELIZE	77	260*	260F	35	140*	140F						
BERMUDA	1300*	1500*	1400*	700*	700*	730*						
BR VIRGIN IS	200*	200F	200F	120*	120F	120F						
CANADA	19726	21615	42456*	5422	5834	8894	141794	155422	163735	51208	52556	53094
CAYMAN IS	500F	500F	500F	330F	330F	330F						
COSTA RICA	834	615	615F	502	408	408F	202	6149	5600*	77	1841	1250*
CUBA	113000*	146000*	110000*	30000*	40000*	18000*						
DOMINICA	4332	4330F	4330F	2474	2474F	2474F						
DOMINICAN RP	17000*	14000*	6600*	5800*	5100*	2300*						
EL SALVADOR	594	812	679	317	624	409	1479	663	610	196	77	48
GREENLAND	1039	1375	1476	731	945	997						

表 42

SITC 046

小麦粉

	輸入:MT			輸入:1,000 $			輸出:MT			輸出:1,000 $		
	1997	1998	1999	1997	1998	1999	1997	1998	1999	1997	1998	1999
GRENADA	674	674F	674F	441	441F	441F	3349	2900*	2900F	1772	1400*	1400F
GUATEMALA	3982	4632	3300*	1053	1177	670*	459	199	199F	248	102	102F
HAITI	137000*	181000*	111000*	47000*	46000*	19000*						
HONDURAS	1388	2276	2021	234	511	489	16	10	10F	9	5	5F
JAMAICA	1700*	2300*	2300F	780*	900*	900F	1F	1F	1F	8F	8F	8F
MEXICO	54215	25998	37848	16626	7123	9553	10776	27018	9571	3822	6845	3375
MONTSERRAT	1500F	1500F	1500F	370F	370F	370F						
NETHANTILLES	1150*	5934	1000*	440*	924	270*	1200*	931	1100*	260*	620	370*
NICARAGUA	84	6057	5685	87	1981	2001		1663	855		621	289
PANAMA	65	136	239	29	122	124	75		42	40		12
ST KITTS NEV	2174	2100*	2100F	1196	1196F	1196F						
ST LUCIA	12777	12808	12808F	5780	6189	6189F						
ST PIER MQ	740*	740F	740F	380*	380F	380F						
ST VINCENT	90	90F	90F	58	58F	58F	17212	15370	13190	8656	8606	7378
TRINIDAD TOB	3405	5163	5251	1877	2668	2197	4234	5916	6012	2325	3868	2170
USA	117108	136766	138023	41584	44804	44452	518425	585683	1003011	140698	129378	165999
SOUTHAMERICA	482033	409894	309729	142940	106067	80016	622916	532300	408190	149929	113198	80207
ARGENTINA	1499	1775	1646	521	415	319	582353	473965	384220	137352	97987	73398
BOLIVIA	12909	23730	32000*	6009	14904	22000*	1445	1859	1859F	537	828	828F
BRAZIL	404723	322965	200523	113794	70212	40580	1965	2338	2407	967	1008	870
CHILE	4184	3493	3493F	1175	1059	1059F	633	138	120*	359	90	40*
COLOMBIA	1503	1932	1317	707	763	504	18	116	13	9	37	4
ECUADOR	1539	556	986	419	230	326	4	8	21	5	8	18
GUYANA	1300*	1800*	1800F	520*	650*	650F						
PARAGUAY	3132	5033	40000*	1069	1464	5800*	13671	10819	1140	3422	2084	201
PERU	36938	34393	20898	13890*	10568	6554	20	1653	2539	12*	466	624
SURINAME	6768	9300*	3600*	2500*	4300*	1100*						
URUGUAY	7317	4797	2915	2246	1426	777	19232	36830	13255	4899	8575	2987
VENEZUELA	221	120	551	90	76	347	3575	4574	2616	2367	2115	1237
ASIA	2927008	2690816	2800500	700169	550221	576502	2690465	1680696	1544775	722472	416938	358215
AFGHANISTAN	14600*	13000*	17500*	4200*	2800*	3300*						
ARMENIA	109374	56500*	18543	33958	16000*	4745						
AZERBAIJAN	285000	320000F	118857	83000	55000F	22211			50			12
BAHRAIN	48635	1000*	1000*	10373	220*	210*	47749	43000*	43000F	9706	9000*	9000F
BANGLADESH	5840	1384	30F	1194	291	63						
BHUTAN	1895F	1895F	1895F	379*	379F	379F	13600F	13600F	13600F	2047	2047F	2047F
BRUNEI DARSM	4600*	5000*	5700*	2400*	2400*	2300*						
CAMBODIA	1100*	1100*	2300*	400*	400*	860*						
CHINA	63809	67818	79052	16730	17715	21736	458135	270910	165510	126047	74647	46437
CHINA,H.KONG	184003	163227	171443	71013	63417	63480	28103	22296	19974	10110	8706	7779
CYPRUS	1587	2401	2774	674	899	942	604	881	599	292	409	248
GAZA STRIP	180000*	180000*	180000F	45000*	45000*	45000F						
GEORGIA	80000*	73000*	73000F	21500*	14000*	14000F						
INDIA	2034	6099	6099F	259	1574	1574F	22552	5060	5060F	5608	1306	1306F
INDONESIA	15631	23916	368932*	4122	4935	67683		158	340*	18	71	161
IRAN	11500*			3500*			1446	1072	499	250	222	52
IRAQ	21000*	21000F	21000F	7000*	7000F	7000F						
ISRAEL	680F	500F	2400F	344	229	1104	130F	70F	200F	45	21	90
JAPAN	966	1241	859	822	1001	676	267170	270747	334594	77240	76014	85777
JORDAN	6358	6954	9363	2757	2148	2539	3361	309	81	946	92	25
KAZAKHSTAN	2865	5133	8805	943	833	1486	224280	232934	249885	66602	52564	38607
KOREA D P RP	272000*	135000*	42314*	74000*	33000*	8000F						
KOREA REP	357	1035	989	386	926	657	13304	18074	30706	5921	5928	7072
KUWAIT	2432	3124	3128	987	1337	1225	20801	18	12244	5986	7	5069
KYRGYZSTAN	7000	8000F	12000*	1862	1900F	1400*	26716	24000F	24000F	7374	6500F	6500F
LAOS	3300*	174*	3000*	1400*	51*	1000*						
LEBANON	16000*	13000*	12000*	5700*	3400*	2400*						
CHINA, MACAO	7093	6734	6859	1939	1874	1851	24	4	5	7	2	1
MALAYSIA	8550F	5941	17556	2348F	1134	2679	170000F	200000F	84679	19800F	20578	24309
MALDIVES	12000*	9300*	4600*	3500*	2000*	1100*						
MONGOLIA	69107	73000F	39000*	18119	8500*	5711	63	40F		24	18F	18F
MYANMAR	25957	43000*	70000*	9329	13000*	16000*						
NEPAL	2500F	6500F	6500F	1136	2929	2929F	321843			66678		
OMAN	16731	16731F	16731F	3506	3506F	3506F	81258	81258F	81258F	26994	26994F	26994F
PAKISTAN	42	3110		15	632		550			52		
PHILIPPINES	30698	16841	24863	8861	5233	6274		2			1	
QATAR	5200*	5500F	5500F	1680*	1750F	1750F	250*	250F	250F	100*	100F	100F
SAUDI ARABIA	18689	20852	28000*	6156	6601	7000*	7	9	9F	6	5	5F
SINGAPORE	151204	119632	185946	34633	26470	39024	98132	61883	37320	19895	13848	8628
SRI LANKA	10674	50175	24449	3242	12817	6246	2			1		
SYRIA	14500*	8543	11960	2600*	779	1093	165F	20	20F	63F	10	10F

表 42

SITC 046

小麦粉

	輸入:MT			輸入:1,000 $			輸出:MT			輸出:1,000 $		
	1997	1998	1999	1997	1998	1999	1997	1998	1999	1997	1998	1999
TAJIKISTAN	36000*	38000*	117000*	9600*	6400*	12000*						
THAILAND	18595	33165	58449	5138	7333	10564	13302	9807	14853	4462	3574	4700
TURKEY	313	207	656	165	89	162	864918	365375	241120	262698	99124	48118
TURKMENISTAN	140000F	55000F	55000F	50500F	20000F	20000F						
UNTD ARAB EM	98000*	8479*	33000*	26000*	2250*	8100*	12000*	58000*	184000*	3500*	15000*	35000*
UZBEKISTAN	37000*	70000*	101000*	12600*	16000*	22000*						
VIET NAM	152000	220000*	175000*	41819	53000*	38000*						
YEMEN	729589	768605	655448	62380	81069	94543*		919	919F		150	150F
EUROPE	2183020	1967130	1879940	628777	529255	445406	6232838	5310925	5143950	1616892	1222855	1008393
ALBANIA	141263	138305	151000*	40942	39202	24000*				7F		
AUSTRIA	18595	27410	29456	4707	7522	7240	30090	32273	28301	9689	9980	8148
BELARUS	119500	68855	70530	39360	21917	20863	13864	11353	4952	4728	3158	1113
BEL-LUX	121383	156967	197778	29960	33629	38020	887212	815334	915161	225480	186485	184944
BOSNIA HERZG	154000*	121000*	75000*	39000*	26000*	13000*						
BULGARIA	15249	6441	2624*	4018	1758	1500*	2563	5923	15000F	511	1184	2500F
CROATIA	6974	6398	5550	2534	2262	1618	5930	14538	18176	2095	4246	4213
CZECH REP	7138	11544	9974	2586	4109	3042	18047	11845	24707	4362	2667	4365
DENMARK	89735	99783	153647	25628	29026	40611	45844	42745	48280	15521	14331	14302
ESTONIA	49326	48777	46453	7576	10419	8392	5090	1613	138	982	439	73
FAEROE IS	1970	1763	1616	760	663	569						
FINLAND	6574	2103	1211	1982	705	426	52468	26279	9628	16598	7583	2083
FRANCE	203026	254602	247144	59138	71522	60614	1644037	1285226	1170611	420225	302167	230972
GERMANY	85991	80489	76230	27265	25987	21538	644239	573685	684067	163488	138107	145622
GREECE	3770	11823	7114	1870	3673	2729	108338	88453	70063	28799	19707	15023
HUNGARY	16	463	177	6	141	82	190050	108572	122382	47571	21982	18806
ICELAND	6142	6298	7726	2229	2266	2299	2			2		
IRELAND	69978	99543	93925	23786	25386	28266	21984	24089	18295	6506	6050	4636
ITALY	21407	21179	32934	5435	4594	7855	993400	1004072	847560	243823	209218	146475
LATVIA	3919	3892	3784	1235	2000	1779	1965	1245	2932	573	553	1131
LITHUANIA	1114	654	1200	324	205	327	21103	20734	3965	6035	4922	854
MACEDONIA	205000*	99200*	34182*	66000*	30000*	10300F	287	287F	287F	213	213F	213F
MALTA	5092	5423	5207	1786	1808	1420			10			5
MOLDOVA REP	1811	545	8568	529	177	905	1958	6064	10388	712	1423	1693
NETHERLANDS	262283	256411	302846	66187	58570	67766	521716	454903	508951	122365	93630	81805
NORWAY	3033	2544	2436	1250	1009	906	29	64	89	28	74	51
POLAND	13568	14669	16421	3916	3922	3425	16266	5882	4942	5080	1780	1096
PORTUGAL	18245	17901	14838	5337	5620	4233	17604	21007	10392	5324	6098	2830
ROMANIA	61967	58276	21899	16842	15377	5187	132	253	1082	45	82	91
RUSSIAN FED	386895	218556	124150	111614	59937	24015	54732	95255	134682	15580	14749	18903
SLOVAKIA	588	767	8710	196	215	1510	5328	1018	708	1535	260	143
SLOVENIA	11260	14796	22000*	4089	4624	4800*	12538	7381	7381F	3246	1756	1756F
SPAIN	32396	26679	20932	8728	8060	6030	547740	376371	250443	146071	92863	50936
SWEDEN	3823	5358	5630	1449	1736	1638	28269	36346	17118	6414	9414	4068
SWITZERLAND	547	662	635	309	358	330	266	343	269	455	544	401
UK	45501	73603	74694	18889	23752	27652	109693	105892	101889	37398	33971	31742
UKRAINE	2596	3233	1501	827	1035F	450*	210470	60888	44049	69194	18000F	13000*
YUGOSLAVIA	1345	218	218F	488	69	69F	19584	70992	67052*	6237	15219	14400F
OCEANIA	61554	65749	65189	21247	19110	17783	152757	207870	252291	45320	50565	50725
AMER SAMOA	1500F	1500F	1500F	600F	600F	600F						
AUSTRALIA	570*	670*	1383	291	341	589	149455	205253*	249577	44029	49613	49826
COOK IS	1371*	1924*	1308*	546	417	427						
FIJI ISLANDS	11000*	5000*	8200*	2760	1131	1200*	2000F	2000F	2000F	700F	700F	700F
FR POLYNESIA	16000*	16000*	16000*	5500*	4400*	4200*						
GUAM	1000F	1000F	1000F	600F	600F	600F						
KIRIBATI	3132	3800*	3500*	927	740*	550*						
NEWCALEDONIA	972	984	1100*	539	534	540*	18			14		
NEW ZEALAND	7409	10030	7745	3041	3039	2351	1284	617	714	577	252	199
NORFOLK IS	85*	85F	120*	30*	30F	40*						
PACIFIC IS	2600*	2600F	2500*	1000*	1000F	980*						
PAPUA N GUIN	260*	5000*	5000F	90*	1440F	1440F						
SAMOA	4300*	4600*	3900*	1000*	770*	610*						
SOLOMON IS	30*	30F	30F	10*	10F	10F						
TONGA	5335	5736	5773	1943	1858	1766						
TUVALU	240*	340*	260*	140*	130*	90*						
VANUATU	2500*	3200*	2800*	890*	730*	540*						
WALLIS FUT I	750*	750F	570*	240*	240F	150*						

表 43

SITC 048.2

麦　芽（粉を含む）

	輸入：MT			輸入：1,000 $			輸出：MT			輸出：1,000 $		
	1997	1998	1999	1997	1998	1999	1997	1998	1999	1997	1998	1999
WORLD	4532592	4760637	4985669	1802633	1667607	1420360	4814877	4975252	5134627	1650803	1513760	1258850
AFRICA	357394	403816	376386	172909	209512	150601	24030	14634	9002	10898	6614	3458
ALGERIA	4854	4854F	7100*	2115	2115F	1900*						
ANGOLA	16200*	14000*	14000F	7000*	6100*	6100F						
BENIN	4750*	4300*	2500*	3000*	3600*	1800*						
BOTSWANA	6907	6907F	6907F	4051	4051F	4051F	283	283F	283F	121	121F	121F
BURKINA FASO	5320*	5320F	6100*	4500*	4500F	3300*						
BURUNDI	10415	11756	6394	8449	10825	5005						
CAMEROON	42890	59372	50000*	13338	29788	11000*						
CAPE VERDE	719	680*	1300*	369	230*	520*						
CENT AFR REP	1356F	1356F	1356F	1355F	1355F	1355F						
CHAD	1600F	1005*	1000*	2300F	1100*	1200*						
CONGO, DEM R	15162	14000*	10000*	14002	12600*	7900*						
CONGO, REP	2606	7706	6100*	2154	6180	4900*						
CÔTE DIVOIRE	17013F	17013F	13000*	12822F	12822F	8700*						
EGYPT		18	183		8	60						
ERITREA	4000*	3500*	4000*	1400*	1200*	1400F						
ETHIOPIA	6000F	6000F	6000F	3061F	3061F	3061F						
GABON	8500*	10300*	13000*	4800*	5700*	5300*						
GHANA	9625	13297	16561	4280	7339	6909						
GUINEA	1600*	1750*	1750F	920*	1080*	1080F						
GUINEABISSAU	400F	380*	380F	320F	210*	210F						
KENYA		6239	830		2636	405		315	709		323	314
LIBERIA	1150*	1150F	770*	410*	410F	240*						
MADAGASCAR	3427	4566	4284	2248	2806	2189						
MALAWI	2300*	2200*	2400*	1500*	1000*	730*						
MALI	955*	950*	950F	570*	540*	540F						
MAURITIUS	4963	6023	5985	2359	1878	1929						
MOROCCO	6120	7250	5006	2027	2260	1195						
MOZAMBIQUE	5800*	7400*	7400F	1800*	1400*	1400F						
NIGER	670*	850	740*	590F	727	530*						
NIGERIA	35F	13500*	13500F	47F	18000F	18000F						
RWANDA	9400*	9400F	4400*	5300*	5300*	2400*						
SENEGAL	1681	1665	1616	1090	905	862						
SEYCHELLES	1021	1223	1040*	642	716	583						
SIERRA LEONE	350F	350F	350F	260F	260F	260F						
SOUTH AFRICA	102970	111066	116311	31921	32992	25928	4463	1572	1197	2507	725	458
SWAZILAND	7180	7222	8431	2862	1983	2106	81	73	86	37	17	17
TANZANIA	20969	9300*	9300F	9744	2800*	2800*						
TOGO	3926	3926F	3200*	2548	2548F	1300*						
TUNISIA	4232	5027	7534	1461	2011	1803						
UGANDA	16000*	19659	13046	12600*	13335	8889		12			7	
ZAMBIA	4068	1200*	1600*	2607	1100*	740*						
ZIMBABWE	260	136	62	87	41	21	19203	12379	6727	8233	5421	2548
N C AMERICA	274939	316099	360134	117795	109823	112863	617607	610151	598792	212466	183445	154783
BAHAMAS	1764	2170*	2300*	888	1100F	730*						
BARBADOS	1298	1123	1726	1034	613	700						
BELIZE	616	650F	490*	348	400F	250*						
CANADA	5176	5588	5767	2831	2798	2602	462037	464232	466102	161301	138919	115432
COSTA RICA	12367	17732	12000*	4769	5617	2700*						
CUBA	21000*	12700*	18000*	8000*	4600*	4200*						
DOMINICA	130	130F	130F	78	78F	78F	11	11F	11F	7	7F	7F
DOMINICAN RP	32000*	36000*	34000*	11000*	10000*	10000*						
EL SALVADOR	6562	5800*	7982	3143	2886	2245						
GRENADA	628	628F	750*	336	336F	350*						
GUATEMALA	11218	17591	18000*	4759	6085	3800*		202	202F		95	95F
HAITI	2333*	3095F	3095F	1171*	1526F	1526F						
HONDURAS	9557	10163	11469	4744	4656	3971						
JAMAICA	8900*	9200*	10000F	3600*	2600*	2800*						
MEXICO	79075	118162	122678	32980	34569	38423	18		5	14	1	11
NETHANTILLES	1230*	1693	1400*	600*	671	540*						
NICARAGUA	5047	7762	8666	2424	2755	2653		11			4	
PANAMA	15745	16348	18456	7305	5879	5021						
ST KITTS NEV	238	238F	238F	256	256F	256F						
ST LUCIA	1281	1097	2200*	629	480	540*						
TRINIDAD TOB	5516*	6165*	6330*	3020	2872	2899			1	1		1
USA	53258	42064	74457	23880	19046	26579	155541	145695	132471	51143	44419	39237
SOUTHAMERICA	990727	1042259	952745	389420	320693	230746	363742	421550	436347	143278	141154	113660
ARGENTINA	39796	21377	29531	16998	7598	8191	149442	163480	197724	58353	52965	46309

表 43

SITC 048.2

麦　芽（粉を含む）

	輸入：MT			輸入：1,000 $			輸出：MT			輸出：1,000 $		
	1997	1998	1999	1997	1998	1999	1997	1998	1999	1997	1998	1999
BOLIVIA	15134	18310	18310F	6705	7448	7448F						
BRAZIL	643551	640435	615551	258680	194195	138395	150	1515	447	110	585	140
CHILE	500	11500	11500F	193	3493	3493F	33897	44373	67947	13975	15786	18900
COLOMBIA	36226	15230	34482	14497	6495	10596	18992	23381	15382	6274	7044	4685
ECUADOR	21615	27584	23948	6957	9362	6950						
GUYANA	900*	2000*	2300*	450*	900*	800*						
PARAGUAY	17886	15074	15074F	7950	6137	6137F						
PERU	27543	29949	26482	13125	11250	8512	155		6071	71		1543
SURINAME	1111	1000F	1300*	1569	1400F	310*						
URUGUAY							161106	188801	148776	64495	64774	42083
VENEZUELA	186465	259800	174267	62296	72415	39914*						
ASIA	1362690	1368974	1352368	561391	498101	386749	17323	9145	12625	5995	3161	4030
ARMENIA	1141	1200F	691	612	456F	265			4			4
AZERBAIJAN		900*	3480		330*	1244						
CAMBODIA	2644*	2653*	2800*	1000*	820*	570*						
CHINA	26472	16703	8401	9207	5556	2658	5414	3666	1064	1898	1139	351
CHINA,H.KONG	13813	10558	8307	5701	3672	2112	910	77	839	358	28	217
CYPRUS	3106	4039	4834	1317	1601	1340		2	1		3	3
GEORGIA				50F	50F	50F						
INDIA	135	661	661F	58	174	174F	54	3	3F	15	3	3F
INDONESIA	18967	20538	17211	7444	7383	4527	258		26	72		18
IRAN							60			24		
IRAQ	2800F	2800F	2800F	1250F	1250F	1250F						
ISRAEL	10000*	9000*	7700F	3663	3114	2657						
JAPAN	762324	770022	763254	336263	300980	234563	50	28	13	121	62	44
JORDAN	800	1092	804	346	397	205		456			148	
KAZAKHSTAN	8033	8498	7850	3544	3310	2568	1537	1700	7286	624	621	2214
KOREA REP	73283	56917	60966	26809	17920	14807		14	16		32	29
KUWAIT	2		37	3		24						
LAOS	4497*	5300*	5300*	2180*	1700*	820*						
LEBANON	1123*	1100*	770*	400F	400*	200*						
CHINA, MACAO			7			1						
MALAYSIA	30000*	28376	26105	11000*	9537	7574	1F		1	6F		3
MYANMAR	600F	600F	600F	281	281F	281F						
NEPAL	2500F	1800*	2100*	1212	854	450*						
PHILIPPINES	128626	119985	138944	37961	38853	37163						
QATAR	50F	50F	50F	140F	140F	140F						
SAUDI ARABIA	83	49	49F	53	53	53F						
SINGAPORE	42743	34861	30656	16649	12098	8250	50	202	1	41	73	3
SRI LANKA	4284	6880	5936	1823	2482	1749						1
SYRIA		20	20F		11	11F						
THAILAND	133592	141113	142981	63173	52126	40074						
TURKEY	5112	858	53	1571	232	18	8989	2997	3371	2836	1052	1140
TURKMENISTAN	500F	400F	1000*	400F	320F	950*						
VIET NAM	85460*	122000*	108000*	27281*	32000*	20000*						
YEMEN		1	1F		1	1F						
EUROPE	1530246	1612843	1925916	553623	522254	533990	3381033	3487363	3646731	1140173	1058176	881619
ALBANIA	1529	3665	3700*	684	1414	1000*						
AUSTRIA	10372	16526	23909	3942	5266	7297	6377	14427	24550	2243	4143	5258
BELARUS		3428	255		1356	97	30200	35579	28220	10812	12182	5412
BEL-LUX	106272	131355	111668	34920	37996	29724	653592	703910	563123	219838	209267	141050
BULGARIA	8054	408	408F	2733	100	100F	649	580	580F	135	154	154F
CROATIA	16639	24521	34983	5398	7195	8166						
CZECH REP	702	5200	1099	264	1291	289	140578	166815	168431	42064	43431	34956
DENMARK	11721	25177	13069	4955	8910	4876	129944	126697	138958	42543	38085	33717
ESTONIA	4437	24801	14521	1661	7057	3318	4447	14060	10270	1580	4495	2588
FAEROE IS	342	349	349	133	132	109						
FINLAND	21412	30229	7500	8185	9099	2405	101546	106567	115584	35316	33238	28067
FRANCE	43138	58659	59778	15274	18544	18061	1072147	1005884	1093308	354684	308425	260613
GERMANY	362254	369795	307966	132289	125087	93255	503702	497749	553697	166240	148673	134619
GREECE	17305	27961	27570	7677	11152	9511	1	1	1	1	1	1
HUNGARY	10621	6820	5455	3107	1857	1311	23519	40830	61667	8405	11626	14954
ICELAND	1164	1406	1602	586	645	578						
IRELAND	1130	2949	5870	1134	1661	3583	54562	60235	43316	20717	18792	12876
ITALY	103821	107022	105855	38287	37041	32461	128	32	167	88	39	140
LATVIA	11683	13788	14871	4276	7390	6174	587	251	84	333	206	50
LITHUANIA	16409	21646	28946	5828	6731	7117	512		87	197		31
MACEDONIA	1700*	805*	3400*	700*	260*	1100*	367			150*		
MALTA	2504	2540	2738	985	939	741						
MOLDOVA REP	5215	3527	3970	1478	1312	1134						
NETHERLANDS	175679	39354	159515	63661	13663	79159	94912	68198	127961	32883	20289	29999

表 43

SITC 048.2

麦　芽（粉を含む）

	輸入：MT			輸入：1,000 $			輸出：MT			輸出：1,000 $		
	1997	1998	1999	1997	1998	1999	1997	1998	1999	1997	1998	1999
NORWAY	40972	39398	38786	17030	13516	10847	19	23	1	45	50	1
POLAND	120124	131684	184996	40079	37824	40489	838	350	5657	263	98	1188
PORTUGAL	16011	20552	12579	4618	5386	3194	2211	1251	1816	788	410	499
ROMANIA	7856	51428	61216	2545	14392	14090	62			30		
RUSSIAN FED	182053	214306	447852	63941	61330	85922	2445	973	956	1332	376	256
SLOVAKIA	6453	4944	5706	1330	1098	1067	66195	87481	133655	19331	23816	26985
SLOVENIA	21322	19977	21000*	6891	6105	5000*	2	562	562F	1	142	142F
SPAIN	12649	12784	11297	5000	5117	4423	84218	59182	51718	25202	16117	10995
SWEDEN	15744	13111	10809	6328	4712	3944	55097	93099	93460	18240	26263	21406
SWITZERLAND	64738	68541	73454	20338	19979	17127	3	9	2	9	9	4
UK	56344	79246	48021	29153	34545	21669	344216	400381	426659	134017	137055	114944
UKRAINE	34175	34381	70643	12432	12000F	14500*	7666	1770	1774	2561	700F	620F
YUGOSLAVIA	17702	560	560F	5861	152	152F	291	467	467F	125	94	94F
OCEANIA	16596	16646	18120	7495	7224	5411	411142	432409	431130	137993	121210	101300
AUSTRALIA	460*	80*	6	159	27	10	389542	413400	423530	129342	115623	99353
COOK IS		1			3	1						
FIJI ISLANDS	2300*	2200*	3000*	1300*	1000*	1100*						
FR POLYNESIA	2434	2400*	3000*	1300F	860*	750*						
NEWCALEDONIA	1787	1937	1800*	788	819	620*						
NEW ZEALAND	2507	3638	3774	1606	1575	1310	21450	18859	7450	8576	5512	1872
PAPUA N GUIN	6438*	5550*	6000*	2012*	2700F	1500*	150F	150F	150F	75F	75F	75F
SAMOA	580*	750*	470*	280*	200*	100*						
VANUATU	90*	90*	70*	50*	40*	20*						

表 44

SITC 054.1

ばれいしょ（生鮮のもの）

	輸入：MT			輸入：1,000 $			輸出：MT			輸出：1,000 $		
	1997	1998	1999	1997	1998	1999	1997	1998	1999	1997	1998	1999
WORLD	6912469	7966753	7508504	1412824	1807769	1933646	6946320	7902348	7891104	1313010	1662431	1822260
AFRICA	484111	354405	378530	148960	118711	164666	322515	301267	390254	68929	64982	85871
ALGERIA	217000*	92000*	124000*	54000*	21000*	60000*	900*	900F	900F	300*	300F	300F
ANGOLA	13000*	14000*	13500*	4300*	6200*	5500F						
BENIN	310*	150*	80*	80*	30*	20*						
BOTSWANA	11619	11619F	11619F	3781	3781F	3781F	5	5F	5F	1	1F	1F
BURKINA FASO	120*	120F	180*	10*	10F	20*						
CAMEROON	36	36F	36F	7	7F	7F	5	5F	5F	1	1F	1F
CAPE VERDE	6143	5900*	3400*	1563	1300*	1000*						
CHAD	10F	10F	10F	4F	4F	4F						
COMOROS	2*	2F	2F	1F	1F	1F						
CONGO, DEM R	189	430*	430F	92	240*	240F						
CONGO, REP	500*	430*	260*	90*	80*	100*						
CÔTE DIVOIRE	11000*	12000*	11000*	2600*	3300*	3800*	21F	21F	21F	2F	2F	2F
DJIBOUTI	60*	30*	20*	40*	40*	60*						
EGYPT	78311	48193	65377	36447	23405	37866	232963	228467	255569	41249	43224	46034
ETHIOPIA	2F	2F	2F	14F	14F	14F	4518F	4518F	4518F	336F	336F	336F
GABON	450*	570*	320*	320*	500*	270*						
GAMBIA	1900*	2300*	3700*	300*	550*	1100*						
GHANA	431	517	539	117	159	210						
GUINEA	626	320*	320F	170F	50*	50F						
GUINEABISSAU	520*	240*	130*	75*	40*	30*						
KENYA	30	97	8	10	48	4	366	83	515	52	32	99
LESOTHO	7500F	7500F	7500F	2200F	2200F	2200F						
LIBERIA	300*	330*	300*	90*	70*	90*						
LIBYA	1200*	4181*	14000*	650*	1861*	5500*	1000*	1400*	1100*	550*	650*	130*
MADAGASCAR	3		1	2		1			18			3
MALAWI	11	13	13F	6	7	7F		170F	170F		7F	7F
MALI	650*	865*	950*	520*	715*	760*						
MAURITANIA	11000*	7800*	7700*	1900*	1700*	2400*						
MAURITIUS	11558	10150	7986	4733	3512	3040		42	29		20	17
MOROCCO	38260	39177	35341	11777	14281	15449	50381	29741	91775	19056	13034	31568
MOZAMBIQUE	12700*	14200*	10500*	2400*	3000*	2000*						
NIGER		131	131F		11	11F						
NIGERIA	70*	70F	70F	7*	7F	7F						
ST HELENA		20*	20F									
SAO TOME PRN	100*	60*	110*	25*	20*	50*						
SENEGAL	17867	17717	16009	4039	4431	3919	190	12	1	88	4	1
SEYCHELLES	1001	1787	1600*	560	992	1083						
SIERRA LEONE	340*	340F	500*	70*	70F	180*						
SOMALIA	20*	5*	5F	5*	2*	2F						
SOUTH AFRICA	120	5	284	63	11	78	28582	33805	30075	6393	6848	5881
SUDAN	440*	160*	140*	150*	50*	50*						
SWAZILAND	10123	9502	14294	2782	1890	1780	249	210	229	73	42	39
TANZANIA							619	619F	619F	67	67F	67F
TOGO	1595	1595F	760*	295	295F	230*						
TUNISIA	26166	47293	20445	12311	21870	10604	1697	671	3383	601	306	1215
UGANDA		7	4*		3	2		1			1	
ZAMBIA	817	2300*	2600*	344	900*	800*	10	10F	10F	6	6F	6F
ZIMBABWE	11*	231	2334	10	54	346	1009	587	1312	154	101	164
N C AMERICA	779495	901287	812437	188198	226367	221138	786129	979141	851170	173091	228971	215199
ANTIGUA BARB	530*	560*	210*	90*	70*	50*						
ARUBA	1100*	1400*	1300*	210*	500*	400*						
BAHAMAS	3495	3500*	3500F	2110	2200F	2200F	7	7F	7F	2	2F	2F
BARBADOS	10067	7900*	8074	3496	2750*	3196		2			3	
BELIZE	3068	2200*	2800*	2011	1300F	2700*						
BERMUDA	2000F	2000F	2000F	1400F	1400F	1400F						
BR VIRGIN IS	200F	200F	200F	70F	70F	70F						
CANADA	260337	239851	219102	62360	65981	59411	436656	631528	525890	83855	128942	115287
COSTA RICA	548	5677	1900*	113	1558	480*	889	1319	5000*	715	1353	4000F
CUBA	32000*	38000*	22000*	8000*	11000*	7000*						
DOMINICA	372	160*	80*	176	90*	70*						
EL SALVADOR	13583	3712	14291	2039	580	2990	37		83	3		8
GREENLAND	810	1423	695	653	1345	697						
GRENADA	1442	980*	1000*	461	260*	460*						
GUATEMALA	305	351	110*	215	175	90*	31613	27695	21000*	2155	2598	2000*
HONDURAS	912	331	2318	600	123	976		13117	1700*		2350	350*
JAMAICA	7100*	7900*	5200*	1500*	1300*	980*						
MEXICO	45500	43412	51587	12149	12891	16924	2399	1410	2485	444	751	967
MONTSERRAT	350F	350F	350F	100F	100F	100F						
NETHANTILLES	8100*	7253	10000*	4000*	2656	8500*						

表 44

SITC 054.1

ばれいしょ（生鮮のもの）

輸 入：MT　　　　輸 入：1,000 $　　　　輸 出：MT　　　　輸 出：1,000 $

	1997	1998	1999	1997	1998	1999	1997	1998	1999	1997	1998	1999
NICARAGUA	16982	13794	17640	5032	3839	5274		21	11		3	4
PANAMA	1581	4761	3515	631	1611	1512	1			1		
ST KITTS NEV	440	440F	150*	227	227F	140*						
ST LUCIA	1404	1550	1550F	628	996	996F						
ST PIER MQ	250F	250F	250F	146F	146F	146F						
ST VINCENT	837	220*	280*	314	80*	130*						
TRINIDAD TOB	19266	31839	23473	7394	6252	5995	5	4	909	9	2	170
USA	346916	481273	418862	72073	106867	98251	314522	304038	294085	85907	92967	92411
SOUTHAMERICA	117905	245342	115141	31705	48938	24538	35670	147005	49025	8086	19295	9289
ARGENTINA	2142	3199	5525	546	493	838	16498	128974	22610	2443	14292	1987
BOLIVIA	7	350	350F	1	147	147F		5	5F		2	2F
BRAZIL	21931	107714	14066	7696	16406*	4413	72		2078	47		170
CHILE	168	11394	11394F	62	1296	1296F	3771	2123	3000*	1134	1005	1000*
COLOMBIA	10996	15441	103	2635	4169	53	7593	7392	18236	3245	2529	5340
ECUADOR	621	282	109	198	257	145	3158	6148	1440*	762	870	425
GUYANA	7900*	6900*	7300*	1400*	1200*	1400*						
PARAGUAY	1942	1080	1080F	123	92	92F						
PERU			1				4300	42	21*	330*	7	6
SURINAME	7211	6400*	3900*	3534	2900*	2600*						
URUGUAY	21181	12082*	6398	4917	4149	2084	49	2115	1615	9	513	348
VENEZUELA	43806	80500	64915	10593	17829	11470	229	206	20	116	77	11
ASIA	619166	619977	723112	180415	179770	198753	640367	635293	801466	140037	151390	179654
AFGHANISTAN	50*	100*	3500*	30*	80*	320*						
ARMENIA	791	1041	438	416	650F	280	135		307	33		33
AZERBAIJAN	44112	20000F	35868	6087	2700F	3663	100F	200*		15F	130F	
BAHRAIN	14245	14245F	14245F	4231	4231F	4231F						
BANGLADESH	391	397	471	289	280	357						
BHUTAN	126F	126F	126F	21F	21F	21F	11000F	11000F	11000F	1207	1207F	1207F
BRUNEI DARSM	1900*	1900*	2000*	1100*	920*	1000*						
CAMBODIA	3F	15*	15F	2F	2*	2F	49F	49F	49F	20F	20F	20F
CHINA	330	5389	6971	109	1790	2431	34419	37708	68352	4943	5267	9716
CHINA,H.KONG	9668	12317	12076	4396	5086	4780	100	2820	6612	70	780	1936
CYPRUS	4813	9512	7885	1945	4897	3644	34776	92343	116131	16496	36633	25834
GAZA STRIP	2000F	2000F	2000F	500F	500F	500F	13000F	13000F	13000F	4200F	4200F	4200F
INDIA	2926	61	61F	506	4	4F	21316	8262	38000*	2567	1348	4900*
INDONESIA	2934	1045	11038*	2365	607	5797	36759	31219	32403	8432	5888	5892
IRAN	15000*	1100*	4000*	1600*	150*	609	82966	57774	46313	8451	5909	5338
IRAQ	10000*	2500*	10000*	3300*	70*	2100*						
ISRAEL	17000*	22000*	18000*	7169	7833	7299	43218	71102	107477	16557	25386	36916
JAPAN	5		8	5		3	226	9	261	454	13	473
JORDAN	18073	15365	18240	7387	5689	6143	3534	15949	5702	1559	5745	1738
KAZAKHSTAN	7007	10835	22495	1434	1175	2104	1437	733	3539	348	294	652
KOREA D P RP	541*	253*	253F	56*	78*	78F						
KOREA REP	5089	5412	16037	3058	2379	5430	79	39	156	63	37	26
KUWAIT	25793	29754	32922	8800	10217	10939	100	234	16	33	71	4
KYRGYZSTAN	1045	1100*		173	570*		5477	5000F	8000F	717	700F	700F
LEBANON	32727	27000*	50000*	14725F	15000*	17000*	65901	92644	57419	6600F	9300F	5750F
CHINA, MACAO	1008	1102	1298	179	223	271						
MALAYSIA	84000*	88120	96790	20000*	18431	22151	545F	1505	1152	47F	437	311
MALDIVES	1966F	1966F	1966F	713F	713F	713F						
MONGOLIA	12228	10700	4400*	1235	1000*	510*						
NEPAL	5330*	1500*	1500F	370*	280*	280F						
OMAN	8143	8143F	5400*	4148	4148F	2300*	820	820F	820F	243	243F	243F
PAKISTAN	11095	3446	17215	3374	1449	1074	121	84201	121279	12	12859	18565
PHILIPPINES	204	276	759	108	166	442					16	
QATAR	8648*	8648F	8648F	1980F	1980F	1980F	56F	56F	56F	12F	12F	12F
SAUDI ARABIA	32995	41377	8200*	6739	9428	2000*	32230	18595	18595F	5820	6202	6202F
SINGAPORE	29031	27909	33752	9282	8938	10146	16094	15426	15783	6095	5405	5285
SRI LANKA	109498	133689*	130601	22655	24488	22016	9	11	12	8	8	7
SYRIA	9700*	20487	10932*	5000*	12030	5536*	8353	12200	58887	5058	5755	26489
THAILAND	4458	5214	8096	3895	3156	4729	664	532	26	269	116	38
TURKEY	9743	13137	24298	4808	5976	11381	222288	55166	64607	47360	14693	14510
TURKMENISTAN	10000*	8500	13000*	1200*	900*	6200*						
UNTD ARAB EM	40000F	50000F	70000F	16000F	20000F	26000F	4532*	4532F	4532F	2320*	2320F	2320F
UZBEKISTAN	13500*	1296*	1500F	7300*	235*	235F	63*	486*	400F	28*	235*	235F
VIET NAM	11000*	11000*	16000*	1700*	1300*	2000*						
YEMEN	50F		108	25F		54*		1678	580		161	102*
EUROPE	4890202	5823152	5455426	856447	1225190	1315437	5105271	5777983	5729592	907378	1184131	1314569
ALBANIA	6113	10328	6500*	1268	2620	1600*						

表 44

SITC 054.1

ばれいしょ（生鮮のもの）

	輸入：MT			輸入：1,000 $			輸出：MT			輸出：1,000 $		
	1997	1998	1999	1997	1998	1999	1997	1998	1999	1997	1998	1999
AUSTRIA	67963	54535	69062	15170	13369	18747	17050	17418	23959	3233	4529	7527
BELARUS	1500	2150	21590	80*	378	1443	33400	39167	115665	5247	7715	22883
BEL-LUX	714400	903161	856779	86052	146715	166197	871613	1179823	982022	86587	168969	168656
BOSNIA HERZG	12000*	8000F	7100*	2700*	2300F	1400*						
BULGARIA	55950	20690	12000*	3127	2228	1200F	237	171	171F	79	57	57F
CROATIA	9139	7174	8733	3593	1679	4359	3150	1951	1181	510	639	263
CZECH REP	11681	40007	12802	2470	7655	3412	2405	2928	6984	306	462	1031
DENMARK	74509	48996	60492	23492	14613	19528	84803	72340	91368	22266	17306	26866
ESTONIA	1522	9483	12327	202	803	1175	2178	1194	891	195	366	208
FAEROE IS	2831	2867	2851	851	1141	1249						
FINLAND	4151	20832	22681	1475	2935	7055	2974	3967	1356	857	1084	435
FRANCE	284867	360597	391993	79183	94616	113794	874057	1248937	1136101	160646	255210	273879
GERMANY	645413	685240	539727	147364	181039	155894	940845	930475	1102694	87376	102577	131175
GREECE	88769	118150	126974	25348	37840	47264	22013	18074	14522	5944	3948	4240
HUNGARY	5733	23267	17201	1988	5558	4970	30164	8416	17421	2661	1596	2286
ICELAND	488	1205	491	182	486	217	22	68	407	10	27	119
IRELAND	37117	64295	37205	11136	20816	15685	9255	5918	7253	3650	2465	3368
ITALY	425608	451701	412211	74548	101873	116536	233257	278690	291992	86945	90686	83184
LATVIA	2998	10048	16074	302	1104	1631	99	30	231	22	10	47
LITHUANIA	656	2158	6631	129	529	1303	4740	1181	3437	748	165	166
MACEDONIA	21300*	3600*	3800*	4600*	900*	1000*	318	550*	550F	91	120*	120F
MALTA	2962	4365	4815	1129	1448	1533	10655	7004	7079	4824	2694	2798
MOLDOVA REP	26167	17038	10015	4154	3012	1455			65			7
NETHERLANDS	1190078	1339402	1386838	89623	126911	194083	1443720	1420892	1203674	299243	354734	383266
NORWAY	35209	31478	43434	9501	10762	15590	119	587	44	16	101	14
POLAND	51529	53220	24542	9446	12716	5410	43718	86917	178992	3355	6748	12292
PORTUGAL	195739	241877	163062	37258	54968	49113	16897	12497	23956	6894	5151	7833
ROMANIA	4338	24931	8438	369	3700	1644	12470	900	5461	1713	202	632
RUSSIAN FED	119192	138185	204285	20544	26534	25160	35261	28125	9284	4632	3881	1606
SLOVAKIA	3773	20358	41450	1004	3404	4638	225	231	3	24	36	1
SLOVENIA	9136	11522	11000*	3580	4162	4600*	8164	702	702F	556	112	112F
SPAIN	465697	595757	464825	80886	139123	138077	195406	230561	263149	51970	74068	80044
SWEDEN	32148	26988	49985	9289	9107	19327	2322*	2606*	6370	1264	1304	1663
SWITZERLAND	11341	16336	41109	5738	8817	14965	2043	1647	766	471	512	301
UK	241502	442710	345324	94196	177666	152245	190880	171078	229670	63143	76167	97155
UKRAINE	3004	3603	4182	793	775F	1050F	529	607	72	111	140F	15F
YUGOSLAVIA	23679	6898	6898F	3677	888	888F	10282	2331	2100*	1789	350	320*
OCEANIA	21590	22590	23858	7099	8793	9114	56368	61659	69597	15489	13662	17678
AUSTRALIA					12	4	22760	26521	28487	7285	6735	7913
COOK IS	229	174	231	94	92	100						
FIJI ISLANDS	15000*	15000*	17000*	4500*	5900*	6300*	30F	30F	30F	12F	12F	12F
FR POLYNESIA	1300*	1600*	1700*	620*	810*	990*						
GUAM	1000F	1000F	1000F	350F	350F	350F						
KIRIBATI	71	71F	71F	42	42F	42F						
NEWCALEDONIA	1183	1789	2300*	430	609	800*	1		4			
NEW ZEALAND	9				12		33577	35108	41080	8188	6915	9753
NIUE	20*	20*	20*	10*	10*	10*						
NORFOLK IS	70F	70F	70F	35F	35F	35F						
PAPUA N GUIN	1900*	1950*	610*	690*	550*	160*						
SAMOA	600*	620*	570*	230*	260*	210*						
SOLOMON IS	50*	70*	60*	20*	40*	30*						
TONGA	38	86	86F	16	33	33F						
VANUATU	120*	140*	140*	50*	50*	50*						

表 45

SITC 054.2

豆 類

	輸入：MT			輸入：1,000 $			輸出：MT			輸出：1,000 $		
	1997	1998	1999	1997	1998	1999	1997	1998	1999	1997	1998	1999
WORLD	7143197	7080284	7457302	2938280	2780877	2707101	7528108	7461038	7716985	2798051	2620538	2422779
AFRICA	632062	618442	781056	308858	283596	328421	169005	134960	104460	68787	61349	47144
ALGERIA	135411	123370	111153	78930	54623	52623						
ANGOLA	34000*	18000*	16000*	11700*	6400*	4900*						
BOTSWANA	2343	2343F	2343F	1638	1638F	1638F	1	1F	1F	2	2F	2F
BURKINA FASO	1908	3500*	2000*	1200F	1700*	900*	7809F	7809F	7809F	1218F	1218F	1218F
BURUNDI	1600*	150*	2000*	650F	60F	800F						
CAMEROON	34	34F	34F	105	105F	105F	2889	2889F	2889F	769	769F	769F
CAPE VERDE	3192	3192F	3192F	2254	2254F	2254F	6	6F	6F	4	4F	4F
CENT AFR REP	17F	17F	17F	34F	34F	34F	18F	18F	18F	6F	6F	6F
COMOROS	130F	130F	233*	45F	45F	160*						
CONGO, DEM R	20235	20194	20194F	10745	10681	10681F						
CONGO, REP	1438	4063	4063F	395	1750	1750F						
CÔTE D'IVOIRE	1476F	1476F	1476F	1026F	1026F	1026F	1154F	1154F	1154F	714F	714F	714F
DJIBOUTI	600F	600F	600F	180F	180F	180F						
EGYPT	123183	164074	327504	69473	79587	133830	13638	9453	10589	9004	5306	5454
ERITREA	11000	4000F	4200	3800F	1400F	1300F	190	190F	190F	30F	30F	30F
ETHIOPIA	4696F	4696F	4696F	2224F	2224F	2224F	14140	9640	14640	4582	3282	5082
GABON	15F	15F	15F	20F	20F	20F						
GAMBIA	13F	13F	13F	6F	6F	6F	316F	316F	316F	253F	253F	253F
GHANA	33	51	50	31	68	34	4	95	60	2	79	42
GUINEABISSAU	370F	370F	370F	300F	300F	300F						
KENYA	18664	4468	5152	8725	5502	2765	221	21259	1020	236	9717	617
LESOTHO	2400F	2400F	2400F	1000F	1000F	1000F						
LIBERIA	3805F	8000*	11000*	1420F	3200*	3500*						
LIBYA	16068	16000	6000	10229	11500	4000						
MADAGASCAR	356	25	11	172	12	5	5894	5722	3872	2259	1903	1266
MALAWI	1960	1002	1302	921	557	697F	34250	25044	15764	11077	8866	4712
MAURITANIA	1330F	1330F	1330F	770F	770F	770F						
MAURITIUS	12332	11074	11663	6769	4548	5393	4	43	8	4	23	5
MOROCCO	24474	20173	48190	12049	9119	19862	10739	21532	13903	8123	14253	10551
MOZAMBIQUE	5200*	3700*	3700F	1500*	1600*	1600F						
NAMIBIA	8000F	8000F	8000F	5000F	5000F	5000F						
NIGER	500	13	13F	250	10	10F	20000	3406	157	3400	1560	84
NIGERIA	462F	462F	462F	89F	89F	89F	40*	40F	40F	30*	30F	30F
RWANDA	41982F	41982F	31612	12896F	12896F	9396						
SAO TOME PRN	460*	560*	560F	320*	370*	370F						
SENEGAL	221	169	59	284	191	54		30				4
SEYCHELLES	322	357	353	494	402	396						
SIERRA LEONE	2900F	2900F	2900F	1350F	1350F	1350F						
SOMALIA	1400*	2800*	2800F	700F	1400F	1400F						
SOUTH AFRICA	80732	61759	59762	29763	23751	21758	11676	8355	11118	5393	4002	5151
SUDAN	21197	19500	22600	11256	10500	8000						
SWAZILAND	2226	3190	2521	1739	2571	1434	1850	1307	1038	1134	482	404
TANZANIA	10267	15052	12752	6122	7385	6885	12861	7768	6268	6400	4453	3753
TOGO	73	73F	73F	6	6F	6F	21	21F	21F	5	5F	5F
TUNISIA	27014	27850	28683	6009	7471	7775	265	142	514	201	72	124
UGANDA	4000	13153	12251	2300	6357	5525	27760	6671	9837	11875	2573	3614
ZAMBIA	423	238	238F	337	55	55F	159	159F	159F	94	94F	94F
ZIMBABWE	1600	1924	4446	1632	1883	4561	3100	1920	3039	1972	1653	3156
N C AMERICA	580770	661153	817013	305504	360235	369018	1972293	2532974	2900267	772960	901535	957518
ANTIGUA BARB	270F	270F	270F	250F	250F	250F						
ARUBA	10F	10F	10F	10F	10F	10F						
BAHAMAS	264	340	440	397	520	650						
BARBADOS	1121	543	1033	773	374	675	47	56	33	32	37	25
BELIZE	279	279F	279F	246	246F	246F	3888	1700*	1390*	3156	1350*	1140*
BERMUDA	90F	90F	90F	85F	85F	85F						
CANADA	40422	50327	93642	27497	29406	52478	1304593	1688668	2096550	377145	427316	515741
COSTA RICA	23576	26609	4981	14901	21256	4291	634	1689	290	438	1271	290
CUBA	194000*	131000*	235000*	77000*	43000*	67000*						
DOMINICA	358	360F	360F	309	309F	309F	7	7F	7F	8	8F	8F
DOMINICAN RP	7000	17500	13000	3700	10750	5900	3018	2233	2987	1840	1358	1778
EL SALVADOR	6251	2211	18110	5293	6001	15361	1295	1663	3471	1887	2088	3339
GREENLAND	3	24	4	6	23	13						
GRENADA	255	255F	255F	177	177F	177F						
GUATEMALA	2440	2563	4530	1136	1288	2311	1429	1346	941	786	795	681
HAITI	19000*	25000*	35000*	12000*	15000*	16000*						
HONDURAS	534	2136	2009	260	1249	960	434	2647	2647F	376	2231	2231F
JAMAICA	2575	835	2095	2280	720	1760				1	1F	1F
MEXICO	129756	245217	168357	69507	144463	87969	106320	117794	165098	69433	77190	94933
MONTSERRAT	100F	100F	100F	50F	50F	50F						

表 45

SITC 054.2

豆 類

	輸入：MT			輸入：1,000 $			輸出：MT			輸出：1,000 $		
	1997	1998	1999	1997	1998	1999	1997	1998	1999	1997	1998	1999
NETHANTILLES	550*	328	328F	620*	417	417F						
NICARAGUA	2620	10327	12912	1117	3646	9233	11337	1704	11271	9852	1310	9598
PANAMA	7547	9956	9836	4593	5029	5869	35	140	9	22	154	9
ST KITTS NEV	128	128F	128F	175	175F	175F						
ST LUCIA	986	838	902	870	863	940						
ST VINCENT	60	60F	60F	50	50F	50F						
TRINIDAD TOB	10537	13070	11762	6159	6679	6455	195	49	492	160	65	324
USA	130038	120777	201520	76043	68199	89384	539061	713278	615081	307824	386361	327420
SOUTHAMERICA	544526	628090	478427	290950	342863	222120	377620	373767	347583	226006	269081	175501
ARGENTINA	9289	3743	3761	5441	2948	4186	310655	321078	281729	181105	229566	129954
BOLIVIA	2582	3423	1462	1555	2124	800	12568	8611	8707	8868	4844	4084
BRAZIL	196469	254630	134746	113996	169807	77719	5305	1859	2553	2965	1616	1237
CHILE	16460	21689	25441	8175	9241	8692	21808	20820	11829	15914	18511	6993
COLOMBIA	148270	135765	131960	73849	54855	55952	807	3203	11665	552	3525	12328
ECUADOR	21405	24584	23112	6031	7455	5407	12009	8999	9855	4538	3941	5365
GUYANA	4500F	4500F	2300	2800F	2800F	1000						
PARAGUAY	75	284	284F	135	199	199F	75	91			53	39
PERU	47495	74672	48363	24688	29627	18235	14041	8799	19708	11796	6795	14799
SURINAME	1044	690	650	1322	680	490						
URUGUAY	4381	3885	5212	2466	2251	2829	15		50	10		36
VENEZUELA	92556	100225	101136	50492	60876	46611	412	323	1396	258	230	666
ASIA	2584470	2065361	2202917	1049567	834955	880169	2454441	1944990	1571715	1024752	788607	629541
AFGHANISTAN							16500*	4500*	14500*	4000*	950*	2500*
ARMENIA	2875	1230	1214	1628	948	418						
AZERBAIJAN	610	1210	1805	200	730	789			20			6
BAHRAIN	10616	10544	9035	5953	5868	5177						
BANGLADESH	103116	107929	233452	59726	56479	134252						
BHUTAN	512F	512F	512F	443F	443F	443F	58F	58F	58F	15F	15F	15F
BRUNEI DARSM	230	320	330	220	250	180						
CAMBODIA	6F	6F	6F	9F	9F	9F						
CHINA	187147	167533	126686	55292	45211	38860	594266	472864	811229	268112	218213	278980
CHINA,H.KONG	17043	17893	17563	10254	9358	8535	5803	6145	7067	3410	3252	3135
CYPRUS	2690	2857	3264	1945	2008	2407	192	205	277	230	238	332
GEORGIA	6000F	5500F	5500F	2700F	2200F	2200F						
INDIA	1084377	628786	655006	345522	190343	168002	170805	103922	121657	97440	53538	55630
INDONESIA	61635	19804	46400	20918	5578	11749	543	9785	4793	225	3231	2311
IRAN	5000	838	5048	1000	394	2705	117563	82809	37277	24639	18495	8387
IRAQ	23496	8539	10500	11477	5484	6800						
ISRAEL	33500	21250	26080F	17123	11289	14361		195F	50		339	41
JAPAN	173208	158164	171254	128648	107778	108619	90	42	161	320	104	245
JORDAN	33196	29355	30702	14892	14632	14955	766	25666	974	374	10840	413
KAZAKHSTAN	284	527	1454	368	248	527	1450	201	1305	385	49*	206
KOREA D P RP		308*	308F		100F	100F	159*	90*	90F	121*	65F	65F
KOREA REP	41970	38478	49806	15800	12983	17237	378	71	40	332	375	399
KUWAIT	13246	14149	12477	7975	8612	7759	149	67	125	53	41	66
LEBANON	21962	17167	20700	10747	8193	12700	559	1400	1400F	303	706	706F
CHINA, MACAO	928	1049	863	343	323	249	18			18		
MALAYSIA	85088	55206	66802	27692	22446	28042	2266	1737	6912	1261	724	1756
MALDIVES	420F	420F	420F	250F	250F	250F						
MYANMAR	26	26F	26F	16	16F	16F	768900	653879	140000	224528	150000F	35000
NEPAL	12414	5198F	5198F	2988	1261	1261F	37893	37867	27300F	17679	16095	11416F
OMAN	3206	3206F	3198	2138	2138F	2101	6	6F	6F	8	8F	8F
PAKISTAN	112269	187902	194246	42773	65812	68566	1408	1827	2259	492	738	877
PHILIPPINES	57780	50069	74231	21720	19458	27708	14	37	233	21	148	89
QATAR	7996*	7996F	6096	3977F	3977F	3270	2F	2F	2F	1F	1F	1F
SAUDI ARABIA	66895	56561	64500	29591	24760	26900	1652	180	200	833	145	307
SINGAPORE	57465	55466	37748	24896	21655	15826	46203	46534	26504	18536	16604	10245
SRI LANKA	117940	118734	122014	57497	51132	52453	20	22	51	26	32	70
SYRIA	361	690	950	798	1353	683	143106	90280	69623	77366	71572	54544
TAJIKISTAN	1000F	800F	800F	650F	650F	650F						
THAILAND	6195	4936	5805	2648	1931	2007	33004	32562	45512	19467	17250	20449
TURKEY	136168	154758	88492	70866	76141	42172	489751	354509	233261	254946	196626	133864
UNTD ARAB EM	74806F	74806F	74806F	39598F	39598F	39598F	17000	15500	15000	7500	7000	6000
VIET NAM	4100F	4100F	4100F	1600F	1600F	1600F	3849*	1967*	3750*	2095*	1195*	1460*
YEMEN	16694	30539	23520	6686	11316	8033*	68	61	79	16	18	18*
EUROPE	2775838	3084663	3153336	965489	944535	890196	1724429	1936831	2094091	465812	453210	437455
ALBANIA	412	284	153	289	157	78	312	288	288F	239	298	298F
AUSTRIA	14851	10916	8695	6937	6117	4516	9715	10311	11262	2063	2422	1892
BELARUS		4491	7241		1743	2238		79	198		20	99

表 45

SITC 054.2

豆 類

	輸入：MT			輸入：1,000 $			輸出：MT			輸出：1,000 $		
	1997	1998	1999	1997	1998	1999	1997	1998	1999	1997	1998	1999
BEL-LUX	538205	600711	591111	116877	108817	92915	117096	100002	60254	30405	23011	14155
BOSNIA HERZG	7940*	3500*	1940	4530	1650*	750F						
BULGARIA	8382	6894	5593	1494	1362	1318	4724	4596	1746	1937	1496	914
CROATIA	1336	807	1934	1270	792	1530	49		22	93		49
CZECH REP	14145	15969	13242	5854	6816	5717	73349	32771	78143	14192	6223	10300
DENMARK	10180	19686	19821	4441	7023	6756	131452	80508	85877	32391	22021	22297
ESTONIA	209	577	453	68	127	113	366	370		62	57	
FAEROE IS	1	1	2	3	4	5						
FINLAND	711	767	825	907	918	814	27	5	7	20	7	14
FRANCE	114412	112800	110340	80674	77518	72555	846136	1122938	1238684	184300	200834	194607
GERMANY	202599	184431	209942	64025	61527	53879	50611	40787	61955	16416	13916	14342
GREECE	38829	32560	37833	24423	21324	23489	1619	1098	2041	1520	889	1863
HUNGARY	6311	2833	7904	2694	2077	2881	16028	20001	22778	6350	6821	7141
ICELAND	257	286	263	225	240	198						
IRELAND	57917	18440	23090	14208	8466	12055	477	921	374	2678	2476	2131
ITALY	379574	407194	417929	149843	141887	135902	4740	5475	6592	6066	6937	6734
LATVIA	1438	1830	1659	389	917	737		15	10		20	11
LITHUANIA	2488	705	644	560	323	332	3059	1293	6167	619	382	1180
MACEDONIA	822	716	750	585	457	492	376	275	265	301	110	290
MALTA	1327	1154	1220	764	9422	680					11	
MOLDOVA REP	1307	432	227	590	268	94	118	1696	17810	59	685	3171
NETHERLANDS	450701	594155	584652	114427	123709	105949	80359	104395	93575	63588	64334	57678
NORWAY	4617	4436	4643	3099	2785	2669	43	21	15	24	6	11
POLAND	3529	8819	8841	2064	2625	2135	15299	16095	23398	4594	6260	7459
PORTUGAL	43794	46461	51200	27938	29929	31215	5658	7448	7881	4251	5496	6497
ROMANIA	704	1726	2335	459	661	973	9161	3348	5711	1653	1406	2214
RUSSIAN FED	22410	14301	45331*	6737	4884	11587*	2268	11354	6009	1787	1447	782
SLOVAKIA	3615	4236	3896	2017	2045	1892	24074	24742	33777	4722	4083	4855
SLOVENIA	2727	2132	2322	2671	2190	1979	23	29	29F	72	58	58F
SPAIN	636294	784076	776653	201675	194266	189391	13504	21503	23286	9920	12510	12314
SWEDEN	6209	4821	8424	4025	3638	5391	2752	6515	3939	1199	1892	1423
SWITZERLAND	17681	23089	25491	8095	9247	7962	8	18	30	20	21	28
UK	176477	166591	175561	108697	106876	108102	195060	185540	227644	55158	46051	50638
UKRAINE	291	182	226	180	109	136	115887	132374	74304	19020	21000	12000
YUGOSLAVIA	3136	1654	950	1755	1619	771	79	20	20F	93	10	10F
OCEANIA	25531	22575	24553	17912	14693	17177	830320	537516	698869	239734	146756	175620
AUSTRALIA	13910*	10710*	11157	11023	8720	10224	796024	513638	664133	220926	134146	160470
COOK IS				2			10	1	1	25	1	
FIJI ISLANDS	7000*	7000*	7000*	2300*	2200*	2000*						
FR POLYNESIA	676	616	556	767	717	597						
KIRIBATI	14	14F	14F	20	20F	20F						
NEWCALEDONIA	392	382	472	395	396	430						
NEW ZEALAND	3451	3743	5243	3325	2584	3847	34267	23858	34717	18768	12594	15135
PAPUA N GUIN	78	100	101	74	46F	50						
SOLOMON IS	10F	10F	10F	8F	8F	8F						
TONGA							19F	19F	19F	15F	15F	15F

表 46

SITC 054.4

トマト（生鮮のもの）

	輸入：MT			輸入：1,000 $			輸出：MT			輸出：1,000 $		
	1997	1998	1999	1997	1998	1999	1997	1998	1999	1997	1998	1999
WORLD	3627366	3686286	3585339	3030302	3208728	2984759	3682131	3874336	3807692	2832306	3054652	2920156
AFRICA	15937	17152	15480	6434	6663	6434	210258	270900	259959	94801	127587	127894
ALGERIA	600*	600F	600F	255	255F	255F						
BOTSWANA	5541	5541F	5541F	2604	2604F	2604F	2	2F	2F	1	1F	1F
CAMEROON	1	1F	1F	1	1F	1F	6	6F	6F	1	1F	1F
CAPE VERDE	21	20*	40*	28	30*	80*						
CENT AFR REP	27F	27F	27F	5F	5F	5F						
CHAD	3F	3F	3F	24F	24F	24F						
CONGO, DEM R	53	10*	10F	33	6*	6F						
CONGO, REP	10*	30*	30F	10*	30*	30F						
CÔTE DIVOIRE	10*	10*	20*	20*	20F	40*	1F	1F	1F			
DJIBOUTI	30F	30F	30F	40F	40F	40F						
EGYPT		51	20		24	2	12353	19486	5344	1297	2306	990
ETHIOPIA	17F	17F	17F	9F	9F	9F	1215F	1215F	1215F	120F	120F	120F
GABON	50*	120F	120F	90F	200F	200F						
GAMBIA	43F	43F	43F	17F	17F	17F						
GHANA	20			5			779	441	332	134	109	84
KENYA	9	60	6	4	33	2	114	24	27	105	28	22
LESOTHO	4000F	4000F	4000F	1600F	1600F	1600F						
LIBERIA	2*	2F	2F	2*	2F	2F						
LIBYA	123*	123F	123F	15*	15F	15F						
MADAGASCAR							2		13	1		5
MALAWI	18	22	22F	7	18	18F		220	220F		40	40F
MAURITANIA	630*	730*	530*	150*	140*	90*						
MAURITIUS									6			3
MOROCCO							188653	238607	243573	90894	121526	123651
NIGER		7	7F		8	8F		6	6F		3	3F
NIGERIA	214F	214F	214F	146F	146F	146F						
SENEGAL		45	22		48	20	596	523	166	440	504	106
SEYCHELLES	292	297	297F	598	641	641F	4	6		10	13	1
SOUTH AFRICA	19	399*	251*	14	149	92	5097	8580*	7504	1153	1955	1637
SWAZILAND	1664	1182	1361	344	206	328	34	34*	47	12	12	7
TANZANIA	2	2F	2F	9	9F	9F						
TOGO	1631	1631F	1631F	43	43F	43F						
TUNISIA	23		5	16		1	1361	1306	1072	611	740	985
UGANDA								2	1		4	1
ZAMBIA	29	60*	60F	32	50*	50F	3	3F	3F	8	8F	8F
ZIMBABWE	855	1875	445	313	290	56	38	438*	421*	14	217	229
N C AMERICA	952807	1042436	947774	899106	1026866	920789	911316	1125511	929391	743233	894462	800162
ANTIGUA BARB	100*	60*	30*	50*	10*	10*						
ARUBA	650F	740*	690*	250F	870*	1500*						
BAHAMAS	941	950F	950F	1241	1250F	1250F						
BARBADOS	187	55	429	236	78	564					1	
BELIZE	21	21F	21F	19	19F	19F						
CANADA	162255	156363	162510	131738	135519	120614	38361	62441	80130	62853	104780	122417
CAYMAN IS	10F	10F	10F	15F	15F	15F						
COSTA RICA							123	711	310*	131	334	170*
CUBA	90*	270*	270F	120*	340*	340F						
DOMINICA	7	7F	7F	6	6F	6F						
DOMINICAN RP							224	178	122	125	105	65
EL SALVADOR	16551	22901	22434	2598	5813	4160	19		4	2		1
GREENLAND	7	43	58	22	99	140						
GUATEMALA	781	243	470*	210	44	40*	620	5188	3200*	68	1729	1000*
HONDURAS	2	41	21	1	25	8	2908	7963	7963F	100	1490	1490F
JAMAICA	42F	42F	42F	44F	44F	44F	5F	5F	5F	4F	4F	4F
MEXICO	25872	6008	12521	14454	4878	6703	687637	888317	665441	523400	638145	534783
NETHANTILLES	2000F	5760	5760F	800F	3741	3741F						
NICARAGUA	627	1293	649	266	890	566	2316	1747	1259	534	1138	793
PANAMA	10	45	7	9	54	6	9			8		
ST KITTS NEV	77	77F	77F	108	108F	108F						
ST LUCIA	45	64	64F	100	124	124F						
ST PIER MQ	52F	52F	52F	82F	82F	82F						
ST VINCENT	11	11F	11F	6	6F	6F						
TRINIDAD TOB	5	60	35	4	55	27	1	6	84	1	2	75
USA	742464	847320	740656	746727	872796	780716	179093	158955	170873	156006	146735	139364
SOUTHAMERICA	10610	18893	63196	3658	9328	16982	23179	32358	62945	15449	10089	16745
ARGENTINA	5332	7324*	57169	2359	5799	15180	1039	2404	263	237	446	28
BOLIVIA	148	6	6F	17	1	1F	5	5	10*	1	1	
BRAZIL	533	538	11	244	363	26	2495	17050	54957	701	4576	12432

表 46

SITC 054.4

トマト（生鮮のもの）

	輸入：MT			輸入：1,000 $			輸出：MT			輸出：1,000 $		
	1997	1998	1999	1997	1998	1999	1997	1998	1999	1997	1998	1999
CHILE					1		3186	2387	3629	1716	1484	2600
COLOMBIA	1240	312	317	234	67	77	222	4475	1124	43	1365	336
ECUADOR		63			25			9	159		1	18
PARAGUAY	1013	1950*	1950F	188	560	560F	2073	2739	312	567	709	61
PERU		12	7		3	7	9476		2	10400*		1
URUGUAY	1679	3101	3712	513	990	1116	38	55	9	24	29	4
VENEZUELA	665	5587	24	102	1520	15	4645	3234	2480	1760	1478	1265
ASIA	340529	406772	413296	135021	160456	201756	542514	595940	531766	229789	259631	213433
ARMENIA	18	15F	47	11	8F	35						
AZERBAIJAN	2408		972	222		169	1048	10200*	477	397	3800F	97
BAHRAIN	12141	15000F	20000*	2763	3500F	5300*						
BANGLADESH	522	1397	1450F	225	440	435						
BHUTAN	341F	341F	341F	21F	21F	21F						
BRUNEI DARSM	130F	210*	220*	70F	70*	40*						
CHINA	19	23	39	19	25	42	28444	28026	14285	5984	6345	2392
CHINA,H.KONG	3280	2402	2738	3973	3619	3308	185	318	687	79	96	188
CYPRUS	147	65	49	237	82	91	58	102	126	57	89	106
GAZA STRIP	4300F	4300F	4300F	2700F	2700F	2700F	16000F	16000F	16000F	3200F	3200F	3200F
GEORGIA	100F	100F	100F	40F	40F	10*						
INDIA							863	643	643F	112	114	114F
INDONESIA	5386	109	303*	11013	114	350	1266	577	1717	341	93	435
IRAN							3409	6842	15900	171	446	1707
IRAQ	9000F	10000F	11000*	1400F	1300F	1200*						
ISRAEL		2000F	170F		820	69	10797	12864	9405	24014	26970	22709
JAPAN	977	4126	8700	3313	11176	22817			4			
JORDAN							159240	196096	184450	32501	49956	41613
KAZAKHSTAN	3285	744	2500	1027	191	391	2526	1465	2805	1708	1266	870
KOREA REP			7			15	495	3063	7039	1332	6782	16699
KUWAIT	42861	53358	50555	12665	16932	16538		7	22		2	6
KYRGYZSTAN	14F	15F	15F	8F	10F	10F	10746	3500*	6700*	1360	450F	850F
LEBANON	10163	10163F	12000*	6500F	6500F	8800*	17028	6463	6430	2900F	1100F	1100F
CHINA, MACAO	201	158	304	40	32	45						
MALAYSIA	7742F	5790	7190	2152F	1298	2015	7400*	9893	10168	1400*	3149	3814
MALDIVES	450F	450F	450F	580F	580F	580F						
MONGOLIA	30	35F	35F	32	37F	37F	9	5F	5F	6	3F	3F
OMAN	7508	15000F	20000*	3200	4500F	4300F	3750	2000F	1000F	1066	550F	250F
PAKISTAN	844	1924	1858	74	154	152	261				24	
PHILIPPINES	43	1	2	26	4	58	1					
QATAR	17000*	17000F	23000*	4830F	4830F	7900*						
SAUDI ARABIA	117903	167459	151000*	53566	77140	99000*	6543	2000	2000F	3023	1386	1386F
SINGAPORE	12612	14345	15805	8002	8223	8224	852	787	385	327	240	156
SRI LANKA	8	3	1*	13	14	8		1			2	
SYRIA							108201	133241	143396	60533	78045	94769
TAJIKISTAN							1221*	680*	680F	1591*	783*	783F
THAILAND	5	6	1	6	2	1	2345	1170	1827	307	137	159
TURKEY	30	82	67	6	14	9	132010	143851	100019	55551	57053	18902
TURKMENISTAN	200F	150F	60*	100F	80F	80*	50F	40F	40F	45F	32F	32F
UNTD ARAB EM	80861*	80000F	78000*	16187*	16000F	17000F	8978*	2056F	2056F	3769*	634F	634F
UZBEKISTAN							18788*	13213*	1000*	27987*	16782*	200*
YEMEN		1	17			6*		837	2504		126	259*
EUROPE	2303445	2197134	2141892	1979455	2001311	1834904	1987801	1844570	2017443	1742211	1757868	1756260
ALBANIA	2195	4726	6100*	961	2105	2300*	40	74	74F	29	93	93F
AUSTRIA	49913	10558	47218	39271	10624	39444	3532	2223	2709	2749	2343	2490
BELARUS	6700	7697	5827	730*	3542	2749		1610	4102		1249	2120
BEL-LUX	36560	47258	47032	36904	50864	48114	162781	167957	172412	169465	188281	172243
BOSNIA HERZG	8100*	6000*	8100*	3900*	2500*	2700*						
BULGARIA	2888	2367	2367F	248	400	400F	2442	1189	1189F	1059	579	579F
CROATIA	9658	8135	9563	4686	3474	3671	200	190	28	124	129	32
CZECH REP	52040	49217	54874	23384	24808	24640	679	882	1497	418	610	839
DENMARK	22645	18256	28177	23694	21788	27538	2849	1986	1788	3191	2517	1809
ESTONIA	5005	6052	6989	2472	3020	4047	8	2	1	12	3	2
FAEROE IS	118	129	140	186	215	230						
FINLAND	19807	16927	17312	25352	24593	23014	584	151	351	666	247	304
FRANCE	366710	368266	394261	263436	299476	274475	62845	86741	99056	56812	86599	84311
GERMANY	621692	598668	596062	614651	635894	591374	5973	8660	8631	6248	9783	9372
GREECE	8081	4031	3178	7304	3871	2574	4349	5630	6478	1954	2023	2303
HUNGARY	3876	5330	6094	1668	1949	2156	1495	1476	1408	414	614	669
ICELAND	401	411	433	622	664	666	1	10	1	4	17	5
IRELAND	14773	14659	15278	17499	16990	17585	457	502	519	844	605	920
ITALY	30003	39781	47357	24679	36556	40751	132559	121183	114832	114913	118672	114723
LATVIA	5011	11661	12207	3275	8275	9411	24	7	9	5	4	7

表 46

SITC 054.4

トマト（生鮮のもの）

	輸入：MT			輸入：1,000 $			輸出：MT			輸出：1,000 $		
	1997	1998	1999	1997	1998	1999	1997	1998	1999	1997	1998	1999
LITHUANIA	5172	6275	6580	2278	3284	3463	3930	3229	2083	1991	1913	1342
MACEDONIA	1750*	1000*	990*	900*	500*	280*	13658	12300*	12300F	8402	6800*	6800F
MALTA	61	22	67	74	35	98						
MOLDOVA REP	41	50F	148	9	15F	31	2008	4414	1484	724	959	307
NETHERLANDS	268437	225778	144482	287955	257071	121244	607769	558488	664194	658851	659675	713393
NORWAY	11741	12540	13298	14304	17257	17020	79	31	33	67	40	61
POLAND	54538	47374	51996	30131	33586	33392	448	3525	3726	297	1470	2001
PORTUGAL	11481	14190	25470	7544	9038	9907	2469	3340	3977	2771	4262	3338
ROMANIA	6959	27009	17508	2122	4584	4021	713	218	111	272	89	45
RUSSIAN FED	242050	202654	91407	109969	74891	31090	85	116	721	39	32	304
SLOVAKIA	7980	8437	9049	3744	4291	3841	11408	8509	5259	4848	3176	2329
SLOVENIA	10881	10080	41000*	6600	6309	15500*	93	35	80*	29	19	30*
SPAIN	4320	4486	8277*	3510	3381	6166	958918	844128	902242	698954	659595	624818
SWEDEN	56534	59215	64996	62734	71602	69348	661	316	853	650	359	2353
SWITZERLAND	42586	39772	40314	42115	41167	39012		1	56		1	37
UK	296721	304678	304378	299905	315163	355133	4558	3799	4714	5323	4295	6041
UKRAINE	634	379	297	237	130F	120F	168	1611	488	80	800F	225F
YUGOSLAVIA	15383	13066	13066F	10402	7399	7399F	18	37	37F	6	15	15F
OCEANIA	4038	3899	3701	6628	4104	3894	7063	5057	6188	6823	5015	5662
AUSTRALIA	60*	70*	112	91	95	146	6968	4799	5807	6609	4612	4949
COOK IS	4	2	16	17	6	22						
FIJI ISLANDS	70*	70F	100*	70*	70F	110*						
FR POLYNESIA	7F	7F	7F	20F	20F	20F						
GUAM	100F	100F	100F	200F	200F	200F						
KIRIBATI	1	1F	1F	2	2F	2F						
NEWCALEDONIA	117	17	120*	422	59	230*	4	1	1F	16	3	3F
NEW ZEALAND	3654	3607	3213	5738	3584	3092	91	257	380	198	400	710
PAPUA N GUIN	9*	9F	9F	24*	24F	24F						
SAMOA	3F	3F	10*	6F	6F	10*						
VANUATU	13F	13F	13F	38F	38F	38F						

表 47

SITC EX 054.51

たまねぎ

	輸入：MT			輸入：1,000 $			輸出：MT			輸出：1,000 $		
	1997	1998	1999	1997	1998	1999	1997	1998	1999	1997	1998	1999
WORLD	3587620	3922445	3781356	1108423	1327797	1058592	3315504	3769585	3687311	931740	1157841	974977
AFRICA	99750	85206	111492	27838	29499	29623	129976	249128	203700	24130	56060	45060
ALGERIA	721	721F	721F	227	227F	227F						
ANGOLA	1500*	2100*	2100F	410*	560*	560F						
BOTSWANA	3488	3488F	3488F	1283	1283F	1283F	120	120F	120F	16	16F	16F
BURKINA FASO	1000F	1000F	1000F	300F	300F	300F	1500F	1500F	1500F	400F	400F	400F
CAMEROON	84	84F	84F	28	28F	28F	18	18F	18F	4	4F	4F
CAPE VERDE	838	825*	500*	286	470*	180*						
CENT AFR REP	72F	72F	72F	12F	12F	12F	12F	12F	12F	3F	3F	3F
CHAD				2F	2F	2F						
COMOROS	420F	420F	420F	300F	300F	300F						
CONGO, DEM R	128	2500*	2500F	52	1800*	1800F						
CONGO, REP	1677	2427	2427F	645	893	893F						
CÔTE DIVOIRE	18000*	18000*	22500*	5100*	7700*	5200*	308F	308F	308F	19F	19F	19F
DJIBOUTI	100F	100F	100F	20F	20F	20F						
EGYPT	211		21	72		11	103961	150560	105957	12812	18802	9492
ETHIOPIA	52F	52F	52F	17F	17F	17F	213F	213F	213F	28F	28F	28F
GABON	2600*	2100*	3100*	1200*	1300*	1900*						
GAMBIA	4100*	3100*	6000*	750*	900*	1500F	2F	2F	2F			
GHANA	215	263	295	59	99	165	26	13	24	10	3	9
GUINEA	11554	3500*	4100*	3000*	1200*	1100*						
GUINEABISSAU	80F	80F	80F	30F	30F	30F						
KENYA	46	548	21	35	301	16	355	298	233	686	840	555*
LESOTHO	1250F	1250F	1250F	380F	380F	380F						
LIBERIA	1455*	1200*	1800*	420*	420*	400*						
LIBYA	390F	55*	55F	300F	113*	113F	7173F	7173F	7173F	6738F	6738F	6738F
MADAGASCAR							1322	1476	2182	190	273	344
MALAWI	36	65	65F	17	28	28F						
MAURITANIA	7100	4800	5700	940	1000	1200						
MAURITIUS	6203	7125	9296	1660	1884	2856	51	6*	118	31	11	74
MOROCCO							1334	4149	1090	618	1258	463
NIGER		10	10F		1	1F		54942	54942F		21974	21974F
NIGERIA	50*	90*	90F	20*	30*	30F	41F	41F	41F	20F	20F	20F
SENEGAL	22918	18751	28293	6082	5002	5717		8	18		3	5
SEYCHELLES	1448*	1314	1700*	721	778	582						
SIERRA LEONE	5600F	2200*	2700*	2100F	1400*	1700*						
SOUTH AFRICA	139	59*	167	41	12	40	11973	26846	28535*	2100	5281	4617
SWAZILAND	2020	2370	2632	445	339	270	3	6	6	2	1	1
TANZANIA							984	984F	984F	93	93F	93F
TOGO	1688	1688F	1688F	162	162F	162F						
TUNISIA		2	3952		2	221	316	200	11	28	44	15
UGANDA		3	2		1							
ZAMBIA	276	860*	860F	79	160*	160F						
ZIMBABWE	2291	1984	1651	643	345	219	264	253	213	332	249	190
N C AMERICA	474970	517326	492226	206588	253342	238391	558866	661527	615965	252435	284468	266349
ANTIGUA BARB	60F	40*	70*	50F	30*	70*						
ARUBA	200*	390*	470*	130*	400*	400*						
BAHAMAS	1758	1700F	1700F	1362	1400F	1400F						
BARBADOS	1431	234	1071	469	114	402						
BELIZE	1502	1803F	323	565	553F	33						
BR VIRGIN IS	100F	100F	100F	60F	60F	60F						
CANADA	126672	127844	134883	43439	52441	47457	28797	49025	35663	8957	17397	13645
COSTA RICA	4290	7183	4900*	1285	2475	4900*	1896	1736	1408	445	958	2209
CUBA	460*	1000*	700*	200*	500*	400*						
DOMINICA	412	410F	410F	187	187F	187F						
DOMINICAN RP	3900*	2000*	4800*	950*	910*	2300*						
EL SALVADOR	9045	5096	11313	1532	1266	1792						
GREENLAND	127	195	86	129	206	77						
GRENADA	289	289F	160*	191	191F	70*						
GUATEMALA	2849	8104	8104F	490	1279	1279F	7372	11044	7100*	1197	2187	790*
HONDURAS	992	4078	4348	332	1166	1148		2252	2252F		781F	781F
JAMAICA	2900*	3100*	3600*	880*	1500*	1900*	33	33F	33F	162	162F	162F
MEXICO	36627	58334	25466	8930	15842	5651	242066	306443	259944	146416	149267	145511
MONTSERRAT	200*	200F	200F	90F	90F	90F						
NETHANTILLES	300*	980*	970*	150*	970*	770*						
NICARAGUA	4650	7669	7511	1410	2601	2565	956	1701	1907	209	508	613
PANAMA	8975	10301	12032	2841	3495	3198	1			2		
ST KITTS NEV	200F	200F	200F	181	181F	181F						
ST LUCIA	1011	1141	1141F	596	665	665F						
ST PIER MQ	17F	17F	17F	18F	18F	18F						
ST VINCENT	421	421F	421F	160	160F	160F						

表 47

SITC EX 054.51

たまねぎ

	輸入：MT			輸入：1,000 $			輸出：MT			輸出：1,000 $		
	1997	1998	1999	1997	1998	1999	1997	1998	1999	1997	1998	1999
TRINIDAD TOB	6507	5118	5564	2310	2276	1660	4	5	502	2	2	138
USA	259075	269379	261666	137651	162366	159558	277741	289288	307156	95045	113206	102500
SOUTHAMERICA	317485	366077	262022	97532	71624	34779	317306	461109	352571	86901	98378	61562
ARGENTINA	3308	2313	441	1069	646	229	267105	405964	268621	75065	79819	34631
BOLIVIA		14	14F		1	1F		22	22F		1	1F
BRAZIL	272516	330661	224420	82748	57879	24996	970	751	2504	242	248	1474
CHILE	3069	1404	1404F	716	244	244F	25298	24395	39862	7282	8475	10400
COLOMBIA	11029	14099	21035	2046	3341	3114	3090	48	3658	852	24	1276
ECUADOR		700	1552		275	213	530*	381*	2696*	349	393	1784
PARAGUAY	3166	768	768F	461	129	129F						
PERU	42	24	1	22	14	1	11732	21424	32460	700*	6994	11102
SURINAME	3447	2100*	2600*	4305	4700*	3600*						
URUGUAY	6218	2253	6208	1424	869	821	802	54	284	340	19	110
VENEZUELA	14690	11741	3579	4741	3526	1431	7779	8070	2464	2071	2405	784
ASIA	1185653	1269808	1259688	302005	341781	319636	996395	1023346	1094551	197788	209283	222728
AFGHANISTAN	80F	80F	80F	15F	15F	15F						
ARMENIA	260	300F	85	92	100F	34			5			4
AZERBAIJAN			5386			365	7000	6000F	13000F	2800F	2700F	5500F
BAHRAIN	15894	15894F	15894F	3787	3787F	3787F						
BANGLADESH	35100	46956	29734	8107	10353	6888						
BHUTAN	252F	252F	252F	42F	42F	42F						
BRUNEI DARSM	3600	3100	2500*	2100	1800	1350						
CHINA	29506	37429	34671	7047	8782	7904	49708	134814	190843	9049	30856	43114
CHINA,H.KONG	17442	19217	21428	6071	7036	6360	530	5445	8118	270	1637	1479
CYPRUS	1332	1327	1413	355	613	414	32	48	31	14	20	11
GAZA STRIP	3000F	3000F	3000F	720F	720F	720F	3000F	3000F	3000F	800F	800F	800F
GEORGIA	2000F	1500F	1500F	220F	150F	150F						
INDIA	3423	3799	3799F	690	1451	1451F	333549	215766	154000	54690	42269	36000
INDONESIA	51426	53410	95410	16971	14350	23954	3255	207	8625	806	54	2781
IRAN	1500F	910*		180F	260*		74154	119648	80233	5135	8516	5719
IRAQ	907*	1400F	2200*	222*	330F	430F						
ISRAEL	2700*	5000*	1600F	712	1897	754	1257	1900*	1327*	535	645	242
JAPAN	174987	205594	225894	57378	76042	68705	1427	1978	1408	357	580	498
JORDAN	10148	8342	18361	2344	1831	3948	470	7574	1578	125	2247	354
KAZAKHSTAN	1865	1229	4556	244	181	620	75268	72746	154479	8718	9115	11799
KOREA REP	17928	7261	12100	6592	2835	4387	20	6023	1016	20	2966	436
KUWAIT	42301	44986	46942	11155	12611	13226	110	38	81	20	10	9
KYRGYZSTAN	260F	280F	280F	28F	30F	30F	53340	45000F	70000F	5015	6000F	6000F
LEBANON	17407	19000*	20000*	5300F	7000F	5900*	9100F	9100F	9100F	1500F	1500F	1500F
CHINA, MACAO	1134	993*	816	208	200	156						
MALAYSIA	203091F	215249	236062	58903F	67336	64543	22293F	18061	23271	5538F	4088	7037
MALDIVES	2569F	2569F	1000*	746F	746F	830*						
MONGOLIA	819	2200	600*	168	300*	140*						
MYANMAR	6	6F	6F	6	6F	6F						
OMAN	20000F	20000F	20000F	5783	5783F	5783F	14	14F	14F	7	7F	7F
PAKISTAN	21117	58050	42558	1294	6809	3367	18744	68178	67793	2074	12433	26402
PHILIPPINES	808	11408	16530	81	2481	2999	29400	17577	6559	10531	5997	2958
QATAR	14000*	14000F	11000*	2710F	2710F	2200*	318F	318F	318F	38F	38F	38F
SAUDI ARABIA	167738	155414	135000	31936	27853	15000	2308	4506	3700*	507	1384	2200*
SINGAPORE	66858	63070	57990	24929	23454	17771	35324	26289	20044	16588	12021	8770
SRI LANKA	122747	103025	89008	23445	26138	24568	19	100	887	10	63	343
SYRIA					1F		2340	7780	3718	1014	3187	1629
TAJIKISTAN							12980*	9017*	10000F	4984*	3678*	3800F
THAILAND	836	585	6267	204	93	1132	9955	11233	20202	2405	3215	4735
TURKEY	5000	352	88	607	38	15	115737	144730	132378	19578	26290	19637
TURKMENISTAN			20*			30*						
UNTD ARAB EM	125000*	142000*	95000*	20000*	25000*	29000*	57000F	57000F	57000F	16500F	16500F	16500F
UZBEKISTAN							77365*	25794*	28000F	27969*	9719*	9719F
VIET NAM	612*	612F	612F	612*	612F	612F	378*	1100*	2400*	191*	470*	870*
YEMEN		9	46		6	50*	2362	21423			278	1837*
EUROPE	1494475	1669341	1636713	468603	624086	428034	1127214	1154910	1149533	327412	438290	307719
ALBANIA	1288	1433	450*	322	447	90*	1	11	11F		5	5F
AUSTRIA	17299	21042	10463	9245	10004	5738	40235	31475	37470	7132	12554	5644
BELARUS	13400	19850	15950	4000F	6844	4580	40F	992	565	10F	327	138
BEL-LUX	120583	131040	126812	37816	57404	38978	45606	61452	57970	13653	23230	16327
BOSNIA HERZG	2900F	2300*	2300F	800*	700*	700F						
BULGARIA	8364	3974	3974	588	432	432	249	2920	2300	61	636	880
CROATIA	10245	5851	12507	2319	1436	2374	181	124	57	111	161	42
CZECH REP	22235	29500	13213	4537	9317	2335	948	379	548	239	157	169

表 47

SITC EX 054.51

たまねぎ

	輸入:MT			輸入:1,000 $			輸出:MT			輸出:1,000 $		
	1997	1998	1999	1997	1998	1999	1997	1998	1999	1997	1998	1999
DENMARK	12749	12140	17577	8261	6050	7257	1912	3913	2653	596	1416	608
ESTONIA	5870	6680	7592	959	1383	1098	8	9	12	4	4	3
FAEROE IS	171	178	186	111	139	114						
FINLAND	5253	7723	6795	2759	4853	3128	212	101	54	80	81	31
FRANCE	100127	117686	86837	38335	51654	30458	88687	89795	87189	32093	53598	40386
GERMANY	238341	273801	261201	89545	126029	86670	27762	25533	21633	9699	11032	7262
GREECE	13862	9804	3266	3341	3064	769	10962	12046	1913	2009	3646	412
HUNGARY	8688	7193	1449	1463	1412	179	11345	13730	7569	1738	2280	1083
ICELAND	1077	1117	1161	429	620	394	3	2	2	3	2	1
IRELAND	21675	25641	27363	9698	13297	9306	99	436	737	99	325	537
ITALY	32142	25385	22357	9265	13562	8990	52942	68007	59256	35661	38490	34085
LATVIA	8649	10017	10636	1688	2795	2467	5	108	49	2	26	22
LITHUANIA	7885	11173	10340	1732	3100	2166	588	2179	343	135	485	98
MACEDONIA	2400*	1900*	1900F	415*	470*	470F	2722	4000*	4000F	420*	800*	800F
MALTA	200	58	245	54	36	71	122	40		54	62	
MOLDOVA REP	200	180*	72	101	165*	4	1471	1546	983	467	419	285
NETHERLANDS	72184	106771	119932	23334	43482	33692	543401	484148	521199	141571	187537	125656
NORWAY	1780	5052	4484	1376	3847	2798	17	42	19	15	22	11
POLAND	40969	81558	27109	3754	9866	2142	72750	103375	109032	11839	18552	18062
PORTUGAL	23112	27293	22109	4607	11251	4395	436	309	440	155	128	110
ROMANIA	28850	25611	8434	4587	2907	1265	40	155	18	23	39	7
RUSSIAN FED	395410	389808	548480	92520	83230	79094	454	293	402	187	113	71
SLOVAKIA	6842	10738	4817	1365	3493	945	1825	1169	3156	454	397	638
SLOVENIA	9032	9668	9668F	2909	3754	3754F	20	37	37F	14	41	41F
SPAIN	33424	42618	20224	7543	18376	4666	213348	239912	220450	65643	78043	49438
SWEDEN	20668	23062	21487	8927	12268	8187	105	449	222	53	201	116
SWITZERLAND	4095	9090	6205	3224	7446	5184	1313	1	6	160	3	12
UK	183150	202537	196018	83230	106825	72764	6046	5924	8891	2651	3399	4652
UKRAINE	1919	2533		382	507F		464	131	180	59	17F	25F
YUGOSLAVIA	17437	7336	3100*	3062	1621	380*	895	167	167F	322	62	62F
OCEANIA	15287	14687	19215	5857	7465	8129	185747	219565	270991	43074	71362	71559
AMER SAMOA	170F	170F	170F	100F	100F	100F						
AUSTRALIA	3200*	4300*	7855	2025	2744	3747	37112	56358	65078	7631	18766	18199
COOK IS	84	77	91	44	45	39						
FIJI ISLANDS	7000*	6000*	7000*	1500*	1800*	1600*	25F	25F	25F	15F	15F	15F
FR POLYNESIA	1534	1219	1319	760	660F	640F						
KIRIBATI	75	75F	75F	41	41F	41F						
NEWCALEDONIA	1227	1011	1011F	590	619	619F				2		
NEW ZEALAND	123*	281	302	114	206	192	148610	163182	205888	35426	52581	53345
NORFOLK IS	10F	10F	10F	5F	5F	5F						
PAPUA N GUIN	921*	710*	470*	289*	290*	190*						
SAMOA	400F	400F	400F	130F	130F	130F						
SOLOMON IS	180F	118*	118F	90F	672*	672F						
TONGA	238	191	269	94	78	79						
VANUATU	125F	125F	125F	75F	75F	75F						

表 48

SITC 054.84

ホップ

	輸入：MT			輸入：1,000 $			輸出：MT			輸出：1,000 $		
	1997	1998	1999	1997	1998	1999	1997	1998	1999	1997	1998	1999
WORLD	43844	43506	42812	254662	205191	202029	41825	39428	41165	232825	196581	190257
AFRICA	957	1195	1000	8831	8752	7501	209	90	80	440	155	213
ALGERIA	52	52F	52F	224	224F	224F						
BENIN	10*	10F	10*	200*	200F	200*						
BOTSWANA	9*	9F	9F	82	82F	82F						
CAMEROON							2	2F	2F	38	38F	38F
CAPE VERDE	2	2F	2F	11	11F	11F						
CENT AFR REP	10F	10F	10F	260F	260F	260F						
CONGO, DEM R	4	4F	4F	87	87F	87F						
CONGO, REP			10*			30*						
CÔTE DIVOIRE	20F	20F	20F	453F	453F	453F						
EGYPT			1			10	148	10	66	116	2	20
ETHIOPIA	41F	41F	41F	372F	372F	372F	6F	6F	6F	16F	16F	16F
GABON	20*	10*	20*	300*	100*	80*						
GHANA	5	4	9	57	13	101						
GUINEABISSAU	1F	1F	1F	25F	25F	25F						
KENYA	83	127	55	1681	2022	660		5				138
MADAGASCAR	13	15	21	63	59	81						
MAURITIUS	15	18	15	120	110	128						
MOROCCO	120	120	111	829	682	551						
NIGER		3	3F		61	61F						
NIGERIA	41F	41F	41F	655F	655F	655F						
SENEGAL	5	3	2	73	48	39						
SEYCHELLES		2	2F		7	7F						
SOUTH AFRICA	282	347	213	1965	1221	927	25	72*	1	35	99	1
SWAZILAND		45	35		203	106						
TANZANIA	46	80*	80F	294	460*	460F						
TOGO	9	9F	9F	155	155F	155F						
TUNISIA	70	41	106	352	224	768						
UGANDA		82	57		613	590						
ZAMBIA	50F	50F	20*	200F	200F	110*						
ZIMBABWE	49	49	41	373	205	268	28			235*		
N C AMERICA	7457	7224	7284	48716	44758	41801	7730	6426	6260	41295	34707	29866
BARBADOS	4	7	10	22	41	64						
BELIZE	3	3F	10*	24	24F	10*						
CANADA	1843	1574	1624	11424	9155	8510	137	26	13	481	152	50
COSTA RICA		2	2F		5	5F						
CUBA	50*	55*	55F	200F	180*	180F						
DOMINICAN RP	140*	110*	110F	560*	260*	260F						
EL SALVADOR	13	16		46	61	6						
GRENADA			10*			20*						
GUATEMALA	1			1								
HONDURAS	17	6	15	239	72	176						
JAMAICA	33F	33F	33F	344F	344F	344F						
MEXICO	360	364	330	2236	2116	1676						
PANAMA	22	46	22	151	410	151						
ST LUCIA	1	2	2F	6	11	11F						
TRINIDAD TOB	1	1	1	8	7	6						
USA	4969	5005	5060	33455	32072	30382	7593	6400	6247	40814	34555	29816
SOUTHAMERICA	2934	2974	2864	14972	13996	12261	60	22	27	371	44	59
ARGENTINA	168	155	187	1019	814	883	21	22	27	39	44	59
BOLIVIA	65	94	40*	211	261	70*						
BRAZIL	2035	1875	2011	9459	8194	7833	39			332		
CHILE	1	1	1F	5	3	3F						
COLOMBIA	250	499	366	1269	2511	1844						
ECUADOR	23	23	25	260	276	213						
GUYANA	10*	10*	10F	20*	10*	10F						
PARAGUAY	63	40	40F	304	202	202F						
PERU	200	74	55	1268	461	319						
URUGUAY	28	20	15	149	119	63						
VENEZUELA	91	183	114	1008	1145	821						
ASIA	10468	8157	9611	90668	53739	61967	893	760	898	2721	2455	3250
ARMENIA			23			113						
AZERBAIJAN			2			14						
BANGLADESH		9	9F	1	7	5						
CHINA	341	514	580	963	1175	1416	542	435	584	1875	1623	2435
CHINA, H.KONG	292	439	260	970	1349	892	139	294	248	661	772	755

表 48

SITC 054.84

ホップ

	輸入：MT			輸入：1,000 $			輸出：MT			輸出：1,000 $		
	1997	1998	1999	1997	1998	1999	1997	1998	1999	1997	1998	1999
CYPRUS	3	3	47	20	9	79						
INDIA	138	159	180*	520	596	560*						
INDONESIA	34	11	11	225	65	96	176		46	84		39
ISRAEL	25*	18*	30F	151	92	102						
JAPAN	7369	5454	7045	62571	40827	51572		1			14	7
JORDAN						3	11			18		
KAZAKHSTAN	62	63	69	217	318	379		10	1		9	2
KOREA D P RP							12*	12F	12F	4*	4F	4F
KOREA REP	282	131	189	1585	450	561	4			47		
CHINA, MACAO						1			4			3
MALAYSIA	13F	36	30	142F	142	117			2			3
OMAN	4	4F	4F	23	23F	23F						
PAKISTAN	7	4	3	23	11	13						
PHILIPPINES	47	44	129	97	145	537						
SAUDI ARABIA	58	25	25F	156	23	23F	1	1	1F	1	2	2F
SINGAPORE		1		2	1		4			19		
SRI LANKA	27	32	31	137	134	128						
SYRIA	20	22	22F	58	55	55F						
THAILAND	1252	525	272	19690	4108	2467						
TURKEY	100	259	170	847	1939	1201	4	7		12	31	
UZBEKISTAN	150F	160F	160F	310F	310F	310F						
VIET NAM	244*	244F	320*	1960*	1960F	1300*						
EUROPE	21985	23915	21990	91360	83807	78215	31076	30170	31913	179658	153120	149728
ALBANIA	17	19	20*	68	89	60*	19			1		
AUSTRIA	242*	354*	537	2072	2305	2272	12	117	98	71	428	217
BELARUS	110*	186	386	360*	771	2608		16	20		41	25
BEL-LUX	3151	3816	2629	6781	6337	4607	276	140	305	796	500	795
BOSNIA HERZG	165*	60*	60F	580*	160*	160F	7*			40*		
BULGARIA	184	185	120*	549	384	210*	148	113	70*	169	225	60*
CROATIA	205	152	282	940	578	1084						
CZECH REP	547	847	1187	1826	1976	2909	6039	5356	5398	33248	29702	28347
DENMARK	142	160	124	1325	1605	1422	17	17	17	431	207	349
ESTONIA	233	32	27	190	193	121						
FAEROE IS	1	2	1	3	4	6						
FINLAND	160	149	117	1623	1509	1048	3	1	16	13	10	65
FRANCE	480*	302*	368*	2844	2657	2180	1168	1107	1637	7498	6685	9476
GERMANY	8956	8949	6040	32618	29235	19321	15843	16085	16892	107869	92102	89562
GREECE	1	26	5	50	36	68	1			8		
HUNGARY		342	353		1226	1086	59	20	41	161	135	92
ICELAND	3	3	2	10	12	9						
IRELAND	526	1633	572	3183	5274	3075						
ITALY	437	317	190*	2837	2010	1343	8	2	4	18	2	13
LATVIA	36	35	40	201	305	318	2			8		
LITHUANIA	125	156	187	581	500	634	1	4		28	13	
MACEDONIA		30*	30F		150*	150F						
MALTA	15	18	18	110	107	111						
MOLDOVA REP	38	40F	30	150	156F	85						
NETHERLANDS	77	62	514	499	311	793	604	573	870	2842	3388	4852
NORWAY	150	146	153	965	928	1000					1	
POLAND	413	440	658	2755	1675	2791	1784	1445	1779	5395	3565	4508
PORTUGAL	69	20	45	767	139	372	46		57	197	1	116
ROMANIA	230	573	514	1114	2218	1805	1	2	40	4	6	32
RUSSIAN FED	2132	2280	3636	8486	8020	12410	15	61	4	85	218	10
SLOVAKIA	115	111	131	737	524	564	505	102	163	2091	278	394
SLOVENIA	9	20	20*	52	31	20*	3178	3632	2900*	11625	9136	5400*
SPAIN	452	428	330	2326	2087	1700		1	527		3	1432
SWEDEN	143	190	164	992	1435	1209		22	3		83	25
SWITZERLAND	100	115	145	737	824	968	45	46	47	237	244	246
UK	1723	1402	1968	9513	5895	7405	1012	1226	957	6201	5982	3576
UKRAINE	168	210	282	1430F	1850F	2000F	245	82	68	467	165F	136F
YUGOSLAVIA	430	105	105F	2086	291	291F	38			155		
OCEANIA	43	41	63	115	139	284	1857	1960	1987	8340	6100	7141
AUSTRALIA	7*	20*	38	37	93	214	1163	1433	1421	3926	3976	4202
COOK IS				3	1*	3						
FR POLYNESIA	10*	10F	10F	10*	10F	10F						
NEWCALEDONIA	3				23							
NEW ZEALAND	12		4	7		22	694	527	566	4414	2124	2939
PAPUA N GUIN	1F	1F	1F	25F	25F	25F						
SAMOA	10*	10F	10F	10*	10F	10F						

表 49

SITC 057.1

オレンジ、タンジェリン及びクレメンティン

	輸入：MT			輸入：1,000 $			輸出：MT			輸出：1,000 $		
	1997	1998	1999	1997	1998	1999	1997	1998	1999	1997	1998	1999
WORLD	6816647	6912296	6507825	4047655	3857892	3766888	6991210	7113602	6592944	3644332	3476331	3267255
AFRICA	21264	21955	26087	9839	8714	9787	1053322	1398662	1409731	430611	525187	508047
BOTSWANA	4277	4277F	4277F	1304	1304F	1304F	1	1F	1F			
CAMEROON	54	54F	54F	11	11F	11F	10*	10F	10F	5*	5F	5F
CAPE VERDE	278	278F	278F	295	295F	295F						
CHAD	19F	19F	19F	78F	78F	78F						
CONGO, DEM R	98	120*	30*	28	35*	10F						
CONGO, REP	75*	80*	60	53*	65*	75						
CÔTE DIVOIRE	210*	210F	210F	130*	130F	130F	21F	21F	21F	8F	8F	8F
DJIBOUTI	50	40	60	60	40	40						
EGYPT			70			16	44405	217716	53718	14119	60822	16502
ETHIOPIA	800F	800F	800F	272F	272F	272F						
GABON	460*	520*	480*	400	420	380*						
GHANA		3			4		234	416	450	24	76	91
KENYA	592	758	926	374	494	517	18	12	41	15	12	17
LESOTHO	2500F	2500F	2500F	1000F	1000F	1000F						
LIBERIA	1*	1F	10*	1*	1F	10*						
LIBYA	132*	148*	148F	44*	30*	30F	20F	20F	20F	14F	14F	14F
MALAWI	71	15	15F	23	6	6F						
MAURITANIA	470*	570*	510	340*	280*	170						
MAURITIUS	4488	4760	5638	3347	2174	3170	45	13	39	34	8	22
MOROCCO							515886	608328	626807	249561	269382	266410
MOZAMBIQUE							400*	230*	230F	160*	60*	60F
NIGER	500F	279	279F	100F	36	36F						
SENEGAL	711	1159	1433	397	598	646		3			6	
SEYCHELLES	268	293	150*	348	354	247		1	1F		2	2F
SOUTH AFRICA	1096	1509	2778	448	444	678	436713	489437	624563	152360	173330	204097
SWAZILAND	3438	3034	4841	590	522	536	18027	17680	22393	3409	5041	2938
TANZANIA							222	222F	222F	184	184F	184F
TOGO	5	5F	5F	3	3F	3F						
TUNISIA			5			12	15123	22545	19800	5806	8304	7141
UGANDA						1						
ZAMBIA	591	509	509F	165	114	114F						
ZIMBABWE	80	14	2*	28	3	1	22197	42007	61415	4912	7933	10556
N C AMERICA	437871	465333	509707	302200	304686	414040	709854	728837	397574	393127	410865	245423
ARUBA	530F	560	680	95F	220	320						
BAHAMAS	544	460F	460F	399	320F	320F						
BARBADOS	2357	1360	2511	1595	974	1850						
BELIZE							228	812	812F	101	472	472F
BERMUDA	800F	800F	800F	820F	820F	820F						
CANADA	307639	315626	241406	197992	195743	179520	65	233	130	73	344	161
COSTA RICA	201	80	80F	56	23	23F	1990*	4685*	4685F	1925	3118	3118F
CUBA							21000*	15400*	20000*	7100*	6200*	8500*
DOMINICA							664	667F	650	715	715F	690
DOMINICAN RP							9940	8449	7784	2863	2412	2218
EL SALVADOR	17402	8925	13742	3483	1176	874	5	5	18	5*	1	1
GREENLAND	61	196	150	82	258	208						
GUATEMALA	12244	23826	23537	614	1243	1224	1	10	10F		2	2F
HONDURAS	2	1*	15	4	2	9	6298	15914	15914F	199	1599	1599F
JAMAICA							8073	6200*	9100*	3904	3300*	4900*
MEXICO	14304	20431	19649	3849	5139	5675	11902	12726	52812	4887	4027	20787
MONTSERRAT	50F	50F	50F	30F	30F	30F						
NETHANTILLES	2700F	2800*	2800F	900F	1300*	1300F						
NICARAGUA	5013	8322	9208	764	1279	1483	329	101	424	58	36	55
PANAMA	179	83	126	109	64	106	8			3		
ST KITTS NEV	74	74F	74F	61	61F	61F						
ST LUCIA					1							
ST PIER MQ	41F	41F	41F	56F	56F	56F						
ST VINCENT							6	6F	6F	2	2F	2F
TRINIDAD TOB							46	6	32	33	3	13
USA	73730	81698	194378	91290	95978	220161	649299	663623	285197	371259	388634	202905
SOUTHAMERICA	37472	43911	29226	6954	11086	6804	376498	370083	329981	142062	147956	120835
ARGENTINA	3262	6111	5746	1640	3499	3461	141002	135985	105880	62006	59498	46495
BRAZIL	4171	8681	2414	2042	3551	1125	100987	70922	110604	27785	16883	24871
CHILE	21	450	280*	9	316	260*	1716	5368	5150	1565	4072	2361
COLOMBIA	18122	11166	6258	2413	1523	1294	33	1209	489*	20	1929	1451
ECUADOR	45	2594	182	28	1160	72	210*	4	200*	127	5	141
PARAGUAY	11050	14130	14130F	198	404	404F	200	929	93	20	209	28
PERU	403	674	36	330	558	37	753	23	1014	480	11	668

表 49

SITC 057.1

オレンジ、タンジェリン及びクレメンティン

	輸入：MT			輸入：1,000 $			輸出：MT			輸出：1,000 $		
	1997	1998	1999	1997	1998	1999	1997	1998	1999	1997	1998	1999
SURINAME							21	21F	21F	14	14F	14F
URUGUAY	77	45	90	66	42	83	104232	138677	101541	46531	62234	43477
VENEZUELA	321	60	90	228	33	68	27344	16945	4989	3514	3101	1329
ASIA	1412762	1316056	1199842	764955	726953	645905	1104683	978026	986640	414499	376794	384939
AFGHANISTAN	5500*	5500F	5500F	500*	500F	500F						
ARMENIA	2782	3050F	7725	914	1200F	2453						
AZERBAIJAN	7404	9000	5100	1547	2120	1315	500	1750*	358	100	275F	55
BAHRAIN	17928	17928F	15166	5042	5042F	4396						
BANGLADESH	60000F	11079	3828	11024	5618	2037						
BHUTAN	479F	479F	479F	23F	23F	23F	17900F	17900F	17900F	5010	5010F	5010F
BRUNEI DARSM	3100*	2800*	2400*	4100*	3100*	2220*						
CAMBODIA	268*	150*	90*	376*	130*	70*						
CHINA	30897	39567	47869	12187	16141	19879	220658	165985	168428	75790	47988	40511
CHINA, H. KONG	275488	292103	191867	208140	231759	143518	56063	79258	52017	37239	54146	31456
CYPRUS						19	27884	23102	28597	11849	8886	10823
GAZA STRIP							48000F	48000F	48000F	14500F	14500F	14500F
GEORGIA	600F	500F	540*	300F	200F	250*	10273*	10910*	5000F	4903*	3034*	3034F
INDIA	26	6	6F	5	1	1F	18207	10407	10407F	3643	2455	2455F
INDONESIA	65333	24367	34489	25036	10964	16769	264	267	291	66	43	78
IRAN							71337	67878	67948	7474	8504	7885
IRAQ	2350F	2350F	2350F	1000F	1000F	1000F						
ISRAEL							198337	174000F	136417	93003	84049	67794
JAPAN	177801	159081	97642	157486	147564	133686	4627	3022	4534	6289	3406	4865
JORDAN	30838	35512	23892	20460	11679	8040	34652	21157	11649	13826	9112	4855
KAZAKHSTAN	5000*	6010*	5211	2180*	1175*	1331	46*	124*	132	23*	83*	22
KOREA D P RP	1500*	1000*	1000*	880*	550*	620*						
KOREA REP	39319	38231	30955	31723	29645	26844	3275	6234	6623	3055	5300	7201
KUWAIT	49052	47428	45901	20771	22828	22288	627	325	52	212	113	16
KYRGYZSTAN	1389	1400F	1400F	485	490F	490F	630F	550F	550F	215F	180F	180F
LAOS	320	320	100	140	140	50						
LEBANON							84760F	64836	57997	20935F	15970F	14300F
CHINA, MACAO	7031	6819	4487	2612	2551	2028						
MALAYSIA	108000*	95764	92733	51000*	29174	25774	490*	197	499	210*	95	249
MALDIVES	200F	200F	290	200F	200F	220						
MONGOLIA	309	350F	350F	151	180F	180F						
OMAN	23719	37735	45790	11895	15873F	20600	3	3F	3F	2	2F	2F
PAKISTAN	16			5			89691	58283	56905	14285	7589	11056
PHILIPPINES	47945	47351	55936	10747	18017	9624						
QATAR	13360F	13360F	12300	3534F	3534F	3294	38F	38F	38F	14F	14F	14F
SAUDI ARABIA	245554	274044	303000	81055	92303	118000	2357	3096	1543	1536	1884	781
SINGAPORE	72538	66437	59675	59782	50603	43785	16959	12401	9069	13237	9422	6699
SRI LANKA	4223	6068	6615	1299	1601	1872			4			
SYRIA	4*			2*			8180	13546	36886	6660	10120	26605
THAILAND	1412	879	813	1086	484	566	2699	2413	1232	1344	871	597
TURKEY	1517	68	18	428	23	7	161006	182966	253697	67369	78949	118983
TURKMENISTAN	2200F	2000F	2000F	880F	800F	800F						
UNTD ARAB EM	107000	66800*	92000*	35600	19362*	31000*	25145	8803F	8803F	11671	4516F	4516F
UZBEKISTAN	360*	320F	320F	360*	360F	360F	75F	99*	99F	35F	35F	35F
YEMEN			5			15*		476	966		243	362*
EUROPE	4876084	5034252	4714724	2936794	2781128	2668663	3617018	3501362	3327420	2173156	1925794	1905720
ALBANIA	10705	11194	15600*	3742	4388	5500*		11	11F		4	4F
AUSTRIA	103613	52690	100370	63841	30352	58185	9112	5672	6573	4961	3374	4170
BELARUS	30000*	33336	18485	11430*	13206	8482		5631	1642		2533	975
BEL-LUX	281401	325273	284368	192860	200360	174568	113492	148308	110145	80892	100224	69637
BOSNIA HERZG	5500*	10200*	8900*	2700*	3600*	3200*						
BULGARIA	27629	29709	29000*	4808	4878	4700*	4555	1862	1862F	1357	487	487F
CROATIA	19312	22115	27547	7642	6730	9515	1131	3060	2271	893	1886	1533
CZECH REP	117133	112254	102382	50169	44500	40442	1001	1352	799	508	512	354
DENMARK	46692	44580	50880	31481	28824	31986	1237	1016	973	857	895	776
ESTONIA	5615	8147	8431	2190	3592	4457		1	1		1	1
FAEROE IS	329	388	352	352	420	368						
FINLAND	71714	65646	59921	55642	51011	46962	1497	574	301	1289	454	226
FRANCE	770446	774445	705366	554987	512217	488193	76327	75058	68681	57432	49941	46531
GERMANY	905013	939162	769606	604193	542094	477361	59468	52469	41532	42053	31542	23841
GREECE	1264	4348	1943	850	2483	1292	373860	330208	292871	121142	107300	98210
HUNGARY	59409	69580	71044	17476	19461	16957	255	583	103	147	305	64
ICELAND	2522	2551	2103	2685	2454	1957	5	8	4	11	16	7
IRELAND	30549	24047	28679	25079	18790	23105	100	207	908	102	213	762
ITALY	118989	140074	174184	90236	92520	120749	153249	172885	121144	80816	81904	64905
LATVIA	10614	16405	16016	3783	9076	9635	84	74	126	38	48	91
LITHUANIA	20140	29751	28232	8603	13298	11664	5715	7620	9111	2101	2885	3732

表 49

SITC 057.1

オレンジ、タンジェリン及びクレメンティン

	輸 入：MT			輸 入：1,000 $			輸 出：MT			輸 出：1,000 $		
	1997	1998	1999	1997	1998	1999	1997	1998	1999	1997	1998	1999
MACEDONIA	11300*	26800*	25000*	3839	8200*	8200*	746	400	400F	220	120	120F
MALTA	9338	10496	8322	4940	5142	4482		23			20	
MOLDOVA REP	4364	3200*	1978	998	720*	501	28		30F	7		7F
NETHERLANDS	483562	453997	534217	260863	229050	277501	252507	208891	227793	160408	125504	133534
NORWAY	55200	57494	48653	49497	46595	40616	12	161	84	12	119	57
POLAND	193315	231817	221239	54549	90885	89379	8447	5102	2085	5367	2966	1063
PORTUGAL	32688	35904	51202	14877	15696	18475	568	919	726	351	446	406
ROMANIA	48149	55562	57709	16766	15608	18371	252	48	29	82	26	16
RUSSIAN FED	442391	427145	275654	144392	126671	81907	1504	1402	1539	833	956	817
SLOVAKIA	47798	50100	41227	21447	20693	16079	2738	2329	882	1460	1007	440
SLOVENIA	26225	28558	69000*	14825	15609	34000*	60	134	134F	26	57	57F
SPAIN	61671	59779	109919	36892	32245	51717	2528390	2455558	2414038	1593759	1396137	1440650
SWEDEN	115393	112911	103012	83844	77017	72266	1804	1102	1761	958	567	1081
SWITZERLAND	101210	100581	93965	81545	75780	71718	3	21	45	3	13	17
UK	530221	582011	509428	387337	383785	323173	18854	18642	18846	15065	13325	11156
UKRAINE	21000*	32600*	44000*	5830*	10300F	14000F	2	1		1		
YUGOSLAVIA	53670	49402	16700*	19604	22878	7000*	15			5		
OCEANIA	31194	30789	28239	26913	25325	21689	129835	136632	141598	90877	89735	102291
AUSTRALIA	11200*	12000*	15238*	9919	11017	11157	129451	135798	139459	90230	87966	97854
COOK IS		1	2	1	3	3	30F			18F		
FIJI ISLANDS	690*	460	290	410*	250	190	3F	3F	3F	4F	4F	4F
FR POLYNESIA	450*	670*	1070*	650*	860*	670*						
KIRIBATI	25	50*	30*	18	30*	20*						
NEWCALEDONIA	387	194	290*	333	165	240*				2		
NEW ZEALAND	17702	16886	11029	15028	12654	9189	351	831	2136	623	1765	4433
PAPUA N GUIN	654*	425*	240*	475*	268F	180*						
SAMOA	10	10F	10F	10	10F	10F						
TONGA	76	93	40*	69	68	30*						

表 50

SITC 057.21

レモン及びライム

	輸入：MT			輸入：1,000 $			輸出：MT			輸出：1,000 $		
	1997	1998	1999	1997	1998	1999	1997	1998	1999	1997	1998	1999
WORLD	1274160	1348985	1423497	833163	819627	876874	1427286	1447419	1563617	798059	712028	785175
AFRICA	2036	2192	2174	1073	755	919	51902	59311	82485	15297	20884	21436
BOTSWANA	86	86F	86F	47	47F	47F						
CAMEROON	2	2F	2F	2	2F	2F	1	1F	1F			
CAPE VERDE	59	60*	120*	68	70*	120*						
CHAD	2F	2F	2F	16F	16F	16F						
CONGO, REP				1F	1F	1F						
CÔTE DIVOIRE	25F	25F	10*	35F	35F	20*	1F	1F	1F	2F	2F	2F
EGYPT							14451	12486	13754	3383	1688	1153
ETHIOPIA							5F	5F	5F	3F	3F	3F
GABON	40*	30*	40*	40F	30F	30*						
GHANA							233	204	44	30	37	12
KENYA	26	25	48	24	18	24	4	6	4*	3	4	2
LIBERIA	780*	780F	780F	340*	340F	340F						
LIBYA	421*	52*	60*	217*	14*	20*	312F	312F	312F	453F	453F	453F
MADAGASCAR							2	4*	2	2	3	3
MAURITANIA	3F	3F	3F	2F	2F	2F						
MAURITIUS	334	309	483	196	85	165			33			14
MOROCCO		18	49	1	4	11	127	939	229	94	354	102
MOZAMBIQUE							180*	330*	90*	140*	410*	80*
SENEGAL	16	2	11	1	1	8						
SEYCHELLES	17	16	20*	29	24	30*	1		1F	2		2
SOUTH AFRICA	110	20	38	40	2	9	35164	41990	60038	10825	17145	18100
SWAZILAND	81	721	382	7	54	64	484	967	852	97	387	155
TUNISIA							1	5	2		3	
UGANDA		1										
ZAMBIA	15	40*	40F	6	10*	10F						
ZIMBABWE	19			1			936	2061	7117	263	395	1355
N C AMERICA	161955	229165	227013	63238	84345	104012	331501	347911	355516	177471	140961	160554
ARUBA	140F	150*	160*	40F	100*	170*						
BAHAMAS	41	30*	30*	84	65F	150*	3951	3920*	3920F	1519	1800F	1800F
BARBADOS	134	163	169	134	148	182						
BELIZE							110	210*	220*	115	215*	160*
CANADA	38936	42047	44589	24902	24415	29240	35	60	5	35	53	8
COSTA RICA	88	203	130*	27	109	40*	78	139	139F	200	130	130F
CUBA							2000F	2000F	2000F	1100F	1100F	1100F
DOMINICA							117	120F	120F	120	120F	120F
DOMINICAN RP							380*	500*	410*	130*	210*	220*
EL SALVADOR	522	4	5	656	5	4	397	461	522	372	418	459
GREENLAND	6	17	15	9	21	20						
GUATEMALA	393	1259	220*	29	108	20*	843	839	839F	388	508	508F
HONDURAS	5		3	2		1	71	62	62F	13	4	4F
JAMAICA							4	4F	4F	1	1F	1F
MEXICO	3169	819	1493	923	280	384	195640	217679	225417	50234	54907	69439
NETHANTILLES	750*	840*	840F	280F	250*	250F						
NICARAGUA	8	49	16	2	8	6	77	193	147	21	42	26
PANAMA	15	25	12	20	14	11	5			1		
ST KITTS NEV	81	81F	81F	66	66F	66F						
ST LUCIA		1	1F		1	1F	1			2		
ST PIER MQ	4F	4F	4F	5F	5F	5F						
ST VINCENT							7	7F	7F	3	3F	3F
TRINIDAD TOB							2	2	1	1	2	
USA	117663	183473	179245	36059	58750	73462	127783	121715	121703	123216	81448	86576
SOUTHAMERICA	6174	8586	8314	987	1371	1176	225183	190176	241293	121880	91980	112983
ARGENTINA	194	163	243	103	105	229	178678	154345	199262	89023	73376	89429
BOLIVIA		269	269F		29	29F						
BRAZIL	1126	745	260	184	114	58	1512	2301	5336	909	1423	2962
CHILE	177	31	31F	104	17	17F	11474	12118	13923	8480	8928	11600
COLOMBIA	2995	1189	1227	432	125	168	4	130*	5	8	114	6
ECUADOR	1671	5539	6152	156	727	605	1121	218	2362	452	49	494
PARAGUAY	10	132	132F	5	69*	69F						
PERU		496			166		7150	1*	5F	11880*	1	8
URUGUAY	1	22		3	19	1	19906	17844	16301	9358	6940	6664
VENEZUELA							5338	3219	4099	1770	1149	1820
ASIA	190994	182489	217057	201819	182172	185735	113391	155072	261241	56780	79517	120562
ARMENIA		70F	80F	6	33F	40F	5					
AZERBAIJAN		60F	50F	90	6F	5F	28		10*	9	5*	4

表 50

SITC 057.21

レモン及びライム

	輸入：MT			輸入：1,000 $			輸出：MT			輸出：1,000 $		
	1997	1998	1999	1997	1998	1999	1997	1998	1999	1997	1998	1999
BAHRAIN	5953	5953F	1700*	2225	2225F	360*						
BHUTAN	17F	17F	17F	1F	1F	1F	43F	43F	43F	36F	36F	36F
BRUNEI DARSM	220*	230*	190*	270*	240*	170*						
CHINA	574	639	2533	241	312	986	192	178	92	106	88	27
CHINA,H.KONG	17567	19408	20542	17252	17810	18164	302	1067	1470	278	942	842
CYPRUS							12863	3623	5519	6742	1735	2718
GAZA STRIP							9000F	9000F	9000F	2700F	2700F	2700F
INDIA							1095	2326	2326F	491	1162	1162F
INDONESIA	271	178	162	313	153	143	145	112	542*	22	17	102
IRAN							785	2770	1611	99	654	621
IRAQ	40F	40F	40F	15F	15F	15F						
ISRAEL	35F	70F	20F	56	114	31	2237	500F	243F	1609	357	150
JAPAN	89424	86445	84597	146078	130658	126138			1			4
JORDAN	2174	2294	3003	1507	978	1296	12492	10266	6499	8133	6486	2604
KAZAKHSTAN	114*	123*		100*	40*					1F		
KOREA REP	3103	2238	2882	4105	2581	3733	1		18	3		27
KUWAIT	11607	12290	12818	6355	7605	7210	62	44	15	21	24	12
LEBANON							4854	14424	8446	1270F	3770F	2200F
CHINA, MACAO	201	192	158	88	90	106						
MALAYSIA	1000*	1994	1519	310*	571	415	3100*	3487	3713	2500*	445	563
MALDIVES	380F	380F	380F	570F	570F	570F						
OMAN	8	8F	8F	9	9F	9F	2168	2168F	2168F	1481	1481F	1481F
PAKISTAN		95	40		24	16		36	22		50	43
PHILIPPINES	94	96	126	48	52	43	1			5		
QATAR	1600F	1600F	1100*	850F	850F	430*	36F	36F	36F	21F	21F	21F
SAUDI ARABIA	37425	33442	65000*	11963	11267	18000*	457	599	599F	434	551	551F
SINGAPORE	6021	6345	6948	3148	2705	2936	925	839	761	1064	841	701
SRI LANKA	3	4	4	7	7	12	1	2	56	1	1	71
SYRIA		72	72F		277	277F	19	10	10F	28	11	11F
THAILAND							23	29	39	18	40	35
TURKEY	1889	25	84	634	9	33	62322	103475	217969	29420	58001	103783
UNTD ARAB EM	11144F	8162*	13000*	5635F	2947*	4600*	268F	19*	19F	297F	90*	90F
YEMEN		19	18		17	8*		9	15		9	3*
EUROPE	909786	921395	965726	563157	546582	582216	701214	690553	617041	422418	374741	363516
ALBANIA	868	1089	1089F	440	563	563F						
AUSTRIA	20584	19447	26616	15708	8785	18562	1891	1438	3626	803	852	2315
BELARUS	10700*	5678	4723	4077*	2758	2361		516	432		250	265
BEL-LUX	31737	30908	31450	25742	22267	22427	9974	9441	14053	7931	7378	11041
BOSNIA HERZG	3300*	3600*	3600F	1600*	1600*	1600F						
BULGARIA	6317	6517	6400*	1491	1441	1400*	2148	473	473F	783	137	137F
CROATIA	9411	2916	10598	4513	1229	4304	146	18	8	94	19	8
CZECH REP	17142	16140	16867	7234	6169	6514	252	223	231	133	116	107
DENMARK	8768	6289	9386	5777	4060	6134	224	99	61	446	90	59
ESTONIA	992	1081	1212	468	466	696	3	1		4	2*	1*
FAEROE IS	33	33	37	36	32	39						
FINLAND	4531	3840	3822	3498	2695	2982	243	103	69	206	79	44
FRANCE	123192	116726	122428	96080	84994	90180	15280	11428	11299	11957	9039	9474
GERMANY	130689	133045	133220	97022	88359	95551	6658	8130	11417	5542	5573	7676
GREECE	11304	11519	10776	8410	8368	6783	51087	36904	34983	19991	12388	11711
HUNGARY	9576	9712	11058	3233	3200	2434	34	195	4	34	110	3
ICELAND	213	214	215	213	197	200		1			1	
IRELAND	3121	3049	3105	3031	2640	3090	3	9	14	5	8	19
ITALY	41729	61345	66636	33481	44366	47200	39175	24722	25603	23170	14562	16023
LATVIA	2075	2471	2462	791	1353	1201	1	29	31	1	22	22
LITHUANIA	3615	4814	3831	1702	2280	1998	894	1543	832	377	697	380
MACEDONIA	3596	7800*	7800F	1300*	2500*	2500F	310*	130*	130F	120*	50*	50F
MALTA	28	33	76	28	34	73						
MOLDOVA REP	1632*	475*	1798	475*	340*	397	7	5F		2	2F	
NETHERLANDS	103216	102422	97939	67603	65267	64128	83519	82034	83908	62982	55379	62205
NORWAY	3205	3292	3326	2989	2878	2969	9		16	6		8
POLAND	87114	96966	93985	27421	42946	44018	7501	6680	2301	5280	3978	1361
PORTUGAL	3275	2952	5622	2039	2096	3669	101	267	725	52	174	483
ROMANIA	10670	13054	18402	3156	3253	5529	118	2	3	31	6	3
RUSSIAN FED	105157	96436	91758	35458*	29560	26261	141	276	430	132	234	265
SLOVAKIA	10131	9011	8420	4779	3829	3252	1145	706	420	723	398	218
SLOVENIA	5355	5713	5713F	3444	3586	3586F	52	40	30*	34	22	20*
SPAIN	22453	18385	32715	15638	13082	23149	476686	501177	422230	279170	260636	237652
SWEDEN	11589	11799	10954	9153	8509	8108	523	439	450	354	183	209
SWITZERLAND	18273	18072	17817	15901	15505	15690	1			1		
UK	58303	61928	72470	50321	50734	49668	3088	3524	3262	2054	2356	1757
UKRAINE	10000*	15400*	21000*	2200*	7700F	10500F						
YUGOSLAVIA	15892	17224	6400*	6705	6941	2500*						

表 50

SITC 057.21

レモン及びライム

	輸入：MT			輸入：1,000 $			輸出：MT			輸出：1,000 $		
	1997	1998	1999	1997	1998	1999	1997	1998	1999	1997	1998	1999
OCEANIA	3215	5158	3213	2889	4402	2816	4095	4396	6041	4213	3945	6124
AUSTRALIA	2400*	4200*	2650*	1864	3317	2111	3709	4009	5021	3768	3480	4848
COOK IS			1	1	1*	2						
FIJI ISLANDS	3F	3F	3F	5F	5F	5F						
NEWCALEDONIA			10*				10	21	20*	38	92	50*
NEW ZEALAND	811	954	539	1018	1078	688	376	366	1000	407	373	1226
PAPUA N GUIN	1*	1F	10*	1*	1F	10*						

表 51

SITC 057.22/29

その他の柑橘類

	輸入：MT			輸入：1,000 $			輸出：MT			輸出：1,000 $		
	1997	1998	1999	1997	1998	1999	1997	1998	1999	1997	1998	1999
WORLD	1242506	1074731	1145918	714506	674844	710558	1180866	1113863	1167168	554876	520812	547360
AFRICA	9836	8342	10059	2034	1919	1955	116500	174115	164711	29548	44884	45859
BOTSWANA	244	244F	244F	175	175F	175F	1	1F	1F			
CAMEROON	1	1F	1F	1	1F	1F						
CAPE VERDE	2	2F	2F	2	2F	2F						
CONGO, DEM R	57	57F	57F	7	7F	7F						
CÔTE DIVOIRE	7F	7F	10	14F	14F	11	54F	54F	54F	23F	23F	23F
DJIBOUTI	160F	160F	160F	220F	220F	220F						
EGYPT							343	143	42	90	33	13
ETHIOPIA							3077F	3077F	3077F	269F	269F	269F
GABON	26	26	30	19	19	20						
GHANA	1	3	3	1	2	2						
KENYA	11	14	16	7	9	10	78	23	588	15	9	114
LIBYA	350F	350F	350F	457F	457F	457F						
MADAGASCAR							3	3	2	4	4	2
MALAWI	12	15	10	6	9							
MAURITANIA	30F	30F	30F	18F	18F	18F						
MAURITIUS	423	217	297	176	120	189		1	14			12
MOROCCO		43	132		27	64	42	52	186	52	68	155
MOZAMBIQUE							1800*	600*	600F	580*	300*	300F
NIGER		9	9F		2	2F						
NIGERIA	61F	61F	61F	62F	62F	62F						
SENEGAL	61		1	8	1	3	1					
SEYCHELLES	8	10	10*	14	16	20	1		4*	2		3
SOUTH AFRICA	1692	809	1263	457	325	197	85627	142472	118892	22293	38071	39277
SWAZILAND	6591	6177	7268	359	397	446	23208	24305	35989	5697	5585	4995
TANZANIA	19	19F	19F	4	4F	4F	19	19F	19F	6	6F	6F
TOGO	3	3F	3F	1	1F	1F						
TUNISIA							3			8		
UGANDA		8			7							
ZAMBIA	69	74	74	23	24	31						
ZIMBABWE	8	3	9	3		13	2246	3362	5243	517	508	690
N C AMERICA	159012	70346	81055	53085	33145	34487	522811	417189	459024	254279	208050	236949
ARUBA	15F	15F	10*	15F	15F	10*						
BAHAMAS	18	18F	18F	59	59F	59F	6000F	6000F	6000F	3300F	3400F	3400F
BARBADOS	418	203	276	205	112	241	9			8		
BELIZE							26	50*	50F	16	25*	25F
CANADA	76024	53477	60062	30345	29945	31512						2
COSTA RICA								1	1F			
CUBA							18100*	9800*	13000*	9100*	4900*	7000*
DOMINICA							794	794F	550*	625	625F	380*
DOMINICAN RP							130*	270*	270F	70*	150*	150F
EL SALVADOR	3	11	14		8	3			1			1
GREENLAND	2	5	2	5	9	2						
GUATEMALA	53	73	40*	31	31	50*						
HONDURAS	5	15	3	3	7	2	3381	8188	8188F	658	1580	1580F
JAMAICA							474	160*	160F	115	75*	75F
MEXICO	13250	6143	11349	1226	702	966	1587	3285	3255	627	1326	1337
NICARAGUA	188	127	274	26	15	11	1271	472	174	455	233	82
PANAMA	39	5	30	23	9	15						
ST KITTS NEV	8	8F	8F	6	6F	6F						
ST LUCIA				2				1	1		1	1
ST PIER MQ	2F	2F	2F	3F	3F	3F						
ST VINCENT							13	13F	13F	4	4F	4F
TRINIDAD TOB							42	56	19	42	58	20
USA	68987	10244	8967	21136	2224	1607	490984	388099	427342	239259	195673	222892
SOUTHAMERICA	7164	8576	7125	3046	3908	3412	33565	32222	25113	15111	14559	11074
ARGENTINA	5908	7612	6310	2569	3408	3039	29697	27224	21440	13538	12665	9700
BRAZIL	213	389	243	182	171	103	317	394	514	121	187	163
CHILE	17	101	101F	8	63	63F	6	26	26F	5	18	18F
COLOMBIA	714	71	223	92	31	90						
ECUADOR	12	131	9	3	79	4						
PARAGUAY	44	74	74F	8	15	15F						
PERU	108	113	58	84	95	50						1
URUGUAY	148	85	107	100	46	48	3449	4549	3120	1424	1681	1186
VENEZUELA							96	29	13	23	8	6

表 51

SITC 057.22/29

その他の柑橘類

	輸入:MT			輸入:1,000 $			輸出:MT			輸出:1,000 $		
	1997	1998	1999	1997	1998	1999	1997	1998	1999	1997	1998	1999
ASIA	356420	284344	324006	296378	234858	276270	262582	231938	273872	115832	105302	117172
ARMENIA	460F	500F	22	180F	250F	13						
AZERBAIJAN			36			10	190F	30*	56	30F	5*	6
BAHRAIN	303	303F	303F	98	98F	98F						
BANGLADESH	171	16	16F	91	8	8F						
BRUNEI DARSM	5F	5F	10	5F	5F							
CHINA	38182	21424	23046	16207	9708	10766	13834	14262	9813	4664	2712	2062
CHINA,H.KONG	13861	15104	17454	9181	10578	11941	315	1257	1914	242	733	1039
CYPRUS							38813	26283	33900	15179	10154	11927
GAZA STRIP							4700F	4700F	4700F	1500F	1500F	1500F
INDIA							1801	54	54F	470	30	30F
INDONESIA	216	102	187	294	88	172		32	100		3	122
IRAN							844	772	433	85	84	55
ISRAEL							144486	130500F	138079F	72035	65320	65884
JAPAN	283817	231030	264487	257673	205314	242288	6	8	3	18	41	5
JORDAN	114	85	167	77	30	54	2499	2582	1783	761	713	437
KAZAKHSTAN	60F	54*		53F	34*		15F	14*		7F	6*	
KOREA REP	6225	1032	2343	5238	797	1894	34	31	10	28	50	27
KUWAIT	1139	973	1241	681	515	699	5			1		
LEBANON							2271	1779	976	455F	356F	200F
CHINA, MACAO	539	670	549	172	184	176						
MALAYSIA	726	238	241	236	89	87	1745	1337	1271	834	538	526
MALDIVES	84	84F	84	108	108F	98						
OMAN	44	44F	48	58	58F	56						
PAKISTAN	2	5	199	1	1	51	36			14		
PHILIPPINES	62	82	51	30	49	19	2	4	6	5	9	12
QATAR	348F	348F	348F	72F	72F	72F	1F	1F	1F	1F	1F	1F
SAUDI ARABIA	5436	6572	8114	3191	4070	4794	164	32	32F	138	53	53F
SINGAPORE	3513	3742	4055	2367	2285	2470	196	306	226	201	349	271
SRI LANKA	37	35	55	34	20	33	76	86	98	57	82	79
SYRIA							319	881	976	207	653	1475
THAILAND	89	13	79	81	11	65	3387	4965	6598	1693	2176	2875
TURKEY	487	1052	37	51	100	11	46841	42018	72839	17203	19730	28582
UNTD ARAB EM	500F	826*	826F	200F	385*	385F						
VIET NAM							2	2F	2F	4	4F	4F
YEMEN		5	8		1	10		2	2F			
EUROPE	707491	701091	721816	357653	399435	392517	241134	256855	243463	135528	146859	135599
ALBANIA	132	64	64F	16	32	32F						
AUSTRIA	6869	7756	9011	4043	4935	5433	1388	2227	3821	897	1505	2073
BELARUS		602	341		374	189		63	11		35	7
BEL-LUX	107068	107912	112790	54141	61552	58991	72129	86345	92318	42857	51996	51879
BOSNIA HERZG	100*	110*	110F	60*	50*	50F						
BULGARIA	937	1971	1611	168	380	442	21	2	2F	8	1	1F
CROATIA	1202	1109	1629	591	495	613	12	9	6	11	9	7
CZECH REP	9405	8117	9350	3994	3260	3452	135	199	152	62	112	66
DENMARK	3614	4251	5652	1999	2658	3430	5	25	8	5	22	8
ESTONIA	566	440	366	230	179	203			1			2
FAEROE IS	16	15	19	17	16	19						
FINLAND	4292	4014	4657	2910	2960	3469	66	37	16	53	35	12
FRANCE	145271	114813	135201	79864	73975	79019	10824	10066	14882	6942	7243	9849
GERMANY	83215	82314	88045	45934	52239	51061	9128	6977	7387	5300	4678	4626
GREECE	411	564	682	287	348	385	1204	1001	804	391	280	227
HUNGARY	1113	2483	3066	336	732	699	9	8		5	3	
ICELAND	215	196	171	171	175	137						
IRELAND	4034	6536	2998	3663	5516	2192	30	7	70	24	7	73
ITALY	34178	35921	38290	15809	18793	19765	3942	3702	4649	2090	1867	2231
LATVIA	395	654	648	153	384	329	1		2	2		2
LITHUANIA	1026	1318	1075	437	751	556	62	126	100	24	60	54
MACEDONIA	158	300*	300F	62	100*	100F						
MALTA	115	145	139	67	86	85						
MOLDOVA REP	50	54	202	12	12	39						
NETHERLANDS	129784	149072	143153	63272	87708	82605	113135	113444	84233	62231	62990	48104
NORWAY	1209	1274	1169	945	1038	888	6	9		4	7	
POLAND	30798	29501	31516	7048	10517	12825	268	116	91	168	103	76
PORTUGAL	277	331	401	166	208	219	4	1	4	2	1	4
ROMANIA	7308	7314	8828	1804	1737	2656	2	2		1	2	1
RUSSIAN FED	21192	18281	12212*	7140	5408	3412*	42	31	32	43	22	13
SLOVAKIA	4841	4273	5021	2210	1763	1840	93	52	28	52	30	12
SLOVENIA	1025	1048	1048F	680	709	709F						
SPAIN	2786	3580	3489	1617	2013	1592	22178	21323	23829	10882	11361	12038
SWEDEN	7552	7733	6613	4611	5050	4294	120	248	110	135	122	41
SWITZERLAND	10742	10973	10594	7832	8185	7613	15	1	4	15	9	4

表 51

SITC 057.22/29

その他の柑橘類

	輸入：MT			輸入：1,000 $			輸出：MT			輸出：1,000 $		
	1997	1998	1999	1997	1998	1999	1997	1998	1999	1997	1998	1999
UK	83792	82996	78327	44734	44281	42395	5469	6619	6688	3003	2950	2780
UKRAINE	796*	1058*	1406*	200*	420F	560F						
YUGOSLAVIA	1007	1998	1622	430	396	219	846	4215	4215F	322	1409	1409F
OCEANIA	2583	2032	1857	2310	1579	1917	4274	1544	985	4578	1158	707
AUSTRALIA	1150*	1040*	908	955	803	1182	4240	1530	965	4551	1017	660
FIJI ISLANDS	15F	15F	15F	20F	20F	20F						
FR POLYNESIA										2F	2F	2F
GUAM	300F	300F	300F	220F	220F	220F						
NEWCALEDONIA	64	13	13F	105	15	15F						
NEW ZEALAND	1012	622	579	970	481	440	34	14	20	25	139	45
PAPUA N GUIN	1F	1F	1F	3F	3F	3F						
VANUATU	41F	41F	41F	37F	37F	37F						

表 52

SITC EX 057.3

バナナ

	輸入：MT			輸入：1,000 $			輸出：MT			輸出：1,000 $		
	1997	1998	1999	1997	1998	1999	1997	1998	1999	1997	1998	1999
WORLD	13809509	13522269	14379056	6734934	6736641	6742734	14703656	14184221	14887965	5145758	5013856	4781478
AFRICA	56869	56676	63500	27642	24067	26632	428403	342773	404780	164051	131757	138524
ALGERIA	4360	4360	4360	6987	6987	6987						
BOTSWANA	3973	3973F	3973F	2329	2329F	2329F	43	43F	43F	15	15F	15F
BURKINA FASO	1000F	1000F	1000F	150F	150F	150F						
CAMEROON							179698	134000	165000	49493	36500	43000
CONGO, DEM R	1	1F	1F	1	1F	1F						
CÔTE DIVOIRE							208000	190000	215000	96000	87000	83500
DJIBOUTI	70F	70F	70F	80F	80F	80F						
EGYPT	6743	11604	5160	1640	2814	1359	11	7		3	7	
GHANA							15380	3469	2844	6746	2729*	2656
KENYA	7	18*	27*	1*	10	12	66	44	15	65	51	19
LESOTHO	2500F	2500F	2500F	270F	270F	270F						
LIBERIA	3600	10	30	1250	5F	10F						
LIBYA		30*	3100*		15F	1400*						
MADAGASCAR								20	27		7	11
MALI	2500F	2500F	2500F	560F	560F	560F						
MAURITANIA	500F	500F	160	80F	80F	30						
MAURITIUS			1									
MOROCCO	4850	4373	12212	2380	1905	4561						
NIGER		138	138F		18	18F						
SENEGAL	4908	7247	9555	1885	2682	3496						
SOMALIA							21600*	10000*	16000*	10800*	4500*	8000*
SOUTH AFRICA	2045	1853	2376	818	514	495	432	443	413	79	98	213
SWAZILAND	2260	3346	4531	220	338	998	1067	1503	1715	295	252	220
TOGO	1	1F	1F				15	15F	15F	2	2F	2F
TUNISIA	16490	11536	10605	8483	4762	3576	1			1		
UGANDA							78	663	752	52	222	471
ZAMBIA	986	1600*	1200*	496	540*	300*						
ZIMBABWE	75	16*		12	7		2012	2566	2956	500	374	417
N C AMERICA	4438708	4603373	5043487	1652431	1655307	1668289	4909803	5036968	4834661	1485359	1547038	1282120
ARUBA	1200	1300	1200	420	570	490						
BAHAMAS	1613	1810	1300	1499	1520	1090						
BARBADOS	3029	1539	3178	824	503	1147	2			5		
BELIZE							62989	60000F	65000F	26107	24700	27252
BERMUDA	900*	900F	900F	300*	300F	300F						
CANADA	417597	416436	419474	168096	161246	149196	73	18		43	12	3
COSTA RICA		1588	21500*		122	3500*	2049725	2310497	2557000*	606854	697707	564000*
DOMINICA							39372	30135	28263	19033	15592	15308
DOMINICAN RP							73973	56173	68365	11793	9349	13378
EL SALVADOR	53761	50190	65867	6117	6053	8135	18	24	96	4	4	8
GREENLAND	512	653	682	635	795	694		5			4	
GRENADA							102	94	570	30	30F	123
GUATEMALA	218	443	438	38	69	93	670466	807460	576900	152188	193374	146700
HONDURAS	1474	4179	5195	113	109	271	489452	471368	155200*	121596	116182	38020
JAMAICA							76170	61938	52208	45233	36000F	29000
MEXICO	9	24	1	15	11	2	240230	244992	174131	68186	72484	37897
NETHANTILLES	2200	2942	2900	520	1032	2030						
NICARAGUA	2135	7828	10430	449	1670	1933	72638	20396	37846	15906	11803	13852
PANAMA			2				608495	464061	596900	179947	139519	184050
ST KITTS NEV	131	131F	131F	44	44F	44F						
ST LUCIA							73511	53702	65491	34518	32445	32380
ST PIER MQ	35F	35F	35F	39F	39F	39F						
ST VINCENT							33467	39492	37780	14642	20791	19016
TRINIDAD TOB	1485	2426	2335	681	1020	1046	297	93	98	37	29	27
USA	3952409	4110949	4507919	1472641	1480204	1498277	418823	416520	418813	189237	177013	161106
SOUTHAMERICA	496811	452007	540318	141597	133040	134722	6293439	5669080	6115776	1884253	1597222	1571588
ARGENTINA	251856	242972	293854	78250	76143	77213		60			20	
BOLIVIA							1483	3105	3200	254	320	320
BRAZIL	1	36	39	1	45	50	40062	68555	81226	8381	11629	12518
CHILE	145349	143028	154828	37950	39289	38200	38	18	18F	18	11	11F
COLOMBIA	50517	20591	41014	8264	3371	6986	1586029	1508487	1855675	503196	476102	559546
ECUADOR							4563233	3989338	4056141	1326977	1070125	954427
GUYANA							3	70	10	2	30	10
PARAGUAY	3187	650	650F	141	15	15F	235	2418	364	32	294	28
PERU		1			1		421			40*		
SURINAME							32947	21000*	33000*	24353	15000F	21000*
URUGUAY	45900	44729	49933	16990	14176	12258		2			1	1
VENEZUELA	1			1			68988	76088	86080	21000	23710	23707

表 52

SITC EX 057.3

バナナ

	輸入：MT			輸入：1,000 $			輸出：MT			輸出：1,000 $		
	1997	1998	1999	1997	1998	1999	1997	1998	1999	1997	1998	1999
ASIA	2354797	2291579	2369159	971597	1009227	1090021	1432668	1426786	1600042	321632	316605	343488
AFGHANISTAN	2500*	2500*	1600*	670*	780*	530*						
ARMENIA	1220	1350F	1626	1034	1150F	1442						
AZERBAIJAN	750F	800F	3589	200F	220F	963						
BAHRAIN	10436	600*	2600*	3783	250F	1300*						
BANGLADESH		11			6							
BHUTAN	46F	46F	46F	5F	5F	5F						
BRUNEI DARSM		2400*	30*		1500F	15*						
CHINA	547042	539133	431737	145771	163151	140506	52121	72930	57274	29712	35526	37923
CHINA,H.KONG	63204	47344	47717	25468	20698	20161	49211	17318	11207	12345	6487	3695
CYPRUS							13	35	14	13	17	12
GAZA STRIP	5000F	5000F	5000F	1500F	1500F	1500F	5000F	5000F	5000F	3000F	3000F	3000F
INDIA							7018	8111	8111F	3423	4054	4054F
INDONESIA	22	16	372	40	19	310F	71028	77473	76087	13224	14074	11102
IRAN	170000F	200000F	200000F	85000F	104000F	106000F						
ISRAEL	150F	150F	100F	43	43	28	553	864	633*	615	598	442
JAPAN	885140	864854	983204	435754	469913	547846						
JORDAN	6576	3473	3569	2747	1414	1491	65	101	34	26	41	47
KAZAKHSTAN	2783	1639	4073	1805	651	1386		40			13	
KOREA REP	135702	85939	167783	58368	37801	73098	1959	1147	552	623	674	266
KUWAIT	26527	23651	23388	12514	11464	11192	1496	447	226	415	121	63
LEBANON	9080F	9080F	9080F	3720F	3720F	3720F	1022	1060	1022	240F	250F	250F
CHINA, MACAO	2011	2325*	1511	642	619	568	31			18		
MALAYSIA	138F	20F	88*	62F	10	81	28000*	29860	39289	4500*	5370	8388
MONGOLIA	285	300F	300F	252	270F	270F						
OMAN	1810	1810F	1810F	2258	2258F	2258F	647	647F	647F	667	667F	667F
PAKISTAN	47			4			2500	3214	39	196	353	3
PHILIPPINES		41			15		1143336	1149552	1319632	216556	217040	240703
QATAR	7736F	7736F	7736F	4103F	4103F	4103F						
SAUDI ARABIA	150015	168339	119000*	50791	55284	33000*	1676	2000	2000F	1174	1374	1374F
SINGAPORE	28963	31633	38586	7977	9352	11513	30*	2840	1648	13	775	458
SRI LANKA					8		3		1	6	2	3
SYRIA	59824	60928	62746	21159	20283	24170	5			1		
THAILAND							2194	1790	6795	876	739	2371
TURKEY	110692	123128	150533	43372	48024	58349	360		21	139		26
UNTD ARAB EM	127000*	107000*	101000*	62500*	50500*	44000*	60000F	40000F	40000F	32250F	21500F	21500F
UZBEKISTAN	98*	315*	315F	55*	203*	203F						
VIET NAM							4400*	7500*	10000*	1600*	3200*	4800*
YEMEN		18	20		13	13*		4857	19810		730	2341*
EUROPE	6388388	6046459	6287221	3907360	3886205	3790267	1638702	1708370	1932387	1290013	1421100	1445541
ALBANIA	4163	3932	5500*	2160	2127	3500F						
AUSTRIA	93800	88177	101971	75209	71194	68940	9325	7665	8199	7116	6845	5826
BELARUS	37700	21463	21109	10877	7342	7862		5982	3838		2517	1968
BEL-LUX	1065089	1017887	988910	629517	586121	568507	820507	852504	994046	705357	759202	799630
BOSNIA HERZG	1600*	890*	890F	900*	400*	400F						
BULGARIA	15941	27147	4500*	2423	4623	930*	1412	205	205F	286	57	57F
CROATIA	59289	39220	47427	27122	18615	19265	81	24	117	70	28	97
CZECH REP	133044	117105	130782	60258	53418	47597	1247	1855	1955	608	993	860
DENMARK	53455	44120	64569	45732	39646	48390	260	329	166	234	322	139
ESTONIA	10739	11953	13154	2228	2963	5472	68	9		24	3	1*
FAEROE IS	464	535	567	409	435	430						
FINLAND	59928	57836	63978	55586	57301	53255	26	78	2	19	39	2
FRANCE	338623	315148	342131	235351	227278	205629	250238	280392	261962	140370	189136	150635
GERMANY	1115949	987644	994925	744995	686823	690086	73688	76889	130201	58293	72789	111290
GREECE	75599	79975	90070	61926	68928	71350	15137	22100	17352	5806	10315	10155
HUNGARY	58015	67861	83073	15674	15633	14358	1043	1798	624	376	592	296
ICELAND	3642	3538	3522	3070	2913	2408	4	8	6	9	16	10
IRELAND	49848	51762	51264*	35317	34341	33958*	11951	15026	15036	13789	15397	15109
ITALY	516372	525614	602875	370373	377466	346712	99673	158560	220568	95364	139553	165313
LATVIA	17295	16247	19507	5318	7175	10537	411	61	1005	82	37	724
LITHUANIA	47275	33057	42176	14448	12113	14416	22928	9496	10183	7095	3045	3722
MACEDONIA	7586	3000*	4500*	3600*	1500*	2200*						
MALTA	6937	6920	6819	3651	3469	2472	20			18		
MOLDOVA REP	3931	2133	842	687	498	300						
NETHERLANDS	146379	148704	208061	118190	131133	149824	127920	96769	77304	99639	75608	50337
NORWAY	58532	58211	64580	40696	40054	40193	9	4		3	3	
POLAND	269550	301721	347633	127484	140700	131295	27359	24517	14692	14616	14495	6911
PORTUGAL	144183	145654	132988	93789	99290	78026	26157	29959	13275	20170	27527	8657
ROMANIA	40471	50182	49572	20471	21181	24345	485	97	5	245	54	2*
RUSSIAN FED	660681	477114	377888	153624	150257	151248	2863	2360	3663	1726	1584	1489
SLOVAKIA	66710	60583	61732	30861	26410	20345	3493	2461	1114	1931	1256	427

表 52

SITC EX 057.3

バナナ

	輸入：MT			輸入：1,000 $			輸出：MT			輸出：1,000 $		
	1997	1998	1999	1997	1998	1999	1997	1998	1999	1997	1998	1999
SLOVENIA	30288	25392	25392F	14779	13347	13347F	835	681	681F	448	345	345F
SPAIN	171107	124237	180691	109108	78723	100687	121288	93388	131649	95818	74587	91666
SWEDEN	158923	175263	185554	137457	159156	152106	17577	19216	14241	18171	20502	13157
SWITZERLAND	74245	72684	74481	67520	71805	69962		1		1	3	1
UK	640124	768536	751536	489188	591245	550333	2715	5690	10072	2346	4195	6678
UKRAINE	54098	25140	52178	19356	9000F	18000F	1					
YUGOSLAVIA	96813	89874	89874F	78006	71582	71582F	1	226	226F	1	37	37F
OCEANIA	73936	72175	75371	34307	28795	32803	641	244	319	450	134	217
AUSTRALIA	20*	10*	13	28	14	16	240	43	79	253	58	87
COOK IS							40*	40*		10*	20*	
GUAM	1000F	1000F	1000F	400F	400F	400F						
NEWCALEDONIA	2	1	1F	7	5	5F						
NEW ZEALAND	72914	71164	74357	33872	28376	32382	1	1		2	1	
SAMOA							360F	160*	240*	185	55	130*

表 53

SITC 057.4

りんご

	輸入:MT			輸入:1,000 $			輸出:MT			輸出:1,000 $		
	1997	1998	1999	1997	1998	1999	1997	1998	1999	1997	1998	1999
WORLD	4805590	4554583	4768967	2951672	2789112	2765834	5293936	5157648	5329881	2814414	2649542	2657754
AFRICA	87254	99124	109479	65098	65024	66419	198353	273826	251213	101967	125479	98354
ALGERIA	125	125F	125F	261	261F	261F						
ANGOLA	5900*	2900*	1800*	5400*	2600*	90*						
BENIN	1000F	1000F	1000F	1200F	1200F	1200F						
BOTSWANA	4723	4723F	4723F	3951	3951F	3951F	2	2F	2F	2	2F	2F
CAMEROON	91	80*	80F	92	120*	120F						
CAPE VERDE	773	725*	725F	710	800*	800F		90*	90F		125*	125F
CENT AFR REP	3F	3F	3F	12F	12F	12F						
CHAD	14F	14F	14F	88F	88F	88F						
CONGO, DEM R	278	940*	940F	142	430*	430F						
CONGO, REP	220*	200*	100*	100*	90*	80*						
CÔTE DIVOIRE	2100*	3100*	4100*	1100*	990*	880*	9F	9F	9F	6F	6F	6F
DJIBOUTI	180F	180F	120*	250F	250F	160*						
EGYPT	28995	38663	45581	16715	20913	24022	2		5	5F		
ETHIOPIA	17F	17F	17F	11F	11F	11F						
GABON	820*	1100*	1100F	400*	900*	900F						
GHANA	632	519	600	167	559	740		5	5F		2	2F
KENYA	2265	2252	2589	1527	1619	1195	14	9	99*	16	15	127
LESOTHO	5000F	5000F	5000F	3200F	3200F	3200F						
LIBERIA	25*	50*	70*	25*	40*	60F						
LIBYA	10000F	11000F	11000F	16000F	15000F	15000F						
MADAGASCAR	26	10	38	30	10	39	15	13		17	13	
MALAWI	335	129	190*	126	78	150*						
MAURITANIA	350F	350F	350F	170F	170F	170F						
MAURITIUS	5224	5073	5737	4960	2989	4069	20	12	26	27	9	20
MOROCCO	426	1232	6970	194	589	2449						
MOZAMBIQUE	2500*	2200*	1300*	700*	700*	940*						
NIGER	10F	25	25F	20F	34	34F						
SENEGAL	1071	1268	2226	676	797	1192						
SEYCHELLES	400*	512	260F	646	690	376	1	1		2	1	1F
SOUTH AFRICA		3658			1796		198074	273539	250816	101719	125162	97924
SUDAN	60F	60F	60F	60F	60F	60F						
SWAZILAND	4058	3821	4979	1713	1252	1216	87	36	51	19	8	14
TANZANIA	19	19F	19F	22	22F	22F						
TOGO	123	123F	123F	94	94F	94F						
TUNISIA								2				1
UGANDA		5	8*		6*	8						
ZAMBIA	1271	1271F	1800*	728	728F	860*	80*	80F	80F	111	111F	111F
ZIMBABWE	8220	6777	5707	3608	1975	1540	49	30	28	43	24	21
N C AMERICA	431291	389683	474275	269422	275388	376171	776677	649012	708982	461115	384663	408425
ARUBA	250F	250F	250F	110F	110F	110F						
BAHAMAS	1400	1600F	1600F	1307	1500F	1500F						
BARBADOS	1468	952	1683	1504	922	1525	1			1		
BELIZE	166	140*	110*	261	170F	190*						
BERMUDA	600F	600F	600F	650F	650F	650F						
CANADA	113710	115278	121294	83039	84749	84509	89285	65009	68143	40123	33864	35615
CAYMAN IS	20F	50*	50F	30F	50*	50F						
COSTA RICA	7604	9230	6400*	4856	5208	3700*	51	38	38F	46	35	35F
CUBA	2000F	2000F	2000F	1250F	1250F	1250F						
DOMINICA	77	77F	77F	84	84F	84F						
DOMINICAN RP	4100*	6400*	6000*	2800*	3400*	2800*						
EL SALVADOR	6244	7152	8946	3348	4534	5484	19	73	4	48	35	2
GREENLAND	288	438	401	397	570	519						
GRENADA	86	86F	70*	83	83F	50*						
GUATEMALA	4858	5856	7200*	3892	4361	4500*	5998	1546	1546F	243	223	223F
HAITI	690*	1000*	1100*	920*	1500*	1100*						
HONDURAS	3988	1060	4436	1302	745	3121		11	11F		1	1F
JAMAICA	140*	410*	100*	100*	240*	60*						
MEXICO	115017	84067	136379	53350	62589	122307	1072	101	299	323	51	85
NETHANTILLES	300F	200F	200F	500F	260F	260F						
NICARAGUA	862	939	1505	678	690	1147						
PANAMA	5594	6267	6886	4414	4079	4566						
ST KITTS NEV	101	101F	101F	148	148F	148F						
ST LUCIA	256	251	251F	326	326	326F						
ST PIER MQ	54F	54F	54F	66F	66F	66F						
ST VINCENT	66	66F	40*	48	48F	30*						
TRINIDAD TOB	2267	3188	2375	1398	1666	1635	2		15	2		15
USA	159085	141971	164167	102561	95390	134484	680249	582234	638926	420329	350454	372449

表 53

SITC 057.4

りんご

	輸入：MT			輸入：1,000 $			輸出：MT			輸出：1,000 $		
	1997	1998	1999	1997	1998	1999	1997	1998	1999	1997	1998	1999
SOUTHAMERICA	252809	332511	234240	152837	164398	108440	665435	819701	767485	331826	360374	388323
ARGENTINA	5054	6379	11858	4116	3409	5930	229918	227520	182154	129166	118093	95681
BOLIVIA	9078	14243	14000*	2118	2444	1600*						
BRAZIL	120537	126186	66377	68893	55433	27183	20725	10706	57438	11297	5667	30153
CHILE	86	235	203*	82	162	180F	411493	575601	521715	189581	233443	259400
COLOMBIA	59671	57892	54663	46418	39130	31673						
ECUADOR	23046	39196	19189	12784	23017	7225						
PARAGUAY	3315	1219	1219F	1558	548	548F	249			57		
PERU		40502	24757		14045	8166			1			1
URUGUAY	1855	2157	589	980	1154	306	2974	5802	6177	1627	3090	3088
VENEZUELA	30167	44502	41385	15888	25056	25629	76	72		98	81	
ASIA	846393	772954	875496	531396	438246	436261	543139	571339	578343	223080	199118	185135
AFGHANISTAN							5500*	5500F	5500F			
ARMENIA	18	20F	486	2	3F	99			382			89
AZERBAIJAN	861	600F	3027	355	300F	596	7154	8140*	1145	1316	1600F	212
BAHRAIN	7120	7120F	7120F	3065	3065F	3065F						
BANGLADESH	12693	14207	13600F	7007	7517	6814						
BHUTAN	23*	2F	2F	15*	1F	1F	1900F	2106*	2106F	956	1250*	1250F
BRUNEI DARSM	1700*	1600*	1500*	2100*	1500*	1100*						
CAMBODIA	2800*	1507F	1900*	2400*	1500*	1700*						
CHINA	141508	158812	164060	102037	101118	95238	188464	170273	219235	77521	64549	75958
CHINA,H.KONG	80161	91862	94292	78479	83359	72509	26498	34196	33029	23823	30080	21602
CYPRUS	2639	2323	2766	1691	1440	1733	94	53	63	78	64	73
GEORGIA	300F	250F	110*	180F	150F	20*						
INDIA		3	3F		1	1F	11094	7442	7442F	3093	2406	2406F
INDONESIA	72682	20515	33429	42009	11655	19461	26	21	174*	19	19	189
IRAN							117844	176119	157857	11835	19769	16615
IRAQ	80F	80F	80F	30F	30F	30F						
ISRAEL	21000*	5000*	13000F	17218	4204	11545			10F			1
JAPAN	150	221	308	221	230	653	4568	2327	2577	13499	4758	5437
JORDAN	12545	13830	10359	7182	7772	5930	452	929	1119	629	764	789
KAZAKHSTAN	1738	4500*	7436	503	1000*	1137	4574	1200*	6980	1677	550*	1434
KOREA REP			8			12	4441	3519	1795	6231	3129	1501
KUWAIT	20651	20352	21696	12253	12312	12439	809	717	516	389	371	231
KYRGYZSTAN	1192	1000F	1000F	288	250F	250F	45201	35000F	35000F	6373	4900F	4900F
LEBANON	500F	500F	500F	600F	600F	600F	33400	41684	31765	18500F	23100F	18000F
CHINA, MACAO	2472	1971	1958	864	756	815						
MALAYSIA	65000*	43475	65821	24000*	15813	18068	2273F	217	610	877F	109	353
MALDIVES	350F	350F	320*	420F	420F	320*						
MONGOLIA	6345	5100*	4600*	1658	870*	580*	19	15F	15F	4	3F	3F
MYANMAR	11	11F	11F	15	15F	15F						
NEPAL			1700*			1230*						
OMAN	5262	5262F	5262F	7952	7952F	7952F	11	11F	11F	12	12F	12F
PAKISTAN	5537	3003	3882	786	515	675	536	5178	5134	160	1228	1331
PHILIPPINES	64724	48457	74012	16662	13779	16206		75			19	
QATAR	6486F	6486F	6486F	2679F	2679F	2679F	213F	213F	213F	94F	94F	94F
SAUDI ARABIA	113032	125619	86000*	41596	46890	27000*	454	1179	1179F	517	945	945F
SINGAPORE	52906	48591	49143	52726	41956	39181	16850	12244	9290	17284	12255	8367
SRI LANKA	4133	7324	9859	2429	3819	4937			16			3
SYRIA	16F			181F			6204	17526	22716	4686	8073	11989
TAJIKISTAN							3700F	3500F	3500F	2000F	1800F	1800F
THAILAND	52060	29217	40273	62097	29562	39708	29	68	19	44	65	30
TURKEY	2121	3632	4482	968	1489	1835	47581	24686	13739	27231	13073	5378
TURKMENISTAN	11000F	8000F	24000*	5000F	3600F	10000*						
UNTD ARAB EM	42000*	50000*	79000*	18000*	17000*	19000*	5250*	5200*	5200F	1900F	1800*	1800F
UZBEKISTAN	130F	150F		123F	123F	123F	8000F	12000F	10000F	2332F	2332F	2332F
VIET NAM	32447*	42000*	42000*	15605*	13000*	11000*						
YEMEN		2	5		1	4*	1	6		1		11*
EUROPE	3181791	2954582	3070196	1926524	1840779	1774184	2787050	2521323	2634578	1435655	1354138	1283648
ALBANIA	12360	13713	10000*	4753	5821	4000*						
AUSTRIA	199860	61849	117289	33306	9914	26309	57607	34069	40405	31774	16330	18566
BELARUS	25000*	57227	32172	14000F	13664	8761	1329	9777	8620	700	3970	3683
BEL-LUX	243139	248411	232541	193788	204954	178143	276924	335470	408823	204026	238857	206820
BOSNIA HERZG	9600*	9300*	9300F	3300*	2400*	2400F	120*	130F	130F	25*	40*	40F
BULGARIA	12386	5782	20000F	1060	745	2500F	1209	78		249	32	
CROATIA	10581	6488	11950	3461	2260	5110	3426	3670	3132	1200	1682	350
CZECH REP	47786	39799	40731	15841	12067	14758	124180	64402	53131	10996	3723	6286
DENMARK	47441	43161	73819	28214	24345	38595	2515	1978	2531	2113	1669	1779
ESTONIA	9696	13766	17319	6728	3170	5502	200	56	568	33	83	214
FAEROE IS	463	481	503	452	472	475						

表 53

SITC 057.4

りんご

	輸入：MT			輸入：1,000 $			輸出：MT			輸出：1,000 $		
	1997	1998	1999	1997	1998	1999	1997	1998	1999	1997	1998	1999
FINLAND	55979	54231	57332	41410	36375	37498	692	588	386	553	469	274
FRANCE	74519	87577	100812	53946	66335	67092	830796	766207	717772	539538	488559	419455
GERMANY	789240	707763	725206	456099	438656	367141	56599	52486	69123	32361	32193	37053
GREECE	8187	11315	14456	6556	9336	10798	22971	14283	18000	8733	4337	4863
HUNGARY	44760	8155	7698	4540	1765	1988	26318	3415	7331	5446	1065	2009
ICELAND	2253	2358	2224	2417	2331	1955	6	12	10	14	21	17
IRELAND	35719	36452	36027	29967	28710	27019	429	335	1699	577	401	1695
ITALY	37516	35952	33740	25515	25321	24140	512999	540138	569239	273647	258773	270760
LATVIA	28770	23950	22939	3619	5689	4993	4	4	308	1	2	44
LITHUANIA	15041	21120	27221	2904	4020	6142	23129	2772	7501	1798	390	919
MACEDONIA	23	20*	40*	10*	10*	10*	40399	40399F	40399F	13083	13083F	13083F
MALTA	6859	7487	7981	4394	4380	4739		8			6	
MOLDOVA REP	460	48	354	94	9	70	61764	29050*	2587	18163	7780*	695
NETHERLANDS	242161	235922	338814	149117	163745	216019	296988	338901	434006	183635	186582	214485
NORWAY	37796	39549	45385	31485	30938	34469	74	69	112	68	48	81
POLAND	26560	20284	28267	13969	12196	12866	191520	169329	148511	36046	35368	29965
PORTUGAL	41386	64760	76885	27105	38911	46800	11387	5998	7344*	2662	1967	2084
ROMANIA	6042	5310	16666	1062	1037	3675	104275	2921	502	7225	235	62
RUSSIAN FED	451098	358758	162145	217720	137892	49860	919	1337	974	543	851	289
SLOVAKIA	24421	29504	29093	7524	8684	10070	17739	2455	2721	1545	358	396
SLOVENIA	3586	5545	5545F	947	1955	1955F	18703	14966	9800*	4719	3774	2800*
SPAIN	111418	132909	213317	67344	79463	120433	60688	58319	53809	31878	34187	28748
SWEDEN	91445	87408	86663	65747	60580	55620	1550	1239	1183*	1376	1020	706
SWITZERLAND	8896	9546	6421	8508	10241	6193	1436	428	3072	1043	185	2006
UK	406861	460369	449492	397387	390920	374154	16344	19737	19472	14057	13071	13205
UKRAINE	1158	386	1922	290	116F	580F	13586	6210	1290	4278*	3000F	580F
YUGOSLAVIA	11325	7927	7927F	1945	1352	1352F	8225	87	87F	1550	27	27F
OCEANIA	6052	5729	5281	6395	5277	4359	323282	322447	389280	260771	225770	293869
AUSTRALIA			47			50	36506	30722	27092	25449	21675	19820
COOK IS	42	50	57	46	65	71						
FIJI ISLANDS	1400*	1100*	1000*	1100*	660*	670*	5F	5F	5F	8F	8F	8F
FR POLYNESIA	970*	980*	1000*	1300*	1000*	790*						
GUAM	650F	650F	650F	520F	520F	520F						
KIRIBATI	28	50*	50*	30	30*	30*						
NEWCALEDONIA	1404	1448	1300*	1798	1597	1200*	2			6	4	4F
NEW ZEALAND	117	73	66	167	84	90	286769	291720	362183	235308	204083	274037
PAPUA N GUIN	1147*	1100*	860*	1009*	940F	680*						
SAMOA	70*	70*	60*	70*	70*	60*						
TONGA	112	96	131	155	111	118						
VANUATU	112F	112F	60*	200F	200F	80*						

表 54

SITC 057.51

ぶどう

	輸入：MT			輸入：1,000 $			輸出：MT			輸出：1,000 $		
	1997	1998	1999	1997	1998	1999	1997	1998	1999	1997	1998	1999
WORLD	2189623	2187399	2296500	2667313	2648558	2743359	2358035	2290977	2347596	2274314	2194300	2515893
AFRICA	4831	4438	4630	5979	5063	5734	125200	147951	185892	122252	143839	177090
BOTSWANA	601	601F	601F	495	495F	495F						
CAMEROON	3	3F	3F	6	6F	6F						
CAPE VERDE	74	74F	110*	123	123F	310*						
CENT AFR REP				2F	2F	2F						
CHAD	6F	6F	6F	32F	32F	32F						
CONGO, DEM R	8	10*	10*	4	5*							
CONGO, REP	10*	5*	5F	15*	6*	6F						
CÔTE DIVOIRE	221F	110*	280*	387F	200*	320*						
DJIBOUTI	20*	10*	10*	40*	10*	10*						
EGYPT	179	97	342	123	78	296	830	780	891	498	507	451
GABON	70*	50*	40*	100F	60F	20*						
GHANA	2	6	9	3	9	12						
KENYA	292	232	196	378	321	234	4	3	2*	6	9	3
LESOTHO	20F	20F	20F	15F	15F	15F						
LIBERIA	5*	5F	10*	10*	10F	20*						
LIBYA	70F	70F	70F	210F	210F	210F						
MADAGASCAR	2	1		7	2							
MALAWI	21	17	20*	15	13	30*						
MAURITANIA	20F	10*	10F	30F	20*	20F						
MAURITIUS	1454	1477	1730	2294	1814	2771	18	48	10	43	72	17
MOROCCO	5	31	120	3	25	125	213	743	1168	240	1364	1268
NIGER		3	3F		7	7F						
SENEGAL	32	57	91	52	80	99						
SEYCHELLES	53	51	20*	164	150	60F	1	1	1F	3	2	2F
SOUTH AFRICA	352	304	92	620	725	114	124082	146140	183684	121401	141795	175324
SWAZILAND	571	416	318	281	231	212	20	203	127	2	23	19
TOGO	3	3F	3F	8	8F	8F						
TUNISIA							28	31	5	53	66	1
ZAMBIA	30	30F	30F	30	30F	30F						
ZIMBABWE	707	739	481	532	376	270	4	2	4	6	1	5
N C AMERICA	560158	601409	595645	740769	802046	929135	393688	366538	394221	481793	434277	484056
ANTIGUA BARB		3*			5F							
ARUBA	100F	100F	100F	220F	220F	220F						
BAHAMAS	828	850F	850F	1975	2000F	2000F						
BARBADOS	502	292	796	943	568	1121						
BELIZE	82	95*	50*	244	140F	180*						
CANADA	141481	130220	136687	187648	176634	188675	3227	4163	5939	1054	1322	1684
COSTA RICA	2944	3358	2200*	3029	3101	2200*	26	61	61F	34	42	42F
DOMINICA	15	15F	15F	20	20F	20F						
DOMINICAN RP	1500*	1500*	1400*	2100*	1500*	1200*						
EL SALVADOR	4328	4519	6175	4066	4182	6108	5	32	6	6	24	15
GREENLAND	6	38	29	17	118	73						
GRENADA	14	14F	10*	26	26F	10*						
GUATEMALA	5411	5397	4600*	5412	5323	5200*	7	22	22F	1	9	9F
HAITI	6*	17*	17F	5*	29*	29F						
HONDURAS	812	222	1422	884	245	1358	9	239	239F		63	63F
JAMAICA	84F	70*	70F	165F	200*	200F						
MEXICO	37345	43788	51896	44210	46260	65307	79859	112718	107797	71534	98023	99905
NETHANTILLES	320F	350F	350F	800F	1000F	1000F						
NICARAGUA	284	536	433	315	195	408	1			1		
PANAMA	3236	3159	3641	4384	4271	4796						
ST KITTS NEV	71	71F	71F	139	139F	139F						
ST LUCIA	78	90	90F	213	247	247F						
ST PIER MQ	25F	25F	25F	35F	35F	35F						
TRINIDAD TOB	755	862	1046	899	1032	1216		2				5
USA	359928	405821	383672	483015	554561	647393	310554	249303	280155	409163	334794	382333
SOUTHAMERICA	51350	62216	40242	53295	62938	33938	558311	580501	505398	440129	433482	649220
ARGENTINA	2775	3224	5157	3283	3894	5045	13287	16492	21823	17811	22638	31539
BOLIVIA	2130	2538	2538F	407	353	353F						
BRAZIL	23182	26492	8599	30161	28733	8461	3705	4406	8083	4780	5823	8614
CHILE	191	136	97*	297	215	160F	536423	558620	473525	413954	403424	605200
COLOMBIA	3575	3873	3855	5750	6243	5121	101	36	265	137	42	78
ECUADOR	4626	6577	2675*	4334	11062	2709						
PARAGUAY	330	239	239F	127	119	119F						
PERU	7975	9222	9268	2450*	2989	2637	4567	725	1462	3260*	1326	3527
URUGUAY	223	280	396	196	311	365	155	181	236	139	182	257
VENEZUELA	6343	9635	7418	6290	9019	8968	73	41	4	48	47*	5

表 54

SITC 057.51

ぶどう

	輸入:MT			輸入:1,000 $			輸出:MT			輸出:1,000 $		
	1997	1998	1999	1997	1998	1999	1997	1998	1999	1997	1998	1999
ASIA	313564	268451	318945	419591	309040	338181	305862	222114	244191	196022	165218	183565
AFGHANISTAN							21000*	21000F	34000*	15000*	15000F	27000*
ARMENIA	168	150F	196	92	80F	114	90	268*	624	64	331*	166
AZERBAIJAN	1600F	2000F	458	678F	678F	176	30F	30*	239	30F	80*	22
BAHRAIN	3187	3187F	3187F	1182	1182F	1182F						
BANGLADESH	508	3523	100F	467	3106	985*						
BHUTAN	31F	31F	31F	4F	4F	4F						
BRUNEI DARSM	510*	470*	490*	1400*	1000*	840*						
CAMBODIA	723*	386*	560*	1670*	870*	1200*						
CHINA	17291	16286	59937	16417	13773	41522	807	308	561	369	153	594
CHINA,H.KONG	106276	99398	102600	206583	169489	165137	40478	50601	46842	47054	48351	43887
CYPRUS							2712	4001	4156	2448	4742	3197
GAZA STRIP							2000F	2000F	2000F	850F	850F	850F
INDIA							23680	11382	10000*	17421	8902	6800*
INDONESIA	9286	3234	2911	10183	3364	2773	23		417	49		306
IRAN							233	1381	1274	24	282	261
ISRAEL							5556	8915	7255F	10901	19675	13649
JAPAN	7351	7649	9005	17857	15770	18021	11	14	24	107	115	193
JORDAN	7131	2666	4548	6532	2712	4737	1354	1963	1300	1217	1674	1104
KAZAKHSTAN	452	700*	998	54	55*	191	263	79	762	120	38	270
KOREA REP	8896	1140	6111	18913	2180	10242		76	156		113	268
KUWAIT	9283	9207	12921	5823	6235	7816	54	28	4	42	16	2
KYRGYZSTAN							6500F	6000F	6000F	1000F	950F	950F
LEBANON							30860	19841	21480	7800F	5000F	5500F
CHINA, MACAO	1017	845	796	650	511	530						
MALAYSIA	20000*	10063	11706	28000*	7135	8021	682F	222	437	619F	215	364
MALDIVES	20F	20F	20F	60F	60F	60F						
MONGOLIA	94	100F	100F	79	85F	85F						
OMAN	4423	4423F	4423F	8786	8786F	8786F						
PAKISTAN	21390	20815	26341	2737	2553	3240	3	11	11	1	5	5
PHILIPPINES	17246	11310	15329	8079	4877	6795		55			15	
QATAR	2482F	2482F	2482F	1326F	1326F	1326F	30F	30F	30F	24F	24F	24F
SAUDI ARABIA	28475	29323	28000*	18737	18407	17000*	406	874	310*	800	805	510*
SINGAPORE	15189	11266	11816	34884	22467	23680	4274	3191	3126	10221	6826	6577
SRI LANKA	958	1468	1815	1015	1519	1998						
SYRIA							20141	19831	38765	22177	17830	32759
TAJIKISTAN							3533*	1505*	1505F	4725*	1257*	1257F
THAILAND	3640	1005	1831	8709	2174	4128	38	31	9	28	24	9
TURKEY	937	304	233	266	234	192	33403	53945	47943	18202	20961	25290
UNTD ARAB EM	25000F	25000F	10000*	18408F	18408F	7400*	4300*	4300F	4300F	3100*	3100F	3100F
UZBEKISTAN							22790*	8932*	9000F	30416*	7453*	8000F
YEMEN							80611	1300	1661	1653	431	651*
EUROPE	1250929	1242024	1328797	1430531	1456222	1423812	946546	945141	985937	984087	984665	977794
ALBANIA	2546	2857	3400*	1339	1482	1000*						
AUSTRIA	40914	20868	46500	38274	19520	43256	7446	7718	13705	6491	6450	12152
BELARUS	26500F	5507	3313	9000F	1964	1775		264	136		149	145
BEL-LUX	80631	85835	95064	117989	127019	122604	45018	43315	56642	81042	85047	97694
BOSNIA HERZG	1300*	2400*	2400F	800*	800*	800F						
BULGARIA	1768	2012	1300*	520	380	230*	2348	699	699F	701	229	229F
CROATIA	11442	8009	9228	6043	4230	4282	225	31	8	128	88	17
CZECH REP	23220	27681	31794	13705	18067	20894	95	58	368	132	89	248
DENMARK	16617	9887	15364	17821	11090	15459	92	122	217	143	311	314
ESTONIA	2183	4041	4360	1328	3120	3340	27		1	36		1
FAEROE IS	36	46	55	88	98	100						
FINLAND	9013	9855	10470	11985	13946	12917	340	160	66	475	222	67
FRANCE	148162	156058	142356	154096	157955	131088	14885	22616	20416	21125	36513	26312
GERMANY	355622	339295	349411	397003	384391	347919	15649	19702	15221	21292	30888	18101
GREECE	608	861	1395	769	1021	1747	102577	118389	87160	105036	133156	123006
HUNGARY	1244	2387	4068	752	1096	1363	4243	4557	1941	864	739	470
ICELAND	790	891	899	2146	2376	2300	1	2	1	5	8	5
IRELAND	4138	4680	5157	8294	9040	12086	19	28	56	53	85	146
ITALY	12389	8131	12379	21094	15618	17111	559450	539306	577344	506081	449867	446441
LATVIA	3140	6146	6949	1469	4735	5539		1	10	1	1	12
LITHUANIA	3253	6622	6928	2090	4483	5035	307	594	335	178	356	235
MACEDONIA	9	2000*	2000F	1	650*	650F	19698	8300*	8300F	9570	4500*	4500F
MALTA	2475	2597	3658	2287	2491	3390				2F		
MOLDOVA REP	2		2	2	2F	2	2451	5707	5344	735	1357	1195
NETHERLANDS	102948	99846	132502	141780	146463	170890	73215	77752	91278	117944	131133	138608
NORWAY	15839	17072	18745	25609	26128	26075	44	29	48	79	49	47
POLAND	55775	78767	88040	29031	45598	48781	233	125	86	186	124	94
PORTUGAL	17422	29728	25057	19691	29172	24247	335	196	277	443	291	414

表 54

SITC 057.51

ぶどう

	輸入：MT			輸入：1,000 $			輸出：MT			輸出：1,000 $		
	1997	1998	1999	1997	1998	1999	1997	1998	1999	1997	1998	1999
ROMANIA	1278	6132	5213	261	1101	1109	321	13	63	93		29
RUSSIAN FED	84253	44803	31198	61094	24401	17507	14	13	6	16	16	10
SLOVAKIA	5026	8349	7561	3510	5459	4845	1361	1454	2500	580	529	676
SLOVENIA	4571	4924	11000*	4650	5093	8400*	19	48	40*	15	38	50*
SPAIN	18132	17303	20518	21577	18832	20733	93465	89892	98255	105488	95485	94901
SWEDEN	23344	22363	24213	33195	31901	30378	172	368	281	267	395	354
SWITZERLAND	35990	36408	38831	47149	45922	43683	2	3		3	6	
UK	123589	155527	153546	227200	284126	264825	2095	3456	5107	4748	6429	11293
UKRAINE	3000*	4500*	6000*	2000*	3000F	4000F	200	223	26	93	115F	28F
YUGOSLAVIA	11760	7636	7636F	4889	3452	3452F	199			42		
OCEANIA	8791	8861	8241	17148	13249	12559	28428	28732	31957	50031	32819	44168
AUSTRALIA	50*	10*	1	24	5	3	28377	28685	31908	49476	32564	43998
COOK IS	2	1	2	9	5	11						
FIJI ISLANDS	200*	100*	40*	430*	240*	100*						
FR POLYNESIA	150*	130*	220*	420*	200*	220*						
GUAM	400F	400F	400F	440F	440F	440F						
KIRIBATI	1	1F	1F	2	2F	2F						
NEWCALEDONIA	366	323	250*	858	569	310*				2	4	4F
NEW ZEALAND	7567	7801	7232	14874	11663	11348	51	47	49	553	251	166
PAPUA N GUIN	40*	80*	80F	56*	90F	90F						
VANUATU	15F	15F	15F	35F	35F	35F						

表 55

SITC 057.52

干しぶどう

	輸入：MT			輸入：1,000 $			輸出：MT			輸出：1,000 $		
	1997	1998	1999	1997	1998	1999	1997	1998	1999	1997	1998	1999
WORLD	609942	603006	618503	783567	751827	772200	575153	609485	605948	704375	707491	720843
AFRICA	6251	7910	6347	7085	8280	5927	30270	20200	28423	36031	21101	35438
ALGERIA	585	585F	190*	1267	1267F	430*						
ANGOLA	110*	60F	60F	320*	180F	180F						
BOTSWANA	50	50F	50F	32	32F	32F						
CAMEROON	12	20*	20F	19	20*	20F						
CAPE VERDE	3	3F	3F	8	8F	8F						
CONGO, REP	10*	10*	10*	20*	20*	10*						
CÔTE DIVOIRE	30*	20*	50*	60*	50*	90*						
DJIBOUTI	5F	5F	10*	18F	18F	20*						
EGYPT	1387	3541	1918	1083	2965	1679		20	202	1	9	283
ETHIOPIA	30F	30F	30F	23F	23F	23F						
GABON	10*	10F	10F	10*	10F	10F						
GHANA	2	6	7	5	12	13						
KENYA	39	101	63	71	143	96	2		1	1		
LESOTHO	200F	200F	200F	350F	350F	350F						
LIBYA	4*	49*	49F	8*	71*	71F						
MADAGASCAR	33	7	20	60	10	31						
MALAWI	8	2	2F	10	3	3F						
MAURITANIA	1F	1F	1F	2F	2F	2F						
MAURITIUS	153	223	186	196	274	217						
MOROCCO	2404	2192	2266	2699	2361	1968	68	26		64	28	2
NIGER		1	1F		2	2F						
SENEGAL	95	125	111	75	121	150			1			1
SEYCHELLES	3	3		9	8	1						
SOUTH AFRICA	142	38	135	187	59	171	30199	20150*	28215	35963	21060	35146
SUDAN	30F	30F	30F	30F	30F	30F						
SWAZILAND	46	5	17	32	4	13	1	3*	4*	2	3	6
TANZANIA	13	13F	13F	10	10F	10F						
TOGO	1	1F	1F	3	3F	3F						
TUNISIA	671	471	820	274	123	206		1			1	
UGANDA		1	1*		1	1						
ZAMBIA	31	31F	20*	17	17F	10*						
ZIMBABWE	143	76	53	187	83	77						
N C AMERICA	62379	53145	66197	87851	75004	94709	119755	131744	110608	208634	208514	205670
BAHAMAS	103	60*	50*	290	170*	130*						
BARBADOS	228	125	146	312	171	227	3			6	1	
BELIZE	32	50F	50F	58	90F	90F						
CANADA	34781	29326	30433	53779	45158	46916	286	541	969	478	696	1505
COSTA RICA	541	449	190*	718	624	270*	7	7	7F	16	16	16F
DOMINICA	17	20*	20*	34	30*	30*						
DOMINICAN RP	1000*	1000*	470*	1700*	1900*	1300*						
EL SALVADOR	45	36	51	94	95	111						
GREENLAND	51	78	91	115	175	246						
GRENADA	34	30*	20*	64	40*	20*						
GUATEMALA	481	402	520*	277	244	220*	2	2	2F		3	3F
HONDURAS	123	83	98	140	79	135						
JAMAICA	570*	460*	680*	750*	570*	760*						
MEXICO	11298	5486	6586	12827	6708	10174	6388	12039	10459	6931	11533	10370
NICARAGUA	57	112	78	113	154	137						
PANAMA	712	722	1043	1516	1259	1851						
ST KITTS NEV	23	23F	20*	63	63F	80*						
ST LUCIA	42	50	40*	112	115	80*						
TRINIDAD TOB	526	700	873	415	623	798			23			10
USA	11715	13933	24738	14474	16736	31134	113069	119155	99148	201203	196265	193766
SOUTHAMERICA	30012	28309	27356	44214	37341	34993	37773	35595	42376	53910	48245	60024
ARGENTINA	314	674	184	428	875	294	8123	7260	9811	12239	10958	14320
BOLIVIA	128	175	280*	27	71	110*						
BRAZIL	16439	15447	16017	25162	20764	20085	61	23		112	33	1
CHILE	9	55	55F	4	41	41F	29587	28305	32563	41555	37243	45700
COLOMBIA	4450	3815	3576	6648	5371	4925						
ECUADOR	1258	1136	785	1915	1631	1095						
PARAGUAY	132	68	68F	249	97	97F						
PERU	3233	3668	3758	4525	4301	4827		6			9	
URUGUAY	630	715	583	817	862	653						
VENEZUELA	3419	2556	2050	4439	3328	2866	2	1	2	4	2	3

表 55

SITC 057.52

干しぶどう

	輸入：MT			輸入：1,000 $			輸出：MT			輸出：1,000 $		
	1997	1998	1999	1997	1998	1999	1997	1998	1999	1997	1998	1999
ASIA	103045	106676	111835	119310	119167	143066	285074	324791	333934	281088	294190	300252
AFGHANISTAN							20000F	20000F	29000*	18000F	18000F	17000*
ARMENIA	220F	250F	713	645F	650F	471			9			6
AZERBAIJAN	1500F	2000F	257	602F	602F	46	20*	18*		29*	19*	
BAHRAIN	114	114F	114F	122	122F	122F						
BANGLADESH	1837	2124	2252	1690	1874	2079						
BRUNEI DARSM	60*	50*	50*	150*	120*	110*						
CHINA	5242	5025	5225	7627	6678	8415	1138	1360	1324	1506	1840	2096
CHINA,H.KONG	7973	5555	4475	13343	8540	6675	5780	3526	2236	9195	5273	2591
CYPRUS	15	207	246	32	261	330	226	314	21	262	278	19
INDIA	2301	9189	9189F	3609	12229	12229F	308	143	50*	594	191	70*
INDONESIA	517	757	655	469	339	365			4			1
IRAN							59703	89920	94328	25025	37890	53891
ISRAEL	1800F	1200F	1500F	4021	2705	3375			50F			51
JAPAN	27971	30242	33967	46199	46153	65563			18			21
JORDAN	387	444	398	355	405	350	16	3	7	17	7	5
KAZAKHSTAN	53	95*		65	80*		38	40F		49		
KOREA REP	3117	2572	2973	4157	3222	4704	4	2	1	35	5	3
KUWAIT	752	1029	841	811	1004	882	12	1	29	17	1	27
LEBANON	20*	20F	20F	20*	20F	20F	20F	20*	20*	10F	10*	10*
CHINA, MACAO	568	602	103	306	272	70	256	350	71	100	120	27
MALAYSIA	4900*	4038	3980	2500*	2906	3038	445F	379	1508	613F	319	1525
MALDIVES	20*	10*	10*	20*	10*	10*						
MONGOLIA	50*	70*	30*	40*	40*	20*						
NEPAL					1	1F						
OMAN	9	9F	10*	21	21F	10*						
PAKISTAN	7119	4772	6345	1021	559	795	375	176	190	372	200	213
PHILIPPINES	2775	3323	3284	2574	3364	3536						
SAUDI ARABIA	5493	6619	6619F	5130	5709	5709F	54	49	60*	15	46	40*
SINGAPORE	4884	3167	4088	8255	5592	7097	3687	2340	3101	6616	4202	5698
SRI LANKA	1611	1487	1685	1060	1078	1180					2	1
SYRIA							87	99	99F	121	108	108F
TAJIKISTAN							817*	1397*	1397F	1108*	1870*	1870F
THAILAND	206	172	180	310	250	282	3		18	5		11
TURKEY	2380	2451	2445	1496	2010	2379	180858	193142	188943	206229	211937	202970
UNTD ARAB EM	18851F	18851F	20000*	12000F	12000F	13000*	8395F	8395F	8395F	7230F	7230F	7230F
UZBEKISTAN							2832*	2645*	2645F	3940*	4054*	4054F
VIET NAM	300*	230*	180*	660*	350*	200*						
YEMEN		2	1		1	3*		472	410		588	714*
EUROPE	387989	387029	381449	498853	487776	462762	84312	82297	82741	97566	111768	106911
ALBANIA	37	22	50*	70	15	20*						
AUSTRIA	5568	5564	5424	7072	7121	6490	179	183	394	248	339	712
BELARUS		2573	1312		3854	2057	50F	184	84	45F	127	111
BEL-LUX	11770	14735	14841	14895	18086	17784	6415	9004	7534	7681	10804	8638
BOSNIA HERZG	50*	50*	50F	100*	70*	70F						
BULGARIA	71	291	291F	12	55	55F	34	81	81F	5	29	29F
CROATIA	435	534	606	543	661	705	24	24	25	59	68	57
CZECH REP	4747	4151	4094	5222	4563	4114	145	222	311	172	269	339
DENMARK	6814	6997	5668	11716	11040	10333	276	304	381	505	574	827
ESTONIA	1101	1113	991	944	1066	820	25	5	2	38	8	3
FAEROE IS	52	55	57	107	109	128						
FINLAND	3129	3019	2885	5306	4674	5066	55	139	8	96	236	17
FRANCE	22607	23886	23106	29570	30585	28854	884	876	1232	1871	1883	2798
GERMANY	74867	63725	62803	91633	77444	74179	5943	5112	4558	7688	7425	6144
GREECE	1156	7941	1907*	1373	13927	3215	59726	54404	54387	63633	72106	68422
HUNGARY	2101	2897	2760	2157	2633	2379	438	263	669	531	251	786
ICELAND	318	325	249	587	598	482						
IRELAND	6450	6731	5275	8714	8809	6559	323	408	404	488	512	471
ITALY	19766	20579	21192	25331	24550	24779	429	455	739	606	729	1045
LATVIA	1356	1503	1570	1307	2463	2232	106	67	41	90	136	70
LITHUANIA	1920	2124	1969	2197	2344	1907	179	165	204	229	191	200
MACEDONIA	138	138F	200*	148	148F	200*	22	25*	25F	22	20*	20F
MALTA	369	247	291	472	293	333	1				5	
MOLDOVA REP	26	28F	22	22	22F	24						
NETHERLANDS	44460	40736	44356	54813	49359	53357	6159	6553	8571	8295	9348	10844
NORWAY	3805	3719	3762	6900	6585	7178	35	8	7	50	17	4
POLAND	13181	12310	12631	14817	14115	13296	202	121	195	348	196	293
PORTUGAL	1977	1877	1902	2843	2577	2545	110	60	26	357	201	90
ROMANIA	959	1159	1285	592	527	447	38		10	9		12
RUSSIAN FED	29376	33273	31415	17185	19231	9813	164	8	24	142	6	33
SLOVAKIA	859	1059	1195	946	1238	1218	49	64	42	57	94	60
SLOVENIA	628	681	681F	875	952	952F	24	3	10*	40	7	10*

表 55

SITC 057.52

干しぶどう

	輸入：MT			輸入：1,000 $			輸出：MT			輸出：1,000 $		
	1997	1998	1999	1997	1998	1999	1997	1998	1999	1997	1998	1999
SPAIN	4617	4830	5181	6007	6012	6716	513	568	550	1139	1117	1002
SWEDEN	5479	6095	5781	9715	10003	11258	86	103	63	153	165	125
SWITZERLAND	5239	5365	5085	7349	7495	7274	37	33	62	60	50	88
UK	111612	105482	109391	166092	153139	154593	1636	2853	2101	2896	4852	3658
UKRAINE	28*	327*	481*	34F	400F	580F						
YUGOSLAVIA	921	888	690*	1187	1013	750*	6	1	1F	13	3	3F
OCEANIA	20266	19937	25319	26254	24259	30743	17969	14858	7866	27146	23673	12548
AUSTRALIA	12002	12000*	16855	13356	13624	19157	17949	14769	7797	27113	23554	12473
COOK IS	1	1	1	4	4	4						
FIJI ISLANDS	110*	190*	150*	140*	210*	150*						
FR POLYNESIA	30*	30*	20*	60*	40*	20*						
NEWCALEDONIA	37	33	20*	89	66	40*						
NEW ZEALAND	8067	7664	8254	12575	10285	11342	20	89	69	33	119	75
PAPUA N GUIN	19*	19F	19F	30*	30F	30F						

表 56

SITC EX 057.71

ココナッツ（殻つき）

	輸入：MT			輸入：1,000 $			輸出：MT			輸出：1,000 $		
	1997	1998	1999	1997	1998	1999	1997	1998	1999	1997	1998	1999
WORLD	199027	218418	184496	82813	81046	68254	144631	169079	191300	39086	47238	55702
AFRICA	6060	5937	9151	3797	3085	6135	7275	9994	11639	736	875	932
ALGERIA	156	156F	70*	193	193F	70*						
BOTSWANA	30	30F	30F	26	26F	26F						
CAMEROON	4	4F	4F	6	6F	6F						
CENT AFR REP	4F	4F	4F	1F	1F	1F						
COMOROS							10F	10F	10F	5F	5F	5F
CONGO, REP	22F	22F	22F	57F	57F	57F						
CÔTE DIVOIRE							6800*	9300*	11000*	400*	480*	560*
EGYPT	709	1186	4109	773	984	3652						
GHANA	1	1	1		1	3	89	133*	128	32	62	75
KENYA	10	35	1	4	39	1	172	4	13	62	2	4
MADAGASCAR							46	23	42	15	5	8
MALAWI	3	3	3F	8	11	11F						
MAURITIUS	1377	1215	1434	596	393	585						
MOROCCO	1430	904	1323	1527	796	1240		1			2	
NIGER		22	22F		2	2F						
NIGERIA							10	360	360F	5F	120F	120F
SENEGAL	1119	1364	1141	287	329	255						
SEYCHELLES					2							
SIERRA LEONE							80*	80F	80F	150*	150F	150F
SOUTH AFRICA	1083	901	831	253	198	173	43	5	6	24	5	10
SWAZILAND	3	1	1	7	2	1	1	78			44	
TANZANIA	12	12F	12F	2	2F	2F						
TUNISIA	68	47	113	42	32	36	24			43		
UGANDA		1	1			1						
ZAMBIA	29	29F	29F	13	13F	13F						
N C AMERICA	34160	31097	32658	16499	13631	15074	52481	41211	52560	12590	11600	16331
ARUBA	10F	10F	10F	2F	2F	2F						
BAHAMAS	47			33								
BARBADOS	273	177	355	43	30	79	20	5		6	2	
BELIZE	1	1F	1F	2	2F	2F						
CANADA	3611	3676	4904	2300	2417	3427	72	94	329	91	164	443
COSTA RICA							728	423	1100*	337	195	460*
DOMINICA							603	260*	300*	472	150*	110*
DOMINICAN RP							35238	24647	29408	6517	4587	6287
EL SALVADOR	6759	1068	5314	841	116	410	21		1	2		2
GRENADA							5	5F	5F	1	1F	1F
GUATEMALA	42	61	61F	18	100	100F	3146	3346	5300*	222	277	560*
HONDURAS	1	2032	59	1	140	78	1200*	638	638F	180*	163	163F
JAMAICA							50	80*	80F	15	30*	30F
MEXICO			20	1		32	8396	8966	12404	2319	4825	6918
NETHANTILLES	200F	200F	200F	36F	40F	40F						
NICARAGUA	9	18	125*	2	4	40	1		20	8		8
PANAMA		7	15		25	42						
ST KITTS NEV	63	63F	63F	11	11F	11F						
ST LUCIA	1	1F	1F	2	2F	2F						
ST VINCENT							1252	1252F	1252F	210	210F	210F
TRINIDAD TOB	700	406	382	310	185	177	79	81	56	19	11	9
USA	22443	23377	21148	12897	10557	10632	1669	1414	1667	2191	985	1130
SOUTHAMERICA	7943	6941	5926	2670	2276	1872	6776	6271	2758	1777	1916	594
ARGENTINA	116	135	163	54	73	136						
BOLIVIA		163	163F		79	79F						
BRAZIL	332				456		73	155	153	79	86	112
CHILE	612	309	309F	429	224	224F	4	3	3F	5	4	4F
COLOMBIA	6608	5876	4688	1323	1360	827	1	1	2	3	3	5
ECUADOR	1*	26*	148	1	32	25						
PARAGUAY	213	269	269F	325	319	319F						
PERU		75	4		71	9	425	92	82	50*	13	16
SURINAME							1	20*	20F	1	10*	10F
URUGUAY	32	28	38	41	45	51						
VENEZUELA	29	60	144	41	73	202	6272	6000*	2498	1639	1800*	447
ASIA	107595	134533	98968	33109	39889	22900	66898	100707	113184	17560	27165	32491
AZERBAIJAN			2	30F	30F	2						
BAHRAIN	558	450*	450F	207	210*	210F						
BANGLADESH	3			2					10*			
BHUTAN	13F	13F	13F	4F	4F	4F						

表 56

SITC EX 057.71

ココナッツ（殻つき）

	輸入：MT			輸入：1,000 $			輸出：MT			輸出：1,000 $		
	1997	1998	1999	1997	1998	1999	1997	1998	1999	1997	1998	1999
BRUNEI DARSM	950F	560*	560F	300F	110*	110F						
CHINA	67201	85472	10341*	18222	22884	3476	268	90	106	139	14	20
CHINA,H.KONG	12539	16393	13946	6236	8839	7432	3631	21545	13074	1064	5452	4849
CYPRUS	37	47	34	11	12	14						
INDIA	84		140*	14			96	182	170*	97	138	260*
INDONESIA	157	6	25*	254	10	42	3290	9237	38136	2758	4992	14069
ISRAEL			1000F			442						
JAPAN	535	468	528	452	311	335						
JORDAN							189	31		215	28	
KAZAKHSTAN		69	60	4F	236	180			16			71
KOREA REP	138	64	999	43	32	318						
LEBANON	400*	400*	310*	120*	130*	80*						
CHINA, MACAO	393	458*	259	146	156	133	4	3	1	2	1	2
MALAYSIA	110*	8209	41891	30*	600	2361	20000*	12914	25548*	1700*	1898	2789
PAKISTAN	4549	4101	4095	1077	1213	1217						
PHILIPPINES							3748	8000*	1838	1520	2800*	686
SINGAPORE	13249	10874	10006	2238	1927	2076	338*	182	231	77	54	46
SRI LANKA	102*			450			17749	17597	22712*	4684	4426	5725
THAILAND		733	5215		19	221	11673	21178	8840	4812	6504	2870
TURKEY	777	416	394	469	166	147	12	31	2	42	120	4
UNTD ARAB EM	5800*	5800*	8700*	2800*	3000*	4100*						
VIET NAM							5900*	9717*	2500*	450*	738*	1100*
EUROPE	40277	37659	35294	25779	21499	21555	10418	10386	10586	6284	5519	5201
AUSTRIA	332	335	289	259	254	270	13	10	23	11	10	43
BELARUS		163	73		307	234		5	2		2	6
BEL-LUX	1842	911	1376	1856	537	1131	1219	482	491	1415	263	294
BULGARIA	66	77	20*	45	59	20*				1		
CZECH REP	760	788	772	631	548	513	9	22	28	7	24	23
DENMARK	1801	1558	1307	2171	1687	1534	29	32	40	69	63	76
ESTONIA	7			11			13			11		
FAEROE IS	1	1		1	1							
FINLAND	126	138	96	194	204	146	6	18		14	24	1
FRANCE	4275	3651	4705	2308	2217	3106	259	418	321	218	351	257
GERMANY	3565	3809	2903	2664	2704	2154	131	254	199	198	316	196
GREECE	212	315	213	181	295	206	11	19	40	6	9	69
HUNGARY	1698	2000	1830	2008	2083	2212	61	94	125	56	94	166
ICELAND	5	1	2	8	2	3						
IRELAND	392	310	14	802	542	24		1			1	
ITALY	4437	5244	4757	1570	1712	1815	25	15	46	28	27	51
LITHUANIA	404	246	157	329	160	116	46	28	10	27	11	9
MACEDONIA	2	2F	2F	6	6F	6F						
MALTA	15	14	17	11	12	11			9			5
MOLDOVA REP	2	2F	1	1	1F							
NETHERLANDS	9320	8502	8226	3319	2992	2942	8058	8391	8496	3189	3377	2965
NORWAY	200	117	98	184	84	72	37			50		
PORTUGAL	264	164	262	269	123	283	47	27	28	99	45	50
ROMANIA		193	185		83	50						
RUSSIAN FED	2000*	1830	856	1100*	895	357	2*	2	3	1*	2	2
SLOVAKIA	237	100		265	65		26	14		36	27	
SLOVENIA	13		20*	11								
SPAIN	2798	2467	2753	1572	1296	1720	185	271	339	343	289	442
SWEDEN	633	727	599	676	652	682	3	1	1	8	1	2
SWITZERLAND	452	442	462	480	414	456						
UK	4414	3551	3298	2845	1564	1492	236	282	385	491	583	544
UKRAINE								1			1F	
YUGOSLAVIA	4	1	1F	2			1			5		
OCEANIA	2992	2251	2499	959	666	718	783	510	573	139	163	153
AUSTRALIA	2000*	1400*	1617	650	471	537	1	20	8	5	24	24
COOK IS	4*			6								
FIJI ISLANDS							60*	30*	80*	25*	10*	20*
NEW ZEALAND	987	850	881	300	192	178						
SAMOA							60*	52*	52F	30*	72*	72F
SOLOMON IS							380*	337*	390*	40*	43*	30*
TONGA							282*	71*	43	39	14	7
VANUATU	1F	1F	1F	3F	3F	3F						

表 57

SITC EX 057.71

ココナッツ（乾燥したもの）

	輸入：MT			輸入：1,000 $			輸出：MT			輸出：1,000 $		
	1997	1998	1999	1997	1998	1999	1997	1998	1999	1997	1998	1999
WORLD	213562	200183	207921	248108	208588	237321	253781	230823	249817	261037	204051	262583
AFRICA	12494	13370	11491	13166	13097	12328	10068	9812	8508	6013	5406	4495
ALGERIA	90*	80*	110*	110*	80*	90*						
BOTSWANA	9	9F	9F	28	28F	28F						
CAPE VERDE	15	15F	15F	26	26F	26F						
CÔTE DIVOIRE							10000*	9700*	8200*	5900*	5300*	4100*
EGYPT	7498	8022	6063	7713	8036	6482	2	2	3	2	5	3
LIBYA	100F	100F	100F	200F	200F	200F						
MADAGASCAR	1	1	2	3	6	6			6			1
MALAWI		2F	2F		4F	4F						
MAURITIUS	227	219	170	281	221	152					2	
MOROCCO	313	1050	584	355	1001	533	24			14	1	2
NIGER		11	11F		1	1F						
SENEGAL	12	5	1	5	2	1						
SOUTH AFRICA	4140	3770	4269	4369	3419	4692	41	64	208	97	78	199
SWAZILAND	11*	33	27	4	21	5						
TUNISIA	50	25	81	17	12	43						
UGANDA			1			3		45			20	
ZIMBABWE	28	28	46	55	40	62	1	1	91			190
N C AMERICA	37774	44830	43240	46863	49303	52821	11234	7055	6567	8821	5958	4706
BAHAMAS	19	19F	19F	37	37F	37F						
BARBADOS	29	19	38	27	16	11		2	12		1	9
CANADA	5697	5585	5136	6452	5899	5711	324	535	275	466	708	409
COSTA RICA		20	10*		34	30*	2029	1286	1286F	903	853	853F
DOMINICAN RP							4600*	2600*	1400*	3000*	3400*	1600*
EL SALVADOR	3		2312	7		272						
GREENLAND	2	2	3	5	4	7						
GUATEMALA	33	2	2F	58	3	3F	93	1673	2300*	13	84	230F
HONDURAS	1	2	1	3	3	2	2	68	68F		13	13F
JAMAICA		10*	10F		16*	16F						
MEXICO	1	2*			1	2	3266	251*	218*	3474	323	462
NICARAGUA	3	2	1	2	1	1						
PANAMA	8			16	1		96		66	63		24
ST VINCENT							168	168F	168F	181	181F	181F
TRINIDAD TOB	28	31	21	93	36	48	205	296	204	73	87	84
USA	31950	39136	35687	40162	43251	46683	451	176	570	648	308	841
SOUTHAMERICA	17069	7582	13945	25093	9587	19809	53	132	2263	256	172	840
ARGENTINA	2328	2275	1974	3076	2706	2669	1	2	68	9	6	118
BOLIVIA	57	28	500*	34	25	480*						
BRAZIL	12949	3228	8642	19564	4469	13306	42*	111	53	220	134	101
CHILE	706	657	1033	983	802	1100	3	14	14F	17	24	24F
COLOMBIA	285	176	478	416	245	610			31			15
ECUADOR		27	1		6	2		5	25		8	14
PARAGUAY	63			95								
PERU		77	115		68	144						
URUGUAY	681	1114	1202	925	1266	1498	7			10		
VENEZUELA									2072			568
ASIA	46192	36000	41147	42976	31356	37321	221677	197343	214829	232168	172951	230063
AFGHANISTAN	280*	280F	280F	300*	300F	300F						
AZERBAIJAN									1			
BAHRAIN	280F	170*	250*	1000F	510*	690*						
BRUNEI DARSM	20F	20F	20*	40F	40F	180*						
CHINA	1005	548	443	501	342	378	15	16	14	14	17	13
CHINA,H.KONG	2805	1885	989	2655	1643	1071	2303	899	263	2356	891	260
CYPRUS	122	134	129	143	139	168	1	12		1	11	
INDIA	25			28			134	211	211F	189	214	214F
INDONESIA	30	95	32	43	135	58	26749	22391	23533	25175	19651	20346
IRAN	2511	1359	2031	3047	1672	2531		1				3
ISRAEL	1800*	1000F	600F	2279	1328	781						
JAPAN	1385	1364	1533	1884	1653	1994	2		9	5		9
JORDAN	1398	757	1117	1441	707	945			131			117
KOREA REP	43	38	77	45	44	94						
KUWAIT	1130	746	805	1531	900	940	3		19	3		34
LEBANON	710*	710F	710*	720*	720F	830*						
CHINA, MACAO		6*	10		3	6						
MALAYSIA	140*	163	71	140*	167	109	17000*	20104	18547	10000*	11664	13827
OMAN	436	436F	150*	1005	1005F	310*	34	34F	34F	53	53F	53F

表 57

SITC EX 057.71

ココナッツ（乾燥したもの）

	輸入：MT			輸入：1,000 $			輸出：MT			輸出：1,000 $		
	1997	1998	1999	1997	1998	1999	1997	1998	1999	1997	1998	1999
PAKISTAN	1503	2056	2556	1741	2091	2808		18	18		14	14
PHILIPPINES		26			25		76870	79260	76276	88422	74303	89277
QATAR	451F	451F	451F	403F	403F	403F						
SAUDI ARABIA	4767	3041	3200*	3457	2209	2200*	52	45	45F	87	12	12F
SINGAPORE	11855	9633	11949	6566	3591	5702	33491	27859	30296	32223	20941	33352
SRI LANKA							63739	45200	62950	72597	44591	71333
SYRIA	3750	2173	1901	2685	1573	1421	2F			2F		
THAILAND	86	51	37	142	55	41	303	299	1566	592	117	733
TURKEY	2330	1390	1604	2205	1085	1189	4	15	9	8	30	15
UNTD ARAB EM	7200*	7200F	10000*	8800*	8800F	12000*	975F	975F	880*	441F	441F	440*
YEMEN	130*	268	202	175*	216	172*		5	26		1	11*
EUROPE	88793	89277	87215	107511	95533	102882	10264	15962	17086	13086	18912	21739
ALBANIA	8	35	35F	11	21	21F						
AUSTRIA	1179	1228	1099	1368	1308	1403	110	84	87	168	126	127
BELARUS		151	42		275	65		32	2		53	3
BEL-LUX	9252	10703	10417	11419	11618	11907	1135*	6666	7456	1439*	7215	8766
BOSNIA HERZG	10*	60*	100*	15*	85*	150*						
CROATIA	18	6	13	22	6	10		14		1	42	
CZECH REP	2512	2492	1931	3117	2763	2252	235	204	120	345	281	163
DENMARK	790	724	964	1142	804	1209	16	15	65	28	21	98
ESTONIA	81	93	87	43	101	106		79	28		71	16
FAEROE IS	6	7	6	14	14	12						
FINLAND	206	119	146	260	147	194					1	1
FRANCE	5336	6626	6271	6634	7007	7574	175	329	297	249	437	471
GERMANY	13863	13008	14459	16454	13586	16981	2961	2530	2501	3656	3082	3452
GREECE	920	738	756	1136	807	926	145	125	80	202	174	117
ICELAND	82	72	68	135	107	111						
IRELAND	634	649	1633	864	839	2146						
ITALY	2373	1767	2043	2267	1970	2502	55	39	127	101	77	287
LATVIA	253	26	52	240	52	114	1		2	2		3
LITHUANIA	212	218	160	258	255	220	16	59	18	16	53	22
MALTA	54	75	52	70	89	66						
MOLDOVA REP	1	1F	2	1	1F	6						
NETHERLANDS	12994	10811	11236	14641	11163	12746	4372	4634	5432	4836	5255	6740
NORWAY	668	676	661	816	779	910	3	1	27	7	2	37
POLAND	8961	8670	6820	11139	9531	8219	581	683	327	1208	1182	658
PORTUGAL	2034	2423	2097	2371	2597	2608	55	153	98	116	271	178
ROMANIA	554	592	271	438	506	247						
RUSSIAN FED		1572	1912		948	1185						
SLOVAKIA	519	418	339	640	446	342	57	65	29	87	108	56
SLOVENIA	8	29	250*	6	30	360*						
SPAIN	3966	3838	3329	4313	3625	4029	31	93	233	43	84	228
SWEDEN	1095	931	1342	1415	1081	1792	37	41	44	62	61	64
SWITZERLAND	870	1030	798	1185	1397	1063	4	9	2	9	10	4
UK	18834	18189	17624	24558	20730	21276	275	107	111	511	306	248
UKRAINE	500*	1300*	200*	519*	845F	130F						
OCEANIA	11240	9124	10883	12499	9712	12160	485	519	564	693	652	740
AUSTRALIA	9500*	7600*	9320	10178	8240	10377	46	25	52	78	28	109
COOK IS		1	1		3	3						
FIJI ISLANDS	10*	20*	20*	10*	20*	10*	200F	200F	200F	290F	290F	290F
FR POLYNESIA	1F	1F	1F	5F	5F	5F						
KIRIBATI				1	1F	1F						
NEW ZEALAND	1677	1449	1488	2274	1412	1733	9	13	31	17	17	24
PAPUA N GUIN	50F	50F	50F	28F	28F	28F	226F	226F	226F	306F	306F	306F
TONGA	2	3	3F	3	3	3F	4	55	55F	2	11	11F

表 58

SITC EX 057.92

なし

	輸入：MT			輸入：1,000 $			輸出：MT			輸出：1,000 $		
	1997	1998	1999	1997	1998	1999	1997	1998	1999	1997	1998	1999
WORLD	1645484	1488736	1572132	1130369	1083044	1085326	1687815	1563499	1621108	1071528	998760	1006792
AFRICA	6056	5548	6473	4458	3861	4639	111430	125999	113666	55934	43150	47792
ALGERIA	5	5F	5F	11	11F	11F						
BENIN	2F	2F	2F	2F	2F	2F						
BOTSWANA	1026	1026F	1026F	740	740F	740F						
CAMEROON	1	1F	1F	1	1F	1F						
CAPE VERDE	320	320F	320F	266	266F	266F						
CONGO, REP	10*	10*	10F	10*	10*	10F						
CÔTE DIVOIRE	195F	195F	260*	226F	226F	190*						
EGYPT	414	111	222	131	63	157	2	24		2F	3	
ETHIOPIA	2F	2F	2F	2F	2F	2F						
GABON	40*	70*	40*	45F	70F	40*						
GHANA	1	1	1									
KENYA	93	121	143	56	92	62	2	2	2	3	4	3
LESOTHO	70F	70F	70F	65F	65F	65F						
LIBYA	12*	23*	220*	23*	18*	350*						
MADAGASCAR		3	1		3	1						
MALAWI	10	8	8F	9	5	5F						
MAURITANIA	120F	120F	200*	120F	120F	150*						
MAURITIUS	1275	1279	1488	1288	921	1252			37			33
MOROCCO	153	17	339	68	12	132	125	9		73	6	
NIGER		2	2F		3	3F						
SENEGAL	60	87	120	43	68	68						
SEYCHELLES	60	84	84F	107	131	131F	1			4	1	1F
SOUTH AFRICA		68			25		111258	125885	113524	55825	43113	47709
SWAZILAND	394	302	408	169	104	133	1	62	11	1	10	3
TANZANIA	11	11F	11F	1	1F	1F	13*	13F	13F	9	9F	9F
TOGO	1	1F	1F	3	3F	3F						
TUNISIA							12			77	7	33
UGANDA		1			1			1			2	
ZAMBIA	1127	1127F	1127F	728	728F	728F						
ZIMBABWE	654	481	362	344	170	136	16	3	2	10	2	1
N C AMERICA	197736	187503	233470	147405	146760	202651	163325	160750	162382	96009	100641	100486
ARUBA	100F	100F	100F	90F	90F	90F						
BAHAMAS	346	400F	400F	454	500F	500F						
BARBADOS	168	132	250	203	137	278						
BELIZE	19	19F	19F	24	24F	24F						
CANADA	65132	63097	72430	45910	45592	50847	1366	711	700	988	529	359
COSTA RICA	1023	1067	450*	697	710	360*	6	9	9F	4	5	5F
DOMINICA	8	8F	8F	9	9F	9F						
DOMINICAN RP	140*	370*	280*	100*	190*	90*						
EL SALVADOR	7414	518	673	3201	480	480		15	2		7	
GREENLAND	1	39	22	2	67	36						
GRENADA	7	7F	7F	7	7F	7F						
GUATEMALA	982	901	250*	659	714	220*	2257	273	273F	62	35	35F
HONDURAS	149	65	286	121	54	150						
JAMAICA	24F	24F	24F	33F	33F	33F						
MEXICO	41302	49830	65565	24504	34913	49969	20	31	10	22	15	11
NETHANTILLES	210F	220F	220F	280*	300F	300F						
NICARAGUA	60	83	116	33	38	53						
PANAMA	1640	1836	2134	1406	1359	1631						
ST KITTS NEV	41	41F	41F	40	40F	40F						
ST LUCIA	72	73	73F	83	102	102F						
ST PIER MQ	7F	7F	7F	12F	12F	12F						
ST VINCENT	2	2F	2F	2	2F	2F						
TRINIDAD TOB	278	387	328	207	261	271		2				3
USA	78611	68277	89785	69328	61126	97147	159676	159711	161386	94933	100050	100073
SOUTHAMERICA	192521	179170	149870	128321	96275	73593	455906	457161	443883	251506	243668	253087
ARGENTINA	1746	666	312	1136	437	196	278285	289467	286829	176940	173427	169976
BOLIVIA	320	487	500*	84	116	100*						
BRAZIL	162309	142127	110925	108096	73821	52181						
CHILE							175902	165486	156401	73749	68751	82800
COLOMBIA	11956	12100	12695	9522	8785	8123						
ECUADOR	1576	2312	1010	888	1410	453						
PARAGUAY	780	360	360F	347	168	168F						
PERU	6081	7904	11265	3670*	3660	3739			1			1
URUGUAY	364	261	804	212	178	607	1704	2036	652	799	1038	310
VENEZUELA	7389	12953	11999	4366	7700	8026	15	172		18	452	

表 58

SITC EX 057.92

なし

	輸入：MT			輸入：1,000 $			輸出：MT			輸出：1,000 $		
	1997	1998	1999	1997	1998	1999	1997	1998	1999	1997	1998	1999
ASIA	192926	165974	180322	140279	111366	107428	175539	160529	176702	116465	82972	92418
AZERBAIJAN			180			46		280*	5*		200*	4
BAHRAIN	1790	1790F	1790F	696	696F	696F						
BANGLADESH	6	4		3	2							
BHUTAN	1F	1F	1F				11F	11F	11F			
BRUNEI DARSM	800*	960*	940*	1200*	1000*	980*						
CHINA	5168	13507	5844	5679	5547	3224	120607	112679	121493	52964	35034	30241
CHINA,H.KONG	45022	40738	45876	42713	36479	35081	6629	3818	4427	5537	2829	2592
CYPRUS	1398	1063	1465	821	634	959	129	20	12	141	15	16
INDIA		15	15F		1	1F	71	182	182F	12	23	23F
INDONESIA	27732	10968	12307	15735	6230	7520	22		17	60		29
IRAN							1317	4454	1445	195	1077	425
ISRAEL	4600*	6000*	4400F	4002	5271	4458	35F			68		
JAPAN	9	470	332	26	784	645	6100	5408	4187	17784	15856	14727
JORDAN	673	416	894	483	258	596	6	186	78	7	109	104
KAZAKHSTAN	173	159*		65	81*		1293	436*		425	102*	
KOREA REP	46	17	2	88	35	10	3334	3942	4903	8995	7713	11801
KUWAIT	3517	3165	6026	2079	1910	3468	38	50	7	20	29	4
LEBANON							6000F	7127	5274	2100F	2490F	1850F
CHINA, MACAO	1756	1305	2020	447	330	453						
MALAYSIA	41000*	21342	31537	16000*	9613	6628	323F	329	357	108F	235	226
MALDIVES	10F	10F	10F	22F	22F	22F						
OMAN	219	219F	219F	557	557F	557F	2	2F	2F	5	5F	5F
PAKISTAN							762	53	169	144	8	39
PHILIPPINES	2800	3799	5498	603	1014	953						
QATAR	985F	985F	985F	496F	496F	496F						
SAUDI ARABIA	10984	13467	20000*	7813	6728	12000*	401	229	229F	547	227	227F
SINGAPORE	37117	35235	27431	35799	28379	20875	12749	11121	5412	12522	9031	4442
SRI LANKA	86	119	163	37	46	69						
SYRIA							5700*	3558	19192	9100*	3991	21517
THAILAND	1235	964	1469	1955	1121	1674	10			10		1
TURKEY	99	143	88	40	52	28	8088	5021	7677	4066	2832	2979
UNTD ARAB EM	4200*	3600*	5300*	2200*	1700*	3600*	1133F	1133F	1133F	718F	718F	718F
UZBEKISTAN							779*	490*	490F	937*	448*	448F
VIET NAM	1500*	5490*	5490F	720*	2363*	2363F						
YEMEN		23	40		17	26*						
EUROPE	1054166	948887	998561	707391	723154	693841	751311	632932	699455	525407	509025	492832
ALBANIA	491	1289	840*	188	503	220*	22			4		
AUSTRIA	19505	4645	18556	12769	3646	12610	1233	456	1024	819	358	793
BELARUS	1200*	2213	1560	510F	1233	821		198	42		109	30
BEL-LUX	77670	81850	76082	55909	64489	50580	157032	168989	168177	115455	143011	128354
BOSNIA HERZG	1300*	610*	610F	870*	300*	300F	55*	740*	740F	30*	280*	280F
BULGARIA	91	199	260*	13	35	40*	3	3	10*	4	6	10*
CROATIA	6519	3059	3759	3580	1707	1540	11	8	7	10	8	7
CZECH REP	2369	1777	2242	1221	1201	1172	123	189	316	38	29	34
DENMARK	15794	11351	20242	12135	9193	15648	169	161	231	135	168	204
ESTONIA	4309	2954	4148	1635	1391	2071	3	1	1	1	2	2
FAEROE IS	81	65	87	97	85	95						
FINLAND	8078	7168	8205	7363	6491	7108	286	145	61	240	160	58
FRANCE	86668	87555	88381	71807	74893	69334	77174	46730	55732	44337	35939	29108
GERMANY	182058	173203	182315	148663	149720	142751	9978	8487	9221	8426	7376	6706
GREECE	15092	13162	17398	9086	8998	11821	982	1441	1358	422	568	543
HUNGARY	430	475	748	196	233	258	1735	2158	2935	1058	1333	1285
ICELAND	591	570	631	575	687	565	1	2	1	3	3	3
IRELAND	8834	5888	7691	7688	5219	6915	37	75	381	44	83	459
ITALY	130944	81516	117358	85061	68730	72750	134298	152157	137984	116160	112069	112151
LATVIA	3333	4166	5238	1398	2216	2402	1	3	14	1	4	11
LITHUANIA	4554	4143	3487	1708	1950	1859	777	860	358	284	437	182
MACEDONIA	189	225*	225F	60*	90*	90F	21	15*	15F	10	5*	5F
MALTA	1263	1538	1836	1052	1128	1329		4	25		4	25
MOLDOVA REP	2		7	1		4	444	100*	87	119	25*	16
NETHERLANDS	97845	94961	126108	65393	75488	83377	168085	144121	174839	123709	131779	134680
NORWAY	15158	14201	16954	12283	13829	14484	16	8		14	5	
POLAND	8019	5760	9235	2586	2690	3539	1108	1856	133	487	495	51
PORTUGAL	11334	18070	19373	9072	14095	13728	40304	8153	19522	25525	7324	11550
ROMANIA	165	395	721	56F	89	184	42	15	2	10	4	3
RUSSIAN FED	182997	122784	71440	59170	34993	18211	26	81	66	19	65	42
SLOVAKIA	1245	1008	1215	637	590	597	41	22	4	29	9	2
SLOVENIA	1962	1919	1600*	1362	1339	1200*	293	995	1700*	162	522	870*
SPAIN	22969	23835	29553	16189	17733	20759	154163	91136	120834	85872	64338	62707
SWEDEN	34381	33101	31503	24341	23446	21573	104	162	129	86	150	88
SWITZERLAND	9745	10674	8430	8633	11334	7684	217	255	476	73	159	309

表 58

SITC EX 057.92

な　し

	輸入：MT			輸入：1,000 $			輸出：MT			輸出：1,000 $		
	1997	1998	1999	1997	1998	1999	1997	1998	1999	1997	1998	1999
UK	96961	132546	120511	84076	123388	106220	1951	2749	2555	1611	2027	2083
YUGOSLAVIA	20	12	12F	8	2	2F	577	466	466F	212	176	176F
OCEANIA	2079	1654	3436	2515	1628	3174	30304	26128	25020	26207	19304	20177
AUSTRALIA	100*	70*	1241	331	216	1324	25313	19406	17434	19983	13272	13280
COOK IS	8	8	7	14	12	11						
FIJI ISLANDS	310*	370*	230*	270*	340*	190*	3F	3F	3F	5F	5F	5F
FR POLYNESIA	368F	160*	180*	477F	160*	160*						
KIRIBATI	17	17F	10*	17	17F	20*						
NEWCALEDONIA	350	318	140*	401	331	130*	1			3		
NEW ZEALAND	815	631	1548	908	487	1279	4987	6719	7583	6216	6027	6892
PAPUA N GUIN	111*	80*	80*	97*	65F	60*						

表 59

SITC EX 057.93

もも

	輸入：MT			輸入：1,000 $			輸出：MT			輸出：1,000 $		
	1997	1998	1999	1997	1998	1999	1997	1998	1999	1997	1998	1999
WORLD	912757	860404	1123131	982419	1001552	915742	909301	867775	1115403	934831	960433	834828
AFRICA	1769	1633	1901	1225	1008	1381	8630	9771	11279	9573	9371	10309
BOTSWANA	780	780F	780F	418	418F	418F						
CAMEROON	1	1F	1F	1	1F	1F						
CONGO, REP			10*			10*						
EGYPT	21	22	6	13	9	6	611	735	263	163	138	60
GABON	10*	10*	10F	45*	30*	30F						
GHANA						2						
MALAWI	4	4	10*	4	3							
MAURITIUS	319	271	425	477	309	611						
MOROCCO		5	24		7	17	1303	2087	2278	1772	2362	2457
SENEGAL	4	2	9	6	5	12						
SEYCHELLES	7	3	3F	24	9	9F	1			2	1	1F
SOUTH AFRICA	2	26	17	2	52	27	6576	6867	8601	7449	6785	7648
SWAZILAND	444	373	479	102	89	147	3	1	2			1
TUNISIA							2		50			30
ZAMBIA	29	29F	60*	28	28F	60*						
ZIMBABWE	148	107	67	105	48	31	134	81	85	187	85	112
N C AMERICA	128146	102274	123179	120291	104205	134158	109445	84327	105832	99850	81143	102740
CANADA	56023	44347	54470	46910	41561	45354	317	268	457	318	300	435
COSTA RICA	1116	1096	470*	742	808	380*	2	5	5F	2	7	7F
EL SALVADOR	5829	331	726	4536	360	645	15	3	27	12	2	18
GREENLAND	2	10	10	3	23	20						
GUATEMALA	1108	754	690*	1002	756	790*	460	102	102F	74	21	21F
HONDURAS	32	11	112	22	12	60		4	4F		12	12F
MEXICO	22637	20387	18060	17151	14664	22472	44	286	151	109	208	193
NICARAGUA	1	5	3	1	8	6						
PANAMA	191	155	223	253	261	285						
ST PIER MQ	6F	6F	6F	7F	7F	7F						
TRINIDAD TOB			48			41						
USA	41201	35172	48361	49664	45745	64098	108607	83659	105086	99335	80593	102054
SOUTHAMERICA	31387	26159	19131	30540	23724	13973	90379	74037	86030	61925	53093	80775
ARGENTINA	2062	727	3355	1677	862	2528	3232	4257	2224	3384	4211	2386
BOLIVIA	1082	968	1000*	192	196	110*						
BRAZIL	17368	15924	7537	19244	15562	5887		4	11		5	6
CHILE							84374	68307	82971	57316	48083	77900
COLOMBIA	6659	4446	4422	6774	4293	3745		2			1	
ECUADOR	1090	494	327	797	493	252						
PARAGUAY	328	222	222F	224	115	115F	769	359	152	338	276	58
PERU	1689	2015	1520	780*	900	535		23			36	
URUGUAY	261	204	272	235	206	200	333	275	173	361	263	170
VENEZUELA	848	1159	476	617	1097	601	1671	810	499	526	218	255
ASIA	48658	46448	61802	51195	47712	58019	25461	15234	13307	20424	10770	10305
ARMENIA							17*	61*		23*	100*	
AZERBAIJAN			14			3	21*	53*		22*	90*	
BAHRAIN	1843	1843F	1843F	963	963F	963F						
CHINA	23350	23256	37512	27939	27409	35525	3715	4084	2050	1116	1030	596
CHINA,H.KONG	6564	5553	8488	9519	7955	10077	116	1832	856	89	1419	473
CYPRUS	437	367	808	356	244	455	23	2	10	18	3	16
INDIA							66	25	25F	10	6	6F
INDONESIA	46	13	40	135	14	56						
IRAN							719	1143	1940	105	174	453
ISRAEL							225	167	190*	404	331	178
JAPAN			12			43	7	8	7	47	39	30
JORDAN	319	116	83	200	75	58	66	864	926	69	880	840
KAZAKHSTAN	9	11*		3	4*		30	9*		22	6*	
KOREA REP		20	10		19	13		2	25		5	85
KUWAIT	4800	5529	7255	3668	3874	4778	37	34	20	27	39	10
LEBANON							3800F	2062	1298	1100F	595F	375F
CHINA, MACAO		44	118		28	41						
MALAYSIA	146F	98	312	177F	66	175	5F	1	15	10F		7
MALDIVES	3F	3F	3F	5F	5F	5F						
OMAN	34	34F	34F	97	97F	97F						
PHILIPPINES	20	3	6	14	13	7						
SAUDI ARABIA	10225	8783	4100*	5949	5231	3600*	138	117	117F	126	116	116F
SINGAPORE	788	770	1142	2097	1705	2088	47	50	58	119	82	102
SRI LANKA		4	15*		7	18		1			1	1

表 59

SITC EX 057.93

もも

	輸入：MT			輸入：1,000 $			輸出：MT			輸出：1,000 $		
	1997	1998	1999	1997	1998	1999	1997	1998	1999	1997	1998	1999
SYRIA							2000	2596	3644	3510*	2791	3953
TAJIKISTAN							186*	104*	104F	287*	161*	161F
THAILAND	9	1	7	25	3	17			1		1	1
TURKEY	65			48			9349			5090		
UZBEKISTAN							4894*	2020*	2020F	8229*	2902*	2902F
EUROPE	701359	682891	915234	776358	823210	705331	672888	680135	892475	738991	799895	620184
ALBANIA	491	2627	2627F	226	1127	1127F						
AUSTRIA	25520	2807	31341	27649	3394	21477	968	1139	1583	901	1337	1219
BELARUS	3400	837	2008	810F	400	807		38	293		19	125
BEL-LUX	37575	35337	37089	46553	49771	34467	6660	4959	4429	9994	8771	5481
BOSNIA HERZG	1100*	600*	600F	830*	310*	310F						
BULGARIA	820	1161	1161F	368	338	338F	1182	1489	1489F	485	505	505F
CROATIA	7244	5468	6277	4739	3407	2861	67	71	5	110	106	7
CZECH REP	12099	11545	27864	9272	9781	12017	299	21	52	100	12	24
DENMARK	9184	4066	12153	8541	4387	8046	54	37	70	61	66	63
ESTONIA	689	595	1526	441	458	927						
FAEROE IS	25	12	23	37	20	26						
FINLAND	3535	3594	5691	4214	4655	4328	47	48	7	68	67	9
FRANCE	46740	68958	65591	106301	106241	75571	102149	70403	70275	141647	112053	78038
GERMANY	257925	265343	331280	276829	302121	228831	6160	7840	9195	7094	10003	6531
GREECE	5454	444	257	3572	862	544	14276	47079	102771*	9237	36191	39501
HUNGARY	462	299	495	219	203	387	38	327	456	13	259	152
ICELAND	81	67	76	182	162	190					1	2
IRELAND	2476	2587	2220	3274	4048	4131	4	3	36	17	5	83
ITALY	57541	37902	45720	73414	54680	51816	317584	330245	480412	306852	349930	266847
LATVIA	803	1285	2356	506	1060	1834			18			9
LITHUANIA	999	1072	3409	573	840	1918	48	33	50	32	23	29
MACEDONIA	630*	930*	930F	480*	700*	700F	6*	460*	460F	3*	110*	110F
MALTA	92	120	238	150	178	203						
MOLDOVA REP	198	65*	9	64	22*	2	1580	2690*	366	501	800*	95
NETHERLANDS	36673	25921	41847	38321	26854	34653	16626	12630	18181	19460	16784	19898
NORWAY	4432	4251	7077	6174	6305	5906			2			1
POLAND	24628	25379	62968	11914	16206	26876						
PORTUGAL	9661	19625	17496	7833	19055	11494	318	1094	386	293	1298	261
ROMANIA	279	1183	9263	69	208	2333	214	57	4	77	31	3
RUSSIAN FED	30176	23444	22575	15793	11429	6455						
SLOVAKIA	2272	2374	4684	1776	2018	2157	37	38	29	22	21	15
SLOVENIA	4722		4300*	4757								
SPAIN	1636	2501	2754	2361	3220	2565	202894	198196	200201	240059	260113	199146
SWEDEN	12768	14307	20506	14804	16641	13426	16	114	204	22	148	140
SWITZERLAND	27894	26597	32976	35752	39641	30723	10		7	11		6
UK	70978	88953	107176	107176	132183	115837	1267	595	1038	1740	942	1629
UKRAINE	92	199	26	64	125F	18F	74*	73*		45F	45F	
YUGOSLAVIA	65	436	100*	51	100	30*	310	456	456F	147	255	255F
OCEANIA	1438	999	1884	2810	1693	2880	2498	4271	6480	4068	6161	10515
AUSTRALIA	530*	220*	292	1054	433	611	1544	3510	5930	2491	4900	9708
COOK IS	1	1	1	6	4	6						
FIJI ISLANDS	2F	2F	2F	6F	6F	6F						
FR POLYNESIA	78F	78F	40*	237F	237F	170*						
NEWCALEDONIA	100	71	60*	261	188	160*						
NEW ZEALAND	718	618	1480	1226	805	1907	954	761	550	1577	1261	807
PAPUA N GUIN	9F	9F	9F	20F	20F	20F						

表 60

SITC EX 057.95

パイナップル（生鮮のもの）

	輸入：MT			輸入：1,000 $			輸出：MT			輸出：1,000 $		
	1997	1998	1999	1997	1998	1999	1997	1998	1999	1997	1998	1999
WORLD	867470	860674	1031980	524259	504429	584901	883951	828672	1051706	373570	373801	422736
AFRICA	1397	1437	1506	959	1040	989	193871	180757	218249	67754	65316	68424
BENIN							320*	350*	360*	200*	210*	190*
BOTSWANA	210	210F	210F	134	134F	134F						
CAMEROON							5146	6000*	5900*	910	1100*	910*
CÔTE DIVOIRE							157000*	147000*	183000*	53500*	48500*	51000*
EGYPT	80	53	102	42	42	74	2			1		
ETHIOPIA	23F	23F	23F	29F	29F	29F						
GHANA							25402	21300	21849	9998	11676*	11593*
GUINEA							410*	480*	670*	280*	250*	310*
KENYA		3			2		303	421	386	200	324	235
LESOTHO	800F	800F	800F	400F	400F	400F						
MADAGASCAR								1	1		1	
MAURITIUS							352	475	757	389	621	987
MOROCCO	87	109	188	87	111	148						
NIGER		5	5F		1	1F						
NIGERIA	1F	1F	1F	1F	1F	1F						
SENEGAL			23			5						
SEYCHELLES	106	140	80*	194	237	120*	2	3	3F	4	5	5F
SOUTH AFRICA	11	10	16	29	21	38	4245	4406	5130	1916	2499	3117
SWAZILAND	31*	33*	23	11	11	5	178	154	51	22	72	11
TOGO							74	74F	74F	14	14F	14F
TUNISIA	9	7	19	5	3	22	1	1	1			1
UGANDA							429	90*	65	314	43	49
ZAMBIA	3	10*	10*	10	30*	10*						
ZIMBABWE	36	33	6	17	18	2	8	2	2	5*	1	1
N C AMERICA	236153	282578	324923	118585	121610	168582	322109	335598	425152	130644	144981	166366
ARUBA	160F	330*	240*	70F	110*	110*						
BAHAMAS	86	90F	90F	85	88F	88F						
BARBADOS	221	145	335	232	154	320						
CANADA	24120	25568	32507	14512	17291	21149	31	5	2	30	9	5
COSTA RICA	942	1679	6000*	155	387	850*	250100	271272	353000*	102848	114968	132000*
DOMINICA							9	9F	10*	8	8F	10*
DOMINICAN RP							3212	2883	2113	962	870	719
EL SALVADOR	4797	1664	2141	653	200	401	1666	1347		600	482	
GREENLAND	1	1	1	1	1	2						
GUATEMALA	186	195	195F	12	15	15F	492	1074	1074F	90	230	230F
HONDURAS	1277	3	60	357	2	14	22949	11602	11602F	5645	3731	3731F
JAMAICA	1							1F	1F	1	1F	1F
MEXICO	103	23	213	203	66	383	18337	19827	19612	4596	5961	7032
NICARAGUA		7	11		2	4	1017	1979	6082	84	150	445
PANAMA	253			26		1	494	533	98	186	368	36
ST KITTS NEV	3	3F	3F	7	7F	7F						
ST LUCIA	10	19	19F	23	27	27F	13	3	3F	9	1	1F
TRINIDAD TOB	1	3	18	1	1	5			34			28
USA	203993	252848	283090	102248	103259	145206	23788	25063	31521	15585	18202	22128
SOUTHAMERICA	18798	18912	22395	6530	5791	6909	23252	21102	29242	7189	6682	8718
ARGENTINA	13533	14076	15958	4373	3947	4691						
BOLIVIA							255	749	749F	65	163	163F
BRAZIL	51	9	7	142	1	9	12956	13003	15815	3938	3854	4290
CHILE	4208	3670	5419	1632	1375	1900	19	16	16F	17	13	13F
COLOMBIA	1		28	2		3	57	25	71	133	135	136
ECUADOR							8825	6374	12000	2599	2129	3771
GUYANA							105*	10*	140*	100*	7*	110*
PARAGUAY	69	32*	32F	6	11	11F	519	294	58	96	45	8
PERU		35			17		3		1	1		
URUGUAY	935	1090	951	374	440	295						
VENEZUELA	1			1			513	631	392	240	336	227
ASIA	166465	147314	141114	68828	56894	62163	174955	141920	155050	36356	25381	28979
AZERBAIJAN	20F	15F	33	7F	5F	21						
BAHRAIN	257	257F	160*	249	249F	140*						
BHUTAN	168F	168F	168F	10F	10F	10F						
BRUNEI DARSM	230F	230F	230F	110F	110F	110F						
CHINA	17893	22492	3497	3492	5242	922	1055	1317	1899	617	715	1073
CHINA,H.KONG	7420	5201	4930	2861	2076	2255	307	260	317	286	279	190
CYPRUS		128	127		81	89			1			1
INDIA							151	245	245F	54	40	40F

表 60

SITC EX 057.95

パイナップル（生鮮のもの）

	輸入：MT			輸入：1,000 $			輸出：MT			輸出：1,000 $		
	1997	1998	1999	1997	1998	1999	1997	1998	1999	1997	1998	1999
INDONESIA						1	5590	46	1134	4217	106	728
ISRAEL	60F		80F	31		39						
JAPAN	96088	84710	89866	45667	37964	44007						
JORDAN	210	72	156	143	42	87						
KAZAKHSTAN	8F	10*		10F	12F							
KOREA REP	20229	11659	19469	11400	6727	10038	222	344	125	134	289	77
CHINA, MACAO	95	80*	128	34	46	58						
MALAYSIA	720F	100F	102*	187F	44	53	17000*	18592	19086	1800*	1688	1997
MALDIVES	2167F	2167F	1100*	851F	851F	450*						
OMAN	130	130F	130F	154	154F	154F	42	42F	42F	50	50F	50F
PAKISTAN	1	54	9		25	4						
PHILIPPINES	1	1	1	1	7	4	144802	117436	127682	27189	20841	22814
SAUDI ARABIA	1222	1026	660*	715	594	630*		6	6F		5	5F
SINGAPORE	19352	18662	19962	2790	2577	2943	1030	356	404	387	96	108
SRI LANKA							1764	1779	2092	886	925	1198
SYRIA							11	11F		14	14F	
THAILAND							2979	1473	1993	701	298	648
TURKEY	194	152	306	116	78	148						1
VIET NAM							13*	13F	13F	35*	35F	35F
EUROPE	441596	407300	538152	326997	317099	344070	169462	148775	223858	131479	131160	150134
ALBANIA	1			1								
AUSTRIA	4831	4236	4907	5833	5612	5359	56	84	96	85	127	162
BELARUS	250*	110*		180*	110*							
BEL-LUX	81708	72663	87799	59659	59039	54639	50142	45415	68362	39583	47326	46008
BOSNIA HERZG	60F	20*	20F	55*	15*	15F						
BULGARIA	29	64	70*	5	14	20*	3			2	1	1F
CROATIA	320	155	501	247	122	243	3		1	3		2
CZECH REP	1574	1908	2081	1335	1554	1610	34	34	53	36	39	66
DENMARK	2019	1404	2713	1900	1322	2079	48	44	60	154	106	78
ESTONIA	99	112	203	94	96	174			18			7
FAEROE IS	3	3	5	4	5	6						
FINLAND	724	622	718	908	703	868	24	23	7	35	34	9
FRANCE	142833	131940	168211	95146	89693	89588	85445	75560	108172	59753	55494	63926
GERMANY	40424	38417	60931	33657	35979	45409	3197	3919	7245	3074	3695	6284
GREECE	1023	1177	1340	1025	1277	1320	74	107	113	101	120	128
HUNGARY	149	287	441	111	202	243		1			1	
ICELAND	19	23	32	31	37	40						
IRELAND	645	727	819	826	930	988	7	6	7	11	10	8
ITALY	50755	47396	74366	37469	37567	49327	4138	5879	11505	3518	6244	10369
LATVIA	196	338	472	128	319	505			3			7
LITHUANIA	482	844		344	691		65	66		43	59	
MACEDONIA	13	5*	5F	17	5*	5F						
MALTA	89	89	107	111	115	122						
MOLDOVA REP	18	20F	4	7	7F	3						
NETHERLANDS	22183	17951	24222	16348	15011	16506	20082	14447	23456	19524	14701	19349
NORWAY	890	1103	1387	1146	1463	1618	16	3		46	9	2
POLAND	1936	1569	2103	954	901	1175	298	152	45	271	135	39
PORTUGAL	6359	6990	9352	5431	6663	6757	1019	483	5	917	519	13
ROMANIA	88	112	99	30	36	40	8			3		
RUSSIAN FED	10000*	10651	12212	4400*	4191	3412	5F	7	20	10F	7	18
SLOVAKIA	654	594	582	493	498	456	61	30	6	47	18	3
SLOVENIA	362	321	220*	412	405	300*	1			2		
SPAIN	29422	24984	39440	21353	19073	25916	4651	2350	4474	4010	2179	3232
SWEDEN	1320	1446	1728	1401	1523	1744	6	8	33	10	12	64
SWITZERLAND	8577	8206	9837	10620	11015	13143		9	5	2	11	6
UK	31253	30582	30903	25137	20777	20241	79	148	172	239	313	353
UKRAINE	100*	87*	178*	71*	70F	140F						
YUGOSLAVIA	188	144	144F	108	59	59F						
OCEANIA	3061	3133	3890	2360	1995	2188	302	520	155	148	281	115
AUSTRALIA	400*	380*	558	670	630	658	302	520	154	146	278	111
FR POLYNESIA										2F	2F	2F
NEWCALEDONIA	2	1	1F	4	2	2F					1	1F
NEW ZEALAND	2659	2752	3331	1686	1363	1528			1			1

表 61

SITC EX 057.96

ナツメヤシの実

	輸入:MT			輸入:1,000 $			輸出:MT			輸出:1,000 $		
	1997	1998	1999	1997	1998	1999	1997	1998	1999	1997	1998	1999
WORLD	533964	556828	458902	296279	302844	267508	489022	516846	467200	260883	276732	248963
AFRICA	8318	11303	12078	6323	6545	6278	38195	41579	40616	72098	79973	65702
ALGERIA							12129	10000*	10000*	21863	16000*	14000*
BOTSWANA	16	16F	16F	22	22F	22F						
CAMEROON	6	6F	6F	5	5F	5F						
CENT AFR REP	13F	13F	13F	34F	34F	34F						
CHAD	222F	222F	222F	26F	26F	26F						
CONGO, REP	2F	2F	2F	5F	5F	5F						
CÔTE DIVOIRE	68F	68F	68F	38F	38F	38F						
DJIBOUTI	1000F	1000F	1000F	400F	400F	400F						
EGYPT	226	226	63	106	105	44	1916	674	3588	1277	487	1958
ETHIOPIA	236F	236F	236F	166F	166F	166F						
GABON	15F	15F	15F	8F	8F	8F						
GHANA	1	1	2*	2	3	5		2	2F		3	3F
KENYA	307	510	507	134	318	178						
LIBYA	280*	100*	100F	660*	620*	620F	623F	623F	623F	1214F	1214F	1214F
MADAGASCAR	3	1	6	3	2	12						
MAURITANIA	80*	60*	70*	80*	50*	60*						
MAURITIUS	160	118	166	165	187	297	4	2	6	16	3	19
MOROCCO	1049	1319	2067	2198	2647	2504	11	5		17	6	
NIGER	3000F	5808	5808F	900F	509	509F		883	883F		186	186F
SENEGAL	211	146	284	84	156	158	15	1	3	9	11	12
SEYCHELLES	3	5	5F	10	19	19F						
SOUTH AFRICA	903	866	825	994	864	723	184	62	144	95	85	543
SUDAN	10F	10F	10F	10F	10F	10F	2000F	2000F	2000F	500F	500F	500F
SWAZILAND	20	49	54	6	28	23	1	20	249		5	30
TANZANIA	450	450F	450F	215	215F	215F						
TOGO	8	8F	8F	2	2F	2F						
TUNISIA	23	43	67	34	93	172	21310	27299	23099	47099	61457	47175
UGANDA			3		1	6		8			16	
ZAMBIA	1	1F	1F	6	6F	6F						
ZIMBABWE	5	4	4	10	6	11	2		19*	8		62
N C AMERICA	8103	9615	10807	11903	12991	14453	4256	4181	3627	12142	12114	11616
BAHAMAS	3	3F	3F	9	9F	9F						
BARBADOS	6		8	15	2	15						
BELIZE	1	1F	1F	2	2F	2F						
CANADA	5117	5704	5292	7971	8378	8320	20	38	27	21	77	56
COSTA RICA	4	4	4F	8	10	10F	3			1		
EL SALVADOR	5	22	12	2	12	5						
GREENLAND	1	3	5	3	12	20						
GUATEMALA	22	3	3F	6	7	7F	2	12	10*	1	2	
HONDURAS	10	3	4	9	6	4		27	27F		4	4F
MEXICO	266	218	295	306	251	525	313	347	327	639	914	613
NICARAGUA	1		1	1		2	17	10	14	15	1	1
PANAMA	23	29	30	54	53	50						
ST LUCIA		1	1F		3	3F						
TRINIDAD TOB	27	44	78	31	47	60						
USA	2617	3580	5070	3486	4199	5421	3901	3747	3222	11465	11116	10942
SOUTHAMERICA	466	673	653	1215	1647	1383	73	58	93	22	53	28
ARGENTINA	116	162	157	340	481	398		19		1	45	1
BOLIVIA					1							
BRAZIL	160	302	288	522	813	656						
CHILE		2	2F	1	5	5F		1	1F			
COLOMBIA		2	1	1	13	1						
ECUADOR	2	3	2	8	8	3						
PARAGUAY		1	1F		3	3F						
PERU	3	1	1	10	3	4						
URUGUAY	27	35	19	73	87	41						
VENEZUELA	158	165	182	259	234	272	73	38	92	21	8	27
ASIA	453032	463123	359178	150391	138446	115502	435573	460817	411635	149400	155981	145350
AFGHANISTAN	5F	5F	5F	1F	1F	1F						
ARMENIA	169	180F	384	84	100F	202						
AZERBAIJAN	980F	1000F	357F	250F	260F	94	20F	10F	47	4F	4F	8
BAHRAIN	773	773F	773F	920	920F	920F	5	5F	5F	4	4F	4F
BANGLADESH	16428	13428	19218	7557	5922	8904						
BRUNEI DARSM	60*	40*	60*	120*	60*	70*						
CHINA	4341	4164	6521	3075	3089	4192	610	1059	201	491	570	86

表 61

SITC EX 057.96

ナツメヤシの実

	輸入：MT			輸入：1,000 $			輸出：MT			輸出：1,000 $		
	1997	1998	1999	1997	1998	1999	1997	1998	1999	1997	1998	1999
CHINA,H.KONG	4019	4516	3803	5557	5591	4271	1740	1879	2898	2942	2563	3570
CYPRUS	176	171	174	221	184	186	2	4	2	6	11	6
GAZA STRIP							300F	300F	300F	90F	90F	90F
INDIA	185930	244088	46000*	51425	54591	10000*	63	49	49F	64	50	50F
INDONESIA	4340	9059	10951	1673	2486	2522	351	17	47*	375	23	43
IRAN							59290	73583	101094	14728	16298	22797
IRAQ							90000F	100000F	30000F	16000F	20000F	5000F
ISRAEL							781	1300*	1465*	4351	7087	6714
JAPAN	742	560	288	479	417	211						
JORDAN	4047	3594	2021	3153	2507	1327	267	318	479	219	321	363
KAZAKHSTAN	316	190*	372	122	37*	95	7	35	24	17	11	7
KOREA REP	1			4								1
KUWAIT	2505	2887	2427	2926	2402	2128	13	37	28	18	54	48
LEBANON	1400F	1400F	610*	390F	390F	100*						
CHINA, MACAO	175	190	251	103	95	112			1			1
MALAYSIA	19919F	9959	13831	13437F	8216	10867	458F	421	1406	447F	271	1124
MALDIVES	70*	70F	70F	50*	50F	50F						
NEPAL	390F	266F	410*	182	125	250*						
OMAN	9	9F	9F	19	19F	19F	4220	6000*	6000F	2969	3800*	3600F
PAKISTAN	22958	30644	23016	4717	7225	5402	60905	60080	48612	25046	26176	23166
PHILIPPINES	37	107	40	54	78	49						
QATAR	1754	2300*	2000F	1220F	1900*	1600F	40F	40F	40F	22F	22F	22F
SAUDI ARABIA		82	210*		54	150*	25310	24852	24852F	21133	19073	19073F
SINGAPORE	2449	1549	1750*	3824	2360	2900	1461	983	902	2158	1170	831
SRI LANKA	7907	7895	14557	1531	1491	2804	71	1	15	40	2	17
SYRIA	6310	7431	12234	3487	2953	3396	5			6		
THAILAND	16	15	31	28	19	45		1			1	
TURKEY	6987	5252	3689	1423	936	1156	439	599	1502	293	397	671
UNTD ARAB EM	150000F	100000F	180000F	38000F	28000F	47000F	189189F	189189F	189189F	57973F	57973F	57973F
YEMEN	7819	11299	13116	4359	5968	4479*	26	55	2477	4	10	85*
EUROPE	59456	67222	69342	120559	137180	123729	10839	10162	11139	27031	28453	26103
ALBANIA	39	5	5F	21	11	11F						
AUSTRIA	816	749	772	1656	1795	1746	160	119	145	273	210	304
BELARUS		15	48		21	42			8			9
BEL-LUX	2337	2554	1524	4406	4747	2918	193	63	101	736	401	316
BOSNIA HERZG	150*	15*	40*	370*	30*	60*						
BULGARIA	6	80	20*	1	19	10*						
CROATIA	289	28	112	383	57	169	140			314		
CZECH REP	295	279	361	557	483	522	1	4	9	1	8	15
DENMARK	1482	1835	1761	2228	2424	2231	55	27	42	90	84	161
ESTONIA	19	69	113	25	90	126						
FAEROE IS	13	14	16	38	40	43						
FINLAND	262	273	404	514	611	734	6	12	9	22	38	33
FRANCE	18881	22870	20872	39978	48767	38035	7640	7491	8329	19471	20933	18842
GERMANY	5182	6160	6055	11860	12942	11709	703	911	846	1726	2441	2043
GREECE	306	187	186	613	438	430	22	10	4	133	21	12
HUNGARY	94	85	188	43	63	80		2			4	
ICELAND	63	61	60	149	156	135						
IRELAND	113	218	262	430	803	966			1		1	2
ITALY	5729	6235	6163	14388	16767	15078	122	158	229	491	815	800
LATVIA	31	21	64	47	64	129	1	1	13	1	2	22
LITHUANIA	111	147	309	130	169	231		2	30		2	26
MACEDONIA	185	185F	180*	176	176F	210*	10	10F	10F	6	6F	6F
MALTA	102	194	179	145	198	176	16			47		
MOLDOVA REP	5	6F		1	1F							
NETHERLANDS	1269	2714	1780	3784	6957*	4181	463	561	646	1685	1876	1899
NORWAY	258	236	279	631	728	789			1			1
POLAND	300	319	518	438	396	491	23	51	10	43	70	13
PORTUGAL	130	196	154	363	496	355	3	3	3	15	17	15
ROMANIA	139	216	127	41	61	33	33			5		
RUSSIAN FED	4000*	2830	5234	3200*	1254	1222	235F	36		167F	20	
SLOVAKIA	127	220	161	201	287	251	31	98	82	29	183	186
SLOVENIA	59	79	79F	172	224	224F						
SPAIN	4545	4936	5035	10323	11268	10938	111	168	268	442	545	700
SWEDEN	591	800	731	1428	1613	1723	16	22	42	51	46	78
SWITZERLAND	1473	1449	1523	6390	5765	6249	19	3	6	71	18	21
UK	9735	10747	13577	15115	17040	21202	835	410	305	1211	712	599
UKRAINE	203*	100*	400*	110*	65F	260F	1			1		
YUGOSLAVIA	117	95	50*	204	154	20*						
OCEANIA	4589	4892	6844	5888	6035	6163	86	49	90	190	158	164
AUSTRALIA	3600*	3700*	5367	4532	4731	4884	86	28	48	190	140	127

表 61

SITC EX 057.96

ナツメヤシの実

	輸入：MT			輸入：1,000 $			輸出：MT			輸出：1,000 $		
	1997	1998	1999	1997	1998	1999	1997	1998	1999	1997	1998	1999
FIJI ISLANDS	30*	30*	10*	60*	80*	20*						
FR POLYNESIA	6F	6F	6F	29F	29F	29F						
NEWCALEDONIA	8	11	10*	38	47	20*						
NEW ZEALAND	943	1143	1449	1213	1132	1194		21	42		18	37
PAPUA N GUIN	2F	2F	2F	16F	16F	16F						

表 62

SITC EX 058.9

パイナップル（缶詰のもの）

	輸入：MT			輸入：1,000 $			輸出：MT			輸出：1,000 $		
	1997	1998	1999	1997	1998	1999	1997	1998	1999	1997	1998	1999
WORLD	898382	810443	961409	749435	692576	825499	799738	771413	1060416	538098	503309	675520
AFRICA	3407	2691	2833	2754	2387	2283	98024	104671	75399	63180	70844	53014
ALGERIA	253	253F	90*	391	391F	150*						
BOTSWANA	23	23F	23F	30	30F	30F						
CAMEROON	3	3F	3F	2	2F	2F						
CÔTE DIVOIRE							80*	80F	80F	70*	70F	70F
DJIBOUTI	330*	240*	380*	310*	180*	250*						
EGYPT	1445	894	1085	960	573	758						
ETHIOPIA	17F	17F	17F	12F	12F	12F						
GABON	5F	5F	5F	11F	11F	11F						
GHANA		1	1F		10	10F						
KENYA		1					71031	80688	51626	44548	53810	37193
MADAGASCAR	1			1				2	7		1	19
MAURITANIA	10F	10F	10F	10F	10F	10F						
MAURITIUS	19	8	10	32	13	10						
MOROCCO	374	542	653	449	499	510		1	15		1	31
NIGER		23	23F		26	26F						
SENEGAL	90	133	89	91	137	89						
SEYCHELLES	18	6	15*	44	14	40F						
SOUTH AFRICA	39	201	121	30	152	94	23580	23695	20993	16820	16777	13474
SWAZILAND	13	8	18	37	43*	57*	3324	197	2677	1729	181	2225
TUNISIA	761	290	263	331	239	200	6	1	1	9	2	2
UGANDA		2*			4	1		7			2*	
ZAMBIA	2	2F	2F	5	5F	5F						
ZIMBABWE	4	29	25	8	36	18	3			4		
N C AMERICA	331060	276466	375823	267432	228947	313606	8570	10184	6683	7487	8734	6021
BAHAMAS	116	116F	70*	176	176F	110*						
BARBADOS	172	69	394	198	74	320						
BELIZE	17	20*	20F	22	25F	25F						
CANADA	31670	29061	31722	20813	19839	20861	173	66	26	301	161	66
COSTA RICA	49	46	20*	60	57	30*	1	1	1F	2	1	1F
EL SALVADOR	29	47	39	44	45	49						
GREENLAND	15	31	36	19	52	54						
GUATEMALA	25	18	10*	30	20	20*						
HONDURAS	10	136	144	11	84	183	6	120	120F	50	165	165F
JAMAICA	95*	40*	140*	90*	40*	110*						
MEXICO	533	684	693	679	794	836	3841	4148	2185	2917	2779	1806
NICARAGUA	7	14	1	10	18	1						
PANAMA	110	84	359	108	100	442						
ST PIER MQ	7F	7F	7F	9F	9F	9F						
TRINIDAD TOB	332*	159	361	338	250	368						
USA	297873	245934	341807	244825	207364	290188	4549	5849	4351	4217	5628	3983
SOUTHAMERICA	25953	20015	22485	22523	17095	19926	922	867	3206	1093	995	3031
ARGENTINA	14368	11313	14820	13183	10010	12668	19	48	80	39	87	152
BOLIVIA		6	6F		7	7F	1	1	1F	7	11	11F
BRAZIL	1628	909	381	1529	742	384	270	398	2567	424	485	2322
CHILE	8506	5966	5890	6398	4423	5300	39	45	45F	35	46	46F
COLOMBIA	138	415	212	155	458	228	39	21	20	89	38	37
ECUADOR	5	2	6	10	4	9	545	341	410	466	312	418
PARAGUAY	54	83*	83F	80	240	240F			83			45
PERU	178	268	106	207	248	111		13			16	
URUGUAY	912	703	841	807	661	763						
VENEZUELA	164	350	140	154	302	216	9			33		
ASIA	114523	88900	116583	97184	75925	102697	622227	592264	910345	390991	352794	546136
ARMENIA			1			1						
AZERBAIJAN			8			10						
BHUTAN	729F	729F	729F	97F	97F	97F						
BRUNEI DARSM	210F	190*	230*	220F	220*	240*						
CHINA	12618	7598	12052	9210	5943	11161	19655	52871	34370	12354	32191	18545
CHINA,H.KONG	8957	9660	8580	7785	7665	7262	2297	2018	944	2579	2060	841
CYPRUS	256	279	319	234	255	286	5	2	1	9	4	1
INDIA								37	37F		40	40F
INDONESIA	56	27	96	50	12	36	68669	37853	136115	47473	25682	85302
IRAN			60			51						
ISRAEL	3000F	2600F	3400F	4136	2850	3690			10F			10
JAPAN	55334	47429	57158	48658	43642	53971						
JORDAN	356	354	895	272	303	705	104	68	17	83	52	13

表 62

SITC EX 058.9

パイナップル（缶詰のもの）

	輸入：MT			輸入：1,000 $			輸出：MT			輸出：1,000 $		
	1997	1998	1999	1997	1998	1999	1997	1998	1999	1997	1998	1999
KAZAKHSTAN	430F	400F		280F								
KOREA REP	9937	4211	9698	8675	3634	8334	36		10	36		9
LEBANON	1200*	1200F	2400*	1000*	1000F	2000*						
CHINA, MACAO	162	206	156	173	166	134	1	9	1		4	1
MALAYSIA	60*		5	240*		24	31000*	22277	20876	19000*	12881	13139
MALDIVES	540*	250*	570*	460*	210*	460*						
PAKISTAN	1335	1137	1516	1074	821	1283						
PHILIPPINES	3			6			185296	208139	183425	85789	79245	82406
SAUDI ARABIA	4153	4243	8500*	2437	2559	4200*		12	12F		7	7F
SINGAPORE	8674	3512	4113	6887	2979	3579	23504	29856	38211	16575	21946	25484
SRI LANKA	13	4	7	7	2	5		10	19		25	24
SYRIA	4F			5F			5	8	8F	12	24	24F
THAILAND	2	3	56	2	3	71	286095	232703	486260	202409	174131	313655
TURKEY	628	611	683	581	482	478	3	1	27	9	2	33
UNTD ARAB EM	3966*	4197*	5400*	3295*	3031*	4600*						
VIET NAM							5557*	6400*	10000*	4663*	4500*	6600*
YEMEN	1900*		11	1400*		70*		2				2*
EUROPE	403274	404650	419692	343785	355965	369201	67380	60437	61304	72642	67352	64201
ALBANIA	3			4								
AUSTRIA	6681	6374	6622	5898	5908	6317	730	766	704	1107	1166	1012
BELARUS		69	23		253	76		14	5		38	6
BEL-LUX	20625	17379	16839	17612	15853	16284	8918	7093	5290	10444	9585	7371
BULGARIA	108	167	240*	61	65	80*	71	36	36F	48	33	33F
CROATIA	603	501	567	567	464	498	6			7		1
CZECH REP	5368	5444	7070	3720	3929	4337	470	178	441	276	164	356
DENMARK	6191	5271	5959	5088	4557	5006	386	463	134	472	539	151
ESTONIA	194	252	675	192	307	641	19	2	2	5	1	1
FAEROE IS	53	51	48	60	61	57						
FINLAND	12486	9219	11736	12181	9739	12427	250	210	479	308	268	545
FRANCE	29919	29783	30251	28647	28517	27991	3138	3619	4213	5124	5679	5748
GERMANY	106627	119668	110869	84235	98308	90665	10521	15470	13446	12105	17192	14805
GREECE	888	2014	2034	1119	1759	1957	58	220	99	137	193	97
HUNGARY	3399	3020	3668	2614	1871	2222	62	129	113	48	125	86
ICELAND	563	562	558	619	721	677						
IRELAND	2576	2052	3134	2943	2444	3788	2			2	2	
ITALY	24709	24181	26270	19955	22344	22818	362	476	493	589	722	654
LATVIA	188	263	359	123	302	452				1		1
LITHUANIA	407	373	458	355	397	454	59	42	18	35	25	20
MACEDONIA	53	53F	53F	93	93F	93F	7		13			
MALTA	238	221	266	191	139	221		4	16		10	36
MOLDOVA REP	21	20F	10	22	22F	7						
NETHERLANDS	60344	51566	49579	47969	43830	39957	38531	29241	31354	36458	27998	28381
NORWAY	6086	4862	6900	5858	4886	7755	71	40	88	56	41	56
POLAND	12311	12067	12006	4007	3758	4925	132	105	53	189	195	69
PORTUGAL	7335	7612	12210	6884	7262	11812	189	176	274	319	281	522
ROMANIA	1260	2475	2385	471	807	628	1	41	1	1	21	2
RUSSIAN FED	4800F	6452	2638	2691F	2397	1082	13F	19	3	16F	19	2
SLOVAKIA	1424	1343	1282	1098	1074	958	8	3	31	7	3	39
SLOVENIA	767	896	760*	690	797	550*	2	16	16F	2	15	15F
SPAIN	22757	24570	34442	19505	23173	30991	1454	787	1460	1693	949	1682
SWEDEN	9781	10012	10411	9590	10965	10423	71	104	71	129	226	179
SWITZERLAND	5008	6174	6845	8542	10396	11452	32	24	4	58	34	19
UK	48972	49281	52122	49657	48087	51110	1817	1159	2460	2993	1828	2312
YUGOSLAVIA	529	403	403F	524	480	480F						
OCEANIA	20165	17721	23993	15757	12257	17786	2615	2990	3479	2705	2590	3117
AUSTRALIA	11000*	9500*	13553	7030	6092	9643	2604	2973	3434	2679	2564	3078
FIJI ISLANDS	50*	40*	50*	70*	50*	50*						
FR POLYNESIA							1F	1F	1F	8F	8F	8F
NEWCALEDONIA	204	133	133F	204	128	128F						
NEW ZEALAND	8900	8033	10217	8437	5972	7925	10	16	44	18	18	31
PAPUA N GUIN	11*	15*	40*	16*	15F	40*						

表 63

SITC 061.1/061.2

砂糖合計（粗糖換算）

	輸入：10MT			輸入：10,000 $			輸出：10MT			輸出：10,000 $		
	1997	1998	1999	1997	1998	1999	1997	1998	1999	1997	1998	1999
WORLD	3524405	3615991	3984349	1273863	1204527	1075170	3825260	3941982	4182734	1233903	1205175	992395
AFRICA	498379	629737	612236	158366	180157	144364	261488	276162	247652	103587	109348	86218
ALGERIA	43969	95465*	105223*	15161	27850*	23400*						
ANGOLA	11305	10653	13588	3700	2700	2400						
BENIN	3207*	4457*	4892*	1200*	1500*	1280*						
BOTSWANA	5425	4587*	5891	3432	2900*	3400	85	85F	85F	26	26F	26F
BURKINA FASO	946*	2283*	1196*	400*	860*	430*						
BURUNDI	209	173	151	100	93	52	33	101	182	19	56	79
CAMEROON	4266	5043	5766*	1420	1762	1350*	60	60F	60F	42	42F	42F
CAPE VERDE	1726	2624	537	609	805	125						
CENT AFR REP	217	962	978	150	700	400	10F	10F	10F	5F	5F	5F
CHAD	891	1522	1522F	450	690	690F						
COMOROS	371	335	414*	180	158	175*						
CONGO, DEM R	2865	2428*	1344*	830	610	300						
CONGO, REP	426*	800*	67*	241	186*	24*	3733	2114	2502	1552	1302	1802
CÔTE DIVOIRE	6344*	7244*	9126*	2550*	2590*	2140*	3096*	565*	1763*	1430*	270*	710*
DJIBOUTI	1196	6675*	6360*	400	1682*	1100*		1000	1000F		220F	220F
EGYPT	137847	112612*	120590*	35501	28950*	27350*	37	157*	5	24	72	2
EQ GUINEA	141*	217*	337*	62*	70*	71*						
ERITREA	2609*	663*	1196*	850*	190*	310*						
ETHIOPIA	2065	2174F	3261F	900	900F	1100F						
GABON	66	17	17F	250F	70F	70F						
GAMBIA	5614	4783*	7500*	2000*	1100*	1000*						
GHANA	3826	7701	10896	2732	3168	3173	4	16	221	4	4	67
GUINEA	6755	7044	8479*	3200*	3340*	2600*						
GUINEABISSAU	870	326	283	300	100	64						
KENYA	5349	20880	6158	2084	7495	1622	3099	224	469	1543	104	219
LESOTHO	2500F	2500F	2500F	920F	920F	920F						
LIBERIA	652	1087	761	230	330	170						
LIBYA	22719*	32177*	22067	8300*	9301*	3601						
MADAGASCAR	2312	4283	2736	706	1177	497	135	69	655	102	66	379
MALAWI	200*	1650*		60	500		3038*	7159	2987*	2398	3861	1590
MALI	2609	7609	4892	1000	2100	950						
MAURITANIA	9200*	15200	15600	2400*	3400	2700						
MAURITIUS	3738	4149	3805	1325	1344	956	57531	60204	53385	35746	37134	32037
MOROCCO	58651	56188	46745	15972	15522	13492	8	26		6	8	
MOZAMBIQUE	6087*	9826*	10163*	1750F	2900*	3000F	5900	2030		1480	570F	
NAMIBIA	5435F	4935*	4131*	2100F	1900F	1200*						
NIGER	2554	6020	3697	1000	2333	890		108	108F		39	39F
NIGERIA	65120*	102295	102295F	21100*	24100	24100F	6F	6F	6F	3F	3F	3F
RWANDA	413	348*	559*	150	102*	146*						
ST HELENA	11F	11F	11F	7F	7F	7F						
SAO TOME PRN	54*	174*	53*	15*	44*	10*						
SENEGAL	8182	4976	4099	3515	2151	1627	6	6	14	3	5	23
SEYCHELLES	588	293*	380*	293	167	175						
SIERRA LEONE	652*	1739*	946*	240*	490*	260*						
SOMALIA	13718	14783	25110	4600	3700	4300						
SOUTH AFRICA	105	71	78	40	30	28	100477	123260	113818	25493	33447	22996
SUDAN	120*	239*	141*	45*	65*	33*	8000	12664*	7609F	2640	4100F	2000F
SWAZILAND	178	42	24	118	27	19	46639	34508	39512	18879	17133	17408
TANZANIA	15890	16496*	7813*	4730	4400*	1460*	1343	2243	1243	824	1374	694
TOGO	1444	1381	1778F	414	325	360F	9	9F	9F	5	5F	5F
TUNISIA	25170	31319	29616	7830	8954	6633	9	11	28	5	4	6
UGANDA	1022	7522	5116	530	3164	1907		117	451		57	141
ZAMBIA	303	737*	1246*	186	230F	253*	6301*	8681	5001	2501	3001F	1401
ZIMBABWE	249	16*	104*	88	7	46	21930	20730	16529	8860	6442	4326
N C AMERICA	440802	345970	303140	150030	119230	98959	708323	633268	549033	186518	168800	123491
ANTIGUA BARB	228	326	261	100	110	62						
ARUBA	511	533	533F	240F	551	551F						
BAHAMAS	982*	1031*	1107	483*	580*	520						
BARBADOS	1485	671	1154	660	329	413	5436	4656	5000	3565	2742	2772
BELIZE	5	1	1F	6	2	2F	11071	10679	9200	4595	4451	4099
BERMUDA	174*	185*	174*	86*	76*	57*						
BR VIRGIN IS	25	15	8	12	7	5						
CANADA	106720	100860	84460	28174	24235	19185	1635	1671	1194	754	880	602
CAYMAN IS	35*	35*	76*	33*	29*	41*						
COSTA RICA	1044	9	9F	340	4	4F	10032	15447	16100	4127	4184	2700
CUBA							358200*	256858	263400*	71600*	53000F	47500
DOMINICA	373	227	227F	150	135	135F						
DOMINICAN RP	1087*	3805*	7500*	260*	760*	1120*	42150	29933	17317	19003	13153	7910
EL SALVADOR	25	9	10	18	12	10	17491	25535*	22299	5574	6702	4648

177

表 63

SITC 061.1/061.2

砂糖合計（粗糖換算）

	輸入：10MT			輸入：10,000 $			輸出：10MT			輸出：10,000 $		
	1997	1998	1999	1997	1998	1999	1997	1998	1999	1997	1998	1999
GREENLAND	179	202	222	134	139	148						
GRENADA	511	550	485	245	258	210	21	21F	21F	7	7F	7F
GUATEMALA	2	3	2	3	4	3	103301	134232	113715	25536	31671	18819
HAITI	11957*	12074*	10609	4700*	4000*	3200						
HONDURAS	67	26	4086	30	14	1155	225	1373	1373F	88	917	917F
JAMAICA	7348*	9631	8392	2550*	3400F	3000F	17124	16765*	17779	9993	9810	9592
MEXICO	7041	2500	4286	2335	1164	1410	89988	100961	52136	20852	25451	10928
MONTSERRAT	11*	12	10	4*	4	3F						
NETHANTILLES	794*	949*	2430*	310*	602	1461*	348*	452	2141*	260*	296	1030*
NICARAGUA	47	24	21	19	15	12	19486	6140	2200	5434	3227	1223
PANAMA		530	473	1	247	218	6245	6624	3364	2867	2559	1446
ST KITTS NEV	174	174*	130*	81	72*	48*	2954	2285	1700F	1780	1220	880
ST LUCIA	548	635	633	228	223	166						
ST PIER MQ	7*	5*	7*	4*	3*	2*						
ST VINCENT	663	347*	249	263	149	83						
TRINIDAD TOB	3454	7220	5088	1133	2066	1064	8013	5849	6483	4331	3192	3374
USA	295304	203382	170497	107429	80043	64671	14605	13786	13609	6154	5339	5043
SOUTHAMERICA	111683	142591	109638	38343	44534	25976	804794	1031722	1392502	226655	250045	228586
ARGENTINA	6340	39	146	1715	13	35	16718	17562	17500	5812	5132	3426
BOLIVIA	4	11	11F	2	5	5F	7044	7233	1707*	2205	2357	660*
BRAZIL	5	5	3	26	7	3	659188	867530	1247201	177132	194088	191073
CHILE	29965	21878	24533	9772	6325	5730	11	22	22	7	14	15
COLOMBIA	909	518	1591	336	199	528	84924	105247	95379	23597	29163	18009
ECUADOR	4508	15864	1340	3122	8173	411	546	1113	4809	240	491	1414
GUYANA	978*	652	783	400*	250	300F	25624	23677	21100*	13353	14520	11700*
PARAGUAY	4	8	8F	2	5	5F	626	1580	2305	392	893	1198
PERU	27989	53354	37778	10178	15784	8581	8365	6035	2160	3117	2692	941
SURINAME	1166	1711*	1591	1212	1130	1000						
URUGUAY	9967	11049	9253	2982	3200	2308	701	701		290	296	
VENEZUELA	29848	37500	32603	8597	9443	7071	1045	1023	318	509	398	150
ASIA	1470632	1418879	1672003	467883	393983	363812	594834	512522	646276	168694	144566	129734
AFGHANISTAN	5544*	5218*	5979*	1900F	1600F	1750*						
ARMENIA	6416	6781	7577	2600	2700	1825			1			
AZERBAIJAN	10327	17392	6838	2555	3850	1591			7			2
BAHRAIN	2187	1514	2166	970	641	691						
BANGLADESH	20720	16082	15183	5707	4236	4204						
BHUTAN	530F	530F	323	172	172F	89	3	3	3	1	1	1
BRUNEI DARSM	326	348	674	120	89	120						
CAMBODIA	5704	7359	16522	1718	1860	3290						
CHINA	99810	73591	68079	28772	20050	13407	43398	49011	41112	14234	13077	8377
CHINA,H.KONG	32080	44779	22976	11020	10018	5631	11756	10286	2340	4132	3359	658
CYPRUS	3039	3575	3144	1091	1112	797	51	140	83	21	51	26
GAZA STRIP	2174F	2174F	2174F	750F	750F	750F						
GEORGIA	10000	7826	8370	3400	2200	1600						
INDIA	35806	94878	115200*	12697	26669	22500*	17929	1244	2571*	6542	392	820
INDONESIA	124041	104754	232399	43138	34947	52866	579*	79	255	550	60	172
IRAN	129286*	87222	124984	40100*	22590	25760	128	119	438	63	27	60
IRAQ	35871	35654	34675	15000F	12500	9830						
ISRAEL	47382	47726	48870F	15923	14555	12664	60F	151F	142	28	71	71
JAPAN	171359	156514	152256	51441	41331	27899	1180	785	482	503	335	200
JORDAN	17362	17882	18948	5796	5059	4327	834	35	1422	274	6	336
KAZAKHSTAN	24029	25324*	30499*	9303	9073*	8465*	283	312*	215*	354	145*	72*
KOREA D P RP	4783*	1467*	3152*	1800F	470*	690*	1F	1F	1F			
KOREA REP	143687	137810	137566	42033	37521	28126	28795	37006	32330	9808	10860	7323
KUWAIT	7060	7314	7117	2648	2491	1835	1	3	37	2		13
KYRGYZSTAN	6112	8750*	11087F	2290	2910	3400F	4185	4565F	1196*	1775	2050F	350*
LAOS	630	1341	458	250F	348	110F						
LEBANON	10066*	10800	13131	3600	3140	2550						
CHINA, MACAO	630	724	628	176	192	144	3	63	3	2	11	1
MALAYSIA	116600*	103875	115793	35400*	26816	25585	13479*	15894	21936	5500F	4347	5029
MALDIVES	576*	815*	533*	210*	240*	110*						
MONGOLIA	1264	1609	1304	493	370	376	7	5F	5F			
MYANMAR	909	1112	1256F	280	359	220*	1497*	167	167F	522*	72F	72F
NEPAL	2283F	1098F	1576	844	405	300F						
OMAN	4568	3263F	4350F	1718	1004F	1154F	2	2F	2F	1	1F	1F
PAKISTAN	89	1	1155	30		357		77955	98699		20868	25439
PHILIPPINES	7594	37038	39686	2213	9586	9708	19823	18523	14285	8318	8047	6300
QATAR	1827	1196*	554*	768F	440*	140*	27F	27F	27F	12F	12F	12F
SAUDI ARABIA	60909	58880	69310	21419	15773	17900	1058	651	237F	438	193	70F
SINGAPORE	30136	31206	36084	9410	8467	7308	1946	6470	4257	882	1998	1167
SRI LANKA	54544	45881	51037	17830	12722	10493	23	16	8	28	22	15

表 63

SITC 061.1/061.2

砂糖合計（粗糖換算）

	輸入：10MT			輸入：10,000 $			輸出：10MT			輸出：10,000 $		
	1997	1998	1999	1997	1998	1999	1997	1998	1999	1997	1998	1999
SYRIA	46153	49469	64886	15146	14449	15993						
TAJIKISTAN	7143*	4429*	10359F	2500F	1410	2910F						
THAILAND	5	2	2	4	2	1	416991	236754	337994	104381	64254	55240
TURKEY	6828	570	189	2500	199	87	18398	28114	52712	6135	7476	10559
TURKMENISTAN	9240*	2391	4348F	4200F	900F	1000F						
UNTD ARAB EM	76945*	61586*	73858*	20100*	13500*	11380*	11097*	24134*	33303*	3790*	6830*	7350*
UZBEKISTAN	30762*	35545*	38045F	11000F	11000F	9100F						
VIET NAM	14609	20996	22783F	2517	4637	4400F	1300*			400*		
YEMEN	40692	32590	43919	12330	8630	8379*		6	6F		1	1F
EUROPE	974020	1052155	1257864	450036	459093	435763	999181	1012790	894578	414882	381687	307964
ALBANIA	3874	8343	6978F	1378	2539	1800F		3	3F	9F	2	2F
AUSTRIA	3556	2914	1116	2746	1856	1063	11879	13765	15995	5553	6050	5996
BELARUS	58862	45535	42710	21171	13938	10087	25948	24249	25736	11441	9460	7310
BEL-LUX	86789	96714	94788	52324	59368	54162	126417	163873	108574	45948	49608	29936
BOSNIA HERZG	5326*	8153*	10000*	1800*	2600*	2300*						
BULGARIA	36969	22042	21231*	9413	5502	3420*	5974	5158	5158F	2032	1469	1469F
CROATIA	418	1029	1092	158	303	287	36	44	29	31	33	33
CZECH REP	896	4288	5258	302	1225	1330	14476	8870	2061	4180	2284	540
DENMARK	7550	6777	1946	4875	3623	1454	22604	25817	33866	9045	8681	8945
ESTONIA	9988	9879	6254	2706	2404	979	3120	4283	195	1081	1390	75
FAEROE IS	107	109	100	58	53	42						
FINLAND	5484	6613	7238	2683	3434	3840	2969	3094	1407	1036	1081	481
FRANCE	26968	26324	37410	19513	18850	22862	303356	320143	296399	146540	141519	125463
GERMANY	20100	22537	21600	15329	17270	15634	145910	154218	149924	59296	58382	50780
GREECE	4402	1677	5492	3085	840	3853	2302	2944	473	709	790	225
HUNGARY	561	811	1578	188	219	369	4031	14396	5241	1311	4049	1213
ICELAND	1332	1343	1286	557	520	385						
IRELAND	2895	1001	1830	2659	851	1395	10427	6546	8274	6844	4597	5031
ITALY	36181	36566	33885	25854	25766	23667	25034	38594	40630	10922	10477	12366
LATVIA	6826	4789	6263	2162	2498	2330	414	139	1	184	102	1F
LITHUANIA	1483	924	333	614	393	138	49	3	1293	18	2	242
MACEDONIA	8170	15302*	20237	3360	6320	5890	16	16F	16F	21	21F	21F
MALTA	2390	2380	2401	862	783	598	13	47	1	22	28	1
MOLDOVA REP	2088	3275*	3525	726	878*	918	16036	8084*	3883	6113	2658*	996
NETHERLANDS	5205	5935	15393	4273	3534	9726	34345	33349	19167	12574	12257	9868
NORWAY	20057	19347	18908	7463	6503	5383	47	42	88	43	50	53
POLAND	5834	1950	244	1777	512	86	56099	36478	44719	16711	9944	8958
PORTUGAL	29634	29368	30850	14798	14790	14742	2267	12019	8268	1205	5845	3750
ROMANIA	22229	37354	33298	7519	9833	7222	90	255	67	37	88	19
RUSSIAN FED	355861	409386	591280	114440	121017	116866	4749	4812	14713	2250	1880	3771
SLOVAKIA	4183	3681	5039	1058	1113	1139	2063	5818	531	708	1698	192
SLOVENIA	3936	1422	1860	1226	433	396	15	25	25F	40	42	42F
SPAIN	41799	42796	39628	29618	30604	26497	28370	24012	20525	11580	7655	3899
SWEDEN	1161	2385	1989	999	1857	1513	10296	5992	9252	5231	1940	2588
SWITZERLAND	12893	11689	14781	3447	3447	3689	29	27	36	53	47	49
UK	135835	143133	137475	88159	89358	80533	63261	83833	67046	27437	33583	20601
UKRAINE	531	13877	32028	150	3900	9000F	75977	11673	10870F	24386	3900	3000F
YUGOSLAVIA	1645	509	542	587	160	169F	561	168	113	291	78	53F
OCEANIA	28888	26661	29468	9205	7531	6296	456639	475519	452695	133568	150730	116403
AMER SAMOA	152*	174*	196*	90*	80*	61*						
AUSTRALIA	182*	250*	383	113	163	183	423756	449859	418983	117857	137745	102273
COOK IS	78	29	26	67	26	26						
FIJI ISLANDS	229*	696*	424	66*	140*	66	30800	23700	31600	14792	12286	13500
FR POLYNESIA	905*	786	840*	394*	264	223*						
GUAM	196*	239*	228*	85*	105*	85*						
KIRIBATI	339	261	261F	105	76F	76F						
NAURU	33*	33F	33F	17*	17F	17F						
NEWCALEDONIA	692	737	686*	346	335	246*						
NEW ZEALAND	24132	20831	24095	7187	5371	4538	2083	1959	2112	911	691	621
NIUE	3*	3*	4*	3*	2*	2*						
NORFOLK IS	3*	3F	3*	2*	2F	2*						
PAPUA N GUIN	316*	701*	255	141*	263*	84				8F	8F	8F
SAMOA	863	1124	1167	280	365	370						
SOLOMON IS	311*	310*	332*	102*	94*	84*						
TONGA	229	259	310	82	102	107						
VANUATU	138F	138F	138F	75F	75F	75F						

表 64

SITC 061.1

砂糖（粗糖）

	輸 入：10MT			輸 入：10,000 $			輸 出：10MT			輸 出：10,000 $		
	1997	1998	1999	1997	1998	1999	1997	1998	1999	1997	1998	1999
WORLD	2089341	2038314	2346773	700764	643819	583188	2111015	2002830	2236222	615500	590925	486000
AFRICA	222686	179630	150914	60713	49978	33974	223685	214175	183592	88921	90702	71154
ALGERIA	6902	4400*	6900*	1961	1350*	1200*						
BOTSWANA	3983	3500*	3500F	2511	2200F	2200F	84	84F	84F	24	24F	24F
CAMEROON	630*			200*								
CAPE VERDE	15	15F	15F	5	5F	5F						
CONGO, DEM R	2186	1830*	800*	629	430*	150*						
CONGO, REP	2*	740*	4*	1F	160*	1	3731*	2112*	2500*	1550*	1300*	1800*
CÔTE DIVOIRE	3300*	1700*	1300*	1250*	590*	340*	1900*		1100*	820*		400*
DJIBOUTI		4350*			1220*			1000*	1000F		220F	220F
EGYPT	110000*	37500*	44500*	26320	8050*	6350*	15	120*	1	16	54	
GHANA	2411	6923	8821	1619	2693	2477	1	6	24	2	2	10
KENYA	4270	9040	118	1673	3379	35	3090	214	461	1536	94	213
LIBYA		1*	1F		1*	1F						
MADAGASCAR	1966	3538*	2734	591	940	496	135	69	267	102	66	174
MALAWI	200*	1650*			60F	500F	2762*	5323	2400*	2198	2545	1400*
MAURITANIA	9200*	15200*	15600*	2400*	3400*	2700*						
MAURITIUS							57531	60203	53383	35746	37134	32036
MOROCCO	58618	55745	45747	15953	15324	13115		3			1	
MOZAMBIQUE							5900*	2030*		1480*	570F	
NIGER		1	1F									
NIGERIA	4900*	4900F	4900F	1400*	1400*	1400F	6F	6F	6F	3F	3F	3F
RWANDA		300*	70*		88*	16*						
SEYCHELLES	4*			1								
SOUTH AFRICA	26*	36	64	13	13	18	78976	89250*	70676*	17690	24500*	13770
SWAZILAND	124	33	17	74	20	11	44526	30673	36538	17950	15633	16472*
TANZANIA	4522	10300*	1400*	1409	2750*	260*	1300*	2200*	1200*	800*	1350*	670*
TOGO	824	620*	800F	256	170*	170F	9	9F	9F	5	5F	5F
TUNISIA	8331	11480	11460	2275	2946	2280						
UGANDA		5297	2082		2221	730	85	53		47	23	
ZAMBIA	25	530*	50*	28	130F	13*	6300*	8680*	5000*	2500F	3000F	1400*
ZIMBABWE	247		31*	86		7	17419	12109	8890	6500	4156	2536
N C AMERICA	413503	307802	260908	138569	103622	83249	650003	538388	488309	168224	142068	107123
BAHAMAS	4*	20*	20F	3*	10*	10F						
BARBADOS	424	140	64	212	105	28*	5436	4656	5000*	3565	2742	2772
BELIZE							11071	10679*	9200*	4595	4451	4099
CANADA	105249	97674	81322*	27688	23173	18227	8	26	3	7	14	1
COSTA RICA	1043	8	8F	339	3	3F	10031	15447	16100*	4127	4184	2700*
CUBA							358200*	256858*	263400*	71600*	53000F	47500F
DOMINICA	11	10F	10F	5	5F	5F						
DOMINICAN RP							38639	26138	14387	17557	11686	6589
EL SALVADOR	1	8	6		10	4	16379	23273*	17682	5272	6369	3729
GREENLAND					1	1						
GRENADA	224	224F	224F	118	118F	118F						
GUATEMALA							103301	134207	113690	25534	31662	18810
HAITI	10000*	7400*	8000F	4000*	2600*	2600F						
HONDURAS	60	22	4071	21	8*	1113	225	1371	1371F	88	915*	915F
JAMAICA							17100	16752*	17752	9980	9800F	9579
MEXICO	4190	387	626	1316	156	249	53607	27816	15577	11792	7054	3318
NETHANTILLES	620*	25*	180*	200*	15*	81*						
NICARAGUA	35	18		12	10		19073	5587	1255	5317	2962	1019
PANAMA		191	380		73	186	6245	6616	3364	2867	2555	1446
ST KITTS NEV							2954*	2285*	1700F	1780*	1220*	880*
ST LUCIA	218*	264*	264F	83*	76*	76F						
ST VINCENT	437	10*	10F	162	4F	4F						
TRINIDAD TOB	3200	5415	4359	960	1422	858	6961	5804	6437	3865	3148	3328
USA	287787	195987	161363	103450	75834	59686	773	874	1392	280	307	438
SOUTHAMERICA	35893	54709	41426	11076	15103	9762	470578	588730	872513	136490	150680	142697
ARGENTINA	510	4		168	2		11845	7454	7368	4365	2810	1669
BOLIVIA	2	3	3F	1	2	2F	1082	2562	870*	452	968	410*
BRAZIL							384422	478898	782698	104540	109469	116231
CHILE	114	52	98	42	16	30	10	21	21F	7	14	14F
COLOMBIA	116	205	464	41	90	167	44678	66224	55299	12346	18299	10325
ECUADOR	730	616	64	245	221	22	544	1111	807	239	490	237
GUYANA							25624	23677	21100*	13353	14520	11700*
PARAGUAY		7	7F		4	4F	626	1580	2305	392	893	1198
PERU		9232	167	33F	2794	34		6023	1726		2687	763
SURINAME	520	515*	515F	545	530F	530F						
URUGUAY	9614	10548	9057	2870	3052	2258	701	701		290	296	

表 64

SITC 061.1

砂糖（粗糖）

	輸入：10MT			輸入：10,000 $			輸出：10MT			輸出：10,000 $		
	1997	1998	1999	1997	1998	1999	1997	1998	1999	1997	1998	1999
VENEZUELA	24287	33527	31051	7132	8392	6715	1045	479	318	509	233	150
ASIA	860027	811029	971346	258816	216015	202466	283523	166302	235714	73829	46516	42249
ARMENIA	6416	6781	165	2600F	2700F	44						
AZERBAIJAN		1809				595						
BAHRAIN	101	101F	101F	41	41F	41F						
BANGLADESH	20195	15281	14574	5573	4043	4049						
BHUTAN	160F	160F	160F	41*	41F	41F	3F	3F	3F	1*	1F	1F
CHINA	89020	60680	54674	25143	16333	10202	3657	3101	2239	1499	1273	939
CHINA,H.KONG	2332	1275	1127	569	693	557	277	406	80	128	99	43
CYPRUS	31	42	66	14	13	22						
INDIA	21847	35394	115200*	8028	10605	22500*	8455	960	941*	3431	307	300F
INDONESIA	58913	11599	61403	23654	3514	13734	502*		8	502		10
IRAN	42000*	87222	124984	8000*	22590	25760	100	106	427	42	21	52*
ISRAEL	750F	550F	1200F	338	239	594		10F	1*		4	
JAPAN	170975	156111	151911	51097	41008	27634	40	16	7	47	20	10
JORDAN			1			1						
KAZAKHSTAN	11226	11882*	14300*	3971	3901*	3640*	8	7*	8*	4	5*	7*
KOREA REP	143666	137795	137532	41997	37496	28082	131	4		100	3	
KYRGYZSTAN	5600	8500*	10000F	2055	2800*	3000F						
LEBANON	500*	800F	1500F	200F	240F	450F						
CHINA, MACAO	257	311	250	77	88	65					1	
MALAYSIA	116600*	103873	115791	35400*	26814	25585		1				
MYANMAR	39	25*	60*	9	9*	10*	1430*	100*	100F	480*	30F	30F
OMAN	2	2F	2F	4	4F	4F						
PAKISTAN	15		55	5		20		84	152		15	31
PHILIPPINES	5237	25822	24966	1394	6129	5693	19823	18523	14284	8318	8047	6299
SAUDI ARABIA	19028	32380	36700*	6070	7985	11300*	15	52	20F	8	20	10F
SINGAPORE	18498	19813	17990	5256	5048	3115	1	20	13	3	11	4
SRI LANKA	54197	34593	14843	17715	9928	3317	10	4*	5	9	6	10
SYRIA	6800		4176	2022		807						
TAJIKISTAN	7143*	4070*	10000F	2500F	1300F	2800F						
THAILAND		1				1F	244985	135925	199763	57870	34649	29993
TURKEY	82	17	37	38	17	25	25	5	9	27	7	10
UNTD ARAB EM	51400*	43650*	42770*	12850*	9250*	6180*	2760*	6970*	17650*	960*	2000*	4500*
VIET NAM	7000	12300	13000F	2157	3187	2600F	1300*			400*		
YEMEN								5	5F		1	1F
EUROPE	540118	667653	899686	226519	254429	249619	45054	26684	16892	20681	12664	9668
ALBANIA	3720	6591	6000F	1327	2064	1550F		3	3F	9F	2	2F
AUSTRIA	331	291	233	507	398	263	477	1371	157	591	1146	136
BELARUS	40600	31027	34734	14535	8816	7062	11600	1337	484	4715	710	124
BEL-LUX	900	901	1049	734	848	829	628	609	563	960	913	760
BULGARIA	34397	20734	19600*	8757	5113	3050*	64	1836	1836F	24	523	523F
CROATIA			3		1	4	2		5	3		5
CZECH REP	21	960	1452	9	312	395	1111	205	109	355	70	31
DENMARK	123	188	241	209	203	154	17	12	18	25	19	29
ESTONIA	240	2396	2252	26	236	168	14	25	5	6	9	1
FAEROE IS	11	6	6	3	3	2						
FINLAND	5468	6529	6438	2662	3334	3180	1	1	2	1	1	2
FRANCE	11253	12109	17097	7048	7326	8900	3225	3109	5839	2316	2254	3937
GERMANY	760	1057	1371*	762	1012	1232	386	175	204	287	252	268
GREECE	372	33	36	329	33	36	1	2	3	1	2	5
HUNGARY	179	79	207	63	24	53		1471	279		474	66
ICELAND	3	2	1	3	3	2						
IRELAND	165	26	86	185	50	87	68	84	76	83	92	96
ITALY	6487	4317	1138	3692	2290	1025	1110	230	79	960	182	102
LATVIA	4950	2464	6000*	1497	1203	2200*						
LITHUANIA	43				14		46		77	17		18
MACEDONIA	1583	4693*	4693F	1060	3290F	3290F						
MALTA	93	44	249	34	15	67						
MOLDOVA REP	1783	2819*	3500F	597	711*	910F	13930	7040*	410*	5348	2326*	90*
NETHERLANDS	630	513	826	540	454	683	53	109	110	76	135	121
NORWAY	554	728	500	234	265	176		2	50		1	12
POLAND	575	802	35	197	210	17	9292	5373	3477	3003	1675	831
PORTUGAL	29542	29252	30568	14683	14680	14538	4	2	474	5	3	407
ROMANIA	13632	22851	22330	4783	6110	4502	3	2		1	1	
RUSSIAN FED	251916	367349	577387	80581	108269	113179	48	159	523	16	83	149
SLOVAKIA	45	35	1318	21	13	174	1672	2702	27	545	815	15
SLOVENIA	2586	12	12F	758	16	16F	1			2		
SPAIN	1151	4483	1839	1010	3750	1484	79	58	56	60	67	64
SWEDEN	25	31	48	27	40	63	4	3	4	5	4	5
SWITZERLAND	482	426	492	259	251	267	8	9	16	8	10	14

表 64

SITC 061.1

砂糖（粗糖）

	輸　入：10MT			輸　入：10,000 $			輸　出：10MT			輸　出：10,000 $		
	1997	1998	1999	1997	1998	1999	1997	1998	1999	1997	1998	1999
UK	124269	129970	125857	78980	79169	71046	1152	756	2009	1221	897	1854
UKRAINE	531	13877	32028	150*	3900F	9000F						
YUGOSLAVIA	698	62	62F	240	19	19F	58			40		
OCEANIA	17114	17491	22494	5071	4671	4119	438172	468551	439203	127354	148295	113109
AUSTRALIA	90*	120*	165*	60	86	83	407372	444848*	407600*	112554	136000F	99600*
COOK IS	29	11	2	35	12	5						
FIJI ISLANDS	55*		26*				30800	23700	31600*	14792	12286	13500*
FR POLYNESIA	3*	3F	3*	4*	4F	3*						
KIRIBATI	338	260*	260F	104	75F	75F						
NEWCALEDONIA	412	419	12*	232	207	6*						
NEW ZEALAND	15302	15833	21129	4324	4003	3655		3	3		2	1
PAPUA N GUIN	22*	5*	5F	11*	3*	3F				8F	8F	8F
SAMOA	700F	700F	700F	220F	220F	220F						
SOLOMON IS	7*	6*	6*	2*	3*	2*						
TONGA	156	134	211	54	60	68						

表 65

SITC 061.2

砂糖（精製糖）

	輸入：10MT			輸入：10,000 $			輸出：10MT			輸出：10,000 $		
	1997	1998	1999	1997	1998	1999	1997	1998	1999	1997	1998	1999
WORLD	1320206	1451405	1506510	573098	560708	491982	1577042	1783949	1790720	618403	614250	506396
AFRICA	253628	414082	424400	97653	130178	110390	34778	57025	58933	14667	18646	15064
ALGERIA	34100*	83777*	90454*	13200*	26500*	22200*						
ANGOLA	10400*	9800*	12500*	3700*	2700*	2400*						
BENIN	2950*	4100*	4500*	1200*	1500*	1280*						
BOTSWANA	1326	1000*	2200*	921	700F	1200*	1	1F	1F	2	2F	2F
BURKINA FASO	870*	2100*	1100*	400*	860*	430*						
BURUNDI	193	160	139	100	93	52	30	93	168	19	56	79
CAMEROON	3345	4640	5305*	1220	1762	1350*	55	55F	55F	42	42F	42F
CAPE VERDE	1574	2400*	480*	604	800*	120*						
CENT AFR REP	200*	885*	900*	150*	700*	400*	9F	9F	9F	5F	5F	5F
CHAD	820*	1400*	1400F	450*	690*	690F						
COMOROS	342	308	381*	180	158	175*						
CONGO, DEM R	625	550*	500*	201	180F	150F						
CONGO, REP	390*	55*	58*	240*	26*	23*	2F	2F	2F	2F	2F	2F
CÔTE DIVOIRE	2800*	5100*	7200*	1300*	2000*	1800*	1100*	520*	610*	610*	270*	310*
DJIBOUTI	1100*	2139*	5851*	400*	462*	1100*						
EGYPT	25618	69100*	70000*	9182	20900*	21000*	21	34*	4	8	18	2*
EQ GUINEA	130*	200*	310*	62*	70*	71*						
ERITREA	2400*	610*	1100*	850*	190*	310*						
ETHIOPIA	1900*	2000F	3000F	900F	900F	1100F						
GABON	61*	16*	16F	250F	70F	70F						
GAMBIA	5165	4400*	6900*	2000*	1100*	1000*						
GHANA	1302	716	1908	1113	475	696	3	9	181	2	2*	57
GUINEA	6214	6480	7800*	3200*	3340*	2600*						
GUINEABISSAU	800*	300*	260*	300*	100*	64*						
KENYA	992	10892	5557	411	4116	1587	8	9	8	7	9	6
LESOTHO	2300F	2300F	2300F	920F	920F	920F						
LIBERIA	600*	1000*	700*	230*	330*	170*						
LIBYA	20900*	29600*	20300*	8300*	9300*	3600*						
MADAGASCAR	318	685	2	116	237	1			357			205
MALAWI							254*	1689	540*	199	1316*	190F
MALI	2400*	7000*	4500	1000*	2100*	950*						
MAURITIUS	3438	3817	3501	1325	1344	956		1	2			1
MOROCCO	31	408	918	19	198	378	7	21		6	7	
MOZAMBIQUE	5600*	9040*	9350*	1750F	2900F	3000F						
NAMIBIA	5000F	4540*	3800*	2100F	1900F	1200*						
NIGER	2350*	5538	3400*	1000*	2333	890*		100	100F		39	39F
NIGERIA	55400*	89600*	89600F	19700*	22700*	22700*						
RWANDA	380*	45*	450*	150*	14*	130*						
ST HELENA	10F	10F	10F	7F	7F	7F						
SAO TOME PRN	50*	160*	49*	15*	44*	10*						
SENEGAL	7527	4578	3771	3515	2151	1626	6	6	13	3	5	23
SEYCHELLES	537	270*	350*	292	166	175						
SIERRA LEONE	600*	1600*	870*	240*	490*	260*						
SOMALIA	12620*	13600*	23100*	4600*	3700*	4300*						
SOUTH AFRICA	73	33	13*	28	18	9	19780	31288	39689	7803	8947	9227
SUDAN	110*	220*	130*	45*	65*	33*	7360	11650*	7000F	2640	4100F	2000F
SWAZILAND	49	8	6	44	7	8	1944	3528	2736	930	1501	935
TANZANIA	10458	5700*	5900*	3321	1650*	1200*	39	39F	39F	24	24F	24F
TOGO	570	700F	900F	157	155F	190F						
TUNISIA	15491	18251	16703	5555	6009	4354	8	10	25	5	4	6
UGANDA	940*	2047	2791	530*	943	1177		29	367		11	118
ZAMBIA	256	190*	1100*	159	100F	240*	1*	1F	1F	1	1F	1F
ZIMBABWE	2	15*	67*	2	6	39	4150*	7931	7027*	2360*	2286	1790
N C AMERICA	25115	35113	38852	11462	15608	15710	53652	87286	55864	18294	26732	16368
ANTIGUA BARB	210*	300*	240*	100*	110*	62*						
ARUBA	470*	490	490F	240F	551	551F						
BAHAMAS	900*	930*	1000*	480*	570*	510*						
BARBADOS	977	489	1003	448	224	386						
BELIZE	4	1*	1F	6	2*	2F						
BERMUDA	160*	170*	160*	86*	76*	57*						
BR VIRGIN IS	23*	14*	7*	12*	7*	5*						
CANADA	1353	2931	2886	487	1062	958	1497	1513	1096	747	866	601
CAYMAN IS	32*	32*	70*	33*	29*	41*						
COSTA RICA	1	1	1F	1	1	1F						
DOMINICA	334	200*	200*	145	130*	130F						
DOMINICAN RP	1000*	3500*	6900*	260*	760*	1120*	3230	3492	2696	1446	1467	1321
EL SALVADOR	22	1	4	18	1	7	1022	2080*	4247	302	333	920
GREENLAND	165	185	204	134	138	147						
GRENADA	264	300*	240*	127	140*	92*	19	19F	19F	7	7F	7F

表 65

SITC 061.2

砂糖（精製糖）

	輸入：10MT			輸入：10,000 $			輸出：10MT			輸出：10,000 $		
	1997	1998	1999	1997	1998	1999	1997	1998	1999	1997	1998	1999
GUATEMALA	2	2	2*	3	4	3F		23	23F	1	9	9F
HAITI	1800*	4300*	2400*	700*	1400*	600*						
HONDURAS	6	4	14*	8	6	42		2	2F		3	3F
JAMAICA	6760*	8860*	7720*	2550*	3400*	3000F	22	12*	25*	13	10*	13*
MEXICO	2623	1944*	3368	1019	1008	1161	33469	67291	33633	9061	18398	7611
MONTSERRAT	10*	11*	9*	4*	4*	3F						
NETHANTILLES	160*	850*	2070*	110*	587	1380*	320*	416	1970*	260*	296	1030*
NICARAGUA	12	6	19	7	4	12	379	510	869	117	265	203*
PANAMA		311	86	1	174	33		7			4	
ST KITTS NEV	160	160*	120*	81	72*	48*						
ST LUCIA	305	341	340*	145	147	90*						
ST PIER MQ	6*	5*	6*	4*	3*	2*						
ST VINCENT	208	310*	220*	101	145*	79*						
TRINIDAD TOB	234	1661	670	173	644	206	967	42	43	465	44	46
USA	6915	6803	8404	3979	4209	4985	12725	11879	11239	5874	5031	4605
SOUTHAMERICA	69724	80848	62753	27266	29431	16214	307466	407537	478371	90164	99365	85890
ARGENTINA	5364	32	134	1547	12	35	4483	9300	9321	1448	2322	1758
BOLIVIA	2	7	7F	1	4	4F	5485	4298	770*	1754	1389	250*
BRAZIL	5	5	3	25	7	3	252775	357527	427326	72593	84619	74842
CHILE	27462	20080	22479	9730	6309	5700	1	1	1*		1	1*
COLOMBIA	730	288	1037	295	109	360	37025	35900	36872	11251	10864	7684
ECUADOR	3476	14028	1174	2876	7952	389	2	2	3682	1	1	1177
GUYANA	900*	600*	720*	400*	250*	300F						
PARAGUAY	3	1*	1F	2	1	1F						
PERU	25749	40590	34600	10145*	12990	8547	7696	11	399	3117*	5	178
SURINAME	594	1100*	990*	668	600*	470*						
URUGUAY	325	462	180	113	148	50						
VENEZUELA	5116	3655	1427	1465*	1050	355		500			165	
ASIA	561734	559199	644579	209067	177968	161346	286395	318510	377702	94864	98049	87484
AFGHANISTAN	5100*	4800*	5500*	1900F	1600F	1750*						
ARMENIA			6819			1781			1			
AZERBAIJAN	9500	16000*	4626	2555	3850*	996			6			2
BAHRAIN	1920	1300*	1900*	929	600*	650*						
BANGLADESH	483	737	560	133	193	155						
BHUTAN	340F	340F	150*	131	131F	48*						
BRUNEI DARSM	300*	320*	620*	120*	89*	120*						
CAMBODIA	5247*	6770*	15200*	1718*	1860*	3290*						
CHINA	9927	11877	12332	3629	3717	3205	36560	42236	35762	12735	11804	7438
CHINA,H.KONG	27367	40023	20100	10451	9325	5074	10560	9089	2079	4004	3260	615
CYPRUS	2767	3251	2832	1077	1099	775	47	128	76	21	51	26
GAZA STRIP	2000F	2000F	2000F	750F	750F	750F						
GEORGIA	9200*	7200*	7700*	3400*	2200*	1600*						
INDIA	12841	54723		4669	16064		8716	261	1500*	3110	85	520*
INDONESIA	59915	85699	157311	19485	31433	39132	71*	73	227*	48	60	162
IRAN	80300*			32100*			26	12	11	21	7	8
IRAQ	33000*	32800*	31900*	15000*	12500*	9830*						
ISRAEL	42900*	43400*	43855F	15584	14316	12070	55F	130F	130F	28	67	71
JAPAN	354	371	318	344	323	265	1048	707	437	457	315	190
JORDAN	15973	16451	17431	5796	5059	4326	767	32	1308	274	6	336
KAZAKHSTAN	11779	12366*	14903*	5333	5172*	4825*	253	280*	190*	350F	140*	65*
KOREA D P RP	4400*	1350*	2900*	1800F	470*	690*	1F	1F	1F			
KOREA REP	19	14	31	36	26	44	26370	34040	29743	9709	10857	7323
KUWAIT	6495	6729	6548	2648	2491	1835	1	3	34		2	13
KYRGYZSTAN	471	230*	1000F	234	110*	400F	3850	4200F	1100*	1775	2050F	350*
LAOS	579	1234	422	250F	348	110F						
LEBANON	8800*	9200*	10700*	3400*	2900*	2100*						
CHINA, MACAO	343	380	348	99	104	79	3	58	2	1	11	1
MALAYSIA		1	3		2	1	12400*	14622	20181	5500F	4346	5029
MALDIVES	530*	750*	490*	210*	240*	110*						
MONGOLIA	1163	1480	1200*	493	370*	376	6	5F	5F			
MYANMAR	800	1000F	1100*	271	350F	210*	62*	62F	62F	42*	42F	42F
NEPAL	2100F	1010F	1450*	844	405	300F						
OMAN	4200	3000F	4000F	1714	1000F	1150F	2	2F	2F	1	1F	1F
PAKISTAN	68	1	1013	26		337		71639	90660		20853	25408
PHILIPPINES	2168	10318	13542	819	3457	4015			1			1
QATAR	1681	1100*	510*	768*	440*	140*	25F	25F	25F	12F	12F	12F
SAUDI ARABIA	38529	24379	30000F	15349	7787	6600F	960	552	200F	430	173	60F
SINGAPORE	10706	10482	16646	4155	3420	4193	1789	5934	3904	879	1987	1162
SRI LANKA	319	10385	33298	116	2794	7176	12	12	3	19	16	5
SYRIA	36203	45509	55851	13124	14449	15187						
TAJIKISTAN		330*	330F		110*	110F						

表 65

SITC 061.2

砂糖（精製糖）

	輸 入：10MT			輸 入：10,000 $			輸 出：10MT			輸 出：10,000 $		
	1997	1998	1999	1997	1998	1999	1997	1998	1999	1997	1998	1999
THAILAND	5	1	2	4	1	1	158239	92759	127168	46512	29605	25247
TURKEY	6206	508	140	2463	183	62	16903	25859	48484	6109	7469	10549
TURKMENISTAN	8500*	2200*	4000F	4200F	900F	1000F						
UNTD ARAB EM	23500*	16500*	28600*	7250*	4250*	5200*	7670*	15790*	14400*	2830*	4830*	2850*
UZBEKISTAN	28300*	32700*	35000F	11000F	11000F	9100F						
VIET NAM	7000	8000F	9000F	360*	1450F	1800F						
YEMEN	37436	29981	40404	12330	8630	8379*		1	1F			
EUROPE	399174	353728	329510	223517	204664	186144	877762	907181	807438	394201	369023	298296
ALBANIA	142	1612	900F	51	476	250F						
AUSTRIA	2967	2413	813	2239	1458	801	10490	11403	14571	4962	4904	5860
BELARUS	16800	13346	7337	6636	5122	3025	13200	21078	23231	6726	8750	7185
BEL-LUX	79014	88144	86236	51591	58520	53333	115721	150197	99366	44988	48695	29176
BOSNIA HERZG	4900*	7500*	9200*	1800*	2600*	2300*						
BULGARIA	2367	1203	1500*	657	389	370*	5437	3056	3056F	2008	946	946F
CROATIA	385	946	1002	157	303	284	31	41	22	28	33	28
CZECH REP	806	3062	3502	292	914	936	12296	7972	1796	3825	2214	508
DENMARK	6832	6061	1568	4665	3420	1300	20779	23740	31139	9020	8662	8917
ESTONIA	8968	6884	3682	2680	2169	811	2858	3917	174	1075	1381	74
FAEROE IS	89	95	87	52	51	40						
FINLAND	15	78	737	22	100	661	2731	2845	1293	1035	1080	480
FRANCE	14457	13077	18687	12465	11524	13962	276110	291660	267304	144224	139265	121526
GERMANY	17793	19761	18611	14567	16257	14402	133877	141714	137737	59010	58130	50512
GREECE	3708	1512	5019	2756	806	3817	2116	2707	433	708	787	220
HUNGARY	351	673	1261	126	195	316	3709	11891	4565	1311	3575	1148
ICELAND	1223	1234	1181	554	517	383						
IRELAND	2511	897	1604	2475	800	1308	9531	5945	7542	6761	4506	4935
ITALY	27317	29668	30126	22162	23476	22642	22009	35294	37305	9962	10295	12264
LATVIA	1726	2139	242	665	1296	130	381	128	1	184	102	1F
LITHUANIA	1325	849	307	601	393	138	3	2	1118	1	2	224
MACEDONIA	6060*	9760*	14300*	2300*	3030*	2600*	15	15F	15F	21	21F	21F
MALTA	2114	2149	1979	828	768	532	12	43	1	22	28	1
MOLDOVA REP	281	420*	23	129	167*	8	1937	960*	3195	766	332*	906
NETHERLANDS	4209	4988	13401	3733	3080	9042	31548	30580	17532	12499	12122	9747
NORWAY	17942	17129	16934	7230	6238	5208	43	37	36	43	49	40
POLAND	4838	1056	193	1580	302	68	43061	28615	37942	13709	8270	8127
PORTUGAL	85	107	260	115	110	205	2081	11055	7170	1200	5842	3343
ROMANIA	7909	13343	10090	2736	3723	2721	80	233	61	36	88	19
RUSSIAN FED	95626	38673	12781	33859	12749	3687	4325	4281	13054	2234	1797	3622
SLOVAKIA	3807	3355	3423	1036	1100	966	360	2866	464	163	884	176
SLOVENIA	1242	1298	1700*	468	417	380*	13	23	23F	39	41	41F
SPAIN	37395	35247	34764	28608	26854	25013	26027	22037	18831	11520	7588	3835
SWEDEN	1045	2166	1786	971	1817	1450	9468	5509	8508	5222	1934	2582
SWITZERLAND	11418	10362	13146	3188	3196	3422	20	17	19	45	37	36
UK	10641	12109	10688	9178	10189	9487	57138	76428	59832	26216	32686	18747
UKRAINE							69896	10739	10000F	24386	3900F	3000F
YUGOSLAVIA	871	412	442*	347	141	150F	463	154	104*	251	78	53F
OCEANIA	10831	8436	6416	4135	2859	2177	16989	6410	12412	6214	2435	3294
AMER SAMOA	140*	160*	180*	90*	80*	61*						
AUSTRALIA	85*	120*	200	53	78	100	15073	4611	10472	5303	1745	2673
COOK IS	45*	17	22	32*	15	21						
FIJI ISLANDS	160*	640*	390*	40*	140*	66*						
FR POLYNESIA	830*	720*	770*	390*	260*	220*						
GUAM	180*	220*	210*	85*	105*	85*						
KIRIBATI	1	1F	1F	1	1F	1F						
NAURU	30*	30F	30F	17*	17F	17F						
NEWCALEDONIA	257	293	620*	114	128	240*						
NEW ZEALAND	8123	4598	2728	2863	1367	883	1916	1800	1941	911	690	620
NIUE	3*	3*	4*	3*	2*	2*						
NORFOLK IS	3*	3F	3*	2*	2F	2*						
PAPUA N GUIN	270*	640*	230*	130*	260*	81*						
SAMOA	150*	390*	430*	60*	145*	150*						
SOLOMON IS	280*	280*	300*	100*	91*	82*						
TONGA	67	115	91	28	42	40						
VANUATU	127F	127F	127F	75F	75F	75F						

表 66

SITC 061.6

天然蜂蜜

	輸入：MT			輸入：1,000 $			輸出：MT			輸出：1,000 $		
	1997	1998	1999	1997	1998	1999	1997	1998	1999	1997	1998	1999
WORLD	320131	326029	349716	540601	486560	453794	269093	307088	339417	461324	457682	424895
AFRICA	1516	1454	1326	3137	3012	2617	563	296	328	1586	1156	1214
ALGERIA	140	140F	140F	637	637F	637F				1	1F	1F
BOTSWANA	7	7F	7F	32	32F	32F						
CAMEROON	9	9F	9F	13	13F	13F						
CAPE VERDE	8	8F	10*	27	27F	20*						
CHAD	1F	1F	1F	2F	2F	2F						
CONGO, DEM R	11	11F	11F	2	2F	2F						
CÔTE DIVOIRE	27F	20*	10*	31F	20*	10*						
DJIBOUTI	10*	20*	20F	10*	20*	20F						
EGYPT	6	5	9	30	24	40	124	31	61	248	77	166
ETHIOPIA	2F	2F	2F	7F	7F	7F				1F	1F	1F
GABON	22F	22F	22F	21F	21F	21F						
GHANA	6	3	4	17	10	19	1					2
KENYA	20	25	53	57	79	81	1	1	5	1	2	9
LIBYA	23F	23F	23F	190F	190F	190F	53F	53F	53F	838F	838F	838F
MADAGASCAR	1		1	7		1				1		
MALAWI		7F	7F		10F	10F						
MAURITANIA	14F	14F	14F	35F	35F	35F						
MAURITIUS	94	107	56	178	176	108					3	
MOROCCO	222	428	537	497	617	651	1	1	1	3	6	3
NIGER		1	1F		4	4F						
NIGERIA	246F	246F	246F	499F	499F	499F						
SENEGAL	9	7	7	14	20	19					1	
SEYCHELLES	6	8	2*	32	40	13						
SOUTH AFRICA	587	240	57	706	422	89	28	8	5	88	61	24
SWAZILAND	4	79	45*	18	88	29	3	1		1		
TANZANIA	17	17F	17F	7	7F	7F	311	110*	110F	375	120*	120F
TOGO	1	1F	1F	2	2F	2F						
TUNISIA	8	2	13	40	4	13	1	1	1	13	16	17
ZAMBIA	1	1F	1F	3	3F	3F	40	90*	90F	16*	30*	30F
ZIMBABWE	14			23	1				2			3
N C AMERICA	79065	63131	86483	130318	85395	96399	47529	57826	49703	78452	84084	63101
ARUBA	10F	10*	10*	20F	10*	10*						
BAHAMAS	52	20*	20F	137	30*	30F						
BARBADOS	69	43	87	188	116	188						
BELIZE				1	1F	1F	32	32F	32F	48	48F	48F
BERMUDA	35*	20*	20F	28*	10*	10F						
CANADA	1992	2409	2859	3279	3143	3437	8408	11481	14717	17054	19596	20840
COSTA RICA	386	246	290*	635	361	320*	9	4	4F	3	7	7F
CUBA							3800*	4500*	4500*	5000*	7500*	4800*
DOMINICA				1	1F	1F						
DOMINICAN RP							377	215	139	1215	145	145
EL SALVADOR	258	71	18	466	103	47	2154	2280	1483	3903	3285	1768
GREENLAND	6	15	12	23	61	52						
GRENADA	3	3F	3F	8	8F	8F						
GUATEMALA	48	91	100*	103	181	120*	1421	1606	980*	1844	2366	1000*
HONDURAS	84	45	108	188	97	166	5	1	1F	12	1	1F
JAMAICA							4F	4F	4F	4F	4F	4F
MEXICO	135	74	56	246	133	143	26900	32441	22477	41090	41511	25277
NETHANTILLES	25F	30	30F	115F	85	85F						
NICARAGUA	3	1	1	7	3	2	308	237	323	418	303	401
PANAMA	2	11	75	3	22	84						
ST LUCIA	4			10	2	2F						
ST PIER MQ	3F	3F	3F	8F	8F	8F						
TRINIDAD TOB							1			3	1	1
USA	75950	60039	82791	124852	81020	91685	4111	5024	5043	7858	9317	8809
SOUTHAMERICA	2396	3156	2310	4504	5524	3215	79772	77946	105410	123180	101262	108905
ARGENTINA	171	21	41	335	67	108	70422	68301	93103	108361	88533	95729
BOLIVIA	1	13	13F	3	21	21F						
BRAZIL	1665	2420	1821	3360	4430	2504	51	17	19	106	54	120
CHILE	81	63	30*	138	98	40*	1565	4436	1634	2498	5622	2100
COLOMBIA	19	65	34	68	153	89						1
ECUADOR	66	126	31	95	207	46	13	10	7	36	33	20
PARAGUAY	11	4	4F	13	11	11F						
PERU	24	25	23	67	71	81					1	
SURINAME	4	4F	10*	17	17F							
URUGUAY	3	9	8	7	23	16	7714	5181	10647	12173	7015	10935
VENEZUELA	351	406	295	401	426	299	7	1		6	4	

表 66

SITC 061.6

天然蜂蜜

	輸入：MT			輸入：1,000 $			輸出：MT			輸出：1,000 $		
	1997	1998	1999	1997	1998	1999	1997	1998	1999	1997	1998	1999
ASIA	59749	55828	57144	100094	75365	77686	67327	100246	106598	104164	121459	107588
ARMENIA	37	40F	16	46	46F	32		1			2	
AZERBAIJAN	678	600F	36	189	180F	14						
BAHRAIN	121	40*	110*	435	120*	250*						
BANGLADESH	51	94	1F	176	119	2						
BRUNEI DARSM	50*	30*	20*	120*	50*	30*						
CAMBODIA	10*	10F	10*	10*	10F	10*						
CHINA	2297	1977	2817	2408	2068	2769	48306	78787	87364	69200	86620	78673
CHINA, H.KONG	1733	1935	1880	4118	3708	3599	429	513	669	976	841	638
CYPRUS	76	165	111	110	187	143	9	26	36	31	55	79
GAZA STRIP							40F	40F	40F	180F	180F	180F
GEORGIA	10*	10*	10*	20*	10*	10*						
INDIA		23	20*	1	23	30*	752	1609	1500*	995	1752	1100*
INDONESIA	503	246	1379	916	403	1933	53	13	10	383	8	20
IRAN							1815	4897	4555	2196	7104	6697
ISRAEL	380*	250*	810F	844	408	1306	90F	100F	100F	116	122	105
JAPAN	34318	29425	34658	50167	34597	36248	68	27	25	213	94	60
JORDAN	534	481	509	1856	1459	1504	33	7	22	163	49	95
KAZAKHSTAN	38	39	44	87	128	181	90	7	31	177	21	29
KOREA D P RP							40F	40F	40F	55F	55F	55F
KOREA REP	296	401	427	833	945	919	1		6	2		19
KUWAIT	714	665	782	2728	2681	2872	15	4	21	63	17	53
KYRGYZSTAN							199	205F	205F	240	250F	250F
LEBANON	380*	310*	320*	1100*	860*	770*						
CHINA, MACAO	30	23	54	79	65	106	4	11	7	3	6	3
MALAYSIA	1900*	1450	2074	3900*	2524	3442	20*	1	44	110*	11	106
MALDIVES	30*	20*	30*	110*	70*	90*						
MONGOLIA							1			3		
MYANMAR	7	7F	7F	4	4F	4F				180F	180F	180F
NEPAL	12F	23F	40F	12	23	10*	1	38	38F	2	70	70F
OMAN	407	407F	290*	1001	1001F	700*	1	1F	1F	7	7F	7F
PAKISTAN	124	195	183	273	391	421	578	691	752	1140	1458	1605
PHILIPPINES	319	241	362	521	388	589						2
QATAR	192	192F	140*	650F	650F	400*	3F	3F	3F	5F	5F	5F
SAUDI ARABIA	4661	6042	5200*	14738	14532	10000*	514	419	300*	1707	1781	1200*
SINGAPORE	1810	1283	1459	3901	2535	2943	1096	531	573	4515	1547	1548
SRI LANKA	48	54	71	80	115	128	3	1	1	5	4	3
SYRIA	7	3	3F	26	4	4F	4	6	6F	33	67	67F
THAILAND	283	135	186	586	239	362	2005	1053	1689	1137	659	1028
TURKEY	376	462	290	657	862	473	8457	5570	5306	16026	11089	9996
TURKMENISTAN							12F	15F	15F	16F	18F	18F
UNTD ARAB EM	1100*	840*	2200*	2800*	1900*	4300*	112F	112F	112F	278F	278F	278F
UZBEKISTAN	20F	15F	15F				105F	80F	75F	130F	130F	130F
VIET NAM	14*	2*	2F	32*	7*	7F	2443*	5400*	3000*	3280*	6500F	2700*
YEMEN	6183	7693	578	4560	2053	1085*	28	39	51	597	481	587*
EUROPE	177280	202327	202285	302264	316962	273535	58499	58489	64801	125530	129437	123248
ALBANIA		13			34							
AUSTRIA	4208	4439	5634	8468	8539	7992	587	302	557	1750	1122	2236
BELARUS	37F	109	41	55F	228	122		18	8		68	38
BEL-LUX	7499	9061	8672	12367	14311	11126	2297	2963	3336	5178	6242	4952
BOSNIA HERZG	250*	110*	130*	650*	360*	310*						
BULGARIA	365	52	52F	374	63	63F	4269	2916	2600*	5304	3857	3100*
CROATIA	104	1	7	232	11	40	165	74	32	375	241	118
CZECH REP	751	613	686	1104	742	746	277	988	1169	372	2164	1520
DENMARK	3228	6858	5161	5415	10560	6970	1516	1795	2837	3924	4441	6405
ESTONIA	58	224	106	103	396	197	31	14	13	68	16	32
FAEROE IS	4	6	5	14	17	15						
FINLAND	924	1168	1271	1914	2401	2357	29	8	5	62	31	12
FRANCE	11946	12503	15319	23869	24374	25711	2674	3108	3306	7704	9459	9416
GERMANY	83295	93552	89617	130383	136481	112473	13061	13574	17149	33406	32899	35418
GREECE	2294	3352	2616	3343	5413	4284	249*	281	518	1170	1273	1875
HUNGARY	406	549	441	501	672	457	7675	9262	9889	14059	19621	15906
ICELAND	56	54	63	177	159	173						
IRELAND	1506	1277	1134	3073	2232	1964	233	195	113	814	613	373
ITALY	12201	12074	12439	20478	19364	16672	2617	2254	3435	7144	6413	7851
LATVIA	44	223	287	64	650	641				1		
LITHUANIA	58	77	137	33	91	194						
MACEDONIA	10*	10*	10*	20*	25*		13	70*	70F	30*	150*	150F
MALTA	7	3	4	22	22	21	10	3	4	26	7	9
MOLDOVA REP	1		18	2		10	378	320	418	627	457	395
NETHERLANDS	5530	6789	8314	12200	12542	15316	246	883	1130	763	1775	2312

表 66

SITC 061.6

天然蜂蜜

	輸入:MT			輸入:1,000 $			輸出:MT			輸出:1,000 $		
	1997	1998	1999	1997	1998	1999	1997	1998	1999	1997	1998	1999
NORWAY	193	219	220	330	354	361	20	23		109	115	1
POLAND	2204	1270	1853	3413	2092	2182	295	183	158	1416	785	590
PORTUGAL	1338	956	1123	2440	1840	1901	880	645	352	1659	1217	603
ROMANIA	43	174	205	104	365	327	8478	5743	7235	11778	8495	8470
RUSSIAN FED	950*	1564	109	3000*	2790	116	5*	158	216	10*	179	277
SLOVAKIA	177	390	211	190	497	272	1215	1202	1444	2574	2318	1998
SLOVENIA	399	432	432F	652	780	780F	116	137	70*	315	421	200*
SPAIN	7169	10260	13335	10427	12932	13910	9619	9708	7019	20329	20667	14316
SWEDEN	2355	2901	2926	5870	6233	5571	9	27	7	26	82	19
SWITZERLAND	6399	6328	6722	13572	13670	13457	222	169	290	1106	947	1334
UK	21223	24699	22902	37282	35682	26634	904	1082	935	2430	2443	2253
UKRAINE	34	28	43	83	67F	90F	406	383	485	990F	917F	1067F
YUGOSLAVIA	1	2	40*	6	7	80*	3	1	1F	11	2	2F
OCEANIA	125	133	168	284	302	342	15403	12285	12577	28412	20284	20839
AUSTRALIA	30*	60*	102	70	122	239	13287	10363	10363	22159	15695	15428
COOK IS	3	2	1	11	7	6						
FIJI ISLANDS	30*	20*	10*	40*	20*	10*						
FR POLYNESIA	22F	22F	20*	83F	83F	30*						
KIRIBATI			1		1F	1F						
NEWCALEDONIA	12	15	10*	38	47	20*						
NEW ZEALAND	22	14	5	34	21	16	2096	1902	2194	6233	4579	5401
NIUE							20*	20*	20*	20*	10*	10*
PAPUA N GUIN			20*	1F	1F	20*						
TONGA	6			6								

表 67

SITC 071.1

コーヒー（生または焙煎）

	輸入：MT			輸入：10,000 $			輸出：MT			輸出：10,000 $		
	1997	1998	1999	1997	1998	1999	1997	1998	1999	1997	1998	1999
WORLD	5138925	5145248	5342749	1573270	1455094	1167684	5227009	5262186	5519208	1477070	1361948	1119076
AFRICA	163197	158429	145137	28209	26390	22629	936859	844551	790956	188613	175691	127033
ALGERIA	87853	85253	70403	11784	11022	8732						
ANGOLA							3000*	3200*	3000*	350*	380*	270*
BENIN	3	3	3	2	2	2						
BOTSWANA	718	718F	718F	142	142F	142F	3	3F	3F	1	1F	1F
BURKINA FASO	20F	20F	20F	6F	6F	6F						
BURUNDI							31870	22303	23685	7684	5104	4216
CAMEROON	2						58975	53453	69300	8998	8653	9200
CAPE VERDE	356	330	270	135	150	92	3			2		
CENT AFR REP	1	4	2		1	1	12200	6120	11700	1900	920	1300
CHAD	43	3	3	20F								
CONGO, DEM R	4	4F	4F	1	1F	1F	23039	38183	23000*	3900*	6800*	3100*
CONGO, REP	144	24	24	14	5	5	180*			30*		
CÔTE DIVOIRE	23	23	20	8	8	4	254010	239130	132010	36202	33913	18801
DJIBOUTI	20	50	10	8	11	3F						
EGYPT	6441	6023	7317	1272	1177	1225		3	4		2	3
EQ GUINEA							60*			4*		
ETHIOPIA							119000*	115000*	109000*	38400*	37800*	26400*
GABON	35	30	20	7	3	3		120*	180*		18F	27F
GHANA	17	15	17	6	6	8	3427	6067	5757	407	440	559
GUINEA							20000*	22000*	6500*	2560*	3150*	850*
KENYA	98	44	99	7	2	2	68250	50835	69746	28660	24371	16754
LIBERIA	130*	5*	25*	25*	2*	9*						
LIBYA	4500*	1610*	3510*	2040*	905*	1346*						
MADAGASCAR	5	4	23	2	1	6	25897	30277	13067	3284	4024	1529
MALAWI	4	19	19	1	5	5	4225	3729	4437	1280	1139	887
MALI	50F	50F	50F	16F	16F	16F						
MAURITANIA	10	5	5	2	2	2						
MAURITIUS	92	125	127	41	47	44	1		1	1	1	
MOROCCO	27047	27605	26536	4550	4995	4192	1	18	33		6	36
MOZAMBIQUE	70	60	110	19	17	15						
NIGER		13	13F		4	4F						
NIGERIA	249	411F	411F	49	94F	94F	881	881F	881F	199	199F	199F
RWANDA							14307	14304	16839	3500F	2590	2998
SAO TOME PRN							10*	40*	40F	5*	10*	10F
SENEGAL	63	62	86	11	18	20			4			2
SEYCHELLES	41	27	28	27	18	20						
SIERRA LEONE							2900*	2500*	1350*	650*	440*	185*
SOUTH AFRICA	18627	20164	17383	4051	3954	2982	3791	6068	1903	1147	1449	377
SUDAN	5537	5537F	5537F	1816	1816F	1816F						
SWAZILAND	355	423	376	62	98	92	3	2	2	1		1
TANZANIA	10	115	110	1	14	6	47330	44690	38085	11934	10878	6104*
TOGO	9	720	1650	2	65	165	18613	10000	19300	2482	1300	2500
TUNISIA	10513	8797	10105	2057	1769	1558	227	181	3	25	33	1
UGANDA		3	1		1		210123	165776	230466*	30936	28711	28796
ZAMBIA	65	117	82	7	13	9	2396	1700	3200	422	330	440
ZIMBABWE	42	13	20	16	1	4	12137	7968	7460	3646	3029	1488
N C AMERICA	1324259	1370148	1460037	439110	394624	331634	1080636	984729	1037064	345904	324385	266543
ARUBA	1300F	1300F	1300F	380F	380F	380F						
BAHAMAS	160	89	94	110	62	63						
BARBADOS	71	36	55	29	14	25						
BELIZE	55	55F	55F	35	35F	35F						
BERMUDA	205	205	240	97	96	99						
CANADA	150835	179438	171287	53010	57633	47064	14024	24133	27657	7281	11734	11673
COSTA RICA	6	74	110	4	26	26	129298	134772	114514	41927	41167	24922
CUBA							6400*	9100*	4600*	2400*	2700*	1200*
DOMINICA	1	1F	1F	1	1F	1F	2	2F	2F	1	1F	1F
DOMINICAN RP							18670	21571	10756	6785	6634	2670
EL SALVADOR	94	163	102	31	45	29	165621	85846	113620	51482	32193	24443
GREENLAND	246	293	346	171	207	225						
GRENADA	5	10*	10F	4	3*	3F						
GUATEMALA	78	270	270F	16	124	124F	249973	213146	266323	58954	58667	58715
HAITI							6100*	7800*	6100*	1470*	1740*	980*
HONDURAS	33	63	114	7	13	29	102680	138160	121275	29554	43133	26801
JAMAICA	28	698	43	20	187	23	1736	1080	1555	3465	1945	2820
MEXICO	11167	9524	8558	2675	1837	1556	243954	193897	242158	92388	71383	63751
NETHANTILLES	100	154	130	37	31	37	20F	36	20*	4F	5	5*
NICARAGUA	50	2506	1933	9	621	220	40303	33340	27826	12352	8469	13483
PANAMA	1479	251	487	451	100	129	7594	8709	8572	2259	2463	2014
ST KITTS NEV	6	6F	6F	5	5F	5F						

表 67

SITC 071.1

コーヒー（生または焙煎）

	輸入：MT			輸入：10,000 $			輸出：MT			輸出：10,000 $		
	1997	1998	1999	1997	1998	1999	1997	1998	1999	1997	1998	1999
ST LUCIA	27	30	17	21	25	10						
ST PIER MQ	10*	10*	6*	5*	4*	3*						
ST VINCENT	6	3	5	2	2	3						
TRINIDAD TOB	20	97	336	7	42	78	46	45	76	49	43	38
USA	1158277	1174872	1274532	381986	333131	281469	94215	113092	92010	35532	42107	33027
SOUTHAMERICA	57787	50322	48622	14297	12223	8379	1637065	1808949	2058425	554349	462933	394650
ARGENTINA	41595	35575	35444	10618	8955	6036	42	51	60	25	32	33
BOLIVIA	30	7	7F	8	3	3F	6727	5842	7501	2605	1496	1410
BRAZIL	319	79	96	125	91	128	869058	995748	1272399	274817	233362	223300
CHILE	12942	10922	9669	2768	2281	1638	1		1			
COLOMBIA	1	1	2	4	2	3	617647	636995	568635	226233	189362	132497
ECUADOR	8	79	83	2	7	6	39507	39932	40471	8630	7127	5709
PARAGUAY	917	631	631F	237	154	154F	749	320	93	195	71	9
PERU	12	150	641	8	44	57	98869	117590	145623	40136	28748	26764
SURINAME	10	10*	10*	13	15*	13F						
URUGUAY	1940	2169	2036	510	506	341				1		
VENEZUELA	13	699	3	3	166	2	4465	12471	23643	1706	2735	4928
ASIA	567722	585651	607713	169640	166056	132389	1007038	1033847	1050985	160633	172398	145102
ARMENIA	4425	4850	6822	738	935F	1223			56			15
AZERBAIJAN	40	30*	10	7	16*	7						
BAHRAIN	174	80*	15*	71	33	13*						
BANGLADESH	8	10	27	6	3	7						
BRUNEI DARSM	54	55	55F	19	25	25F						
CAMBODIA	15*	10*	5*	2*	1F	2F						
CHINA	5031	9213	9631	1613	2722	2421	14484	2759	4701	2176	765	887
CHINA,H.KONG	5512	4585	3967	1551	1450	1107	1833	1763	672	571	502	257
CYPRUS	1646	2070	1969	514	605	396	83	40	73	38	31	50
GEORGIA	3500F	3000F	3000*	1080F	900F	620*	270F	200F	200F	110F	100F	100F
INDIA	2279	2745	3588	327	345	404	138913	180306	138042	35104	33551	20050
INDONESIA	10234	2965	2917	1391	417	330	313117	357550	352762	51132	58424	46683
IRAN	23	124	123	20	27	13						
IRAQ	29*	600F	600F	6*	80F	80F						
ISRAEL	19835	24795	22975	5535	5802	5050	3525	1652	1400F	1704	825	563
JAPAN	327077	334002	365279	109559	104538	85436	6	17	26	10	19	29
JORDAN	5501	7340	6744	1159	1490	1150	1143	961	978	274	224	170
KAZAKHSTAN	124	497	455	55	92*	72	15		106	13		4
KOREA D P RP	3700*	1300*	1100*	1600*	550*	430F						
KOREA REP	68558	63439	66936	20801	15845	12536	505	176	42	483	190	42
KUWAIT	1716	2623	2850	600	884	666	24	19	66	6	5	13
KYRGYZSTAN	96	100F	100F	15	18F	18F						
LAOS							6605	14748	8206	960F	1932	1600*
LEBANON	12100	18000	17000	4070	6250	3880	160	140	210	42	34	46
CHINA, MACAO	192	226	269	46	41	35	10	19	51	2	1	8
MALAYSIA	14286	14641	17830	1718	2398	2604	611F	467	802	157F	130	183
MALDIVES	37F	37F	37F	43F	43F	43F						
MYANMAR	136	136F	136F	35	35F	35F						
NEPAL	150F	820F	820F	44	25	25F	4	2	2F	1	1	1F
OMAN	2503	3280	1020	597	798	211	77	77F	77F	34	34F	34F
PAKISTAN	49	43	29	34	26	18						
PHILIPPINES	3913	12789	5372	656	1969	807	547	752	215	124	149	47
QATAR	125	300	15	47	115	8	20*	40*		4*	5*	
SAUDI ARABIA	10078	17954	17721	3145	5409	4032	212	315	90	36	71	20
SINGAPORE	39496	20292	19879	5949	3776	3244	56530	30484	21060	9521	5336	3338
SRI LANKA	88	14	55	29	10	19	1151	1588	826	153	209	109
SYRIA	11905	15430	15717	2612	3379	2816	2	23	23F		2	2F
THAILAND	18	162	52	12	229	32	71297	53513	28336	6903	8463	3418
TURKEY	9224	10407	8561	2665	2804	1626	91	67	84	48	52	50
TURKMENISTAN	350F	350F	350F	220F	270F	270F						
UNTD ARAB EM	3200	6300	3200	1030	1700	630	150	60	90	35	9	18
VIET NAM							391630	382000	487500	49754	59379	65450*
YEMEN	295	37	482	19	3	50*	4023	4109	4289	1240	1956	1919
EUROPE	2965324	2926465	3020777	905364	840554	659164	503849	504558	511345	203657	202443	170129
ALBANIA	104	173	1766	29	49	225	12	14	14F	3	1	1F
AUSTRIA	71137	70731	80602	23904	24163	19391	10803	9333	19424	5650	5369	7267
BELARUS	807	861	666	514	698	485		403	315		235	152
BEL-LUX	177485	203460	171218	55767	62306	40588	131623	119659	115957	41456	40506	31603
BOSNIA HERZG	1020*	530*	1310*	632*	246*	601*						
BULGARIA	17119	18488	13928	582	817	542	988	681	681	92	39	39
CROATIA	21937	15694	19567	6647	4504	4410	1191	970	748	783	627	401

表 67

SITC 071.1

コーヒー（生または焙煎）

	輸 入：MT			輸 入：10,000 $			輸 出：MT			輸 出：10,000 $		
	1997	1998	1999	1997	1998	1999	1997	1998	1999	1997	1998	1999
CZECH REP	33169	30124	31358	7920	6793	5450	3096	3982	3349	1492	2137	1203
DENMARK	53892	57385	62828	18636	17185	13540	6078	7459	10788	3325	3964	4418
ESTONIA	6001	5446	6043	2707	2495	2178	2176	1239	1247	688	649	546
FAEROE IS	222	277	330	115	146	135						
FINLAND	65028	68934	71388	26427	23150	16942	9466	9606	9679	4676	4481	3485
FRANCE	365284	354429	362734	110890	100525	76915	41544	46279	45261	13986	16206	13279
GERMANY	792851	781851	826535	255927	229962	176589	171894	174006	167216	69933	65700	49375
GREECE	28821	21027	24046	9015	6591	4996	4400	6018	4626	1395	1618	885
HUNGARY	32731	34986	39024	6454	7020	6924	2607	2479	5638	629	563	1770
ICELAND	1916	2231	2019	959	1074	724						
IRELAND	3478	3049	4565	1724	1455	1979	231	487	357	267	370	234
ITALY	333032	342153	345671	89471	90477	70999	41065	47406	51560	24591	27871	27460
LATVIA	3708	3929	4682	1466	2903	3019	303	417	257	157	355	208
LITHUANIA	5823	6541	7289	2565	3347	2950	1376	647	671	679	426	344
MACEDONIA	2721	1820*	910	649	430*	295	11	5*	5	2	2*	2
MALTA	181	195	156	97	124	86		117	14		22	20
MOLDOVA REP	28	35	48	13	14	21						
NETHERLANDS	154841	107049	135289	54287	35407	32969	17196	11476	16950	7660	4550	5205
NORWAY	38144	39421	43497	14499	12573	10040	290	184	220	159	103	101
POLAND	111377	113170	116445	25194	23248	20212	9020	12920	15855	4129	4857	5384
PORTUGAL	39670	41298	45615	12528	12257	10721	5259	4775	4894	2676	2495	2369
ROMANIA	29075	27518	25149	1787	3601	5702	38	641	62	13	97	11
RUSSIAN FED	28000	4916	9055	2600	1016	1343	635*	1092	94	296*	226	36
SLOVAKIA	12620	13112	12953	3878	3893	3038	866	835	853	454	451	547
SLOVENIA	9427	9789	10173	2907	2854	2943	508	635	462	206	195	83
SPAIN	213142	211255	217042	53717	50734	40364	21920	22482	17467	6557	6877	4605
SWEDEN	93464	90156	91719	39023	30887	22260	11240	8941	8267	6651	5173	3579
SWITZERLAND	58829	66143	67415	18743	21644	17077	1918	2163	2207	1621	1993	2054
UK	138058	146862	135567	47638	47810	34213	6083	6975	5973	3428	4239	3420
UKRAINE	2239	4512	5260	547	1120F	1260F			2			
YUGOSLAVIA	17943	26915	26915F	4907	7036	7036F	12	232	232F	1	46	46F
OCEANIA	60636	54233	60463	16651	15247	13489	61562	85552	70433	23914	24098	15620
AUSTRALIA	52340*	45120*	53607	13970	12123	11455	2262	1962	3949	1177	1059	1949
COOK IS		3	3	1	1	1						
FIJI ISLANDS	84F	84F	84F	35F	35F	35F	15F	15F	15F	2F	2F	2F
FR POLYNESIA	180*	275*	190*	139*	297*	114*						
KIRIBATI	7	12	12	12	18	16						
NEWCALEDONIA	312	400	280	97	125	47	1	18	18F	2	5	5F
NEW ZEALAND	7680	8309	6232	2377	2631	1791		32	46	1	10	11
PAPUA N GUIN	6*	5	30*	7*	5	16*	59215	83525	66405	22720	23022	13654
SAMOA	10F	10F	10F	3F	3F	3F						
SOLOMON IS	10F	10F	10F	7F	7F	7F						
TONGA	4	5	5F	2	4	4F						
VANUATU	3			2			69			13		

表 68

SITC 072.1

カカオ豆（生または焙煎）

	輸入：MT			輸入：1,000 $			輸出：MT			輸出：1,000 $		
	1997	1998	1999	1997	1998	1999	1997	1998	1999	1997	1998	1999
WORLD	1970827	2120671	2354353	2960313	3557083	3248014	2062860	2138609	2406059	3124993	3600800	3386642
AFRICA	7342	7696	8464	11827	12879	14102	1404504	1494400	1689103	1970140	2625564	2598985
ALGERIA	202		1308*	317		2100F						
BENIN							193*			200F		
BOTSWANA	7	7F	7F	30	30F	30F						
CAMEROON							92635	95890	98100*	141674	145894	113000*
CONGO, DEM R							3295	2818	2230*	3500*	3200*	2600F
CONGO, REP							630*	1100*	1010*	160*	300*	280F
CÔTE DIVOIRE							899759*	938932*	1081562*	1248000*	1770000*	1740000*
EGYPT									56			56
EQ GUINEA							3600*	5700*	3210*	4500*	12600*	6300F
GABON							630*	530*	532*	830*	780*	780F
GHANA		51	10		38	5*	235648	292838	280914	368311	465959	410652
GUINEA							6700*	8230*	4210*	3400*	4200*	2650*
KENYA					1							
LIBERIA							545*	2090*	1850*	580*	2200F	2000F
MADAGASCAR							656	841	1041	760	1335	1235
MOROCCO	351	253	355	551	454	500						
NIGERIA	427F	427F	427F	442F	442F	442F	140000*	128065*	196377*	172000*	193000*	295000F
SAO TOME PRN							2900*	4500*	3560*	4000*	8300*	4900*
SIERRA LEONE							2900*	2730*	2870*	4000*	3800F	3500F
SOUTH AFRICA	5498	5533	4987	8849	8965	8408		12	1		20	2
SWAZILAND	45	70	50	57	91	63	1	9	2	1	11
TANZANIA	23				46		3264	2800*	2300*	3154	4400*	3600F
TOGO							10000*	5538*	7743*	13969	8000F	11000F
TUNISIA	777	1339	1320	1513	2821	2554						
UGANDA							1341	1593	1498	1300	1375	1408
ZIMBABWE	12	16		22	37				30			11
N C AMERICA	387338	480283	520281	575031	798639	682173	86441	90393	52324	119464	147496	71568
BELIZE							45	70*	60*	85	150*	125F
CANADA	38915	48244	46890	62018	84327	62382	118	53	509	112	116	432
COSTA RICA	4059	2990	1000*	5920	4877	1600F	99	63	180*	211	146	400F
CUBA									350*			1300F
DOMINICA							2			7		
DOMINICAN RP							45354	53441	19400*	54083	79285	20000*
EL SALVADOR	140	314	337	121	310	359	1	3	3	4	5	9
GRENADA							1330	1106	848	1869	2064	1387
GUATEMALA		63	50*		94	65*	1			1		
HAITI							4300*	3770*	2400*	4600*	4871*	2300*
HONDURAS	21	1	152	29	1	216	721	1303	1303F	1063	1984	1984F
JAMAICA							1080	1238	619	1644	2000F	900
MEXICO	1760	4707	4642	2860	7851	5726	11950	7403	5008	18544	12484	6199
NICARAGUA	3	10			1	5	35	1	146	48	1	176
PANAMA	216	110		346	183		99	317	285	143	640	503
ST LUCIA							28	15	25	68	36	54
TRINIDAD TOB							1454	1099	1317	2534	2171	2677
USA	342224	423844	467210	503736	700991	611825	19824	20511	19871	34448	41543	33122
SOUTHAMERICA	15520	12545	77792	22873	19236	89147	56222	26213	73656	81141	42918	78251
ARGENTINA	301	226	144	496	456	235						
BOLIVIA							195	159	175*	369	317	450*
BRAZIL	14858	11948	75331	21833	18121	86448	4915	5582	3918	7865	9273	4758
COLOMBIA	207	90	963	306	148	948	983	788	263	1526	1387	427
ECUADOR		262	6		480	10	42300	12135	63600	59185	18651	63931
PARAGUAY		19	19F		31	31F						
PERU	154		1329	238		1475	23	190	472	18	339	706
VENEZUELA							7806	7359	5228	12178	12951	7979
ASIA	190893	204020	211852	294010	354617	287996	285280	320076	385140	386363	445946	351606
ARMENIA			1			2						
AZERBAIJAN			1									
CHINA	36778	26244	21056	48277	43897	24777		11			16	
CHINA,H.KONG	307	1		500	3		50	15	4	93	20	8
INDIA	1121	2201	2000*	1893	4664	4500F						
INDONESIA	797	5204	8628	1481	8764	11094	219782	278146	333695	294872	382502	296484
IRAN	105	168	315	94	415	817						
ISRAEL	500F	600F	540F	957	1159	1018						
JAPAN	49339	43325	46902	82550	83077	76259			10			51
KAZAKHSTAN	350F	224	1300*	600F	411	1800*						

表 68

SITC 072.1

カカオ豆 (生または焙煎)

	輸入：MT			輸入：1,000 $			輸出：MT			輸出：1,000 $		
	1997	1998	1999	1997	1998	1999	1997	1998	1999	1997	1998	1999
KOREA REP	1882	2025	2289	3076	3940	3901						
MALAYSIA	34000*	57187	59061*	48000*	88113	63021	36000*	16136	25469	50000*	24065	29449
MYANMAR	6				5							
PHILIPPINES	7866	6867	5056	11553	11359	6091	124	1477	122	166	2057	154
SAUDI ARABIA	255	1483	260*	434	2942	550F		1			6	
SINGAPORE	29384	27925	26019	45630	45483	30822	28997	23987	24777	40689	36791	25227
SRI LANKA	283	464	279	449	650	349	124	70*	960*	134	85*	75F
THAILAND	9961	10801	10549	15924	18496	16477	10	100		16	147	
TURKEY	17959	19300	27595	32587	41244	46518	193	127	97	393	256	157
YEMEN		1	1F					6	6F		1	1F
EUROPE	1369315	1415814	1535700	2055901	2371145	2174107	187217	174996	173167	509873	288065	246984
ALBANIA	2		2				4			4		
AUSTRIA	16730	17685	20067	28445	33305	30275			138		1	89
BELARUS	2310*	2400*	2000*	3700F	4850*	3500*						
BEL-LUX	74806	87286	44269	118255	154707	70482	20938	40229	17871	34246	68450	25511
BULGARIA	1703	521	521F	3311	978	978F	20	120	120F	28	242	242F
CROATIA	4206	3289	3557	7659	6589	5699						
CZECH REP	15047	9033	10645	24074	15691	18809	164	118	79	311	331	175
DENMARK	6869	15115	8919	10669	22413	11389	1	1		10	8	2
ESTONIA	69917	64867	48668	102940	105503	64453	57879	58721	46048	322633	104716	67637
FINLAND	92	83	72	174	163	109						
FRANCE	110221	105834	138888	164568	178649	188493	6062	4434	7075	10644	7863	10076
GERMANY	320422	289486	212271	447597	461721	308310	36099	23963	6650	45048	31462	9240
GREECE	4997	2318	2578	8879	4436	4292	255	110		448	214	1
HUNGARY			2319			4546						
ICELAND					2							
IRELAND	11952	13602	6134	19482	23226	7843			2			4
ITALY	70101	70713	71112	106126	113163	108371	238	232	402	278	237	313
LATVIA	2484	1372	1160	4049	4305	2910	2		20	3		39
LITHUANIA	3018	2726	2303	5457	5136	3340		20			37	
MACEDONIA	242	242F	242F	96	96F	96F						
MOLDOVA REP	640	414	346	1304	877	710						
NETHERLANDS	285023	337522	539283	421526	547814	743359	54338	37288	93073	79964	60778	131334
NORWAY			1		1	1						
POLAND	39692	36915	33494	67249	67215	52030	2616	624	754	4468	1253	1002
PORTUGAL	100	40	50	43	16	62						
ROMANIA	885	872	611	1631	1721	928						
RUSSIAN FED	61158	48570	49659	102332	87081	73930	4304	1085		7365	1686	
SLOVAKIA	6883	5181	7445	12188	9684	10549			11			14
SLOVENIA	286	6	6F	506	26	26F						
SPAIN	53740	58363	52358	80478	96046	68842	1074	26	62	1863	66	113
SWEDEN	7	7	9	23	22	24						
SWITZERLAND	20783	19973	25007	34347	37714	43907	4	2	49	7	6	84
UK	164869	198495	236370	240972	348208	317790	3011	7969	795	2120	10602	1070
UKRAINE	17543	18099	15145	32740	30000F	28000F	208	54	18	433	113F	38F
YUGOSLAVIA	2587	2466	2500*	5077	5243	4600*						
OCEANIA	419	313	264	671	567	489	43196	32531	32669	58012	50811	39248
AMER SAMOA	200*	20F	20F	270*	50F	50F						
AUSTRALIA	60*	80*	49	96	117	97	5			9		2
FIJI ISLANDS							35*	50*	65*	55*	80*	105*
NEW ZEALAND	159	213	195	305	400	342	2			4		
PAPUA N GUIN							38600	26100	28500	51090	39461	32887
SOLOMON IS							2600*	5500*	3000*	4565	10000*	5100F
VANUATU							1954	881	1104	2289	1270	1154

表 69

SITC 072.2

ココアパウダーおよびココアケーク

	輸入：MT			輸入：1,000 $			輸出：MT			輸出：1,000 $		
	1997	1998	1999	1997	1998	1999	1997	1998	1999	1997	1998	1999
WORLD	495948	507949	530643	476230	501454	519845	443782	481339	532332	401055	430946	483912
AFRICA	12759	12768	12870	11991	12962	12755	63888	68245	74678	14944	19598	25667
ALGERIA	3065	2600*	2682*	2476	2400*	2500F						
BOTSWANA	70	70F	70F	120	120F	120F						
CAMEROON	14			15			1796	4366*	1980*	953	2300F	1100F
CAPE VERDE	6	6F	6F	10	10F	10F						
CONGO, DEM R	14	2*		6	1F							
CÔTE DIVOIRE		35*		12F	38*		34971*	41284*	48895*	9000F	11000F	13000F
EGYPT	3212	3530	4042	2734	3037	4261		14	1		17	1
GAMBIA			3F	3F	3F							
GHANA			14	1		6	23637	17414	21130	3481	4551	10240
KENYA	1530	2033*	1204	2052	1843	973	107	77	57	412	326	326
LIBYA	90*	120*	50*	350*	540*	200*						
MADAGASCAR	9	15	20	16	25	28					1	1F
MALAWI	40*	20*	20F	50F	30F	30F						
MAURITIUS	43	39	54	100	78	100						
MOROCCO	2366	1065	1550	1706	899	1242			2			4
NIGERIA							3200*	4800*	2400*	620*	870*	500F
SENEGAL	14	9	6	18	19	8		1			1	3
SEYCHELLES	8	1	2F	32	3	7						
SOUTH AFRICA	1487	2319	2017	1364	2600	1723	138	198	173	438	356	438
SUDAN	15*	40*	40F	25F	65F	65F						
SWAZILAND	14	17*	12	54	28	15		62	1	2	136	
TANZANIA	3	55*	31*	6	155*	180*						
TOGO	1			1								
TUNISIA	593	622	856	652	730	948	37	30	38	36	40	54
UGANDA		93*	99*		195	169						
ZAMBIA	61			39								
ZIMBABWE	104	77	95	149	143	167	2			2		
N C AMERICA	139907	166912	153825	143459	167317	159563	19603	29129	37998	26994	34261	53085
BAHAMAS	13	3*	3F	45	12F	12F						
BARBADOS	62	27	42	144	54	106		1			1	
BELIZE	35	35F	35F	66	66F	66F						
CANADA	16104	18663	19482	15376	17250	19390	988	3065	3572	1202	3091	3409
COSTA RICA	25	84	125*	46	175	165*	1155	2289	360*	1304	1697	450*
DOMINICA	3	3F	3F	8	8F	8F	1	1F	1F	1	1F	1F
DOMINICAN RP	3*		40*	10*		40*	1100*	1100*	2400*	1300*	1700*	4600*
EL SALVADOR	428	311	499	416	350	672	4	6			11	6
GREENLAND	1	1	1	2	3	10						
GRENADA	21			72								
GUATEMALA	579	654	210*	645	750	270*	6	14	14F	9	16	16F
HAITI	6*	7*	7F	19*	23*	23F						
HONDURAS	120	89	88	218	180	280	120	77	77F	30	41	41F
JAMAICA	490*	430*	300*	530*	450*	360F	76	35*	80*	401	150F	300F
MEXICO	14274	17059	18358	12607	13542	16912	39	310	17	44	769	31
NETHANTILLES	50*	52	30*	450F	500*	280*						
NICARAGUA	136	110	117	187	171	194		1			2	1
PANAMA	149	233	247	675	523	566		57			16	
ST LUCIA	10	14	10*	49	56	40F						
ST VINCENT	2			6								
TRINIDAD TOB	585	366	482	890	568	792	28	45	1	125	75	1
USA	106811	128771	113746	110998	132636	119377	16090	22130	31470	22578	26691	44229
SOUTHAMERICA	20627	22981	22786	17309	22614	21049	27378	26461	25750	19309	22562	21664
ARGENTINA	10609	10001	9898	8422	9787	9484	4	30	6	10	39	9
BOLIVIA	243	369	400*	224	409	490*	15	12	15*	48	52	70F
BRAZIL	1265	2997	2480	738	1554	1329	22541	22916	21051	16127	18842	17929
CHILE	4969	5526	4844	4831	6560	4800	7	3	3F	20	4	4F
COLOMBIA	712	652	2164	757	923	1935	74	61	43	102	76	76
ECUADOR	62	167	80	78	158	100	3701	2331	4248	2439	2618	3154
PARAGUAY	146	169	169F	195	230	230F						
PERU	171	384	695	236	491	676	1036	1086	383	563	912	421
SURINAME	35	90*	20*	265	270*	40*						
URUGUAY	2126	1444	1138	1375	1156	1002		21			18	
VENEZUELA	289	1182	898	188	1076	963	1	1	1		1	1
ASIA	54209	49596	57071	63858	61510	68842	80025	92284	93683	77524	66872	72656
ARMENIA		107	98F	154	188	120F	201					
AZERBAIJAN			32			19						

表 69

SITC 072.2

ココアパウダーおよびココアケーク

	輸入：MT			輸入：1,000 $			輸出：MT			輸出：1,000 $		
	1997	1998	1999	1997	1998	1999	1997	1998	1999	1997	1998	1999
BAHRAIN	11	11F	11F	28	28F	28F						
BANGLADESH		19	20F	36	81	92						
BRUNEI DARSM	20F	20F	20*	30F	30F	30*						
CHINA	1943	2122	4923	2809	2814	6420	2677	5213	1536	991	2422	1179
CHINA,H.KONG	714	983	506	1026	1314	655	886	411	275	654	596	344
CYPRUS	217	214	210	416	347	313	1		6	2		14
INDIA	293	608	440*	348	552	360F	60	25		101	60	
INDONESIA	1381	1017	1864	1520	1220	1869	16528	19028	23826	23089	9272	12839
IRAN	3111	2709	2111	2926	2991	2264						
IRAQ	44*	123*	123F	38*	103*	103F						
ISRAEL	3126	4000*	3300*	3501	4482	4202	210F	60F	8F	277	85	12
JAPAN	9159	9151	10227	15834	15834	17711	133	93	82	187	119	104
JORDAN	735	480	585	863	673	765	72	166	164	70	143	178
KAZAKHSTAN	75*	300	240	110F	268	283		17			20	
KOREA D P RP	97*	30*	30F	52*	35F	35F						
KOREA REP	4618	3999	5021	5688	4713	5813	4		36	10		58
KUWAIT	116	84	149	341	186	434			5		1	12
LEBANON	660*	630*	600*	850*	820*	1000F						
CHINA, MACAO	5	2	2	6	5	6						
MALAYSIA	420*	596	426	390*	454	482	33390*	39208	40511	25000F	25278	28435
MALDIVES		25*			50F							
MYANMAR		20*	40*									
OMAN	115	6*	6F	199	11*	11F						
PAKISTAN	399	463	545	396	591	696	41			31		
PHILIPPINES	6233	5713	9210	4093	4322	6848	942	609	645	998	648	628
QATAR	2*	5*	10*	10*	20*	10*						
SAUDI ARABIA	1487	708	1150*	2462	1277	1350F		17		2	64	
SINGAPORE	3527	2903	3142	4477	4428	4236	22623	23651	21246	23450	24285	23899
SRI LANKA	328	442	506	252	332	421	8	3		15	8	
SYRIA	2889	2772	2109	2874	3141	1929						
THAILAND	3074	2065	2125	3019	2068	2095	2124	2386	4009	2277	2253	3505
TURKEY	8632	6433	5779	7849	6450	6138	326	1397	1334	370	1618	1449
UNTD ARAB EM	300*	350*	790*	900*	1300*	1400*						
UZBEKISTAN	30*	100*	230*	20*	110*	230*						
YEMEN	341	395	435	341	340	393*						
EUROPE	249014	237030	268541	216660	215019	237061	252653	265056	299815	261729	287295	310106
ALBANIA	108	49	65*	109	82	100F						
AUSTRIA	2165	2067	2571	3029	2882	2861	225*	857*	2381	675	1422	1742
BELARUS	560*	540*	1000*	430*	420*	750*		63	606		55	498
BEL-LUX	9058	9390	10211	7967	11312	10715	563	786	1751	878	1518	2541
BOSNIA HERZG	110*	40*	60*	160*	65F	125F						
BULGARIA	3559	3487	4700*	1932	2267	1500*	278	166	166F	198	108	108F
CROATIA	420	341	559	471	383	644	70	97	70	129	210	158
CZECH REP	3076	2599	3614	2634	2578	3315	10	41	212	22	62	194
DENMARK	4317	3816	4410	5104	4647	5415	114	130	157	145	188	225
ESTONIA	1953	4672	9719	2303	5098	7285	2326	4230	4189	3660	5205	3062
FAEROE IS	8	8	11	31	33	36						
FINLAND	1599	1361	948	1892	1745	1290	1	4	4	5	8	6
FRANCE	26016	25091	27229	27726	27620	29349	17702	25161	33917	17895	25823	32080
GERMANY	42370	38742	38681	40212	36962	38729	27748	24811	24773	22227	26474	21904
GREECE	3876	4055	4252	4613	5294	5002	187	311	308	239	372	326
HUNGARY	6240	6651	7077	4493	5647	6245	26	14	112	31	17	108
ICELAND	131	99	97	222	174	156						
IRELAND	440	544	233	730	1111	441	7		4	13	2	6
ITALY	15909	17164	16885	17273	19476	19130	5384	7705	5518	4625	6542	5590
LATVIA	138	342	341	165	733	649	136	14	41	75	21	64
LITHUANIA	824	790	839	689	704	823	78	167	140	123	147	189
MACEDONIA	830	100*	290*	1142	120F	320F	29			53		
MALTA	43	37	45	68	60	68	4	2		54	13	
MOLDOVA REP	74	80F	133	59	65F	105						1
NETHERLANDS	27904	17237	17469	25058	10883	12559	159284	159573	179481	176155	179428	200960
NORWAY	1361	1298	1470	1813	1649	1746	11	2	10	18	3	12
POLAND	11664	10820	10190	8676	9220	9246	1041	2562	1793	899	2000	1922
PORTUGAL	1967	2647	2450	1712	2555	2474	17	16	46	124	29	84
ROMANIA	5144	5366	5059	3430	3858	3207	44	85	29	84	60	33
RUSSIAN FED	15477	19027	29009	10802	12027	14463	382	605	331	588	482	299
SLOVAKIA	1336	1488	1196	992	1220	1076	9	76	374	21	59	316
SLOVENIA	568	506	630*	587	514	730F	16	3	3F	31	8	8F
SPAIN	36029	36480	42929	18389	21316	26583	19571	19966	28356	13927	15535	22236
SWEDEN	5791	5531	5043	6221	6057	5759	69	57	65	158	116	124
SWITZERLAND	2043	2590	2870	2159	3159	3418	109	130	92	228	262	291
UK	9700	5043	7788	8330	6560	13247	17105	17401	14853	18304	21098	14978
UKRAINE	4056	5282	7418	3533	5000F	6500*	99	18	30	126	22F	35F

表 69

SITC 072.2

ココアパウダーおよびココアケーク

	輸入：MT			輸入：1,000 $			輸出：MT			輸出：1,000 $		
	1997	1998	1999	1997	1998	1999	1997	1998	1999	1997	1998	1999
YUGOSLAVIA	2150	1650	1050*	1504	1523	1000F	8	3	3F	19	6	6F
OCEANIA	19432	18662	15550	22953	22032	20575	235	164	408	555	358	734
AUSTRALIA	16000*	15000*	12135	17235	16768	15386	182	128	338	368	254	573
COOK IS	1	1	1	5	4	4						
FIJI ISLANDS	90*	110*	110F	220F	230F	230F						
FR POLYNESIA	20*	20*	20*	110*	70*	20*						
KIRIBATI	1	10*	10*	6	10*	10*						
NEWCALEDONIA	15	9	20*	59	34	30*						
NEW ZEALAND	3258	3485	3214	5196	4857	4855	53	36	70	187	104	161
PAPUA N GUIN	5*			15*								
SAMOA	20*	10*	10F	20*	10*	10F						
TONGA	16	17	30*	69	49	30*						
VANUATU	6*			18F								

表 70

SITC EX 072.31

ココアペースト

	輸入：MT			輸入：1,000 $			輸出：MT			輸出：1,000 $		
	1997	1998	1999	1997	1998	1999	1997	1998	1999	1997	1998	1999
WORLD	260381	247101	264225	498304	560227	518925	255219	255632	285332	525038	573817	575759
AFRICA	2520	2204	2461	5569	4483	4607	76444	105284	110580	137739	211224	218941
ALGERIA	20	20*	121*	42	50*	300F	15			28		
BOTSWANA				1								
CAMEROON							11941	18285	18568*	23294	31673	27200*
CÔTE DIVOIRE							58219*	82799*	89756*	102000F	172000F	188300*
EGYPT	178	340	295	310	262	208						
GHANA					1		4970	3900*	1800*	9877	6800*	2300*
KENYA		1	1	1	3	1						
MADAGASCAR	4	2	10	4	1	8						
MOROCCO	17	20	31	43	54	56						
NIGER		1	1F		1	1F						
NIGERIA							1100*	232*	440*	2100*	600F	1100F
SOUTH AFRICA	2188	1669	1878	4892	3904	3827	197	68	16	437	151	41
SWAZILAND	2		1	7	1	2						
TUNISIA	20	87	57	24	84	55	2			3		
ZIMBABWE	91	64	66	244	123	149						
N C AMERICA	30543	35880	24432	71655	88420	54241	15837	18067	19856	37503	44952	41746
BAHAMAS	1			2								
BARBADOS			3			5						
CANADA	12398	13305	11155	28284	32483	24744	2611	4954	4891	7376	12592	11775
COSTA RICA	52	36	90*	119	101	220F						
DOMINICAN RP							20*	150*	50*	40*	470*	140*
EL SALVADOR		25	25		62	44	359	16	8	403	30	14
GUATEMALA	139	113	90*	171	139	90*					2	
HONDURAS	71			82				20	20F		56	56F
JAMAICA			20*			40F						
MEXICO	27	436	66	71	1072	156	1	44	5	1	50	11
NICARAGUA	2	68	106	4	161	234						
PANAMA	1	3		1	11	1	34			10		
TRINIDAD TOB	1		54	4	1	121						
USA	17851	21894	12823	42917	54390	28586	12812	12883	14882	29673	31752	29750
SOUTHAMERICA	12144	13021	13093	26589	31725	26735	25607	18160	21870	46423	40174	31258
ARGENTINA	8179	9808	8135	18023	24031	16186	2	11	47	5	30	134
BRAZIL	2086	715	29	4136	1408	82	8188	10610	9232	17849	24809	17038
CHILE	1236	1239	1384	2926	3177	2800						
COLOMBIA	252	1030	3045	562	2540	6374	245	4	20	544	11	38
ECUADOR						1	16996	7421	12571	27681	15079	14048
PARAGUAY	16			22								
PERU	236	136	446	582	365	1130	176	114		344	245	
URUGUAY	139	76	39	338	186	96						
VENEZUELA		17	15		17	67						
ASIA	12495	13161	16198	24254	21585	25707	17174	13862	17158	38586	31983	41814
ARMENIA	14	15F		18	20F							
AZERBAIJAN			13			8						
BANGLADESH	10F			22								
CHINA	212	848	879	204	336	1688		148			76	
CYPRUS	26	34	85	68	100	109						
INDIA	47	139	60*	105	348	170F						
INDONESIA	27	11	41	69	25	71	251	510	2585	572	1295	5340
IRAN			19			43						
ISRAEL	4000F	5500F	6500F	2783	3765	4458						
JAPAN	1393	1148	1421	3440	3111	3180	2591	2345	2149	6201	5683	6034
JORDAN	26	92	50	80	290	88			3			9
KAZAKHSTAN	60*	490	50*	95*	351	40*			1			1
KOREA D P RP	65*	20*	65*	133*	45F	100*						
KOREA REP	3300	2449	3166	8725	6899	7523	119	238	320	117	639	807
LEBANON	100*	150*	100*	265*	440*	300F						
MALAYSIA	60*	7	46	130F	15	60	3977F	2905	4379	8610F	6285	8531
PAKISTAN		1	1		1	1						
PHILIPPINES	1			2			1723	1414	355	4027	3381	829
SAUDI ARABIA	29	11	15*	34	39	45F						
SINGAPORE	1473	1613	2998	3805	4199	6266	7609	6300	7279	16795	14621	20080
SRI LANKA	1				3							
SYRIA	169	44	44F	461	78	78F						
THAILAND	66	124	255	163	165	501						
TURKEY	1416	457	382	3649	1263	883	904	2	87	2264	3	183

表 70

SITC EX 072.31

ココアペースト

	輸入：MT			輸入：1,000 $			輸出：MT			輸出：1,000 $		
	1997	1998	1999	1997	1998	1999	1997	1998	1999	1997	1998	1999
YEMEN		8	8F		95	95F						
EUROPE	192793	175223	200665	353836	400133	390941	120118	100191	115832	264693	245382	241905
AUSTRIA	4089	3397	2949	8616	7134	5495	20	58	8	54	200	24
BELARUS		33	52		212	89			24			60
BEL-LUX	30473	22281	23411	62238	53474	51912	14094	15226	12187	32758	38878	27483
BULGARIA	153	1304	1304F	372	3159	3159F	131	80	80F	86	77	77F
CZECH REP	4	4	5	11	12	14				392		854
DENMARK	17	334	460	44	899	864			1			2
ESTONIA	500	2341	1399	1059	5184	2340	48	443	2630	123	1122	4505
FAEROE IS				1								
FINLAND	3882	3301	2967	9419	8646	7153						
FRANCE	61152	71213	75307	122154	161746	144630	24864	24918	22934	53435	59933	44059
GERMANY	10298	9121	14007	20848	20996	29536	39268	21581	17315	85048	52354	37482
GREECE	977	2158	1709	2464	5740	3629	34	40	22	73	90	47
HUNGARY		415			1068							
ICELAND	124	134	132	347	399	353						
IRELAND	1553	2613	3524	3900	7216	9693			70F			140
ITALY	9180	8592	5685	19962	20505	11158	535	569	332	1432	1559	844
LATVIA	40	1	92	54	7	206						
LITHUANIA	158	56	44	393	142	87	20	4	5	52	11	10
MACEDONIA	56	30*	20*	309	75F	50F						
MOLDOVA REP	38	50F		70	80F							
NETHERLANDS	8352	12438	28641	15866	26709	49961	30060	29098	49909	63994	69926	102207
NORWAY	3363	2997	3323	8676	8031	7632						
POLAND	8493	8090	10968	17237	18686	21381	1034	435	1285	1816	1102	2110
PORTUGAL	547	452	240	1245	1049	448						
ROMANIA	248	204	334	278	371	666	50			78		
RUSSIAN FED	35237	9185	9999	28123	14511	10865	193	22	9	166	22	17
SLOVAKIA	629	496	121	1252	1274	246		79	42		182	84
SLOVENIA	53	243	220*	85	617	480*						
SPAIN	1641	1638	1228	2522	3022	2027	1401	1208	762	3352	2826	1603
SWEDEN	4613	4573	3971	10512	11235	8624		11	22		29	52
SWITZERLAND	235	570	480	606	1552	1130	1921	552	222	5357	1403	819
UK	5712	3774	5076	12916	9804	11035	6431	5867	7581	16841	15668	19426
UKRAINE	711	1915	1727	2096	5700F	5200F	14			28F		
YUGOSLAVIA	265	1270	1270F	161	878	878F						
OCEANIA	9886	7612	7376	16401	13881	16694	39	68	36	94	102	95
AUSTRALIA	7800*	5800*	4316	13889	10437	9315	39	68	36	94	102	95
NEW ZEALAND	2086	1812	3060	2512	3444	7379						

表 71

SITC 072.32

ココアバター

	輸入：MT			輸入：1,000 $			輸出：MT			輸出：1,000 $		
	1997	1998	1999	1997	1998	1999	1997	1998	1999	1997	1998	1999
WORLD	473342	445466	494628	1819252	1805775	1643735	441870	411854	492464	1613029	1589415	1532145
AFRICA	4133	4535	4229	15758	18072	13002	66735	58828	79037	203119	189139	210834
ALGERIA	20	304*	204*	78	1200F	800F	20			65		
BOTSWANA	3	3F	3F	5	5F	5F						
CAMEROON							3353	3132	2200*	12447	11992	4900F
CÔTE DIVOIRE							30005*	36113*	53366*	93500*	130000*	152000*
EGYPT	55	53	94	77	214	223						
GHANA		1	1F				23131	17416	14913	75400	41100*	39673
KENYA	201	210	100	706	953	352						
LIBYA	1000*	1100*	1600*	2100*	2500*	3700*						
MAURITIUS	3	11	9*	12	32	39						
MOROCCO	115	78	100	464	334	317						
NIGERIA							10200*	1944*	8500*	21600*	3200F	14100F
SENEGAL	4	3	1	18	13	2		1			1	
SOUTH AFRICA	2655	2689	2005	12062	12551	7253	16	217	48*	77	2845	157
SWAZILAND	1	33	29*	2	56	42		5	10*		1*	4
TUNISIA	1	18	19	10	78	57	10			30		
ZAMBIA					1							
ZIMBABWE	75	32	64	223	136	212						
N C AMERICA	104627	82863	98198	418007	346414	299867	16107	16326	16157	60620	64485	58323
BARBADOS	2	1	3	11	7	16			1	4	5	15
CANADA	16781	17000	17323	67816	70969	61052	563	1080	1289	2384	4573	4106
COSTA RICA	95	57	120*	390	248	500F	1676	1131	120*	6333	4306	370*
CUBA							320*	310*	280*	930*	1200*	1000F
DOMINICA	1			6								
DOMINICAN RP							1700*	1700*	1300*	5800*	6000*	3200*
EL SALVADOR	3	45	10*	13	132	25*						
GUATEMALA	2			4								
HONDURAS		4	4		13	11	1111	741	50F	2903	2893	2893F
JAMAICA	30*	80*	35*	150*	400*	135*	110*	110*	120*	330*	360*	310*
MEXICO	4	309	143	18	1255	351	1749	1234	3033	6627	4610	8265
PANAMA						1	176	40		421	159	
TRINIDAD TOB	20	60	85	86	252	308				1	4	1
USA	87689	65307	80475	349513	273138	237468	8702	9980	9964	34887	40375	38163
SOUTHAMERICA	12159	11779	10368	49963	50328	34868	38524	33832	39799	152965	133019	95428
ARGENTINA	9907	9550	8038	41092	40941	26967	3		4	5	1	10
BOLIVIA							80	82	87*	414	427	400*
BRAZIL	352			990	1	2	20807	24931	22065	85054	99305	67688
CHILE	1639	1703	1477	6772	7165	5000						
COLOMBIA					3	4	3419	2398	3611	13480	9391	10383
ECUADOR	28		7	99		9	9726	1682	8400*	36959	6489	2100*
PERU	40	390	660	186	1633	2245	3851	4185	5235	15120	15595	13861
URUGUAY	155	87	92	653	366	263						
VENEZUELA	38	49	94	168	218	382	638	554	397	1933	1811	986
ASIA	27995	25203	30942	106977	99948	88093	101375	98448	109142	390039	363309	300340
AZERBAIJAN			37			20						
CHINA	1652	2345	5482	2989	4631	5295	13101	8812	9918	47281	33082	30168
CHINA,H.KONG	1257	1337	1875	2538	2087	1821	962	1837	5962	2177	2788	5461
CYPRUS	15	19	8	59	83	27						
INDIA	901	650	220*	3735	2733	650*	96		80*	318		225*
INDONESIA	51	20	33	143	48	70	24825	29880	28366	88999	96137	72023
IRAN	266	130	627	1301	665	2316						
ISRAEL	2405	2210	900*	9855	9374	3700F	3F			14		
JAPAN	16609	15371	17824	69124	67925	62206	4	3	5	20	17	27
JORDAN	166	202	196	606	901	634		20			17	
KAZAKHSTAN			12	10*		10			30*		2	4
KOREA REP	1665	897	983	7277	3916	3734	5	6		28	13	
KUWAIT	38	8		117	23	23						
LEBANON	120F	200*	230*	500F	950*	1000F						
CHINA, MACAO			111			22				46		9
MALAYSIA	150*	44		380*	131		35000*	32003	38980	148000*	127337	108308
MONGOLIA	76	80F	80F	90	100F	100F						
OMAN	99			122								
PHILIPPINES	14	10	6	12	6	4	3818	3289	2807	14028	12449	8974
SAUDI ARABIA	95	248	440*	242	528	680F			23*			25F
SINGAPORE	1736	737	1296	5773	2995	3951	18949	18616	15401	71730	75685	50431
SRI LANKA	144	5	1	240	14	3				2	1	

表 71

SITC 072.32

ココアバター

	輸入：MT			輸入：1,000 $			輸出：MT			輸出：1,000 $		
	1997	1998	1999	1997	1998	1999	1997	1998	1999	1997	1998	1999
SYRIA	169	149	251	473	442	679	7			7		
THAILAND	83	15	6	216	60	35	4085	3782	4497	15377	14899	13914
TURKEY	284	500	312	1185	2305	1072	520	200	3055	2058	884	10771
YEMEN			14	14F		21	21F					
EUROPE	306401	301322	326347	1170659	1224182	1129965	219047	204395	248302	806159	839405	867155
ALBANIA	2			2								
AUSTRIA	6917	5954	5356	28130	24468	17988	90		32	413	1	117
BELARUS		47	69		388	183			1			3
BEL-LUX	36616	36821	45201	136816	157741	169340	2065	1579	922	7855	6893	3030
BULGARIA	474	858	530*	2094	3690	890*	61			74		
CROATIA	643	515	521	2801	2254	1894						
CZECH REP	1127	1388	486	4215	4833	1275	1		180	10	5	452
DENMARK	1324	1243	1543	4864	5312	5965	64	75	2076	203	293	6747
ESTONIA	2713	2282	1133	9788	8987	3366	2125	2282	1155	7373	8664	3519
FAEROE IS				1								
FINLAND	4221	3618	3231	17181	15805	12628	1	4	7	11	28	32
FRANCE	46514	43721	56923	169128	172383	190353	41778	50201	62375	98774	194219	197626
GERMANY	71094	76059	70455	269081	309695	260222	6934	3044	3637	25034	12333	12152
GREECE	2635	4381	3290	11126	14321	11584		1	5		6	66
HUNGARY	1360	1654	1905	5387	7094	7405	2	1		16	9	
ICELAND	280	324	266	1296	1595	1047						
IRELAND	1340	1055	1206	5580	4318	5167						
ITALY	9698	8950	8277	38651	37269	28634	2664	2705	3145	9393	10919	10621
LATVIA	210	127	31	744	243	157		3			7	
LITHUANIA	82	99	52	287	428	167	18	19		80	78	
MACEDONIA	173	80*	40*	758	320F	160F						
NETHERLANDS	30549	25624	36799	113727	100525	103858	144111	127821	156504	578936	537648	566411
NORWAY	2402	2759	2704	9804	11444	10143						
POLAND	8655	6788	6668	32813	28122	22582	475	582	622	2021	2784	1892
PORTUGAL	292	223	246	1124	972	828						
ROMANIA	846	912	1064	2987	3571	2756						
RUSSIAN FED	7450	8489	5473	26732	23375	14922	26	57	18	85	160	22
SLOVAKIA	345	272	141	1438	1035	449			106	2	2F	384
SLOVENIA	267	209	170*	958	833	620F						
SPAIN	2990	2010	3172	9866	7405	9120	10200	9700	10385	39229	39185	35934
SWEDEN	7431	7403	6948	31539	32021	25907	81	4	1	307	16	5
SWITZERLAND	19057	19856	21278	74236	85265	80011	168	92	31	620	216	163
UK	34749	33355	38023	142209	142049	128023	8181	6225	7100	35717	25939	27979
UKRAINE	2819	3078	1978	10175	11000F	6900F	2			6F		
YUGOSLAVIA	1126	1168	1168F	5121	5421	5421F						
OCEANIA	18027	19764	24544	57888	66831	77940	82	25	27	127	58	65
AUSTRALIA	16000*	18000*	22473	51430	60566	70865	82	22	27	127	52	65
NEWCALEDONIA	1			5	4							
NEW ZEALAND	2026	1764	2071	6453	6261	7075		3			6	

表 72

SITC EX 073

チョコレートおよび製品

	輸入：MT			輸入：1,000 $			輸出：MT			輸出：1,000 $		
	1997	1998	1999	1997	1998	1999	1997	1998	1999	1997	1998	1999
WORLD	2146292	2130376	2205249	6897276	6783071	6740792	2370185	2191628	2299104	7604411	7065647	6933435
AFRICA	26045	21614	17433	60364	55330	41749	22288	22888	22368	52610	50997	44199
ALGERIA	6186	625*	625*	4024	1800F	2000F						
ANGOLA	570*	570*	300*	1500*	1400*	600*						
BENIN	415*	350*	30*	1160*	900*	50F						
BOTSWANA	3289	3289F	3289F	4783	4783F	4783F	7	7F	7F	15	15F	15F
BURKINA FASO	5*	20*	35*	30*	40*	40F						
BURUNDI	1F	1F	1F	10F	10F	10F						
CAMEROON	182	367	50*	310	531	60*	304	457	457F	811	1341	1341F
CAPE VERDE	125	90*	20*	361	310*	45*						
CENT AFR REP	15*	5*	5F	50*	20*	20F						
CHAD	15*	21F	21F	80F	134F	134F						
COMOROS	25*	15*	10*	85F	50F	40*						
CONGO, DEM R	590	360*	70*	825	430*	90F						
CONGO, REP	212	539	25*	460	895	40F						
CÔTE DIVOIRE	177F	290*	210*	525F	850F	650F	4640*	4200*	3500*	5600F	5600*	4700F
DJIBOUTI	40*	40*	50*	220*	240*	180*						
EGYPT	704	486	852	2352	1563	2564	632	391	480	1302	733	662
GABON	270*	110*	45*	1350*	670*	280F						
GAMBIA	120*	160*	140*	140*	110*	70*						
GHANA	251	381	1205	437	594	1016	809	1681	1749	907	992*	1515*
GUINEA	440*	240*	160*	770*	420*	230*						
GUINEABISSAU	5*	40*	40F	30*	70*	70F						
KENYA	216	306	266	832	1155	796	368	195	213	1353	1019	931
LIBERIA	90*	40*	30*	220*	80*	50*						
LIBYA	900*	1100*	300*	3600*	4500F	900*						
MADAGASCAR	135	115	150	364	289	372	2	9	1	11	15	6
MALAWI	160*	80*	80*	600F	300F	510*						
MALI	110*	110*	30*	280F	270F	60F						
MAURITANIA	130*	160*	230*	210*	215*	250*						
MAURITIUS	992	1129	1197	3696	3094	3787	2	10	7	6	12	11
MOROCCO	883	961	942	2856	3201	3164	1	8	27	4	22	103
MOZAMBIQUE	1300*	820*	820F	3700*	2200*	2200F						
NIGER	35*	50*	70*	60*	60*	80*						
NIGERIA	500*	720*	190*	2000*	900F	250F						
RWANDA	30*	10*	5*	120F	50F	20F						
SENEGAL	210	302	327	496	607	665	198	163	254	246	233	346
SEYCHELLES	250	158	110*	1149	692	620*		4	1F	1	16	5
SIERRA LEONE	130*	220*	130*	280*	360*	170*						
SOMALIA	20*			60F								
SOUTH AFRICA	3996	3956	3424	11731	14071	9560	9559	8070*	7924*	31081	25347	25384
SUDAN	70*	50*	40*	380*	320*	160*						
SWAZILAND	316*	1280	202	1753	1512	474	5517	7446	7367	9983	14659	7654
TANZANIA	410*	480*	200*	1300*	1050*	640*	5			7		
TOGO	79	10*	50*	135	25*	70F						
TUNISIA	539	642	649	2187	1938	2037	122	173	307	978	820	1358
UGANDA		175*	167*		557	489						
ZAMBIA	348	360*	350*	705	730*	700F						
ZIMBABWE	559	381	291	2148	1334	753	122	74	74	305	173	168
N C AMERICA	335625	368112	399447	925771	997870	1040487	290911	290868	318234	735567	711519	744099
ANTIGUA BARB	60*	60*	80*	280*	260*	160*						
ARUBA	140*	240*	200*	780*	1200*	780*						
BAHAMAS	160	165*	100*	879	1100*	300F	30*	50*	1	60*	130*	
BARBADOS	650	298	782	2835	1330	3227	8	1	1	61	7	9
BELIZE	235	220F	100*	696	640*	380F	1			2		
BERMUDA	360*	340*	190*	1300*	910*	420*						
BR VIRGIN IS	30*	150*	150F	220*	740*	740F						
CANADA	88567	96423	103710	269581	275348	275653	153721	160956	182017	320528	346548	345443
CAYMAN IS	80*	140*	25*	450*	340*	85*						
COSTA RICA	1138	1225	800*	3540	3992	3000*	1148	1992	700*	3924	6248	2300*
CUBA	800*	1000*	700*	2600*	3700*	2200*						
DOMINICA	83	15*	15*	339	60F	60F						
DOMINICAN RP	1300*	1800*	1750*	6300*	6300*	8200*	530*	530*	670*	910*	1000*	950*
EL SALVADOR	1257	1404	1527	3028	3477	3536	373	881	1722	700	1538	2626
GREENLAND	103	204	212	776	1588	1643						
GRENADA	67	60*	45*	303	210*	170*	1			4		
GUATEMALA	1822	2343	1900*	4170	4821	2800*	959	997	960*	1411	1512	1300*
HAITI	218*	155*	70*	538*	421*	170F						
HONDURAS	1295	1396	1598	1957	2081	2373	24	203*	203F	26	711	711F
JAMAICA	810*	960*	850*	3300*	3700*	3250*	164	65*	115*	748	340*	500*
MEXICO	17326	31142	28339	58128	75083	96596	15474	15497	13533	25477	23613	37162

表 72

SITC EX 073

チョコレートおよび製品

	輸入:MT			輸入:1,000 $			輸出:MT			輸出:1,000 $		
	1997	1998	1999	1997	1998	1999	1997	1998	1999	1997	1998	1999
MONTSERRAT	20*	20F	20F	35*								
NETHANTILLES	560*	362	400*	2600*	3381	3500*						
NICARAGUA	1493	1239	2099	1780	2133	3003	7		1	14		2
PANAMA	2111	2201	2884	7420	7514	9936	6	35	8	6	50	8
ST KITTS NEV	62	30*	10*	325	85F	25F						
ST LUCIA	129	206	125*	657	875	560*	7			29		
ST PIER MQ	40*	40*	40*	130*	140*	140*						
ST VINCENT	64	80*	30*	336	450*	145*						
TRINIDAD TOB	684	743	1508	2335	2628	4408	1131	999	991	4373	4519	4075
USA	213961	223451	249188	548153	593363	613027	117327	108662	117313	377294	325303	349013
SOUTHAMERICA	53324	54575	43339	193680	185217	138092	63594	66817	60172	185447	207488	180732
ARGENTINA	7609	6519	8866	30075	26266	28145	25049	30350	21113	85972	108224	78781
BOLIVIA	2101	1570	2000*	2983	2914	3400*	2	3	10*	13	20	60F
BRAZIL	19388	19564	9080	87907	78525	37393	22752	19283	21329	58574	53550.	50486
CHILE	6109	6260	3919	16894	17091	12500	7786	8597	7788	23797	25921	26600
COLOMBIA	2953	3001	2577	8636	8849	8820	3322	2828	2919	7238	6857	6591
ECUADOR	1230	1473	892	4563	5228	2417	1565	673	1044	4742	3265	3604
GUYANA	200*	150*	120*	880*	750*	440*						
PARAGUAY	4313	3271	3271F	9653	7788	7788F						
PERU	2036	2345	2095	6214	6814	5692	1628	2436	4166	2591	5255	10691
SURINAME	563	400*	150*	3618	2100*	350F						
URUGUAY	3745	4494	4260	12278	12615	11674	381	961	491	853	1893	996
VENEZUELA	3077	5528	6109	9979	16277	19473	1109	1686	1312	1667	2503	2923
ASIA	322697	284681	298871	1033795	857761	864418	170571	149091	175172	346991	275990	296212
ARMENIA	107	780*	490*	293	230F	1400*			21			12
AZERBAIJAN	1806	2000F	1328	1134	1134F	899	30F	20F	18	7F	7F	18
BAHRAIN	2134	680*	100*	4162	1200*	220F						
BANGLADESH	464	362	400F	1428	1129	1290						
BRUNEI DARSM	450*	500*	500F	1260*	1470*	1300F						
CAMBODIA	50*	85*	160*	70*	155*	365*						
CHINA	18544	16655	17706	65651	55193	57984	2762	5014	3429	9974	8954	9577
CHINA,H.KONG	17526	13696	14910	101192	73473	69990	11188	10445	8547	51355	36925	32961
CYPRUS	1718	1722	1844	8118	8656	8678	175	107	57	518	408	390
GEORGIA	537*	550*	310*	1779*	1450*	850F		17*			68*	
INDIA	576	820	150*	1552	1879	400*	918	908	30*	2185	2190	45*
INDONESIA	2504	927	983	6737	2796	2592	4815	6854	23432*	12106	13603	36399
IRAN	1600*			4100*			5576	2934	2054	7335	3786	2728
IRAQ	150*	40*	40F	350*	60*	60F						
ISRAEL	8900*	12000*	11000*	37985	39735	37503	5000F	3500F	2900F	14913	10480	8809
JAPAN	135395	124795	139265	317848	286050	304648	1117	1810	1984	8376	13030	17687
JORDAN	1074	1485	1972	3297	5167	5430	317	277	361	696	761	926
KAZAKHSTAN	9321	6787	7543	21312	14212	13748	237	144	120*	854	515	156
KOREA REP	27597	17646	21493	81222	45998	54853	31963	26635	30180	33357	23541	22395
KUWAIT	7988	7498	8362	45614	42755	48049	174	139	147	448	418	486
KYRGYZSTAN	2443	2400*	1400*	2099	1700*	1200*	80F	90F	90F	400F	450F	450F
LEBANON	5150*	6100*	3050*	21600*	23700*	12000*	90*	70*	15*	600*	490*	100F
CHINA, MACAO	883	542	393	4942	3555	3296	55	45	15	123	132	89
MALAYSIA	4200*	2548	4214	19000*	10316	14263	5900*	4580	5963	25000*	13231	18019
MALDIVES	60*	140*	170*	200*	420*	410*						
MONGOLIA	1062	1300*	1200*	2126	2300*	2000*						
MYANMAR	302	80*	310*	822	220*	700*						
NEPAL	80F	80*	100*	159	92	170*						
OMAN	4533	4533F	4533F	13635	13635F	13635F	92	15*	30*	226	30F	90F
PAKISTAN	756	1169	748	2095	2565	1679	1103	854	650	1334	1105	842
PHILIPPINES	14714	9479	10958	46163	26383	35889	1365	1261	208	4305	3956	644
QATAR	1740F	1740F	300*	8443F	8443F	1300*	10*	5*	5F	45*	20*	20F
SAUDI ARABIA	17092	14421	14400*	60601	51655	54600*	3912	3951	3900*	9672	10693	10000F
SINGAPORE	9729	7611	8896	58466	39236	47245	41646	42225	55688	54597	53823	67608
SRI LANKA	623	564	637	1780	2379	2088	17	35	20	66	93	71
SYRIA	90*	23	23F	320*	61	61F	4801	2510	1379	5654	2853	1714
TAJIKISTAN	60*	110*	20*	150F	80*	70F						
THAILAND	2420	1442	1948	12775	8093	11027	824	456	1620	2158	1042	4199
TURKEY	4069	4221	4210	18115	18286	14961	43804	33571	32020	93087	71267	59218
TURKMENISTAN	2400*	2500*	55*	9800*	10200*	165*						
UNTD ARAB EM	10400*	12800*	11000*	41400*	47800*	35000*	2600*	550*	220*	7600*	2000F	440F
UZBEKISTAN	650*	450*	450F	2000*	1200*	1200F						
YEMEN	800*	1400*	1300*	2000*	2700*	1200*		69	69F		119	119F
EUROPE	1377742	1372623	1414218	4541938	4556131	4524002	1774984	1622671	1671948	6143782	5715416	5529242
ALBANIA	659	832	1050*	1602	1861	2600F						

表 72

SITC EX 073

チョコレートおよび製品

	輸入：MT			輸入：1,000 $			輸出：MT			輸出：1,000 $		
	1997	1998	1999	1997	1998	1999	1997	1998	1999	1997	1998	1999
AUSTRIA	44671	35909	57760	158358	130655	191744	65731	54049	56518	220762	185716	186180
BELARUS	4957	1200*	650*	18767	3600*	2600F	35*	5*	5*	120*	15*	10*
BEL-LUX	83444	88010	87509	249455	261335	247300	241146	244037	281143	912241	960716	973510
BOSNIA HERZG	9000*	6000*	4900*	32000*	18000*	18500*						
BULGARIA	5720	4736	5100*	4544	4681	4700*	5416	4084	4084F	11328	9113	9113F
CROATIA	4131	2786	4353	18529	12663	16968	4197	5055	4662	19464	20950	17550
CZECH REP	19237	19334	23521	54693	58630	64573	18601	15348	12107	44321	41778	29048
DENMARK	33851	34019	35457	131060	137618	137858	13674	14341	21160	59636	64655	80713
ESTONIA	6573	4535	4464	20631	16437	14514	6451	3868	2856	11704	8982	4709
FAEROE IS	332	354	356	1847	2031	2020						
FINLAND	10727	10090	10740	51173	43262	43323	25202	18531	15752	92215	68613	54779
FRANCE	271128	273176	273226	899006	927315	860306	238340	219867	219405	824674	781736	742133
GERMANY	265605	273852	252426	873200	903887	803184	382453	336770	305405	1270612	1150084	996103
GREECE	20762	14312	16338	65462	61688	71347	8400	8013	5674	15448	13030	10081
HUNGARY	14853	15137	15318	39756	38814	36785	13857	12382	8847	40272	34755	25755
ICELAND	1555	1683	1612	7730	8230	7347	56	42	9	172	173	43
IRELAND	30839	32957	32422	128159	140907	134829	70681	75788	80755	188365	195140	200961
ITALY	47788	56284	67080	160776	184757	197711	88657	78040	77145	419268	351702	323678
LATVIA	2217	3972	4377	7669	20366	21467	4086	1881	793	8751	7079	4046
LITHUANIA	5605	3669	2470	18577	9359	6149	17681	9835	3709	40990	19899	9142
MACEDONIA	2142	6300*	1330*	6700*	20000*	7000*	898	130*	140*	4100*	740*	500*
MALTA	3092	2648	2835	16126	13941	14819		48	71		214	362
MOLDOVA REP	319	400F		186	829	900F	364	155	142	595	485	318
NETHERLANDS	75433	73245	101946	235967	224006	289522	167791	126923	213045	485070	376344	598375
NORWAY	16727	17124	16675	77158	76123	73801	7162	8139	10226	31959	35004	41575
POLAND	20374	17715	19282	55177	44856	42715	53690	48416	38597	213530	146371	102808
PORTUGAL	19619	21844	28214	88713	94227	113400	208	338	429	1600	1609	2082
ROMANIA	8335	7892	4757	10889	12156	6847	520	390	160	942	741	373
RUSSIAN FED	79924	63129	43369	152551	109596	52731	14992	13385	13702	47735	35729	30617
SLOVAKIA	13857	13124	13086	34362	33989	30232	14351	11234	10019	28659	22675	21030
SLOVENIA	7670	8465	8300*	31912	35229	36000F	1707	1523	950*	4430	4033	2400*
SPAIN	36985	42367	44524	134649	146222	145763	47734	46796	34873	133683	130031	89819
SWEDEN	25850	28730	29644	103721	110756	115564	31362	33311	39076	125195	121832	133955
SWITZERLAND	15384	15821	16615	63907	66542	65172	66341	65285	60849	274095	314545	288188
UK	142519	153010	172011	517691	537185	620247	150330	148761	129937	579679	574943	506302
UKRAINE	13290	10574	6415	24099	21000F	12000F	9889	13314	17139	20627	27000F	34000F
YUGOSLAVIA	12568	7388	3900*	44493	23307	12000*	3190	2600	2600F	11540	8984	8984F
OCEANIA	30859	28771	31941	141728	130762	132044	47837	39293	51210	140014	104237	138951
AUSTRALIA	21000*	19000*	20601	96652	91974	91850	34172	26372	34220	102926	76801	102255
COOK IS	21	20	16	175	175	155						
FIJI ISLANDS	320*	270*	350*	1200*	780*	820*	10*					
FR POLYNESIA	670*	690*	700*	4400*	4100*	4300*						
GUAM	75*	60*	60F	430*	320*	320F						
KIRIBATI	5	10*	5*	27	30*	15F						
NEWCALEDONIA	651	724	700*	2851	3083	2600*	11	10	10F	290	297	297F
NEW ZEALAND	7782	7698	9141	34706	29354	30711	13644	12911	16980	36798	27139	36399
PACIFIC IS	110*	60*	30*	250*	160*	170*						
PAPUA N GUIN	142*	180*	260*	720*	600F	890*						
TONGA	43	34	58	137	116	133						
VANUATU	40*	25*	20*	180*	70*	80*						

表 73

SITC 074.1

茶

	輸入：MT			輸入：1,000 $			輸出：MT			輸出：1,000 $		
	1997	1998	1999	1997	1998	1999	1997	1998	1999	1997	1998	1999
WORLD	1236387	1265732	1290423	2756005	3064050	2870469	1315534	1413097	1373477	2998914	3357422	2621014
AFRICA	206561	206073	186638	342499	377271	296292	312414	379946	359223	574460	787754	593425
ALGERIA	3132	6400*	2400*	8215	18000*	7200*						
ANGOLA	20*	50*	20*	80*	90*	30*						
BENIN	60*	60F	60F	200*	200F	200F						
BOTSWANA	2477	2477F	2477F	5647	5647F	5647F	58	58F	58F	94	94F	94F
BURKINA FASO	20*	20F	20F	80*	80F	80F						
BURUNDI							6330	5785	6396	9046	10968	10935
CAMEROON	30	52F	52F	74	74F	74F						
CAPE VERDE	4	4F	4F	59	59F	59F						
CHAD	834F	834F	834F	880F	880F	880F						
CONGO, DEM R	50	230*	230F	20	120*	120F	1341	1341F	1341F	940F	940F	940F
CONGO, REP	10*	120F	40*	30*	200*	30*						
CÔTE DIVOIRE	1500*	2800*	2500*	5000*	8500*	8500*	181F	181F	181F	947F	947F	947F
DJIBOUTI	350F	350F	1200*	540F	540F	1000*						
EGYPT	77892	65457	73247	104039	99635	98415	243	292	269	2729	1943	1375
ERITREA	100*	400*	400F	200F	1000F	1000F						
ETHIOPIA	25*	25F	25F	80*	80F	80F	130*	220*	220F	240*	740*	740F
GABON	50*	150*	160*	200*	290*	310*						
GAMBIA	438F	438F	438F	685F	685F	685F	28F	28F	28F	34F	34F	34F
GHANA	270	539	717F	1072	2028	1258		4	4		4	4
GUINEA	960*	960F	310*	2400*	2400F	890*						
KENYA	345	6	215	339	25	390	199224	263685	245716	410141	627138	459026
LESOTHO	700F	700F	700F	1400F	1400F	1400F						
LIBERIA	40*	40F	40F	160*	160F	160F						
LIBYA	15000*	18000*	6600*	40000*	50000*	15000*						
MADAGASCAR	3	3	14	18	19	31	228	210	354	477	368	328
MALAWI	12*	41	41F	13	66	66F	39824	40518	30000*	42790	42425	38000*
MALI	2200*	7300*	6100*	5600*	13000*	6600*						
MAURITANIA	730*	730F	730F	1600*	1600F	1600F						
MAURITIUS	10	20	2	44	69	13	418	220	46	626	459	321
MOROCCO	35016	40613	35402	68755	78077	72504	8	20	40	82	375	1315
MOZAMBIQUE							230F	230F	130*	230F	230F	100*
NIGER	500F	1777	1777F	900F	3886	3886F		272	272F		364	364F
NIGERIA	5800*	7000*	7000F	4700*	6900*	6900F	40*	60*	60F	30*	50*	50F
RWANDA							10042	11826	9953	16000F	19008	14132
ST HELENA	7*	7F	10*	27*	27F	40*						
SENEGAL	3614	4161	4764	7621	9802	11040			1		4	14
SEYCHELLES	64	45	50F	156	125	125	1	1	1F	9	5	4
SIERRA LEONE	60*	60F	20*	110*	110F	60*						
SOMALIA	2200*	2600*	2800*	3200*	3300*	2800*						
SOUTH AFRICA	15047	13692	13506	22660	19051	16214	1024	2752	4813	2999	7582	11050
SUDAN	23843	15000*	10000*	32221	25000*	10000*						
SWAZILAND	752	1047	655	1671	1612	1773	27	19	16	62	45	32
TANZANIA	105	105F	105F	102	102F	102F	21560	22120	21390	31830	30430	12000*
TOGO	15	15F	15F	49	49F	49F						
TUNISIA	12031	11471	10168	21106	21910	18322	52	21*	2	94	32	7
UGANDA		39	6*		55	13	18260	18899	22102	30483	28170	21425
ZAMBIA	204	110*	330*	399	130*	410*	108	108F	108F	313	313F	313F
ZIMBABWE	41	125	454	147	288	336	13057	11076	15722	24264	15086	19875
N C AMERICA	100967	116794	114053	228445	263459	248448	6280	6157	7914	26196	25018	29834
ANTIGUA BARB	15*	20*	20*	110*	70*	90*						
ARUBA	30*	20*	40*	290*	80*	100*						
BAHAMAS	163	100F	40*	956	600F	120*						
BARBADOS	185	36	139	1410	277	1145	40	49	41	379	546	476
BELIZE	30	45*	10*	201	250F	20*				3	3F	3F
BERMUDA	200F	200F	200F	700F	700F	700F						
CANADA	16913	17310	18569	68839	69647	72472	517	657	719	4028	4772	4360
COSTA RICA	370	455	310*	1851	2158	1000*	3	2	2F	36	23	23F
CUBA	200F	200F	200F	600F	600F	600F						
DOMINICA	8	8F	20*	30	30F	40*				3	3F	3F
DOMINICAN RP	20*	5*	10*	100*	30*	50*						
EL SALVADOR	84	137	162	231	326	513	201	323	346	897	1505	1651
GREENLAND	14	23	23	200	395	439						
GRENADA	4	4F	10*	57	57F	90*						
GUATEMALA	90	310	220*	321	768	300*	141	91	90*	293	204	330*
HONDURAS	95	203	120	119	200	238		94*	94F		193	193F
JAMAICA	160*	100*	160*	1000*	600*	850*						
MEXICO	192	132*	239	1462	1543	1727	172	259	332	452	402	475
NETHANTILLES	60*	144	40*	490*	1035	220*		6	6F		37	37F
NICARAGUA	51	139	92	84	159	176						

表 73

SITC 074.1

茶

	輸入：MT			輸入：1,000 $			輸出：MT			輸出：1,000 $		
	1997	1998	1999	1997	1998	1999	1997	1998	1999	1997	1998	1999
PANAMA	262	294	298	904	895	1100	89	78	71	1354	955	860
ST KITTS NEV	6	6F	10*	55	55F	90*						
ST LUCIA	22	41	40*	182	341	250*						
ST VINCENT	7	10*	20*	71	80*	70*						
TRINIDAD TOB	570	206	196	730	551	1061	3	3	8	13	17	90
USA	81216	96646	92865	147452	182012	164987	5114	4595	6205	18738	16358	21333
SOUTHAMERICA	14835	17059	16173	27345	30908	28951	62030	63870	56524	54362	64803	46981
ARGENTINA	276	456	655	1585	2301	2582	56806	58987	52144	45111	55560	39262
BOLIVIA	422	272	272F	818	623	623F						
BRAZIL	420	432	630	1867	2088	2232	3404	3208	2914	6293	6496	5339
CHILE	12413	14574	13385	18937	21408	19000	522	308	168	1406	908	900
COLOMBIA	64	75	101	469	564	562			2			26
ECUADOR	30	5	4	79	12	18	1195	1316	1250	1379	1688	1291
GUYANA	60*	60*	40*	170*	180*	130*						
PARAGUAY	249	170	170F	287	303	303F	7	11	16	22	70	96
PERU		81	49		182	142	95	40	30	148	78	65
SURINAME	96	60*	90*	901	610*	970*						
URUGUAY	640	613	571	1688	1686	1497				2	3	2
VENEZUELA	165	261	206	544	951	892	1			1		
ASIA	371728	392852	451714	906505	1031677	1058624	841902	871006	863299	1847044	1972010	1511016
AFGHANISTAN	26000*	24000*	16000*	55000*	102000*	59000*						
ARMENIA	98	105F	189	167	167F	415			44			12
AZERBAIJAN	6348	7000F	3168	8925	8925F	5682	1563	1200F	2468	2529	4000F	4095
BAHRAIN	833	833F	833F	5130	5130F	5130F						
BANGLADESH	7	1	5F	3	2	11	21740	25049	21494	31742	45155	39585
BHUTAN	189F	189F	189F	160F	160F	160F						
BRUNEI DARSM	140*	170*	290*	960*	930*	690*						
CAMBODIA	70*	70F	70F	140*	140F	140F						
CHINA	8605	9893	12766	10999	12776	15387	205381	219325	202681	352319	384655	355351
CHINA,H.KONG	16217	16308	15769	50225	48530	45561	9654	7829	6566	35432	28325	25588
CYPRUS	182	222	152	1644	1409	1149	145	24	37	1021	162	70
GEORGIA	50*			121*			4358*	5571*	7500*	7508*	7462*	9500*
INDIA	2608	9058	9500*	4803	15559	10000*	191472	201798	180000*	497239	518258	247000*
INDONESIA	2819	3994	618	2870	4358	615	66843	67219	97847	88838	113208	97141
IRAN	9401	7777	17713	27576	29411	49151	7708	7731	18331	4190	6199	11278
IRAQ	16000*	22981*	23000*	25000*	42759*	33000*						
ISRAEL	2200F	2300F	2300F	6733	6961	7012	25F	25F	40F	89	88	131
JAPAN	52417	45442	49407	195668	180640	178556	580	752	828	8150	9439	11936
JORDAN	5889	5163	4860	18600	17242	14710	103	96	284	214	319	639
KAZAKHSTAN	9246	17675	18405	16743	27430	27831	85	4	195	156	10	200
KOREA REP	188	166	273	1014	779	1268	274	228	390	2644	785	1349
KUWAIT	5224	5644	5810	29271	30630	31856	589	507	580	1749	2217	3338
KYRGYZSTAN	3945	4200F	4200F	4683	5000F	5000F	953	900F	900F	1241	1300F	1300F
LEBANON	2100*	2100F	2400*	6800*	6800F	5800*						
CHINA, MACAO	680	488	665	1599	1103	1344	145	116	249	162	160	350
MALAYSIA	6700*	7493	10315	15000*	8660	8600	350*	348	455	1300*	874	1068
MALDIVES	230*	230F	230*	800*	800F	800*						
MONGOLIA	925	1100	220F	639	460*	616						
MYANMAR	35	35F	35F	90	90F	90F						
NEPAL	760F	454F	454F	1526	911	911F	81	35	35F	397	178	178F
OMAN	3492	3492F	3492F	12036	12036F	12036F	804	804F	804F	3123	3123F	3123F
PAKISTAN	85426	111559	119695	135675	244278	245296		43	43		63	63
PHILIPPINES	588	242	610	2135	933	1310						
QATAR	1341F	1341F	300*	6979F	6979F	710*	157F	157F	157F	937F	937F	937F
SAUDI ARABIA	9932	10714	12000*	55340	60736	65000*	182	534	120*	499	1810	1100*
SINGAPORE	5564	5434	5258	16220	15051	14385	5247	5009	4660	18774	21774	15756
SRI LANKA	4226	4616	1928	8035	9846	3336	267726	270938	268330	716630	747806	605347
SYRIA	18058	19109	20347	34070	34542	45233						
TAJIKISTAN	460F	500F	500F	525F	550F	550F						
THAILAND	500	455	424	1088	1064	969	218	228	429	625	439	654
TURKEY	2396	2429	4828	4280	4935	5007	19103	17526	4522	15259	14233	4892
TURKMENISTAN	8000F	6000F	11000*	15000F	12000F	9500*	15F	10F	10F	40F	35F	35F
UNTD ARAB EM	30000*	15000*	53000*	95000*	49000*	128000*	3500*	4000*	6000*	6000*	8500*	12000*
UZBEKISTAN	15000*	9200*	11000*	17000*	8000*	7000*						
VIET NAM							32901	33000	37300	48237	50496	57000F
YEMEN	6639	7670	7496	10233	11965	10347*						
EUROPE	518851	508918	500553	1185014	1291559	1169687	83301	82743	75737	478467	489257	424864
ALBANIA	114	129	129F	190	214	214F		19	19F		22	22F
AUSTRIA	2055	2326	2648	8300	9719	11500	971	631	682	3932	2668	3046

表 73

SITC 074.1

茶

	輸入：MT			輸入：1,000 $			輸出：MT			輸出：1,000 $		
	1997	1998	1999	1997	1998	1999	1997	1998	1999	1997	1998	1999
BELARUS	1498	1975	1933	4090	11839	9023		845	230		1717	1117
BEL-LUX	5817*	7144	7685	23544	29959	27967	3992	4938	5981*	34492	44062	42335
BOSNIA HERZG	30*	50F	30*	300*	400F	140*						
BULGARIA	101	262	262F	102	226	226F	39	44	44F	71	122	122F
CROATIA	79	30	55	455	204	437	21	23	24	202	236	179
CZECH REP	2055	2238	2093	6825	8517	7603	221	266	249	1327	1900	1320
DENMARK	2459	1875	1829	13009	10618	8537	390	408	361	2820	3332	3086
ESTONIA	774	1354	582	4162	5668	3292	289	904	114	1069	2655	195
FAEROE IS	74	74	75	408	438	460						
FINLAND	1772	1221	994	13027	10565	10295	712	216	207	8265	1960	1344
FRANCE	18421	15489	14901	70083	75383	82396	2226	2751	3107	26709	32488	31917
GERMANY	34976	38664	39148	119542	129381	125049	16633	16329	14802	73441	71589	67732
GREECE	493	470	426	2799	2146	1843	26	64	44	113	138	123
HUNGARY	1775	1619	1271	4837	6281	3304	379	474	349	2988	3883	2411
ICELAND	40	44	45	651	915	731				1		
IRELAND	11573	10502	11116	28182	27687	24823	371	1159	789	2545	5852	5823
ITALY	4843	5005	5472	29869	33282	33836	156	224	816	1121	1356	3320
LATVIA	796	1073	1115	3338	7670	8027	25	87	75	158	598	713
LITHUANIA	1304	1866	1395	5715	8470	6964	421	675	355	1792	3147	2130
MACEDONIA	636	636F	636F	1300*	1300F	1300F	30*	170*	170F	48	300*	300F
MALTA	485	608	525	2165	2700	1866		11	3		30	21
MOLDOVA REP	96	100F	216	211	230F	444	37	30F	6	58	55F	6
NETHERLANDS	26805	26184	22651	51424	58015	45092	10145	9991	10155	30490	26718	27277
NORWAY	1281	1124	1051	12762	11624	11933	15	10	9	111	106	31
POLAND	34339	36569	31999	75204	86785	60192	2221	3399	2701	11403	15461	11054
PORTUGAL	326	294	339	1835	1733	2099	22	36	40	319	256	315
ROMANIA	113	199	203	449	1437	1024	18	12	82	50	97	585
RUSSIAN FED	158162	150225	161086	281156	311627	283007	9832	6756	1997	15193	8355	8096
SLOVAKIA	493	592	657	1863	2245	1912	88	61	70	447	373	421
SLOVENIA	46	38	38F	328	267	267F	8	6	6F	103	71	71F
SPAIN	929	1119	1306	5394	6427	6496	42	64	74	554	611	883
SWEDEN	3488	3532	3702	24810	26015	25173	644	683	782	7914	8617	8957
SWITZERLAND	3136	3499	3807	13779	17100	15753	1847	1858	1829	4460	4704	4708
UK	181758	175829	162416	352649	365438	324688	31218	29564	29509	245803	245732	195131
UKRAINE	12831	12947	14704	16195	15560F	18300F	241	32	53	345	45F	72F
YUGOSLAVIA	2878	2013	2013F	4062	3474	3474F	21	3	3F	123	1	1F
OCEANIA	23445	24036	21292	66197	69176	68467	9607	9375	10780	18385	18580	14894
AMER SAMOA	100F	100F	100F	250F	250F	250F						
AUSTRALIA	18000*	19000*	16314	47978	53269	52879	2979	2655	2424	10581	9014	6884
COOK IS	96	4	7	55	33	50						
FIJI ISLANDS	700F	450F	370F	1745	1125	910F	20F	20F	20F	70F	70F	70F
FR POLYNESIA	30*	40*	40F	510*	380*	380F						
GUAM	50F	50F	50F	110F	110F	110F						
KIRIBATI	45	40*	30*	243	180*	180*						
NEWCALEDONIA	130	87	80*	788	566	390*					3	3F
NEW ZEALAND	4177	4135	4213	13920	12673	13014	108	100	136	485	364	451
NORFOLK IS	7F	7F	7F	18F	18F	18F						
PAPUA N GUIN	50*	50*	20*	330*	330F	110*	6500	6600	8200	7249	9129	7486
SAMOA	40*	40*	30*	150*	130*	110*						
SOLOMON IS	1*	1*	1F	6*	6*	6F						
TONGA	14	22	20*	59	66	30*						
VANUATU	5*	10*	10*	35*	40*	30*						

表 74

SITC EX 075.1

こしょう（黒、白、長粒）

	輸入：MT			輸入：1,000 $			輸出：MT			輸出：1,000 $		
	1997	1998	1999	1997	1998	1999	1997	1998	1999	1997	1998	1999
WORLD	231594	198967	230567	836036	940906	1069680	243504	219889	261744	916879	1016487	1244880
AFRICA	8441	8356	7420	23045	33813	27521	9326	9136	6910	17072	10798	9215
ALGERIA	856	770*	570*	1158	2100*	3000*						
BENIN	30F	30F	20*	80F	80F	10*						
BOTSWANA	355	355F	355F	418	418F	418F				1	1F	1F
CAMEROON	4	4F	10*	6	6F	20*	24	24F	24F	162	162F	162F
CAPE VERDE	7	7F	10*	19	19F	60*						
CENT AFR REP	26F	26F	26F	4F	4F	4F	38F	38F	38F	6F	6F	6F
CONGO, DEM R	23	23F	23F	4	4F	4F						
CONGO, REP	8F	8F	8F	31F	31F	31F						
CÔTE DIVOIRE	70*	50*	80*	300*	310*	560*	17F	17F	17F	14F	14F	14F
DJIBOUTI	20F	40*	30*	30F	60*	20*						
EGYPT	2917	3523	2931	8901	16963	10104	44	35	31	74	34	17
ETHIOPIA	77F	77F	77F	21F	21F	21F	8F	8F	8F	22F	22F	22F
GABON	10*	20*	10*	10*	10*	10*						
GAMBIA	160*	260*	290*	480*	1800*	2300*						
GHANA	7	18	17	26	33	27*	1366	1855	1751	593	951	1027
KENYA	16	7	41	21	20	99		54	118	1	34	46
LIBERIA	1*	1F	1F	10*	10F	10F						
LIBYA	152F	40*	40F	704F	174*	174F						
MADAGASCAR					1	1	894	339	619	2838	1135	2445
MALAWI	4*	1	10*	11	2	10*	1690	855	855F	4404	1709	1709F
MALI	30F	30F	30F	85F	85F	85F						
MAURITANIA	80*	80F	40*	70*	70F	70*						
MAURITIUS	66	96	72	141	271	153	36	65	23	301	571	223
MOROCCO	565	167	282	1691	820	975		1	8	1	6	51
NIGER	1F	5	5F	3F	10	10F		42	42F		7	7F
NIGERIA	209F	209F	209F	351F	351F	351F						
SENEGAL	238	75	206	461	259	768	10	9	14	2	2	3
SEYCHELLES	18	20	20*	70	77	70*		1	1F		1	1F
SOUTH AFRICA	1808	1384	1285	6588	7362	6069	3128	4546	1852	5428	4812	1788
SUDAN	120*	160*	120*	690*	1200*	750*						
SWAZILAND	15	33	36	42	37	34	1*	2		1		2
TANZANIA	1	1F	1F	1	1F	1F	7	7F	7F	8*	8F	8F
TOGO	6	30*	30F	21	190*	190F						
TUNISIA	485	738	455	343	661	566	15	50	34	70	196	282
UGANDA		2			3	1	56	58	923	81	54	613
ZAMBIA	13	13F	10*	36	36F	20*	4	4F	4F	5	5F	5F
ZIMBABWE	43	53	70	217	315*	525	1989	1127	539	3061	1067	783
N C AMERICA	59974	53619	66836	224483	264401	322502	8897	9298	10626	22891	38822	45391
BAHAMAS	71	71F	71F	312	312F	312F						
BARBADOS	67	19	60	216	59	217	8	7	7	29	36	36
BELIZE	33	33F	33F	81	81F	81F	174	174F	174F	367	367F	367F
CANADA	4570	5078	6303	16979	23144	28727	530	613	929	2166	3392	4817
COSTA RICA	124	137	80*	568	725	530*	101	209	209F	482*	12146	12146F
CUBA	200F	200F	200F	500F	500F	500F						
DOMINICA	2	2F	2F	4	4F	4F	145	145F	145F	254	254F	254F
DOMINICAN RP	180*	350*	280*	530*	900*	540*						
EL SALVADOR	78	69	122	403	294	360	22	24	61	97	131	216
GREENLAND	1	2	2	15	34	40						
GRENADA	3	3F	10*	10	10F	20*						
GUATEMALA	122	183	200*	392	713	800*	523	108	108F	466	125	125F
HAITI		1*	1F		5*	5F						
HONDURAS	161	110	197	248	230	215	2	66	66F	1	118	118F
JAMAICA	400*	400*	380*	1400*	2600*	3100*	36	36F	36F	124	124F	124F
MEXICO	1572	3228	2008	6798	8951	9483	4210	3365	4026	6599	6057	10646
NICARAGUA	50	60	65	68	111	116			1			1
PANAMA	185	238	196	2011	1542	1290	16	31	22	97	206	180
ST KITTS NEV	2	2F	2F	19	19F	19F						
ST LUCIA	8	5	10*	33	27	30*	184	217	184	359	362	323
ST VINCENT	7	10*	10*	30	50*	80*	44	44F	44F	40	40F	40F
TRINIDAD TOB	92	114	140	326	496	568	28	38	46	51	66	145
USA	52046	43304	56464	193540	223594	275465	2874	4221	4568	11759	15398	15853
SOUTHAMERICA	3134	2984	2869	13515	16216	15112	14005	17504	19707	59562	78159	87740
ARGENTINA	1456	1391	1376	7923	10012	9162	18	51	28	107	70	90
BOLIVIA	13	20	40*	28	79	100*	1	1	1F	2		
BRAZIL	181	213	185	432	651	493	13962	17249	19617	59376	77670	87448
CHILE	235	149	170*	958	855	1100*	1	5	5F	11	49	49F
COLOMBIA	275	349	309	1031	1444	1210	16	182		27	317	

表 74

SITC EX 075.1

こしょう（黒、白、長粒）

	輸入：MT			輸入：1,000 $			輸出：MT			輸出：1,000 $		
	1997	1998	1999	1997	1998	1999	1997	1998	1999	1997	1998	1999
ECUADOR	82	76	30	187	171	82	2	5	44	6	20	116
GUYANA	20*	20*	20*	50*	70*	60*						
PARAGUAY	15	32	32F	85	155	155F						
PERU	563	367	373	1339	1010	1013		4	11		11	36
SURINAME	15	20F	10*	94	120F	20*	1	1F	1F	1	1F	1F
URUGUAY	111	123	103	665	631	608						
VENEZUELA	168	224	221	723	1018*	1109	4	6		32	21	
ASIA	67668	53396	65563	222741	226492	271079	186748	160158	199964	713807	754257	969092
ARMENIA	3	3F	9	4	6F	18			2			2
AZERBAIJAN	35F	40F	53	75F	50F	41						
BAHRAIN	352	352F	352F	668	668F	668F	3	3F	3F	21	21F	21F
BANGLADESH	125	337		115	298							
BRUNEI DARSM	20*	10*	10*	40*	30*	30*						
CAMBODIA	1F	1F	1F	1F	1F	1F	4F	4F	4F	6F	6F	6F
CHINA	3518	2137	3418	7272	4687	10342	4026	1693	3719	15899	4642	10657
CHINA,H.KONG	2703	1137	2038	12226	5391	9852	2280	555	1511	10682	2309	7037
CYPRUS	16	86	36	91	365	182	1	5	1	4	31	5
INDIA	2153	3551	2800*	7603	14344	14000*	35403	32859	47000*	131172	146020	287000*
INDONESIA	1033	16	2372	2076	18	9177	33386	38723	36293	163145	188920	191241
IRAN	5	33	172	7	94	589	251	634	194	249	634	194
ISRAEL	760*	900*	960F	2496	3135	3290	65F	8F	20F	259	38	111
JAPAN	8221	7186	8023	40433	46046	47176	93	48	31	1006	686	577
JORDAN	105	339	220	180	764	585	85	30	13	149	42	64
KAZAKHSTAN	33	63	96	168	219	252	13	4	40	1	1	38
KOREA D P RP	1*	1F	20*	2*	2F	80*						
KOREA REP	3384	2014	3010	12776	10823	15074	41	45	49	296	218	200
KUWAIT	201	415	267	487	1543	921	5	2	5	7	4	12
LEBANON	200*	120*	160*	830*	710*	2800*						
CHINA, MACAO	15	15	18	29	35	39						
MALAYSIA	1276F	903	1504	3133F	4165	6187	29000*	18717	21804	84000*	92957	106783
MALDIVES	20*	20F	30*	60*	60F	90*						
MONGOLIA	1		10*	4		10*						
MYANMAR	5	40*	70*	15	160*	410*						
NEPAL	285F	25F	25F	1056	94	94F						
OMAN	113	113F	113F	200	200F	200F	14	14F	14F	26	26F	26F
PAKISTAN	1918	874	1626	3079	4454	8156		15	15		84	84
PHILIPPINES	617	637	593	1563	2381	2056	33	33	66	61	66	224
QATAR	345F	345F	345F	370F	370F	370F						
SAUDI ARABIA	3441	3561	1900*	4787	5116	4900*	85	66	66F	155	124	124F
SINGAPORE	31149	21187	29371	106890	97606	122532	48909	41714	45681	216909	218677	233833
SRI LANKA	6	79	30	39	247	141	3485	5493	3754	13736	25771	18280
SYRIA	344	531	531F	491	762	762F	72	18	18F	138	28	28F
THAILAND	294	576	204	318	826	355	802	502	857	1932	2006	3082
TURKEY	1746	1214	457	2394	1929	706	55	49	65	243	287	251
UNTD ARAB EM	3224*	4072*	4300*	10763*	17966*	8200*	3924F	3924F	3924F	6210F	6210F	6210F
VIET NAM							24713	15000	34800	67501	64449	103000F
YEMEN		463	419		927	793*			15			2*
EUROPE	89140	77098	85514	342522	388895	422215	24376	23709	24370	102963	134047	132868
ALBANIA	25	6	6F	55	5	5F						
AUSTRIA	2326	2143	1800	7789	10438	9278	517	394	390	2159	1761	1752
BELARUS		571	645		2282	4318		477	486		2237	3209
BEL-LUX	3059	2321	2404	14040	14468	13825	1075	791	888	6042	5713	6228
BOSNIA HERZG	40F	50F	50F	370*	400F	400F						
BULGARIA	483	501	240*	1367	1835	1800*	241	101	50*	580	581	290*
CROATIA	531	298	530	2808	1707	3123	28	25	47	227	160	367
CZECH REP	1044	721	738	3678	3251	3367	88	53	124	365	364	662
DENMARK	1291	1023	1604	5340	6104	9456	119	82	103	1164	1164	1194
ESTONIA	106	99	156	580	622	953	10	35	46	50	144	333
FAEROE IS	2	14	2	18	23	21						
FINLAND	593	554	480	2865	3677	3184	91	70	49	432	425	291
FRANCE	8334	8082	8566	36431	43898	43884	1222	1448	1381	5848	8962	7858
GERMANY	19384	14810	19554	75779	85319	102625	4115	4443	4597	18067	24246	24480
GREECE	1152	822	1022	4445	4410	3916	174	242	131	505	1091	505
HUNGARY	1400	1154	1141	6081	6316	5479	10	12	33	55	93	202
ICELAND	22	25	29	155	177	215						
IRELAND	290	297	228	1595	1941	1395		2		1	2	6
ITALY	3538	3231	3610	14886	17248	17844	233	345	172	1581	2303	1516
LATVIA	103	96	106	398	760	867	3	4	17	20	64	289
LITHUANIA	688	488	217	2400	1934	975	473	305	41	1714	803	210
MACEDONIA	59	35*	40*	123	180*	80*	27	27F	27F	138	138F	138F
MALTA	42	62	41	162	310	158						

表 74

SITC EX 075.1

こしょう（黒、白、長粒）

	輸入：MT			輸入：1,000 $			輸出：MT			輸出：1,000 $		
	1997	1998	1999	1997	1998	1999	1997	1998	1999	1997	1998	1999
MOLDOVA REP	4	5F	5	17	18F	24						
NETHERLANDS	17308	15511	19420	63803	79202	97104	13055	12354	13956	49758	69029	72795
NORWAY	495	461	516	2787	3254	3343	18	5	10	79	44	206
POLAND	4248	3850	3183	14826	16135	13767	731	321	495	2830	1547	2056
PORTUGAL	332	380	319	1913	2965	2111	12	26	5	51	87	57
ROMANIA	978	1256	742	2399	2798	1235			6	1	1	9
RUSSIAN FED	5000*	4729	4915	9881*	8010	11294	350*	85	82	1500*	347	238
SLOVAKIA	534	408	492	2115	2186	2424	48	12	11	248	86	60
SLOVENIA	225	227	170*	1005	1286	840*	72	33	33F	332	308	308F
SPAIN	2095	1855	2381	9050	9891	12391	223	347	405	952	1553	1486
SWEDEN	1481	1441	1573	6807	9499	8995	138	149	181	998	1492	1502
SWITZERLAND	795	578	815	4407	4230	5368	27	14	24	142	125	180
UK	7225	5744	5485	29641	30630	27665	624	1096	545	4766	7677	4201
UKRAINE	3467	2672	1711	10229	8000F	5000F	651	413	23	2342	1500F	80F
YUGOSLAVIA	441	578	578F	2277	3486	3486F	1		10*	16		160*
OCEANIA	3237	3514	2365	9730	11089	11251	152	84	167	584	404	574
AUSTRALIA	2700*	3100*	1938*	7688	8996	9315	124	56	140	359	192	379
FIJI ISLANDS	30F	20*	10*	60F	50*	30*	10*	10F	10*			
FR POLYNESIA	20F	20	10*	189F	189	80*						
NEWCALEDONIA	30	29	10*	162	195	60*				1		
NEW ZEALAND	394	282	343	1439	1467	1612	8	8	7	70	58	41
PAPUA N GUIN	10F	10F	10F	74F	74F	74F						
SAMOA	10F	10F	10F	10F	10F	10F						
TONGA	40F	40F	31	100F	100F	62						
VANUATU	3F	3F	3F	8F	8F	8F	10F	10F	10F	154F	154F	154F

表 75

SITC EX 075.1

ピメント（唐辛子、パプリカなど）

	輸入：MT			輸入：1,000 $			輸出：MT			輸出：1,000 $		
	1997	1998	1999	1997	1998	1999	1997	1998	1999	1997	1998	1999
WORLD	220129	245487	278574	400454	399656	412330	209154	233679	233661	326508	317960	305552
AFRICA	8145	5582	3361	10005	5706	3814	21747	32916	22948	30701	34093	25094
ALGERIA	1884	1800*	840*	2410	1600*	670*						
BENIN							15*	5*	5F	10F	3*	3F
BOTSWANA	1	1F	1F	2	2F	2F						
CAMEROON	10	10F	10F	2	2F	2F						
CAPE VERDE	32	20*	20*	67	30*	20*						
CONGO, DEM R	16	16F	16F	5	5F	5F						
CÔTE DIVOIRE	20F	20F	20F	5F	5F	5F	331F	331F	331F	13F	13F	13F
EGYPT	292	113	261	455	175	606	42	30	23	81	15	14
GABON	1F	1F	1F									
GHANA			1	2		10						1
KENYA	33	40	82	46	65	67		1			1	
LIBYA	380F	380F	180*	1200F	1200F	680*	1000*	320*	360*	200*	60*	70*
MADAGASCAR	1			2	1	1	18	19	11	59	53	35
MALAWI							865	275	275F	1224	356	356F
MAURITIUS	310	213	274	336	239	325		3	1		25	12
MOROCCO	137	58	237	155	87	250	7212	4710	2618	9792	5579	2549
NIGER		226	226F		78	78F		95	95F		32	32F
NIGERIA							17F	17F	17F	35F	35F	35F
SENEGAL	94	160	129	54	108	166						
SEYCHELLES	15	6	6F	35	10	10F						
SOUTH AFRICA	2605	2059	645*	2305	1842	790	3784	6243	1919	6548	7061	1632
SUDAN							29F	29F	29F	94F	94F	94F
SWAZILAND	49	2	1	44	5	1						
TANZANIA							5	5F	5F	12	12F	12F
TOGO							39	39F	60*	16	16F	10*
TUNISIA	1372	362	379	378	76	78	1649	1513	2225	4020	3645	5307
UGANDA		1			1			15	64		63	79
ZAMBIA	8	8F	10*	5	5F		84	500*	500F	120*	410*	410F
ZIMBABWE	885	86	22	2497	170	48	6657	18766	14410*	8477	16620	14430
N C AMERICA	47697	69617	67655	93235	114040	109715	14112	21393	23756	26988	35163	36564
BARBADOS	39	14	44	127	64	149		1		1	1	4
BELIZE	12	11*	11F	24	25F	25F						
BERMUDA	180F	180F	180F	770F	770F	770F						
CANADA	3908	3369	4277	9368	8376	9811	190	87	201	459	329	770
COSTA RICA	41	47	70*	151	162	260*	1885	2137	2137F	1658	1665	1665F
CUBA	65*	90*	150*	200*	240*	410*						
DOMINICA				1	1F	1F						
DOMINICAN RP	40*	50*	60*	100*	120*	70*						
EL SALVADOR	89	153	129	339	583	418						
GREENLAND		2		2	12	6						
GRENADA	1	1F	1F	2	2F	2F						
GUATEMALA	325	319	400*	211	159	170*	1	24	24F	8	15	15F
HONDURAS	67	30	37	85	78	86	83	16	16F	59	15	15F
JAMAICA	40*	60*	20*	90*	110*	40*	1254	1400*	1400*	2805	3500*	4600*
MEXICO	5415	10943	5050	7155	13827	7382	6999	13472	15788	10373	15683	18455
NICARAGUA	1	4	4	3	15	9	20		2	29		7
PANAMA	40	52	46	127	156	126						
ST LUCIA	3	2	2F	13	9	9F	1		2	1		1F
TRINIDAD TOB	31	38	34	96	101	102	59	10	36	95	6	52
USA	37400	54252	57140	74371	89230	89869	3620	4246	4152	11499	13948	10980
SOUTHAMERICA	2484	3767	2140	5141	5753	3416	6861	10145	10024	25504	26939	24618
ARGENTINA	897	524	503	2471	1423	1064	160	92	233	427	388	552
BOLIVIA	1	2	2F	4	9	9F		4	4F		3	3F
BRAZIL	119	711	297	551	1083	682	7*	547	1079	19	1100	2105
CHILE	1106	2189	920*	1249	2416	510*	4652	5981	4322	22488	22523	16800
COLOMBIA	36	56	33	100	139	92	1312	2911	2596	747	1742	2060
ECUADOR	3	6	4	11	21	14						
PARAGUAY	7	1	1F	16	7	7F						
PERU	1	3	81	9	15	292	730	610	1773	1817	1181	3063
URUGUAY	227	217	204	483	444	385			17	1	1	35
VENEZUELA	87	58	95	247	196	361				5	1	
ASIA	91592	96292	138348	115868	111640	151754	131870	132452	140917	148267	126982	134686
ARMENIA						2						
AZERBAIJAN			4			3						
BANGLADESH	49	59	9661	45	52	8946	77	12	12F	96	20	20F

表 75

SITC EX 075.1

ピメント（唐辛子、パプリカなど）

	輸入：MT			輸入：1,000 $			輸出：MT			輸出：1,000 $		
	1997	1998	1999	1997	1998	1999	1997	1998	1999	1997	1998	1999
BHUTAN	11F	11F	11F	6F	6F	6F	70F	70F	70F	20*	20F	20F
BRUNEI DARSM	230*	330*	270*	460*	310*	200*						
CHINA	1636	1384	1903	1046	877	1456	53075	59304	50992	72033	57629	47370
CHINA,H.KONG	5503	4990	3621	5378	3888	3490	4148	4468	2838	3911	3504	3650
CYPRUS	9	13	12	30	32	34						
INDIA	56	276	276F	223	249	249F	41903	42555	60000*	37537	37529	54000*
INDONESIA	4168	2969	3235*	3320	1852	2418	390	210	605	1547	498	1313
IRAQ	20F	20F	20F	60F	60F	60F						
ISRAEL	350F	240F	240F	1373	946	918	450F	430F	170F	1629	1463	482
JAPAN	11301	9881	10336	33667	23124	28109	42	31	39	448	313	407
JORDAN	62	55	9	81	52	11	38	297	108	12	59	18
KAZAKHSTAN	5F	2		60F	21							
KOREA REP	4190	5412	6705	8821	13945	10870	731	496	706	3447	2105	3148
LEBANON	20*	20F	20F	30*	30F	30F						
CHINA, MACAO	4	1	1	9	1	1						
MALAYSIA	19000*	26710	46210	18000*	26330	39001	10005F	8433	10237	3112F	3168	4722
MALDIVES	100F	100F	100F	110F	110F	110F						
MYANMAR							6600F	6600F	6600F	1781F	1781F	1781F
OMAN	42	42F	42F	42	42F	42F						
PAKISTAN	1312	6202	17366	1498	7021	19526	821	1329	932	1331	1885	1479
PHILIPPINES	307	263	318	670	514	673		12	12	8	25	26
SAUDI ARABIA	527	562	410*	613	806	610*		18	18F		69	69F
SINGAPORE	19537	8841	7976	23029	9046	9961	11287	4918	3540	16680	7117	5844
SRI LANKA	13414	19203	20360	10103	15649	18114	114	86	121	354	226	272
THAILAND	5080	4079	4643	2664	2226	2536	1049	479	1612	1725	1330	2435
TURKEY	134	107	79	282	211	138	690	2154	2045	2162	7411	7380
TURKMENISTAN	25F	20F	20F	48F	40F	40F						
UNTD ARAB EM	4500F	4500F	4500F	4200F	4200F	4200F	250F	250F	80*	240F	240F	40*
VIET NAM							130*	300*	180*	194*	590*	210*
EUROPE	69041	69096	65364	171272	158062	138590	34491	36717	35774	94863	94613	84192
ALBANIA	2	11	11F	2	13	13F						
AUSTRIA	2946	3042	3019	7985	8016	7287	681	508	465	2096	1649	1595
BELARUS		54	38		287	224		13	21		47	96
BEL-LUX	1259	1495	1123	4711	4925	3231	546	600	310	2298	1939	1153
BOSNIA HERZG	110*	100*	120*	410*	210*	230*						
BULGARIA	178	87	87F	72	41	41F	111	7	7F	165	21	21F
CROATIA	686	274	701	1899	987	1670	64		78	296		300
CZECH REP	1993	1778	1975	5045	4368	4165	143	76	120	501	336	375
DENMARK	691	585	581	2338	2092	2497	39	42	34	216	377	274
ESTONIA	114	61	118	305	235	477	8	7	28	27	61	111
FAEROE IS	1	1	1	9	8	7						
FINLAND	479	476	473	1838	1832	1719	73	67	44	300	280	185
FRANCE	3071	2909	3099	7896	7394	7066	236	347	311	979	1300	1184
GERMANY	14158	12966	13361	43243	37233	33215	2386	2379	2028	12232	11624	9620
GREECE	473	562	817	823	997	910	53	111	23	101	165	44
HUNGARY	227	230	218	563	512	492	4356	4835	5712	13608	14485	12300
ICELAND	13	14	15	69	82	82						
IRELAND	84	55	113	420	363	400					6	1
ITALY	1461	1258	1440	3807	3244	3282	887	1138	902	975	1012	905
LATVIA	22	26	25	59	170	184	18	21	2	119	285	15
LITHUANIA	109	128	110	243	302	348	33	12	8	89	21	35
MACEDONIA	1	75*	75F	6	190*	190F	244	250*	250F	928	500*	500F
MALTA	4	5	3	24	29	15						
MOLDOVA REP	1	1F	8	4	5F	12						
NETHERLANDS	5995	5925	6300	12765	11878	13941	2262	1856	2750	7343	6009	8482
NORWAY	257	282	245	1526	1677	1259	10		2	65	2	10
POLAND	2467	2206	3012	4900	4830	6313	165	117	198	306	341	630
PORTUGAL	814	745	616	1947	1852	1726	31	18	20	62	67	38
ROMANIA	372	738	366	536	948	652	4	2	22	7	2	12
RUSSIAN FED	1500*	976	1023	3000*	1349	954	11*	19	11	29*	46	29
SLOVAKIA	647	817	690	1951	2417	1814	61	10	45	208	47	108
SLOVENIA	206	191	100*	675	621	290*	23	19	19F	98	67	67F
SPAIN	21905	23674	18574	39971	35968	25492	20857	22688	20687	47102	48370	40051
SWEDEN	1426	1283	1313	4942	4538	4211	56	84	107	409	512	502
SWITZERLAND	856	890	857	2894	2921	2594	106	58	64	361	301	1328
UK	4319	5013	4667	13887	15084	11447	328	742	406	2136	2952	1721
YUGOSLAVIA	194	163	70*	426	444	140*	699	691	1100*	1807	1789	2500*
OCEANIA	1170	1133	1706	4933	4455	5041	73	56	242	185	170	398
AUSTRALIA	1000*	890*	1475	4278	3806	4460	43	10	217	99	33	341
COOK IS	1	1	1	6	5	6						
FIJI ISLANDS	20*	20F	30*	50*	50F	40*	5F	5F	5F	10F	10F	10F

表 75

SITC EX 075.1

ピメント（唐辛子、パプリカなど）

	輸入：MT			輸入：1,000 $			輸出：MT			輸出：1,000 $		
	1997	1998	1999	1997	1998	1999	1997	1998	1999	1997	1998	1999
FR POLYNESIA	1F	1F	1F	11F	11F	11F						
NEWCALEDONIA				7	5	5F						
NEW ZEALAND	147	220	198	543	540	481	7	23	2	38	89	9
PAPUA N GUIN	1*	1F	1F	38*	38F	38F	18F	18F	18F	38F	38F	38F

表 76

SITC 075.21

バニラ

	輸入:MT			輸入:1,000 $			輸出:MT			輸出:1,000 $		
	1997	1998	1999	1997	1998	1999	1997	1998	1999	1997	1998	1999
WORLD	4714	4710	4723	86022	80153	74107	2499	2684	2638	43842	44541	47341
AFRICA	32	28	31	99	126	107	821	578	878	12173	10855	15696
ALGERIA	1	1F	1F	4	4F	4F						
BOTSWANA	9	9F	9F	19	19F	19F						
CAMEROON	1	1F	1F	1	1F	1F						
COMOROS							162	132	184*	2560	2391	3979*
CONGO, DEM R	2	2F	2F	2	2F	2F						
EGYPT		3		8	53	12					1	1
ETHIOPIA	2F	2F	2F	17F	17F	17F						
GHANA	1	1		2								
KENYA	10			7		1						
LIBYA	3*	3F	3F	6*	6F	6F						
MADAGASCAR							653	391	684	9593	7116	11609
MAURITIUS			1	1		2						
MOROCCO				5	3	2						
SENEGAL	1	1		11	2							
SEYCHELLES		1	1F	3	6	6F						
SOUTH AFRICA			2	3	3	22	6	12	5	16	83	36
SWAZILAND	1	2	7	3	1	6						
TUNISIA				1	1	2*						
UGANDA		1	1		3	1		43	5	4	1261	71
ZAMBIA				3	3F	3F						
ZIMBABWE	1	1	1	3	2	1					3	
N C AMERICA	2437	2126	1543	46937	41266	31210	340	525	556	6347	9040	9116
BAHAMAS	12	12F	12F	42	42F	42F						
BARBADOS	1	1	1	12	5	4						
CANADA	204	111	121	3487	2852	2590	162	251	251	3135	4022	4253
COSTA RICA	2	4	4F	10	40	40F	11	2	10*	89	119	320*
DOMINICA							1	1F	1F	121	121F	121F
EL SALVADOR	6	16	18	14	17	22	1		2	1	1	2
GREENLAND				1	1	2						
GUATEMALA	2	4	4F	9	23	23F						
HONDURAS	3	5	6	11	16	21		5	5F	3	58	58F
JAMAICA	4F	4F	4F	65F	65F	65F						
MEXICO	4	26	9	43	109	155	53	28*	84	557	338	691
NICARAGUA	1		1	1		1	1	1	8	1	2	11
PANAMA		2	2	4	36	29						
ST LUCIA					1	1F						
TRINIDAD TOB				2		1						
USA	2198	1941	1361	43236	38059	28214	111	237	195	2440	4379	3660
SOUTHAMERICA	26	22	18	357	339	288	1	1	5	2	4	26
ARGENTINA	1	1	1	97	62	58						1
BOLIVIA					1	1F						
BRAZIL	5	9	7	177	217	210				1		1
CHILE	2	2	10*	55	37	10*					2	2F
COLOMBIA	1			9	6	1				2		15
ECUADOR		1				1						
PERU	17	9		14	8	1	1	1	2	1	1	6
URUGUAY				5	7	7						
VENEZUELA										1	1	1
ASIA	334	418	515	5925	4072	5738	628	942	488	9987	9747	6840
ARMENIA			6			7						
AZERBAIJAN			73			15						
CHINA		1		1	10	6	1	71	1	6	17	7
CHINA, H.KONG	11	7	11	164	65	166	58	6	9	229	66	134
CYPRUS	1	1		9	4	5				1	1	2
INDIA		1	1F		15	15F	1	3	3F	10	30	30F
INDONESIA	53	2	24	395	22	201	508	730	339	9145	8764	5497
IRAN		1			15				1			2
ISRAEL						44						
JAPAN	96	69	91	4265	2956	4022	2	1	1	71	50	49
JORDAN	1		1	8		2			14			10
KAZAKHSTAN	2	4	7	11	23	27						
KOREA REP	2	1	1	141	64	76				5		
KUWAIT	14	18	10	102	151	105	1			10	2	1
MALAYSIA	7F	34	3	45F	66	18	4F	2	17	5F	2	30
OMAN				3	3F	3F						

表 76

SITC 075.21

バニラ

	輸入:MT			輸入:1,000 $			輸出:MT			輸出:1,000 $		
	1997	1998	1999	1997	1998	1999	1997	1998	1999	1997	1998	1999
PAKISTAN	27			35								
PHILIPPINES	48	122	170	99	233	301	1	5	5	23	37	42
QATAR	11F	11F	11F	51F	51F	51F						
SAUDI ARABIA	39	75	20*	76	209	40*	7			29		
SINGAPORE	18	11	67	510	64	586	11	27	36	321	496	809
SRI LANKA												1
THAILAND				1		5				1		
TURKEY	4		15	9	3	34	34	97	59	131	282	214
YEMEN		60	4		118	9*			3			12*
EUROPE	1861	2103	2597	32050	33871	36106	682	601	617	14740	14282	14597
ALBANIA				3								
AUSTRIA	65	76	70	351	386	441	12	9	17	59	59	127
BELARUS		13	3		230	162		6			3	8
BEL-LUX	33	48	22	992	912	803	22	9	14	135	186	112
BULGARIA	6	3	10*	14	2	10*	7	3	3F	20	12	12F
CROATIA				11	3	8				6		
CZECH REP	2		1	4	13	23	6			4	3	2
DENMARK	25	22	105	818	743	895	20	17	18	175	94	128
ESTONIA	11	6	2	25	40	41		2	1	1	12	7
FAEROE IS	1	1	1	6	7	7						
FINLAND	1	17	2	42	93	39				1	8	24
FRANCE	464	490	564	10065	11426	13004	127	132	147	3303	3282	3946
GERMANY	329	326	327	7997	7285	7049	217	196	160	7627	6884	5772
GREECE	2	4	6	19	35	57	5	7	9	82	67	96
HUNGARY	1		2	53		86						
ICELAND	1	1	1	6	8	6						
IRELAND	118	123	96	1852	1970	1183			1			8
ITALY	21	14	20	767	703	873	5	5	2	104	92	44
LATVIA	6	5	3	62	86	54	5	5		19	27	1
LITHUANIA	35	17		384	187	1	25	13		354	120	
MACEDONIA	1	15*	15F	5	50*	50F						
MALTA		2	3	3	6	6						
MOLDOVA REP	1	1F		3	4F							
NETHERLANDS	114	162	105	2132	2146	2043	89	17	22	405	271	222
NORWAY	3	5	4	86	98	106		1				13
POLAND	46	4	4	183	128	106	2			6	7	1
PORTUGAL	4		1	69	28	46		3	10		5	19
ROMANIA	7	2	2	64	51	29						
RUSSIAN FED	50F	224	598	230F	132	185		2	2		10	12
SLOVAKIA	4			2	3	2	5	7	9	7	9	11
SLOVENIA	2	2	2F	13	12	12F					1	1F
SPAIN	265	113	92	679	456	360	1		1	1	3	19
SWEDEN	13	14	27	231	204	317	5	1	1	101	35	47
SWITZERLAND	51	55	67	1736	1894	2074	1	2	5	33	85	138
UK	174	283	441	3047	3799	6027	107	134	163	2276	2976	3796
UKRAINE	5	54		68	730F							
YUGOSLAVIA		1	1F	28	1	1F	21	31	31F	21	31	31F
OCEANIA	24	13	19	654	479	658	27	37	94	593	613	1066
AUSTRALIA	15*	12*	18	520	419	584	3	10	23	23	63	148
FIJI ISLANDS				2F	2F	2F				18F	18F	18F
FR POLYNESIA							20*	20F	10*	420*	420F	290*
NEWCALEDONIA				14	21	21F						
NEW ZEALAND	9	1	1*	116	35	49		3	25		7	61
PAPUA N GUIN				1F	1F	1F						
SAMOA				1F	1F	1F						
TONGA							4	4	36	132	105	549

表 77

SITC 081.2

ふすま及び他の製粉副産物

	輸入：MT			輸入：1,000 $			輸出：MT			輸出：1,000 $		
	1997	1998	1999	1997	1998	1999	1997	1998	1999	1997	1998	1999
WORLD	3668837	4046570	3839729	559093	516326	433365	3276388	3539261	3749214	369335	345985	336141
AFRICA	203601	357043	410970	22475	32903	39067	189989	171608	142581	14007	10049	9005
BOTSWANA	579	579F	579F	215	215F	215F	13235	13235F	13235F	1478	1478F	1478F
CAMEROON	152	152F	152F	20	20F	20F	14300	13900	11000	600	519	240
CONGO, DEM R	32	32F	32F	14	14F	14F	18000	5000F	8100	670	200F	490
CONGO, REP							1000F	1000F	1000F	60F	60F	60F
CÔTE DIVOIRE	493F	493F	493F	28F	28F	28F	12000*	36000*	13000*	600*	1200*	410*
EGYPT	30808	69758	84851	3454	7443	10088	43			4		
GABON							12000*	6400*	5200*	550*	230*	280*
GHANA	151	20*	20	6	11	7	8570	14420	8345	845	804	394
GUINEA	1200F	1200F	1200F	200F	200F	200F						
KENYA	357	956	1215	9	90	41	188	271	199	13	33	12
LIBYA	5725F	5725F	5725F	2133F	2133F	2133F						
MALAWI							4432	962	1920	604	84	48
MAURITIUS	2	8		6	4			2054	9702		145	594
MOROCCO	104432	165920	212596	11118	14788	19396						
NIGER		7502	7502		478	478						
NIGERIA							71000*	49000*	49000F	5600*	3000*	3000F
SENEGAL	14521	27818	12001	1244	2210	948						
SEYCHELLES	186	210	470	33	82	336						
SIERRA LEONE							6500F	6500F	6500F	550F	550F	550F
SOUTH AFRICA	35525	33664	47947	3071	1932	2383	464	2079	1097	152	298	223
SUDAN							20	20	20	2	2	2
SWAZILAND	266	206	347	119	76	108	79	490	1186	7	59	175
TANZANIA							15853	10778	10778	999	880	880
TOGO							9943	9000*	1800*	539	390*	70*
TUNISIA	6	23155	17712	5	2037	1738						
UGANDA		35	37		3	2		111	96		6	6
ZAMBIA	2398	2240	2240	340	186	190	126	126F	126F	34	34F	34F
ZIMBABWE	6768	17370	15851	460	953	742	2236	262	277	700	77	59
N C AMERICA	480472	455187	485830	67595	53245	67665	1190921	929403	941101	131210	88405	83956
BAHAMAS	853	800F	800F	448	400F	400F						
BARBADOS	2048	604	922	291	86	126			1			
BELIZE							66	180*	180F	6	20*	20F
CANADA	64566	61176	63522	10080	9098	8763	367246	199590	195017	40640	20533	18296
COSTA RICA	13473	10334	11041	1158	1155	898	6991	81	81F	2510	24	24F
DOMINICAN RP	3100F	3100F	3100F	230F	230F	230F						
EL SALVADOR	8279	7070	6464	1247	694	680	259	539	2768	29	58	308
GUATEMALA	4	36	36F	2	19	19F	83	91	91F	5	16	16F
HAITI	1200F	1200F	1200F	175F	175F	175F						
HONDURAS	17896	3904	7342	5817	697	1004		21	21F		50	50F
JAMAICA	1F	1F	1F	1F	1F	1F	5454	5454F	5454F	437	437F	437F
MEXICO	21398	100587	154023	3835	10565	15952	623	138	553	248	44	97
NICARAGUA	2316	78	4974	814	14	2336	19237	19408	18352	1862	1473	1180
PANAMA	27	105	1	15	29	4						
ST KITTS NEV	10	10F	10F	2	2F	2F						
ST LUCIA	311	75	75F	48	10	10F						
ST VINCENT							4763	5100*	2100*	348	190*	60*
TRINIDAD TOB	5531	11110	7572	487	845	723	266	22	1349	31	5	107
USA	339459	254997	224747	42945	29225	36342	785933	698779	715134	85094	65555	63361
SOUTHAMERICA	82506	96563	86344	17664	23733	20267	225072	155022	156040	22370	12723	11060
ARGENTINA	791	1314	870	187	477	288	153382	88325	94896	13835	5890	6532
BOLIVIA	13	13F	13F	10	10F	10F	505		830	10		
BRAZIL	15478	7995	11756	2000	881	617	43095	35405	21648	5186	3485	1648
CHILE	36376	53500	53500F	11072	16683	16683F	1	25	25F		10	10F
COLOMBIA	27635	20897	11609	4135	3773	1658	50			8		
ECUADOR		1561	1964		215	335	123		600	15		49
GUYANA							3800*	6050*	6400*	300*	550*	570*
PARAGUAY	26	7	7F	25	4	4F	6807	1984		392	100	
PERU	270				16	3	1578	6815	23025	178	343	1329
SURINAME	473	500F	500F	70	100F	100F						
URUGUAY	5	1083	5626	12	203	505	744	984	1767	58	39	28
VENEZUELA	1439	9693	499	137	1384	67	14987	15434	6849	2388	2306	894
ASIA	1679926	1743887	1340121	284271	251043	153458	641808	599169	644640	73109	55523	52406
ARMENIA		80F	65F	21	30F	30F	2					
AZERBAIJAN			120			17			1205			57
BAHRAIN	24004	24004F	24004F	4495	4495F	4495F	11613	11613F	11613F	2502	2502F	2502F

表 77

SITC 081.2

ふすま及び他の製粉副産物

	輸入:MT			輸入:1,000 $			輸出:MT			輸出:1,000 $		
	1997	1998	1999	1997	1998	1999	1997	1998	1999	1997	1998	1999
BANGLADESH	87	573	573F	495	272	272F						
BHUTAN	473F	473F	473F	55F	55F	55F	122F	122F	122F	10F	10F	10F
BRUNEI DARSM	1200F	1200F	1200F	200F	200F	200F						
CAMBODIA	255F	255F	255F	95F	95F	95F	2500*	2500*	2500F	70*	70*	70F
CHINA	457158	514470	235118	112680	106316	40911	93801	48499	91102	11147	5787	7338
CHINA,H.KONG	12969	10969	37528	2444	1953	4443	8874	6840	16560	1398	995	1814
CYPRUS	3			7	3		21			3		
GEORGIA	10000F	8000F	8000F	700F	700F	700F						
INDIA	13917	26623	26623F	663	1085	1085F	2473	2133	2133F	319	397	397F
INDONESIA	3746	5119	3120	913	481	570	365484	374132	343478	39210	31131	24288
IRAN	23750			6795			545	14733	3021	80	1146	207
ISRAEL	50080F	16095F	17080	5378	1421	1592		900F	150F		78	14
JAPAN	260938	287343	186684	39184	36149	19086			1428	11	2	45
JORDAN	1148	2876	5872	92	294	678						
KAZAKHSTAN	480	42	719	120	94	20	12800	3206	9471	1040	445	82
KOREA D P RP	800F	800F	800F	160F	160F	160F						
KOREA REP	600541	458985	469673	76665	47678	41260	13	234	644	33	180	574
KUWAIT	130	40	331	32	8	43	45		5482	6	6	803
LEBANON	5700*	5700F	5700F	645*	645F	645F	9*	9F	9F	2*	2F	2F
CHINA, MACAO	2195	479	400	382	105	88	2	14	4	1	4	2
MALAYSIA	72081	117513	77599	7912	17314	13845	878	2422	10451	157	314	1119
MONGOLIA	64	65F	65F	3	4F	4F	4413	19000*	15000F	295	1700*	1300*
NEPAL							17500F	17600F	19000	793	973	760
OMAN	4408	4408F	4408F	704	704F	704F	723	723F	723F	162	162F	162F
PAKISTAN	2				1		23356	906	1436	1755	66	100
PHILIPPINES	2	15712	4037	3	1834	775		142			9	
QATAR	25237	25237F	25237F	3215F	3215F	3215F						
SAUDI ARABIA	400	53	53F	240	175	175F		55	55F	2	56	56F
SINGAPORE	3152	15002	55804	572	1671	4995	42011	64802	79807	5672	6739	7660
SRI LANKA	825	1329	4000	306	307	705	2	50	19	1	5	1
SYRIA	357F	9	9F	98F	37	37F	237F	422	422F	29F	56	56F
TAJIKISTAN							4500F	4000F	4000F	290F	290F	290F
THAILAND	20096	2221	4925	3288	536	705	13946	10448	12256	1711	900	1427
TURKEY	1727	108259	106369	139	7379	7313	6400	1107	13	739	226	1
TURKMENISTAN	500F			280F								
UNTD ARAB EM	75647F	75647F	19000	14560F	14560F	3500	3261F	3261F	3261F	636F	636F	636F
UZBEKISTAN							10000F	8000F	8000F	700F	500F	500F
VIET NAM	5774	14321	14321F	720	1068	1068F	6500F	1275	1275F	980F	133	133F
YEMEN							9800F			3358F		
EUROPE	1214706	1389865	1512593	164956	154086	151492	1025505	1681651	1859706	127860	178527	178322
ALBANIA	1339	1600	1600F	160	174	174F						
AUSTRIA	7465	6656	6702	1054	883	973	7327	7877	24982	994	1081	2910
BELARUS	28000	22188	19750	1600	2703	2517	3500	3106	1865	150	272	89
BEL-LUX	133144	126749	122238	17691	14633	13488	195257	231182	232126	26084	36640	32042
BOSNIA HERZG	16370	24000	24000F	1450	1200	1200F						
BULGARIA	69	57	57	1	10	10	2675	30053	30053	194	1869	1869
CROATIA	1345	1446	983	202	74	77	7142	4845	8706	854	562	624
CZECH REP	555	5713	2883	58	450	333	3449	17226	53042	228	1058	2358
DENMARK	11114	14999	27444	2254	1820	3626	45795	61453	49581	5221	5752	4539
ESTONIA	8823	7876	4098	860	983	419	58			2		
FAEROE IS	10	12	12	3	3	4						
FINLAND	180	5934	18159	42	965	2929	1884	5491	7539	407	1271	1532
FRANCE	40450	39189	40874	5663	5008	4191	292340	365040	392230	35665	33666	34075
GERMANY	86806	135939	168905	13100	15872	18177	174563	173829	195071	19770	18160	18877
GREECE	298	1320	471	265	790	140	5324	3295	11387	750	307	961
HUNGARY	58			25			26165	85750	98429	1945	4315	6779
ICELAND	142	1	351	36	4	60						
IRELAND	85161	82547	116142	12108	9218	12431	7948	3250	4031	1455	421	1013
ITALY	85450	85529	75371	10102	7767	7625	2466	38776	38127	606	4041	4114
LATVIA	58	594	6	2	64	10	3313	2946	4552	253	296	408
LITHUANIA	5577	5712	5874	577	293	408	670	1691	5328	192	154	379
MACEDONIA	6130	10557	10557F	1414	1382	1382F	2	2F	2F			
MALTA	18	32	13	8	15	5	19	20			14	4
MOLDOVA REP	1184	1100F		322	322F		184	195F	665	30	38F	22
NETHERLANDS	441259	446541	440613	47843	40186	33858	124088	216377	332463	14744	21593	30990
NORWAY	52168	56700	37722	15128	13310	6577		24			24	
POLAND	25591	59919	120281	2386	3263	6258	859	408	2257	125	155	278
PORTUGAL	18703	20161	11924	5691	5607	2938	4496	10422	8862	716	1262	1047
ROMANIA	1491	25058	9021	101	1444	545	8142	6735	12067	607F	324	661
RUSSIAN FED		8603	2435		1470	619		41334	68533		1858	3835
SLOVAKIA	871	86	138	106	89	138	3001	31619	53250	198	1461	2697
SLOVENIA	7577	21577	17425	553	1070	752	591	3	3F	67		
SPAIN	63432	91421	132872	8649	11074	17745	4198	10134	5532	946	2022	997

表 77

SITC 081.2

ふすま及び他の製粉副産物

	輸入:MT			輸入:1,000 $			輸出:MT			輸出:1,000 $		
	1997	1998	1999	1997	1998	1999	1997	1998	1999	1997	1998	1999
SWEDEN	7763	1190	2396	1216	263	246	7434	12633	7090	919	1246	860
SWITZERLAND	693	838	723	192	318	408	140	92	59	91	60	29
UK	71014	76633	89165	13741	11285	11155	42635	173445	31430	8577	21068	5096
UKRAINE	3189			255F			38834*	133324*	171349*	4395F	16700F	18400F
YUGOSLAVIA	1209	1388	1388F	98	74	74F	11025	9075	9075F	1675	837	837F
OCEANIA	7626	4025	3871	2132	1316	1416	3093	2408	5146	779	758	1392
AUSTRALIA	5480*	1700*	1173	1477	530	568	2012	2128	4665	538	638	1183
FIJI ISLANDS	1000F	1000F	1000F	120F	120F	120F						
FR POLYNESIA	325F	325F	325F	79F	79F	79F						
NEWCALEDONIA	234	334	334F	28	44	44F						
NEW ZEALAND	68	147	520	27	142	204	1081	280	481	241	120	209
PAPUA N GUIN	519F	519F	519F	401F	401F	401F						

表 78

SITC 081.3

植物性の油かす

	輸入：10MT			輸入：10,000 $			輸出：10MT			輸出：10,000 $		
	1997	1998	1999	1997	1998	1999	1997	1998	1999	1997	1998	1999
WORLD	4393369	4912688	5028660	1111597	978760	813880	4702770	5204317	5165782	1071999	837860	731588
AFRICA	161777	194486	200970	45476	46133	42688	71523	64561	58289	8092	23074	6627
ALGERIA	22579	27690	27960	8648	11007F	11209F						
BENIN							940	1355	1670	90	192F	107
BOTSWANA	222	219	219	62	61	61						
BURKINA FASO							1300F	120	120F	104F	10F	10F
CAMEROON	325	520	300	138	200	100	502	1102	642	35	84F	119F
CAPE VERDE	118	133	42	55	65	12						
CENT AFR REP	103F	103F	103F	7F	7F	7F	103F	103F	103F	7F	7F	7F
CHAD							150	150	150F	12F	12F	12F
CONGO, DEM R	42	39	220	22	18	67	50	50F	50F	6F	6F	6F
CONGO, REP	84	100	100F	88	90	90F						
CÔTE DIVOIRE	73F	73F	73F	5F	5F	5F	6394	7510	6560	856F	1042F	978F
EGYPT	47810	70798	80564	15436	15551	14188	660	17*	160	154	4	23
ETHIOPIA							30*	30*	30	5F	5F	5F
GABON	156F	156F	156F	54F	54F	54F						
GAMBIA							700*	700F	700F	130F	130F	130F
GHANA	108	212	504	38	54	120	117	370	250	7	25	15
GUINEA							100*	110*	110F	10F	11F	11F
KENYA	1855	1281	1301	323	206	149	7		30	3		3
LIBERIA	473	473F	473F	70	70F	70F	120F	120F	120F	11F	11F	11F
LIBYA	3500	7910	6790	1349F	3168F	2668F						
MADAGASCAR	90	83	96	41	27	29	35	190*	70	4	21	8
MALAWI	39	171	171F	5	55	55F	474	677	858	88	99	120
MALI							1000*	1600*	1110*	130F	231F	166F
MAURITANIA	3F	3F	3F	3F	3F	3F						
MAURITIUS	3093	2511	3302	942	526	651	10			4		
MOROCCO	4793	7131	8606	1286	1263	1762	15	30	3	6	13	1
MOZAMBIQUE	975	840	760	103F	93F	92F	760	730	730	139	134	134F
NIGER		1	1F				50			4F		
NIGERIA	39	106	106	53	151	151	19298	19568	21298	2136	17001	2306
SENEGAL			220			26	3962	4806	2162	716	784	300
SEYCHELLES	8	20	30F	4	5	11						
SIERRA LEONE							140*	140F	140F	14F	14F	14F
SOUTH AFRICA	52686	49919	42884	9758	7785	6434	2905	341	370	406	93	103
SUDAN							9703*	11420	5140	1565	1695	776
SWAZILAND	140	154	234	17	22	24	1	19	159	1	3	11
TANZANIA	2	2	2	1	1	1	5038	2397	2027	475	284	264
TOGO	43	43	46	7	7	7	2226	2700	2110	316	400	298F
TUNISIA	21188	22565	24187	6555	5247	4218	12898	4540	8135	286	74	154
UGANDA		160	191		9	10	240	251	3	17	18	
ZAMBIA	617	1052	1032	199	381	379F	59	59F	96	10	10F	13
ZIMBABWE	615	18	295	208	3	35	1539	3357	3182	347	661	522
N C AMERICA	282433	321838	330158	69404	63298	60633	804039	935798	765936	214797	185424	127333
BAHAMAS	455	450	450	292	290	290						
BARBADOS	1145		53	503		16	515			150		
BELIZE	269	432*	340*	145	140F	93*						
CANADA	71345	80326	82052	20327	16847	14166	123768	150326	124188	22713	21500	16159
COSTA RICA	61	9	16	14	2	2F	259	873	217	62	224	49
CUBA	23020	26900	25270	4310F	4950F	5020						
DOMINICAN RP	26159	24680	28600	7658	7420	9120F						
EL SALVADOR	11116	8134	1129	3450	2835	203	44	36		16	7	
GREENLAND		22	26		10	12						
GRENADA	123	110	110F	41	30	30F						
GUATEMALA	10412	12654	17864	3510	3118	4004		29	40		12	22
HONDURAS	6540	3585	10202	2388	904	2045		8	8F		8	8F
JAMAICA	6300	8060	9000	1900F	2200F	2800F						
MEXICO	12397	18619	35924	2894	3568	6094	75	169	584	22	31	173
NICARAGUA	1284	1403	699	474	454	224	316	242	360	45	31	47
PANAMA	7685	9531	9552	2528	2539	2116						
ST LUCIA	3	7	3	1	1	1	51			7		
ST VINCENT							1	1F	1F			
TRINIDAD TOB	888	634	1055	286	209	336	3253	425	330F	751	127	115
USA	103231	126283	107813	18683	17781	14060	675757	783686	640209	191031	163482	110758
SOUTHAMERICA	175969	247940	214276	56687	55812	42501	2168595	2526087	2707534	524492	386383	365047
ARGENTINA	63	53	18	20	16	8	1056833	1358003	1561106	231805	186741	195094
BOLIVIA							46599	51887	56387	11765	10585	13295F
BRAZIL	35265	18578	9439	9003	3055	1234	1022782	1050437	1048857	270321	175519	150823
CHILE	34305	41638	40741	9614	8426	8212F						

表 78

SITC 081.3

植物性の油かす

	輸入：10MT			輸入：10,000 $			輸出：10MT			輸出：10,000 $		
	1997	1998	1999	1997	1998	1999	1997	1998	1999	1997	1998	1999
COLOMBIA	36641	52222	49982	12107	12329	11190	98	120	1234	44	55	317
ECUADOR	8575	20223	13640	4495	4656	2563	32	47	24	6	5	3
GUYANA	540	840	800	160	160	150F						
PARAGUAY	100				12		41533	42453	39927	10347	6578	5515
PERU	19624	37120	44614	7852	8334	8096		1				
SURINAME	450	440	360	110	100	68						
URUGUAY	3184	24973	4886	857	6587	695	700	23141		200	6900	
VENEZUELA	37221	51852	49795	12456	12148	10287	18			4		
ASIA	1356552	1351070	1117797	349598	291870	200176	801017	676792	638945	125846	67905	90645
ARMENIA			175			36						
AZERBAIJAN			26			4			10			1
BANGLADESH	77	533	574	156	279	315	31			5		
BHUTAN	92F	92F	92F	12F	12F	12F	3	3	3			
BRUNEI DARSM	340	240	240F	130	100	100F						
CHINA	382546	404677	82658	103822	90220	12860	56374	12126	52396	8102	1673	4336
CHINA,H.KONG	919	944	1375	275	235	281	8	169	503	6	46	63
CYPRUS	5466	8994	8795	1633	1896	1536						
GEORGIA	300*	300F	300F									
INDIA	797	955	955	62	54	54	449877	343849	280577	92834	46622	67053
INDONESIA	106016	76509	91912	31705	17381	16283	105959	100656	97687	8420	5107	4570
IRAN	39094	50151	43518	14052	11014	7782						
IRAQ	3500*	10000*	11500*	1050F	3000F	3400F						
ISRAEL	15076	9326	13540	2949	1530	1807	149	164	304	37	49	64
JAPAN	99347	103188	93233	29992	22333	16478	208	44	194	35	9	33
JORDAN	13121	14458	20671	4289	3124	3566	951	994	543	300	298	111
KAZAKHSTAN	48	368	406	9	78	108	25	17	56	3	2	11
KOREA D P RP	2085	2395	4295	206F	271F	696F						
KOREA REP	214073	213102	212581	42007	33437	28341	292	6789	30	90	1556	6
KUWAIT	2570	4248	3120	822	1006	583			50			2
LEBANON	7440*	10360*	10590*	1860	2560F	2685F						
CHINA, MACAO	6	3	1	4	1							
MALAYSIA	65363	49441	64376	14699	11143	11311	109368	140084	151269	7659	6889	7980
MALDIVES	63F	63F	63F	53F	53F	53F						
MYANMAR							2510	2470	2499	223	218F	213
NEPAL	90	67	67	31	14	13	2710F	2550F	2550F	190	183	183F
OMAN	253	610	7180	40	356F	4585F						
PAKISTAN	1539	17130	16621	472	3857	2850	3		4	1		1
PHILIPPINES	84169	107391	74392	18864	24026	12680	57127	54491	28159	5258	3563	1838
QATAR	25F	25F	25F	5F	5F	5F						
SAUDI ARABIA	52009	58283	55727	16407	16813	16703F		1	1F		1	1F
SINGAPORE	1930	1353	1483	501	304	301	2517	1029	687	381	111	49
SRI LANKA	4664	6943	7051	1291	1547	1297	77	115	148	72	81	131
SYRIA	10600	17748	20166	2310F	5136	4034	4560	4832	4832F	836F	455	455F
THAILAND	185412	119096	151618	43624	25444	25948	279	320	642	34	39	57
TURKEY	41724	42210	66153	12795	9272	10819	2564	1645	1308	458	299	224
UNTD ARAB EM	2640	2430	14090	520F	470F	2900F	1400*	210*	10260*	300F	50F	2600F
UZBEKISTAN							4000	4200	4200	600	650	660
VIET NAM	11130	12780	34860	2450	3200	8700	24	24	24F	3F	3F	3F
YEMEN	2030	4660	3370	500F	1700F	1050F		10	10F		2	2F
EUROPE	2397648	2779878	3149596	586249	517136	464668	850428	994521	986669	198016	174314	140930
ALBANIA	634	301	528	105	26	94						
AUSTRIA	50226	54733	50234	14725	14921	8967	2306	4196	6856	432	694	699
BELARUS	4880	11869	20216	1224	2125	3161		1993	989		201	191
BEL-LUX	157540	202434	200996	38123	35551	29894	144661	159430	169343	36115	32049	26436
BOSNIA HERZG	395	308	308F	160	88	88F	65*	21*	21F	10*	3*	3F
BULGARIA	4080	6179	5900	1453	1102	1100F	469	2627	2742	142	298	293F
CROATIA	5451	6987	7641	1922	1654	1694	1990	1309	2233	657	386	362
CZECH REP	37740	46815	45438	10847	10173	7770	17720	16556	17566	2593	1988	1576
DENMARK	201339	223031	207548	46920	41928	29700	8357	8263	10146	1814	1671	2256
ESTONIA	2160	3436	2617	454	658	428	235	229	6	41	87	2
FAEROE IS	95	187	320	36	55	75						
FINLAND	5734	7461	11602	1646	1597	1958	57	229	278	15	55	45
FRANCE	447588	501800	513293	113887	98066	79717	18111	23587	19001	2917	2728	2151
GERMANY	283416	310027	301277	60926	52113	39795	241630	335118	255315	55573	54261	34956
GREECE	14686	13426	15473	4334	3336	2617	6795	6798	10831	1726	1337	1520
HUNGARY	58481	80200	75833	18141	17966	13731	4979	4209	5316	763	324	426
ICELAND	509	628	685	202	145	125						
IRELAND	64893	82499	73573	13767	12939	10761	3313	2498	2690	794	529	447
ITALY	237204	261833	258652	59814	48195	38651	3598	4561	9628	891	932	1507
LATVIA	806	2256	2575	167	772	694	20	597	591	3	114	113
LITHUANIA	4339	3855	4964	930	669	833	2596	2222	1175	310	387	180

表 78

SITC 081.3

植物性の油かす

	輸入：10MT			輸入：10,000 $			輸出：10MT			輸出：10,000 $		
	1997	1998	1999	1997	1998	1999	1997	1998	1999	1997	1998	1999
MACEDONIA	1088	1550*	1320	390*	420*	570	34	143	143F	42	21	21F
MALTA	2765	2375	2953	792	523	691						
MOLDOVA REP	55	58	207	15	15	44	13	100*	2	1	12F	25F
NETHERLANDS	160038	182630	445273	29822	25744	49275	277402	304625	342004	71478	58882	52941
NORWAY	632	401	922	116	242	221	15351	14217	16103	4743	3444	2872
POLAND	71961	98784	85446	22786	22250	15836	20860	17862	26537	3258	2080	2172
PORTUGAL	42364	60897	71264	9918	10324	9897	2239	843	5279	634	135	866
ROMANIA	11922	14351	11463	4011	3537	4101	18093	19259	21693	2126	1987	1488
RUSSIAN FED	13360	15236	39953	3229	3027	8489	606	705	3288	62	53	186
SLOVAKIA	1552	17496	16031	4276	4673	3111	5240	8975	8897	728	931	706
SLOVENIA	11271	13043	4827	3464	2832	639		1	1F			
SPAIN	196905	243860	307935	47165	42499	44116	15877	23588	19575	3590	4393	3006
SWEDEN	51437	50642	56068	11917	9093	8687	2168	1277	635	413	227	91
SWITZERLAND	4665	10197	8333	1664	2708	1639	123	248	182	38	51	53
UK	236695	229648	279417	55693	41586	41895	30341	26185	19461	5245	3732	2411
UKRAINE	39	47	108	12	15	35	1880	1798	7042	240	278	878
YUGOSLAVIA	3585	13283	13283F	1196	3569	3569F	3301	255	1099	625	43	52
OCEANIA	18991	17476	15863	4184	4510	3216	7167	6557	8410	755	761	1006
AUSTRALIA	17250	10980	9196	3549	2280	1588	3881	2301	4461	459	308	587
COOK IS					2							
FIJI ISLANDS	357	257	157	144F	99F	59F	25	26	26F	3F	4F	4F
FR POLYNESIA	133F	133F	133F	44F	44F	44F	55F	55F	55F	5F	5F	5F
NEWCALEDONIA	301	200	200F	135	74	74F						
NEW ZEALAND	698	5435	5707	241	1907	1343		13	6	1	16	5
PAPUA N GUIN	252	471	471	69	107F	108	2806	3646	3286	256	376	349
SAMOA							321	76*	76F	21	10F	10F
SOLOMON IS							80*	440*	500*	8F	40F	45F

表 79

SITC 081.31

大豆ミール

	輸入：10MT			輸入：10,000 $			輸出：10MT			輸出：10,000 $		
	1997	1998	1999	1997	1998	1999	1997	1998	1999	1997	1998	1999
WORLD	3128562	3743257	3747832	915992	835649	685869	3331615	3913475	3912283	901685	699926	627187
AFRICA	137117	175559	187867	42309	43806	40801	2884	2977	3362	735	799	722
ALGERIA	22529	27650*	27910*	8640	11000F	11200F						
BOTSWANA	152	152F	152F	35	35F	35F						
CAMEROON	304	520*	300*	136	200*	100*						
CAPE VERDE	107	122*	31*	51	62*	9*						
CONGO, DEM R	42	39*	220*	22	18*	67*						
CONGO, REP	84*	100*	100F	88*	90*	90F						
EGYPT	47610	70420	80554	15404	15481	14187	187			66		
GABON	28F	28F	28F	18F	18F	18F						
GHANA	61	56	323	30	24	81						
KENYA	532	494	475	250	173	125	1			1		
LIBERIA	473*	473F	473F	70*	70F	70F						
LIBYA	2870*	7270*	6150*	1200F	3000F	2500F						
MADAGASCAR	90	83	96	41	27	29						
MALAWI	39*	140*	140F	5*	43*	43F						
MAURITIUS	2873	2343	3023	895	503	608	10			4		
MOROCCO	3586	4136	7681	1090	862	1558						
MOZAMBIQUE	25*	80*	60*	3F	9F	7F						
NIGERIA	33*	100*	100F	52F	150F	150F	728F	728F	728F	246F	246F	246F
SEYCHELLES	6*	20	20F	2	5	5F						
SOUTH AFRICA	33819	37963	35492	7409	6460	5427	1340	198	348	243	58	88
SWAZILAND	20*	5	20*	3	4	4			4			1
TOGO	8	9*	12*	3	3*	3*						
TUNISIA	21188	22565	23717	6555	5247	4166						
ZAMBIA	284	790*	790F	135	320*	320F						
ZIMBABWE	356*	3	1*	172	1		618	2051	2282*	176	495	387
N C AMERICA	172199	181685	205145	49448	43297	44304	654476	771691	620232	189158	162342	108630
BARBADOS	1140*		44	500F		12	515			150		
BELIZE	269	432*	340*	145	140F	93*						
CANADA	69790	78924	80537	20048	16634	13948	6177	6251	7070	1664	1504	1312
COSTA RICA		3*	10*		2	2F	196	827	170*	54	203	28*
CUBA	22200*	22650*	21060*	4230F	4400F	4600F						
DOMINICAN RP	26109*	24580*	28500*	7650*	7400F	9100F						
EL SALVADOR	10435	7716	586	3335	2741	132	41	36		16	7	
GRENADA	123	110*	110F	41	30*	30F						
GUATEMALA	10276	12458	17840*	3458	3047	4000F		29	40*		10	20F
HONDURAS	6509	3584	10197	2378	903	2044		2	2F		6	6F
JAMAICA	6300*	8060*	9000*	1900F	2200F	2800F						
MEXICO	5089	10600	21797	1410	2395	4169	13	9	20	5	2	5
NICARAGUA	1253	1242	603	462	393	197	162	136	233	34	19	36
PANAMA	7685	9531	9550	2528	2539	2114						
ST LUCIA	3	7	3*	1	1	1*						
TRINIDAD TOB	888	634	1055	286	209	336	3253	425*	330F	751	127	115
USA	4130	1155	3913	1076	263	725	644118	763976	612366	186484	160464	107107
SOUTHAMERICA	163234	236799	200549	54317	54335	40688	1899690	2289062	2442320	494043	367568	348349
ARGENTINA	56	22	5	15	6	3	814219	1132077	1308758	204410	169163	179846
BOLIVIA							43581	48992	52520*	11213	10076	12600F
BRAZIL	31029	16618	7806	8239	2843	1102	1001336	1044699	1043088	268089	174988	150357
CHILE	28456	35141	34000*	8553	7551	7300F						
COLOMBIA	35986	51198	47556	11991	12168	10852	83	42	1232	40	26	316
ECUADOR	7581*	20203	12819	4322	4652	2428				2		
GUYANA	540*	840*	800*	160*	160*	150F						
PARAGUAY							39771	40153	36722	10090	6415	5231
PERU	18938	36525	43699	7711	8212	7978		1				
SURINAME	450*	440*	360*	110*	100*	68*						
URUGUAY	3031	23960*	3939	839	6500F	616	700*	23100*		200F	6900F	
VENEZUELA	37168	51851*	49565	12379	12144	10191						
ASIA	1076301	1129751	940243	303761	264115	181568	297720	300448	280901	76043	44997	69227
ARMENIA			2			4						
AZERBAIJAN			4			2						
BANGLADESH	73	526	567	144	276	313						
BRUNEI DARSM	340*	240*	240F	130*	100*	100F						
CHINA	347821	373467	60921	98296	86413	10730	1995	1849	1349	631	472	219
CHINA,H.KONG	654	702	1155	202	185	238	6	166	17	3	46	2
CYPRUS	4807	6805	8105	1523	1576	1473						
GEORGIA	300*	300F	300F									

表 79

SITC 081.31

大豆ミール

	輸入:10MT			輸入:10,000 $			輸出:10MT			輸出:10,000 $		
	1997	1998	1999	1997	1998	1999	1997	1998	1999	1997	1998	1999
INDIA	48	25	25F	16	6	6F	287157	283080*	260180*	73394	41557	65000F
INDONESIA	86879	66841	90476	28172	15783	16124	370*	55	263*	63F	13	61
IRAN	39092	50151	43518	14052	11014	7782						
IRAQ	3500*	10000*	11500*	1050F	3000F	3400F						
ISRAEL	3500*	2680*	4000F	641	575	799	140*	130*	300*	25	24	60F
JAPAN	80259	87411	87309	26429	19956	15709	53	36	5	8	5	1
JORDAN	12931	14343	20618	4259	3107	3559	937	960	513	298	293	108
KAZAKHSTAN	8	355	406	2	73	108	25	17	56	2	2	11
KOREA D P RP	110*	420*	2320*	20F	85F	510F						
KOREA REP	73113	92965	114416	22393	20702	18454	290	6786	30	81	1552	6
KUWAIT	2570	4248	3120	822	1006	583			50			2
LEBANON	7440*	10030*	9330*	1860F	2500F	2450F						
MALAYSIA	59770*	46792	62723	13750F	10724	11025	350*	1666	2442	90F	461	675
MALDIVES	63F	63F	63F	53F	53F	53F						
NEPAL	90*	67*	67*	31*	14*	13*						
OMAN	3	500*	6950*	2	340F	4550F						
PAKISTAN	1532	17125	16614	470	3856	2848						
PHILIPPINES	81562	106848	74262	18394	23949	12655						
SAUDI ARABIA	51461	56814	55500F	16302	16532	16650F						
SINGAPORE	1199	1088	1335	387	265	286	1487	593	441	220	58	23
SRI LANKA	4225	6855	7048	1202	1533	1297						
SYRIA	10230*	17448	19866	2200F	5046	3944	3000*	4482	4482F	750F	355	355F
THAILAND	150213	95749	133110	35551	21271	23730						
TURKEY	36733	39025	52055	11939	8804	9524	511	407	504	177	109	103
UNTD ARAB EM	2640*	2430*	14090*	520F	470F	2900F	1400*	210*	10260*	300F	50F	2600F
VIET NAM	11130*	12780*	34860*	2450F	3200F	8700F						
YEMEN	2030*	4660*	3370*	500F	1700F	1050F		10	10F		2	2F
EUROPE	1564058	2005277	2202412	462467	426171	375867	476813	549265	565436	141693	124204	100246
ALBANIA	257	74	320*	68	8	80F						
AUSTRIA	47363	51111	47365	14056	14170	8498	349	535	479	114	173	94
BELARUS	4680*	8095	6432	1200*	2080	1454						
BEL-LUX	93636	130698	136770	27569	26703	23129	89786	107860	102715	26912	24690	18497
BOSNIA HERZG	360*	260*	260F	150*	72*	72F						
BULGARIA	4080	6179	5900*	1452	1102	1100F	369	103	30*	131	31	9F
CROATIA	4882	6664	6899	1688	1508	1354	1804	1256	1395	624	377	287
CZECH REP	36584	44141	42709	10657	9834	7550	43	139	279	17	42	77
DENMARK	130557	160113	150773	35065	32941	23661	2375	4194	5817	783	965	1609
ESTONIA	858	1947	1706	271	509	351	29	227	6	10	86	2
FAEROE IS	95	187	320	36	55	75						
FINLAND	4280	4270	7899	1317	1079	1490	10			3		
FRANCE	319062	390834	394274	92083	82348	66955	2571	3957	3926	814	853	781
GERMANY	162356	200285	192066	45519	41195	30629	129122	146205	119768	37476	34276	21324
GREECE	14247	12985	15244	4301	3298	2585	4352	4968	8387	1438	1129	1327
HUNGARY	53054	68579	68206	17427	16531	13115	205	272	357	75	83	78
ICELAND	509	628	685	202	145	125						
IRELAND	28416	33745	24748	8535	7594	5603	1999	2147	1772	597	476	332
ITALY	167625	202094	216931	49931	41275	34892	1801	3535	7511	699	806	1346
LATVIA	403	1642	1815	124	661	582		34	49		13	17
LITHUANIA	2153	2432	4232	676	507	775	499	992	648	32	233	137
MACEDONIA	984	1330*	1100*	370*	390*	540*						
MALTA	2344	2139	2620*	735	481	650F						
MOLDOVA REP	47	48F	207	14	14F	44						
NETHERLANDS	48248	66072	171550	13828	13046	26720	213179	240075	273667	63163	52408	47440
NORWAY	13	371	920	17	236	219	15351	14217	16103	4743	3444	2872
POLAND	70249	98205	85196	22517	22148	15813	9	6	183	3	1	27
PORTUGAL	25737	46306	55740	7840	9095	8704	1807	676	4706	573	114	811
ROMANIA	11896	14349	11456	4008	3535	4100F	17	159	36	6	44	8
RUSSIAN FED	10060	13368	38993	2889	2851	8424	6	1		2	1	
SLOVAKIA	1460	17445	15853	4240	4657	3082		79	79F		26	26F
SLOVENIA	9319	11023	3100*	3118	2533	460*		1	1F			
SPAIN	142696	205734	267941	40101	38413	40531	9190	16789	15407	2646	3624	2673
SWEDEN	26113	29735	35014	8098	6512	6467	37	3		14	1	
SWITZERLAND	4436	9790	7793	1622	2626	1544	2		1			5
UK	126285	144483	161365	39546	32516	30961	902	798	1234	487	295	446
UKRAINE	23	12	102	9	4*	33F	76			15		
YUGOSLAVIA	3573	12790	12790F	1195	3501	3501F	927	36	880*	314	11	20*
OCEANIA	15654	14186	11616	3689	3925	2641	32	33	32	14	16	14
AUSTRALIA	14460*	8100*	5442*	3250F	1828	1144	1				3	1
COOK IS				2								
FIJI ISLANDS	17F	17F	17F	11F	11F	11F						
FR POLYNESIA	132F	132F	132F	44F	44F	44F						

表 79

SITC 081.31

大豆ミール

	輸入：10MT			輸入：10,000 $			輸出：10MT			輸出：10,000 $		
	1997	1998	1999	1997	1998	1999	1997	1998	1999	1997	1998	1999
NEWCALEDONIA	300	189	189F	134	73	73F						
NEW ZEALAND	533	5308	5396	194	1875	1274						
PAPUA N GUIN	213*	440*	440F	54*	95F	95F	32F	32F	32F	13F	13F	13F

表 80

SITC 081.32

落花生ミール

	輸入:MT			輸入:1,000 $			輸出:MT			輸出:1,000 $		
	1997	1998	1999	1997	1998	1999	1997	1998	1999	1997	1998	1999
WORLD	538718	452534	321975	130283	80418	44197	471645	401547	225755	90054	56689	31324
AFRICA	1525	3006	2906	334	645	655	135623	165364	79041	22916	25613	12081
BOTSWANA	17*	17F	17F	7	7F	7F						
CAMEROON							15	15F	15F	5	5F	5F
EGYPT		33			24							
GABON	600F	600F	600F	175F	175F	175F						
GAMBIA							7000*	7000F	7000F	1300F	1300F	1300F
GHANA	431	1554	1812	63	308	385						
MALAWI								84	84F		7	7F
MALI							1200*	600*	600*	100F	55F	55F
NIGER							300*			20F		
NIGERIA	60F	60F	60F	10F	10F	10F	1600*	1600F	1600F	400F	400F	400F
SENEGAL							38617	48055	21622	7019	7840	3001
SOUTH AFRICA		325*			42		73		10*	46		7
SUDAN							86800*	108000*	48100*	14017*	16000F	7300F
SWAZILAND				1	1		8			3*		
TANZANIA	1	1F	1F	1	1F	1F	10	10F	10F	6	6F	6F
TOGO	332	332F	332F	37	37F	37F						
ZAMBIA	84	84F	84F	40	40F	40F						
N C AMERICA	7391	9226	9462	1673	1874	1496	4957	18044	5964	1318	2003	1203
CANADA	278	626	385	25	54	35						
DOMINICAN RP	500*	1000*	1000F	80F	200*	200F						
EL SALVADOR	1915	1121	1822	349	472	263						
HONDURAS	224	12	47	73	3	10						
MEXICO	4472	6467	6208	1142	1145	988	59			19		
NICARAGUA	2				4		965	686	1268	56	75	111
USA							3933	17358	4696	1243	1928	1092
SOUTHAMERICA	2115	20974	30578	540	2822	4433	75412	82458	96344	14851	9943	9769
ARGENTINA		165			42		75401	82458	96344	14830	9943	9769
BRAZIL			6			11						
CHILE	2111	20803	23300*	531	2764	3100F						
COLOMBIA	4	6	1	9	16	3						
ECUADOR			5270			905						
VENEZUELA			2001			414	11			21		
ASIA	274708	167679	77190	66212	33940	10405	214516	103722	27178	40797	12621	5246
ARMENIA			3			1						
BANGLADESH	2	34	34F	76	14	14F						
CHINA	67673	26357	22306	16009	3904	3090	1825	1640	2327	151	138	122
CHINA,H.KONG	2133	2051	1916	626	440	379		25	2	2	4	4
CYPRUS						3						
INDIA		10	10F		1	1F	211015	100485	24000*	40097	11981	4800F
INDONESIA	57864	29585	5987	13750	5499	692		360			99	
JORDAN							99			14		
KAZAKHSTAN		2	1		4							
KOREA REP							25	5		93	12	
MALAYSIA	10700*	8270	1030	2100F	1430	64	227*		114	20F		10
MYANMAR							1200*	1200F	490*	380F	380F	280*
PAKISTAN			46			5						
SAUDI ARABIA	28	1676	1676F	53	323	323F		1	1F		3	3F
SINGAPORE	91	23	170	17	12	16	116		13	33		3
SRI LANKA	1000			276			9			7		
THAILAND	135214	99671	44011	33295	22313	5817			231			24
TURKEY	3			10				6		4		
EUROPE	249887	249485	200489	60240	40200	26544	40799	31619	16890	9991	6317	2840
ALBANIA	53				11							
BEL-LUX	29597	11614	34095	7587	2926	4774	15698	8826	7670	4225	1879	1255
CZECH REP					1				22			2
DENMARK	454			77								
ESTONIA			46			8						
FRANCE	155834	159450	111439	37640	25682	15139	2595	1936	1109	1210	923	432
GERMANY	4186	3951	5665	767	595	651	10	539	35	3	65	3
GREECE		45			28							
IRELAND	428	240	202	47	26	43						
ITALY	20577	2606	4315	5215	539	562		26	485		5	80
NETHERLANDS	20294	42237	23536	4695	5984	2752	20190	20275	7557	4491	3441	951

表 80

SITC 081.32

落花生ミール

	輸入：MT			輸入：1,000 $			輸出：MT			輸出：1,000 $		
	1997	1998	1999	1997	1998	1999	1997	1998	1999	1997	1998	1999
NORWAY			20			8						
POLAND	11	29	10	4	11	4	2305			60		
PORTUGAL	3248	1100	1346	864	265	185						
ROMANIA	150*											
SWEDEN				1	1							
SWITZERLAND	201	1177	1175	72	314	272						20
UK	14854	27036	18640	3259	3829	2146	1	17	12	2	4*	97
OCEANIA	3092	2164	1350	1284	937	664	338	340	338	181	192	185
AUSTRALIA							2	4	2	3	14	7
FIJI ISLANDS	3000*	2000*	1000*	1250F	800F	400F						
NEW ZEALAND		72	258		103	230						
PAPUA N GUIN	92F	92F	92F	34F	34F	34F	336F	336F	336F	178F	178F	178F

表 81

SITC 081.33

綿実ミール

	輸入：MT			輸入：1,000 $			輸出：MT			輸出：1,000 $		
	1997	1998	1999	1997	1998	1999	1997	1998	1999	1997	1998	1999
WORLD	878327	602410	647939	151592	94854	88963	940969	571628	560553	129867	73158	66738
AFRICA	99912	119969	82820	13156	14006	10786	170085	168043	129268	23021	24704	20538
BENIN							2400*	6650*	9700*	480*	1500F	650*
BOTSWANA	38	38F	38F	11	11F	11F						
BURKINA FASO							13000F	1200*	1200F	1040F	100F	100F
CAMEROON	204				20F		705*	4400*	1100*	48	300F	750F
CENT AFR REP							1023F	1023F	1023F	64F	64F	64F
CHAD							1500*	1500F	1500F	120F	120F	120F
CÔTE D'IVOIRE	733F	733F	733F	47F	47F	47F	42217F	59000*	43100*	6700F	9000F	7800F
EGYPT							25			5		
GABON	678F	678F	678F	187F	187F	187F						
GHANA	38			12								
KENYA	13014	7854	8255	710	319	245			250			24
LIBYA	4600*	4200*	4200F	750F	690F	690F						
MADAGASCAR							350	1900*	700	39	210F	81
MALAWI							2885	2094	3900*	567	252	460*
MALI							8800*	15400*	10500*	1200F	2250F	1600F
MAURITIUS	1556	1485	2796	339	208	427						
MOROCCO	2200	5800*	6000*	537	1400F	1450F						
MOZAMBIQUE	9500*	7600*	7000*	1000F	840F	850F	6000*	6000*	6000*	1200F	1200F	1200F
NIGER		8	8F									
NIGERIA							6000*	7000*	7300*	1000F	1150F	1200F
SENEGAL			2200			261	1000			137		
SOUTH AFRICA	65137	87724	45001	9227	9873	5959*	33	36	15*	29	8	7
SUDAN							6853*	4000*	1100*	1169*	690F	200F
SWAZILAND	3	45	4*	5	32	7						
TANZANIA	1			1			45308	17000*	13400*	4298	2200F	2000F
TOGO	10						21056	27000*	18500*	3133	4000F	2800F
UGANDA		1604	1789		89	92	2400*	2500*	20	170F	180F	2
ZAMBIA	2200*	2200*	2000*	310F	310F	290F	593	593F	960*	101	101F	130*
ZIMBABWE			2118			270	7937	10747	9000*	1521	1379	1350F
N C AMERICA	60187	66954	104483	11987	11062	14024	123282	85445	123040	17964	13987	17423
BAHAMAS	36			45								
CANADA	1560	1079	1416	218	142	184		120	24		21	3
COSTA RICA	612	64	64F	138	7	7F						
CUBA		11500*			2500F							
EL SALVADOR	440	215		101	26							
GUATEMALA	1331	1718		517	665						1	
HONDURAS	92			29								
MEXICO	56116	52258	102979	10938	7701	13830		426	2720*		92	1018
NICARAGUA							579	195		51	11	
USA		120	24	1	21	3	122703	84704	120296	17913	13862	16402
SOUTHAMERICA	42140	21601	16718	7666	2491	1589	160693	163425	106759	20844	13565	7881
ARGENTINA	10			10			143373	147574	74492	18064	11842	4635
BOLIVIA							5558	1867	1867F	861	252	252F
BRAZIL	39866	19368	11588	7282	2099	773			7300			594
CHILE	1027	2225	5000*	204	358	800F						
COLOMBIA							150	700*		41	250F	
ECUADOR	150			41								
PARAGUAY	1000			118			11612	13284	23100*	1878	1221	2400F
PERU	80		130	6		16						
VENEZUELA	7	8		5	34							
ASIA	417978	236726	257893	68568	35566	40237	417654	121136	145139	58785	17171	16683
AZERBAIJAN									100			6
CHINA	366	780	887	49	93	86	332301	52508	91367	46584	6793	7850
CYPRUS		4000*	100F		800F	22						
INDIA	10			15			29451	935		3385	121	
INDONESIA	12	3	35	5	2	13		9820	62		863	3
IRAN	20				4							
ISRAEL	1800*	2300*	1100*	195	359	180F						
JAPAN	5195	1703	946	1260	598	380						
JORDAN	1733	554	325	266	100	46			71			14
KOREA REP	375277	207958	232600*	60440	29703	35000F						
LEBANON		3300*	12600*		600F	2350F						
MALAYSIA		17			2							
PAKISTAN											38	5
SAUDI ARABIA	5376	12711	300*	930	2334	60F						

表 81

SITC 081.33

綿実ミール

	輸入：MT			輸入：1,000 $			輸出：MT			輸出：1,000 $		
	1997	1998	1999	1997	1998	1999	1997	1998	1999	1997	1998	1999
SINGAPORE	39			8						3		
SYRIA	3700*	3000*	3000F	1100F	900F	900F	1600*	3500*	3500F	480F	1000F	1000F
THAILAND									1			5
TURKEY	24450	400*	6000*	4296	75F	1200F	14302	12373	8000*	2333	1894	1200F
UZBEKISTAN							40000F	42000F	42000F	6000F	6500F	6600F
EUROPE	257837	156902	185864	50132	31654	22277	32999	14413	22812	5310	2218	1588
ALBANIA	175			18								
AUSTRIA	2191	2615	2520	1950	2294	1931			30			19
BEL-LUX	2920	7469	332	797	1602	226	2542	4855	1757	473	1016	319
BULGARIA	1			2			57	23	23F	11*	40	40F
CZECH REP							23	59	93	3	7	8
DENMARK	15758	1100		2623	140		53	23		10	9	
ESTONIA	1159	2000*	2000*	226								
FINLAND		30			29							
FRANCE	52942	33071	15586	11465	7643	2095	128	52	1	34	14	
GERMANY	2087	524	1106	1706	437	590	16	6	8	23	8	17
GREECE							474	619	4025	105	110	367
IRELAND	41203	32913	27847	7825	5651	3687	200		31	40		4
ITALY	38245	42184	45239	7669	6839	5641			4			3
LATVIA		472			82							
LITHUANIA	11463	3393		1097	344		14893	6696		1855	837	
MALTA	1748	729	646	120	137	113						
NETHERLANDS	8109		6055	1254		624	7222	2067	5893	1495	169	618
POLAND	400	320		369	270				10500			87
PORTUGAL	4061	80	782	971	75	164			277			33
RUSSIAN FED	13000*			1300*			6000F			600F		
SLOVENIA		1	1F		5	5F						
SPAIN		1001			174							
SWEDEN	640	690	322	511	544	253						
SWITZERLAND	6	14	20	9	20	30			2	1		3
UK	61729	28296	83408	10220	5368	6918	1391	13*	168*	660	8	70
OCEANIA	273	258	161	83	75	50	36256	19166	33535	3943	1513	2625
AUSTRALIA							36256	19166	33535	3943	1513	2625
NEWCALEDONIA	14			5								
NEW ZEALAND	5	98	1	7	34							
PAPUA N GUIN	254*	160*	160*	71*	41F	50*						

表 82

SITC 081.34

亜麻仁ミール

	輸入:MT			輸入:1,000 $			輸出:MT			輸出:1,000 $		
	1997	1998	1999	1997	1998	1999	1997	1998	1999	1997	1998	1999
WORLD	352903	348434	401161	78892	65676	64122	366378	319307	353955	75970	59283	53355
AFRICA	1200	1701	1700	580	831	830	5028	465	1890	935	94	283
EGYPT							4700*	165*	1590	880F	44	232
ETHIOPIA							300*	300*	300F	50F	50F	50F
LIBYA	1200F	1700*	1700F	580F	830F	830F						
MALAWI							28			5		
SOUTH AFRICA		1			1							1
N C AMERICA	23932	5929	11169	4641	765	1510	49397	30256	43263	9003	4841	4563
BARBADOS	52		87	27		39						
CANADA	2055	517	751	336	72	121	28519	8464	16895	5173	1586	1250
MEXICO	507	1388	10030	92	205	1304						
NICARAGUA		20			8							
USA	21318	4004	301	4186	480	46	20878	21792	26368	3830	3255	3313
SOUTHAMERICA	21		300	31		528	44485	46557	50957	10304	7616	6818
ARGENTINA							44485	46147	50957	10304	7616	6818
URUGUAY								410*				
VENEZUELA	21		300*	31		528						
ASIA	2021	1097	471	476	391	86	28133	3866	10194	2582	295	850
CHINA		640	17		352	9	2404	316	9194	436	59	780
CYPRUS						2						
INDIA	48	379	379F	3	24	24F	24729			2076		
INDONESIA								2550			166	
ISRAEL							20					
JAPAN	1971			472			3					
KOREA REP		3			1		16					
MALAYSIA			5									
NEPAL							1000F	1000F	1000F	70F	70F	70F
SAUDI ARABIA		70	70F		12	12F						
THAILAND	2	5		1	2							
EUROPE	325728	339707	387521	73163	63684	61168	239333	238153	247615	53144	46427	40811
AUSTRIA	5436	5275	4416	1461	1363	845			713			81
BEL-LUX	138885	147227	159607	29230	24061	21743	128219	129531	157595	30925	26876	28047
CZECH REP		10			3		13	43	16	2	7	1
DENMARK	4602	7342	2158	832	1151	286						
FINLAND	98	588	322	25	159	75						
FRANCE	99344	109221	116912	25401	24057	23671	2283	1249	1111	482	303	230
GERMANY	27121	16941	15901	5013	2566	1727	66319	84906	77604	13708	14978	10599
HUNGARY							200*					
IRELAND	652	1120	8180	175	262	1661			28			3
ITALY	23293	29189	40881	5554	6015	5896	3	1664	4	1	382	1
LATVIA	1			1								
LITHUANIA	8											
NETHERLANDS	22342	18915	22683	4402	3054	2538	24740	9710	2292	3965	1843	403
POLAND		25	23		5	7						
SLOVAKIA									1133			79
SPAIN	3555	3524	3108	963	922	563	1019	1526	221	186	274	39
SWEDEN			3			5	32	671	101	7	146	21
SWITZERLAND	390	330	125	106	66	26	296	1760	930	68	303	239
UK	1		13202			2125	16209	7093	5867	3800	1315	1068
OCEANIA	1		1	5		2	10	36	2	10	30	
AUSTRALIA					4		2		17	2		7
NEWCALEDONIA	1		1									
NEW ZEALAND					1			10	19		10	23

表 83

SITC 081.35

ひまわりの種ミール

	輸入:MT			輸入:1,000 $			輸出:MT			輸出:1,000 $		
	1997	1998	1999	1997	1998	1999	1997	1998	1999	1997	1998	1999
WORLD	3126814	2970063	3687411	451095	332568	323438	3276683	3081417	3501921	372367	259211	231421
AFRICA	133112	57148	21100	16283	6678	2202	10619	12000	11762	1033	1362	1221
BOTSWANA	30	30F	30F	11	11F	11F						
CAPE VERDE	110	110F	110F	34	34F	34F						
EGYPT	2000	3755	100	326	673	13						
KENYA	214			22					20			1
MALAWI							1825	4593	4593F	305	733	733F
MAURITIUS	648	187		127	22							
MOROCCO	9500	23927	3000	1282	2502	461						
SOUTH AFRICA	118559	28740	12791	14002	3150	872	499	350	79*	117	198	55
SUDAN							2200*	2200F	2200F	260F	260F	260F
SWAZILAND	5	10	10*	6	13	24						
TANZANIA	21	21F	21F	7	7F	7F	4857	4857F	4857F	171	171F	171F
TUNISIA			4698			520						
UGANDA									13*			1
ZAMBIA	1043	340*	340F	291	260*	260F						
ZIMBABWE	982	28		175	6		1238			180		
N C AMERICA	9036	38680	51514	966	3769	5463	15989	22486	36334	1799	2198	3397
BAHAMAS	1			4								
CANADA	379	52	1188	46	7	116	174	114	1	72	33	3
CUBA	8200*	31000*	42100*	800F	3000F	4200F						
MEXICO	289	7514	8225	44	728	1144						
NICARAGUA	3			4								
USA	164	114	1	68	34	3	15815	22372	36333	1727	2165	3394
SOUTHAMERICA	73995	68425	86168	13919	9307	11291	2144300	1972256	2303108	231354	148128	135263
ARGENTINA							2113666	1935570	2259617	226004	142886	128254
BOLIVIA							24623	27086	36800*	4656	4839	6700F
BRAZIL	2500	206	3515	356	23	440						
CHILE	55148	41932	39100*	9812	5612	5200F						
COLOMBIA	6540	9999	22119	1132	1536	3258						
ECUADOR	998	200	2940	297	42	437						
PARAGUAY							6011	9600	6691	694	403	309
PERU	6781	5956	9023	1404	1224	1167						
URUGUAY	1527	10132	9471	184	870	789						
VENEZUELA	501*			734								
ASIA	242833	164375	362184	44982	22287	32125	28613	29691	5541	2998	2151	430
ARMENIA			1726			319						
AZERBAIJAN			212			16						
CHINA	5124*	6528	18400*	809F	1294	186	1652		1400*	192		
CYPRUS	6590	17874	6788	1099	2392	597						
INDIA		22	22F		1	1F	19221	10922	3900*	1906	1041	400F
INDONESIA	4708	2869	2		780	4	5700	18320		610	1035	
ISRAEL	86164	49864	80000*	15367	6379	7711		150F			25	
JORDAN	23			6				299	232		50	22
KOREA REP	20870	14755	63502	2694	1460	4969						
PHILIPPINES			2			2						
SAUDI ARABIA		23	23F		6	6F						
SINGAPORE		9	5		7	6						
SRI LANKA	396	201	13	73	20	2			9			8
THAILAND	95080	40889	58107	19912	5740	6588						
TURKEY	23878	31341	133382	4242	4598	11718	2040			290		
EUROPE	2667838	2641435	3166445	374945	290527	272357	1077028	1041215	1136365	135110	104134	89799
ALBANIA	2093	589	400*	243	65	30*						
AUSTRIA	11447	13061	8472	1725	1725	662	4590	8267	14847	709	1099	1447
BELARUS	2000F	36537	126546	240F	250F	15949		19210	9110		1919	1838
BEL-LUX	129813	214281	170525	18296	22125	13374	222746	202385	152312	28986	21300	12080
BOSNIA HERZG	350*	480*	480F	95*	160*	160F	650*	210F	210F	100*	25*	25F
BULGARIA							938	25216	27100*	91	2630	2800F
CROATIA	2775	1409	4224	1043	665	2252	1333	381	5732	253	70	580
CZECH REP	10449	9026	5699	1747	1296	460	20066	8675	16631	2379	823	1089
DENMARK	319803	276228	261292	53427	40247	27076	55			10		
ESTONIA	11299	11742	4597	1517	1300	437	2058	16		308	9	
FRANCE	331582	356127	461239	42553	38575	36823	100701	115505	83251	11354	8421	6766
GERMANY	288355	212613	204253	39839	24870	18235	126066	91261	113629	15161	8318	8332
GREECE	1640	1683	2095	234	170	193	15748	17288	17927	2123	1889	1394

表 83

SITC 081.35

ひまわりの種ミール

	輸入:MT			輸入:1,000 $			輸出:MT			輸出:1,000 $		
	1997	1998	1999	1997	1998	1999	1997	1998	1999	1997	1998	1999
HUNGARY	54272	115768	76240	7144	14293	6144	24542	21377	49589	3885	2411	3474
IRELAND	122542	153517	158953	16423	14524	15288	2829	807	1999	408	86	240
ITALY	225525	232067	147496	35093	27299	11980	13960	6737	18210	1363	652	1202
LATVIA	4030	5659	7492	425	1026	1095	202	5417	2361	26	978	390
LITHUANIA	10340	10206	6549	1439	1202	513	1788	196	787	277	19	78
MACEDONIA	1044	2200*	2200F	200*	300*	300F		1300*	1300F		190*	190F
MALTA	2456	1630	2680	448	292	293						
MOLDOVA REP	80	100F		10	13F		131	1000*	19	14	120F	250F
NETHERLANDS	338662	374867	733551	43331	36798	57673	246052	242995	285224	31274	25434	22345
POLAND	9883	3108	1742	1454	397	133	1687			339		
PORTUGAL	1984	19422	57522	267	1795	4247	2830	742	4041	402	100	395
ROMANIA	10*	19	22	8F	13	2	180760	187071	206662	21203	19179	14126
RUSSIAN FED	20000*	18301	8551	2100*	1669	587		6883	32875		511	1852
SLOVAKIA			374			87	15511	27864	23372	2108	2239	1450
SLOVENIA	17266	16931	14000*	3061	2507	1300*						
SPAIN	181185	56833	132135	22196	5245	10211	43436	34461	10344	5878	3734	833
SWEDEN	34636	27002	23121	5083	3661	2257						
UK	532201	465104	539070	75288	47364	43915	18552	4777	24	2622	561	6
UKRAINE							7000*	8983*	56618*	820F	1100F	6300F
YUGOSLAVIA	116	4925	4925F	16	681	681F	22797	2191	2191F	3017	317	317F
OCEANIA							134	3769	8811	73	1238	1311
AUSTRALIA							134	3769	8811	73	1238	1311

表 84

SITC 081.36

なたねミール

	輸入：MT			輸入：1,000 $			輸出：MT			輸出：1,000 $		
	1997	1998	1999	1997	1998	1999	1997	1998	1999	1997	1998	1999
WORLD	4391917	4300612	3915698	736472	579095	443280	4432676	4490847	3899060	671434	526487	412793
AFRICA	521	400	615	88	70	96						
ALGERIA	500*	400*	500*	85F	70F	90F						
BOTSWANA	21			3								
UGANDA			115			6						
N C AMERICA	979100	1255931	1049128	173813	176186	134652	1152792	1443446	1163840	206402	200977	148360
CANADA	7493	3815	4888	1292	749	490	1143653	1429121	1153549	204715	197717	146962
GREENLAND		215	259		104	119						
MEXICO	5780	7836	6292	1320	1296	1036						
USA	965827	1244065	1037689	171201	174037	133007	9139	14325	10291	1687	3260	1398
SOUTHAMERICA			1200			72						
BRAZIL			1200			72						
ASIA	1122120	825117	487285	181317	110215	50442	1404232	447988	467619	162476	35318	38645
CHINA	188170	193895	89724	27645	22735	10656	162689	6881	339034	22862	1181	25898
CHINA,H.KONG	300*			50F					4633			552
INDIA	420					19	1235725	441077	122000*	139088	34124	12000F
INDONESIA	120205	51412	3603	19673	8666	319	4100*			220F		
ISRAEL	27800*	11300*	8100*	7521	2359	1224						
JAPAN	169361	123807	32282	31773	19470	4037	1519	30	1736	254	13	180
JORDAN	152			26								
KOREA D P RP	19753F	19753F	19753F	1856F	1856F	1856F						
KOREA REP	471321	357488	285489	72000	45575	27199						
MALAYSIA	21200*	9494	4864	3200F	1197	477	111F		216	35F		15
OMAN	2500*	1100*	2300*	380F	160F	350F						
PHILIPPINES	20602			3724								
SINGAPORE	132	229	500	24	39	50	88			17		
SRI LANKA	1710	197		288	25							
THAILAND	78494	56442	40670	13138	8133	4274						
EUROPE	2290176	2219164	2377470	381254	292624	258018	1873252	2599402	2265776	302056	290182	225511
AUSTRIA	6836	11604	12570	1170	1664	1145	14789	27824	47623	2386	3872	4390
BELARUS		626	9810		92	932		716	779		95	70
BEL-LUX	138795	115430	94364	22064	15107	9521	94614	103653	291336	15574	14549	31509
CROATIA	2903	1824	3195	1298	793	1145	523	143	2645	74	22	168
CZECH REP	1080	17687	21560	146	2082	1731	156663	155390	156095	23379	18620	13890
DENMARK	325089	316250	301373	54734	43846	32670	41439	34375	36974	9604	6709	6204
ESTONIA	512	781	2168	68	82	289						
FINLAND	14442	31295	36712	3268	4992	4608	473	2293	2774	111	552	449
FRANCE	386835	329480	394721	66509	47758	40443	42533	74331	62152	6747	8154	5836
GERMANY	300746	295966	311405	46457	36584	29913	897015	1639832	1086284	146691	168623	109158
GREECE	1		27	3		4		164	309		19	29
HUNGARY		439			52		23000*	18000F		3000F		
ICELAND		4			1							
IRELAND	105606	145589	115833	17838	19618	15673	1073	1129	2525	244	226	364
ITALY	185189	147746	77616	25944	16859	7796	764	72	1489	189	11	161
LATVIA			106			18		205	3059		36	567
LITHUANIA		552	698		72	59	4290	5409	4476	647	681	352
MACEDONIA								130*	130F		20*	20F
NETHERLANDS	468729	485661	620287	75735	60338	63683	86145	45521	55797	14333	7480	5813
NORWAY	6186	300		994	54							
POLAND	6766	2277	700	841	323	74	204519	178557	253036	32154	20782	21354
PORTUGAL	23444	16921	3027	4034	1808	318	482			96		
ROMANIA								3926	7874		253	499
RUSSIAN FED			60			3						
SLOVAKIA		20*	456	1251	129	98	36893	61100	63680	5172	6815	5270
SLOVENIA	2095	2885	2885F	344	390	390F						
SPAIN	130039	118584	89884	19972	14313	9370	440	277	427	96	54	49
SWEDEN	108124	100104	98193	20710	14530	12787	15690	12069	6167	3574	2118	884
SWITZERLAND	122	1330	2882	22	226	447			50			12
UK	76617	75373	176143	19103	10911	24901	248985	230286	170295	37643	29991	17163
UKRAINE							2021*	4000*	9800*	250F	500F	1300F
YUGOSLAVIA							901			92		
OCEANIA							2400	11	1825	500	10	277
AUSTRALIA							2400*		1798*	500F		258
NEW ZEALAND								11	27		10	19

表 85

SITC 081.37

コプラ ミール

	輸入：MT			輸入：1,000 $			輸出：MT			輸出：1,000 $		
	1997	1998	1999	1997	1998	1999	1997	1998	1999	1997	1998	1999
WORLD	839181	870846	594393	113710	91129	59540	1077008	987208	554066	110360	75601	45282
AFRICA	5748	4687	8605	650	466	634	13978	12578	12555	1496	1400	1368
CÔTE DIVOIRE							10268*	7000*	5700*	860F	600F	480F
GUINEA							1000*	1100*	1100F	100F	110F	110F
KENYA		20			5		10*		27	3		4
LIBYA	500F	500F	500F	160F	160F	160F						
MOZAMBIQUE							1600*	1300*	1300F	190*	140*	140F
NIGERIA							1000F	1000F	1000F	335F	335F	335F
SOUTH AFRICA	2493	2619	5159	186	164	225			3			4
SWAZILAND	1148	1425	2125	123	124	168		178	1525		15	95
TANZANIA							100	2000*	1900*		200F	200F
ZIMBABWE	1607	123	821	181	13	81				8		
N C AMERICA	324	1684	990	116	611	272	1951	161	2723	229	40	678
CANADA		12	28		2	3		88			16	
EL SALVADOR							23			3		
GUATEMALA	23			3								
HONDURAS	1		1	1		1		60	60F		22	22F
MEXICO			1			1			2281			522
NICARAGUA	300	1584	960	112	593	267						
ST LUCIA							512			65		
ST VINCENT							13	13F	13F	2	2F	2F
USA		88			16		1403		369	159		132
SOUTHAMERICA	9048	196	151	1482	106	82						
ARGENTINA	46	144	127	17	57	50						
BRAZIL		27	18		1	18						
CHILE	191			44								
COLOMBIA	11	25	6	20	48	13						
ECUADOR	8800*			1400F								
VENEZUELA				1		1						
ASIA	329818	375736	200494	42557	36420	18917	949768	838184	428011	92264	57087	29912
BANGLADESH							311			54		
CHINA	16941	15916	5597	3576	2700	589	40	49	2	3	5	3
CHINA,H.KONG		75	3		17	2	20			17		
CYPRUS		11	14		4	5						
INDIA							40	42	42F	9	10	10F
INDONESIA			1				375788	290362	142823	38591	20327	10077
JAPAN	5890	11014	6379	1031	1377	816						
KOREA REP	304961	348387	185326	37201	32279	16411						
CHINA, MACAO	61	26	7	35	10	4				2		
MALAYSIA	1600*	223	3158	650F	20	1088	1500*	1638	2527	300F	319	294
PHILIPPINES							570999	544272	280814	52511	35541	18186
SINGAPORE			9			2	8	365	10		30	1
SRI LANKA	365	84		64	13		765	1149	1455	714	811	1298
THAILAND							55	67	98	33	14	13
VIET NAM							240*	240*	240F	30F	30F	30F
EUROPE	483825	477372	367591	67534	52214	37843	96104	111314	85501	14485	13771	10067
AUSTRIA	79	231	170	15	37	30						
BEL-LUX	113090	112322	79305	16243	13103	9224	14399	15724	6675	2222	2101	877
CZECH REP	24	22	37	6	6	11	3			1		
DENMARK	32972	19535	1838	5204	2522	223						
FRANCE	14858	12678	5774	2316	1891	807			96			13
GERMANY	39965	34910	18180	4931	3545	1548	33409	37736	46798	4989	4916	5653
GREECE	21	76	95	7	26	35						
HUNGARY			24			14						
IRELAND	2962	43689	15063	517	4431	2046	3074	1027	1510	476	126	184
ITALY	82807	85376	14927	11700	8885	1624	1	53	9	2	8	13
LITHUANIA	6			8								
MOLDOVA REP						1						
NETHERLANDS	76235	54501	176971	9444	5222	16346	40242	49905	28845	5673	5331	3056
POLAND	29	37	26	11	13	10	1	1		2	2	
PORTUGAL	25649	12015	8032	3441	1257	884						
ROMANIA	2			4								
RUSSIAN FED		29			51							
SLOVAKIA	31	29	42	15	17	28						
SPAIN	48950	65617	36079	6392	6877	3904		801			102	

表 85

SITC 081.37

コプラ ミール

	輸入：MT			輸入：1,000 $			輸出：MT			輸出：1,000 $		
	1997	1998	1999	1997	1998	1999	1997	1998	1999	1997	1998	1999
SWEDEN							1410			146		
UK	46145	36305	11028	7280	4331	1108	3565	6067	1568	974	1185	271
OCEANIA	10418	11171	16562	1371	1312	1792	15207	24971	25276	1886	3303	3257
AUSTRALIA	8600*	9600*	13383	963	1078	1358			2			
FIJI ISLANDS	400F	400F	400F	80F	80F	80F	250*	260*	260F	30F	40F	40F
FR POLYNESIA							551F	551F	551F	45F	45F	45F
NEWCALEDONIA		109	109F	1	14	14F						
NEW ZEALAND	1418	1062	2670	327	140	340	1		3	1		4
PAPUA N GUIN							10400*	19000*	18700*	1500F	2700F	2600F
SAMOA							3205	760*	760F	212	100F	100F
SOLOMON IS							800*	4400*	5000*	80F	400F	450F

表 86

SITC 081.38

パーム核ミール

	輸入：MT			輸入：1,000 $			輸出：MT			輸出：1,000 $		
	1997	1998	1999	1997	1998	1999	1997	1998	1999	1997	1998	1999
WORLD	1594649	1629561	2702668	167432	122087	195757	2184803	2615516	2907134	160394	287149	155999
AFRICA	2489	105	4826	73	2	105	197424	200100	225001	18459	167150	20813
BENIN							7000*	6900*	7000*	420F	420F	420F
BOTSWANA	3			2								
CAMEROON							2000	4300*	3000F	108	350F	250F
CONGO, DEM R							500*	500F	500F	60F	60F	60F
CÔTE DIVOIRE							11454*	9100*	16800*	1000F	820F	1500F
GHANA							1170	3700*	2500F	74	250F	150F
LIBERIA							1200F	1200F	1200F	110F	110F	110F
NIGER							200F			20F		
NIGERIA							171300*	173000*	190000*	16500F	165000F	18000F
SIERRA LEONE							1400*	1400F	1400F	140F	140F	140F
SOUTH AFRICA	2486	105	4826	71	2	105			1			3
TOGO							1200		2600*	27		180F
N C AMERICA	4421	2529	3554	709	381	439	627	480	489	80	219	217
CANADA	25			3								
COSTA RICA							627	465	465F	80	213	213F
EL SALVADOR	4384	2500F	3371	693	369	399						
MEXICO	12	29	180	13	12	35						
USA			3			5		15	24		6	4
SOUTHAMERICA		207	2137		19	98	9	324	45	5	19	30
ARGENTINA							8		22	3		12
BRAZIL					2							
COLOMBIA		207	2137		17	98			23*			18
ECUADOR								207			16	
PARAGUAY								117			3	
PERU							1			2		
ASIA	231347	287283	220441	23295	19862	15670	1755982	2065654	2314184	119138	92221	107167
CHINA	1458	4071	1591	290	769	328	2	71		9	21	
INDIA							9	14	14F	6	2	2F
INDONESIA	19			3			668212	682958	825186	43967	28363	34268
JAPAN	7126	18008	13646	772	1577	1048						
KOREA REP	221091	264173	205035	22067	17463	14284						
MALAYSIA							1087732	1382246	1485376	75153	63812	72707
SAUDI ARABIA		54	54F		6	6F						
SINGAPORE	1581	915	115	159	44	4	22	19		3	2	
THAILAND	72	62		4	3		5	346	3608		21	190
EUROPE	1340706	1328397	2455085	142501	101258	178652	213761	332158	353898	21962	26790	27175
AUSTRIA		2129	2795		201	259						
BEL-LUX	48713	71806	68186	5110	5104	5025	19368	20704	17551	2286	2179	1641
DENMARK		122	709		11	63						
FRANCE	39095	45479	39827	4336	3862	3403	152	6	31	18	1	2
GERMANY	520138	526999	525597	51503	39898	37797	1484	33993	30938	154	2810	2492
IRELAND	87294	109685	161867	8872	8813	13139	5898	506	2799	665	44	258
ITALY	10330	17722	11362	1172	1253	832	6	90	6	5	44	3
NETHERLANDS	88546	128051	1079114	8613	9031	74306	181954	270795	296860	17312	20440	21661
POLAND	5			2								
PORTUGAL	90661	93002	82251	8730	6938	6073	620	682	1415	74	74	130
SLOVAKIA	169	28	112	130	22	74						
SLOVENIA			120	120F		16	16F					
SPAIN	68303	54957	75446	7306	4207	5513	77	24	55	25	7	54
SWEDEN	105923	81153	88898	11861	7058	6901						
SWITZERLAND			1		2							
UK	279400	196477	321596	34665	14784	25510	4202	5358	4243	1423	1191	934
OCEANIA	15686	11040	16625	854	565	793	17000	16800	13517	750	750	597
AUSTRALIA	15500*	11000*	16446	727	520	676			17			17
NEW ZEALAND	186	40	179*	127	45	117						
PAPUA N GUIN							17000*	16800*	13500*	750F	750F	580F

表 87

SITC 081.39

他に非特掲の油料種子のミール

	輸入：MT			輸入：1,000 $			輸出：MT			輸出：1,000 $		
	1997	1998	1999	1997	1998	1999	1997	1998	1999	1997	1998	1999
WORLD	925567	519846	537033	126578	65285	60819	961395	440950	532551	92690	41765	47098
AFRICA	2095	2248	8459	505	577	3557	153639	57291	89749	5711	2426	2753
BOTSWANA	585	585F	585F	233	233F	233F						
CAMEROON				2	2F	2F	2300	2300F	2300F	187	187F	187F
CENT AFR REP	1029F	1029F	1029F	65F	65F	65F	6F	6F	6F	1F	1F	1F
EGYPT									14			1
KENYA							50*		3	23		3
MADAGASCAR												1
MALAWI		308F	308F		116F	116F						
MAURITANIA	30F	30F	30F	29F	29F	29F						
MAURITIUS											1	
MOROCCO	371	224	244	138	102	135	148	304	32	63	130	13
NIGERIA							5800	5800	5800	660	660	660
SENEGAL	4			1								
SEYCHELLES	25		100F	19		54						
SOUTH AFRICA		45	6146	3	24	2914	15045*	1042	112	1433	148	79
SUDAN							1173*			200*		
SWAZILAND	41	17	1	13	4	1	3*	8	25	3	16	2
TANZANIA							107	107	107	263	263	263
TOGO	10	10F	10F	2*	2F	2F						
TUNISIA							128975	45398	81346	2864	742	1541
UGANDA			5*			5		12			2	
ZIMBABWE			1			1	32	2314	4	14	276	2
N C AMERICA	17949	20593	19831	5658	5364	5437	146640	40748	81390	19598	6549	11192
BAHAMAS	4517	4500F	4500F	2868	2900F	2900F						
CANADA	3754	7912	6498	870	1105	1233	3568	2849	703	527	585	249
EL SALVADOR	76	351	237	12	77	43						
GUATEMALA		243	243F		44	44F		4	4F		24	24F
MEXICO	5900	4694	7357	1289	646	907	554	1180	633	155	196	138
NICARAGUA								180		3	33	
PANAMA			20			21						
USA	3702	2893	976	619	592	289	142518	36535	80050	18913	5711	10781
SOUTHAMERICA	31	14	20	57	20	36	264159	105236	94925	27132	8876	7219
ARGENTINA	14			29			49207	47514	42050	4751	3494	2990
BRAZIL			1	1		2	214465	57381	50388	22325	5317	4061
CHILE	13	13	13F	18	18	18F						
COLOMBIA			1	3		5		81			36	
ECUADOR			1			1	317	260	237	37	29	33
PARAGUAY									2250			135
VENEZUELA	4	1	4	6	2	10	170			19		
ASIA	181688	155179	169580	30956	18876	18193	234067	153204	182573	18997	12220	15243
BANGLADESH	39	29	29F	47	11	11F						
BHUTAN	917F	917F	917F	115F	115F	115F	30F	30F	30F	3F	3F	3F
CAMBODIA	1F	1F	1F	1F	1F	1F						
CHINA	67518	63918	78849	6874	6217	6353	42872	41299	67149	4470	3816	6516
CHINA,H.KONG	420	297	281	57	46	50	8		223	7		54
INDIA	7012	8894	8894F	427	452	452F	107014	54214	54014	7834	3369	3319
INDONESIA	8559	12805	4737	1119	1419	562	2090	1645	6176	184	96	747
ISRAEL		3000	6200		450F	950F	90F	190F	35F	115	222	40
JAPAN	1345	3243	5993	316	746	1403	33	50	155	20	30	146
JORDAN		600	200		73	20	40	45		1	1	
KAZAKHSTAN	400F	134		70F	51					15F		
KOREA REP	16081	8600	9699	1745	869	1005	1	24	1	1	31	3
MALAYSIA	22427	8490	7472	3537	1545	1214	613	300	42	179	149	16
MYANMAR							23900	23500	24500	1850	1800F	1850F
NEPAL							26100F	24500F	24500F	1827	1763	1763F
PAKISTAN	78	51	26	20	12	7	30			5		
PHILIPPINES	5470	5432	1301	973	772	251	266	639	780	64	90	190
QATAR	245F	245F	245F	54F	54F	54F						
SAUDI ARABIA	74	150	150F	67	127	127F		1	1F			
SINGAPORE	5467	1470	677	937	289	77	10063	3973	2431	1555	497	252
SRI LANKA	923	399	19	196	84	4			15			2
SYRIA							14000F			380F		
THAILAND	43129	36402	42290	14380	5541	5501	2732	2790	2481	303	351	333
TURKEY	1583	102	1600	21	2	36	4185	4	40	184	2	9

表 87

SITC 081.39

他に非特掲の油料種子のミール

	輸入：MT			輸入：1,000 $			輸出：MT			輸出：1,000 $		
	1997	1998	1999	1997	1998	1999	1997	1998	1999	1997	1998	1999
EUROPE	719899	333547	331373	88048	37491	31148	162876	84289	83473	21177	11263	9051
ALBANIA	1447	1680	1680F	99	114	114F						
AUSTRIA	513	637	542	174	177	77	197	512	556	83	241	114
BELARUS		573	1483		110	189						
BEL-LUX	37233	37211	35841	6213	4459	3767	51160	30024	31383	7338	3689	3666
BULGARIA					1	1F						
CROATIA	11	6	6	5	3	3						
CZECH REP	9			9	1	1			19			2
DENMARK	9141	8604	388	1652	1954	70	18277	6284	6314	683	340	270
ESTONIA	52	361	304	18	104	32						
FRANCE	204773	64155	44693	27819	7709	5239	7008	3227	2995	1179	942	419
GERMANY	28005	5518	10001	3852	693	1199	767	850	178	244	124	65
GREECE	2722	2605	76	87	154	89	8216	224	2173	651	60	140
HUNGARY			7			7						
IRELAND	4080	788	308	623	126	51	65	35	291	135	46	100
ITALY	109825	40500	75370	6485	1508	3257	3236	1620	967	357	156	154
LATVIA		2			1							
LITHUANIA	36	80	64	5	7	6						
MACEDONIA							338			415		
NETHERLANDS	94983	61348	75034	12473	6551	7626	35683	4232	906	4605	604	163
NORWAY	1		1	1	2	8						
POLAND	19				11		1		1	1	1	3
PORTUGAL	17225	3373	2276	2475	154	56	383	244		34	31	
ROMANIA	97	6	56	24	5	8			2040			168
RUSSIAN FED		346	993		47	59		156	3		12	3
SLOVAKIA	698		1	218		2						
SLOVENIA	165	261	261F	57	74	74F						
SPAIN	110066	80742	63285	13812	9116	6297	21903	30902	30633	3250	3517	2355
SWEDEN	3920	120			30	14	4180	3	81*	262	1	5
SWITZERLAND	1567	1217	1201	215	192	179	918	720	836	301	211	204
UK	93147	23060	17436	11653	4109	2717	1480	256	97	458	111	43
UKRAINE	164	354	66	38	106F	20F	9021	5000F	4000F	1177	1177F	1177F
YUGOSLAVIA							43			4		
OCEANIA	3905	8265	7770	1354	2957	2448	14	182	441	75	431	1640
AUSTRALIA	3800	8200*	7705	1299	2910	2401	13	69*	428*	70	290	1636
FR POLYNESIA	13F	13F	13F	4F	4F	4F						
NEW ZEALAND	40			8			1	113	13	5	141	4
PAPUA N GUIN	52F	52F	52F	43F	43F	43F						

表 88

SITC 081.41

肉類のミール

	輸入：MT			輸入：1,000 $			輸出：MT			輸出：1,000 $		
	1997	1998	1999	1997	1998	1999	1997	1998	1999	1997	1998	1999
WORLD	1755125	1964046	2084043	680315	705649	553253	1734205	1714713	1814775	616784	522959	409710
AFRICA	130919	128546	109507	55663	54965	41581	7789	3220	4010	3421	1367	1513
BOTSWANA	5238	5238F	5238F	2524	2524F	2524F	4742	2200*	2700*	1918	780*	970*
CAMEROON	1421	1421F	1421F	433	433F	433F						
CAPE VERDE	7	7F	7F	26	26F	26F						
CONGO, DEM R	1	1F	10*	2	2F							
CONGO, REP	17F	17F	17F	10F	10F	10F						
EGYPT	74492	83810	64082	30182	34435	24414						
GHANA	605	553	418	465	230	171						
KENYA	86	21	17*	56	9	16						
LIBYA	6102F	6102F	6102F	6500F	6500F	6500F						
MALAWI	170*	70*	70F	100F	30F	30F						
MAURITIUS	178	78	19	122	29	7						
MOROCCO		24			16							
NIGERIA	1943F	1943F	1943F	1724F	1724F	1724F						
SEYCHELLES	44	8F	30F	68	8	32						
SOUTH AFRICA	34299	23557	24701	11329	7236	4208	2927	829	655	1306	369	224
SWAZILAND	112	110	433	92	28	135	36*		1	22		
TANZANIA	1574	1574F	1574F	330	330F	330F	84	84F	84F	175	175F	175F
TOGO	12	12F	12F	6	6F	6F						
TUNISIA						1						
UGANDA								3			6	
ZIMBABWE	4618	4000	3413	1694	1388	1015		104	570		37	144
N C AMERICA	180276	215684	230966	70967	65459	61572	339542	362934	431969	123616	100909	108633
BARBADOS			4			21						
BELIZE	853	853F	853F	361	361F	361F						
CANADA	45007	53167	49139	13376	13615	12482	45889	47728	47671	19778	12043	10716
COSTA RICA	682	422	210*	175	119	410*	374	104	104F	105	31	31F
EL SALVADOR	718	166	127	230	66	70						
GREENLAND	285	9		159	8							
GRENADA	102	102F	102F	69	69F	69F						
GUATEMALA	479	673	180*	1098	1366	420*	3	5	5F	4	26	26F
HONDURAS	1060*	660	870	806	1135	1239						
JAMAICA	259F	259F	259F	159F	159F	159F						
MEXICO	67470	104369	113073	24686	25254	26388	260	274	388	163	374	471
NICARAGUA			103			32	492	255	45	128	80	11
PANAMA	2	1	37	1		45	778	499	80	189	122	18
ST LUCIA	18			4								
TRINIDAD TOB	1295	896		256	533							
USA	62046	54107	66009	29587	22774	19876	291746	314069	383676	103249	88233	97360
SOUTHAMERICA	21784	24682	20042	10721	11949	8627	141710	72189	89935	42662	18601	17570
ARGENTINA	12	107	134	9	62	57	99763	37368	55138	29931	11113	11733
BOLIVIA	32			38								
BRAZIL	7482	4655	10784	2804	1264	1680	136	872	830	97	415	317
CHILE	3773	7116	1800*	1807	2917	490*	4593	124	124F	2968	55	55F
COLOMBIA	9892	12082	5976	4423	5633	3198						
ECUADOR	87	120	264*	272	411	461	5			5		
PARAGUAY							1180	1075	1925	228	150	219
PERU	217	131	164	362	331	257						
URUGUAY							28973	23069	27719	7844	4645	4150
VENEZUELA	289	471*	920*	1006	1331	2484	7060	9681	4199	1589	2223	1096
ASIA	517037	633594	608001	214706	219986	162859	31336	29260	16707	11890	9157	4679
ARMENIA	167	170F	62	15	400F	160						
BANGLADESH	250	46	46F	169	77	77F						
BHUTAN	72F	72F	72F	8F	8F	8F						
BRUNEI DARSM	10F	10F	10F	5F	5F	5F						
CAMBODIA	8F	8F	8F	119F	119F	119F						
CHINA	81494	223399	200112	31617	79696	55290	14612	14696	9526	3927	4730	2398
CHINA,H.KONG	3886	3448	1749	2070	1278	624	7812	4952	482	3016	1425	191
CYPRUS	201	822	1482	96	264	412	1080	961	719	288	230	123
INDIA	1	20	20F	1	13	13F	16			5		
INDONESIA	24881	6375	6241	10783	2683	1770	7	296	46	1	145	16
IRAN	20942			14319								
ISRAEL	3100*	3700*	4600F	1809	1848	2316						
JAPAN	209654	225677	190314	83277	71666	46527	220			1425		
JORDAN	258	10528	22859	124	3667	5655	506	440	20	152	132	11
KAZAKHSTAN	1369	928	103	629	474	27	1480	65	320	942	44	114

表 88

SITC 081.41

肉類のミール

	輸入：MT			輸入：1,000 $			輸出：MT			輸出：1,000 $		
	1997	1998	1999	1997	1998	1999	1997	1998	1999	1997	1998	1999
KOREA REP	4827	3452	3773	2167	1250	1127	46	722	126	19	296	48
KUWAIT							1400	2012	1999	306	509	419
LEBANON	10000F	10000F	9100*	3800F	3800F	1500*						
CHINA, MACAO	1	872	184	1	45	13	13	728	113	1	31	4
MALAYSIA	29000*	30034	49682	12000*	9399	11928		11	36	2F	3	4
MONGOLIA							650F	680F	680F	30F	50F	50F
OMAN	164	164F	164F	24	24F	24F	1792	1792F	1792F	1002	1002F	1002F
PAKISTAN	4			5								
PHILIPPINES	31068	52868	49037	11271	15148	12210		29			2	
QATAR	79F	79F	79F	62F	62F	62F						
SAUDI ARABIA		137	137F		18	18F					4	4F
SINGAPORE	887	100	128	354	35	26	856	1074	304	369	229	39
SRI LANKA	557	165	495	381	75	210		43			19	
SYRIA	12830	14068	9116	6847	10080	5979						
THAILAND	76309	44852	56763	30594	16752	15629	651	339	158	370	218	192
TURKEY	3418		65	1059		30	15	24		10	24	
UNTD ARAB EM	1600F	1600F	1600F	1100F	1100F	1100F						
UZBEKISTAN							180F	180F	170F	25F	25F	25F
YEMEN								216	216F		39	39F
EUROPE	895315	952976	1106267	324303	349847	274840	1028507	1037118	1103776	368347	338120	240975
ALBANIA	100			35								
AUSTRIA	1442	1745	1057	611	858	348	37199	31933	33551	10961	9452	4613
BELARUS	1500F	3663	8854	750F	1841	4716		40			12	
BEL-LUX	123774	96663	98488	37831	26521	18511	95064	131182	84066	35770	40019	16114
BOSNIA HERZG	220*	50*	50F	220*	40*	40F						
BULGARIA		1	1F		2	2F	155	63	63F	47	23	23F
CROATIA	2002	1386	2418	626	373	530	512	790	78	114	174	27
CZECH REP	23218	30455	29052	7950	9205	4772	4485	3704	5791	1431	1113	922
DENMARK	38201	50347	56980	14407	17866	12409	93417	100948	129106	33692	32398	27519
ESTONIA	2775	2768	2255	1144	1078	613	113	34	194	51	13	54
FINLAND	20530	23785	14367	8918	9729	5624	1458	93		413	31	
FRANCE	34465	31271	32495	14874	17452	13081	84060	36853	46699	26385	11507	9523
GERMANY	21488	41030	50019*	7782	13762	10794	286014	319021	278898	99987	107438	64690
GREECE	13511	18861	17116	5853	8554	6173	240	439	635	99	191	217
HUNGARY	14839	13451	11896	5567	5102	2473	3336	2530	10462	1162	875	1484
ICELAND								91	115		36	1
IRELAND	2670	1565	3893	890	712	1378	43890	58215	65606	10424	11317	9977
ITALY	28509	40435	59283	15002	20170	14169	167424	159497	219468	63599	57269	50811
LATVIA	7057	4381	2231	2249	2661	1282						
LITHUANIA	5188	7882	9601	2405	3364	2499	445	32		290	8	
MACEDONIA	407	900*	900F	110F	250*	250F						
MALTA	81	137	99	48	59	43						
NETHERLANDS	171179	159501	173485	55828	44428	30286	96394	81523	102878	38161	29236	21331
NORWAY	121	48	27	89	37	15	786	1172	1030	413	340	235
POLAND	285350	321109	312530	107239	101319	58572	1656	313	2037	340	91	566
PORTUGAL	224	173	401	66	61	114	4	17	144	18	61	64
ROMANIA	769	1062	810	349	458	226						
RUSSIAN FED	66624	16856	117967	17892	3894	30475	10410	7*	3	5259	4*	2
SLOVAKIA	1373	1373	2173	677	808	518	1	2		3	8	
SLOVENIA	303	432	432F	63	131	131F	913	1321	1321F	287	422	422F
SPAIN	2762	10368	29247	1097	3004	5719	17773	31552	13724	5736	10749	3631
SWEDEN	4900	2036	2323	1841	1217	824	15485	20654	27927	4993	5802	5098
SWITZERLAND	78	152	249	53	122	111	21296	23756	28748	6322	5569	3558
UK	16774	21060	13699	10645*	15363	7186	33408	24170	44385	17847	11462	17623
UKRAINE	2880	3110	6949	1190	1250F	2800F	12513	7166	6847	4515	2500F	2470F
YUGOSLAVIA	1	44920	44920F	2	38156	38156F	56			28		
OCEANIA	9794	8564	9260	3955	3443	3774	185321	209992	168378	66848	54805	36340
AUSTRALIA	1800*	640*	1284	616	217	525	183838	197160	167594	66343	49188	36112
COOK IS			2			2						
FIJI ISLANDS	3000F	3000F	3000F	1042F	1042F	1042F						
FR POLYNESIA	11F	10*	10F	4F	10*	10F						
NEWCALEDONIA	1003	960	960F	493	377	377F						
NEW ZEALAND	19	1	51	7	1	22	1483	12832	784	505	5617	228
PAPUA N GUIN	3800*	3800F	3800F	1727*	1727F	1727F						
TONGA	161	153	153F	65	68	68F						
VANUATU				1F	1F	1F						

表 89

SITC 091.3

ラード及びその他の精製豚脂・鳥脂

	輸 入：MT			輸 入：1,000 $			輸 出：MT			輸 出：1,000 $		
	1997	1998	1999	1997	1998	1999	1997	1998	1999	1997	1998	1999
WORLD	347300	400395	506305	193738	198735	204538	334611	385017	532517	184128	196247	209062
AFRICA	4071	3816	3393	3306	3288	2869	164	63	4	159	50	3
ALGERIA	30	30F	30F	30	30F	30F						
ANGOLA	10*	10*	10F	20*	25*	25F						
BOTSWANA	1	1F	1F	3	3F	3F						
CAPE VERDE	691	691F	691F	548	548F	548F						
EGYPT	167	137	394	123	195	373						
ETHIOPIA	19F	19F	19F	7F	7F	7F						
GABON				1F	1F	1F						
MADAGASCAR						1						
MAURITIUS			1		1	1						
MOROCCO	1	2	1	2	2	2						
NIGERIA	5F	5F	5F	12F	12F	12F						
SEYCHELLES		1*	1*		5							
SOUTH AFRICA	60*	25	23	15	13	8	164	63	4	159	50	3
SWAZILAND	9	17	39	7	8	20						
TANZANIA	3000*	2800*	2100*	2500F	2400F	1800F						
TOGO				1	1F	1F						
ZAMBIA	78	78F	78F	37	37F	37F						
N C AMERICA	51919	62502	61813	36658	39404	35132	58612	81677	178533	33206	40319	71056
ARUBA	350F	350F	350F	300F	300F	300F						
BAHAMAS	849	800F	800F	1143	1100F	1100F						
BARBADOS	27	17	28	34	19	34						
BELIZE	1022	1100F	1100*	977	1020F	1200*						
CANADA	5836	19749	18554	3168	8159	6785	8496	7531	9794	4206	4254	4479
COSTA RICA		1	1F		2	2F						
CUBA	8300*	7800*	7800F	6200F	6000F	6000F						
DOMINICAN RP	580*	1700*	1700F	900F	2600F	2600F						
EL SALVADOR			2			1						
GREENLAND	10	4	3	23	9	6						
GUATEMALA	74	42	42F	89	55	55F	16	40	40F	13	28	28F
HAITI	1500*	1200*	1200F	1500F	1200F	1200F						
HONDURAS	3		2	6		3		21	21F		8	8F
JAMAICA	28F	28F	28F	44F	44F	44F						
MEXICO	26841	26695	26238	19218	16972	13942	105	179	2	95	87	1
MONTSERRAT	80F	80F	80F	70F	70F	70F						
NETHANTILLES	420*	504	530*	500*	639	490*						
NICARAGUA			21			14						
PANAMA	43	120	170	35	86	104	18			9		
ST LUCIA	7			6	1	1F						
ST PIER MQ	4F	4F	4F	8F	8F	8F						
TRINIDAD TOB									2			3
USA	5945	2308	3160	2437	1120	1173	49977	73904	168676	28883	35939	66540
SOUTHAMERICA	4674	5158	5141	3667	3855	3797	3918	3952	4759	3206	3225	3611
ARGENTINA							3553	3689	4333	2912	2988	3085
BOLIVIA	2028	1814	1814F	1591	1419	1419F						
BRAZIL			7			8	353	245	197	282	222	165
CHILE	915	2533	2533F	615	1518	1518F						
COLOMBIA	852	407	468	773	534	538						
ECUADOR	636	105	131	439	166	158						
PARAGUAY	28	14	14F	23	14	14F						
PERU	76	109	44	73	79	32		10			9	
SURINAME	130F	130*	130F	140F	110*	110F						
VENEZUELA	9	46		13	15		12	8	229	12	6	361
ASIA	38880	66326	128167	25260	28640	51873	22026	28401	42623	14173	16244	21624
ARMENIA	40F	47F		60F	62F							
AZERBAIJAN			137			71						
CHINA	23341	43088	75765	10753	13677	22847	3322	4111	4726	2811	3457	3358
CHINA,H.KONG	11611	16672	48254	10641	12353	25961	16028	18367	35746	9314	9427	16919
CYPRUS	3	76	106	3	51	89						
INDONESIA	1086	21	8	607	44	18	1356		2	1126		8
ISRAEL		4300*	780F		110F	20						
JAPAN	1381	1160	1367	1818	1363	1495	827	3478	949	767	2155	828
KAZAKHSTAN	20F	28	15	73F	21	9						
KOREA D P RP	1*	1F	1F	2*	2F	2F						
KOREA REP	723	200	608	513	145	306	121	1942	812	82	1050	365
CHINA, MACAO	196	168	141	151	134	102	157	252	264	21	21	16

239

表 89

SITC 091.3

ラード及びその他の精製豚脂・鳥脂

	輸入：MT			輸入：1,000 $			輸出：MT			輸出：1,000 $		
	1997	1998	1999	1997	1998	1999	1997	1998	1999	1997	1998	1999
MALAYSIA	25F	40F	33	23F	40	82	150F			22F		
MONGOLIA	71	90*	130*	59	60*	90*						
OMAN	1	1F	1F	4	4F	4F						
PHILIPPINES	155	160	501	141	156	337						
SAUDI ARABIA	167	246	246F	254	365	365F		1	1F		1	1F
SINGAPORE							5	149	24	1	65	13
SRI LANKA			39			25						
THAILAND	24	8	35	39	12	50	60	16	83	29	5	27
TURKEY	35	20		119	41			85	16		63	89
EUROPE	244442	259320	304454	123497	122244	109489	249870	270920	306578	133367	136402	112754
ALBANIA	249			144								
AUSTRIA	826	1172	1487	559	929	1380	662	1116	1063	354	660	451
BELARUS		443	4434		317	2924		62	12		49	6
BEL-LUX	11296	17820	18742	5202	8238	6325	22052	20338	13842	11403	10701	5599
BOSNIA HERZG	200*	100F	50*	200*	110F	40*						
BULGARIA	55	28		8	9		900	1677	1800*	200	316	350
CROATIA	1100	7	850	538	5	305	1087	3744	3772	281	776	467
CZECH REP	1803	606	369	588	302	195	159	36	20	133	34	16
DENMARK	48087	59712	53639	20475	24277	16566	26584	26721	43702	14528	13960	14464
ESTONIA	120	520		132	526		61	593	158	14	407	65
FAEROE IS	1	1		2	2	1						
FINLAND	5	11	57	10	9	55	20	50		24	54	
FRANCE	31994	29165	27572	15206	13294	9054	19400	26795	31708	10631	13734	13320
GERMANY	16781	18974	18750	8905	9073	6914	88024	103679	99752	43377	50113	34686
GREECE	511	727	276	324	471	166	163	4	5	93	8	1
HUNGARY	630	217		622	145		8712	7117	13669	4045	3374	4060
ICELAND	1	1	1	2	2	2						
IRELAND	2815	1951	2046	3421	1660	1432	33	8	13	14	5	92
ITALY	13281	17446	21933	6644	8564	7754	29140	22192	29713	14905	11368	11971
LATVIA	182	134	152	123	163	151			59			19
LITHUANIA	618	1852	1101	468	989	441	79	27	74	70	18	38
MACEDONIA	170*	125*	125F	100F	70*	70F						
MALTA	21			19								
MOLDOVA REP			131			43	114	100F	494	79	79F	372
NETHERLANDS	40503	47152	39220	18676	21669	12300	28929	35942	33338	17890	19391	13509
NORWAY	22	15	66	27	18	78	34			11		1
POLAND	239	366	718	342	352	457	6364	4332	13018	2932	1757	4482
PORTUGAL	686	930	8785	609	709	3633	891	1201	849	595	855	471
ROMANIA	30*	435	132	30F	233	61	458			108	1	
RUSSIAN FED	1400*	1041	31148	1000*	679	10575	870*	652	154	1050*	853	54
SLOVAKIA	741	693	1470	427	423	408	2888	1443	1193	942	501	316
SLOVENIA	258			118			218			124		
SPAIN	21098	22008	30877	9531	10343	10461	3405	2912	6881	2499	2017	2967
SWEDEN	100	34	14	102	41	34	611	870	1435	464	415	441
SWITZERLAND	5432	2682	1134	2887	1689	777	3	3	31	44	73	45
UK	42709	32521	39090	25887	16804	16861	4420	6300	6817	4040	2877	2485
UKRAINE	360	431	85	107	129F	26F	3425	3006F	3006F	2298	2006F	2006F
YUGOSLAVIA	118			62			164			219		
OCEANIA	3314	3273	3337	1350	1304	1378	21	4	20	17	7	14
AUSTRALIA	1*	10*	2	4	19	8	21	2	20*	17	4	14
FR POLYNESIA	12F	12F	12F	22F	22F	22F						
KIRIBATI	1	1F	1F	1	1F	1F						
NEWCALEDONIA	1	1	1F	4	4	4F						
NEW ZEALAND	68	11*	83	84	16*	101		2			3	
PAPUA N GUIN	3229F	3229F	3229F	1234F	1234F	1234F						
TONGA	2	9	9F	1	8	8F						

表 90

SITC 091.4

マーガリン、代用ラード及び他に非特掲の調整可食脂

	輸入：MT			輸入：1,000 $			輸出：MT			輸出：1,000 $		
	1997	1998	1999	1997	1998	1999	1997	1998	1999	1997	1998	1999
WORLD	1769060	1734975	1699989	1599199	1620530	1599042	2026417	2045840	1923363	1836231	1908131	1606067
AFRICA	104993	104693	100896	116639	117928	111273	29278	34600	51213	39575	42783	34153
ALGERIA	50327	40327	32460	51313	41593	37480						
ANGOLA	6900*	6000*	6000F	9400*	9300*	9300F						
BENIN	930F	930F	930F	1600F	1600F	1600F						
BOTSWANA	1503	1503F	782	2561	2561F	1172	1	1F	1F	1	1F	1F
BURUNDI	36	16	44	42	17	32						
CAMEROON	2512	2826	3348	2863	3188	3273						
CAPE VERDE	1860	1974	1974F	2394	2698	2698F						
CENT AFR REP	116F	116F	116F	196F	196F	196F						
COMOROS	320F	320F	682*	380F	380F	738*						
CONGO, DEM R	1176	2800*	2800*	779	1700*	1700*						
CONGO, REP	1700*	2300	1600	2100	3200	1800						
CÔTE DIVOIRE	40*	60*	120*	50*	200*	600*	710F	710F	710F	1059F	1059F	1059F
DJIBOUTI	20F	20F	20F	50F	50F	50F						
EGYPT	749	645	2175	1118	925	1392	207	137	270	163	104	213
ETHIOPIA	215F	215F	215F	108F	108F	108F						
GABON	1900	1600	2400	2401	2001	3401						
GAMBIA	780F	780F	1800*	1000F	1000F	2600*						
GHANA	4018	5509	7958	3037	4722	6254	15	1155	577	22	1231	617
GUINEA	2350*	2750*	2600*	2800*	3400*	3400*						
GUINEABISSAU	400F	400F	400F	610F	610F	610F						
KENYA	376	816	258	326	966	277	13041	19337	16510	16947	26786	18772
LESOTHO	500F	500F	500F	470F	470F	470F						
LIBERIA	790*	1000	1200	1100*	1600	800						
LIBYA	282*	100*	630*	282*	121*	1500*						
MADAGASCAR	121	334	135	146	334	143			1			1
MALAWI	550*	900*	900F	620*	830*	830F		1	1F		2	2F
MALI	100*	60*	90*	160F	80*	100*						
MAURITANIA	302F	302F	222	381F	381F	301						
MAURITIUS	2136	2120	2481	3684	3069	3621			1		2	2
MOROCCO	1893	2399	751	2164	2857	779	309	595	636	391	686	759
NIGER	150	157	157F	250	235	235F						
NIGERIA	1400F	1400F	1400F	1700F	1700F	1700F						
RWANDA	45F	45F	80	70F	70F	140						
ST HELENA	50F	60	30	80F	110	60						
SAO TOME PRN	110*	170*	170F	170*	320*	320F						
SENEGAL	945	1485	1429	1127	1805	1658						
SEYCHELLES	360	434	390*	704	918	671						
SIERRA LEONE	1100F	1100F	620	1600F	1600F	790						
SOUTH AFRICA	8426	11798	12775	10627	12227	11155	5875	7014	6049	6041	7169	6433
SUDAN	1500F	800*	2400*	380F	230*	600*						
SWAZILAND	3510	2829	1773	3179	3186	2344	50	81	50	28	50	22
TANZANIA	565	565F	565F	697	697F	697F						
TOGO	301	301F	301F	327	327F	327F	50	50F	50F	41	41F	41F
TUNISIA	14	13	10	27	28	24	1569	1530	21893	1610	1560	1979
UGANDA		2369	1668		2843	1839		12	16		15	27
ZAMBIA	1501	1501F	1501F	1453	1453F	1453F	13	13F	13F	29	29F	29F
ZIMBABWE	114	44	36	113	22	35	7438	3964	4435	13243	4048	4196
N C AMERICA	91003	93189	102783	87164	92144	97138	93061	117806	140315	102327	117818	126895
ANTIGUA BARB	620	590	600*	690	660	610*						
ARUBA	150	110	150	260	240	380						
BAHAMAS	1205	1000F	1000F	1611	1330F	1330F						
BARBADOS	71	64	138	147	119	269	3399	3254	3156	5535	5339	4952
BELIZE	1783	1900F	1530	2064	2182F	1652						
BERMUDA	750	750	750	950	950	950						
BR VIRGIN IS	70F	70F	30	130F	130F	30						
CANADA	14886	19924	24922	15808	19207	22708	7357	6082	9820	10283	9053	13487
CAYMAN IS	200F	200F	200F	440F	440F	440F						
COSTA RICA	484	235	283	770	374	483	533	1136	1040*	552	1336	1260*
DOMINICA	402	330	260	744	488	378				1	1F	1F
DOMINICAN RP	660	700	700F	820	780	780F						
EL SALVADOR	2599	3619	5513	2511	4319	4666	3550	6723	6281	3646	5532	5689
GREENLAND	454	472	435	785	795	734						
GRENADA	810*	790*	850*	1425	1320*	1320*						
GUATEMALA	3894	7448	6910	4158	7635	6386	3962	5309	5443	3685	4719	4905
HAITI	2700F	2700F	2700F	3500F	3500F	3500F						
HONDURAS	251	372	424	292	305	485		41	41F		31	31F
JAMAICA	6100	5000	5300	5700	4400	4150						
MEXICO	42074	33473	32868	26722	22815	21813	705	1040	23	444	799	30
MONTSERRAT	20F	20F	20F	25F	25F	25F						

241

表 90

SITC 091.4

マーガリン、代用ラード及び他に非特掲の調整可食脂

	輸 入：MT			輸 入：1,000 $			輸 出：MT			輸 出：1,000 $		
	1997	1998	1999	1997	1998	1999	1997	1998	1999	1997	1998	1999
NETHANTILLES	940	945	640*	1235	1268	600*	10	74	74F	25	175	175F
NICARAGUA	1800	1771	2303	1851	1927	2410						
PANAMA	278	1177	1354	350	1403	1367				1		
ST KITTS NEV	100	100F	70*	180	180F	120*	386	386F	386F	680	680F	680F
ST LUCIA	648	645	470*	1179	1240	830*	3	3F		5		5F
ST PIER MQ	43F	43F	43F	84F	84F	84F						
ST VINCENT	529	550*	620*	982	1100*	1100*						
TRINIDAD TOB	2179	2216	2102	3176	2991	2767	1993	2095	2295	3479	3468	3668
USA	4303	5975	9598	8575	9937	14771	71166	91663	111753	73996	86680	92012
SOUTHAMERICA	48937	61956	86318	63161	62567	68749	48406	93358	88040	42807	63666	69871
ARGENTINA	1383	1450	1377	2117	2259	2094	33425	66376	55826	27906	37579	40847
BOLIVIA	937	988	761	870	904	568	62	10027	1900	54	9046	1700
BRAZIL	2439	1877	1162	4307	2401	2018	4344	7479	7756	4568	8029	6365
CHILE	16598	19254	2825	26369	15835	2697	748	891	930	1047	1129	1000
COLOMBIA	9887	15773	55260	10495	16818	36417	4256	3301	16204	4033	2990	14783
ECUADOR	55	147	245	89	172	205	895	478	163	709	328	140
PARAGUAY	4100	7411	7411F	3523	7200	7200F						
PERU	4618	4285	2733	4943	5145	3696	1949	3039	2970	1266	2287	2078
SURINAME	669	544F	754	2439	1820F	1280						
URUGUAY	3751	4766	4480	3615	4959	4500		1			1	
VENEZUELA	4500	5461	9310	4394	5054	8074	2727	1766	2291	3224	2277	2958
ASIA	457926	502447	569806	463598	468451	498533	557244	567575	652566	379878	410524	407850
AFGHANISTAN	5100F	5100F	5100F	6600F	6600F	6600F						
ARMENIA	5155	4200	3169	5076	3810	2933						
AZERBAIJAN	2624	2100	5387	1847	2200	3266	70		62	100		95
BAHRAIN	422	422F	460*	586	586F	1300*						
BANGLADESH	4	241	241F	32	127	127F						
BRUNEI DARSM	405F	405F	330	734F	734F	1200						
CHINA	14830	16942	83814	13303	13780	40324	55945	34461	23989	38002	28353	21572
CHINA,H.KONG	61565	99319	100438	47930	63116	58017	44091	54511	48002	34695	37802	27332
CYPRUS	2263	2640	2622	3126	3688	3387	147	170	122	232	238	188
GEORGIA	595*			175*								
INDIA	18		15				3234	1600	1600F	5338	3602	3602F
INDONESIA	1877	1418	1296	1877	1531	1774	90364	139257	267976	44971	70229	121826
IRAN	21199	13225	7335	24916	15524	12722			11			8
IRAQ	180000F	160000F	160000F	188000F	168000F	168000F						
ISRAEL	1100F	1440F	2350F	1194	1577	2521	245	236	258	305	291	355
JAPAN	3540	4799	5073	9861	13005	13107	3974	2225	2308	12232	6986	7477
JORDAN	624	261	361	370	154	172	288	159	199	215	137	142
KAZAKHSTAN	6651	15015	9692	8688	8810	7023	20	15	238	30	23	279
KOREA REP	2283	2133	3055	9648	7346	10441	786	770	835	787	1617	875
KUWAIT	2950	3023	2644	3093	3170	2719	105	91	26	117	88	25
KYRGYZSTAN	603	650F	650F	460	487F	487F	85F	80F	80F	115F	110F	110F
LEBANON	20000F	20000F	20000F	23400F	23400F	23400F						
CHINA, MACAO	340	427	416	326	417	318	6	89	3	6	41	4
MALAYSIA	1635	1856	2400	2631	2949	3847	165430F	170018	147517	76869F	106444	99869
MALDIVES	120*	130*	220*	180*	250*	490*						
MONGOLIA	1256	740*	930*	945	520*	620*						
MYANMAR	592	592F	1200	534	534F	2300						
NEPAL				1374	1326	1326F						
OMAN	1744	1744F	830*	1422	1422F	760*	751	751F	210*	680	680F	170*
PAKISTAN	27	41	44	55	71	88						
PHILIPPINES	4442	8770	27861	3452	6179	15779	402	527	103	550	555	120
QATAR	210*	180*	180*	300*	250*	250*						
SAUDI ARABIA	6145	7352	7352F	5995	6785	6785F	79	127	127F	91	157	157F
SINGAPORE	16701	13538	13578	15220	13057	12453	31667	30007	56434	26488	30722	34935
SRI LANKA	4476	5394	6264	3327	3830	4077	16	29	39	43	80	89
SYRIA	34000*	55680	52928	32000*	46214	40538						
TAJIKISTAN	115*	114*	115F	176*	147*	147F						
THAILAND	399	249	480	616	399	629	182	251	183	233	262	218
TURKEY	7769	8760	6091	5877	9194	4556	151817	124661	94704	129879	114207	80502
TURKMENISTAN	750F	800F	800F	525F	550F	550F						
UNTD ARAB EM	15747F	15747F	7100*	12212F	12212F	19000*	7500F	7500F	7500F	7850F	7850F	7850F
UZBEKISTAN	5650F	5000F	5000F	10000F	9000F	9000F	40F	40F	40F	50F	50F	50F
VIET NAM	22000F	22000F	22000F	15500F	15500F	15500F						
EUROPE	1039008	943863	813659	834278	847209	789254	1240035	1181737	943594	1206219	1218301	915469
ALBANIA	1590	1561	1570*	1753	1710	950*						
AUSTRIA	9710	12640	10783	11502	14255	12257	19773	17341	14523	14501	14199	13034
BELARUS	21405	7840	1845	7577	6896	2117	13687	16005	7486	7569	10921	6211

表　90

SITC 091.4

マーガリン、代用ラード及び他に非特掲の調整可食脂

	輸入：MT			輸入：1,000 $			輸出：MT			輸出：1,000 $		
	1997	1998	1999	1997	1998	1999	1997	1998	1999	1997	1998	1999
BEL-LUX	65906	86812	59570	67538	89958	60998	256598	241933	214786	229495	226649	183385
BOSNIA HERZG	3750*	1100*	4200	5650*	1310*	5360						
BULGARIA	9928	9380	6134	6456	6696	4566	1098	1142	1142F	974	1156	1156F
CROATIA	2512	2688	3124	2999	2883	3222	4431	12381	7073	6172	14640	7910
CZECH REP	3949	4916	7209	3764	4635	5429	31040	31302	35693	25889	27361	26606
DENMARK	13155	17945	33278	10904	17200	28692	36375	55916	38552	37802	58169	37290
ESTONIA	11341	10603	9428	10495	9751	8146	2101	1876	639	1773	1198	452
FAEROE IS	614	629	607	685	722	678						
FINLAND	24004	28069	28340	26446	32791	29784	60291	45876	26301	57814	46792	27208
FRANCE	146776	130519	129872	139508	127719	117712	39949	40929	35939	38868	41849	36485
GERMANY	52250	48195	49625	55351	52876	52537	323215	284930	129985	298737	287754	117936
GREECE	17870	16727	16090	17340	17599	17490	9597	5132	3921	11156	5596	3214
HUNGARY	4480	10954	16460	3348	8972	12437	996	6785	10852	1122	6415	8593
ICELAND	164	587	674	286	722	696	4	3	1	7	6	2
IRELAND	13210	21103	24021	13762	21904	22724	18667	16381	18100	29988	22680	29093
ITALY	30020	29963	32814	32236	32933	32874	14871	19401	25807	12780	20319	28867
LATVIA	8509	14670	14272	7222	22412	20829	89	39	72	72	79	75
LITHUANIA	57125	49464	44968	36195	38348	30911	3923	1949	2268	4296	1755	9419
MACEDONIA	1621	1640F	1640F	3017	3090F	3090F	12	2F	2F	29	3F	3F
MALTA	1522	1922	2282	2903	3425	3848	468	8	28	704	18	52
MOLDOVA REP	1213	1767	1454	1309	1660	1123						
NETHERLANDS	47532	35392	44906	43390	33170	39718	227298	177973	198995	221973	189365	207074
NORWAY	2577	8404	10353	4534	11009	12256	612	384	187	732	539	323
POLAND	8584	10704	25687	7498	10565	21640	31753	33814	43181	33468	34010	37072
PORTUGAL	8112	8431	11823	8199	8953	12126	3416	3620	3118	4549	4806	4097
ROMANIA	3807	11057	10301	3060	11232	8321	745	589	1533	574	531	1014
RUSSIAN FED	347167	227234	92468	170043	121670	71970	7010	2967	2895	4493	3101	2623
SLOVAKIA	18060	15684	15652	14860	13902	12134	15706	13296	15738	17116	13803	14557
SLOVENIA	6084	6039	4880*	8837	8014	6160	35	9	9F	147	12	12F
SPAIN	14067	16051	16518	14199	16936	16119	12225	12137	10892	13684	13948	11951
SWEDEN	10224	13040	6765	11873	13497	8198	76845	98084	55678	92817	118092	53166
SWITZERLAND	1343	1172	1043	2755	2532	2403	600	392	334	1252	814	759
UK	53357	62641	64091	67967	66489	94700	25313	38699	36646	34140	51235	44609
UKRAINE	12853	15139	7731	6249	7600F	3866F	887	121	897	873	115F	850F
YUGOSLAVIA	2617	1181	1181F	2568	1173	1173F	405	321	321F	653	371	371F
OCEANIA	27193	28827	26527	34359	32231	34095	58393	50764	47635	65425	55039	51829
AMER SAMOA	1500F	1500F	1500F	2500F	2500F	2500F						
AUSTRALIA	3430*	3780*	3502	3716	4139	5241	56890	49647	45944	63619	53579	49481
COOK IS	104	84	91	152	135	162						
FIJI ISLANDS	1800	1800	1540	2510	2510	2410	38F	38F	38F	35F	35F	35F
FR POLYNESIA	169	239	289	396	496	546						
GUAM	200F	200F	200F	260F	260F	260F						
KIRIBATI	52	110*	100*	113	160*	110*						
NEWCALEDONIA	979	894	910*	1987	1508	1020*				1		
NEW ZEALAND	15902	15835	14181	17902	14722	14833	1465	1079	1653	1770	1425	2313
NIUE	10*	10F	10F	10*	10F	10F						
NORFOLK IS	40F	40F	30*	60F	60F	30*						
PAPUA N GUIN	2173*	3410*	3150*	3672*	4570*	5900*						
SAMOA	330	330F	250	340	340F	200						
SOLOMON IS	50*	80*	110*	100*	180*	160*						
TONGA	214	255	404	251	281	363						
VANUATU	140*	160*	160*	240*	210*	200*						

表 91

SITC 112.1

ぶどう酒、ベルモット及び類似飲料

	輸入:MT			輸入:1,000 $			輸出:MT			輸出:1,000 $		
	1997	1998	1999	1997	1998	1999	1997	1998	1999	1997	1998	1999
WORLD	5842821	6334479	6411598	12704091	14247677	14715252	6671012	7044421	6814196	12819147	14195256	14459703
AFRICA	167810	159145	158390	156590	177593	169852	121207	130108	97487	207929	206673	137751
ALGERIA	17	17F	17F	29	29F	29F	6144	9660	2800	5721	9000F	2800
ANGOLA	46000*	53000*	53000F	49000*	57000*	57000F						
BENIN	1510F	1510F	1510F	1520F	1520F	1520F						
BOTSWANA	2504	2504F	2504F	4907	4907F	4907F	14	14F	14F	22	22F	22F
BURKINA FASO	127F	127F	127F	356F	356F	356F						
BURUNDI	124	30	101	335	86	153						
CAMEROON	6139	6871	6008	4087	4734	4020	1	1F	1F	1	1F	1F
CAPE VERDE	3553	3056	3056F	2479	2526	2526F						
CENT AFR REP	685F	685F	530	921F	921F	760	19F	19F	19F	3F	3F	3F
CHAD	200F	200F	200*	410F	410F	600*						
COMOROS	90F	90F	100	110F	110F	120						
CONGO, DEM R	320	1147	390*	619	1137	930*						
CONGO, REP	4420*	4120*	2620	2130*	2750*	2750						
CÔTE DIVOIRE	21328F	21328F	22000*	12367F	12367F	18000*	7F	7F	7F	6F	6F	6F
DJIBOUTI	340F	340F	150	550F	550F	330						
EGYPT	40	46	40	47	91	129	5	1		8	29	
EQ GUINEA	1116F	1116F	1116F	1173F	1173F	1173F						
ETHIOPIA	88	98	98F	102	102	102F	14F	14F	14F	14F	14F	14F
GABON	12550*	11250*	10060*	9420*	11080*	10080*	3F	3F	3F	1F	1F	1F
GAMBIA	340F	340F	190*	280F	280F	180*						
GHANA	2802	4284	3265	1546	2450	2624	17	9	10	16	9	8
GUINEA	400*	825F	825F	570*	1050*	1050F						
GUINEABISSAU	2500F	2500F	2500F	1800F	1800F	1800F						
KENYA	1991	2235	2229	3534	4045	2558	174	161	92	397	476	291
LESOTHO	400F	400F	400F	1000F	1000F	1000F						
LIBERIA	330*	330F	330F	1400*	1400F	1400F						
MADAGASCAR	187	266	230	431	507	452		1	1	1	1*	1
MALAWI	450*	306	306F	680*	510	510F	17	13	13	82	51	51
MALI	290F	290F	170	450F	450F	360						
MAURITANIA	90F	90F	80	450F	450F	410						
MAURITIUS	1638	1674	2945	4302	4592	9194	1	1	6	7	4	46
MOROCCO	9397	915	5977	6558	2434	5076	5743	6866	5766	5818	6304	5717
MOZAMBIQUE	6200*	6900*	3200*	6900*	6300*	880*						
NIGER	370	603	335	450	726	252		1	1F		12	12F
NIGERIA	1332	1242	1242F	2357	3657	3657F						
RWANDA	110	60	50	300	120	120						
ST HELENA	24F	24F	20*	44F	44F	30*						
SAO TOME PRN	2100	3000	3000F	1600	2400	2400F						
SENEGAL	3666	4492	5249	1736	2539	3046	162	78	83	101	168	409
SEYCHELLES	452	303	526	1797	1420	2683	9	5	15	64	27	83
SIERRA LEONE	110F	110F	40*	90F	90F	10*						
SOUTH AFRICA	19795	11583	11349	14585	26251	13671	102283	107704	81365	189375	185116	122097
SWAZILAND	5490	3575	5477	6148	4979	4475	159	123	264	157	77	424
TANZANIA	1438	512	554	1102	444	465						
TOGO	2892	2892F	2307	2139	2139F	2469	3	3F	3F	3	3F	3F
TUNISIA	127	86	92	468	320	265	6264	5384	6974	5783	5295	5736
UGANDA		292	224		360	319					1	
ZAMBIA	182	574	564	435	1044	1034						
ZIMBABWE	1556	907	1087	2876	1943	1977	168	40	36	349	53	26
N C AMERICA	675004	655197	678351	2373629	2595694	3012878	217241	262421	274595	411768	525313	535445
ANTIGUA BARB	280	270	310	800	620	790						
ARUBA	940	810	740	3700	3100	2600						
BAHAMAS	2459	2489	2549	6228	6878	7778	10	10F	10F	10	10F	10F
BARBADOS	940	512	1059	4326	3039	6797	57	38	32	253	209	187
BELIZE	86	86F	90	458	458F	1100	13	13F	13F	151	151F	151F
BERMUDA	1300*	1700*	1400*	5600*	7300*	5700*						
BR VIRGIN IS	150F	150F	370	300F	300F	410						
CANADA	182210	206805	223454	419022	494552	562856	2532	1480	1481	7597	5145	5891
CAYMAN IS	460F	460F	460F	2500F	2500F	2500F						
COSTA RICA	3167	3208	1533	3984	4347	2552	67	10	10F	15*	7	7F
CUBA	1700*	1900*	2100*	5500*	4700*	4600*						
DOMINICA	377	378F	148	597	597F	227	1	1F	1F	4	4F	4F
DOMINICAN RP	4185*	5270*	4570*	7100*	7540*	5970*						
EL SALVADOR	957	1281	1159	1384	1677	1639			35			20
GREENLAND	322	493	610	1439	1928	2728						
GRENADA	328	216	226	493	326	456						
GUATEMALA	1779	1795	769	2509	2519	1235	150	236	371	88	157	180
HAITI	330*	410*	260*	1100*	1100*	800*						
HONDURAS	689	538	847	944	751	1128	9	5	5F	19	17	17F

表 91

SITC 112.1

ぶどう酒、ベルモット及び類似飲料

	輸入：MT			輸入：1,000 $			輸出：MT			輸出：1,000 $		
	1997	1998	1999	1997	1998	1999	1997	1998	1999	1997	1998	1999
JAMAICA	1101	1001	1001	2201	2001	2301	273	135	65	557	340	250
MEXICO	12053	11573	13818	40102	38993	55025	2239	2755	3333	3475	3563	5494
MONTSERRAT	120F	120F	120F	530F	530F	530F						
NETHANTILLES	810F	744	744F	2430F	2946	2946F						
NICARAGUA	1420	735	605	883	1157	1067			1			1
PANAMA	1546	1293	1796	4631	4644	6692	2	5		7	14	1
ST KITTS NEV	139	139F	140	440	440F	280						
ST LUCIA	799	913	822	1831	2119	1884	22	9	9F	70	45	45F
ST PIER MQ	170	230	220*	440	550	510*						
ST VINCENT	99	120*	90*	356	580*	590*						
TRINIDAD TOB	597	794	1146	1558	2382	2547	188	50	21	121	136	32
USA	453491	408764	415195	1850243	1995120	2326640	211678	257674	269208	399401	515515	523155
SOUTHAMERICA	79330	80826	80906	147459	166021	178329	485184	504703	359088	579991	703713	692067
ARGENTINA	7289	12872	13669	19745	28903	29570	142235	121469	99019	132006	154004	143078
BOLIVIA	421	358	358F	632	558	558F	30	34	10	75	71	30
BRAZIL	25404	24734	28494	62508	66565	77211	16270	8455	8537	16812	6328	5194
CHILE	867	2443	4766	1840	7862	14096F	325177	373205	248362	427931	539753	537631
COLOMBIA	5178	5414	6429	8958	9980	11385	293	290	72	501	472	119
ECUADOR	3600	3300	1650	3461	3782	2031	14		8	8		6
PARAGUAY	9600	4619	4619F	12860	8587	8587F						
PERU	5871	5096	4895	10619	10338	9846	87	148	44	213	298	105
SURINAME	411	170*	170*	1469	880*	1500*						
URUGUAY	9427	8466	7067	8501	8697	7432	1078	1097	3019	2444	2784	5885
VENEZUELA	11262	13354	8789	16866	19869	16113		5	17	1	3	19
ASIA	319602	478898	317374	1250071	1684839	1261036	158045	99502	83927	229429	190173	170556
ARMENIA	509	450	77	360	490	104	886	803	134	313	1300	173
AZERBAIJAN	540*	100*	42	950*	180F	73	38760	14000	3803	9307	3500	651
BAHRAIN	870	450	550	3496	1100	1000						
BANGLADESH	45	17	18	81	76	83						
BHUTAN	41F	41F	41F	129F	129F	129F	1F	1F	1F	10F	10F	10F
BRUNEI DARSM	50	80	80	210	160	180						
CAMBODIA	1643	1573	1771	2633	2133	2743	275F	275F	275F	1935F	1935F	1935F
CHINA	63974	65231	53694	212615	117767	74219	3151	4230	5796	6887	7758	9730
CHINA,H.KONG	34164	20814	10341	138168	72478	58511	24398	15390	2063	77323	39311	10380
CYPRUS	547	635	927	2913	3145	4341	34295	25393	30661	16224	13706	14199
GEORGIA	530F	470*	470F	930F	560*	560F	16052*	13171*	13171F	20198*	24379*	24379F
INDIA	296	445	433	1304	1519	1499	114	288	73	139	468	138
INDONESIA	204	535	592	419	722	1312	10	6	28	49	1	29
ISRAEL	1185F	1665F	2580F	3716	4984	6958	2580	2820	2770	7582	8387	8512
JAPAN	157038	340406	202820	669362	1327652	911626	582	469	536	2521	1841	1895
JORDAN	177	154	155	537	467	635	16	12	5	60	46	10
KAZAKHSTAN	16670	16701	3440	20624	12952	4269	1834	59	187	1822	128	88
KOREA REP	9464	2592	5802	23007	6581	15202	58	360	82	116	873	107
KYRGYZSTAN	4693	4500F	4500F	4604	4200F	4200F	212	200F	200F	267	250F	250F
LEBANON	590	630	520	2500	2100	2200	520F	520F	980	2100F	2100F	3000
CHINA, MACAO	2616	1486	1131	9199	5137	3142	334	97	130	1087	386	239
MALAYSIA	1014	1708	2902	6264	8204	13078	185F	237	531	1926F	1268	2002
MALDIVES	230	260	430	970	990	1800						
MONGOLIA	1557	1550	1060	2103	1880	1310				1		
MYANMAR				47	47F	47F						
OMAN	106	106F	106F	99	99F	99F						
PAKISTAN	69	79	67	380	489	517	1			3		
PHILIPPINES	2357	2983	3509	7147	5959	8295	60		6	31		26
SINGAPORE	8470	7044	9407	105092	85677	113514	2137	2235	2600	44612	49611	59751
SRI LANKA	358	506	584	1698	1965	2283	16	15	10	90	72	41
SYRIA	74F	25	25F	403F	108	108F	1060F	106	106F	22F	7	7F
TAJIKISTAN							2500F	2000F	2000F	2400F	2500F	2500F
THAILAND	5933	2466	6021	14550	4586	9405	721	440	1444	1093	819	1424
TURKEY	188	262	169	369	593	494	10855	4809	4335	7753	7818	7381
TURKMENISTAN	250F	180*	130*	200F	170*	60*	8000F	6000F	6000F	19000F	18000F	18000F
UNTD ARAB EM	3102	2683	2900	12982	9451	17000						
UZBEKISTAN	48*	59*	70F	10F	10F	10F	8432*	5566*	6000F	4558*	3699*	3699F
YEMEN		12	10*		59	30*						
EUROPE	4547118	4899661	5103631	8631594	9478265	9916436	5405535	5717320	5569962	10799404	11904874	12052136
ALBANIA	236	291	392	208	324	434						
AUSTRIA	62205	63583	55530	98358	111949	126995	17673	20061	28067	34139	41167	42462
BELARUS	23100	14129	13209	17325	15573	14768	8560	4360	2024	11042	4529	3216
BEL-LUX	252937	281068	268369	668751	748332	774639	27984	30870	30354	93364	92282	94144
BOSNIA HERZG	2100*	600*	600F	4700F	1400F	1400F	2300*	400*	2200*	1500*	500*	720*

表 91

SITC 112.1

ぶどう酒、ベルモット及び類似飲料

	輸入:MT			輸入:1,000 $			輸出:MT			輸出:1,000 $		
	1997	1998	1999	1997	1998	1999	1997	1998	1999	1997	1998	1999
BULGARIA	11774	22622	22622	5039	10457	10457	166167	155767	77208	124589	129621	78040
CROATIA	4816	579	5346	3544	653	2574	15206	15450	9481	11184	13126	10092
CZECH REP	73729	51573	55797	32763	21715	23936	1168	1440	2978	1445	1621	2766
DENMARK	174652	175694	173502	392451	408768	415357	9773	11950	12506	26576	31286	33950
ESTONIA	7973	8419	7522	13848	15384	13012	28	76	133	120	250	279
FAEROE IS	177	218	207	572	703	686						
FINLAND	31185	35476	35279	66174	79509	85312	128	188	157	433	676	721
FRANCE	591576	580449	598980	535450	551734	555338	1535005	1671380	1611606	5173518	5925439	6131963
GERMANY	1042482	1221888	1235186	1788187	1938922	1991181	251910	237395	245017	439483	450016	451001
GREECE	5574	6235	9603	13551	14463	19525	47131	64461	50914	70299	77200	70162
HUNGARY	3747	2473	2109	3374	3371	2247	103141	109249	88520	96475	93344	77755
ICELAND	2035	2327	2616	6094	7242	8180						
IRELAND	29600	31934	41755	103047	118790	153272	599	3122	479	1964	6253	1471
ITALY	116187	108714	64108	174790	204022	203042	1399371	1665679	1972879	2271274	2541224	2617943
LATVIA	20093	20177	22260	15310	31543	35907	15509	11218	4729	11664	14265	6140
LITHUANIA	18311	17498	19474	18374	18822	18874	52	79	211	103	102	306
MACEDONIA	1412	795	795F	1078	593	593F	65425	57115	55115	28575	25075	47075
MALTA	580	607	866	3077	3077	4186	25	156	105	84	573	504
MOLDOVA REP	18024	38970	183	7875	7875F	135	293781	165997	152349	256845	190865	100452
NETHERLANDS	193042	201470	283461	484997	450290	636372	24278	25913	28864	82492	96604	124125
NORWAY	42956	44256	49003	105984	112691	127245	384	431	1039	1156	1442	3005
POLAND	71077	78293	80884	50175	59139	70719	5027	2332	1090	5132	2700	1153
PORTUGAL	53405	161007	229459	46302	103705	147714	245279	224932	190688	524509	528812	521135
ROMANIA	1169	7530	8042	948	3850	3963	81197	65205	31131	42863	37904	22838
RUSSIAN FED	418293	364356	232870	575196	440503	184620	1069	874	900	2059	980	754
SLOVAKIA	10392	4856	9016	4711	2789	4514	10126	8988	6862	8909	6934	5300
SLOVENIA	21309	6738	6738F	11460	4082	4082F	4083	8587	14002	5947	7564	4306
SPAIN	16087	86069	117982	42295	82948	99409	960348	1070890	895249	1191241	1331373	1358737
SWEDEN	109309	115483	124111	240241	270927	295561	1085	2170	1338	4204	6901	4955
SWITZERLAND	186631	190130	380079	585057	658638	712554	1538	1395	2662	65425	47097	46992
UK	885373	903841	930708	2482979	2941868	3155319	36238	32032	28030	154982	163164	170866
UKRAINE	40637	47625	13280	24653	28550F	9250F	68187	36210	15995	51999	28200F	12825F
YUGOSLAVIA	2933	1688	1688F	2656	3064	3064F	5760	10948	5080	3810	5785	3983
OCEANIA	53957	60752	72946	144748	145265	176721	283800	330367	429137	590626	664510	871748
AUSTRALIA	20926	20620*	21990	67540	67898	80113	270697	314818	411186	537606	611808	794261
COOK IS	69	46	51	353	150	160						
FIJI ISLANDS	850	930	1010	3400	3400	3700				1F	1F	1F
FR POLYNESIA	2828	3628	3410	6262	8362	8710						
GUAM	40F	40F	40*	110F	110F	100*						
KIRIBATI	5	10*	10*	17	20*	20*						
NEWCALEDONIA	5371	5473	3829	10443	12176	11071	4	2	2F	21	20	20F
NEW ZEALAND	22478	28224	40867	53387	49886	69781	13099	15547	17949	52997	52680	77465
NORFOLK IS	100F	100F	140*	480F	480F	740*						
PAPUA N GUIN	571	966	936	1305	1494F	1194				1F	1F	1F
SAMOA	40	40	60	110	120	160						
SOLOMON IS	80*	50*	70*	200*	140*	190*						
TONGA	76	102	110	119	104	100						
VANUATU	523	523	423	1022	922	682						

表 92

SITC 112.3

ビール

	輸 入：MT			輸 入：1,000 $			輸 出：MT			輸 出：1,000 $		
	1997	1998	1999	1997	1998	1999	1997	1998	1999	1997	1998	1999
WORLD	5754970	6014637	6128365	4722940	4845646	4935571	6239478	6307272	6678031	4781119	4461272	4759553
AFRICA	118787	139759	103640	82698	93626	70667	108803	107055	66393	53591	56011	37664
ALGERIA	13598	9800*	9800F	9589	6000*	6000F						
ANGOLA	26000*	22000*	14000*	16000*	13000*	9100*						
BENIN	1550*	3550*	3550F	1200*	2700*	2700F						
BOTSWANA	7339	7339F	7339F	2135	2135F	2135F	77	77F	77F	110	110F	110F
BURUNDI	21	53	32	14	82	34	53	552	11	33	173	10
CAMEROON	148	148F	148F	103	103F	103F	1195	10733	10733F	650	4777	4777F
CAPE VERDE	1540	4350*	1500*	888	2800*	1400*						
CENT AFR REP	76F	76F	76F	108F	108F	108F	6F	6F	6F	5F	5F	5F
CHAD	775*	225*	225F	600*	230*	230F						
COMOROS	80*	80F	80F	95F	95F	95F						
CONGO, DEM R	350*	150*	150F	286	140*	140F						
CONGO, REP	1000*	270*	270F	900*	280*	280F	7F	7F	7F	11F	11F	11F
CÔTE DIVOIRE	200F	200F	200F	219F	219F	219F	220*	220F	220F	190*	190F	190F
DJIBOUTI	1900F	1900F	1800*	2100F	2100F	1800*						
EGYPT	186	15	18	41	14	14	955	839	599	789	544	247
EQ GUINEA	7303F	7303F	1700*	2484F	2484F	520*						
ETHIOPIA				1F	1F	1F						
GABON	3400*	2900*	2900F	3500*	2600*	2600F	1F	1F	1F	4F	4F	4F
GAMBIA	670F	670F	460*	320F	320F	210*						
GHANA	383	521	773	332	523	562	359	79	140	253	90	79
GUINEA	1000*	1400*	1900*	900*	1200*	1300*						
GUINEABISSAU	2400F	2400F	2400F	2000F	2000F	2000F						
KENYA	2267	8411*	7926	1726	5066	5576	24903	23661	7978	11631	12123	2829
LESOTHO	3000*	3000F	3000F	2250F	2250F	2250F						
LIBERIA	1040*	960*	1600*	1350*	1400*	1900*						
MADAGASCAR	52	17	27	32	28	23	43	23	19	30	10	15
MALAWI		66F	66F		48F	48F	41	18	18F	14	10	10F
MALI	1000F	1000F	320*	750F	750F	80*						
MAURITANIA	50F	50F	50F	100F	100F	100F						
MAURITIUS	140	128	137	66	85	115	231	3674	44	189	3145	34
MOROCCO	2315	2612	2644	1940	2182	1853	149	400	256	90	288	175
MOZAMBIQUE	6500*	9100*	8500*	4100*	4800*	4500*						
NIGER	35F	63	63F	30F	57	57F					2	2F
NIGERIA	900*	2200*	2200*	1200*	2400*	2400F	460*	560*	560F	330*	570*	570F
RWANDA	1210F	1210F	1210F	1150F	1150F	1150F						
ST HELENA	350F	350F	370*	220F	220F	240*						
SENEGAL	56	159	146	50	153	129	8	25	94	5	17	62
SEYCHELLES	107*	368	70*	163	303	70*	43	33	40F	58	42	63
SIERRA LEONE	1000F	1000F	1000F	1200F	1200F	1200F						
SOUTH AFRICA	9005	9257	8078	8535	8256	6296	55609	32932	31998	25563	20192	21645
SWAZILAND	1932	938	1054F	1730	1156	1178	20438	27797	4534*	11335	10781	2482
TANZANIA	15628	25000*	12000*	10334	20000*	8400*	1454	1300*	1300F	363	340*	340F
TOGO	50	50F	50F	24	24F	24F	1764	1764F	1764F	1094	1094F	1094F
TUNISIA	464	121	156	613	156	171	189	182	233	400	414	451
UGANDA	660*	7546	3177*	400*	2085	820		395*	1559*		263	746
ZAMBIA	355	540*	410*	257	440*	480*						
ZIMBABWE	752	263	65*	663	183	56	598	1777*	4202	444	816	1713
N C AMERICA	1881683	2147661	2352472	1778298	2019919	2251750	1525462	1674774	1648501	1038726	1094037	1147425
ANTIGUA BARB	600*	500*	500F	650*	600F	600F						
ARUBA	9300*	8000*	8300*	9100*	5000*	4300*						
BAHAMAS	3753	4000*	4300*	2232	2900*	3100*	7	7F	7F	9	9F	9F
BARBADOS	2037	1702F	3181	2871	2900*	5119	97	139	123	99	127	148
BELIZE	248	340*	450*	330	390*	460*	24	24F	24F	26	26F	26F
BERMUDA	5400*	3600*	4500*	5800*	3000*	3300*						
BR VIRGIN IS	1800F	1800F	1900*	2500F	2500F	2700*						
CANADA	110988	128988	153893	85598	98123	126318	353029	364309	360748	190239	183970	185562
CAYMAN IS	4200*	3700*	4200*	4900*	3500*	3700*						
COSTA RICA	719	1119	930*	432	659	590*	190	243	230*	91	116	130*
CUBA	5100*	3000*	3200*	3700*	2200*	2600*						
DOMINICA	892	890F	890F	1153	1153F	1153F	4	4F	4F	9	9F	9F
DOMINICAN RP	1800*	1600*	2500*	1000*	590*	1000*	26913	21839	22547	17162	13935	14464
EL SALVADOR	1468	2980*	4522	748	1615	2431	1074	541	2281	569	707	1035
GREENLAND	7624	6642	7223	7376	6462	7265						
GRENADA	535	535F	200*	555	555F	300*	619	619F	220*	555	555F	
GUATEMALA	1031	1427	1200*	586	723	600*	945	965	1000*	395	397	450*
HAITI	1000F	1000F	1000F	1600F	1600F	1600F						
HONDURAS	1554	1977	4295	954	1142	2469	221	106	106F	137	72	72F
JAMAICA	760*	560*	670*	650*	410*	370*	10704	10000*	10000*	9369	9100*	9200*
MEXICO	49953	43994	39037	19901	21244	25639	624602	873690*	923677	486066	615125	721133

表 92

SITC 112.3

ビール

	輸入:MT			輸入:1,000 $			輸出:MT			輸出:1,000 $		
	1997	1998	1999	1997	1998	1999	1997	1998	1999	1997	1998	1999
MONTSERRAT	1000F	1000F	230*	1200F	1200F	270*						
NETHANTILLES	2000*	3566	3566F	2100*	4113	4113F						
NICARAGUA	1179	1815	2441	713	1280	1371						
PANAMA	1401	6072	9861	1165	4441	6851	527	842	865	394	564	563
ST KITTS NEV	249	249F	90*	338	338F	100*						
ST LUCIA	186	366	440*	236	365	1000*	3315	2529	1700*	3844	4488	3900*
ST PIER MQ	319F	319F	160*	274F	274F	140*						
ST VINCENT	296	296F	270*	408	408F	290*	187	187F	80*	200	200F	80*
TRINIDAD TOB	320	999	988	204	861	504	9303	10059	8564	7948	8733	8559
USA	1663971	1914625	2087535	1619024	1849373	2041497	493701	388671	316325	321614	255904	202085
SOUTHAMERICA	272291	176904	118377	165305	91805	65344	203234	156219	111612	95595	73465	52366
ARGENTINA	48206	39311	19459	26254	18476	12582	6109	17980	15024	4030	7006	8164
BOLIVIA	479	1044	1044F	338	788	788F	3613	5435	5435F	3014	4471	4471F
BRAZIL	99678	26428	6266	54893	11137	2245	75163	44752	37038	41317	26657	18541
CHILE	12411	14235	9844	7794	8723	7500	10210	15689	5075	4897	7075	4300
COLOMBIA	40091	49559	39459	22143	19815	13627	2601	4040	2705	1931	2491	1113
ECUADOR	7480	7520	3090	3992	4912	1743	175	233	365	80	115	184
PARAGUAY	55392	31209	31209F	40201	20439	20439F	6100	3444	575	1661	879	108
PERU	1330	1508	1435	877	1040	1011	2597	5612	4202	1597	1863	1975
SURINAME	3418	2100*	1300*	6497	3900*	2300*						
URUGUAY	2794	2209	2856	1807	1445	1560	13941	10197	5849	5242	3659	1740
VENEZUELA	1012	1781	2415	509	1130	1549	82725	48837	35344	31826	19249	11770
ASIA	802061	656929	562662	701089	563810	488228	432349	381657	333514	374863	311800	251904
ARMENIA	1313	1485*	61	757	22*	48			454			305
AZERBAIJAN	840	1300*	2169	680	850*	1433						
BAHRAIN	19353	7600*	10000*	15558	8300*	10000*						
BANGLADESH	2108	31	30F	2227	265	208	296	68	60*	452	82	90*
BHUTAN	3700F	3700F	3700F	2416	2416F	2416F						
BRUNEI DARSM	6117*	8567*	8567F	9043*	11800*	11800F						
CAMBODIA	8100*	3995*	3995F	6400*	3800*	3800F	48F	48F	40*	28F	28F	20*
CHINA	169593	178116	151757	155351	157823	141518	72376	55287	60852	34582	26416	30707
CHINA,H.KONG	199646	161265	128646	191993	153722	112716	120526	90232	23502	119062	87098	27845
CYPRUS	2680	2895	3042	2993	3233	3406	1669	1471	3771	1798	1542	2556
GEORGIA	18000F	16000F	16000F	11000F	9600F	9600F						
INDIA	585	1060	1060F	624	915	915F	3575	5562	1800*	2149	3335	1300*
INDONESIA	774	470	323	695	328	217	185	529	3158*	153	505	3020
IRAQ	1700F	1700F	1700F	1200F	1200F	1200F						
ISRAEL	15000*	13900*	13894F	9093	9601	9406	1500F	1500F	710F	1494	1399	1631
JAPAN	132236	81177	52439	110032	66087	48117	60582	70899	49914	69607	73134	53796
JORDAN	539	525	711	193	181	275	602	312	713	240	140	253
KAZAKHSTAN	25870	5467	3519	21781	4086	1959	29	45	144	16	31	63
KOREA D P RP	10000*	7206*	4000*	4600*	2930*	1600*						
KOREA REP	9653	1336	3284	5181	842	1941	50604	33294	30245	29032	17553	15917
KYRGYZSTAN	3310	3000*	2100*	1986	1986F	870*	600*	500F	500F	680F	680F	680F
LEBANON	5640*	4057*	8200*	4788*	2858*	7000*						
CHINA, MACAO	16840	13860	12468	10090	8472	7658	1161	1774	676	1199	1996	813
MALAYSIA	6017F	6045	5022	7913F	6006	5779	22000*	25852	57254	25000*	20856	31838
MALDIVES	940*	1700*	1300*	1700*	2500*	1700*						
MONGOLIA	9322	15600	10000*	5069	5500F	5400*						
MYANMAR	9481	9481F	3400*	4387	4387F	1600*						
NEPAL	23*			27						18	43	43F
OMAN	8491	8491F	2700*	6295	6295F	1900*	102	102F	102F	65	65F	65F
PAKISTAN	528	549	545	758	826	868						
PHILIPPINES	464	379	610	564	343	545	4948	9166	11993	3505	3957	6782
QATAR	1400*	1200*	1100*	1200*	1400*	1400*						
SAUDI ARABIA	13267	16394	16394F	9681	11962	11962F	443	26	26F	285	21	21F
SINGAPORE	45643	41354	49767	55398	42619	50929	39040	38563	43975	49100	41157	46306
SRI LANKA	1104	1113	732	1072	982	686	48	60	124	90	90	177
SYRIA	345	192	192F	282	164	164F	55F			27F		
TAJIKISTAN	1500*	1300*	1300F	620*	520*	520F						
THAILAND	1085	680	807	777	446	541	8409	11208	17374	10800	11412	14563
TURKEY	418	478	743	343	595	681	42190	33359	25447	23486	17860	12453
TURKMENISTAN	4400*	5600*	2100*	2100*	1400*	1000*						
UNTD ARAB EM	38000F	25000*	31995*	30000F	19000*	23000*						
UZBEKISTAN	600F	650F	650F	440F	500F	500F						
VIET NAM	5336*	2000*	1600*	3672*	6000F	820*	1361*	1800*	680*	1995*	2400*	660*
YEMEN	100F	11	40*	110F	48	130*						
EUROPE	2617935	2827401	2920344	1939726	2015989	1991049	3900829	3928946	4451876	3173827	2890311	3234364
ALBANIA	4754	10868	10868F	2303	5795	5795F		951	951F		636	636F

表 92

SITC 112.3

ビール

	輸入：MT			輸入：1,000 $			輸出：MT			輸出：1,000 $		
	1997	1998	1999	1997	1998	1999	1997	1998	1999	1997	1998	1999
AUSTRIA	39671	42465	46263	26071	26773	29216	66515	55773	53455	36068	29592	27866
BELARUS	1900	900	700	1440	1226	1210	36500F	44191	50648	15000F	18154	11741
BEL-LUX	93819	117863	163301	65022	80803	97653	338725	538606	623379	243952	303042	354316
BOSNIA HERZG	62000*	77000*	37000*	30500*	26000*	15000*	550*	650*	650F	140*	170*	170F
BULGARIA	561	1289	1289F	275	588	588F	6894	7685	7685F	2950	3512	3512F
CROATIA	18804	4725	14373	10084	3017	7677	44415	51228	38987	18112	19337	14009
CZECH REP	15427	15896	17603	4852	6319	6457	214996	191343	151432	95222	88536	68686
DENMARK	8813	7939	11538	6702	6869	9266	274692	232081	174678	203292	179619	129280
ESTONIA	9316	11735	10416	7023	8396	6900	2523	14821	18077	1193	6156	4943
FAEROE IS	349	414	373	370	458	474	23	19	26	25	21	25
FINLAND	7486	8023	6728	7560	7321	6659	32178	31762	28649	24995	25360	21112
FRANCE	303213	519772	515384	264464	334840	302386	213640*	235111	221378	171052	197589	163939
GERMANY	316568	282318	306200	172820	155392	164982	922710	836282	823516	657771	612644	586969
GREECE	31415*	32337	41871	28877	29218	34197	11407	14207	22153	9423	10073	12840
HUNGARY	14167	18353	21218	5543	7329	8823	6679	9214	9926	2705	4374	4158
ICELAND	6793	7122	8724	5576	6147	5495	181	74	25	127	51	31
IRELAND	78868	69697	87967	69023	65783	55995	332635*	288839	297156	214715	202392	190960
ITALY	359064	368069	387514	309202	318840	321164	26072	37343	37943	21799	33355	29673
LATVIA	3483	12418	17368	2040	7983	7536	1731	2476	3269	754	1619	2267
LITHUANIA	5628	9256	7819	3163	6271	4152	5837	1661	606	2086	559	279
MACEDONIA	2700*	8800*	8800F	867	5200*	5200F	8400*	2000*	2000F	3960	1100*	1100F
MALTA	1876	2739	3649	1086	3297	4405	419	803	1073	937	970	699
MOLDOVA REP	1040	1000F	575	755	750F	263	323			318		
NETHERLANDS	162700	123269	203290	66137	51892	86502	810046	687995	1271610	978099	625734	1090302
NORWAY	5127	5112	12551	5281	5323	10424	1251	2215	3585	864	1503	1797
POLAND	13085	17368	30096	9481	11456	17606	11528	11171	12190	9067	8362	6528
PORTUGAL	19512	19037	25501	12584	13057	16737	52162	47909	49164	32653	30451	29204
ROMANIA	5813	5989	1513	1514	2788	883	671	605	616	206	211	250
RUSSIAN FED	88882	72961	15254	72551	44851	12869	5892	4675	11152	5303	3960	5593
SLOVAKIA	60348	45214	35921	14052	12352	9691	43970	40299	22524	19174	15248	7219
SLOVENIA	5111	9603	9603F	3288	4404	4404F	40221	42525	27000*	14558	15044	11000*
SPAIN	176283	170792	166876	123441	119223	121350	57943	62037	67615	47752	52240	56043
SWEDEN	59203	53407	58886	44974	42889	44568	4131	4136	5760	3040	3015	3377
SWITZERLAND	71018	69976	61841	71231	67966	52757	2903	2603	1936	2847	2201	1505
UK	526599*	582538	560763	465404	511731	505073	277659	364731	354977	314914	377072	378726
UKRAINE	22900	12202	1773	15782	7900F	1150F	7060	6106	1266	4264	3600F	800F
YUGOSLAVIA	13639	8935	8935F	8388	5542	5542F	37347	54819	54819F	14490	12809	12809F
OCEANIA	62213	65983	70870	55824	60497	68533	68801	58621	66135	44517	35648	35830
AMER SAMOA	3000F	3000F	3000F	1800F	1800F	1800F						
AUSTRALIA	20000*	23000*	26114	21882	26043	31126	53387	51429	56171	30137	26617	26582
COOK IS	862*	495*	428*	1021	536	323						
FIJI ISLANDS	570*	330F	540*	514	297	2600*	60F	60F	60F	65F	65F	65F
FR POLYNESIA	1700*	1600*	1000*	1000*	1200*	860*	140*	120*	150*	180*	150*	150*
GUAM	10000F	10000F	10000F	9000F	9000F	9000F						
KIRIBATI	913	913F	1400*	757	757F	1000*						
NAURU	1900F	1900F	520*	700F	700F	170*						
NEWCALEDONIA	3152	3418	3400*	3008	3260	3100*	66	31	31F	83	37	37F
NEW ZEALAND	12465	14454	17565*	9379	11014	12831	14648	6471	9213*	13420	8056	8273
NIUE	200F	200F	200F	200F	200F	200F						
NORFOLK IS	350F	350F	560*	280F	280F	380*						
PAPUA N GUIN	34*	34*	40*	29*	29F	30*				5F	5F	5F
SAMOA	100F	100F	100F	90F	90F	90F	500F	510F	510F	627	718	718F
SOLOMON IS	1500*	750*	630*	1300*	490*	320*						
TONGA	415	309	253	389	241	213						
TUVALU	92F	110*	190*	105F	160*	240*						
VANUATU	460*	520*	430*	570*	600*	450*						

表 93

SITC 121

葉たばこ

輸 入：MT　　　輸 入：1,000 $　　　輸 出：MT　　　輸 出：1,000 $

	1997	1998	1999	1997	1998	1999	1997	1998	1999	1997	1998	1999
WORLD	3061803	3029793	3198577	22703540	21606211	21499486	3436291	3313722	3370175	25941752	24286488	21829237
AFRICA	153818	176147	154980	665627	746343	684944	366492	418678	335967	1218108	1140682	982768
ALGERIA	9006	20354	20118	21684	37168	48572	1	1F	1F	30	30F	30F
ANGOLA	4210	2880	2380	23950	19470	19120						
BENIN	1061F	1061F	685	6295F	6295F	3588						
BOTSWANA	1244	1244F	1244F	17296	17296F	17296F	66	66F	66F	45	45F	45F
BURKINA FASO	457	447	660	1842	1742	2280	10F	10F	10F	80F	80F	80F
BURUNDI			1084	2	1*	1115	8	119	12	2	124	66
CAMEROON	384	2497	2610	2240	7479	11600	246	233	363	1879	2668	5548
CAPE VERDE	28	24	70	300	466	1260						
CENT AFR REP	674F	674F	547	7579F	7579F	6257	94	144	144F	74	324	324F
CHAD	357F	347	250	3331F	2841	1835						
COMOROS	10F	10F	10F	150F	150F	150F						
CONGO, DEM R	2418	726	1327	8020	2161	829						
CONGO, REP	406	676	276	1148	868	298	17F	17F	17F	152F	152F	152F
CÔTE DIVOIRE	1542	1542F	2352	13317	13317F	17407	289	289F	269	669	669F	519
DJIBOUTI	352F	352F	282	1488F	1488F	1413F						
EGYPT	56008	59697	60130	163513	220495	236090	23	30	664	31	34	862
ETHIOPIA	213F	213F	213F	707F	707F	707F						
GABON	484	534	681	6433F	6973F	7560						
GAMBIA	1163	1083	1233	3909	3309	4809	191F	191F	191F	509F	509F	509F
GHANA	1260	142	62	4884	618	238	423	289	415	1325	911	1271
GUINEA	1350F	1520	1540	14948F	16048	16088						
GUINEABISSAU	60	60F	90									
KENYA	792	197	126	2708	1975	946	8520	7861	6706	29320	31332	21695
LESOTHO	1600F	1600F	1600F	8600F	8600F	8600F						
LIBERIA	456	371	361	7215	6115	5015						
LIBYA	5272	4470	4299	39616	24422	20658						
MADAGASCAR	326	494	376	1151	1408	983	92		41	151	1	86
MALAWI	1300*	1529	829	2700*	2649	2449	116836	129979	93040	353122	359177	274138
MALI	420	420	300	1040	720	570						
MAURITANIA	1330	1330F	1750	5743	5743F	6303F						
MAURITIUS	112	110	257	1689	1581	3587		1		4	7	6
MOROCCO	10007	8915	9936	59315	64446	64279	4	18		81	287	165
MOZAMBIQUE	520	750	600	570	470	460	60F	60F	60F	120F	120F	120F
NIGER	550F	1283	1370	11000F	13788	14183F	400	2831	2831F	3000	35063	35063F
NIGERIA	1804F	2104	2104F	7575F	14175	14175F	282	202	202F	483	303	303F
RWANDA	29F	29F	40	79F	79F	110F						
ST HELENA	1F	1F	1F	30F	30F	30F						
SAO TOME PRN		5				90						
SENEGAL	1205	1561	1653	9663	14372	14925	470	617	912	2353	3107	5104
SEYCHELLES	96	76	52	876	724	459	16	16	5F	182	228	70
SIERRA LEONE	530F	530F	530F	3160F	3160F	3160F	300F	300F	200	1145F	1145F	880
SOMALIA	130	230	230F	530F	580F	580F						
SOUTH AFRICA	15439	24493	7452	60123	80547	24133	27339	33982	26891	81941	86377	75100
SUDAN	2168	2168F	1372	25101	25101F	15146	22F	22F	22F	352F	352F	352F
SWAZILAND	331	168	121	2972	2494	1701	28	22	77	26	37	186
TANZANIA	1027	257	257F	1237	394	394F	29625	28055	23055	66867	68617	56667
TOGO	1180	1180F	367	12645	12645F	2629	6	6F	6F	74	74F	74F
TUNISIA	13621	14669	12206	70699	66970	55739	4612	5101	3591	61143	45869	37447
UGANDA		116	177		200	673	4809	7151	4718	12576	22362	14711
ZAMBIA	355	1101	1101F	684	864	864F	3147	3847	3647	7733	9533	7233
ZIMBABWE	10525	9912	7669	25780	25620	23681	168556	197218	167811	592639	471145	443962
N C AMERICA	369000	318594	296094	1909232	1587451	1439069	605297	600290	514015	7184557	7014417	5744452
ANTIGUA BARB	100	100	50	1010F	1010F	230						
ARUBA	170F	208	208F	1730F	2722	2722F	250F	250F	250F	10000F	10000F	10000F
BAHAMAS	126	102	192	1401	1520	2020	1	1F	1F	64	64F	64F
BARBADOS	196	124	215	2820	1762	2883	36	18	21	869	756	649
BELIZE	187	122	122F	3930	1536	1536F	94	94F	94F	2849	2849F	2849F
BERMUDA	83	110	130	2150	2570	3850						
BR VIRGIN IS	2F	2F	2F	80F	80F	80F						
CANADA	20662	17816	5363	88229	84591	53832	36514	33049	25163	161945	151527	115729
CAYMAN IS	85	85	95	1211	1231	961						
COSTA RICA	2001	2566	917	6867	9488	4517	1131	1804	1774	5309	8406	7806
CUBA	5500F	5000F	5000F	5000F	4500F	4500F	9960	10925	8030	105300	171300	119300
DOMINICA	97	63	33	538	1053	323	14	14F	10	388	388F	210
DOMINICAN RP	90	90	100	1180	1030	790	17114	11715	16619	71204	72251	79288
EL SALVADOR	1257	1520	1609	5884	7639	6516	990	685	86	4442	2360	179
GREENLAND	160	160	148	4170	4251	4078						
GRENADA	90	90F	90	466	466F	563						
GUATEMALA	1764	1522	1469	6730	5480	2577	12457	15367	11755	44052	48240	42054

表 93

SITC 121

葉たばこ

	輸入：MT			輸入：1,000 $			輸出：MT			輸出：1,000 $		
	1997	1998	1999	1997	1998	1999	1997	1998	1999	1997	1998	1999
HAITI	312	378	688	1333	2034	3134						
HONDURAS	2002	6997	3382	21842	39006	13918	3775	7979	7979F	21491	37559	37559F
JAMAICA	865	2016	466	14272	39301	11301	463	560	290	13103	30490	17370
MEXICO	8208	11798	9567	41345	48760	40441	22096	25753	18981	104808	105225	83779
NETHANTILLES	220	195	245	1530	1930	2070						
NICARAGUA	713	1775	1827	3001	8379	9601	2641	4448	1848	42521	58783	17768
PANAMA	1124	1109	1183	4407	5609	5910	1107	506	193	7006	4059	2174
ST KITTS NEV	15	15F	20*	373	373F	190*						
ST LUCIA	113	103	130	1572	1326	780		1	1		7	7
ST PIER MQ	52F	52F	30	1030F	1030F	540						
ST VINCENT	37	30*	40	501	250*	300						
TRINIDAD TOB	1321	1181	2200	5731	4413	8303	186	92	1356	1762	697	9354
USA	321448	263265	260573	1678899	1304111	1250603	496468	487029	419564	6587444	6309456	5198313
SOUTHAMERICA	101904	108182	93436	559789	559208	498407	526957	495068	482174	2090336	1975523	1369470
ARGENTINA	6013	4356	7427	26514	19794	22653	67660	56069	77366	210147	143543	197102
BOLIVIA	863	825	534	3261	3058	1713	581	478	478F	3621	3019	3019F
BRAZIL	26846	22716	4183	96060	78050	14391	409921	392825	358746	1664807	1558865	961237
CHILE	1904	4154	2520	7450	15453	8299	2817	2987	1241	12986	13250	5615
COLOMBIA	4239	6876	11841	24952	37454	60549	8721	8030	11372	24568	23488	29954
ECUADOR	313	732	297	934	2304	955	901	817	927	7801	9998	12251
GUYANA	230	90	90F	2980	1050	1050F						
PARAGUAY	44101	47878	43060	344299	346727	334143	7411	5950	7429	8321	8695	20478
PERU	747	817	1129	7230	7571	7879	93	212	1274	375	1138	6697
SURINAME	443	514	920	6593	7628	10080						
URUGUAY	6871	9375	10858	19192	24973	24211	7893	6941	7370	26611	56893	54783
VENEZUELA	9334	9849	10577	20324	15146	12484	20959	20759	15971	131099	156634	78334
ASIA	825262	710644	922264	9021454	7670195	7783934	911684	813390	1015978	5944847	5097178	4144841
AFGHANISTAN	1200F	1200F	1200F	14100F	14100F	14100F						
ARMENIA	2541	1800	6337	2134	3585	30436	162	158	1589	249	70F	3564
AZERBAIJAN	1100	6000	517	10500	70000	3	10729	8060	19391	12782	12000	21381
BAHRAIN	1410	919	909	22436	15148	17898	133	133F	140	2304	2304F	2310
BANGLADESH	5198	5151	3045	21736	20923	11886	3130	2459	1032	4129	5672	3274
BHUTAN	25F	25F	25F	411F	411F	411F						
BRUNEI DARSM	1015	935	945	19150	14150	9350						
CAMBODIA	5823F	5823F	5424	24715F	24715F	22574	1299	1292	1292	1537	1239	894
CHINA	47893	41938	45701	691546	563221	610392	120956	134801	143655	659670	579521	337641
CHINA,H.KONG	56972	46658	27997	896780	680629	538692	55078	39973	18926	1078562	836702	569105
CYPRUS	40024	25590	24916	604453	363555	344193	38963	25983	23488	586759	379831	336687
GEORGIA	450	400	400	5100	4800F	4800F	940	1200	2100	2400F	2400F	2800F
INDIA	398	2838	1971	2807	7385	5005	144656	88974	133582	288965	182828	260479F
INDONESIA	52140	19761	43626	206549	84474	141060	75883	72243	62468	245797	254332	212073
IRAN	20252	1732	1312	141600	10430	5683	5818	2879	3303	5022	3607	4822
IRAQ	6300F	6300F	6300F	42000F	42000F	42000F						
ISRAEL	7330	7030	9006F	96940	93689	112409	45F	53F	100F	2088	1310	2252
JAPAN	176295	182701	183161	2500058	2432542	2701007	20847	11978	13583	276669	189938	254827
JORDAN	3476	5322	4991	19258	27856	31483	810	1862	1610	3794	9279	9732
KAZAKHSTAN	20507	17443	11269	83214	66390	45129	3259	4063	8395	26063	20779	11149
KOREA D P RP	1275*	1576	1496	13843*	31865	34865	5021	5021F	5021F	14239	14239F	14239F
KOREA REP	24276	16787	19105	397491	166275	216617	6069	10104	9538	22346	39548	38614
KUWAIT	3511	3341	3821	57425	55497	63362	49	42	58	474	327	335
KYRGYZSTAN	185F	196	196F	2580F	2582F	2582F	40600	50000	55000	51899	63899	64899
LAOS	410	410F	260	500	500F	300						
LEBANON	16470	14440	11320	183260	212290	163090	2400	2400F	3100	9900	9900F	10000
CHINA, MACAO	2806	2432	2272	51651	50425	48680	1590	1537	1265	17306	18159	14602
MALAYSIA	24273	16987	24195	143026	98014	118131	11879	15326	19707	97853	158356	173047
MALDIVES	299F	299F	299F	5276F	5276F	5276F						
MONGOLIA	575	600F	600F	6359	6400F	6400F				1255	1255F	1255F
MYANMAR	895	4910	2610	3821	59621	26621						
NEPAL	6250	5110	3280	9817	8803	4660	47	23	23F	76	31	31F
OMAN	18082	18082F	17921	141738	141738F	141630	17347	17347F	17347F	109733	109733F	109733F
PAKISTAN	236	74	200230	1370	350	482	1570	3911	203424	2479	6204	5173
PHILIPPINES	23585	24089	29189	141487	119746	131551	18575	15385	20968	40003	35643	47622
QATAR	740	810	710	12443	13433	12433	1F	1F	1F	13F	13F	13F
SAUDI ARABIA	38768	19209	24346	361094	177524	334536	175	185	185F	388	606	606F
SINGAPORE	83269	63483	41692	1180495	957309	696906	68045	59805	38816	1351236	1221195	759503
SRI LANKA	2902	2780	4024	42759	48086	50838	2887	3287	2834	40842	42615	38377
SYRIA	914	513	493	17268	10620	10074	3100	1521	2320	7540	3767	4282
TAJIKISTAN	450F	500F	450*	5000F	5600F	5200*	6400F	7000F	7000F	5600F	6000F	6000F
THAILAND	13184	13197	15875	82849	98961	113427	31498	31093	25950	94022	84049	58856
TURKEY	64756	57116	65195	382996	307380	293388	179733	166733	142364	682743	587160	561955
TURKMENISTAN	1700F	1650	1650F	5020F	5700	5700F						

表 93

SITC 121

葉たばこ

	輸入:MT			輸入:1,000 $			輸出:MT			輸出:1,000 $		
	1997	1998	1999	1997	1998	1999	1997	1998	1999	1997	1998	1999
UNTD ARAB EM	19876*	26206*	27209	89764*	100716*	106487	13231	13070F	13070F	184901	184420F	184420F
UZBEKISTAN	1080	980	880	11927F	5613	3113	18040	12950	12950F	5812	13803	13803F
VIET NAM	17426*	28300*	34100*	233676*	407900*	469000*	284*	396	216	5874*	13254	3154
YEMEN	6720	7001	9794	31032	33796	30074	428	142	167	1523	1190	1402
EUROPE	1588348	1696711	1707492	10376035	10888760	10910847	1020257	979857	1016481	9455738	9009910	9545495
ALBANIA	315	771	771F	1374	5521	5521F	3109	622	1500	6678	1528	4000
AUSTRIA	11284	13228	14470	69100	75282	85663	11493	10148	16368	77752	62870	85356
BELARUS	11000	19203	24180	64000	128100	108710	9	412	699	2803	9520	
BEL-LUX	64767	63192	72433	503378	576575	670506	49097	36522	45086	470249	439320	529891
BOSNIA HERZG	3500*	2800F	2290*	26700*	22100F	21300*	700*	550*	550F	1100*	770*	770F
BULGARIA	12451	11863	8281	33568	38071	51636	39773	31462	33970	164839	110390	112436
CROATIA	14440	2871	3891	20992	16781	24392	11914	8969	10151	46350	41206	50906
CZECH REP	36258	31577	29460	188062	171976	146047	22785	24382	16606	162419	164435	110949
DENMARK	17064	17122	16667	118092	124584	108775	7183	8427	8234	160518	173236	178875
ESTONIA	1916	3015	2668	38214	35535	33203	242	527	256	4275	6566	4905
FAEROE IS	82	85	85	1814	1947	2023						
FINLAND	8630	6849	6658	63732	63563	73982	4472	4130	1873	39213	31531	12251
FRANCE	139342	142985	141682	1647864	1714705	1753492	67836	74964	72871	331167	372131	387096
GERMANY	229955	231460	247220	1312921	1424745	1509788	138121	151043	166110	1438218	1631111	1861216
GREECE	27964	28797	33737	228723	251207	262146	115683	113994	120371	506128	435056	503295
HUNGARY	21316	19337	18781	76920	74262	71889	6558	7142	8022	45338	31044	43164
ICELAND	560	463	531	14671	13779	14354						
IRELAND	10699	9826	11820	71508	70595	77114	4782	3963	4321	67916	56655	63816
ITALY	79247	86016	93315	1267390	1315654	1431587	99839	96113	94254	211100	211390	193822
LATVIA	2353	4445	5156	20520	53942	61528	247	277	650	1157	2621	6823
LITHUANIA	16017	9410	8867	64575	55109	53583	5944	2381	3810	12876	16990	26653
MACEDONIA	5309	5421	3041	17768	19495	19595	21883	18802	15702	144329	134774	184774
MALTA	1361	1176	1359	22811	19807	21002	129	441	494	3437	13073	13917
MOLDOVA REP	1288	1293F	2878	13793	13816F	8503	15708	17754	22825	42669	32116	33814
NETHERLANDS	154969	138319	153614	958880	890028	958153	157586	140817	159302	2857711	2688719	2909436
NORWAY	7610	10087	8307	60546	61849	62651	1780	3900	3734	8457	10771	10685
POLAND	47309	48015	62906	201285	197421	243855	13168	13327	14500	47658	44733	49342
PORTUGAL	10009	13357	12859	66616	79666	70688	4010	6547	6210	10948	17821	34738
ROMANIA	24851	19572	27796	92273	96803	120404	112	560	858	99	1710	1038
RUSSIAN FED	257034	290031	301328	1096070	1186378	795058	3600	1194	1298	12149	4257	3433
SLOVAKIA	9491	10146	12376	66749	67802	79049	5426	5280	5239	32674	32668	32939
SLOVENIA	6545	8455	10689	28490	34820	50000	2837	5545	4889	17711	34366	32574
SPAIN	69830	81778	80862	546678	707097	808531	26832	24290	31821	103359	93709	121113
SWEDEN	5837	11235	13491	82001	102173	118160	3028	3458	3405	29043	25815	26197
SWITZERLAND	41621	39179	37243	205129	203421	206588	35097	32445	21453	349319	277566	177623
UK	174397	265060	157641	881834	786214	638782	128484	119183	103721	1970843	1762255	1657039
UKRAINE	53273	43110	74922	175445	172900F	130800F	5252	5357	10399	28291	24250F	51435F
YUGOSLAVIA	8454	5162	3217	25549	15037	11789	5547	4929	4929F	49748	19654	19654F
OCEANIA	23471	19515	24311	171403	154254	182285	5604	6439	5560	48166	48778	42211
AMER SAMOA	100F	100F	90	1000F	1000F	390						
AUSTRALIA	15909*	12620*	16546	105398	97508	118275	5187	6046	5093	42774	44203	37121
COOK IS	16	14	11	400	254	111						
FIJI ISLANDS	181	141	171	801	814	984	1			1	1	1F
FR POLYNESIA	296	326	316	4293	4093	3793				5F	5F	5F
GUAM	511F	511F	511	9082F	9082F	9062						
KIRIBATI	50	113	93	1127	2476	1676						
NAURU	30F	30F	30F	220F	220F	220F						
NEWCALEDONIA	326	149	299	8483	8104	12481	3	2	2F	103	72	72F
NEW ZEALAND	3970	3969	4433	25219	19811	21092	345	323	397	4624	3811	4326
NORFOLK IS	10F	10F	10F	73F	73F	73F						
PAPUA N GUIN	1467	957	1297	8396	4816F	8936	53F	53F	53F	359F	359F	359F
SAMOA	217F	217F	137	1710F	1710F	980	15F	15F	15F	300F	300F	300F
SOLOMON IS	181	180	160	1582	1194	1030						
TONGA	138	109	119	1935	1415	1377					27	27F
TUVALU	13F	13F	17	123F	123F	143						
VANUATU	36F	36F	51	831F	831F	932						

表 94

SITC 222.1

落花生（未乾燥、むき実）

	輸　入：MT			輸　入：1,000 $			輸　出：MT			輸　出：1,000 $		
	1997	1998	1999	1997	1998	1999	1997	1998	1999	1997	1998	1999
WORLD	1346092	1238821	1256098	1163836	1046508	919690	1209430	1105041	1169562	934345	828379	763271
AFRICA	54593	91318	76828	35881	47810	41270	136768	133634	95837	69463	59945	44485
ALGERIA	11992	17018	15518	12766	18009F	16309F						
ANGOLA	2000	2100	2100F	1800F	1900F	1900F						
BOTSWANA	23	23F	23F	35	35F	35F	67	67F	67F	36	36F	36F
BURKINA FASO							400	410	410F	220F	230F	230F
CAMEROON	14	14F	14F	5	5F	5F	432	200*	200*	136	70F	70F
CAPE VERDE				1								
CENT AFR REP	121F	121F	121F	21F	21F	21F	500F	500F	500F	150F	150F	150F
CÔTE DIVOIRE	3000*	4000*	5400*	1000F	1300F	1700F	510*	500	500F	70	70F	70F
EGYPT	385	1948	24	161	857	57	9945	13127	3966	7061	8304	2463
GABON	22F	22F	22F	6F	6F	6F						
GAMBIA		15000*	14500*		2000F	1900F	28414	28400	24000	5000	4900F	3900F
GHANA		11			3		32	4	41	16	4	12
GUINEABISSAU							420	430	430F	210F	220F	220F
KENYA	90	134	355	34	92	71	26	282	444	31	330	491
LIBYA	108	303	303F	87	250F	250F	8200	8200F	8200F	5700	5700F	5700F
MADAGASCAR					1	1F	599	458	96	250	161	65
MALAWI							2628	4335	1300*	1323	2232*	630*
MALI							4600	3200	3800	1600F	1100F	1300F
MAURITIUS	1275	1382	1357	834	819	919		13	11		18	9
MOROCCO	29	528	1010	42	336	514	18			15		
MOZAMBIQUE	800	140	140F	580	80	80F	300	310	300	150F	160F	150F
NIGER		109	109F		23	23F		4584	4584F		939	939F
NIGERIA	19800F	6700	6700F	10020F	3300F	3300F	1081	5149	5149F	790	2390F	2390F
SENEGAL							5762	5290	7419	3231	2784	3872
SEYCHELLES	33	29	22	102	54	37						
SOUTH AFRICA	4338	18159	4625	3197	7993	2986	49023	25957	19550	32266	16755	15230
SUDAN							14782	5700	5000	7064	2700F	2300F
SWAZILAND	1245	3443	3094	782	2444	2410	3231	10699	7503	1333	3146	2577
TANZANIA	98	98F	98F	33	33F	33F	741	741F	376	208	208F	55
TOGO	102	102F	102F	35	35F	35F	44	44F	44F	7	7F	7F
TUNISIA	8294	19729	19823	3611	8030	7717						
UGANDA			17			7	78	72	162	100	118	228
ZAMBIA	54	190	190F	58	170	170F	358	474*	344	532	905	675
ZIMBABWE	771	16F	1162	671	14	784	4576	14488	1439	1964	6308	716
N C AMERICA	204150	190934	239218	184301	174451	179160	264052	199548	196422	232193	176789	174169
BAHAMAS	68	68F	68F	123	123F	123F						
BARBADOS	389	79	244	553	178	293	17	20	26	35	37	42
CANADA	93461	90529	84856	85574	81414	71870	7268	1516	1677	5365	1516	1821
COSTA RICA	2506	1809	1852*	1439	1352	1700*	5	4	4F	31	11	11F
DOMINICA	5	5F	7*	10	10F	20*						
EL SALVADOR	1503	3373	3543	1020	2420	2807	365	385	452	342	244	204
GREENLAND	1	1		4	4	2						
GRENADA	32			5								
GUATEMALA	530	1160	694*	167	491	850*	7	20	20F	5	13	13F
HONDURAS	92	94	259	59	81	247	285	26	26F	295	47	47F
JAMAICA	100	130	130F	120	180	180F						
MEXICO	51590	45946	96483	46388	41977	52743	6090	6314	3836	5914	5802	3360
NICARAGUA	8	155	124	25	347	286	22903	16030	13458	14781	9051	9588
PANAMA	473	459	572	618	599	682						
ST LUCIA	42	58	58F	82	112	112F						
TRINIDAD TOB	3689	3965	2400	3409	4199	4069			75			88
USA	49660	43101	47928	44705	40964	43176	227112	175233	176848	205425	160068	158995
SOUTHAMERICA	20222	13944	16064	18624	13225	12687	181071	303307	221040	141737	219265	148704
ARGENTINA	228	1010	92	256	567	62	179265	300148	208910	140244	216614	144444
BOLIVIA	1	3	3F	3	24	24F	19	37	37F	20	64	64F
BRAZIL	9234	1036	4475	6625	828	2776	321	947	583	356	1141	673
CHILE	5005	4841	3815	4979	4431	3052	19			50		
COLOMBIA	1427	1685	2082	1713	2078	1997	2		14	5		39
ECUADOR	1		91	2		126						1
GUYANA	170*	210*	200*	140*	180*	170*						
PARAGUAY	83	3	3F	55	3	3F	1353	2174	11461	1015	1446	3474
PERU	60	849	1641	52	695	1145			36			9
SURINAME	227	227F	227F	860	860F	860F						
URUGUAY	933	1030	867	909	832	714						
VENEZUELA	2852	3050	2566	3030	2727	1758	92			47		

表 94

SITC 222.1

落花生（未乾燥、むき実）

	輸入：MT			輸入：1,000 $			輸出：MT			輸出：1,000 $		
	1997	1998	1999	1997	1998	1999	1997	1998	1999	1997	1998	1999
ASIA	363977	235826	316180	281006	173659	181012	515881	373181	579534	371782	264140	318463
ARMENIA	17	15	95	20	20	99						
AZERBAIJAN			10			4			10			3
BAHRAIN	207	80*	150*	184	70*	110*						
BANGLADESH	24			7								
BRUNEI DARSM	160	250	180	140	190	120						
CHINA	4295	3488	804	2510	2018	340	157563	194976	324656	138523	155504	194090
CHINA,H.KONG	10916	8273	6669	8598	6195	3964	2777	5098	10599	2334	3180	6185
CYPRUS	277	131	31	374	142	31	9	15		10	17	
INDIA	56	131	80	56	153	95	242481	56347	132700*	152901	33520	52100*
INDONESIA	170789	41565	109084	112094	22503	38614	2027	3740	2330	3254	2846	2582
IRAN		10	251			135	20	36	5	4	7	2
IRAQ	5*	5F	5F	8*	8F	8F						
ISRAEL	1000F	700F	680F	934	759	721	5945	6966	5820F	12959	15093	12911
JAPAN	42450	42195	43633	43813	44729	42219			171	24		169
JORDAN	3365	4216	4020	2637	3521	2933		90	24		97	28
KAZAKHSTAN	61	187*	117	64F	90*	98	96	45	68	137	54	25
KOREA REP	7385	5599	1410	6388	3459	839	19		77	32		56
KUWAIT	920	1055	664	1288	1329	933	40			42		
LAOS							804	804F	804F	750F	750F	750F
LEBANON	5800*	4400*	4800*	9000*	7400*	5700*	250*	250*	250F	350*	70*	70F
CHINA, MACAO	274	367	217	133	189	92	21	80	4	10	50	2
MALAYSIA	20320*	35507	42212	18300*	19796	20929	162	2265	3361	196	1215	1507
MALDIVES	5*	5F	5F	5F	5F	5F						
MYANMAR							30	30F	30F	35F	35F	35F
OMAN	75	75F	75F	339	339F	339F	14	14F	14F	9	9F	9F
PAKISTAN		41	21		23	7						
PHILIPPINES	51971	44284	44210	35323	27442	27526						
QATAR	140F	140F	140F	160F	160F	160F	10F	10F	10F	10F	10F	10F
SAUDI ARABIA	1593	2102	2793	1393	1842	2025	240	275	275F	227	198	198F
SINGAPORE	24839	21560	35410	19510	14452	20584	15688	14333	10993	11837	9098	6504
SRI LANKA	1453	1912	3500	898	1211	2217						
SYRIA							20			90		
THAILAND	3919	2495	2222	1202	906	1048	1017	710	1985	396	229	844
TURKEY	5359	9481	3708	5628	7166	3062	222	96	348	271	110	383
UNTD ARAB EM	6300*	4550*	3150*	10000*	7000*	4000*						
VIET NAM							86428	87000	85000	47381	42048	40000F
YEMEN		1006	5832		537	2055*		1	1F			
EUROPE	689283	699193	597082	630431	629806	496317	109464	90180	73640	117362	103077	74528
ALBANIA	205	340	351	215	424	323						
AUSTRIA	1561	2531	2348	1829	3205	2682	79	68	35	89	95	64
BELARUS		981	1159		1795	2147		7	98		9	109
BEL-LUX	6294	8388	7485	7108	9396	8241	629	1790	2486	909	2106	4487
BOSNIA HERZG	100*	155*	320*	155*	210*	280*						
BULGARIA	1913	5135	3000*	795	1644	900	154	97	97F	64	89	89F
CROATIA	472	677	1311	640	892	1559	24	14	10	18	25	14
CZECH REP	17848	15084	10083	16854	15613	8556	476	345	436	417	354	307
DENMARK	3667	3425	1652	4173	3867	1510	72	52	94	143	77	156
ESTONIA	287	385	501	301	370	469	74	109	1	64	95	3
FAEROE IS				2	2	1						
FINLAND	1838	2379	2344	1708	2282	1968	38	90	57	58	93	56
FRANCE	36227	56024	28888	34864	41052	29298	4458	2282	1922	7380	4686	4262
GERMANY	96690	91819	91996	84879	83021	77661	4834	5913	5645	4836	6711	4971
GREECE	15101	14887	13353	15203	13949	10910	1255	2376	3389	1430	2380	3572
HUNGARY	5420	6188	6325	6183	7197	6911		84				43
ICELAND	5	7	6	12	16	11						
IRELAND	502	451	565	668	581	772	1	9		1	22	
ITALY	27870	28087	26309	34072	34632	29231	226	423	647	389	513	730
LATVIA	1026	1566	1488	944	2123	2046	33	93	157	29	152	236
LITHUANIA	2834	2967	2051	2357	2561	1620	183	116	106	180	108	83
MACEDONIA	1272	1272F	610	348	348F	230	22			65		
MALTA	505	525	389	605	592	363						
MOLDOVA REP	342	303*	258	563	476*	312						
NETHERLANDS	209420	190593	149191	184019	171422	120850	92882	71814	55714	95349	80478	51924
NORWAY	3794	3678	5779	4696	4605	6594	130	64	47	162	138	106
POLAND	22940	22948	20386	23165	20369	16499	225	208	179	300	270	182
PORTUGAL	4892	5364	3137	5709	5776	3038	2	33	68	5	41	66
ROMANIA	2990	5032	3313	3031	4193	2640		3			9	
RUSSIAN FED	47628	38765	47840	31010	24560	20244	147	139	13	314	144	13
SLOVAKIA	3015	3598	3651	3106	3889	3374	2	65	260	5	66	193
SLOVENIA	223	218	347	264	272	352	60	59	59	96	94	93
SPAIN	32523	32377	27566	36755	34812	25921	114	973	175	245	1037	215

表 94

SITC 222.1

落花生（未乾燥、むき実）

	輸入：MT			輸入：1,000 $			輸出：MT			輸出：1,000 $		
	1997	1998	1999	1997	1998	1999	1997	1998	1999	1997	1998	1999
SWEDEN	2007	2698	2333	2492	3403	2780	37	91	98	82	167	145
SWITZERLAND	3239	3078	3188	6028	5184	5840	6	99	42	7	112	55
UK	122143	128592	116430	103742	107896	90440	3250	2794	1663	4625	2900	2237
UKRAINE	10069*	15637*	10269*	8905F	13758	8810F	28	48	52	62	104F	115F
YUGOSLAVIA	2419	3041	863	3031	3419	934	23	5	5F	38	2	2F
OCEANIA	13867	7606	10726	13593	7557	9244	2194	5191	3088	1808	5163	2922
AUSTRALIA	6385*	2482*	5522	5769	2311	4604	2193	5171	3005	1805	5146	2850
COOK IS						1						
NEWCALEDONIA				1	1	1F						
NEW ZEALAND	7480	5099	5179	7815	5164	4557	1	20	83	3	17	72
PAPUA N GUIN		25	25F		79F	79F						
TONGA	2	1	1F	8	2	2F						

表 95

SITC 222.2

大 豆

	輸入：10 MT			輸入：10,000 $			輸出：10 MT			輸出：10,000 $		
	1997	1998	1999	1997	1998	1999	1997	1998	1999	1997	1998	1999
WORLD	3902115	3850164	4174270	1224619	1019573	900779	3952076	3800366	4030588	1134686	904543	766213
AFRICA	39716	39447	35327	12601	11144	8646	3897	5376	1957	1552	1401	469
BOTSWANA	215	215F	215F	91	91F	91F	1	1F	1F			
CAMEROON	35	35F	20*	15	15F	7*						
EGYPT	13948	11515	8477	4254	3191	2195	4	1		1	1	
GABON	90*	59F	99*	48*	31*	32*						
GHANA		3	3F		5	5F						
KENYA	565	512		209	243		204	49	5	526	39	2
LIBYA	1800F	1800F	1800F	670F	670F	670F						
MALAWI	3	6	6F	2	3	3F	1386	610	300*	252	115	60*
MAURITIUS	6	12	7	4	5	4						
MOROCCO	14181	17252	21986	4516	4538	5007						
MOZAMBIQUE	500*	1030*	20*	150*	330F	6F						
NIGERIA							2	1053	1053F	1*	225*	225F
SEYCHELLES	169	77	95F	89	42	52						
SOUTH AFRICA	5079	1693	1813	1178	162	308	1040	3111	202	536	897	55
SWAZILAND	18	31	38	15	27	34	191	34	11	32	8	3
TANZANIA	6*	2*	2F	5	2F	2F						
UGANDA			5			1	42	6	5	24	4	3
ZAMBIA	101	101F	101F	66	66F	66F	959	210*	110*	130*	13*	5*
ZIMBABWE	3001	5105	640	1291	1725	166	69	301	271	49*	100	116
N C AMERICA	423461	404232	482299	133742	102266	100613	2687083	2130286	2402888	765602	511777	474234
BARBADOS	2160*	1919*	2961	734*	550*	492		2			1	
BELIZE	28				11							
CANADA	27258	10395	42062	7616	2455	7578	50000	90807	87647	15147	23131	18366
COSTA RICA	16967	20044	17000*	5504	5558	5500F	9	24	25F	6	20	20F
CUBA	1090*	970*	1330*	370*	370*	500F						
DOMINICAN RP	13*	12*	12F	3*	3F	3F						
EL SALVADOR	2	7	6	2	5	4	1			1		
GUATEMALA	24	281	130*	13	90	30*	106	58	39*	93	46	31*
HONDURAS	7	14	51	6	7	22		48	48F		66	66F
JAMAICA	10*	4*	3*	5F	2F	2F						
MEXICO	341086	348940	406728	107755	86148	82867	163	207	81	76	55	52
NICARAGUA	6	14	50	7	10	25*	11	19	18	2	7	6
PANAMA	5	4	8	3	2	4						
TRINIDAD TOB	7517	4453*	1419*	2554	1331	330						
USA	27290	17176	10540	9161	5736	3256	2636793	2039120	2315031	750277	488452	455694
SOUTHAMERICA	278764	174669	147683	80134	46208	30193	1099490	1442434	1423000	315445	330924	245937
ARGENTINA	77993	46293	29411	22578	12421	5446	49007	284330	306544	14476	64304	51014
BOLIVIA	3700	3192	16190*	1039	1180	6000F	22546	19217	16900*	6159	4729	3500*
BRAZIL	144986	82823	58203	39297	20196	8216	833959	927475	891721	245243	217543	159329
CHILE	4136	5080	6378	1301	1310	1310	126	186	590*	135	267	850F
COLOMBIA	21478	16449	21781	6746	4486	5624	16	19		7	15	
ECUADOR	3259	1727		935	510			47	2411		10	530
PARAGUAY	511	1900	850*	230	1218	360*	193642	211097	204833	49360	44032	30714
PERU	1890	2114	1214	1289*	760	284		3	1		3	1
SURINAME				2	2F	2F						
URUGUAY	26	128	6	15	39	2	61			17		
VENEZUELA	20786	14964	13650*	6702	4087	2950*	134	61		48	22	
ASIA	1548174	1440952	1773066	502661	399071	409736	27195	26969	36463	10267	9488	10633
ARMENIA			1									
BAHRAIN	333			117								
BHUTAN	2F	2F	2F	1F	1F	1F	57F	57F	57F	11F	11F	11F
BRUNEI DARSM	29*	25*	43*	17*	12*	13*						
CAMBODIA							550*	100F	500*	140*	37F	95*
CHINA	563344	519463	667314	170744	133624	142744	18576	16988	20437	7326	6339	6169
CHINA,H.KONG	3784	3891	3996	1671	1424	1185	1603	1651	1626	689	625	550
CYPRUS	1145	327	642	387	87	146						
INDIA	10	3360*		3	1200F		1147	133	1790*	325	21	550F
INDONESIA	61638	34312	130176	20667	9869	30169	1		2*			2
IRAN	2550*	19250	39399	800F	5338	9800F	2	1	46	1		19
ISRAEL	57916	51476	61577	18485	13666	12589	8*	8*	5F	4	3	1
JAPAN	505694	475136	488421	175292	143543	119665	7	15F	7F	23	16	9
JORDAN							10			7		
KAZAKHSTAN		3	2		4		2					
KOREA D P RP	2600*	970*	590*	800*	300*	170F						
KOREA REP	156812	141301	144112	51444	37915	31146	53	12	63	96	40	19

表 95

SITC 222.2

大 豆

	輸 入：10 MT			輸 入：10,000 $			輸 出：10 MT			輸 出：10,000 $		
	1997	1998	1999	1997	1998	1999	1997	1998	1999	1997	1998	1999
KUWAIT	2			1								
LAOS							393	393F		105F	105F	
LEBANON			1050*			270F						
CHINA, MACAO	18	10	24	3	2	5						
MALAYSIA	47120*	49264	54653	15000F	13184	14543	1280*	2544	6439	400*	826	1591
MYANMAR							44*	350*	550*	14*	110F	160*
OMAN	1290	1290F	1290F	479	479F	479F						
PAKISTAN	1850	3030*	2800*	363	600F	420F						
PHILIPPINES	11105	15086	26259	3193	5186	10886						
QATAR	63*	63F	63F	30*	30F	30F						
SAUDI ARABIA	160	132	1920*	84	76	1100F	5			4		
SINGAPORE	3073	2450	2674	1398	891	826	529	440	342	273	174	117
SRI LANKA	20	18	183	9	5	52						
SYRIA	2237	8918	6550	686	2261	1332						
THAILAND	86940	68726	100798	28550	17268	21020	33	80	78	20	21	27
TURKEY	24181	28519	35327	8077	7847	7446	8	18	19	5	11	7
UZBEKISTAN	13150*	12940*	3200*	4060F	4000F	3700F						
VIET NAM	1110*	990*		300*	260F		3280*	4180*	4110*	930F	1150F	1200F
EUROPE	1606156	1788425	1734035	493806	460177	351146	133913	194971	166059	41584	50805	34856
ALBANIA	11	2	2F	4								
AUSTRIA	2188	1867	1395	627	586	298	1091	1040	2734	440	449	748
BELARUS		3	60		5	19		1	1		1	1
BEL-LUX	127869	142261	131830	38871	37002	26371	7136	8134	5060	2369	2309	1247
BULGARIA	2	15	20*		6	6F						
CROATIA	8805	9714	4214	3056	2645	1025	24	34	8	9	9	2
CZECH REP	1400	707	996	438	237	257	4	12	36	2	4	9
DENMARK	7676	9035	9811	2518	2527	2321	11	68	57	5	24	19
ESTONIA	225	3	108		6	3		1	1			1
FAEROE IS	1			1								
FINLAND	18535	14727	16897	6106	3873	3601			1374			264
FRANCE	68045	68031	60750	20405	18234	12574	2798	2673	2288	933	812	493
GERMANY	304810	351698	421829	91010	90585	88522	10397	5208	1212	3383	1451	331
GREECE	24974	29415	28258	8957	8422	6013		50	132		13	27
HUNGARY	34	1230	180	24	335	38	440	615	928	146	216	219
ICELAND	9	59	21	4	22	8						
IRELAND	3855	3244	2645	1280	835	584	16	154	136	6	49	42
ITALY	76108	86099	80158	24470	23517	16621	5136	870	460	1596	280	210
LATVIA	33	3	8	12	4	9						
LITHUANIA	21	2	89	8	1	21						
MACEDONIA	8	4*	4F	3*	3*	3F						
MALTA		4	24		1	10						
MOLDOVA REP	24	9	4	11	8	1			12			3
NETHERLANDS	483030	546910	487560	145972*	135852*	95103	94984	158444	141144	29362	41349	29098
NORWAY	28652	27927	36037	9095	7490	7599	11			10		
POLAND	3723	965	680	1189	318	190	1		26	1		4
PORTUGAL	62406	52567	57758	20272	14503	11308	947	781	584	301	202	98
ROMANIA	2489	5869	397	755	1640	198	768	7672	5701	176	1429	1025
RUSSIAN FED	2	1326	20597	1	343	4900	8491	6516	1663	2271	1527	328
SLOVAKIA	148	199	294	57	76	80	11	122	538	4	37	115
SLOVENIA	168	85	34*	55	29	9*		2	2F	1	1	1F
SPAIN	273104	316879	295666	83797	80644	57660	306	347	255	86	70	48
SWEDEN	189	99	160	93	75	110	3	3	3	2	2	3
SWITZERLAND	9655	10903	9861	2983	3333	2445	59	43	39	54	34	29
UK	96963	104339	63959	31366	26417	12728	1049	1289	764	346	321	267
UKRAINE	522	556	162	122	130*	40*	143	681	553	26	136F	125F
YUGOSLAVIA	474	1671	1671F	137	473	473F	89	214	350*	55	81	100*
OCEANIA	5844	2437	1860	1674	708	446	499	330	223	237	149	84
AUSTRALIA	5800*	2400*	1813	1644	687	421	499	330	223	237	148	84
NEWCALEDONIA	2	3	3F	2	2	2F						
NEW ZEALAND	42	35	45	28	19	23					1	

表 96

SITC 222.3

綿 実

	輸入：MT			輸入：1,000 $			輸出：MT			輸出：1,000 $		
	1997	1998	1999	1997	1998	1999	1997	1998	1999	1997	1998	1999
WORLD	839015	964842	1071042	187774	196653	204598	874993	1008714	1263011	147420	167619	202139
AFRICA	64898	65503	43929	6306	7737	4536	275182	312358	320962	33694	41176	37244
BENIN							163000*	160000*	158100*	17800F	17000F	15800F
BOTSWANA	7	7F	7F	17	17F	17F						
BURKINA FASO							2000*	9600*	19000*	200F	960F	2000F
CAMEROON							17100*	15000*	14400*	2250F	2000F	2000F
CÔTE DIVOIRE	4700*	4000*	4000*	220F	190F	200F	1000*	6400*	12300*	120F	770F	1400F
ETHIOPIA							2200*	3200*	3200F	400F	600F	600F
GHANA		1					7158	7580	15043	699	817	1073
GUINEA							5500*	10450*	16500*	600*	1100*	1700F
GUINEABISSAU							980F	980F	1700*	90F	90F	220*
KENYA	871	25		62	2				8			1
MADAGASCAR							1049	2318	500F	157	465	
MALAWI	285	2419*	2419F	374	1638	1638F	13600*	11400*	10800*	1900F	1500F	1300F
MALI								30			8	
MOROCCO					4							
MOZAMBIQUE							1900*	5400*	2800*	200F	700F	350F
NIGERIA							2900*	3100*	3100F	460F	500F	500F
SENEGAL							16			10		
SOUTH AFRICA	58477	58751	36139	5359	5758	2480	10	142	41	8	305	25
SUDAN							4800*	3800*	3200*	820F	650F	500F
SWAZILAND	483	250	146	265	123	88	8565	23577	10506	1204	6099	2301
TANZANIA							1897	100*	100*	321	20F	20F
TOGO								21800*	39500*		2700F	5000F
UGANDA								63*	193*		15	26
ZAMBIA							1750	1750F	1750F	1580	1580F	1580F
ZIMBABWE	75	50*	1218	9	9	109	39757	25668	8221	4875	3297	848
N C AMERICA	164689	220822	412229	39928	49120	74628	129744	148962	152168	41421	42218	46137
CANADA	4843	3940	3957	838	673	754			19983			3945
COSTA RICA	1	3	3F	6	12	12F	3	5	5F	6	17	17F
EL SALVADOR	1018	594	182	231	199	115	22	19	204	26	20	36
GUATEMALA	4			9	4	4F	23	27	27F	113	110	110F
HONDURAS	20			32			230	207	207F	70	48	48F
MEXICO	124844	120354	153580	29262	29718	26920	910	5300*	2038	397	905	358
NICARAGUA	9			18			350	393		99	29	
PANAMA	9			13								
USA	33941	95931	254507	9519	18514	46823	128206	143011	129704	40710	41089	41623
SOUTHAMERICA	44931	18523	18509	14631	5904	6915	48056	19171	26004	7751	4877	5844
ARGENTINA	52	122	268	85	728	1263	46746	16270	22872	7458	4454	5206
BOLIVIA	451	1	1F	695			1242	2841	2800*	167	318	340*
BRAZIL	698	100	25	2370*	240	74	68	60	322	126	105	269
CHILE	14779	13174	8071	2505	2143	1100						
COLOMBIA	9		806	18		1472			10			29
ECUADOR	230			112								
PARAGUAY	16410	4094	4094F	7299	2533	2533F						
PERU	20*	255	2	27	120	16						
URUGUAY	12282	771	5232	1520	124	428						
VENEZUELA			6	10		16	29					
ASIA	333507	386852	347762	71857	75778	64877	45303	97407	105996	10150	15990	17856
CHINA	5678	6158	4663	1173	1236	875	925	813	9518	151	128	1487
CHINA,H.KONG		120	1		96			195	5		157	6
CYPRUS		75	82		18	23						
INDIA							719	89	89F	255	36	36F
INDONESIA	29	6	28*	33	15	29	1585	778	1334	303	116	197
IRAN							2336			1825		
ISRAEL						27	730F	970*	1500F	908	1213	1863
JAPAN	174335	186028	171870	38620	38902	34387						
KOREA REP	38624	35626	72391	8406	6917	13366						
LEBANON	13800*	14700*	14900*	3190F	3300F	3100F						
NEPAL							250F	150F	150F	125	79	80F
OMAN	8000*	7000*	7100*	1600F	1400F	1400F						
PHILIPPINES							628	974	547	114	153	96
SAUDI ARABIA	23755	22240	24000*	7901	5243	5300F		100	100F		23	23F
SINGAPORE	6			2								
SRI LANKA	5			2								
SYRIA							35177	87288	87288F	5958	13145	13145F
THAILAND	1			5	2		1007	812	185	172	126	27

表 96

SITC 222.3

綿　実

	輸入：MT			輸入：1,000 $			輸出：MT			輸出：1,000 $		
	1997	1998	1999	1997	1998	1999	1997	1998	1999	1997	1998	1999
TURKEY	69274	114874	52702	10925	18640	6361	96	144	186	89	83	165
UZBEKISTAN							1850	1900F	1900F	250F	300F	300F
YEMEN		25	25F		9	9F		3194	3194F		431	431F
EUROPE	230969	273046	246740	55045	58094	53253	97101	98820	205328	13225	14791	27217
AUSTRIA		60	24		11	17		25			6	
BEL-LUX	1		1			2			1			2
BULGARIA							6393	4752	4500*	460	334	350F
DENMARK	400		400*	65		90			96			256
FINLAND	20	1000	41	19	158	31						
FRANCE	188	284	725	56	81	146		4	190		3	60
GERMANY	238	118	289	171	211	253						
GREECE	14705	10426	8178	19525	10643	15724	77416	84183	188244*	9868	12312	23602
IRELAND	1538	1263		308	221							
ITALY	118451	96721	94985	18264	16029	14192	69	129	115	87	45	236
NETHERLANDS	117	604	1211	14	91	132	294	106	523	64	27	110
NORWAY			78			26						
POLAND	18		24	17		5						
PORTUGAL	2966	9708	9705	430	1850	1662		59	32		8	5
SLOVENIA		263	263F		233	233F						
SPAIN	91640	149350	127622	16029	27923	20312	12236	9562	11627	2642	2056	2596
SWITZERLAND	51	59	48	13	16	13						
UK	636	3190	3146	134	627	415	693			104		
OCEANIA	21	96	1873	7	20	389	279607	331996	452553	41179	48567	67841
AUSTRALIA							279607	331996	452553	41179	48567	67841
NEW ZEALAND		96	1873		20	389						
PAPUA N GUIN	21*			7*								

表 97

SITC 222.4

ひまわり種子

	輸入:MT			輸入:1,000 $			輸出:MT			輸出:1,000 $		
	1997	1998	1999	1997	1998	1999	1997	1998	1999	1997	1998	1999
WORLD	4071721	4195309	4254314	1242865	1381997	1230856	4175525	4410756	3799835	1146295	1264888	1025062
AFRICA	112432	106804	103746	32209	30950	34049	24372	13588	67854	6714	5221	17235
ALGERIA	19	19F	50*	13	13F	20*						
BOTSWANA	42	42F	42F	55	55F	55F	708	708F	708F	187	187F	187F
EGYPT	4383	2310	5500*	1699	704	1407	3952	3517	3722	1426	1456	1326
GHANA		6	3		18	7					1	1F
KENYA	40	2	13	50*	5	31	813	395	490	558	169	179
LIBYA	40*	40F	40F	15*	15F	15F						
MALAWI							3526	998	2000*	1056	203	1000F
MAURITIUS	10	19	23	8	12	12						
MOROCCO	88609	82096	87826	25031	25015	27622	40		5	31		16
NAMIBIA	2908	6576	6576F	900F	2100F	2100F						
NIGER					2	2F						
SENEGAL	1			1		1						
SOUTH AFRICA	15696	15557	2992	3360	2798	1317	2006	1776	60783	978	1888	14416
SUDAN							1221	3600*		192	800F	
SWAZILAND	272	11	1	492	16	1	278	54		50	7	
TANZANIA							239			120*		
TUNISIA	43		40	13		6		10			5	
UGANDA									46			5
ZAMBIA	363	120*	120F	553	180F	180F						
ZIMBABWE	6	6	520*	19*	17	1273	11589	2530	100	2116	505	105
N C AMERICA	164452	94042	64546	58080	36039	31508	169544	385415	223843	125594	182490	141384
BARBADOS	4	6	9	9	9	15						
BELIZE	1			2								
CANADA	10444	13236	20865	6680	7829	10863	33255	45912	42249	13338	19856	17364
COSTA RICA	450	357	460*	276	220	260*		5	5F		9	9F
EL SALVADOR			2			1						
GREENLAND	1		1	1		1						
GUATEMALA	253	210	240*	46	61	100*						
HONDURAS	54	69	18	9	60	13						
MEXICO	127104	45606	10733	40392	13934	5896	207	195	117	40	66	92
NICARAGUA	2	3	27	2	2	19						
PANAMA	134	129	170	83	78	93						
ST LUCIA	1	1	1F	2	2	2F						
TRINIDAD TOB	59	90	100	45	54	48						
USA	25945	34335	31920	10533	13790	14197	136082	339303	181472	112216	162559	123919
SOUTHAMERICA	25660	15925	22022	17978	19412	20714	135370	557820	1048650	60915	185539	240830
ARGENTINA	19131	6748	9854	10029	9653	12638	68020	502280	941827	33876	163584	198499
BOLIVIA	261	240	240F	671	691	691F	389	2882	1100*	260	1955	1300*
BRAZIL	3880	6470	9228	2023	3603	3316	1	6	23	3	17	55
CHILE	193	216	216F	148	238	238F	1816	2864	6025	3658	5094	12300
COLOMBIA	49	96	97	85	117	80						
ECUADOR	1	2	1	2*	2*	6*				800F	1000F	950F
PARAGUAY	189	140	140F	846	404	404F	35	206*	317*	133	368	622
PERU	1	9	7	1	29	13		4	1*		4	2
URUGUAY	800	582	575	3429	3566	2233	65109	49578	99357	22185	13517	27102
VENEZUELA	1155	1422	1664	744	1109	1095						
ASIA	636519	742888	608564	177043	211503	170711	49722	24430	53083	38755	32208	44886
ARMENIA	284	300F	289	102	100F	114						
AZERBAIJAN	200*		317	100F		39			22			5
BANGLADESH		24	35F		6	9						
CHINA	17166	14203	14275	6132	7355	8557	15812	8552	22984	8170	6128	12425
CHINA,H.KONG	1157	3767	2262	640	2566	1686	1050	2653	2692	532	2218	2011
CYPRUS	923	931	415	246	145	91						
GEORGIA							17000*			3500F		
INDIA	2	8	8F	2	5	5F	1648	1740	2400*	1532	1664	2500*
INDONESIA	5089	15*	1768*	2020	7	631						
IRAN			22			88	2	1	16	2	1	12
ISRAEL	18200*	11100*	41000F	7041	5503	11268	8263	6867	9300F	14868	11452	15509
JAPAN	6517	5374	4483	4612	3921	3108	16*	252		15	95	50
JORDAN	5351	19178	7838	1782	5879	2408		112	6980		814	1953
KAZAKHSTAN	416	885	365	91	128		385	605	4750	118	156	1500F
KOREA REP	1181	876	591	1558	1041	669	5	4		11	10	
KUWAIT	642	343	694	500	268	518	1			1		
LEBANON		1100*	15000*		400F	5000F						
MALAYSIA	4700*	2069	6725	1000F	916	2784		1	9		2	10

表 97

SITC 222.4

ひまわり種子

	輸入：MT			輸入：1,000 $			輸出：MT			輸出：1,000 $		
	1997	1998	1999	1997	1998	1999	1997	1998	1999	1997	1998	1999
MYANMAR	300*	470*	1300*	120*	290*	770*						
OMAN	3			15								
PAKISTAN	3909	367	9089	5329	1440	5881						
PHILIPPINES	589	523	714	232	238	262						
QATAR	50*	50F	50*	50*	50F	40*						
SAUDI ARABIA	1029	1064	1200*	483	513	410*	20			7		
SINGAPORE	1913	171	766	1127	154	550	1857	558	410	975	310	364
SRI LANKA				3			10			9		
SYRIA	56		12726	232		2682	242	185	239	316	274	498
THAILAND	1423	582	1120	1320	1066	2052	5*	9	1	4	7
TURKEY	564609	678477	483891	141456	178518	119485	2611	2895	3272	8538	9080	8042
UNTD ARAB EM	810*	990*	1600*	850*	990*	1600*						
UZBEKISTAN							800*			160F		
YEMEN		21	21F		4	4F						
EUROPE	3131039	3234432	3454053	955496	1082723	972531	3792281	3426912	2390257	908272	855826	565823
ALBANIA	837	1165		306	407							
AUSTRIA	35757	72587	52680	13754	26992	18541	22057	53032	10739	9993	19997	6397
BELARUS	2100*	4989	5096	900F	1908	2003	1300*	92	18		22	9
BEL-LUX	538575	397334	299695	139611	113133	71101	65161	75429	22092	18144	20697	6945
BOSNIA HERZG	130*	135*	135F	35*	35*	35F						
BULGARIA	1167	7498	1600*	387	3393	800F	69053	53870	253600*	16368	14025	55000F
CROATIA	12660	4537	1830*	3505	1619	635	5836	10983	4045	1302	2437	1058
CZECH REP	12578	20970	4984	3602	5181	2257	11274	2538	41399	3049	759	9154
DENMARK	27763	90107	112839	14193	31646	33920	2587	2629	3000	1788	1806	1740
ESTONIA	15037	37570	3186	3412	8204	829	6254	36723	10120	1522	8992	2512
FAEROE IS	6	7	8	11	13	12						
FINLAND	7581	5433	10487	3815	2450	3773	25	13	17	15	24	16
FRANCE	248659	292590	379834	74291	90981	98968	1094410	702359	422034	306401	230114	123649
GERMANY	438930	358888	438135	156394	144580	146409	21180	11659	24229	8624	8138	8387
GREECE	50817	77357	62706	13864	24340	14796	250	480	6343	288	204	1652
HUNGARY	37734	54703	10024	11525	20409	9517	155501	144567	148396	45250	48168	41558
ICELAND	41	43	43	62	64	56						
IRELAND	87	51	89	100	59	95		31			30	
ITALY	153806	233581	236973	43846	66404	59624	9074	12023	2180	3103	4608	1829
LATVIA	4156	22468	8344	1222	10358	4342	13	31	34	4	29	39
LITHUANIA	13907	24965	2269	3744	6268	300F	9281	19988	5817	2393	4924	500F
MACEDONIA		20*	40*		55*		5	100*	100F	3	110*	110F
MALTA	142	142	154	72	69	57			17			38
MOLDOVA REP	11	10F	32	18	18F	88	68167	67304	65347	13621	12633	11600
NETHERLANDS	530200	582900	635295	144851*	177843*	157226	14100	45100	136923	4346*	15540*	34188
NORWAY	6562	6782	5396	4054	4316	3455	24	17		14	7	
POLAND	17077	17024	17652	7726	9303	8234	74	104	113	76	76	119
PORTUGAL	262261	240933	265060	70222	74601	66029	558	115	524	144	129	160
ROMANIA	541	7871	2540	977	13475	6440	24772	97394	394103	6111	21139	73905
RUSSIAN FED	8025	6219	19396	8786	5930	12851	1049168	1107240	312063	209458	214013	56200
SLOVAKIA	1047	805	837	1573	2871	2379	45942	46129	81915	11852	11989	17397
SLOVENIA	525	499	410*	250	243	260*	9	16	16F	5	8	8F
SPAIN	455498	540179	812873	149278	186542	221389	40543	27043	9867	15039	12456	9761
SWEDEN	16824	14714	15422	7865	6738	6381	859	1114	1226	685	682	762
SWITZERLAND	30057	30186	22977	10747	11490	8518	19	5	1	42	18	12
UK	196954	77354	24181	55981	24166	9542	178*	114	191	264	212	362
UKRAINE	2197	1700	715	4247	6450	1500F	1074320	908321	433439	227968	201120	100036*
YUGOSLAVIA	790	116	116F	270	169	169F	287	349	349F	400	720	720F
OCEANIA	1619	1218	1383	2059	1370	1343	4236	2591	16148	6045	3604	14904
AUSTRALIA	780*	590*	646	1119	835	702	4226	2591	16147	6029	3604	14903
NEWCALEDONIA	30	21	21F	19	12	12F						
NEW ZEALAND	809	607	716	921	523	629	10		1	16		1

表 98

SITC 222.5

ごま

	輸入：MT			輸入：1,000 $			輸出：MT			輸出：1,000 $		
	1997	1998	1999	1997	1998	1999	1997	1998	1999	1997	1998	1999
WORLD	645187	599807	588586	528942	496115	518999	648591	558056	583929	488657	409284	453829
AFRICA	54209	46773	53970	51517	39372	44606	242604	241533	198104	159584	131718	109158
ALGERIA	1186	410*	220*	1384	490*	350*						
BOTSWANA	2	2F	2F	3	3F	3F						
BURKINA FASO							8800*	7700*	10500*	4500F	3600*	4700F
EGYPT	45800	38395	45352	44656	33031	36821	797	970	559	647	850	409
ERITREA							1000F	2100*	2000F	750F	1600F	1500F
ETHIOPIA							16500*	35000*	39000*	15600F	33000F	36000F
GHANA			4		2	1						
KENYA	15	42	31	15	42	34	378	199		146	123	
LIBYA	70F	70F	70F	250F	250F	250F						
MALAWI					1		47*	3	3F	20	3	3F
MALI							620*	70*	70F	235*	35*	35F
MAURITIUS	27	19	41	31	19	48						
MOROCCO	4	203	393	6	192	320	4F			6		
NIGER		5	5F					107	40*		20	10*
NIGERIA							27000*	30000*	35000*	11300*	9000*	10000F
SENEGAL							684	1198	216	164	312	77
SOUTH AFRICA	697	941	787	650	795	879	13	68	6	29	58	11
SUDAN							171826	154000*	93000*	117312	77000*	46000F
SWAZILAND		30	5*	1	8	2						
TANZANIA							13432	10100*	15400*	7409	6100F	9000F
TUNISIA	6399	6642	7046	4504	4528	5876					1	
UGANDA							1485	10*	2303	1448	10	1408
ZAMBIA	1	1*	10*	2	2*	10*						
ZIMBABWE	8	9	8	14	10	12	18	8	7	18	6	5
N C AMERICA	55229	66038	61608	57225	70705	71393	86715	51700	53634	66753	55790	53929
BARBADOS	14	8	18	30	15	32						
BELIZE	1			1								
CANADA	5608	5697	5599	6575	7013	7443	646	673	743	785	916	1119
COSTA RICA	141	179	150*	190	259	230*	8			14*	1	1F
EL SALVADOR	33	387	354	40	322	296	7207	1560	2709	5123	3658	2917
GREENLAND	1			1								
GUATEMALA	2618	747	1000*	919	509	600F	44454	21142	27700*	30019	18856	22000F
HONDURAS	1	160	192		185	235	45	369	369F	10	515	515F
JAMAICA	7F	7F	7F	17F	17F	17F						
MEXICO	4125	11363	12003	1812	6663	9156	24566	20227	15970	22815	23946	20711
NICARAGUA	14	1	2	13	3	4	7822	5251	3940	5891	5496	3898
PANAMA	19	33	29	35	64	55						
TRINIDAD TOB	18	19	40	54	26	85						
USA	42629	47437	42214	47538	55629	53240	1967	2478	2203	2096	2402	2768
SOUTHAMERICA	4282	3359	3428	4236	3419	4054	28253	16702	26731	36380	23057	35268
ARGENTINA	410	478	446	587	674	616				1	1	1
BOLIVIA		5	5F		11	11F						
BRAZIL	1727	2315	2745	1938	2193	3047	6			7		
CHILE	100	100	100F	145	173	173F	17	3	3F	17	5	5F
COLOMBIA	1980	305	30	1474	182	53	1	1	504	2	2	434
ECUADOR	6	10	9	9	20	15						
PARAGUAY	1			1	1	1F	2156	612	1930	1391	386	1278
PERU	11	32	46	17	50	68	323	89	264	386	104	340
URUGUAY	47	83	47	64	105	69						
VENEZUELA		31		1	10	1	25750	15997	24030	34576	22559	33210
ASIA	434695	380446	368549	319408	281110	292663	275445	226991	279057	205408	175128	224522
AFGHANISTAN							1000F	1000F	1000F	700F	700F	700F
BAHRAIN	39	39F	30*	35	35F	30*						
BRUNEI DARSM	40*	40*	30*	50*	50*	20*						
CHINA	47720	41360	34256	26802	21930	19546	40573	46773	96839	41540	46966	84879
CHINA,H.KONG	12040	8966	2444	7903	6115	2575	10808	8063	967	7212	5392	781
CYPRUS	1735	2336	1784	1302	1700	1640	432	457	73	303	388	73
INDIA	54	521	40*	37	483	50*	114542	86549	105000*	73505	68388	89000F
INDONESIA	2812	94	1716*	1681	63	803		1191			474	
IRAN	2300*	354	24	1400F	254	16	3600*	2300*	3800*	2700F	1700F	2800F
IRAQ	60F	60F	60F	50F	50F	50F						
ISRAEL	24500*	25000*	33000F	22169	17700	24175	280*	320F	345*	274	312	237
JAPAN	152263	140860	135015	122413	113934	117430	201	21	60	475	138	298
JORDAN	13731	10832	13250	10351	7924	11155	977	224	1195	597	169	972
KOREA REP	65192	54043	60962	52142	45108	51115		1080	23		831	63

表 98

SITC 222.5

ご ま

	輸入：MT			輸入：1,000 $			輸出：MT			輸出：1,000 $		
	1997	1998	1999	1997	1998	1999	1997	1998	1999	1997	1998	1999
KUWAIT	1277	1703	1395	1210	1618	1465		4	16		3	10
LAOS							102*	110*	110F	41*	30*	30F
LEBANON	6700*	5800*	5500*	8040F	7000F	6600F						
CHINA, MACAO	61	42	47	41	32	32	2			1		
MALAYSIA	8000*	8575	7190	4500F	3626	4358		54	41		44	26
MYANMAR							51700	38000*	22000*	46000F	23000F	13000F
OMAN	40*			24								
PAKISTAN	996		64	402		30	14403	8866	10634	6470	4760	5784
PHILIPPINES	839	3557*	570	649	2459	561						
QATAR	129F	129F	129F	148F	148F	148F						
SAUDI ARABIA	15691	17847	17600*	11325	12934	13000F		58	58F		28	28F
SINGAPORE	25550	19325	7230	15218	12350	5244	18613	12549	4301	9642	6772	2649
SRI LANKA	110	19	1091	41	10	381	755	775	1	406	414	7
SYRIA	18790	10214	18502	9766	7001	13002						
THAILAND	117	279	2052	50	199	758	7274	6779	19187	5205	4342	11044
TURKEY	30709	26551	19468	19959	16507	13379	2524	2717	3051	3264	3426	4512
UNTD ARAB EM	500F	500F	500F	500F	500F	500F		4500*	6000*		2800F	3600F
VIET NAM							7100*	4300*	4300F	7000F	4000F	4000F
YEMEN	2700*	1400*	4600*	1200*	1400F	4600F	559	301	56	73	51	29*
EUROPE	90668	96452	94397	89581	94031	97863	15559	20914	26376	20507	23411	30913
AUSTRIA	1425	1596	1741	1545	1706	2099	236	291	281	350	428	400
BELARUS		46			33	5			25			3
BEL-LUX	720	1090	1630	864	1191	1706	231	537	290	296	496	353
BULGARIA	78	117	117F	67	84	84F	50	59	59F	44	63	63F
CROATIA	133	148	170	193	208	251			2	1		5
CZECH REP	534	618	682	686	745	849	67	34	69	92	55	97
DENMARK	2272	2109	1767	2076	2766	2408	287	209	189	364	319	266
ESTONIA	7	16	24	10	23	34			1			1
FINLAND	221	314	347	339	456	569	1	1	1	5	2	2
FRANCE	5353	3865	4197	5617	4500	5250	232	171	262	256	252	361
GERMANY	16005	16786	16465	16516	16692	17933	1737	1971	3146	2176	2277	4006
GREECE	17612	19648	14548	15399	15960	12906	894	715	2186	3355	945	2771
HUNGARY	385	403	542	262	474	739		2			4	
ICELAND	89	98	82	125	137	114						
IRELAND	192	244	180	289	350	247						
ITALY	4006	4070	3757	3584	3641	3703	87	35	45	78	56	57
LATVIA	31	38	46	40	82	112		1	3		1	8
LITHUANIA	33	37	45	40	49	57	8	4		10	6	1
MACEDONIA	870	870F	360*	1864F	1864F	820*	27			98		
MALTA	68	78	91	84	88	115						
MOLDOVA REP	1		3	3	3F	4						
NETHERLANDS	21387	23091	27241	17346	18094	23205	9605	14163	17585	10459	14080	18806
NORWAY	559	640	683	835	961	1083	2	1		4	2	
POLAND	6079	7126	7237	6704	7278	7683	23	117	7	41	191	8
PORTUGAL	54	52	39	61	57	57	4	3		6	4	
ROMANIA	234	321	268	166	269	158	2		37	4		19
RUSSIAN FED	1700*	1380	1442	2100*	1240	976		20			3	
SLOVAKIA	171	230	252	185	243	316	7	4	2	7	6	3
SLOVENIA	72	70	70F	120	113	113F		1	1F		2	2F
SPAIN	1106	1441	1234	1415	1924	1803	576	33	207	644	50	341
SWEDEN	928	1454	1541	1289	2032	2438	174	355	352	254	602	769
SWITZERLAND	722	770	818	1024	976	1156	8	18	16	12	27	16
UK	7072	7152	6448	7987	9137	8430	1301	2169	1610	1951	3540	2555
YUGOSLAVIA	549	534	330*	746	655	440*						
OCEANIA	6104	6739	6634	6975	7478	8420	15	216	27	25	180	39
AUSTRALIA	5300*	6100*	5930	5720	6670	7436	14	204	5	22	164	15
COOK IS						1						
NEWCALEDONIA	2	1	1F	5	5	5F						
NEW ZEALAND	801	637	702	1247	800	975	1	12	22	3	16	24
PAPUA N GUIN	1*	1F	1F	3*	3F	3F						

表 99

SITC 222.6

なたね及びからしな種子

	輸入：MT			輸入：1,000 $			輸出：MT			輸出：1,000 $		
	1997	1998	1999	1997	1998	1999	1997	1998	1999	1997	1998	1999
WORLD	6126490	8035731	9830101	1940932	2418756	2441652	6670477	8967703	10784978	1983562	2531946	2461426
AFRICA	1128	27566	1194	878	9910	853	754	783	753	560	565	560
ALGERIA	11	10	10	7	10	10						
BOTSWANA	1	1	1	3	2	2						
CONGO, DEM R	32			7								
EGYPT	20	21	102	18	11	71						
ETHIOPIA							748F	748F	748F	553F	553F	553F
KENYA	9	4	13	6	3	15						
MADAGASCAR			6			4						
MALAWI	1	4*	4F	1	7	7F						
MAURITIUS	163	196	203	100	79	109						
MOROCCO	278	26684	286	214	9238	159					1	
SENEGAL	283	363	282	186	228	186						
SEYCHELLES	1	1	1F	2	2	2F						
SOUTH AFRICA	261	256	264	229	274	277	1	1		3	5	4
SWAZILAND	53	9*		25	5							
TUNISIA	10	6	20	62	34	9						
UGANDA								30			4	
ZAMBIA	1			4			4	4F	4F	3	3F	3F
ZIMBABWE	4	11	2	14	17	2	1			1		
N C AMERICA	1071892	1319320	1293323	342049	404189	335957	3091864	4530742	4078318	983772	1283197	983324
BARBADOS	5	1	1	8	1	5	1	1		1	1	
CANADA	129277	135243	154404	35465	37648	36535	2997424	4278876	3920688	956406	1217206	944926
COSTA RICA	66	44	44F	71	42	42F	2	6	6F	4	13	13F
EL SALVADOR	146	168	163	84	93	101						
GUATEMALA	129	327	296	146	174	121		60	60F		30	30F
MEXICO	563432	773383	867754	177461	237208	222916	17	28	42	13	28	36
NICARAGUA	1	2	1	2	2	2	11			2		
PANAMA	7	17	10	11	26	17						
ST LUCIA	1	1	10*	1	1	10*						
TRINIDAD TOB	47	45	36	54	31	27						
USA	378781	410089	270604	128746	128963	76181	94409	251771	157522	27346	65919	38319
SOUTHAMERICA	2887	2478	2568	2457	1830	1843	78	3647	415	115	989	183
ARGENTINA	901	562	649	664	392	308	73	3645	413*	79	978	170
BOLIVIA	166	264	40*	136	196	30*						
BRAZIL	716	591	732	856	633	848						2
CHILE	141	144	201	104	82	137	5	2F	2F	35	11	11F
COLOMBIA	129	101	108	78	60	56						
ECUADOR	102	131	86	80	80	39						
PARAGUAY		8	8F	1	17	17F						
PERU	317	200	294	206	102	126						
URUGUAY		30	26	2	17	74				1		
VENEZUELA	415	447	424	330	251	208						
ASIA	2328387	3845820	5331588	826836	1186394	1388642	14519	7133	7128	6743	2945	3344
BANGLADESH	149587	308346	289147	41286	81593	67490						
BHUTAN	61F	61F	61F	20F	20F	20F	20F	20F	20F	6F	6F	6F
CHINA	55431	1386658	2595477	15931	402571	628434	95	1118	174	70	432	75
CHINA,H.KONG								32			25	
CYPRUS	64	70	55	26	36	22						
INDIA	126	4518	94418	46	1587	30287F	766	423	628	383	166	344
INDONESIA	317		13	125		9	22	335	318	75	144	89
IRAN							13	5	7	2	1	1
ISRAEL	13800	30185	36330	6215	7242	8522						
JAPAN	2071972	2087488	2211762	730085	683478	618744			2	4	30	720
JORDAN	14		21	12		9						
KAZAKHSTAN	77	80F		31	30F		4620	540	1400	824	95	80
KOREA REP	2834	1482	2986	1397	613	1140	2			3		
MALAYSIA	256F	33	9223	75F	80	2421			5			3
MONGOLIA	3000F	1000*	2000*	300F	300F	600F						
NEPAL	160	1910F	1910F	51	790	790F	8900F	4520	4520F	5287	1984	1984F
OMAN	1251			508								
PAKISTAN	26200*	3728	78224	29000	1462	26930						
PHILIPPINES	70	56	55	73	58	69						
SAUDI ARABIA	323	213	110*	134	93	50*						
SINGAPORE	137	196	122	72	78	72	53	138	47	58	57	31
SRI LANKA	771	1237	1416	276	470	551	1	2	5	3	4	10
THAILAND	1661	2456	2548	954	1261	1282					10	

表 99

SITC 222.6

なたね及びからしな種子

	輸入：MT			輸入：1,000 $			輸出：MT			輸出：1,000 $		
	1997	1998	1999	1997	1998	1999	1997	1998	1999	1997	1998	1999
TURKEY	275	16103	5710	219	4636	1200	27		2	18	1	1
EUROPE	2721526	2839995	3200516	768051	815916	713759	3168534	3700174	5124058	864937	1042293	1075092
AUSTRIA	20065	49064	34453	6595	14895	9047	7377	6511	23954	3010	2895	5046
BELARUS	7500	488	436	7000	57	2	3800	8281	107	1100	1100	37
BEL-LUX	399917	406570	742151	106775	110862	154215	45490	39754	159543	12676	11862	33707
BULGARIA	20	426	426F	11	422	422F	348	278	278F	43	42	42F
CROATIA	1391	130	121	401	92	77	4913	8027	15825	1243	1946	2952
CZECH REP	910	2221	15992	377	1002	3072	107803	93043	416010	29266	24062	80370
DENMARK	59306	86692	85636	16666	25680	20643	41253	46911	87283	12895	14071	19953
ESTONIA	5	18	86	5	32	104	6086	8266	8371	1434	2120	1487
FINLAND	50339	100147	95136	14755	30491	21565	25	173	317	48	395	687
FRANCE	45253	67899	78531	18476	22477	22182	2208397	2465400	2417812	582282	699975	510946
GERMANY	1265403	1255427	1269417	348064	362243	276172	257705	373773	897573	77079	113373	194228
GREECE	741	692	2095	280	287	581	4		1	1		1
HUNGARY	15222	11679	6860	3867	3507	1672	88582	42840	139850	24942	15970	29475
ICELAND	2	2	9	5	7	14						
IRELAND	1610	1027	1201	631	426	479	2079	2884	4884	566	737	1181
ITALY	11992	9531	32653	4608	3216	7143	2064	1639	84	633	603	78
LATVIA	3	27	2937	11	130	1253	716	1223	1820	134	499	559
LITHUANIA	3519	26660	1990	709	5398	1077	19052	62431	93106	4804	15116	17906
MACEDONIA	3				15							
MALTA	30	36	37	13	17	12						
MOLDOVA REP		24				29			204			28
NETHERLANDS	284434	280238	265801	77773	81278	58413	31084	19192	22420	11799	9256	9353
NORWAY	16179	10914	14741	4676	3353	4041		6		1	3	1
POLAND	149291	64416	5124	45641	19899	1336	1863	84953	335583	689	23515	63619
PORTUGAL	462	528	424	204	197	144	2	2	3	1	1	1
ROMANIA	451	360	227	1378	715	207	12587	18816	86890	3012	4465	15404
RUSSIAN FED	2527	1002	374	1062	367	553	73081	67597	35446	16382	12655	6183
SLOVAKIA	340	10512	35000	119	2476	7417	50931	38752	68942	13278	10732	12371
SLOVENIA	298	310	350	165	163	120	124	118	118F	50	47	47F
SPAIN	7922	2486	5235	2240	872	1750	595	1655	893	736	842	564
SWEDEN	65008	119335	175108	18082	35425	40405	3243	4350	3881	1401	1271	908
SWITZERLAND	2196	2445	5124	1944	2222	1947	124	213	276	84	206	136
UK	308704	328156	325326	84870	86412	75819	177146	275990	275379	60685	69013	62701
UKRAINE	105	357	508	514	1250*	1800F	22053	26574	26683	4662	5400*	5000F
YUGOSLAVIA	378	200	200F	119	46	46F	7	522	522F	1	121	121F
OCEANIA	670	552	912	661	517	598	394728	725224	1574306	127435	201957	398923
AUSTRALIA	610*	490*	823	604	465	546	394321	724617	1573048	126844	201029	396798
FIJI ISLANDS	20F	30*	30*	10F	10*	10*						
NEW ZEALAND	40	32	59	47	42	42	407	607	1258	591	928	2125

表 100

SITC 223.1

コプラ

	輸入：MT			輸入：1,000 $			輸出：MT			輸出：1,000 $		
	1997	1998	1999	1997	1998	1999	1997	1998	1999	1997	1998	1999
WORLD	334232	352994	290268	141375	132259	143768	303169	276820	219761	117344	97217	86157
AFRICA	1637	1800	3381	288	330	690	21548	23031	19660	6860	6219	5622
BOTSWANA	11			17								
COMOROS							260*	260*	260F	50F	50F	50F
CÔTE DIVOIRE							4000*	1200*	2400*	1400F	400F	750F
EGYPT							2162	1591	1337	946	669	498
GHANA			101			107	75*		356	15*		457
MADAGASCAR									6			5
MAURITIUS	60*											
MOZAMBIQUE							12800*	18300*	14100*	3700F	4600F	3500F
SAO TOME PRN							180*	180*	180F	50F	50F	50F
SWAZILAND							71			89		
TANZANIA	1400*	1800*	3000*	250F	330F	570F	2000*	1500*	1000*	610F	450F	310F
UGANDA									21*			2
ZIMBABWE	166		280	21		13						
N C AMERICA	2990	2502	2227	923	651	835	79	1037	944	108	752	667
CANADA	71	21	68	9	3	9					2	
DOMINICA	396	390F	390F	162	162F	162F						
GUATEMALA											2	
HONDURAS							8	1	1F	29*	15*	15F
ST LUCIA								71	71F		27	27F
TRINIDAD TOB	1353	724	1124	533	235	517						
USA	1170	1367	645	219	251	147	71	965	872	79	706	625
SOUTHAMERICA	2	4	2	16	17	14	1105	730	730	421	240	240
BOLIVIA	2	2	2F	15	14	14F						
COLOMBIA		2		1	3							
GUYANA							415*	730*	730F	110*	240*	240F
VENEZUELA							690			311		
ASIA	139903	123384	117380	60423	47683	61746	47877	64912	61571	19457	23211	24905
BANGLADESH	80209	54906	26000*	29517	19371	26000F	54		260F	10		49
CHINA	1100	35	50	247	43	49		7	1	1	1	6
CHINA,H.KONG							23	15	5	25	18	5
INDIA	995	1600*	480*	467	1000F	280*	2			2		
INDONESIA		26	90		4	14	22681	48468	42619	6417	13430	13459
IRAN	485	94		752	115			1			1	
JAPAN	44879	38751	33844	20437	15609	16125						
KOREA REP										10		
MALAYSIA	1500*	15628	45283	250F	2004	8679	4000*	933	5477	1400F	385	1652
PAKISTAN	8348	9431	9807	7542	8370	9821						
PHILIPPINES							7000	3600	1	2572	1399	1
SAUDI ARABIA	270	392	392F	208	183	183F	3					
SINGAPORE	1721	1155	206	799	444	114	1721	1057	473	737	427	277
SRI LANKA	396	1330	970	204	527	429	8666	8993	11212	6863	6866	8834
SYRIA							16F	17	17F	19F	22	22F
THAILAND			185			10	711	328		201	62	
VIET NAM							3000*	1500*	1500F	1200F	600F	600F
YEMEN		36	73		13	42*						
EUROPE	189180	224795	167016	79634	83493	80419	48850	54922	21067	21612	21734	9915
ALBANIA							12			7		
AUSTRIA										50		11
BELARUS			28			9						
BEL-LUX	62434	82201	64010	29551	33306	30809	46571	54532		20909	21509	
CROATIA	4			4								
DENMARK	1			1					1			1
FRANCE	118	143	63	154	133	102	2192	2	42	582	2	21
GERMANY	79898	94584	75678	38482	39439	36894						
GREECE		1										
IRELAND	25935	27156		3504	2878							
ITALY							3	5	3	27	9	10	12
LITHUANIA	3	5F		4	5			33		5	45	
NETHERLANDS		12771	20980		5092	10043		312*	20937		128*	9864
POLAND	28	30		11	11		30	5		60	8	
PORTUGAL		998			103							
ROMANIA		16	79		7	19						
RUSSIAN FED		82			16							

表 100

SITC 223.1

コプラ

	輸入：MT			輸入：1,000 $			輸出：MT			輸出：1,000 $		
	1997	1998	1999	1997	1998	1999	1997	1998	1999	1997	1998	1999
SLOVENIA	3			4	1							
SPAIN	414		318	144		77						
SWEDEN	9500*			4700F								
UK	10842	6808	5860	3075	2502	2463	40	35	10F	40	32	6
OCEANIA	520	509	262	91	85	64	183710	132188	115789	68886	45061	44808
AUSTRALIA		80*	21*		19	18						
FIJI ISLANDS	100F	100*	100F	30F	30F	30F	7722	6200*	6200*	3006	2400F	2500F
KIRIBATI												
NEW ZEALAND	420	329	141	61	36	16						
PAPUA N GUIN							90300	58100	63500	32898	18740	26201
SAMOA							8568	6987	4500*	3082	1921	1400F
SOLOMON IS							18200*	9000*	2300*	9860	4500F	1200F
TONGA							673	557	557F	133	84	84F
VANUATU							47247	40344	27732	17307	14716	10723

表 101

SITC 223.2

やしの実および核

	輸入：MT			輸入：1,000 $			輸出：MT			輸出：1,000 $		
	1997	1998	1999	1997	1998	1999	1997	1998	1999	1997	1998	1999
WORLD	57226	73929	68634	28437	32975	30660	79860	70251	63254	20843	17561	14111
AFRICA	222	2756	2232	100	369	692	15467	12300	12728	2360	1929	1990
BOTSWANA				3								
CAMEROON							3		300*			60F
CENT AFR REP							110F	110F	110F	11F	11F	11F
CÔTE DIVOIRE							2400*	1000*	1000F	870F	370F	370F
EGYPT			600			451						
GHANA		819*	216*		87	48	1405	53*	213	36	30	70
GUINEA							3828	500*	500F	400F	100F	100F
GUINEABISSAU							800*	2400*	2400F	100F	300F	300F
MADAGASCAR									3			2
MALAWI		37	37F		42	42F						
MAURITIUS	5	3		26	16	1	8	7		72	44	3
MOROCCO			1			1		6	1		5	2
NIGER		1013	1013F		86	86F		287	287F		63	63F
NIGERIA							6900	7900*	7900F	860F	990F	990F
SENEGAL							1			2		
SOUTH AFRICA		668	175	2	78	18			2			10
SWAZILAND	34	34	8*	27	19	5		25			5	
TANZANIA							12	12F	12F	9	9F	9F
TOGO	182*	182F	182F	40	40F	40F						
TUNISIA											2	
ZIMBABWE	1			2	1							
N C AMERICA	2732	2954	3306	3838	5191	5320	24668	25788	36771	7146	6410	7060
BELIZE							1		1			
CANADA	1203	124	430	214	27	82	26		50	86		130
COSTA RICA	1271*	2219*	2219F	939	1543	1543F	569	691	600*	1049*	776	776F
EL SALVADOR	9	10	18	13	6	15	19	22	60	154	169	152
GUATEMALA	27	47	47F	62	35	35F	417	358	358F	3769	3378	3378F
HONDURAS	42	55	60	973	1984	1360		37	37F		60	60F
MEXICO	52	46	128*	1461	813	1739		1	2			1
NICARAGUA	1		42	5F		103			5			2
PANAMA	1	416	188*	2F	700F	184	23338	24520	35000	1738	1950	2110
TRINIDAD TOB	1	1	3	2	3	6	2			3		
USA	125	36	171	167	80	253	296	159	659	346	77	451
SOUTHAMERICA	1146	4115	766	1983	2767	2656	943	3439	109	1092	925	200
ARGENTINA	2			5	1							
BOLIVIA	3			53								
BRAZIL	31	9	2	96	33*	31						
CHILE				6								
COLOMBIA	804	3963	721*	932	1280	1308	198	141*	109*	984	595	200
ECUADOR	3	8	8	598	1304	1257	1			11		
PARAGUAY	102	34	34F	172	58	58F						
PERU	1	1	1	5	3*	2*						
VENEZUELA	200*	100*		116	88		744	3298		97	330	
ASIA	34070	59750	58922	18627	23394	18573	11327	12341	4573	2864	3812	1725
BANGLADESH	733	642	642F	202	170	170F						
CHINA		1	61	4	2	357		8			2	
CHINA,H.KONG			73			66						
INDIA	65	1	1F	152	72	72F	82	54	54F	27	29	29F
INDONESIA	292	39	22	6116	2719	311		3386	2630*		899	675
IRAN							18*			136		
ISRAEL	75F			74		14						
JAPAN	459			140		2						
KOREA REP			410			69						
MALAYSIA	24771F	50462	55000F	7260F	13725	15522	11000*	8106	1047*	2600*	1814	596
PAKISTAN	250	36	36	110	9	10						
PHILIPPINES	8	1		15	1	5		611	300		986	78
SAUDI ARABIA	2132	100*	100F	249	13	13F						
SINGAPORE	4	510	4	2	212	2	32	63	76	42	52	55
SRI LANKA							180	108	36	48	24	10
SYRIA	4992	7947	2028	3526	5584	1490						
THAILAND	12	11	6	613	887	243			223	1	1	51
TURKEY	277		537	164		227	15	5	207	10	5	231

表 101

SITC 223.2

やしの実および核

	輸入：MT			輸入：1,000 $			輸出：MT			輸出：1,000 $		
	1997	1998	1999	1997	1998	1999	1997	1998	1999	1997	1998	1999
EUROPE	18868	4341	3393	3761	1224	3351	455	1381	1069	879	666	823
AUSTRIA	47	1	6*	65	2	7		1			1	
BEL-LUX	1157	657	306*	465	249	330	4			37		2
BULGARIA							10			13		
CZECH REP		10			13	4		2		1	9	
DENMARK		23	50		11	41						
ESTONIA	8	7	7	17	14	20						
FRANCE	236	10	10	124	38	219	78	329	285	146	74	69
GERMANY	513	15	19	87	71	50	24*		44	15	7	22
GREECE	18	56	109	16	48	122	48*	444	220*	18	55	27
HUNGARY		4			3		201	312	368	260	379	405
IRELAND	10		36	10	1	37		236	32		24	3
ITALY	4	6	3	16	25	24	9			28	3	
LATVIA		49	34		92	84						1
MALTA	21	36	18	44	44	22		10			5	
NETHERLANDS	709	19*	115*	661	19	136	51	25	25	220	21	33
NORWAY			6			13						
POLAND			3			1	2	1		4	2	
PORTUGAL	105	134	4	10	17	19			1			2
ROMANIA		2	20		2	4	8			34		
RUSSIAN FED						1						
SLOVAKIA	14	7	3	32	14	2			2			
SPAIN	11	19	233*	8	33	392	8	9*	15F	12	38	57
UK	16015	3286*	2411*	2206	527*	1824	12	12	77	91	48	202
OCEANIA	188	13	15	128	30	68	27000	15002	8004	6502	3819	2313
AUSTRALIA	30*	10*	2	99	30	58		2	4	2	19	13
NEW ZEALAND	158		13*	29		10						
PAPUA N GUIN		3F					21000*	8400*	1000*	4500F	1700F	200F
SOLOMON IS							6000*	6600*	7000*	2000F	2100F	2100F

表 102

SITC 223.4

亜麻仁

	輸入：MT			輸入：1,000 $			輸出：MT			輸出：1,000 $		
	1997	1998	1999	1997	1998	1999	1997	1998	1999	1997	1998	1999
WORLD	1074503	1040624	959438	320144	308469	237635	1092549	1022480	842592	315930	293046	207963
AFRICA	69794	19062	20276	21407	6241	5662	23	28	75	33	34	47
ALGERIA	2	2F	2F	1	1F	1F						
EGYPT	69000F	18394	19221	21057	5989	5301	20	27	52	29	33	40
KENYA				1								
MAURITIUS	8	3	7	6	1	4						
MOROCCO	580	355	802	261	141	281						
SOUTH AFRICA	202	263	243	80	94	75	2	1		4	1	
SWAZILAND	1	43			14		1					
TUNISIA			1									
ZIMBABWE	1	2		1	1				23			7
N C AMERICA	227118	177662	186500	67514	52391	45312	898798	837245	580855	245281	221880	128271
BARBADOS	13	11	17	7	6	8						
CANADA	936	4408	1678	278	1144	453	893225	826111	577628	244307	219227	127797
COSTA RICA	210	171	150*	94	77	40*	1	1	10*	1	1	10*
EL SALVADOR	2	38	20	1	24	10						
GUATEMALA	196	212	140*	53	73	50*						
HONDURAS	1	1		1								
MEXICO	1868	1378	1456	654	478	439	76	20	20	10	8	5
NICARAGUA	3	9	11	2	3	6	22	23	23	11	10	11
PANAMA	2	3		6	3	1						
TRINIDAD TOB	19	14	26	9	7	11			7			5
USA	223868	171417	183002	66409	50576	44294	5474	11090	3167	952	2634	443
SOUTHAMERICA	1337	2403	1614	557	938	551	1128	2409	1913	560	1125	862
ARGENTINA	34			23	1		921	2245	1887	469	1032	804
BOLIVIA							3			1		
BRAZIL	475	1637	793	185	596	235						
CHILE	51	63	90*	31	31	40*		26	26F	18	58	58F
COLOMBIA	177	174	224	79	77	85						
ECUADOR	68	144	63	27	67	20	10*			11		
PARAGUAY	15				2							
PERU	273	83	167	98	31	55	1			3		
URUGUAY							190	138		55	35	
VENEZUELA	244	302	277	112	135	116	3			3		
ASIA	91722	83117	91600	28319	25891	24260	5296	3034	2535	3316	2537	2462
CHINA	4980	81	10626	727	45	2753	384	34	74	113	10	22
CHINA,H.KONG	63	70	32	48	73	31	24	52	16	16	50	9
CYPRUS	30	18	27	15	11	13						
INDIA	224	497	5000*	73	215	2000F		10*	10F		10*	10F
INDONESIA	197	60	203	95	33	79			7			2
IRAN							35	299	70	11	86	15
ISRAEL	200F	280F	210F	147	198	146						
JAPAN	81508	78057	67260	25453	23976	17088						
JORDAN		3			1							
KAZAKHSTAN	28	30F		6					10			1
KOREA REP	3497	3957	8117	1119	1285	2083						
KYRGYZSTAN							2035	1800F	1500F	2528	2200F	2200F
CHINA, MACAO	3	6	3	2	5	2						
MALAYSIA		11	23		5	18			1*			2
NEPAL							2800F	650F	650F	618	144	144F
PHILIPPINES			19			5						
SAUDI ARABIA	1	11	11F	1	11	11F						
SINGAPORE	3	1	2	5	2	2				1	1	
SYRIA	982	10*	10F	618	5	5F	11			21		
THAILAND	1	1	1	2		1						
TURKEY	5	24	56	8	26	23	7	11	19	8	8	29
YEMEN								178	178F		28	28F
EUROPE	681432	757780	659383	200766	222700	161815	186801	179516	256716	66508	67365	76158
AUSTRIA	1773	1492	1585	931	885	821	116	219	810	178	197	420
BELARUS	25F	1624	1619	25F	432	1239	1500F	992	178	350*	331	54
BEL-LUX	309703	273739	323317	84898	75498	69418	69020	74620	68864	24477	27486	24547
BULGARIA		5			5		18			4		
CROATIA	40	102	86	21	60	46		1				1
CZECH REP	262	773	561	80	358	221	794	731	1340	272	316	700
DENMARK	4856	8331	5397	1523	3217	2096	663	1232	656	282	595	394

表 102

SITC 223.4

亜麻仁

	輸入：MT			輸入：1,000 $			輸出：MT			輸出：1,000 $		
	1997	1998	1999	1997	1998	1999	1997	1998	1999	1997	1998	1999
ESTONIA	33	26	66	40	19	40			2			1
FAEROE IS	4	5	6	4	5	5						
FINLAND	326	144	301	242	75	157			6	1	2	6
FRANCE	20339	20723	20314	8080	7198	7087	14095	14867	13670	4723	5422	4139
GERMANY	163555	205643	142924	46004	58758	35167	33592	19541	37301	10624	6800	8855
GREECE	55	95	128	25	47	64		11	11		35	29
HUNGARY	61	99	371	27	52	120	701	1186	1154	319	816	512
ICELAND	42	54	36	25	30	17						
IRELAND	46	267	167	189	391	470	18		9	34		19
ITALY	8233	8066	5243	2133	2097	1245	5	11	7	2	7	5
LATVIA	135	83	160	45	86	170						
LITHUANIA	1016	343	1688	248	282	1469	1814	680	1839	490	430	2015
MACEDONIA	1	2*	2F	5	3*	3F						
MALTA	15	34	68	6	14	19						
NETHERLANDS	103063	176989	132189	32753	51824	29575	30657	18934	22027	10587	8125	8604
NORWAY	1354	1443	1600	714	749	714	17	4		8	3	
POLAND	5418	6044	4848	1380	2413	1937	14	2	25	16	2	8
PORTUGAL	353	815	873	201	655	605	3	484	319	1	91	57
ROMANIA	28	20			29	22	287	25	303	87	8	57
RUSSIAN FED	15*	45	1561	15*	38	1786		48			9	
SLOVAKIA	7	179	81	5	106	37	205	871	932	76	334	320
SLOVENIA	32	35	40*	30	27	30*					1	
SPAIN	5093	8978	5035	2806	5232	3225	287	1021	938	188	696	552
SWEDEN	742	805	941	366	418	401	639	1205	293	281	370	139
SWITZERLAND	2411	2890	2460	1051	1291	1058	9	22	30	7	11	23
UK	52396	37320	5377*	16865	10271	2486	29505	42073	105695	12901	14876	24699
UKRAINE		566	338		140F	85F	2839	736	305	597	400F	
YUGOSLAVIA		1	1F		2	2F	3	1	1F	3	2	2F
OCEANIA	3100	600	65	1581	308	35	503	248	498	232	105	163
AUSTRALIA	3100*	600*	65	1581	306	35	328		398	135	1	129
NEW ZEALAND					2		175	248	100	97	104	34

表 103

SITC 223.5

ヒマ種子

	輸入:MT			輸入:1,000 $			輸出:MT			輸出:1,000 $		
	1997	1998	1999	1997	1998	1999	1997	1998	1999	1997	1998	1999
WORLD	31155	22558	26432	12753	9674	12138	26423	16826	29673	9609	6577	10344
AFRICA	92	25	93	27	7	29	1163	1141	1159	289	249	293
ETHIOPIA							170*	170*	170F	80F	80F	80F
KENYA							188	61	244	86	19	67
SOUTH AFRICA			3			1						
SWAZILAND	92		6	27	1	4	238	60	245	30	10	46
TANZANIA							567	850*	500*	93	140F	100F
ZIMBABWE		25	84		6	24						
N C AMERICA	39	22	3	12	8	4	39	78		13	49	
CANADA	39	20		12	5							
COSTA RICA		2	2F		1	1F						
MEXICO			1			3						
USA					2		39	78		13	49	
SOUTHAMERICA	1136	290	294	337	84	98	2370	876	1540	543	220	319
ARGENTINA	61			45								
BRAZIL	1075	250	254	292	69	83		16			28	
ECUADOR							120*	100*	100*	20F	20F	
PARAGUAY		40*	40F		15	15F	2250	760	1440	523	172	319
ASIA	7120	7234	6671	3209	3423	3173	21574	14635	26955	7745	6011	9653
CHINA	300*	33	10	200F	24	2	113	228	91	36	111	52
CHINA,H.KONG					2							
INDIA							20560	12413	25600*	7397	5020	9000F
INDONESIA							8			2		
JAPAN			13			21						
KOREA REP	91	37	46	39	22	25						
MALAYSIA		21			7							
MYANMAR							150F	150F	150F	50F	50F	50F
PAKISTAN	30			24			739	1814	1110	258	810	547
SAUDI ARABIA		6	6F		5	5F						
SINGAPORE	534	389	428	542	398	465						
SRI LANKA								10*				
THAILAND	6165	6739	6168	2404	2959	2655	4	20*	4	2	20F	4
TURKEY		9			6							
EUROPE	22768	14987	19371	9168	6152	8834	1237	96	19	1013	48	79
ALBANIA	11			15								
AUSTRIA	46	28	32	10	8	47	4		14	20		63
BEL-LUX		3	2	1	2	1						
CZECH REP		1			1							
ESTONIA		23			31							
FRANCE			19			16	1			3		
GERMANY	22640	14778	19293	9060	6038	8739				13	19	13
GREECE	40	20*	20	35	21*	21	10			14		
ITALY		38			22							
NETHERLANDS		96			29		1050	96	5	894	29	3
NORWAY						1						
POLAND	3			2								
SPAIN	24		5	24		5						
SWITZERLAND			1									
UK	4		20			4	172			69		
OCEANIA							40			6		
AUSTRALIA							40			6		

表 104

SITC 232

天然ゴム及び類似天然樹脂

	輸入：MT			輸入：1,000 $			輸出：MT			輸出：1,000 $		
	1997	1998	1999	1997	1998	1999	1997	1998	1999	1997	1998	1999
WORLD	4849029	5386409	5509692	5884717	4694694	3807283	5286453	5495887	5505582	5645335	3952181	3477296
AFRICA	95179	97388	84896	121555	90659	64458	295267	330232	369351	275957	246446	258716
ALGERIA	1338	1172	1042	1849	1849	1729		75*	35*			
BOTSWANA	6	9	9	54	68	68						
BURKINA FASO	60	60F	110	90	90F	160						
CAMEROON				1			29980	55155	56000*	26210	36407	30000*
CONGO, DEM R							3333	4100*	2000*	3000*	2500*	1000*
CÔTE DIVOIRE							86000*	84000	117000	90000*	63000	70000
EGYPT	13428	16765	13817	19561	16598	11430	536	815	652	528	858	628
ETHIOPIA	1800	100		2401	121	1						
GABON							7200*	9800*	7800*	7200*	7000*	4100*
GHANA	31	17	11	79*	62	30	9664	7411	7971	8787	3646	6825
KENYA	3603	4103	2828	4507	4338	2122	2	2	14	6	4	25
LIBERIA							67200*	75000*	85000*	43000*	38000*	53000*
LIBYA	70F	70*	150*	180F	130*	220*						
MADAGASCAR	17	27	17	32	43	34						
MALAWI							2200	2159	1919	2100	1447	957
MAURITIUS	167	239	173	276	256	199			2			5
MOROCCO	7118	7608	6585	8661	6622	4518		2	1		6	6
NIGER					2	2F						
NIGERIA	530F	530F	530F	862F	862F	862F	86604	90000F	90000F	91000	91000F	91000F
SENEGAL	28	1	1	21	5	8						
SOUTH AFRICA	55425	53792	46995	65591	45465	30867	2504	1650	886	4103	2511	1097
SUDAN	1744	2200*	2200F	3245	3500*	3500F						
SWAZILAND	14	34	34F	24	115	115F	1	22	22F		45	45F
TANZANIA	2107	2642	2042	2834	2296	1676	40	40F	40F	20	20F	20F
TUNISIA	3519	4448	4199	4473	3962	2984						1
UGANDA		5	3		29	17						
ZAMBIA	136	150	30	500	320	80						
ZIMBABWE	4038	3416	4120	6314	3926	3836	3	1	9	3	2	7
N C AMERICA	1292595	1455894	1382998	1616982	1312952	990828	59548	64167	61720	104032	94707	93895
BAHAMAS	6			41								
BARBADOS			5	3	1	17						
BELIZE							8	8F	20*	25	25F	70*
CANADA	135191	148887	141780	179770	148342	112606	3816	10016	1891	6895	17437	2601
COSTA RICA	2889	3004	3000	3554	2654	2650	2	2F	1	8	8F	
DOMINICAN RP	35*	50*	50F	160*	220*	220F						
EL SALVADOR	229	484	379	441	422	320	4			11		1
GREENLAND					2							
GUATEMALA	3	105	87	10	186	157	26080	24685	26700	38298	27165	38100
HONDURAS	220*	88	165	375*	107	175						
JAMAICA	210*	30*	10*	270*	20*	80F						
MEXICO	84415	100484	91781	113952	91609	79300	1943	952	166	2916	1107	702
NICARAGUA	41	55	58	99	101	113						
PANAMA	685	452	303	1324	680	402						
TRINIDAD TOB	1129	1854	1288	1516	2039	1872	5			9		
USA	1067542	1200401	1144092	1315467	1066569	792916	27692	28504	32941	55877	48965	52413
SOUTHAMERICA	211523	219496	171865	269192	198083	123540	588	431	2296	953	620	2198
ARGENTINA	38449	42258	23241	49200	38601	17207	46	49	1434	136	48	1330
BOLIVIA	83	42	20	179	56	50						
BRAZIL	99976	113629	97817	128749	91291	64427		11	192	3	46	180
CHILE	14598	12873	10006	17767	11625	7500	27	43	180	81	39	160
COLOMBIA	21177	9735	13333	28656	19828	15192		1		6	6	4
ECUADOR	6666	6713	5418	7616	6057	3256	472	263	175	668	342	176
PARAGUAY	86	40	40F	170	62	62F						
PERU	7580*	11301	6444	9180*	10380	4728			305		1	325
URUGUAY	2748	2057	1597	3745	2086	1222	1	46		2	112	
VENEZUELA	20160	20848	13949	23930	18097	9896	42	18	10	57	26	23
ASIA	2035856	2212970	2488829	2364139	1803612	1576856	4830897	4996050	4981024	5114130	3473301	3018820
ARMENIA	20	20		50	30	1	40F	32F		63F	50F	
BANGLADESH	2662	2536	4488	2387	2181	4053						
CAMBODIA	4F	4F	4F	2F	2F	2F	48000*	33000*	49000*	38000*	21500F	37000*
CHINA	509797	508154	518335	573372	393311	351310	40282	19474	4888	49372	14802	2983
CHINA, H.KONG	83825	74348	118482	95983	59200	79450	69121	70141	58272	84779	63779	43768
CYPRUS	54	65	41	151	168	100						
INDIA	24892	24270	19808	32849	21880	18933	1072	766	3850	1706	844	2966
INDONESIA	6598	13920	18033	7119	9316	10806	1421767	1635540	1494962	1549114	1106295	850026

表 104

SITC 232

天然ゴム及び類似天然樹脂

	輸入：MT			輸入：1,000 $			輸出：MT			輸出：1,000 $		
	1997	1998	1999	1997	1998	1999	1997	1998	1999	1997	1998	1999
IRAN	33152	56673	46055*	56793	73964	46095		654	84		262	34
ISRAEL	9065	8675	10750	13202	7966	7178	180F	140F	70F	270	186	99
JAPAN	732914	680317	756434	890582	590484	517102	141	102	150	609	479	793
JORDAN	162	114	129	299	162	189	35	262	558	35	254	273
KAZAKHSTAN	12	16	10	47	30*	20*						
KOREA D P RP	4700*	4200*	8300*	5000*	2300*	4100*						
KOREA REP	302386	283434	332649	355030	228497	214496	2368	814	599	4601	1359	972
CHINA, MACAO	145	88	42	55	52	35	73	64	30	33	25	13
MALAYSIA	198010*	437941	548303	176100*	302168	242160	1018369	948142	983695	1165085	721698	616685
MYANMAR	58		10	195		15	22000	26100*	18400*	21376	18000*	7500*
NEPAL	1600	1400F	1400F	1823	1539	1539F						
OMAN	1			6	4	4						
PAKISTAN	31122	25495	31634	37053	26056	23981						
PHILIPPINES	750	704	566	953	650	553	31955	30080	29421	25137	14252	11756
SAUDI ARABIA	949	937	419F	1770	2891	1144F	23	13	35	19	24	33F
SRI LANKA	191	168	486	264	258	430	61436	41442	42587	78854	42121	32255
SYRIA	4040	3660	2266	4267	3152	2150	250*		230*			
THAILAND	1344	816	937	1013	704	702	1919466	1998231	2031327	1904123	1339772	1161118
TURKEY	86903	84023	69041	106824	75796	50022	123	53	96	183	129	546
UNTD ARAB EM	500	935	150	950	715	150						
VIET NAM							194196	191000	263000	190541	127470	250000F
YEMEN		57	57F		136	136F						
EUROPE	1162156	1349094	1327889	1452513	1248936	1017223	95595	100043	86558	145230	133250	100410
ALBANIA	11			18								
AUSTRIA	25974	35342	37587	33935	33445	28321	397	459	421	763	640	458
BELARUS	14300	15874	17028	17300	17932	12065		86	753		290	699
BEL-LUX	61778	82242	39942	76130	75847	42799	15564	19407	4257	18956	17114	4260
BULGARIA	4905	6627	6627F	2401	3089	3089F	4073	5203	5203F	1314	1367	1367F
CROATIA	1150	695	208	1836	979	258	1			6		1
CZECH REP	24384	29391	34514	30628	26552	24401	697	465	75	972	493	93
DENMARK	2031	2168	2308	3554	2957	2754	942	730	1311	2559	1738	2440
ESTONIA		174	62		251	85			8		1	24
FAEROE IS	1	2	1	10	9	12						
FINLAND	10391	16453	20972	13411	14289	14062	4	4	113	40	34	214
FRANCE	200266	235791	282408	237361	198087	193363	8048	12573	18046	15815	19466	23168
GERMANY	231482	270791	250886	283611	243753	175307	19139	23832	25246	28716	29842	25082
GREECE	5176	4689	4841	7151	5271	4031	194	49	41	226	52	62
HUNGARY	4709	9435	13688	6779	9106	10737	27	51	27	71	110	60
ICELAND	1			8	3	3						
IRELAND	2187	1813	1626	4076	3576	3658	48	15	39	170	346	915
ITALY	137076	153960	141390	174060	143556	105807	4798	5709	10133	10539	10627	13075
LATVIA	112	112	82	145	208	103	5	1		6	1	
LITHUANIA	38	64	601	72	93	497	2	2	371	4	2	282
MACEDONIA	88	70*	35*	293	150*	85*						
MALTA	6	5	7	12	11	16	1	1			24	23
MOLDOVA REP						1						
NETHERLANDS	7510	11452	4750	15023	19251	5109	9177	9553	4693	16585	17510	5722
NORWAY	549	609	211	837	879	395	22	3	17	186	32	70
POLAND	36979	42258	43791	44433	37072	31844	144	368	2557	165	420	2049
PORTUGAL	13458	15309	16867	17790	14969	13148	71	95	137	258	171	162
ROMANIA	13881	14464	10636	23999	18179	9679	1		21	9		22
RUSSIAN FED	9030	4632	15470	8452	4925	10378	8571	321	26	11034	429	33
SLOVAKIA	17305	20299	20279	24141	21334	17107	337	382	92	616	462	185
SLOVENIA	14719	18325	19500	18493	15849	23617	3	4		5	11	4
SPAIN	147780	161199	163838	182784	149707	129237	3405	4151	2796	4995	5898	4394
SWEDEN	13128	13999	12796	17001	14257	10290	1596	1377	1228	3624	2921	2403
SWITZERLAND	3609	3017	2324	5786	4696	3221	17	24	32	48	138	96
UK	139931	153578	139414	169509	131780	102944	18307	15172	8914	27535	23101	13047
UKRAINE	12464	14000F	14000F	22684	25000F	25000F	1			3		
YUGOSLAVIA	5747	10255	9200*	8790	11874	13800F	4	6		10	10	
OCEANIA	51720	51567	53215	60336	40452	34378	4558	4964	4633	5033	3857	3257
AUSTRALIA	45940*	44810*	46531	51736	33780	29687	152	51	912	441	266	1221
COOK IS					1							
FIJI ISLANDS	3*		2*	22*	3	5*						
NEWCALEDONIA				1								
NEW ZEALAND	5772	6733	6678	8508	6554	4621	6	13	21	21	25	26
PAPUA N GUIN	1	20		6	53	3	4400	4900	3700	4571	3566	2010
VANUATU	4F	4F	4F	62F	62F	62F						

表 105

SITC 261

生 糸

	輸 入：MT			輸 入：1,000 $			輸 出：MT			輸 出：1,000 $		
	1997	1998	1999	1997	1998	1999	1997	1998	1999	1997	1998	1999
WORLD	45817	31708	32508	659916	481564	449194	37233	31281	36095	533619	394982	378306
AFRICA	698	166	207	1940	1704	2483	28	10	9	45	39	31
BOTSWANA				5	5F	5F						
EGYPT	528	59	96	442	506	1021			3			17
GHANA						2						
KENYA	1			2			1					1
LIBYA	2F	2F	2F	60F	60F	60F						
MAURITIUS	42	8	2	292	28	26						
MOROCCO		8	7	8	163	194						
NIGERIA	25F	25F	25F	61F	61F	61F						
SEYCHELLES	7			57								
SOUTH AFRICA	37	7	7*	407	85	41	1		1	19	2	8
SWAZILAND				7	2	2F	26	5*	5F	26	5	5F
TANZANIA	30	30F	30F	18	18F	18F						
TUNISIA	26	27	38	576	776	1053						
ZIMBABWE				5				5			32	
N C AMERICA	251	90	109	3212	1048	1111	504	550	473	3087	3678	3846
BAHAMAS							165	165F	165F	2414	2414F	2414F
BARBADOS						1						
CANADA	16	26	12	141	224	124		1		1	12	6
EL SALVADOR									3			6
GUATEMALA	2	1	1F	12	6	6F						
HONDURAS	14			28								
MEXICO	2	1	2	96	30	69						
USA	217	62	94	2935	788	911	339	384	305	672	1252	1420
SOUTHAMERICA	266	282	359	1018	1249	1722	967	851	671	7507	7852	2282
ARGENTINA	6	9		25	51		13			46		
BOLIVIA	2	16	16F	5	2	2F	1	1	1F	20	25	25F
BRAZIL	213	147	215	734	688*	1002	905	780	408	6790	7315	2056
COLOMBIA							44	24	9	634	154	119
ECUADOR	1			6		9			1			1
PARAGUAY	43	109	109F	211	470	470F	4	46	252	17	358	81
PERU	1F	1	16	37F	27	221						
URUGUAY					11	13						
VENEZUELA			3			5						
ASIA	34256	23312	23198	450003	316772	301646	33307	27920	30585	476617	341961	345071
AZERBAIJAN							40*	80	9	110*	145	53
BANGLADESH	3056	2393	2200F	54756	62095	58023						
CHINA	12138	6455	5921	21309	12662	13283	14384	12250	16251	312461	250634	281633
CHINA,H.KONG	4320	2030	1258	93092	37239	21359	4501	2105	1153	103786	43322	21359
CYPRUS						4						
INDIA	2437	2846	2846F	60692	63689	63689F	2083	1833	2224	12219	11910	13973
INDONESIA	9	57	118	64	309	766	35	32	61	78	70	181
IRAN							21	40	29	121	108	104
ISRAEL						5						5
JAPAN	4229	3357	3792	102362	73007	77203	936	612	227	3323	2817	1525
KAZAKHSTAN	165			270F			70			113F		
KOREA D P RP	5F	5F	5F	110F	110F	110F	1000F	1000F	1000F	5800F	5800F	5800F
KOREA REP	2796	1510	2265	74347	36274	47433	51	157	42	386	913	271
KYRGYZSTAN	1700	1650	1650	1000	900	900	1600	1480	1440	1400	1270	1060
CHINA, MACAO	23	3		569	34		11	3		227	10	
MALAYSIA	138	13	49	1470	175	262	100F	20	18	1454F	167	235
MYANMAR	4	44	64	3	3	3						
OMAN				5	5F	5F						
PAKISTAN	18	61	93	44	387	652	547	1154	1244	249	366	511
PHILIPPINES	26	10	8	480	276	134	1			11		
SAUDI ARABIA	11			26	13	13F						
SINGAPORE	1424	503	376	22447	10391	2780	1279	672	221	21949	10718	3451
SRI LANKA	4	4	13	85	55	21	3	1		75	12	3
TAJIKISTAN							270	270	270	260F	260F	260F
THAILAND	1306	1988	2261	8111	12729	10991	342	273	289	2742	3640	4571
TURKEY	227	198	154	3661	2499	2198	48	10	17	94	12	137
TURKMENISTAN							4080	4128F	4120	2050	2078F	2030
UZBEKISTAN							1845	1740F	1910	6309	6309F	6509
VIET NAM	220	150	90	5100	3800	1700	60	60F	60F	1400	1400F	1400F
YEMEN		35	35F		116	116F						

表 105

SITC 261

生 糸

	輸入:MT			輸入:1,000 $			輸出:MT			輸出:1,000 $		
	1997	1998	1999	1997	1998	1999	1997	1998	1999	1997	1998	1999
EUROPE	10346	7858	8634	203734	160779	142199	2427	1910	1633	46247	41338	23253
ALBANIA				2								
AUSTRIA	25	19	18	144	105	94	2	4	1	20	18	12
BELARUS						1						
BEL-LUX	147	33	15	2355	564	136	84	13	1	1805	396	17
BULGARIA	5			92	11	11F	19			36		
CROATIA	4	15	4	20	154	50						
CZECH REP	7	5	5	50	44	58		1			5	
DENMARK	4		2	25	3	53						3
ESTONIA	21	4	24	71	20	101	4			20		
FAEROE IS				1								
FINLAND				8	2	2						
FRANCE	582	592	579	14445	13525	8062	15	11	21	315	124	110
GERMANY	2889	2034	2210	51713	34014	29541	1585	1340	1209	36194	30585	18619
GREECE	5	7	15	121	241	383	1			10		
IRELAND	7	5	4	164	13	437	20	1	7	44	63	85
ITALY	5482	4088	4985	122765	101514	94936	115	82	92	2347	1567	1340
LATVIA					2	2						
MACEDONIA										2F	2F	2F
MALTA											1	
NETHERLANDS	51	19	66	855	424	408	27	15	17	622	366	172
NORWAY				10	3	8				1	1	
POLAND				5	5	2	1			22		3
PORTUGAL	1	2	1	6	19	16						5
ROMANIA					3	1	1	68	3		87	1
RUSSIAN FED		30			97			31		8	307	
SLOVAKIA				2	2F	2F		1	1F			
SLOVENIA	3			25	2	2F						
SPAIN	377	134	200	2918	1661	1324	156	123	46	1630	1838	603
SWEDEN				5	14					10	2	
SWITZERLAND	236	264	283	3854	4994	4157	55	62	67	1121	1304	1131
UK	499	607	223	4070	3345	2412	231	173	121	1855	4648	1039
UKRAINE							44	50F	50F	98	110F	110F
YUGOSLAVIA	1			5								
OCEANIA			1	9	12	33		40	2724	116	114	3823
AUSTRALIA			1	7	10	26		40	2724	115	114	3823
NEW ZEALAND						5				1		
PAPUA N GUIN				2F	2F	2F						

表 106

SITC 263.1

綿 花

	輸入：MT			輸入：1,000 $			輸出：MT			輸出：1,000 $		
	1997	1998	1999	1997	1998	1999	1997	1998	1999	1997	1998	1999
WORLD	6062033	5519723	4973566	10712263	9057277	7046249	5696479	5629202	4767121	9190585	7887324	5737572
AFRICA	186599	173324	136521	375030	333888	255083	1014695	1010317	904080	1561595	1461401	1162247
ALGERIA	21460	20000*	20000*	44131	42000F	42000F						
BENIN							112000*	107000*	84000*	183000*	160000*	106000*
BOTSWANA	1423F	1423F	1423F	4784F	4784F	4784F	1067	1067F	1067F	696	696F	696F
BURKINA FASO							60500*	96000*	69000*	106500*	153000*	93000*
CAMEROON	15	15F	15F	33	33F	33F	51432	61022	65000*	75031	86952	79000*
CENT AFR REP	6000F			15000F			9400*	15000*	10000*	14000*	23000F	13000*
CHAD							72000*	67500*	36500*	113000*	106000*	45500*
CONGO, DEM R	5890	5890F	5890F	15753	15753F	15753F	200*	200F	200F	270*	270F	270F
CONGO, REP	2F	2F	2F	11F	11F	11F						
CÔTE DIVOIRE							85500*	116500*	122000*	117500*	153000*	137000*
EGYPT	6500F	500F	4899*	7234	552	6351	41791	66258	111535	110223	158173	238160
ETHIOPIA							100*	1200*	5000*	135*	1400*	4700*
GAMBIA							260*	320F	200*	400*	550F	210*
GHANA	32			34			1	1119	6520	3	823	1660
GUINEA							3900*	5000*	9000*	7200*	7700*	10000*
GUINEABISSAU							800*	800F	1100*	1300*	1300F	1200*
KENYA	2141	2147	950*	1651	1862	653	81	26*	54	110	50	63
LIBYA		7*	7F		86F	86F						
MADAGASCAR	61	27		176	80		200		498	258		536
MALAWI							9029*	4703	3100*	11629	5262	
MALI							140000*	160000*	138000*	187500*	203000*	156000*
MAURITIUS	12002	13613	9648	23167	24170	16964		1		4		3
MOROCCO	43240	33946	28337	78922	55636	38416	138	610	390	369	1495	933
MOZAMBIQUE							15500*	17000*	10000*	17500*	16800*	8300*
NIGER					3		2600*	1072	1072F	3300*	364	364F
NIGERIA	13070F	13070F	13070F	55167F	55167F	55167F	32000*	8900*	8900F	97400*	23000*	23000F
SENEGAL				1	1		14576	14473	4620	20380	22184	6168
SEYCHELLES	10*	8*	10F	12	26	30						
SOUTH AFRICA	42063	48339	26650	69336	76690	37000	3956	7126	5367	5652	11055	6264
SUDAN							93946	62000*	24000*	105662	61000*	21000*
SWAZILAND	4327	7203	7203F	9546	13194	13194F	1830	391	391F	1134	215	215F
TANZANIA	1	1F	1F	1	1F	1F	86290	37290	27990	130380	47630	18000*
TOGO							48100	66500*	53000*	63234	80000*	55000*
TUNISIA	24181	24489	16908	42304	39888	22338	24	99	1	142	232	
UGANDA		133	220		198	292	18975	1407	9636	29197	1908	11936
ZAMBIA	128	128F	128F	295	295F	295F	17471	11600*	16000*	19179	12400*	15000*
ZIMBABWE	4053	2383	1160	7472	3458	1715	91052	78209	79840*	139452	122028	108837
N C AMERICA	372555	545940	464420	627363	858539	656032	1641679	1662774	758053	2799321	2603965	1026486
BAHAMAS	4	4F	4F	23	23F	23F						
BARBADOS			2			7	84	132	19	569	238	128
BELIZE							6	6F	6F	55	55F	55F
CANADA	56645	84334	52227	92979	131342	75704	104	206	3383	187	280	2852
COSTA RICA	808	568	650*	1411	1135	900*						
CUBA	5000*	5000*	1900*	8500F	8500*	2100*						
DOMINICAN RP	200*	350*	310*	400*	620*	440*						
EL SALVADOR	25476	28593	17589	45468	53685	27382*	64	122	173	111	106	217
GREENLAND						1						
GUATEMALA	20497	19722	11000*	31460	27700	11000*	22	1	1F	19		
HONDURAS	748	359	253	1370	613	341	295	173	173F	409	247	247F
JAMAICA	1F	1F	1F	6F	6F	6F						
MEXICO	260970	398653	275910	442510	619185	387985	70301	36209	45582	110739	54662	53552
NICARAGUA							1898	190	341	3015	284	400
PANAMA	2	1	2	8	4	4						
TRINIDAD TOB	2			12		2						
USA	2202	8355	104572	3216	15726	150137	1568905	1625735	708375	2684217	2548093	969035
SOUTHAMERICA	623203	478800	400500	1126767	779390	535114	299574	545362	248497	482187	321178	261783
ARGENTINA	1186	6404	3864	1604	10143	5601	214905	476258	178231	332282	220379	175206
BOLIVIA	28	198	20*	1	316	40*	22281	8584	13000*	39254	15475	18000*
BRAZIL	472613	334358	278307	852067	527503	357455	285	3103	3850	361	4245	4588
CHILE	26519	20709	13695	45829	33852	17900						
COLOMBIA	47284	42661	37846	84156	69149	48233	607	277	150	1160	453	248
ECUADOR	12359	14559	12798	21823	26041	18747	2698	25		4517		
PARAGUAY		258	258F		289	289F	45289	54870	52110	72856	75419	61546
PERU	31000*	44315	43131	64000*	84572	67938	13323	1620	848	31683	3979	1554
URUGUAY	3809	1333	351	6873	2100	478	180		308	72		641
VENEZUELA	28405	14005	10230	50414	25425	18433	6	625		2	1208	

表 106

SITC 263.1

綿 花

	輸入：MT			輸入：1,000 $			輸出：MT			輸出：1,000 $		
	1997	1998	1999	1997	1998	1999	1997	1998	1999	1997	1998	1999
ASIA	3267173	2875739	2633985	5729325	4656916	3723713	1860683	1520725	1736516	2907499	2125872	1875491
AFGHANISTAN							3000*	4500*	6600*	5100*	4400*	7100*
ARMENIA	535F	552F	56	537F	800F	81						
AZERBAIJAN			1			3	23000*	10000*	15819	31500*	13000*	12163
BANGLADESH	137804	171417	185965	190158	225742	258237		63	200F		78	265
CHINA	1015177	505085	319651	1782136	818300	438149	2081	46187	238820	5442	57923	286360
CHINA,H.KONG	127206	139232	113469	201154	200211	134890	19511	10241	20089	32346	15918	27690
CYPRUS	13	2	1	28	8	16						
GEORGIA	2000F	1500F	1500F	2800F	2500F	2500F						
INDIA	8824	55685	55685F	21316	90306	90306F	139520	32211	20000*	197549	38171	22000*
INDONESIA	465417	453303	455909	815992	762221	671934	194	813	1976	311	1218	4063
IRAN							58000*	17000*	36000*	80000*	22000*	58000*
IRAQ	9000F	9000F	9000F	15000F	15000F	15000F						
ISRAEL	4372	447	1133F	7741	713	1760	42587	37004	35432F	84296	67869	50011
JAPAN	292956	303009	268286	553883	536742	406827	19	37	1	53	176	7
JORDAN	1090	2996	929	2037	4549	1244	6		20	14		6
KAZAKHSTAN	127	331	1592	180	373	1423	63895	47434	62063	77541	50981	49455
KOREA D P RP	750*	300*	5200*	1200*	480F	6300*						
KOREA REP	314675	302515	330373	583226	521700	483178	16409	10744	6984	29863	17499	11157
KYRGYZSTAN	100F	105F	105F	180F	185F	185F	13500*	13500*	21000*	22000*	23000*	27000*
LEBANON	150*	700*	210*	290*	1100*	370*						
CHINA, MACAO	1	1	7	3	3	25						
MALAYSIA	50000F	78548	83603	100000F	133996	112749	1000*	5975	170	1200*	6612	244
MONGOLIA									64		64F	64F
MYANMAR	1086	15*	550*	2047	20*	750*	2400*	4000*	2000*	3000*	4600*	2300*
NEPAL	1700F	366F	366F	1965	433	433F						
OMAN	3	3F	3F	17	17F	17F	1	1F	1F	8	8F	8F
PAKISTAN	62194	71538	167382	121241	116070	253065	20958	36064	1840	32224	48861	2700
PHILIPPINES	65990	39474	53497	104503	61736	70454	50	2		51	4	
SAUDI ARABIA	541	1203	2300*	674	1919	2700*	12	23	23F	35	10	10F
SINGAPORE	2991	1353	751	4701	2122	1004	3558	880	283	5635	1298	221
SRI LANKA	21215	18509	8333	37077	25271	11356	55	54	156	357	59	110
SYRIA	1	5	5F	8	27	27F	155644	199900	133612	247001	273078	155345
TAJIKISTAN							108000	88000	80000*	166700	112000	82000*
THAILAND	280938	269661	280959	480563	439963	392606		1498	2		1393	6
TURKEY	356813	379688	277157	628558	600845	351436	37040	45907	80394	57169	55356	87122
TURKMENISTAN							170000F	76000*	72000*	246000F	114000F	105000*
UZBEKISTAN	1600F	1089F	1100F	2700F	1650F	1600F	978900	829974*	900000*	1580000	1192000	883700
VIET NAM	41549	68000	8800*	66982	91826	13000*						
YEMEN	355	107	107F	428	88	88F	1343	2713	1031	2040	4296	1384*
EUROPE	1612483	1445890	1338116	2853714	2428476	1876240	292271	258789	410266	483687	390217	471164
ALBANIA	25	16	16F	56	32	32F	266			486		
AUSTRIA	36032	29520	32023	62674	51924	46367	224	104	286	524	187	423
BELARUS	9000F	21392	20070	12500F	32537	22510	550*	39	4	900*	14	19
BEL-LUX	60517	57447	52790	101485	86378	65275	15520	14085	13083	25849	21210	16053
BULGARIA	28451	26657	18000*	48453	41105	32000*	5267	4051	4051F	8371	6440	6440F
CROATIA	5141	1494	2982	10587	2619	4340						
CZECH REP	62755	70507	52465	110313	122750	73208	1996	1976	762	2952	3417	953
DENMARK	4088	3438	2855	8012	6691	5454	3	2	139	54	24	329
ESTONIA	25370	25352	28727	44185	42329	37556	138	263	4474	291	417	5137
FAEROE IS			1	1	2	4						
FINLAND	768	10	10*	1272	24	24	113	22		43	8	
FRANCE	128183	121431	108102	207996	178073	132219	4890	5903	7054	9455	10409	10985
GERMANY	169304	153904	126290	272341	243690	157953	16984	13854	14289	30572	24799	22845
GREECE	10247	5263	5345	19690	11042	10440	190830	156994	306257	310401	227272	331006
HUNGARY	20722	16804	13946	36301	29159	20631	29		156	37		187
ICELAND			1		4	2						
IRELAND	10574	5157	4765	19490	8822	8992			1	33		43
ITALY	353783	332367	277598	673315	591945	421445	4415	7260	7376	12345	18487	17635
LATVIA	6451	7779	5931	8571	18106	12945	165	77	107	166	155	175
LITHUANIA	13108	16146	12952	22803	23387	15653	907	1527	1689	1429	2097	1897
MACEDONIA	2426	3700*	2500*	4800*	6200*	2800*	34	34F	34F	113	113F	113F
MALTA	25	3		19	22							
NETHERLANDS	2290	4238	3836	3850	7991	5354	28	50	52	193	281	221
NORWAY	104	38	112	262	95	238	10		12	62		60
POLAND	80059	75673	59338	140783	117813	77207	56	214	242	100	315	338
PORTUGAL	159565	170879	140383	300113	298138	208310	734	334	186	1446	1156	527
ROMANIA	33591	29832	23851	61992	49258	31728	12	146	36	25	240	64
RUSSIAN FED	211994	114857	231500	350404	179920	310900	1209	5707	309	1053	7937	332
SLOVAKIA	8223	8606	7854	14428	13441	10307	553	67	27	908	59	7
SLOVENIA	10958	10719	3300*	20751	18689	4900*	78	50	50F	123	110	110F
SPAIN	72388	53275	39550	130580	96102	56355	45734	44455	47390	72188	61336	51391

表 106

SITC 263.1

綿　花

	輸入：MT			輸入：1,000 $			輸出：MT			輸出：1,000 $		
	1997	1998	1999	1997	1998	1999	1997	1998	1999	1997	1998	1999
SWEDEN	6393	5125	4615	11221	8673	6570	11		17	43	2	48
SWITZERLAND	32325	32111	24120	68998	69193	44580	418	425	350	963	928	631
UK	31091	24481	21989	57990	43729	35341	778	850	833	2039	2324	1595
UKRAINE	8923	8000F	8000F	12515	11500F	11500F	290	300F	1000*	473	480F	1600*
YUGOSLAVIA	7609	9668	2300*	14963	17093	3100*	29			50		
OCEANIA	20	30	24	64	68	67	587577	631235	709709	956296	984691	940401
AUSTRALIA	1*	20*	5	2	36	13	587577	631234	709709	956296	984682	940401
COOK IS					2							
NEWCALEDONIA				1								
NEW ZEALAND	19	10	19	55	27	51		1			9	
TONGA				6	3	3F						

表 107

SITC 264

ジュート及び靱皮繊維

	輸入：MT			輸入：1,000 $			輸出：MT			輸出：1,000 $		
	1997	1998	1999	1997	1998	1999	1997	1998	1999	1997	1998	1999
WORLD	406030	379245	263107	137976	104331	79146	421166	447274	374448	113625	93252	83341
AFRICA	35992	42263	30536	16942	17476	13876	524	267	247	196	92	96
ALGERIA	3	3F	3F	2	2F	2F						
BOTSWANA	36	36F	36F	91	91F	91F						
CAMEROON	1	1F	1F	2	2F	2F						
CONGO, DEM R	173	173F	173F	44	44F	44F						
CÔTE DIVOIRE	15522F	15522F	15522F	8665F	8665F	8665F						
EGYPT	9975	17638	5772*	3538	4506	1109	183	191	165	25	39	23
ETHIOPIA	8000F	8000F	8000F	3417F	3417F	3417F						
GHANA	4	1	3	6	3	2		4*	4F		6	6F
KENYA	1	230	2	1	340	4*			8			14*
LIBYA	19F	4*	4F	128F	1*	1F						
MALAWI							38			12		
MAURITIUS			1	1	1	2						
MOROCCO		35	19		16	5	72			28		1
NIGERIA	168F	168F	168F	113F	113F	113F						
SEYCHELLES	5			10		1						
SOUTH AFRICA	633	275*	26*	211	134	49	32	4	21	57	14	21
SWAZILAND	20	53	53F	26	28	28F	5			1		
TANZANIA	6	6F	6F	4	4F	4F						
TUNISIA	1420	31*	719	680	52	299	5			8		
UGANDA		81	22		54	35						
ZAMBIA	6	6F	6F	3	3F	3F	40F	40F	40F	15F	15F	15F
ZIMBABWE							149	28	9*	50	18	16
N C AMERICA	6137	5137	4896	3934	2965	2974	1335	1250	2169	949	1010	1162
BARBADOS			1									
CANADA	436	328	439	512	401	540	75	93	43	78	83	13
COSTA RICA	2			2								
CUBA	1000F	1000F	1000F	600F	600F	600F						
EL SALVADOR	407	397	351	250	286	217		1	1		2	2
GUATEMALA	2	10	10F	7	4	4F						
HONDURAS	2		2	3	1	4						
JAMAICA	37F	37F	37F	42F	42F	42F	10	10F	10F	117	117F	117F
MEXICO	58	43	16	56	38	22			17	5		75
NICARAGUA	2248	1030	592	1378	479	259						
PANAMA	54	29	23	67	34	25						
TRINIDAD TOB		3	3	3	4	6			1			1
USA	1891	2260	2422	1014	1076	1255	1250	1146	2097	749	808	954
SOUTHAMERICA	11986	5619	5633	7964	2997	1798	9	1	1	18	3	1
ARGENTINA	11		15	12		6						
BOLIVIA		2	2F	1	5	5F						
BRAZIL	11275	5563	5616	7371	2870	1785			1			1
CHILE				2								
COLOMBIA	7	20		13	69							
ECUADOR	9	7		2	32							
PARAGUAY	12			16								
PERU	611F	15		456F	10							
URUGUAY		2			2							
VENEZUELA	61	10		91	9	2	9	1		18	3	
ASIA	315158	294384	192256	92529	67109	49187	407046	434732	360601	107727	87392	77606
ARMENIA			5			2						
BANGLADESH	244			128			384367	412218	349550	99902	79093	74067
CHINA	165868	100215	8746	36214	18327	2521	1265	1157	676	1982	1163	450
CHINA,H.KONG	620	43	6	458	124	9	57	516	131	71	1795	245
CYPRUS				1	2							
INDIA	45580	99472	99472F	13715	20827	20827F	13156	11573	2200	2814	2153	260
INDONESIA	7714	5678	5942	2789	1573	1593	127	65	403	70	92	198
IRAN	2801	5208	2569	2044	2790	1333			1	2	1	1
ISRAEL	22F			41		49				15	68	6
JAPAN	3617	3543	2962	2055	1629	1335						4
JORDAN	149	17	116	106	4	67						
KAZAKHSTAN	1		5	1	1	9	4	5F		2		
KOREA REP	2280	100	2175	568	28	425	17	1	1	37	5	4
MALAYSIA	195F	59	116*	170F	30	43	54F	5	1	55F	14	8
MONGOLIA	30	35F	35F	373	400F	400F						
MYANMAR	38	38F	38F	45	45F	45F						
NEPAL							155F	200F	200F	56	73	73F

表 107

SITC 264

ジュート及び靭皮繊維

	輸入:MT			輸入:1,000 $			輸出:MT			輸出:1,000 $		
	1997	1998	1999	1997	1998	1999	1997	1998	1999	1997	1998	1999
OMAN	28	28F	28F	30	30F	30F				1	1F	1F
PAKISTAN	80071	78845	65633	30357	20478	18372		851	196		312	64
PHILIPPINES	40	10	18	112	36	68						
QATAR	24F	24F	24F	7F	7F	7F						
SAUDI ARABIA	525	720	720F	609	465	465F	1	2	2F	1	1	1F
SINGAPORE	54	8	23	102	45	48	10	4	5	21	10	9
SRI LANKA	36	60	83	143	188	127			2*	1		1
THAILAND	2422	211	1058	842	48	305	2668	3065	2229	1226	1232	908
TURKEY	2799	68	2480*	1619	30	1105	165	70	4	171	79	6
VIET NAM							5000F	5000F	5000F	1300F	1300F	1300F
YEMEN		2	2F		2	2F						
EUROPE	31971	28131	25556	15945	13274	10588	12228	10981	11418	4658	4570	4383
ALBANIA	13			22						1F		
AUSTRIA	11	20	11	145	129	128	28	10	5	50	28	12
BELARUS		150			64			38	46		29	7
BEL-LUX	4765	4353	3502	1699	1222	1041	8614	7630	8551	2326	2248	2444
BULGARIA	15	117	117F	9	52	52F				1		
CROATIA	22	3	1	24	8	5	4			1		
CZECH REP	15	57	76	21	34	53	4		31	14	4	41
DENMARK	1		7	14	4	38			2			17
ESTONIA		2	1		7	10						
FINLAND		1	1		2	7		1	1	6	5	2
FRANCE	2877	2826	3177	1570	1556	1538	1536	827	556	519	337	327
GERMANY	3315	3062	3828	1142	777	1129	1297	1642	1739	741	749	781
GREECE	85	86	62	33	39	34	4			3		
HUNGARY		10			13			7			4	
ICELAND	1		2	7	2	6						
IRELAND	14	317	305	120	837	701	45		24	89		64
ITALY	1305	1110	1201	437	592	435	130	290	46	230	314	141
LITHUANIA						3						
MACEDONIA				1								
MALTA	6	2	7	11	6	10						
MOLDOVA REP			4			1						
NETHERLANDS	459	491	766	547	454	610	329	176	341	320	185	219
NORWAY	128	14	31	147	73	69				2	2	
POLAND	2445	1062	1	1338	407	4	22	26	1	9	16	4
PORTUGAL	931	743	403	219	284	91	2	1	2	3	1	3
ROMANIA	3867	3154	797	1905	914	296						
RUSSIAN FED	250*	107	53	100*	94	22	15F	25	9	28F	87	5
SLOVAKIA	1	1	35	5	1	41			2	1		
SLOVENIA	7	72	72F	8	23	23F						
SPAIN	1674	2283	2633	363	614	790	51	50	4	34	22	37
SWEDEN	1		3	23	4	39			2	26	2	31
SWITZERLAND	7	16	2	22	71	19	2	2	2	15	7	8
UK	7221	4497	4883	4628	3387	1789	144	256	54	238	530	240
UKRAINE	329	350F	350F	207	220F	220F	1			1		
YUGOSLAVIA	2206	3225	3225F	1178	1384	1384F						
OCEANIA	4786	3711	4230	662	510	723	24	43	12	77	185	93
AUSTRALIA	4700*	3700*	4212	629	498	701	24	27	12	77	179	93
FIJI ISLANDS	10F	10F	10F	5F	5F	5F						
FR POLYNESIA				1F	1F	1F						
NEW ZEALAND	76	1	8	23	3	13		16			6	
PAPUA N GUIN				3F	3F	3F						
TONGA				1								

表 108

SITC EX 265.1

亜麻（トウを含む）及びそのくず

	輸入：MT			輸入：1,000 $			輸出：MT			輸出：1,000 $		
	1997	1998	1999	1997	1998	1999	1997	1998	1999	1997	1998	1999
WORLD	257390	354446	391197	251033	303110	367860	251749	263989	306775	261909	285662	357311
AFRICA	2427	2525	3039	6949	7413	9005	7298	7123	7207	5619	5018	5564
ALGERIA				2	2F	2F						
BOTSWANA				7	7F	7F						
EGYPT	714	805	1029	1305	1527	2189	7213	6954	7025	5112	4677	5288
ETHIOPIA	75F	75F	75F	70F	70F	70F						
LIBYA	438F	438F	438F	1052F	1052F	1052F						
MADAGASCAR		1		1	3	1						
MALAWI										3		
MAURITIUS		1			22							
MOROCCO	71	45	4	190	141	52						
NIGERIA	161F	161F	161F	1172F	1172F	1172F	24F	24F	24F	139F	139F	139F
SENEGAL				1		2						
SEYCHELLES					3	3F						
SOUTH AFRICA	90	26	11	236	86	37	12			12	1	
SWAZILAND		15	15F	5	11	11F	1	124	124F	1	22	22F
TANZANIA	8	8F	8F	8	8F	8F						
TUNISIA	869	950	1298	2898	3309	4399	48	21	34	352	179	115
ZIMBABWE	1			2								
N C AMERICA	585	78134	74166	982	27513	25683	275	80	75	1001	730	347
CANADA	124	116	152	93	88	199						
COSTA RICA	1	1	1F	5	5	5F						
EL SALVADOR							1	8	5	3	11	15
GREENLAND						2						
GUATEMALA	1	5	5F	5	11	11F		1	1F		10	10F
HONDURAS		2		1	8	1		3	3F			
JAMAICA	52F	52F	52F	227F	227F	227F						
MEXICO	113	173	212	329	315	422	1	7	2	1		1
NICARAGUA				1								
PANAMA		16			16							
USA	294	77769	73744	321	26843	24816	273	61	64	997	709	321
SOUTHAMERICA	6953	3548	4902	14275	7501	9877	787	673	110	632	535	113
ARGENTINA	47	61	55	114	115	102	1			3		
BOLIVIA	1			2								
BRAZIL	6386	3043	4425	13131	6547	8966	774	673	90	615	535	112
CHILE	414	367	367F	816	673	673F	12		20	14		
COLOMBIA	62	36	4	131	78	22						1
PARAGUAY				4								
PERU	8F		27	31F		49						
URUGUAY	24	27	22	27	54	55						
VENEZUELA	11	14	2	19	34	10						
ASIA	37305	50115	65801	48227	61619	83999	6466	7173	5032	5742	8095	3815
BANGLADESH	14			6								
CAMBODIA							1F	1F	1F	1F	1F	1F
CHINA	20219	26826	42611	33818	42087	64528	5761	5883	4667	4851	4553	3285
CHINA,H.KONG	327	637	49	366	629	81	307	918	146	412	2857	159
CYPRUS				1								
INDIA	1395	2346	2815	2557	3367	3438	26	154	70	52	137	50
INDONESIA	31	253	76	63	177	119	17	37	7	94	196	24
ISRAEL	90F	28F	80F	253	65	59						60
JAPAN	12351	14708	15629	7947	8811	9507	6			14		
JORDAN					4							
KAZAKHSTAN		4	41	6	25	10				1F		
KOREA REP	267	1680	925	827	3102	2650	135	109	105	109	119	140
KUWAIT	41	13	37	40	15	41						
LEBANON	90F	90F	90F	90F	90F	90F						
CHINA, MACAO			4			15						
MALAYSIA	4F	2		85F	81	2	11F	43	1	8F	114	12
PAKISTAN	26	88	92	44	103	102						
PHILIPPINES	4	1	3	13	2	18	21			18		
QATAR	18F	18F	18F	16F	16F	16F						
SAUDI ARABIA	158	777	777F	268	1060	1060F	158	9	9F	82	47	47F
SINGAPORE	1	3		9	7	1		1		1	6	
SRI LANKA					1	6						
SYRIA	96	79	79F	116	80	80F						
THAILAND	57	10	3	279	16	11	6	1	1	54	5	5
TURKEY	716	1044	964	1153	1587	1871	17	17	25	45	60	32

表 108

SITC EX 265.1

亜麻（トウを含む）及びそのくず

	輸入：MT			輸入：1,000 $			輸出：MT			輸出：1,000 $		
	1997	1998	1999	1997	1998	1999	1997	1998	1999	1997	1998	1999
TURKMENISTAN	1400F	1500F	1500F	270F	285F	285F						
YEMEN		8	8F		9	9F						
EUROPE	210002	220000	243141	180376	198835	238892	236914	248939	294348	248853	271270	347462
ALBANIA	227	71	71F	167	45	45F						
AUSTRIA	6109	6411	4391	6818	7421	6596	2240	1680	2493	2205	1162	2813
BELARUS		3038	3754		6067	7480	12000	2864	3098	8000	2316	2764
BEL-LUX	110434	114117	121220	53118	61676	73182	79053	86006	111736	91256	109214	143927
BULGARIA	1038	865	865F	725	595	595F	75	7	7F	29	2	2F
CROATIA	25	3	1	7	7	4	29			5		2
CZECH REP	4732	5854	6224	3991	4756	7072	2228	1521	1779	1015	737	833
DENMARK	246	375	372	772	988	1256	125	151	296	595	907	2346
ESTONIA	157	1075	1487	373	2952	4223	44	9	29	32	4	28
FAEROE IS				2	2	3						
FINLAND	141	276	195	298	604	444	2	1		3	3	11
FRANCE	23209	27676	28696	18714	19934	21082	92058	112764	132973	100997	115614	151376
GERMANY	4569	7897	8787	4408	8644	8490	345	730	475	425	392	553
GREECE	23	118	190	67	230	269	557	86	17	490	87	7
HUNGARY	2822	2323	2584	4909	3246	5029	971	748	224	4974	2517	505
ICELAND			1	4	3	4						
IRELAND	1135	635	679	5263	2734	2869	582	274		4246	1188	
ITALY	16600	16095	17000	36770	36732	40642	2659	3479	3796	4897	5951	7059
LATVIA	2003	1786	2088	1758	3309	4139	914	845	831	606	928	819
LITHUANIA	9386	7868	9550	4873	6685	8990	12054	10549	11168	6076	7707	10456
MACEDONIA	1	1F	10*	6	6F	10*						
MALTA					1	4						
MOLDOVA REP			5			5						
NETHERLANDS	4574	4431	5807	3943	3523	5528	4165	5411	8998	3340	6590	10785
NORWAY	5	7	6	24	55	156	1			10		
POLAND	4887	5469	4963	4896	5919	6000	457	878	1771	348	804	2071
PORTUGAL	65	89	135	271	253	440	2	2	1	6	10	9
ROMANIA	1884	1943	1835	2710	1836	1469	24	8	17	223	20	18
RUSSIAN FED	660	2018	9630	230	2957	13815	1000	1104	220	700	1152	182
SLOVAKIA	588	553	778	197	276	548	218	189	164	35	137	130
SLOVENIA	179	136	136F	395	290	290F	11	1	1F	8	6	6F
SPAIN	6444	3867	3518	5066	5119	5185	43	122	238	102	91	2170
SWEDEN	22	17	21	96	94	88	5			38	5	7
SWITZERLAND	283	190	153	247	156	67	11	15	40	18	18	9
UK	7207	4332	7525	18992	11299	12452	1379	995	976	5448	3108	3174
UKRAINE							23662	18500F	13000	12726	10600F	5400
YUGOSLAVIA	347	464	464F	266	421	421F						
OCEANIA	118	124	148	224	229	404	9	1	3	62	14	10
AUSTRALIA	94*	100*	124	195	200	375	9	1	3	57	14	10
NEWCALEDONIA				1	1	1F						
NEW ZEALAND										5		
PAPUA N GUIN	24F	24F	24F	28F	28F	28F						

表 109

SITC 265.4

サイザル麻その他アゲーブ属の繊維およびそのくず

	輸入：MT			輸入：1,000 $			輸出：MT			輸出：1,000 $		
	1997	1998	1999	1997	1998	1999	1997	1998	1999	1997	1998	1999
WORLD	76527	73920	71230	56950	53593	47582	72139	68876	70102	43768	40897	32841
AFRICA	7634	6413	5729	5611	4645	4008	38158	31994	37090	23473	21480	16054
ALGERIA	535	500*	580*	545	740*	530*						
BOTSWANA	23	23F	23F	166	166F	166F						
CAMEROON	223	223F	223F	177	177F	177F						
CONGO, REP	174F	174F	174F	89F	89F	89F						
CÔTE DIVOIRE	220*	220F	220F	150*	150F	150F	16F	16F	16F	8F	8F	8F
EGYPT	1466	46	387	1142	27	244		18	78		20	201
GABON	10*	10*	10*	10F	10*	10*						
GHANA		33	33F		26	26F						
KENYA	16*	2*	181	10	1	34	19155	17631	16830	12293	13089	8925
MADAGASCAR							3815	2610	4640	1926	1440	2104
MAURITIUS		1	1	1	1	2						
MOROCCO	2823	2711	2335	1915	1841	1512	24	20	23	43	36	36
MOZAMBIQUE							70*	70F	70F	50*	50F	50F
NIGER		6	6F		6	6F						
SENEGAL	5	4	15	14	11	16						
SEYCHELLES		1			4	2						
SOUTH AFRICA	1958	1750	1446	1204	846	948	3	41	23	13	48	14
SWAZILAND	4	3*	3F	25	25	25F	5			3	1	1F
TANZANIA							15060	11580	15400	9120	6780	4700*
TUNISIA	174	676	72	158	502	58	10	5	10	17	7	15
UGANDA		27	17		18	9		3			1	
ZAMBIA	3	3F	3F	4	4F	4F						
ZIMBABWE				1	1							
N C AMERICA	6213	8867	9671	4380	5754	5219	491	209	417	277	171	292
CANADA	605	524	449	494	439	387		2	1	1	1	6
COSTA RICA		55	40*	1	40	30*						
CUBA		1700	1700		1000	1000F						
EL SALVADOR	882	339	152	655	280	102						
GREENLAND						1						
GUATEMALA	17	2	2F	20	1	1F		1	1F		10	10F
HONDURAS					2			3	3F		5	5F
MEXICO	4184	5797	6783	2806	3586	3082	140	86	57	89	63	37
PANAMA	462	347	445	348	318	457						
TRINIDAD TOB		16	16		20	19						
USA	63	87	84	54	70	140	351	119	354	187	92	234
SOUTHAMERICA	1500	1622	2230	1109	1075	1055	29163	33818	29311	14164	14914	10121
ARGENTINA		18	68*	54*	12	24	22					
BOLIVIA	29	9	9F	38	9	9F						
BRAZIL	1		3	8	3	3	29041	33744	28174	13982	14712	9574
CHILE	778	1044	1200*	474	544	370*		2	2F		27	27F
COLOMBIA	32	70	556	14	56	275				1	1	1
ECUADOR	1	1	1	5	4	3	13	72	24	58	174	15
PARAGUAY	7	25	25F	18	14	14F						
PERU	546F	301	294	484F	355	306						
URUGUAY	88	104	88	56	66	47						
VENEZUELA							109		1111	123		504
ASIA	12701	7177	7790	9909	5788	5544	1351	815	855	1588	1522	2221
BANGLADESH	10	16	16F	13	12	12F						
CHINA	1562	1881	1284	1179	1450	948	890	318	309	533	178	200
CHINA, H.KONG	85	35	90	103	46	64	54	118	79	58	89	46
CYPRUS	2		3	2		4						
INDIA	407	379	220	430	428	210	158	156	60	325	233	370
INDONESIA	144	30	130	245	48	138	115		75	148		77
ISRAEL	80F	75F	160F	40	34	83						
JAPAN	2472	2249	1899	2070	1835	1429						
JORDAN	54	115	65	43	106	63						
KAZAKHSTAN	1	1										
KOREA D P RP	30F	30F	30F	15F	15F	15F						
KOREA REP	3199	263	12	2498	227	46	27	134	259	198	839	1361
MALAYSIA	11F		3	19F	5	26						
PAKISTAN	639	266	389	486	205	313						
PHILIPPINES	1176	119	323	757	103	275	1			26		
SAUDI ARABIA	1096	524	1800	683	327	870		16	16F		9	9F
SINGAPORE	11	4	122	19	5	189	8	7		15	6	
SRI LANKA	103	35	7	112	53	11						

表 109

SITC 265.4

サイザル麻その他アゲーブ属の繊維およびそのくず

	輸入:MT			輸入:1,000 $			輸出:MT			輸出:1,000 $		
	1997	1998	1999	1997	1998	1999	1997	1998	1999	1997	1998	1999
SYRIA	475	380	380F	422	322	322F	44	41	41F	35	62	62F
THAILAND	331	138	141	138	47	44						3
TURKEY	813	637	716	635	520	482	54	25	16	250	106	93
EUROPE	46648	48910	45003	34318	35591	31057	2974	2039	2401	4256	2778	4109
ALBANIA	9			7								
AUSTRIA	542	632	629	733	639	702	180	195	183	479	598	522
BEL-LUX	2702	2762	1825	2447	2741	1856	1115	606	685	1745	591	489
BULGARIA				2			3			1		
CROATIA	3			7			10			4		
CZECH REP	84	170	69	67	150	50	14	24	25	20	34	69
DENMARK	142	18	3	98	25	11	2			5		
ESTONIA	1			2	1							
FAEROE IS	2	1	1	6	2	3						
FINLAND	4	3	4	11	10	14						
FRANCE	3463	2298	2794	2710	1853	2231	533	561	741	637	718	934
GERMANY	1206	1856	2082	1046	1599	2033	125	170	218	128	98	149
GREECE	70	70	74	53	56	49	2	2	10	2	2	10
HUNGARY	3			4								
ICELAND						1						
IRELAND	2	485	3	7	543	5				34		3
ITALY	539	516	621	597	508	615	305	40	45	312	61	126
LITHUANIA		6			18			6			6	
MALTA				4		1						
NETHERLANDS	726*	833	383	752	644	703	425	251	191	371	249	179
NORWAY	4	2	26	42	54	99				6		8
POLAND	526	875	511	391	665	767	2	1	2	18	5	8
PORTUGAL	25887	25058	24383	17484	16102	13906	191	128	118	183	132	139
ROMANIA	50	35	29	41	42	35						
RUSSIAN FED		72			18							
SLOVAKIA				10	1	14						
SLOVENIA	571	488	582	194	173	214						
SPAIN	8357	9429	8149	5726	6626	4876	22	32	21	56	92	18
SWEDEN	5	40	143	28	85	266		9	112	3	52	569
SWITZERLAND	1	2	2	9	5	18		1		1	3	
UK	1749	3259	2680	1847	3032	2588	45	13	50	251	137	886
YUGOSLAVIA				2								
OCEANIA	1831	931	807	1623	740	699	2	1	28	10	32	44
AUSTRALIA	880*	880*	296	679	676	230		1	15	4	32	20
NEW ZEALAND	949	49	509	933	53	458	2		13	6		24
PAPUA N GUIN	2F	2F	2F	11F	11F	11F						

表 110

SITC 268.1

羊毛（脂付き）

	輸入：MT			輸入：1,000 $			輸出：MT			輸出：1,000 $		
	1997	1998	1999	1997	1998	1999	1997	1998	1999	1997	1998	1999
WORLD	748052	629389	586318	2443146	1830228	1347608	817097	633229	642337	2470109	1518828	1306481
AFRICA	3770	3050	2723	17095	11368	3728	22802	23464	24445	55579	49311	48168
BOTSWANA	1	1F	1F	13	13F	13F				1	1F	1F
EGYPT	1452	2249	354	5098	8129	1038						
ETHIOPIA				7F	7F	7F						
GHANA						2						
KENYA					7		432	174	596	684	361	480
LESOTHO							3300F	2000F	2000F	5124	3049	3049F
LIBYA							1600*	337*	1800*	1300*	251*	720*
MAURITIUS	1	38	44	15	148	134						
MOROCCO	515	523	1309	913	956	1132		15			22	
NIGERIA	50F	50F	50F	478F	478F	478F						
SOUTH AFRICA	1738	174	86*	10509	1590	434	17377	20902	20012	48345	45572	43862
SWAZILAND	3	6	6F	20	19	19F		1	1F			
TANZANIA	6	6F	6F	22	22F	22F						
TUNISIA	1		864	8		444	58			71		
UGANDA					1							
ZAMBIA	3	3F	3F	5	5F	5F	35	35F	35F	53	53F	53F
ZIMBABWE								1		1	2	3
N C AMERICA	23233	20977	13966	113157	91536	48206	2466	1810	2381	5514	3740	3895
BARBADOS						1						
CANADA	42	230	368	183	920	1385	1171	1166	883	2017	1723	1092
EL SALVADOR			1			2	5	11	14	23	33	17
GUATEMALA	3	4	4F	15	9	9F					2	2F
HONDURAS			3	1		2						
JAMAICA	4F	4F	4F	15F	15F	15F						
MEXICO	112	14	2	500	97	6	146	92	111	237	69	87
NICARAGUA						3						
USA	23072	20725	13584	112443	90495	46783	1144	541	1373	3237	1913	2697
SOUTHAMERICA	11344	13585	7804	26129	27145	11325	44995	28388	36362	108401	59565	60012
ARGENTINA	238	100	690	485	150	566	21128	13029	19062	61344	33434	38290
BOLIVIA		1	1F		4	4F	226	152	152F	296	209	209F
BRAZIL	164	72	8	411	119	11	5328	5494	3492	10570	9638	4000
CHILE							4505	3682	4070	8105	5695	3900
COLOMBIA	771	627	314	3067	2448	1048						1
ECUADOR	258	652	411	650	474	247						
PERU	14F		13	31F		27	1776	963	403	895	449	248
URUGUAY	9899	12133	6366	21484	23950	9416	9782	2818	6883	24261	7210	11264
VENEZUELA			1		1	6						
ASIA	283060	242253	267901	906157	662662	637080	76604	65332	57413	118901	98822	35101
ARMENIA			5			2						
AZERBAIJAN			7			2	800F	650F	299	400F	300F	83
BANGLADESH	7	1	120F	15	4	500						
CHINA	164136	137678	183131	491108	397721	474578	8819	4613	1491	28138	13372	1695
CHINA,H.KONG	22418	14018	467	85963	54317	1938	11789	13367	789	43194	53123	3165
CYPRUS							347	57	94	342	34	54
INDIA	27420	28690	38000*	86402	69954	67000*	76	83	83F	702	1016	1016F
INDONESIA	14	1		13	3		10			42		2
IRAN	2462	2338	5031*	7095	6035	13849		122	828		109	633
ISRAEL						2						
JAPAN	15161	8460	7853	76824	34416	27011		1		3		
JORDAN	3	35	2	2	19	1	2593	2222	1120	2853	1071	769
KAZAKHSTAN	650F	209	114	680F	135	25	10700F	8013	15698	12000F	5130	6693
KOREA D P RP				2*		2F						
KOREA REP	6618	2476	4917	41803	13999	18734	2		102	9		34
KUWAIT							2770	2776	2510	2800	2922	2579
KYRGYZSTAN	840F	900F	900F	1000F	950F	950F	4200*	4000F	4000F	3300*	3000F	3000F
LEBANON							220F	220F	90*	360F	360F	40*
CHINA, MACAO		52	28		84	110		52			83	
MALAYSIA	5000*		2	11000*	15	8	19F			98F	1	2
MONGOLIA							5455	4600*	4705	4738	3400*	2762
NEPAL	2800*	1300*	1200*	7600*	2100*	1100*						
PAKISTAN	446	585	529	1499	1256	1133	7	5		17	7	
QATAR	6F	6F	6F	12F	12F	12F						
SAUDI ARABIA	4	499	499F	70	391	391F	9591	8451	9000*	7102	5653	3400*
SINGAPORE								1	6		3	6
SRI LANKA	6	30	11	422	434	175			1190*	10		3963

表 110

SITC 268.1

羊毛（脂付き）

	輸入：MT			輸入：1,000 $			輸出：MT			輸出：1,000 $		
	1997	1998	1999	1997	1998	1999	1997	1998	1999	1997	1998	1999
SYRIA	1267	934	678	2108*	2096	1387	2953	3600	1817	1871	2655	1336
TAJIKISTAN							1100F	870*	870F	600F	650*	650F
THAILAND	4337	3418	295	32431	22702	1138	6	4		73	2	
TURKEY	28465	39621	23438	56308	51517	25332	3589	442	727	3820	391	565
TURKMENISTAN							6500F	7000F	7000F	2300F	2600F	2600F
UZBEKISTAN							5057*	4178*	5000F	4129*	2934*	60*
VIET NAM	1000*	1000*	670*	3800*	4500*	1700*						
EUROPE	425851	349309	293456	1377136	1036615	646126	105609	63205	64008	183444	98775	81326
ALBANIA	147		100*	46			50		110*	27		
AUSTRIA	47	62	84	233	270	419	460	258	129	344	89	94
BELARUS	8000F	9144	7453	4800F	6030	8398	260*	5	102	850*	5	332
BEL-LUX	11848	10192	9528	20749	14867	10337	5392	4582	4688	9527	6453	5466
BOSNIA HERZG	15*	155*	155F	20*	530*	530F						
BULGARIA	5588	2614	2614F	5217	2701	2701F	354	75	75F	493	82	82F
CROATIA	206	16	1	801	18	2	631	483	175	333	290	72
CZECH REP	16079	17405	17968	46135	45890	34661	2080	694	605	6887	1722	1352
DENMARK	15	158	151	50	553	463				8		
ESTONIA	37	30	30	16	5	9	13			10		1*
FAEROE IS								25	10		2	13
FINLAND						1	4		1	15		1
FRANCE	88983	72488	52756	284586	208416	118948	14405	7723	8262	40511	19611	15095
GERMANY	61882	58950	33969	320737	237753	104471	3359	2382	3174	4466	2972	3198
GREECE	1326*	230	111	738	158	203	2560	1628	1164	4093	2390	1654
HUNGARY	5141	4165	3496	10420	5651	3254	3778	3522	3113	4188	3800	1842
ICELAND						2	641	648	713	728	525	401
IRELAND	1243	897	483	4047	2555	1965	7166	8005	5743	13339	11835	9172
ITALY	103669	88931	87207	415957	348651	256169	10378	4982	7286	18340	6411	5651
LATVIA	5		2	16		2						
LITHUANIA	399	65		223	69		291	80		66	136	
MACEDONIA	348	348F	348F	937	937F	937F	1331	250*	250F	1302	190*	190F
MALTA					2					2		
MOLDOVA REP			86			67	1878	832	591	1516	633	282
NETHERLANDS	976	4089	488	1539	10923	607	1767	1260	1993	2324	2532	1642
NORWAY	174	57	53	683	193	143	1359	1230	1956	2406	1693	2117
POLAND	7073	5317	3442	18909	13046	5304	856	503	135	601	343	189
PORTUGAL	9785	7571	8497	10822	9053	8436	321	342	330	306	402	483
ROMANIA	171	23	66	588	23	43	2936	2686	3297	3016	2616	2372
RUSSIAN FED	10343	7340	14950	9135	4732	6952	23677	4380	562	34658	4978	785
SLOVAKIA	2533	1927	1283	9856	7008	3514	1580	717	188	1966	790	171
SLOVENIA	58	96	70*	144	187		50*					
SPAIN	23618	14744	15997	56977	31126	26040	7250	5058	4967	9849	7431	5023
SWEDEN	44	2	40	126	9	100	36	37	54	14	6	21
SWITZERLAND			4	7	7	7	534	587	84	608	547	128
UK	62908	40251	29982	143468	79352	45489	6873	7231	11251	15303	14791	17997
UKRAINE	1657	1700F	1700F	4557	4600F	4600F	3320	3000F	3000F	5313	5500F	5500F
YUGOSLAVIA	1533	342	342F	4595	1302	1302F	69			35		
OCEANIA	794	215	468	3472	902	1143	564621	451030	457728	1998270	1208615	1077979
AUSTRALIA	650*	180*	296	3038	821	751	507801	399742	412997	1818779	1078936	968139
NEW ZEALAND	144	35	172	434	81	392	56820	51288	44731	179491	129679	109840

表 111

SITC 268.2

羊毛（洗毛済み）

	輸入：MT			輸入：1,000 $			輸出：MT			輸出：1,000 $		
	1997	1998	1999	1997	1998	1999	1997	1998	1999	1997	1998	1999
WORLD	369046	320284	317441	1383032	1024176	843885	411059	357967	326212	1525877	1054933	852703
AFRICA	4436	6588	5842	15354	19681	15134	6510	6146	8656	23437	18575	18735
ALGERIA	5	5F	5F	14	14F	14F						
BOTSWANA	3	3F	3F	10	10F	10F				2	2F	2F
EGYPT	581	2094	1844	2016	4543	4468						
ETHIOPIA	51F	51F	51F	40F	40F	40F						
GHANA		1										
KENYA												1
LIBYA							548*	240*	240F	432*	130*	130F
MAURITIUS	1459	2128	1447	5930	8345	4924		7	1227		9	193
MOROCCO	966	781	1131	2794	2228	2375	12	54		14	82	
SOUTH AFRICA	1371	1481	1277	4547	4357	3137	5950	5822	7188	22989	18316	18407
SWAZILAND		1	1F	3	7	7F						
TUNISIA		43	83		135	159		23			36	
UGANDA					1							
ZIMBABWE					1					1		2
N C AMERICA	15307	15157	8936	65153	56241	26290	1598	619	633	7225	2270	2354
CANADA	1254	882	658	4373	2674	1808	27	55	38	83	197	96
EL SALVADOR							2	3	6	5	9	11
GUATEMALA	1			4	1	1F						
HONDURAS			11			3	1			4		
MEXICO	2448	2984	1640	13050	12285	5178	87	39*	10	337	68	12
USA	11604	11291	6627	47726	41281	19300	1481	522	579	6796	1996	2235
SOUTHAMERICA	526	193	171	1778	684	535	13411	8154	9139	42923	22925	19600
ARGENTINA	29	11	5	111	52	33	7099	4350	5527	23213	12555	12273
BOLIVIA					1		35	8	8F	97	30	30F
BRAZIL	163	82	68	640	311	244		12			19	1
CHILE	1	8	8F	4	25	25F	131	250	250F	335	465	465F
COLOMBIA	151	72	42	505	227	98						
ECUADOR	34		9	108		23						
PARAGUAY										319		374
PERU	79F	20	39	291F	69	111						
URUGUAY	69			118			6146	3534	3034	19278	9856	6454
VENEZUELA						1			1			3*
ASIA	184101	133837	140015	756317	439657	402804	53686	37935	29674	144632	86047	69766
ARMENIA	30F	25F		26F	23F		20*	30*		20*	30*	
AZERBAIJAN							500F	140*	75	300F	90F	34
BANGLADESH		24			25							
CHINA	43668	34588	29618	171054	117014	85139	12452	10933	14144	51602	35804	39485
CHINA,H.KONG	6913	5649	2767	27642	20911	9010	6511	5220	2611	27025	19232	8942
CYPRUS									102			60
INDIA	30288	26296	24000*	75712	47718	33000*	58	10	60*	308	56	90*
INDONESIA	152	51	100	975	154	161			4			29
IRAN	709	628	504	3503	2168	1092			1			1
ISRAEL	2F				5		16	350F		724		
JAPAN	42115	29670	31588	191344	114757	108814	11	20	46	50	102	3
JORDAN			11		2							
KAZAKHSTAN	700F	600F		1800F			3000F	2500F		5400F		
KOREA D P RP	102*	102F	102F	168*	168F	168F						
KOREA REP	15119	10820	18509	82281	47492	67215	101	95	59	509	453	419
KYRGYZSTAN	200F	200F	200F	500F	500F	500F	1650F	1600F	1600F	2750F	2500F	2500F
CHINA, MACAO	4256	2748	3072	4522	8954	10089	2737	2551	2411	10038	8474	8206
MALAYSIA	11000*	1856	3227	82000*	9640	15129	2899F	839	162	16171F	2823	453
MONGOLIA							5258	5500F	850*	4627	5000F	470*
NEPAL	9000F	6400*	6000*	38245	22520	8900*						
PAKISTAN	2123	1955	1955	6948	5245	5089	8174	2332	1718	13701	4152	2941
PHILIPPINES	332	362	284	1239	1056	681						
SAUDI ARABIA		26	30*		11	10*	139	1490	1490F	110	741	741F
SINGAPORE									2			5
SRI LANKA	1	10		7	142	1						
SYRIA	270*			2300*	1	1F	1500F			1010F		
THAILAND	6535	3971	9500	38178	17513	38819	3		5			
TURKEY	10282	7607	8299	26689	22823	18102	6823	3675	3385	9132	5390	4187
TURKMENISTAN							1500F	1000*	1000F	1150F	1200*	1200F
UNTD ARAB EM	50F	50F	50F	200F	200F	200F						
VIET NAM	254*	199*	199F	977*	622*	622F						

表 111

SITC 268.2

羊毛（洗毛済み）

	輸入：MT			輸入：1,000 $			輸出：MT			輸出：1,000 $		
	1997	1998	1999	1997	1998	1999	1997	1998	1999	1997	1998	1999
EUROPE	153877	157020	148048	503298	479191	365178	75409	65070	58949	211530	169995	135996
ALBANIA	13			6			4			2		
AUSTRIA	1313	1061	1206	4002	3583	3574	117	67	37	388	178	143
BELARUS		5549	5850		15450	18650		1349	1235		2482	3694
BEL-LUX	19857	23943	20965	61892	64311	45007	4118	3851	2922	13027	12147	7553
BOSNIA HERZG	25*			85*								
BULGARIA	1145	987	330*	2800	2098	540*	525	718	140*	1356	1488	240*
CROATIA	191	18	76	739	36	267	3		1	5		1
CZECH REP	1799	2718	1656	6423	10087	5176	472	374	392	1792	1451	899
DENMARK	4201	4398	3546	13460	12608	8927	43		71	141		212
ESTONIA	359	475	425	1071	1313	1129	19	4	6	44	1	19
FAEROE IS	9	10	14	61	67	68						
FINLAND	1091	1174	934	3351	3343	2399	224	203	196	679	586	520
FRANCE	6369	6335	7341	21128	19049	16013	8578	7931	7522	25344	23163	18206
GERMANY	13682	14066	12423	42828	40848	30148	6365	6442	7052	23139	22270	21154
GREECE	2127	2130	2063	7821	6942	5533	1522	1176	857	2997	1971	1326
HUNGARY	361	491	372	1102	1516	1134	285	199	237	509	368	343
ICELAND	178	138	111	720	533	312	200	379	244	507	716	358
IRELAND	928	2050	2154	2488	5469	5600	1532	1080	387	5290	3249	545
ITALY	38458	34929	35382	153022	130016	105960	2920	1912	1242	5400	4892	2364
LATVIA	1677	2026	1173	6453	15347	7594	12	8	132	8	47	507
LITHUANIA	2020	1972	952	7738	8094	3568	332	54		1075	185	
MACEDONIA	25	35*	60*	80*	95*	320*	71	20*	20F	140F	15*	15F
MOLDOVA REP			299			565			14			24
NETHERLANDS	1434	936	874	2803	1845	1205	684	382	818	1943	1032	1806
NORWAY	456	650	513	1545	2022	1460	2053	1699	1618	3511	2450	1809
POLAND	2529	2253	1788	7277	7043	4671	470	135	130	751	273	169
PORTUGAL	1149	1557	2099	5568	6293	5929	440	57	205	1233	166	283
ROMANIA	529	161	141	1775	535	398	1687	1798	2072	2610	2712	2402
RUSSIAN FED	1900*	2475	4032	2300*	2783	2696	4800*	2592	410	12000*	6219	708
SLOVAKIA	345	300	208	1620	1143	474	125	122	165	256	230	302
SLOVENIA	35	40	40F	142	151	151F		9	9F		8	8F
SPAIN	2896	2421	2343	8973	7205	6084	7469	4777	5031	16429	10239	8362
SWEDEN	138	153	189	409	507	496			10	1	7	18
SWITZERLAND	1201	1176	1253	3327	3393	3033	156	194	133	592	1160	1060
UK	44970	39712	36855	129180	103454	74795	28383	26038	24141	86761	67290	57946
UKRAINE	350F	400F	100*	800F	900F	190*	1800F	1500F	1500F	3600F	3000F	3000F
YUGOSLAVIA	117	281	281F	309	1112	1112F						
OCEANIA	10799	7489	14429	41132	28722	33944	260445	240043	219161	1096130	755121	606252
AUSTRALIA	10000*	7200*	13113	38186	27856	30994	117635	96171	97306	616767	398408	333816
NEW ZEALAND	799	289	1316	2946	866	2950	142810	143872	121855	479363	356713	272436

表 112

SITC 411.3

動物性の油脂及びグリース（ラードを除く）

	輸入：MT			輸入：1,000 $			輸出：MT			輸出：1,000 $		
	1997	1998	1999	1997	1998	1999	1997	1998	1999	1997	1998	1999
WORLD	2634092	2963521	2962979	1442893	1559128	1330246	2706944	3029712	2895560	1353775	1413028	1112069
AFRICA	242150	350113	250793	143431	201045	134388	8078	4001	5367	4567	1850	3097
ALGERIA	38747	58552	31647	17978	28198F	14694						
ANGOLA	1000*	800*	1700*	590*	450*	900*						
BOTSWANA	64	64F	64F	105	105F	105F	750	750F	750F	282	282F	282F
BURUNDI		119	156		119	138						
CAMEROON	3000	3200	3200	1451	1601F	1601F	1	1F	1F	7	7F	7F
CAPE VERDE	574	574F	170	439	439F	110						
CONGO, DEM R	112	112F	112F	14	14F	14F						
CONGO, REP	1F	1F	1F	3F	3F	3F						
CÔTE DIVOIRE	34F	34F	34F	71F	71F	71F						
EGYPT	42919	66597	30976	24676	39443	19202	264	16	32	742	10	29
GABON	5	10	10F	12	12	12F						
GHANA	24	14	791	20	15	357						
KENYA	4772	16695	12055	3054	11813	5751	16	15	9	20	12	4
LIBERIA	45*	45F	45F	30*	30F	30F						
MADAGASCAR	5340	4316	1989	3102	2334	972						
MALAWI	10	10	10F	10	10	10F						
MAURITANIA	2500F	2500F	2500F	1600F	1600F	1600F						
MAURITIUS	5041	3753	4670	2537	1808	2148						
MOROCCO	15551	14525	16477	8175	7591	6220						
MOZAMBIQUE	6600	17600	18300	4500	9500	9700						
NIGER		1017	1017F		145	145F						
NIGERIA	46021F	46021F	46021F	34345F	34345F	34345F						
SENEGAL	6612	24606	22240	3153	11553	9749	4	1790	2709	7	781	1183
SEYCHELLES		1	1	1	6	6						
SOUTH AFRICA	20951	38920	31171	10084	18750	11188	7019	1397	1718	3458	699	1422
SUDAN	3500F	3500F	3500F	2000F	2000F	2000F						
SWAZILAND	52	37	118	68	38	104		1			1	
TANZANIA	5401	5801	5701	2926	3026	3026F						
TUNISIA	1243	2149	1764	842	1386	992						
UGANDA	5300	6609	11180	4100	5657	5507		10	2		9	2
ZAMBIA	1712	1631	1937	2636	2568F	2846	6	6F	6F	26	26F	26F
ZIMBABWE	25019	30300	1236	14909	16415	842	18	15	140	25	23	142
N C AMERICA	525602	618384	638392	290554	319985	282443	1236193	1578647	1396308	599715	695730	508059
BAHAMAS	18	18	18	19	19	19						
BARBADOS	633	123	564	398	81	375	19			8		
BELIZE	166	166F	166F	99	99F	99F						
CANADA	45615	43809	46768	22673	18115	17282	230805	241730	271260	108419	103386	90562
COSTA RICA	454	1445	1807	363	1232	1232	2	20	20F	3	22	22F
CUBA	13700*	12700*	12700F	8000F	7500F	7500F						
DOMINICA	5370	5372F	5372F	3316	3316	3316F						
DOMINICAN RP	38000	24000	23000	20000F	11000	8700						
EL SALVADOR	35480	35480	56158	18518	19542	21799	110	20	260	59	19	122
GREENLAND	7	2	3	14	4	5						
GRENADA	33	33F	33F	30	30F	30F						
GUATEMALA	35263	56410	64474	19532	36879	33391		22	32	4	12	12
HAITI	2641*	9200*	11000*	1182*	4700*	4600*						
HONDURAS	16083	12667	22059	9360	7278	9148	32	215	215F	12	73	73F
JAMAICA	8806	9006	3706	4344	4544	2044						
MEXICO	258052	347773	317638	141929	166814	131688	1171	834	1079	2165	1331	3385
NICARAGUA	8616	9205	12020	5560	6291	5458	261	323	685	124	131	192
PANAMA	1779	2603	1708	1438	2094	1237	320	362	260	144	169	103
ST LUCIA	1	1	1F	1	2	2F						
TRINIDAD TOB	2551	3381	2802	2683	3106	2158						9
USA	52334	44990	56395	31095	27339	32360	1003473	1335121	1122497	488777	590587	413579
SOUTHAMERICA	149837	247363	195322	79756	121688	76170	73968	58443	68270	33889	27469	24297
ARGENTINA	20344	50440	13922	15569	28804	7519	16459	12566	23598	8293	5312	8098
BOLIVIA	482	503	505	296	362	319						
BRAZIL	17556	32967	29532	10020	18152	11566	16985	10488	7851	10648	6649	4154
CHILE	1577	6243	1884	1348	3813	1187	3429	4047	3105	2149	1940	942
COLOMBIA	47274	64764	66573	23889	31237	26339	317	132	36	400	159	62
ECUADOR	2573	5418	1666	1519	3371	1290	3	1	13*	6	2	21
GUYANA	20			10								
PARAGUAY	319	379	373	241	308	308F	1450	3152	747	498	1178	199
PERU	228	11297	2137	343	5936	1148						1
URUGUAY	2974	2280	3100	2486	1748	2169	35053	27788	32917	11726	12116	10817
VENEZUELA	56490	73072	75630	24035	27957	24325	272	269	3	169	113	3

表 112

SITC 411.3

動物性の油脂及びグリース（ラードを除く）

	輸入：MT			輸入：1,000 $			輸出：MT			輸出：1,000 $		
	1997	1998	1999	1997	1998	1999	1997	1998	1999	1997	1998	1999
ASIA	719870	742279	917259	388684	387876	425300	26599	28374	34732	24611	26730	30126
ARMENIA	10465	11965	1292	12391	14211	986			5			5
AZERBAIJAN	700	1300	2679	600	850	1508						
BAHRAIN							597	597F	597F	160	160F	160F
BANGLADESH	67059	29840	23777	20168	8618	10069						
CAMBODIA	1F	1F	1F	1F	1F	1F						
CHINA	244498	233147	380293	119776	113628	157153	4645	2672	7666	4768	2780	6765
CHINA,H.KONG	3147	4143	1444	2528	5997	1188	3889	8990	7966	1912	7263	2965
CYPRUS	552	471	454	586	488	502	2489	2206	2481	718	623	647
INDIA	456	595	615	545	604	911	21	181	181F	31	252	252F
INDONESIA	319	621	750	444	554	890	1094	10	91	373	26	52
IRAN	19918	28236	27958	13653	21006	16080	4225	1291	331	4631	1421	380
IRAQ	2600F	2600F	2600F	1600F	1600F	1600F						
ISRAEL	1332	4440	7850F	1816	3495	5670						
JAPAN	114512	100348	104763	68832	56652	52937	1709	2055	1787	6511	7016	7999
JORDAN	1880	3448	3969	1322	2188	1649	21		1	26		21
KAZAKHSTAN	274	381	179	281	497	151	52	4	15	78	2	3
KOREA REP	48847	39093	92439	27315	20018	39333	819	1998	4016	474	1107	1994
KUWAIT							4004	4799	4864	962	1424	1835
LEBANON	1000F	1000F	1000F	700F	700F	700F						
CHINA, MACAO	7	7		17	7	1						
MALAYSIA	2203	2614	2584	1638	1677	1312	191F	38	820	198F	33	318
MONGOLIA	1	1	1	5	5	5	1			12		
MYANMAR	5	5F	5F	16	16F	16F						
OMAN	1	1F	1F	3	3F	3F	151	151F	151F	61	61F	61F
PAKISTAN	36110	63885	86637	19118	33557	46641						
PHILIPPINES	19952	25803	33586	11694	16891	20333		86		1	20	
QATAR	50F	50F	50F	69F	69F	69F	38F	38F	38F	8F	8F	8F
SAUDI ARABIA	544	558	558F	488	626	626F	129	858	858F	241	690	690F
SINGAPORE	2175	2122	2817	1586	1804	3081	1066	991	1546	2423	2974	5344
SRI LANKA	8596	15790	14384	4833	8067	6514					2	1
SYRIA	1111	777	777F	722	1012	1012F	48			143		
THAILAND	1101	867	5764	1067	727	3489	161	127	75	78	94	38
TURKEY	130454	168170	118032	74870	72308	50870	1249	1282	1243	802	774	588
EUROPE	985187	996167	949515	534012	523297	406576	871808	841160	870895	483495	442485	360322
ALBANIA	1945	1645	1645F	1463	1828	1828F						
AUSTRIA	11141	10744	10143	7430	6958	4743	23516	21214	17599	9949	8851	6756
BELARUS	1000	2665	4127	1200	2562	2913		476	386		428	128
BEL-LUX	247261	193212	191861	115760	92804	70986	161220	110047	77825	77230	51981	32284
BULGARIA	7199	6874	7427	1955	1864	1761	647	830	830	228	210	210
CROATIA	4146	1201	2632	2973	1048	1313	395	113	506	586	456	124
CZECH REP	11609	11200	8369	5494	6323	3874	8545	700	7735	2060	293	1846
DENMARK	14248	10296	10482	7670	5579	3555	35426	35269	38368	25936	23172	18967
ESTONIA	587	675	882	501	492	517	199	316	229	131	132	94
FAEROE IS	14	8	6	21	12	8						
FINLAND	671	536	989	669	545	484	4294	5276	11083	1886	2193	3166
FRANCE	93396	97698	86351	47326	45238	30598	158584	174018	162272	85240	89508	66421
GERMANY	88147	92868	83976	61520	60348	46036	140568	156119	189296	71286	78449	71396
GREECE	2431	3591	2273	1897	2796	1330	1598	1303	327	870	742	187
HUNGARY	2606	1085	247	1721	501	121	14373	9287	6237	5368	3364	1538
ICELAND	1	1	1	5	5	3			20			7
IRELAND	3426	3156	4008	2762	2422	2789	79718	72662	69665	32650	27902	22757
ITALY	85190	87360	65489	41751	42159	27428	63321	69834	62721	42105	38144	29182
LATVIA	1550	2469	2053	1131	2516	1459	152	95		95	96	
LITHUANIA	1162	952	1152	604	494	335	736	889	2332	453	421	588
MACEDONIA	786	865	685	630	730	570	2			19		
MALTA	6	127	18	16	71	19						5
MOLDOVA REP	40	45F	379	25	29F	209	478	450	189	304	324	67
NETHERLANDS	129322	114378	132911	60220	55672	46965	69638	74342	88311	43983	38274	31112
NORWAY	7423	6729	7250	3786	3349	3250	1493	946	2530	642	300	518
POLAND	2694	1121	683	2520	1189	1322	26076	23567	46064	16526	13410	14035
PORTUGAL	6487	7358	6264	4368	4384	3573	1809	1564	2403	933	925	1260
ROMANIA		7611	2628		4764	1465	3433	663	1699	4155	257	891
RUSSIAN FED	54075	105995	114277	39789	60318	51333	167	199	112	135	240	64
SLOVAKIA	1322	1436	2137	742	1003	1541	4080	3152	3285	1351	1059	1029
SLOVENIA	2726	48	1570	1481	69	180	1549	13	1003	705	52	52
SPAIN	101805	100922	105145	46575	47613	39975	16464	14220	15613	12949	10535	8582
SWEDEN	9242	13875	10105	4058	6368	3955	23514	24004	27238	11508	10752	8712
SWITZERLAND	5339	6604	4471	3389	3944	2615	79	41	80	154	90	169
UK	81440	97542	73865	57474	54642	45269	25863	38278	34426	31419	39288	37898
UKRAINE	2265	1000	795	2239	955	632	3661	1159	397	1955	561	201
YUGOSLAVIA	2485	2275	2219	1659	1603	1622	210	114	114F	684	76	76F

表 112

SITC 411.3

動物性の油脂及びグリース（ラードを除く）

	輸入：MT			輸入：1,000 $			輸出：MT			輸出：1,000 $		
	1997	1998	1999	1997	1998	1999	1997	1998	1999	1997	1998	1999
OCEANIA	11446	9215	11698	6456	5237	5369	490298	519087	519988	207498	218764	186168
AUSTRALIA	1270	930	885	1124	1148	896	332770	374964	400781	143780	163606	143844
COOK IS	1			4	1*	6						
FIJI ISLANDS	4100	3000	3200	1200F	1000	910						
FR POLYNESIA	25F	41	41F	63F	21	21F						
KIRIBATI	46	46F	46F	45	45F	45F						
NEWCALEDONIA	3	9	9F	10	18	18F						
NEW ZEALAND	4218	2720	4837	3012	1725	2293	157528	144123	119207	63718	55158	42324
PAPUA N GUIN	1598	2319	2519	808	1118F	1028						
SAMOA	100F	100F	100F	110F	110F	110F						
TONGA	85	50	61	79	50	41						
VANUATU				1F	1F	1F						

表 113

SITC 423.2

大豆油

	輸 入：MT			輸 入：1,000 $			輸 出：MT			輸 出：1,000 $		
	1997	1998	1999	1997	1998	1999	1997	1998	1999	1997	1998	1999
WORLD	6603254	6987879	7974418	3962184	4796418	4544487	6893834	7919112	8090007	3975456	5110722	3889417
AFRICA	554073	853098	998239	339290	614179	688113	5217	2386	5773	3929	1996	4339
ALGERIA	11936	136000*	92000*	7500*	87000F	60000F						
ANGOLA	26300*	21100*	28600*	28000*	24500*	34000F						
BENIN	600*	2500*	800*	970*	3500F	1000F						
BOTSWANA	2520	2520F	2520F	1885	1885F	1885F						
BURKINA FASO	2300*	1400*	1700*	2100*	1200F	1200*						
CAMEROON	396	800*	2000*	305	800F	2000F						
CAPE VERDE	2291	4400*	1100*	2027	6500*	1300*						
COMOROS	80F	80F	80F	100F	100F	100F						
CONGO, DEM R	179	410*	1200*	170	450F	860F						
CONGO, REP	8600*	11300*	6600*	8000*	11900*	6300F						
CÔTE DIVOIRE	280*	3000*	6500*	240*	2500F	5200F						
DJIBOUTI	1500*		3000*	1200*		2400*						
EGYPT	33695	96949	149054	18572	67934	85003	21			5		
EQ GUINEA	230*	400*	1100*	230*	420*	850*						
ERITREA	90*	2300*	2700*	80F	2100F	2200F						
ETHIOPIA	7600*	8200*	10800*	7000F	7700F	9700F						
GABON	200*	780*	1300*	185*	800*	940*						
GAMBIA	1322	4700*	5800*	6500*	23000F	26000F						
GHANA	665	1588	5800*	530	1560	5500F	72			42		
GUINEA	22108	7200*	10700*	6200*	2000F	2700F						
GUINEABISSAU	1500*	1500*	1000*	860*	930*	500*						
KENYA	135	6159	1986	114	4841	1233	100*	33	1335	120F	23	1250
LIBERIA	2600*	500*	800*	2400*	470*	630*						
LIBYA	1400*	1700*	2300*	1600*	1900F	2500F						
MADAGASCAR	24639	12854	6108	16569	9356	3334	5			6		
MALAWI	500*	600*	300*	400F	490F	250F	5	7	7F	12	18	18F
MAURITANIA	10800*	5400*	8900*	4100*	2000F	3100F						
MAURITIUS	21021	25223	26368	12648	16455	13797	602	18	214	463	19	144
MOROCCO	117553	164746	258566	64061	105338	124424		4	77		9	56
MOZAMBIQUE	7500*	5100*	13400*	5200*	4000*	10000*						
NIGER		1294			752			11	11F		6	6F
NIGERIA	70*	1913*	3850*	70*	1600*	1810*						
RWANDA	3500*	1800*	4700*	3000*	1500F	4000F						
SENEGAL	67588	96654	108244	37866	65103	55689		49	177		42	121
SEYCHELLES	1163	604	604F	969	518	518F						
SIERRA LEONE	1800*	1600*	1200*	1800*	1600F	1200F						
SOMALIA	1200*	700*	800*	1200*	740F	850F						
SOUTH AFRICA	25733*	31467	27183	7769	19900	11608	2898	1538*	2826	1690	1163	1733
SUDAN	700*	920*	1100*	550F	730F	800F						
SWAZILAND	2328	693	133	2674	1102	283	4	35		4	33	
TANZANIA	6700*	13200*	17400*	5400*	12400*	15500F	118	118F	118F	29	29F	29F
TOGO	82	320*	400*	31	120F	110*						
TUNISIA	109710	151222	141972	60106	96953	71861						
UGANDA	1900*	2238	6546	1600F	1531	94555			216			169
ZAMBIA	1105	400*	1600*	2559	1000*	2600*						
ZIMBABWE	19954	18664	29425	13950	17001	17823	1392	573	792	1558	654	813
N C AMERICA	439325	421492	471221	283521	286425	292637	1057916	1473082	941138	619697	944460	483903
ANTIGUA BARB	330*	350*	330*	330*	340*	300*						
ARUBA	30*	90*	65*	40*	110*	85*						
BARBADOS	4	12	19	9	11	18	371	382	712	634	418	704
BELIZE	232	30*	30*	192	40F	40F						
CANADA	54784	13347	13742	30443	8106	7705	34184	30987	38413	22088	21711	21358
COSTA RICA	1053	689	300*	947	640	350F	3429	5888	7200*	2767	4498	6000F
CUBA	52200*	40100*	28500*	35000F	27000F	20000F						
DOMINICA	542	400*	400F	893	800F	800F						
DOMINICAN RP	94267*	95984*	110000*	52200*	53000F	55000F						
EL SALVADOR	2447	13124*	28478	2028	10104	20000F	19	92	322	17	83	223
GREENLAND	8	6	7	13	10	14						
GRENADA	345	470*	500*	444	500*	500*						
GUATEMALA	7516	12483	27900*	5480	9105	20000F						
HAITI	38700*	30200*	43000*	34000F	26000F	36000F						
HONDURAS	1384	1293	3017	1218	1224	2161	118	1071*	1071F	125	758*	758F
JAMAICA	18400*	20000*	20700*	15000*	16500F	17000F						
MEXICO	94852	106411	110936	53659	68058	50719	2154	5982	12078	1881	5195	8938
MONTSERRAT	10F	10F	10F	10F	10F	10F						
NETHANTILLES	1300*	1816	1100*	980*	1653	1000*	100*	56	56F	140F	95	95F
NICARAGUA	20400*	12323	8014	12889	10657	11919	1		234	1		140
PANAMA	18862	23367	26664	10734	15999	15157		20			22	
ST KITTS NEV	200	280*	190*	219	300*	180*						

表 113

SITC 423.2

大豆油

	輸入：MT			輸入：1,000 $			輸出：MT			輸出：1,000 $		
	1997	1998	1999	1997	1998	1999	1997	1998	1999	1997	1998	1999
ST LUCIA	557	91	91F	1008	151	151F						
ST VINCENT	119	300*	400*	173	450*	570*						
TRINIDAD TOB	2982	18845*	6538	5478	13860	8564	4961	6705	4619*	7165	8166	4438
USA	27801	29471	40290	20134	21797	24394	1012579	1421899	876433	584879	903514	441249
SOUTHAMERICA	681191	867074	743106	416572	577601	395867	3261286	3823863	4766727	1743188	2343735	2058951
ARGENTINA	16	46	12	18	68	15	1960618	2258786	3015483	1042926	1383590	1249549
BOLIVIA	3	125	125F	4	152	152F	83114	102115	95200*	55046	68661	62000F
BRAZIL	151138	223122	159190	84956	134845	74805	1125892	1359888	1551810	596682	829324	687493
CHILE	69856	87839	70000*	42873	60212	48000F	1	134	134F	1	128	128F
COLOMBIA	94292	138822	122682	60577	98395	76805	75	302	1085	73	283	557
ECUADOR	59280	66618	46423	31968	46304	21079	553	841	1663	508	813	1293
GUYANA	640*	950*	1100*	640*	790*	900*						
PARAGUAY	47	14	14F	32	6	6F	91033	101796	92000*	47952	60935	51500F
PERU	154245	169336	114358	97445	116660	62316		1	7		1	8
SURINAME	8435	5700*	5000*	10034	6400*	4400*						
URUGUAY		107	517		80	347						
VENEZUELA	143239	174395	223685	88025	113669	107042			9345			6423
ASIA	4127070	3825785	4665159	2451627	2655148	2637506	1100101	949357	666937	737585	684280	452405
AFGHANISTAN	23000*	20300*	25500*	16000F	14000F	18000F						
ARMENIA	1800*	5900*	4365	1600F	5800F	1800F	339			138		
AZERBAIJAN	3257	3700*	5084	1557	2200F	2268						
BAHRAIN	167	50*	70*	197	60*	85*						
BANGLADESH	696368	271252	539905	320330	119622	250005						
BRUNEI DARSM	34*	40*	20*	47*	50*	40*						
CAMBODIA	10*	200*	670*	10*	185*	490*						
CHINA	1268013	858163	879069	709702	540679	460139	558467	186817	54733	370796	135596	35513
CHINA,H.KONG	810493	775912	186957	506960	531996	102221	260321	309590	88698	168662	210002	50489
CYPRUS	7440	9867	7327	4608	6956	4160	1259	774	468	936	652	343
GEORGIA	1100*	6000*	6000*	940*	5000*	3000*						
INDIA	45737	439625	940300*	33812	299721	565000F	6061			3757		
INDONESIA	38268	18785	11827	24245	13748	7273	28048	47	38	17238	52	41
IRAN	366500	388535	830750	218459	282983	406795	35000*	200000*	250000*	23000F	129000F	162000F
IRAQ	36700*	126900*	82500*	51000*	176000F	105000F						
ISRAEL	5662*	16700*	14000F	3648	11899	9220	350F	730F	90F	702	1391	169
JAPAN	3023	1302	3831	2533	1202	3141	961	607	527	692	547	558
JORDAN	15912	14923	16700*	9885	10872	11500F	901	861	2400*	584	638	1700F
KAZAKHSTAN	37	189	1278	22	87							
KOREA D P RP	46800*	30200*	11000*	50000*	32000F	11000F						
KOREA REP	58265	63538	138325	33470	42085	71422	17550	17177	3857	18950	16180	3687
KUWAIT	3942	3573	4200*	2603	2656	2500F	2503	1500*		2069	1300*	
KYRGYZSTAN	4500*	4700*	6400*	2500F	2100F	2900F						
LEBANON	23700*	22400	27200*	18960*	17500F	19000F						
CHINA, MACAO	1											
MALAYSIA	115600*	119771	113786	74000*	77682	60021	131000*	171994	140564*	86000*	122809	94879
MONGOLIA	6	6F	6F	7	7F	7F						
MYANMAR		2600*	1200*		1500F	1100*						
NEPAL	8000F	3800F	3800F	7845	3710	3710F						
OMAN	1076	2500*	4000*	628	1400F	2000F						
PAKISTAN	198819	244523	363722	121420	172799	247109						
PHILIPPINES	22998	20417	53241	16243	16023	31137	23	6200*	24000*	23	4500F	17000F
QATAR	10F	10F	10F	10F	10F	10F						
SAUDI ARABIA	3787	3157	2100*	3348	2900	1800F		1				
SINGAPORE	43274	45477	57667	28614	33151	32963	39419	25866	37124	30583	21785	23575
SRI LANKA	320	339	611	261	276	465						
SYRIA	35905	25773	30555	25809	21426	23863	400	27	27F	227	8	8F
TAJIKISTAN	3300*	7500*	10000*	4300F	9000F	10000F						
THAILAND	18		1434	14		961	13134	6510	23549	8271	5428	11486
TURKEY	164428	153054	166241	93940	101247	86101	365	656	1862	277	592	1157
TURKMENISTAN	1800*	8700*	11100*	1900F	8700F	8700F					10800F	10800F
UNTD ARAB EM	14200*	27800*	45500*	8500*	16000F	25000F	4000*	20000*	39000*	4680F	23000F	39000F
UZBEKISTAN	2700*	30300*	42000*	2300F	24000F	33000F						
VIET NAM	47900*	44800*	11100*	48000*	44000F	10500F						
YEMEN	2200*	2504	3800*	1400*	1913	2100F						
EUROPE	756081	976257	1056494	436019	630491	501897	1469215	1668630	1703526	870847	1134935	885802
ALBANIA	1252	829	500*	763	566	350F						
AUSTRIA	17427	17709	14443	10836	12098	7910	610	827	1847	578	767	1254
BELARUS		700	3916		854	3133		12	100		12	98
BEL-LUX	126977	142950	227724	73446	95257	112176	190923	166375	228461	119704	120648	126148
BOSNIA HERZG	3900*	2400*	2400F	3300*	2200*	2200F						

表 113

SITC 423.2

大豆油

	輸入：MT			輸入：1,000 $			輸出：MT			輸出：1,000 $		
	1997	1998	1999	1997	1998	1999	1997	1998	1999	1997	1998	1999
BULGARIA	1207	3835	2500*	699	1755	1100F		71			62	
CROATIA	2620	81	1776	1826	80	1165	1369	4647	3814	748	2807	1842
CZECH REP	18940	25126	21511	12612	18501	12929	2320	4367	1607	1524	3156	1051
DENMARK	36635	35825	31335	20082	22966	16181	2841	3441	4450	4086	4308	2500
ESTONIA	5055	2285	1437	2330	1100	852	10*	252	776	6	106	247
FAEROE IS	28	28	22	40	49	30						
FINLAND	227	66	1818	251	97	825	745	8139	11235	459	4976	5161
FRANCE	66653	60014	43739	39278	42209	24052	79558	101635	73390	44735	67851	35933
GERMANY	49458	39681	43450	27747	26692	21849	322028	393661	447933	181302	260831	226661
GREECE	2942	5563	5059	1737	2257	1785	13727	9987	16034	9558	10770	8803
HUNGARY	1341	1633	1778	912	1318	1168						
ICELAND	1343	1385	1476	1109	1265	1062						
IRELAND	13100	17118	16125	9276	10554	10091	1056	866	67	768	650	47
ITALY	6319	7760	13725	4875	6304	8831	13064	42201	35268	8117	27685	16704
LATVIA	1318	1603	1504	994	2210	1761	48	27	9	33	39	10
LITHUANIA	1547	837	4400*	1114	688	2400*	184	34	204	193	38	123
MACEDONIA	4	75*	75F	3	60*	60F						
MALTA	1116	964	1455	879	735	836		6			6	
MOLDOVA REP	985	1	34	882	1	17						
NETHERLANDS	88703	196200	110747	51176	128008	48617	439793	518221	515497	262943	356215	280368
NORWAY	11738	18930	1784	7333	12803	1293	2103	3760	9267	1898	3185	4772
POLAND	81989	131217	76911	47082	79090	37271	283	61	896	173	62	189
PORTUGAL	8662	25329	18422	5511	17972	11072	71955	53777	40806	44879	39297	22464
ROMANIA	500	11272	1793	3700*	10459	3000F	18269	10280	5506	9019	6114	3600F
RUSSIAN FED	51274	102165	314101	22201	38906	112734	1311	339	568	3528	870	409
SLOVAKIA	2182	8262	4700	1420	5772	2454	7	23		7	13	
SLOVENIA	7962	9705	8300*	4465	6336	3700*	2278	3028	2700*	1669	2431	1850*
SPAIN	6458	11356	4924*	4745	6538	3490	258641	281562	252849	140973	179264	116442
SWEDEN	34216	23431	30569	19738	16404	16635	733	758	632	4706	4618	3473
SWITZERLAND	2635	2338	1540	1605	1687	1007	13473	12244	14062	6306	6228	6541
UK	98743	64975	38671	51430	54280	26391	19069	40572	27823	16385	27365	14296
UKRAINE	508	2446	1667	519	2300*	1350*		236	504		230F	485F
YUGOSLAVIA	117	163	163F	103	120	120F	12817	7221	7221F	6550	4331	4331F
OCEANIA	45514	44173	40199	35155	32574	28467	99	1794	5906	210	1316	4017
AUSTRALIA	12400*	14000*	8830	8619	9891	6257	45	1762	5862*	103	1272	3976
COOK IS	127	43	52	107	65	81						
FIJI ISLANDS	10000*	9000*	8700*	6600F	5900F	5600F						
FR POLYNESIA	460*	580*	480*	530*	720*	500*						
KIRIBATI	38	38F	38F	40	40F	40F						
NEWCALEDONIA	342	289	300*	366	377	270*	4			7		
NEW ZEALAND	18888	16337	17532	15404	11453	11391	50	32	44	100	44	41
PAPUA N GUIN	3100*	3700*	4000*	3300*	3900F	4000F						
TONGA	79	106	157	119	158	198						
VANUATU	80*	80F	110*	70*	70F	130*						

表 114

SITC 423.3

綿実油

輸 入：MT　　　輸 入：1,000 $　　　輸 出：MT　　　輸 出：1,000 $

	1997	1998	1999	1997	1998	1999	1997	1998	1999	1997	1998	1999
WORLD	285909	305242	267219	194679	215824	179891	246525	263129	176552	177770	195160	119897
AFRICA	31222	27289	14620	18260	19879	9662	2278	7868	3736	2036	7786	3740
ALGERIA	7	7F	7F	4	4F	4F						
BENIN		2150*			1400*							
BOTSWANA	44	420*	60*	41	540*	50*	14*			21		
BURUNDI							30		73	8		20
CAPE VERDE	5	5F	5F	3	3F	3F						
CENT AFR REP	206F	206F	206F	120F	120F	120F						
CONGO, DEM R	94	5*	5F	70	3*	3F						
CONGO, REP	3500*	700*	600*	700F	180F	150F						
EGYPT	8300*	9792	3574	5100F	6808	2004		80			62	
ETHIOPIA	8F	8F	8F	5F	5F	5F						
GHANA		26	2	1	14	3						
KENYA			27			25*	93			29		
LIBYA	90*	310*	310F	120F	420F	420F						
MADAGASCAR	7500*	7300*	6500*	3800F	3800F	3300F						
MALAWI								65			51	
MAURITIUS		2		1	3			2			4	
MOROCCO										4		
NIGERIA	3F	3F	3F	5F	5F	5F						
SENEGAL	200*	400*	800*	140F	300F	550F						
SOUTH AFRICA	5999	1313	1	3554	908	1	907	712	525	808	523	360
SWAZILAND	80	8	142*	138	9*	251	87	29*	4*	37	12	4
TANZANIA	74	40*	40*	35	40*	40*	76			12*		
TOGO	505	505F	505F	378	378F	378F	21	2500*	2500F	22	2600F	2600F
TUNISIA			10			13						
UGANDA		71	8*		28	2		140	419		207	553
ZAMBIA	2536	1900*	1200*	2746	2900*	1900F						
ZIMBABWE	2071	2118	607	1299	2011	435	1050	4340	215	1095*	4327	203
N C AMERICA	68108	73538	60228	44994	50290	39271	116296	88019	59730	73113	58993	36960
BARBADOS	225	163	273	248	156	267	2			2		
BELIZE	3	3F	3F	3	3F	3F						
CANADA	28033	37565	37429	17130	24562	24039	109	17	114	101	35	49
COSTA RICA	1		300*	2		300F						
DOMINICAN RP	15*	65*	65F	20*	100F	100F						
EL SALVADOR	30927	16500*	3496	20933	11059	2601	2823	1043	904	2446	1112	890
GUATEMALA	608	27		479	28		2856	741	910*	2438	696	810*
HONDURAS	123	34	74	124	42	79						
MEXICO	2160	4272	5854	1255	2791	2984	25	64	290	25	161	225
NICARAGUA	4793	1625	1504	3571	1635	1671		40*			10F	
TRINIDAD TOB	1111	1411	1203	1127	1494	1282						
USA	109	11873	10027	102	8420	5945	110481	86114	57512	68101	56979	34986
SOUTHAMERICA	24289	13553	3086	14961	9301	1782	48268	52598	48310	24615	32577	20734
ARGENTINA	1202	1017	881	765	683	427	42010	38519	20276	21442	23828	8951
BRAZIL	19146	9888	1302	11593	6784	652	8	11071	26234	8	7027	10956
CHILE	1187	574	900*	798	446	700F						
COLOMBIA	2750	1748		1791	1357							
ECUADOR		310*			20F							
PARAGUAY							6250	3007	1800	3165	1720	827
VENEZUELA	4	16	3	14	11	3		1			2	
ASIA	88750	132089	154536	59871	90841	103642	36181	58762	46790	39902	52310	42418
ARMENIA	8*	10F		3F	4F							
AZERBAIJAN	1400*		1921	700F		694	7541	4000F	3212	4931	2000F	1248
CHINA	190	77	146	234	92	170	1918	806		1741	785	
CHINA, H.KONG			4			5						
CYPRUS	5	23	1	8	31	6						
INDIA	3910	50444	70000*	2238	37314	51000F						
INDONESIA	7	8	1	11	63	1	500		2487*	298		471
IRAN	970	2	95	1673	2	71						
ISRAEL	5500*	5000*	6100*	3272	2840F	1956			20F			10
JAPAN	11975	11743	11887	7839	8846	7902	72	85	111	229	260	321
JORDAN	78	62	913	50	36	735						
KAZAKHSTAN	1264	700*	2000*	633	350*	900*	8			7		
KOREA REP	15820	10164	10445	10116	7043	7244	320	205	187	381	236	215
KYRGYZSTAN	3768	1100*	700*	3067	800F	500F						
LEBANON	800*	800*	500*	640*	640F	350F						
CHINA, MACAO		20			6							

表 114

SITC 423.3

綿実油

	輸入：MT			輸入：1,000 $			輸出：MT			輸出：1,000 $		
	1997	1998	1999	1997	1998	1999	1997	1998	1999	1997	1998	1999
MALAYSIA	2F	1	1163*	4F	2	1643	46F	194	334	76F	132	225
PAKISTAN	1558	1		862	1							
PHILIPPINES	1	6	97	2	31	116						
SAUDI ARABIA	1474	1000	1000F	1157	921	921F		131	131F		69	69F
SINGAPORE	914	1098	1265	1089	1265	1271	5	94	323	16	87	248
SRI LANKA	1	3		5	9							
SYRIA	32083	34444	36892	19871	21853	23551		17809	15704		8418	6818
TAJIKISTAN	1700*	2000*	1200*	1400F	1700F	1000F						
THAILAND	51			58	2		24	36	2	27	39	3*
TURKEY	3271	11383	6206	3639	5690	2410	7747	16402	4279	5196	10284	2790
UNTD ARAB EM	2000*	2000*	2000*	1300F	1300F	1200F						
UZBEKISTAN							18000*	19000*	20000*	27000F	30000F	30000F
EUROPE	72448	55889	31555	55361	43236	23435	41841	39233	17882	36511	33954	15973
ALBANIA	1779	1993	2400*	1011	1385	1600F						
AUSTRIA		167			158			48	2		39	2
BELARUS			15			12						
BEL-LUX	35874	31200*	13722	29074	25070	10242	22	545	45	18	790	48
BULGARIA	31	26	26F	35	12	12F	1	16	16F	1	3	3F
CROATIA	1	1		1	1							
CZECH REP	2		1	4		1	21	12		3	10	
DENMARK	12		7	22		20						1
ESTONIA	1244	1152	1233	202	156	239		42			17	
FINLAND	1				1		3			5		
FRANCE	1015	1027	1415	842	939	1208	126	39	188	286	128	272
GERMANY	668	601	458	535	566	398	306	332	245	451	454	368
GREECE	38	635	119	53	470	140	10611	10038	9179	7012	7152	4194
IRELAND	22	80	85	35	60	222	10*					
ITALY	54	351	155	101	356	188	268	80	137	248	75	99
LATVIA	111		11	49		24						
MACEDONIA	313	100*	550*	250*	85*	90*						
MALTA	29	1	2	32	1	3						
NETHERLANDS	10	2231	801	15	1198	591	1207	507	29	941	434	27
NORWAY	10	9	8	11	11	9						
POLAND	1300*	5	2	810F	3	3	3		1	4		1
PORTUGAL	23	82	21	7	67	70		13	17		15	18
ROMANIA		296	21		324	18						
RUSSIAN FED	7700*	1338	2455	6300F	2131	2196						
SLOVAKIA							4	778		3	606	
SLOVENIA		2	2F		1	1F						
SPAIN	1	1	3594	3	2	2204	1929	7368*	2894	460	3783	2183
SWEDEN	1252	422	81	1231	554	75	7	1	1	15	6	
SWITZERLAND	1		1103	2	2	580						
UK	20956	14157	3256	14734	9673	3278	27268	17969	3683	24190	16234	4549
UKRAINE										2800F	2800F	2800F
YUGOSLAVIA	1	12	12F	1	11	11F	55	1445	1445F	74	1408	1408F
OCEANIA	1092	2884	3194	1232	2277	2099	1661	16649	104	1593	9540	72
AUSTRALIA	40*	260*	62	48	308	63	1616	16649	96	1562	9540	62
COOK IS						1						
NEWCALEDONIA	12			17								
NEW ZEALAND	1040	2624	3132	1167	1969	2035	45		8	31		10

表 115

SITC 423.4

落花生油

	輸入：MT			輸入：1,000 $			輸出：MT			輸出：1,000 $		
	1997	1998	1999	1997	1998	1999	1997	1998	1999	1997	1998	1999
WORLD	287403	298509	274303	303876	310626	241930	284920	273416	209420	300886	287204	204794
AFRICA	2312	2800	11629	1628	2023	9125	134898	125050	63214	116142	108155	53506
ALGERIA	1			1								
BENIN	2*	2F	10*	3*	3F	10*						
BOTSWANA	5*	5F	5F	14	14F	14F						
CAMEROON	13	13F	10*	10	10F	10*						
CAPE VERDE	15	15F	15F	17	17F	17F						
CENT AFR REP	17F	17F	17F	41F	41F	41F						
CHAD							250*	450*	450F	250*	460*	460F
CONGO, DEM R	158	10*	10F	95	5*	5F						
CONGO, REP	4*	20*	10*	6*	30*	30*						
CÔTE DIVOIRE	30*	30*	20*	40*	40*	20*						
EGYPT	24	83	122	32	119	168						
ETHIOPIA	69F	69F	69F	47F	47F	47F						
GABON	225F	225F	225F	305F	305F	305F						
GAMBIA	1480F	1480F	1480F	775F	775F	775F	2100*	2000*	2100*	1900F	1800F	1800F
GHANA	2	4	96	2	1	39		2	2F		2	2F
KENYA	6	5	8	17	15	18	19			25		
MADAGASCAR	8		3	7		4						
MALAWI								1	1F		2	2F
MALI			9000*			7200F	9000*	8000*	8000F	7700F	6800F	6800F
MAURITANIA	1*	1F	1F	1*	1F	1F						
MAURITIUS	4	11	42	9	11	42						
MOROCCO	2	1	2	7	6	8						
NIGER	3*	230	230F	5*	110	110F		2F		1		1F
NIGERIA							19300*	5800*	5800F	13000F	3900F	3900F
SENEGAL	3	2	7	3	3	5	43359	49900	25118	38868	42910	21569
SOUTH AFRICA	105	231	10	85	137	15	6012	5076	3586	7119	6781	4283
SUDAN							54785	53500*	18000*	47203	45200F	14500F
SWAZILAND	30	163	56	20*	106	20		27			8	
TANZANIA	73	73F	73F	60	60F	60F						
TOGO	27	27F	27F	18	18F	18F	92	92F	92F	102	102F	102F
TUNISIA					3	1						
UGANDA								157			138	
ZAMBIA		80*	80F	1	140F	140F						
ZIMBABWE	5	3	1	7	6	2		24	63		26	87
N C AMERICA	10212	33167	11988	10751	33174	11783	11165	7823	9183	12857	8328	8829
BARBADOS	3	1	5	6	3	9						
CANADA	3425	2603	2178	3724	2919	2108	666	1022	1416	1257	1654	2288
COSTA RICA	1	1	1F	2	2	2F						
CUBA	10*	5*	5F	20*	8*	8F						
GREENLAND		1			2							
GUATEMALA	58	71	71F	46	62	62F						
HONDURAS	6	3		7	5	5						
MEXICO	49	108	65	66	42	141	65	9	15	99	20	22
NICARAGUA		15			14		1598	2531	1945	2123	2106	1572
PANAMA	1	1	1	1	2	2						
ST LUCIA				1								
ST PIER MQ	10*	20*	10*	20*	20*	10*						
TRINIDAD TOB	1	5	16	1	13	27						
USA	6648	30336	9633	6857	30082	9409	8836	4261	5807	9378	4548	4947
SOUTHAMERICA	82	150	177	203	281	327	81221	85878	93026	67528	71687	66729
ARGENTINA	4	3	9	22	14	25	74480	79529	89550	62206	66289	63596
BOLIVIA					1							
BRAZIL	46	77	41	107	168	201	6741	6349	3476	5322	5398	3133
CHILE	12			40	1	1F						
COLOMBIA	2	4*		10	11	1						
ECUADOR		1			3							
PERU	1	25	1	3	16	3						
VENEZUELA	17	40	126	21	67	96						
ASIA	51722	61713	40961	62919	70839	45087	-2403	-7192	-8403	34435	28997	25753
BAHRAIN	1			2								
BANGLADESH	23	47	4F	47	92	9						
BRUNEI DARSM	10*	40*	40F	10*	40F	40F						
CHINA	10670	8723	9616	9716	8470	13062	8606	10078	12983	10608	11903	15178
CHINA, H.KONG	30717	36588	20183	38837	43619	21234	16593	10250	6530	20581	13683	7406
CYPRUS	24	34	29	28	45	33						

表 115

SITC 423.4

落花生油

	輸入：MT			輸入：1,000 $			輸出：MT			輸出：1,000 $		
	1997	1998	1999	1997	1998	1999	1997	1998	1999	1997	1998	1999
INDIA	16	409	409F	13	479	479F	18	10	10F	6	17	17F
INDONESIA	4	2	7	9	2	10		1	20*		3	43
IRAN	89	5028	27	133	3749	82						
ISRAEL	70F	50F	10F	43	30	4						
JAPAN	934	1845	810	1809	3191	1529	1	35		10	55	
JORDAN						3						
KAZAKHSTAN	177	376	66	58	86	25						
KOREA REP	4	2	6	23	8	23	28	8		34	6	
KUWAIT	1		22	1		36						
LEBANON	35*	40*	40F	40*	40*	40F						
CHINA, MACAO	2145	1793	1582	2272	2012	1785	57	10	17	51	12	22
MALAYSIA	2000*	1667	4611	4700*	2787	3078	43*		1	60F		611
MYANMAR							-30000F	-30000F	-30000F			
OMAN	15	15F	15F	41	41F	41F						
PAKISTAN		23	53		12	26						
PHILIPPINES	13	27	34	13	48	33						
SAUDI ARABIA	1033	526	526F	839	518	518F		4	4F		3	3F
SINGAPORE	3289	3693	2617	3776	4443	2699	2076	2021	1882	2868	2822	2282
SRI LANKA	3		1	7	1	2						
SYRIA	100			54								
THAILAND		421	1		607	5	1	1		6	3	1
TURKEY	59	34	42	58	59	51	14			11		
UNTD ARAB EM	290*	330*	210*	390*	460*	240*						
VIET NAM							160*	390*	150*	200F	490F	190*
EUROPE	220436	198965	207860	224934	201475	173151	59128	61498	52316	69338	69728	49834
ALBANIA	940	1532	700*	710	1062	450F				78F		
AUSTRIA	1320	1366	1231	1551	1662	1294	38	27	60	54	44	80
BELARUS		1										
BEL-LUX	34844	27689	17592	34705	28013	14769	23380	19308	15710	28204	23481	16945
CROATIA	369	119	76	369	144	61						
CZECH REP	8	28	20	20	60	42		3			5	
DENMARK	563	495	427	686	596	397	104	70	32	175	122	56
ESTONIA	17	138	74	6	21	50	31			5		1*
FAEROE IS				2	2	2						
FINLAND	85	104	76	169	186	138	3			7	6	2
FRANCE	83302	67250	76106	85177	69086	60201	20218	28909	21282	23353	31202	17681
GERMANY	22374	16732	17283	22635	17610	15527	1557	405	412	2170	781	774
GREECE	55	3	12	75	6	33	5	84		19	34	
HUNGARY		29			42							
ICELAND	15	13	11	40	37	27						
IRELAND	587	603	326	1072	886	568			4			14
ITALY	46016	47906	43927	47149	44412	39153	3417	5152*	256	4052	5733	407
LATVIA	1	9	3	1	11	9						
LITHUANIA	23	7	4	40	14	8						
MALTA	22	1	2	12	3	4						
MOLDOVA REP	1	1F	1	1	1F	2						
NETHERLANDS	7180	11066	20774	7428	11770	16924	8749	4970	12466	8774	5355	11350
NORWAY	1110	836	750	1248	882	717	4	6	1	8	21	7
POLAND	347	169	125	436	254	201	12			17	1	
PORTUGAL	348	411	1223*	457	511	1074	20	103	83	16	101	122
ROMANIA	15*	36	2	20*	30	4	1			1		
RUSSIAN FED	2000*	422	6316	1100*	333	2121	230*			360*		
SLOVAKIA	10*	3				5						
SLOVENIA	503	397	397F	680	487	487F	195	172	172F	179	166	166F
SPAIN	391	272	220	526	402	283	26	4	2	30	5	5
SWEDEN	101	150	319	178	232	373	99	121	125	173	220	208
SWITZERLAND	14628	16883	13936	14381	17535	11584	14	7	7	40	23	25
UK	3224	4290	5922	4041	5178	6645	1025	2157	1704	1623	2428	1991
UKRAINE	37	4	5	19F	2F	3F						
OCEANIA	2639	1714	1688	3441	2834	2457	911	359	84	586	309	143
AUSTRALIA	200*	180*	328	256	231	457	911	357	81	585	305	134
COOK IS						1						
FR POLYNESIA	1000*	1000*	1000*	1700*	1800*	1500*						
NEWCALEDONIA	274	317	210*	456	513	300*		2	2F		4	4F
NEW ZEALAND	1153	197	130	1004	253	162			1	1		5
PAPUA N GUIN	2*	10*	10F	5*	17F	17F						
VANUATU	10*	10F	10F	20*	20F	20F						

表 116

SITC 423.5

オリーブ油

	輸 入：MT			輸 入：1,000 $			輸 出：MT			輸 出：1,000 $		
	1997	1998	1999	1997	1998	1999	1997	1998	1999	1997	1998	1999
WORLD	1132448	1062143	1106517	2993009	2354862	2667144	1039599	1010364	1072707	2823636	2245364	2539636
AFRICA	27857	20241	17696	50549	35295	29569	161867	140253	186682	318299	201570	351008
ALGERIA	79	79F	79F	147	147F	147F	40	40F	40F	52	52F	52F
ANGOLA	480*	760*	400*	1300*	2000F	840F						
BENIN	45*	30*	20*	70*	60*	45*						
BOTSWANA	134	134F	134F	331	331F	331F	7	7F	7F	11	11F	11F
BURKINA FASO	5*	5*	10*	20	18F	30*						
CAMEROON	95	41	61	176	41	51						
CAPE VERDE	597	290*	580*	1821	1050*	1000*						
CENT AFR REP	10*	10F	10*	10*	10F	10*						
CONGO, DEM R	157	113	113	167	50	50						
CONGO, REP	10	10	10F	40F	40F	40F						
CÔTE DIVOIRE	220*	750*	1000*	600F	1300*	1600*	2F	2F	2F	2F	2F	2F
DJIBOUTI	60*	20*	10*	270*	50*	30*						
EGYPT	666	400	619	1265	969	1424	9	83	32	23	105	47
ERITREA	5*	10*	10*	15*	10*	10*						
ETHIOPIA	370	370	370	118	118	118						
GABON	10*	20*	20*	20*	50*	50*						
GHANA	114	720*	380*	280	1300*	850*						
GUINEABISSAU	15*	15*	30*	80F	60F	40*						
KENYA	54	155	72	253	257	253	2	1	8	2	4	11
LIBERIA				2*	2F	2F						
LIBYA	18800*	10000*	5800*	31000F	16000F	8700F						
MADAGASCAR	30	22	24	60	40	52						
MALAWI	10*	30*	30*	30F	90F	90F	2			5		
MALI	15*	10*	10*	15F	10*	10*						
MAURITANIA	45	15	15F	200F	50F	50F						
MAURITIUS	157	177	182	570	458	488						2
MOROCCO	211	208	458	368	450	804	29651	10597	15477	53134	12138	25248
MOZAMBIQUE	150*	270*	70*	310*	530F	60*						
NIGER		4	10*		11	10*						
NIGERIA	60*	80*	80F	390F	520F	520F						
RWANDA	5*	10F	10F	15F	30F	30F						
SENEGAL	299	411	529	687	761	933	60	88	251	214	240	497
SEYCHELLES	1564	1607	3100*	3486	2458	5002						
SOUTH AFRICA	1499	1691	1642	4891	4882	4678	561	390	548	767	388	709
SWAZILAND	71	4	16	170	10	48	22	10		23	8	
TANZANIA	1660	1660F	1660F	864	864F	864F						
TOGO	18	5*	10*	48	15F	20*						
TUNISIA	3	15	24	16	49	49	129573	127082	168304	263522	188056	323817
UGANDA		2	6		8	21			1*			
ZAMBIA	35	45*	45F	77	100*	100F	1937F	1937F	1937F	539F	539F	539F
ZIMBABWE	99	43	47	367	96	119	1	16	75	5	27	73
N C AMERICA	188174	191579	188136	526376	431285	435933	11331	10371	8364	10731	9806	8152
BARBADOS	107	24	95	232	60	195					2	
BELIZE	22	11	11F	35	20F	20F						
CANADA	18182	19067	17639	54516	48051	45444	794	1234	365	2518	2493	943
COSTA RICA	278	430	630	918	1183	1700						
CUBA	166*	80*	85*	660*	190*	210*						
DOMINICA	12	12F	12F	74	74F	74F						
DOMINICAN RP	850*	1200*	1000*	2000*	3700*	3400*						
EL SALVADOR	222	136	1680	504	301	3320			6			22
GREENLAND	9	11	11	21	28	23						
GRENADA	5	5F	10*	28	28F							
GUATEMALA	424	474	509	1005	1081	702	22			15		
HONDURAS	206	103	111	432	133	209	7			2		
JAMAICA	80F	50*	50F	320F	280*	280F	1*	2*	10*	6	8*	
MEXICO	3446	4325	2945	12142	9516	10290	23	52	107	55	109	212
NICARAGUA	243	119	149	316	174	250						
PANAMA	295	407	406	965	930	1240						
ST KITTS NEV	4		6*	25		15F						
ST LUCIA	10	14	14F	45	48	48F						
TRINIDAD TOB	109	77	91	453	277	336		1		1	4	2
USA	163504	165034	162682	451685	365211	368177	10484	9082	7876	8134	7190	6973
SOUTHAMERICA	39509	40790	29058	130836	116757	92110	6195	7421	6911	23787	27173	25796
ARGENTINA	7001	7500	1977	17007	16239	4998	6125	7396	6860	23413	27054	25636
BOLIVIA	42	106	50	130	242	85						
BRAZIL	27255	27608	23151	98329	85930	75476	33	20	17	207	99	55
CHILE	1085	1449	601	3581	3681	1901	20	5	30*	95	18	100*

表 116

SITC 423.5

オリーブ油

	輸入：MT			輸入：1,000 $			輸出：MT			輸出：1,000 $		
	1997	1998	1999	1997	1998	1999	1997	1998	1999	1997	1998	1999
COLOMBIA	958	772	592	2502	2311	1531			4			5
ECUADOR	321	333	217	1130	1093	588					1	
PARAGUAY	128	144	144F	340	417	417F						
PERU	187	208	133	795	809	456	17			72	1	
URUGUAY	500	583	655	1621	1652	1949						
VENEZUELA	2032	2087	1538	5401	4383	4709						
ASIA	62384	70606	59425	199061	201568	177331	55504	51174	112737	102554	80757	186758
ARMENIA	311	362F	16	310	365F	39						
AZERBAIJAN	25		46	27		43						
BAHRAIN	51	120*	105*	784	420*	410*						
BANGLADESH	5	116	3F	18	196	44						
BRUNEI DARSM	15*	20*	10*	95*	40*	10*						
CHINA	3264	5523	6923	11965	16465	20286	55	11	79	35	39	219
CHINA,H.KONG	455	430	630	1726	1300	1779	283	109	20	370	245	48
CYPRUS	15	998	578	81	2116	1311	15	8	4	144	35	19
GAZA STRIP							1000F	1000F	1000F	2000F	2000F	2000F
GEORGIA	800F	850F	850F	1000F	1100F	1100F						
INDIA	410	276	302	1815	983	1104	241	6	6F	305	35	35F
INDONESIA	161	110	205	404	121	450	2004		3998	867		1300
IRAN	1100*		80	1700F		93			43			
IRAQ	490	490	500	650F	650F	650F						9
ISRAEL	700	2400	2100	1282	4731	4072	150	35	80F	469	102	222
JAPAN	29064	34488	27005	121212	119186	100412	83	7	48	508	98	206
JORDAN	2350	3474	192	6085	6885	393	17	171	974	41	285	2875
KAZAKHSTAN	115	91	36	221	109	45						
KOREA REP	957	593	1063	3938	1979	3078			1	2		6
KUWAIT	1920	1632	1713	6650	4393	4890	34	5	3	85	13	11
LEBANON	3700	4800	3800	10800	14000F	11000F	1000	300	500	2600F	800F	1250F
CHINA, MACAO	125	73	69	409	204	213	1	1	1	8	5	2
MALAYSIA	300*	146	225	900	477	589	25	35	205	14F	57	212
MALDIVES	40*	60*	50*	100*	150F	70*						
NEPAL	25F	20F	20F	114	113	113F						
OMAN	213	213F	63	668	668F	159	3	3F	3F	10	10F	10F
PAKISTAN	242	128	98	856	293	269						
PHILIPPINES	470	442	367	1068	908	818						
QATAR	130*	180*	150*	430*	270*	230*		10*	10*		30*	20*
SAUDI ARABIA	5464	6964	6529	12768	14794	13868F	106	253	253F	184	284	284F
SINGAPORE	682	551	721	2782	1676	2001	304	150	164	1263	477	490
SRI LANKA	31	23	23	86	43	50						
SYRIA	6801	2371	1787	3354	1063	762	2034	408	2379	6495	1309	7681
THAILAND	244	281	437	919	781	1381	1	4	10	1	4	8
TURKEY	19	81	229	44	139	449	48123	48658	102956	87108	74929	169851
UNTD ARAB EM	1600*	2200*	2400*	3400*	4600F	4800*	25				45F	
YEMEN	90*	100*	100F	400F	350F	350F						
EUROPE	791718	721563	785003	2013863	1517811	1861588	804531	800946	757661	2367731	1925417	1966981
ALBANIA	375	437	300	951	973	630F	15	23	190	25	93	490
AUSTRIA	2472	2884	3775	10314	9477	12073	324	394	64	135	236	292
BELARUS	20	112	39	50	304	151		61	17		101	15
BEL-LUX	8178	10953	14270	26833	31690	44831	645	839	991	2648	2687	3295
BOSNIA HERZG	70*	90*	90F	350*	240*	240F						
BULGARIA	155	168	420*	134	202	480	52	10	10F	52	5	5F
CROATIA	924	1022	704	2509	2311	1418	121	233	217	643	1070	876
CZECH REP	402	358	635	1047	1044	1673	29	14	37	89	32	104
DENMARK	2880	2879	2050	10341	8579	7588	88	84	58	258	257	229
ESTONIA	78	66	72	144	189	207	20		8	13	3	17
FAEROE IS	7	8	10	17	20	22						
FINLAND	534	638	784	2521	2316	2612	30	14	11	167	75	59
FRANCE	68573	78208	81096	200632	188742	224636	4567	5675	5929	18809	17586	19679
GERMANY	18923	24411	33999	68917	73995	100798	800	467	1591	2665	1818	3588
GREECE	4581	5349	2776	10360	9949	4890	127608	141995	244819	362808	296910	504643
HUNGARY	156	219	262	439	641	778						
ICELAND	126	150	178	491	498	573						
IRELAND	1521	1619	1430	5297	4243	4595	40	36	21	295	194	105
ITALY	516208	436576	417865	1290763	872203	958818	213794	212014	246561	730781	615519	731802
LATVIA	144	253	263	214	722	680	14		15	27		45
LITHUANIA	130	164	143	388	396	402	26	13		54	27	2
MACEDONIA	17	10*	10F	65*	30*	30F						
MALTA	364	365	356	1321	1121	1183			1		2	2
MOLDOVA REP	27	30F	4	15	20F	6						
NETHERLANDS	4208	5426	7842	16239	13765	22501	428	1133	354	1686	4344	1299
NORWAY	2436	2720	3339	8012	7185	8808	3	7	3	16	30	9

表 116

SITC 423.5

オリーブ油

	輸入：MT			輸入：1,000 $			輸出：MT			輸出：1,000 $		
	1997	1998	1999	1997	1998	1999	1997	1998	1999	1997	1998	1999
POLAND	1583	1660	1979	4778	4613	5216	31	5	11	38	19	35
PORTUGAL	43829	46635	40883	114367	89192	97339	21465	26687	18401	72300	62298	51067
ROMANIA	370	457	176	659F	605	380			15		25	2
RUSSIAN FED	5380	2140	872	5616	2833	3820	17	10	13	23	20	9
SLOVAKIA	91	93	121	359	319	414	7	6	10	2	2	3
SLOVENIA	480	492	432	1620	1696	1148	1	3	3F	9	22	22F
SPAIN	69322	55313	125073	112710	64118	216732	431283	407513	235167	1164078	911341	639356
SWEDEN	2332	2947	3317	10103	12118	13738	49	148	53	218	293	164
SWITZERLAND	5385	6559	6356	22527	24993	24905	33	68	44	151	233	218
UK	29271	30057	33034	82294	86304	97153	3036	3473	3056	9732	10165	9539
UKRAINE	93	87	40	169	125F	80F	5	6F	6F	8	10F	10F
YUGOSLAVIA	73	8	8F	297	40	40				1		
OCEANIA	22806	17364	27199	72324	52146	70613	171	199	352	534	641	941
AUSTRALIA	21020*	15020*	22820	64069	46117	61261	136	174	337	454	586	901
COOK IS	4	3	2	11	11	13						
FIJI ISLANDS	30F	30F	30F	40F	40F	40F				2F	2F	2F
FR POLYNESIA	60*	70*	110*	280	210	260						
NEWCALEDONIA	187	145	101	506	389	206				1	1	1F
NEW ZEALAND	1493	2095	4126	7365	5374	8813	35	25	15	77	52	37
PAPUA N GUIN	7*	1*	10*	33*	5	20*						
VANUATU	5*			20								

表 117

SITC 423.6

ひまわり油

	輸入：MT			輸入：1,000 $			輸出：MT			輸出：1,000 $		
	1997	1998	1999	1997	1998	1999	1997	1998	1999	1997	1998	1999
WORLD	3912400	3783242	3783447	2533313	2719095	2426630	4292029	3510882	3771569	2631373	2471670	2067746
AFRICA	951587	626389	664216	555995	408681	403224	31857	28554	25961	24145	22843	17713
ALGERIA	239032	206500*	273500*	140098	124000F	165000F						
ANGOLA	6300*	6900*	1700*	8800*	8500*	2200*						
BENIN		30*	125*		10F	100*						
BOTSWANA	5594	5594F	5594F	8010	8010F	8010F	254	254F	254F	308	308F	308F
CAMEROON	43	60*	120*	49	100*	130*						
CENT AFR REP		30*	25*		60*	30*						
CONGO, DEM R	94	3600*	2600*	70	2800*	2000F						
CONGO, REP	890*	280*		950*	300F							
DJIBOUTI	200F	200F	200F	140F	140F	140F						
EGYPT	324360	163318	180237	187330	105885	106820	575	404	1038	447	312	774
ERITREA	10*	30*	90*	10*	25*	70*						
ETHIOPIA	1800*	2200*	2200*	1800*	2400F	2400F						
GABON	2700*	170*	100*	2500*	200*	110*						
GHANA	34	74	92	32	72	52						
KENYA	5377	223	7131	4662	244	3768	336	111	1088	289	122	854
LIBYA	8100*	1500*	1500*	10300F	1900*	1700*						
MADAGASCAR	994	28	98	703	31	91						
MALAWI	9200*	2700*	2200*	8300F	2500F	2100F	18			15		
MAURITIUS	6822	1958	3782	4242	1444	2113	104	592	342	69	581	249
MOROCCO	85999	37184	16033	49855	24487	8889			4			4
MOZAMBIQUE	4100*	3300*	8100*	2600*	2500*	5500*						
NAMIBIA	2900*	1600*	5100*	1900F	1100F	3600F						
NIGER	10*	5	10*	10*	9	20*						
SENEGAL	254	383	182	209	347	154		6	36		8	39
SEYCHELLES	394	1511	850*	738	1832	1188		3	3F		4	4F
SOMALIA	1000*	1300*	1400*	500F	700F	750F						
SOUTH AFRICA	226211	151806	126188	106068	88060	65626	24074*	16644F	20517	17712	15372	13286
SUDAN							400*	400F	400F	170F	170F	170F
SWAZILAND	7346	8807	4272	7180	9371	4712	5731	10024	1731	5075	5922	1571
TANZANIA	6998	3600*	7500*	4313	2200F	4700F	29*			7		
TOGO	1025	3000*	200*	743	2300*	230*						
TUNISIA	48	35	10	44	34	7						
UGANDA		2200	6110*		1723	4362		17	90		25	124
ZAMBIA	2706	9300*	3300*	2980	11000F	4000F	32	32F	32F	5	5F	5F
ZIMBABWE	1046	6963	3667	859	4397	2652	304	67	426*	48	14	325
N C AMERICA	348751	232842	304644	209441	164286	192836	364600	347073	427024	209160	234952	243848
BARBADOS	10	11	7	13	19	10						
BELIZE	494	494F	494F	366	366F	366F						
CANADA	14007	15019	24437	9089	10099	14460	1620	1123	110	1003	816	122
COSTA RICA	551	1023	400*	894	1522	890*						
CUBA	34400*	2700*	27600*	22300*	1800*	18000F						
DOMINICAN RP	10648*	14988*	11200*	6800*	9500F	6700F						
EL SALVADOR	11774	2298	6832	7941	1600F	5622	727	727	688	1229	1210	989
GREENLAND		1	1		2	2						
GRENADA	3	3F	3F	5	5F	5F						
GUATEMALA	33794	29516	38300*	23418	25694	35000F	4360	6320	3100*	3897	5568	2600F
HONDURAS	600*	921	639	680*	970	600		110			84	
MEXICO	229270	162027	189191	125637	108509	105795		2600*	44564		1900F	30774
NICARAGUA	416	357*	905	293	489	773						
PANAMA	283	15	2369	192	16	2156						
ST LUCIA	3				6	1						
ST PIER MQ	25*	20*	10*	20*	20*	10*						
TRINIDAD TOB	15	36	14	31	37	14			2			2
USA	12458	3413	2242	11756	3637	2433	357893	336193	378560	203031	225374	209361
SOUTHAMERICA	225236	257709	216519	159293	212658	149945	1763960	1562616	1892722	1008652	1034786	910600
ARGENTINA	3930	1534*	41	2088	1689	55	1745693	1548864	1868871	997656	1024260	897945
BOLIVIA	92	33	33F	71	33	33F	6363	5288	2800*	4139	3826	2100*
BRAZIL	62877	78473	58457	53791	73914	38577	16	27	38	19	38	35
CHILE	78930	90929	72500*	47789	66988	54000F	1961	3453	1800*	1933	3381	1600F
COLOMBIA	28427	30496	18116	19012	23746	11729	2	5		3		6
ECUADOR	795	1785	1015	691	1595	756						
PARAGUAY	839	518	6000*	1051	566	6000F	3825	3650	19077	1679	2341	8807
PERU	10363	16029	25930	7907	14370	17256						
URUGUAY	9394	7861	8898	8295	8004	6950	6098	1170	123	3219	790	94
VENEZUELA	29589	30051	25529	18598	21753	14589	4	162	8	7	147	13

304

表 117

SITC 423.6

ひまわり油

	輸入：MT			輸入：1,000 $			輸出：MT			輸出：1,000 $		
	1997	1998	1999	1997	1998	1999	1997	1998	1999	1997	1998	1999
ASIA	909749	1174707	1111379	631583	825597	754792	128854	106889	90325	98552	87089	67749
AFGHANISTAN	2500*	1200*	1200*	1800*	870F	800F						
ARMENIA	4008		5852	3202		4117			6			5
AZERBAIJAN	1493	5700*	5369	751	2800*	2602	227		837	103		858
BANGLADESH	17	53	70F	30	44	58						
CAMBODIA		5*	20*		5*	20*						
CHINA	29084	22285	32936	20066	18150	21924	2537	842	27	2397	883	93
CHINA,H.KONG	6846	3015	1492	4788	2495	1538	2296	288	3266	1642	284	3644
CYPRUS	11513	8979	9267	7915	7314	6579	6334	5149	4080	5082	4668	3303
GEORGIA	5000*	2400*	1900*	3350F	1600F	1250*	200F	220F	220F	230F	245F	245F
INDIA	162361	316834	570000*	92218	225459	400000F	2561	67	67F	1632	62	62F
INDONESIA	315	381	280	546	489	328	5600	100	1338	2671	63	296
IRAN	231379	469200	134939	177798	311306	79241	13436	3539	3938	8014	1904	1196
IRAQ	27400*	15100*	18300*	23545F	12000F	13500F						
ISRAEL	4600*	6100*	5100F	4504	3796	3080			10*			5
JAPAN	14341	13376	10237	15172	14458	11039	9	12	23	45	28	64
JORDAN	3024	4115	8434	2022	3074	5072	3544	557	1866	2832	355	1941
KAZAKHSTAN	24895	34506	25365	18366	20153	12873	3473	489	1123	1780	401	728
KOREA D P RP	20*	2000*		10*	1000F							
KOREA REP	332	216	690	423	292	883					2	
KUWAIT	5409	3717	3121	3937	3318	2555	311	27	39	364	29	47
KYRGYZSTAN	3764	7000*	4400*	3086	3200F	2200F						
LEBANON	10600*	15700*	14600*	12400*	17500*	15000*	2500*	2200*	3100*	2100*	1900	2500*
CHINA, MACAO	14	50	25	16	34	18		16	84		5	10
MALAYSIA	17100*	9805	15805	11200*	7028	9715	6900*	10973	6793	4700*	8866	4943
MONGOLIA	811	440*	111	806	500*	101						
NEPAL	460*	390*	150*	463	291	110*						
OMAN	8623	2700*	6300*	5237	1600*	3600*	662	662F	662F	705	705F	705F
PAKISTAN	4922	89	113	2926	70	92						
PHILIPPINES	278		1290	256		1252						
QATAR	260*	280*	150*	250*	350*	180*						
SAUDI ARABIA	2261	1875	3300*	2140	1895	3300F	20		140*	6		
SINGAPORE	13742	11494	13677	9359	12025	11665	9523	7906	8699	8739	7929	7450
SRI LANKA	306	450	3468	278	429	2092	2	2		2	2	2
SYRIA	18700*	18000*	24700*	18400*	17000*	22500*						
TAJIKISTAN	5300*	5100*	5000*	2700F	2700F	2600F						
THAILAND	9793	2829	5463	8299	2577	4579	543	13	20	454	16	34
TURKEY	229878	157678	131975	128524	103340	72974	67998	72327	36985	54906	57542	26118
TURKMENISTAN	5000	4300*	3300*	3800F	3000F	2200F						
UNTD ARAB EM	5600*	7600*	32900*	4000*	5400F	23000F	180*	1500*	17000*	150*	1200*	13500*
UZBEKISTAN	35500*	19700*	9900*	35600F	18000F	10000*						
YEMEN	2300*	45	180*	1400*	35	155*						
EUROPE	1445937	1477032	1473199	954380	1096259	914940	1999549	1462046	1329823	1287609	1088610	824520
ALBANIA	17612	19492	19900*	12984	14529	13000*		165			263	
AUSTRIA	14810	20786	13736	9723	15183	9213	8830	14780	25367	4457	8405	13348
BELARUS	62600	45707	37404	50950	52428	32541	4025	11376	401	2657	5000	323
BEL-LUX	96508	99282	115398	63963	72383	71434	293238	176857	135702	192222	143608	95310
BOSNIA HERZG	20000*	22000*	34000*	18500*	22000*	28000*	200*	5600*	30*	160*	7500*	25*
BULGARIA	3122	3676	8200*	2121	2542	5600F	34892	29432	12900*	18846	18715	8200F
CROATIA	10166	5841	11226	7523	4649	6474	7946	2118	3679	5814	2575	3081
CZECH REP	13530	12783	8647	9219	9489	5476	4401	441	952	2674	623	819
DENMARK	4822	3038	2765	3768	2948	2226	504	13136	22647	399	9253	12976
ESTONIA	3962	1504	841	1474	1234	564	84	961	126	49	485	121
FAEROE IS	2	2	2	3	4	4						
FINLAND	772	734	1225	707	811	957	13	8	2	13	11	4
FRANCE	218576	191524	152448	137426	145191	98602	436300	272424	263045	260944	195385	154519
GERMANY	95189	143798	123019	60535	109784	73962	62062	51656	50577	42143	42428	35027
GREECE	39550	26170	33857	25311	20672	19451	10879	20319	8432	7170	15677	4855
HUNGARY	65915	103241	4460	42241	62468	2951	218018	133224	101936	157880	116768	75999
ICELAND	60	63	96	65	90	98						
IRELAND	11488	10607	12064	10581	10353	10970	74	499	861	84	563	793
ITALY	40505	37271	39513	23481	27091	21437	61761	41825	28019	47592	33652	21316
LATVIA	8224	5760	6787	5940	8602	8478	676	7370	4224	548	11190	4698
LITHUANIA	7853	7921	5002	5192	6262	3574	1229	1182	565	1013	1103	520
MACEDONIA	14505	18600*	11000*	11000*	15000*	7000*	31	50*		32	45*	
MALTA	1174	1500*	907	907	1236	969						
MOLDOVA REP	695	700F	187	654	600F	122	11456	2500*	3138	7943	1800*	1946
NETHERLANDS	62165	119701	204852	43512	87961	107905	236211	179426	232111	147619	138876	129248
NORWAY	406	586	685	501	752	732	60*		1	181		1
POLAND	64861	59357	33840	36909	40891	19102	1804	248	238	1752	247	189
PORTUGAL	35667	50093	44497	22426	38807	27169	20667	25189	16788	15341	20882	12207
ROMANIA	788	20079	787	450*	5871	616	188502	102105	100223	113893	60290	48912

表 117

SITC 423.6

ひまわり油

	輸入：MT			輸入：1,000 $			輸出：MT			輸出：1,000 $		
	1997	1998	1999	1997	1998	1999	1997	1998	1999	1997	1998	1999
RUSSIAN FED	322081	230676	297419	204370	141912	167618	25788	34485	30807	18187	22423	15387
SLOVAKIA	2526	3652	3067	1489	3037	2229	7583	4623	2341	5017	3445	1638
SLOVENIA	41176	37702	23000*	24688	28256	16000*	10980	7259	2700*	9100	6151	1800*
SPAIN	38044	30332	57069	23812	23836	32568	132378	108205	84026	84023	83367	51879
SWEDEN	2566	2785	3398	2329	2966	2941	132	141	219	216	210	243
SWITZERLAND	23323	29996	30371	15849	23304	20361	535	339	236	538	486	477
UK	92852	90196*	119532	67711	78154*	86696	22750	8115	9810	19136	7723	7659
UKRAINE	5942	19531	7519	4566	14800*	5800F	187057	197797	174000*	110305	118000F	104000F
YUGOSLAVIA	1900	346	4479*	1500*	163	2100F	8483	8191	13720*	9661	11461	17000*
OCEANIA	31140	14563	13490	22621	11614	10893	3209	3704	5714	3255	3390	3316
AUSTRALIA	23600*	9000*	5283	15222	5834	3888	3069	3669	5689	3031	3277	3273
COOK IS	1	2	1		1	1						
FR POLYNESIA	1100*	1100*	1200*	1400*	1400*	1400*						
NEWCALEDONIA	1530	1626	1500*	1685	2071	1900*		18	18F		31	31F
NEW ZEALAND	4879	2821	5466	4290	2287	3654	140	17	7	224	82	12
PAPUA N GUIN	30*	14*	40*	24*	21F	50*						

表 118

SITC 423.91

菜種油及びからし菜種油

	輸入：MT			輸入：1,000 $			輸出：MT			輸出：1,000 $		
	1997	1998	1999	1997	1998	1999	1997	1998	1999	1997	1998	1999
WORLD	2898736	3145686	2760611	1704831	2121045	1549880	2714682	3105674	2980294	1625023	2069237	1578009
AFRICA	151553	170515	139372	97417	123042	98367	93	295	25	90	135	28
ALGERIA	26740	48200*	27600*	15309	29000F	16500F						
ANGOLA	1000*	8500*	5200*	1150*	10700F	5700F						
BENIN	575*	4100*	4200*	655*	5000F	4800F						
BOTSWANA	1			1								
BURKINA FASO	290*	290F	290F	300*	300F	300F						
CAMEROON	7	7F	7F	8	8F	8F						
CAPE VERDE	400	1200*	1200*	352	1200F	1200F						
CONGO, DEM R	10000*	8800*	8800*	8000*	7500F	7500F						
CONGO, REP	700*	900*	5300*	650*	890*	5000F						
CÔTE DIVOIRE	2800*	2000*	2900*	2400F	1600F	2300F						
EGYPT			1									
EQ GUINEA	580*	720*	720F	590F	740F	740F						
ERITREA	240*	240*	820*	280*	260*	800F						
ETHIOPIA	1600*	2200*	3200*	1800*	2600F	3600F						
GABON	250*	960*	3500*	280*	1020*	2600*						
GAMBIA	2931	5900*	6700*	810F	1600F	1750F						
GHANA	300*	1000*	1700*	175*	700*	800*						
GUINEA	2400*	2600*	1600*	3300F	3500F	1900F						
GUINEABISSAU	230*	270*	260*	200*	220*	180*						
KENYA	90*	498	36	79	534	32	7			10		
LIBERIA	1010*	2300*	2900*	1050*	2300F	2300*						
MADAGASCAR	459	120	643	427	129	713						
MALAWI	210*	270*	130*	170*	190*	80*						
MALI	265*	35*	50*	300*	50*	50*						
MAURITANIA	2500*	7537*	16000*	2500F	5894*	13000F						
MAURITIUS	9	11	9	23	14	15						
MOROCCO	32776	37648	6201	19069	23485	3175						
MOZAMBIQUE	50*		800*	60F		800F						
NIGER	700*	61	210*	620F	77	270*						
NIGERIA	30*	70*	70F	30F	70F	70F						
RWANDA	1900*	2400*	400*	1900F	2400F	400F						
SENEGAL	20981	3069	7709	12340	1977	4283	59	55		44	57	
SIERRA LEONE	200*	1200*	300*	220F	1300F	300F						
SOMALIA	10*		600*	15*		600F						
SOUTH AFRICA	1698	5241	2910	989	3505	1412	27	240	25	36	78	28
SUDAN	900*	2000*	3800*	990F	2200F	3800F						
SWAZILAND		8		1	9*							
TANZANIA	610*	250*	250F	610F	250F	250F						
TOGO	3151	3151F	3151F	1347	1347F	1347F						
TUNISIA	31860	15012	18344	17216	8827	9073						
UGANDA	1100*	1207	260	1200F	1226	218						
ZAMBIA		540*	600*	1	420*	500F						
ZIMBABWE			1			1						
N C AMERICA	543242	565596	567887	328770	373243	299618	643484	896700	750973	392226	589355	397200
BARBADOS						1						
CANADA	79350	30764	38791	47071	19766	16260	502413	739738	649580	307310	491190	346247
COSTA RICA					2	2F						
CUBA	1100*	1000*	300*	1100F	1000F	300F						
EL SALVADOR	217	16	51	172	17	38						
GREENLAND	8	8	9	15	9	11						
GUATEMALA	127	120	700*	146	156	1000F	8			11		
HAITI	742*	1500*	300*	547*	1200F	250F						
HONDURAS	165	4		153	3							
JAMAICA	20*	20*	20F	10*	10F	10F						
MEXICO	55180	118680	75383	30472	75088	36353	193	1025	168	163	882	214
NICARAGUA	522	5009	2719	435	3412	1914						
PANAMA	7	10	8	17	16	12						
TRINIDAD TOB	71	275	262	63	290	230	1	1	4	2	2	5
USA	405733	408190	449344	248569	272274	243237	140869	155936	101221	84740	97281	50734
SOUTHAMERICA	7005	9205	13540	3570	6830	7875	33	683	174	27	480	128
ARGENTINA	148	104	52	129	102	63						
BOLIVIA	300*	226	30*	350F	330	30*						
BRAZIL	5950*	4460	9702	2524	2871	5085			15			18
CHILE		1999	3200*		1402	2200F	27	30	30F	22	27	27F
COLOMBIA	1			1								
ECUADOR	219	219	53	159	216	33						
PARAGUAY								625			431	

表 118

SITC 423.91

菜種油及びからし菜種油

	輸 入：MT			輸 入：1,000 $			輸 出：MT			輸 出：1,000 $		
	1997	1998	1999	1997	1998	1999	1997	1998	1999	1997	1998	1999
PERU	387	2197	502	407	1903	462						
URUGUAY							6	28	129	5	22	83
VENEZUELA			1		6	2*						
ASIA	897668	1137320	632586	552113	778216	422283	289264	264692	127700	190892	177414	77783
ARMENIA	13	15F	88	2	3F	15F						
AZERBAIJAN	1400*	650*	5	1100*	590*	3						
BAHRAIN	34	20*	20*	48	30*	30*						
BANGLADESH		4			5							
BHUTAN	2300	2300	2300	2320	2320	2320						
CAMBODIA	12F	12F	12F	47F	47F	47F						
CHINA	355349	295256	102225	200684	182461	57789	141306	73361	25977	91693	47542	17912
CHINA,H.KONG	446066	484104	145607	278102	329660	77830	130734	163425	43667	85432	109315	24282
CYPRUS	2564	2441	2988	2241	2376	2410			22			16
GEORGIA	300*	300*	100*	300F	300F	100F						
INDIA	5689	227741	200000F	3758	159243	160000F	1412	473	200	1818	497	200F
INDONESIA	354	336	165	339	236	111	500	467	61	75	299	28
ISRAEL	150*	230F	570F	105	175	423						
JAPAN	3556	4300	2634	3861	4204	2455	116	96	156	306	176	288
JORDAN		164	583		141	711						
KAZAKHSTAN	43	954	3806	44	505	350F					1	
KOREA D P RP	2850*	8500*	2100*	2950F	9500F	2200F						
KOREA REP	10782	5364	7737	6557	3645	4057	2	6	6	7	27	18
KUWAIT	95	85*	420*	170	120*	500F						
KYRGYZSTAN	300*	200*	25*	100F	70F	20*						
LEBANON	60*	310*	15*	40*	250*	15*						
CHINA, MACAO	5038	5268	4744	2647	2603	2140	163	54	112	43	27	22
MALAYSIA	15700*	28385	51305	7000F	18221	26360	8600*	22488	50562	6700F	15698	29572
MONGOLIA	50	65F	1749	46	55F	1313						
MYANMAR	1000*	300*	500*	700F	200F	380*						
NEPAL	13300F	9730F	9730F	15251	10719	10719F						
OMAN	42	42F	20*	50	50F	10*						
PAKISTAN	6158	2119	7310	3978	1929	4282		3			2	
PHILIPPINES	589	1190	791	494	1222	823						
SAUDI ARABIA	202	297	370*	222	293	260*		18	18F		2	2F
SINGAPORE	12766	16898	12745	8457	12522	8052	6431	4282	6895	4817	3807	5425
SRI LANKA	15	8	28	23	12	47						
SYRIA	470*	1100*	950*	500F	1250*	820*						
TAJIKISTAN	580*	1200*	900*	500*	600F	450F						
THAILAND	3	14	20	7	23	48						
TURKEY	1638	13317	21924	1570	8936	10173		19	24		22	18
UZBEKISTAN	3200*	1300*	700*	3400F	1400F	520*						
VIET NAM	3000*	22800*	45200*	2900*	22000F	43000F						
YEMEN	2000*	1	2200*	1600F	300F	1500F						
EUROPE	1292825	1254557	1391383	716475	832497	709968	1761052	1901297	2058713	1029794	1276616	1081022
ALBANIA	302	2132	400*	206	1361	250F						
AUSTRIA	22925	30443	26783	13712	20455	15643	5656	5657	24942	4506	5037	14523
BELARUS	7700*	16581	29997	5200*	12215	14000F		4962	4817		3067	2771
BEL-LUX	167717	125700	115511	90443	82037	50621	161510	164252	291812	114162	137668	173242
BOSNIA HERZG	800*	1200*	2800*	650*	1100*	2300*		1100*	320*		730*	110*
BULGARIA	56	1052		53	193			154			55	
CROATIA	1840	1165	5253	840	549	2961	3			3		
CZECH REP	3215	14979	16020	1638	9370	9079	19475	22359	22571	12014	15929	11531
DENMARK	46873	55569	39141	29123	36838	23852	76658	58730	56889	41747	39088	28223
ESTONIA	11142	12266	10040	8483	9677	6027	379	2537	1489	292	762	550
FAEROE IS	22	19	23	23	23	22						
FINLAND	15792	13062	10323	12677	11995	8165	20720	18170	23235	12826	12801	11533
FRANCE	150758	115369	115994	83695	78226	65542	132165	196415	194744	77569	118162	91623
GERMANY	68267	53319	51143	44512	37702	27832	813310	851121	831366	457068	556903	413653
GREECE	2042	4896	2280	1355	3547	1391	493	3624	1893	326	2459	963
HUNGARY	2880	594	5863	1955	564	3773	3800*					
ICELAND	1338	1497	1504	1073	1359	1115						
IRELAND	32455	29432	31955	24112	24701	22807	4381	3706	5177	3230	3003	3481
ITALY	76935	53020	75004	36500	32157	37685	9157	1208	5864	5186	1591	4485
LATVIA	18895	20706	20079	9192	18694	16472	115	310	1290	74	322	1014
LITHUANIA	7194	9079	13728	6052	7730	7966	2315	1543	2729	2021	1138	1564
MACEDONIA		2400*	180*		1600*	120*						
MALTA	2341	3261	2086	1291	2638	1536						
MOLDOVA REP			1									
NETHERLANDS	284447	323978	312185	153291	204937	144199	319472	375448	406270	184533	242671	207803
NORWAY	1950	6729	3274	2277	5250	3090			14		1	23
POLAND	24113	23575	32057	15180	16738	15229	9395	8565	23474	8180	7261	15967

表 118

SITC 423.91

菜種油及びからし菜種油

	輸入：MT			輸入：1,000 $			輸出：MT			輸出：1,000 $		
	1997	1998	1999	1997	1998	1999	1997	1998	1999	1997	1998	1999
PORTUGAL		2124	688	2	1438	627	10*			10*		
ROMANIA	3000*	528	101	1800F	254	68		349	500		174*	219
RUSSIAN FED	172255	128882	172556	54502	47496	60977	930	1106	422	336	980	355
SLOVAKIA	5620	7025	9055	3784	5361	4601	3331	13826	13715	2334	8798	7895
SLOVENIA	308	8755	16000*	221	6297	8600*	10	569	60*	7	450	45*
SPAIN	8464	12510	22254	5120	8760	11054	2580	2775	6153	1703	2151	2732
SWEDEN	46995	53271	56280	29762	40383	32578	12671	12668	10842	8886	9313	7247
SWITZERLAND	1953	1434	2331	1273	1113	1353	22	2	384	6	9	814
UK	101436	117130*	188435	76054	99194	108398	160464	143925	117565	91722	102526	73049
UKRAINE	568	875	59	354	545*	35F	1511	2315	6275	794	1160F	3200F
YUGOSLAVIA	227			70			519	3901	3901F	259	2407	2407F
OCEANIA	6443	8493	15843	6486	7217	11769	20756	42007	42709	11994	25237	21848
AUSTRALIA	1500	1300	3162	1493	1366	2611	20739	41994	42701	11972	25220	21836
FIJI ISLANDS	520	670	700	1190	1300	1300	7F	7F	7F	11F	11F	11F
NEWCALEDONIA	6	15	10*	7	19	10*						
NEW ZEALAND	4302	6488	11921	3630	4507	7788	10	6	1	11	6	1
PAPUA N GUIN	115*	20*	50*	166*	25*	60*						

表 119

SITC 424.1

亜麻仁油

	輸 入：MT			輸 入：1,000 $			輸 出：MT			輸 出：1,000 $		
	1997	1998	1999	1997	1998	1999	1997	1998	1999	1997	1998	1999
WORLD	221654	170619	224485	140095	122151	147609	300160	217620	242048	168634	150982	140337
AFRICA	9179	14095	16462	6222	9766	15220	151	174	144	137	169	125
ALGERIA	6		4500*	10		7600F						
BOTSWANA	53	53F	53F	86	86F	86F	2	2F	2F	3	3F	3F
CAMEROON	24	24F	24F	39	39F	39F						
CAPE VERDE	2	2F	2F	3	3F	3F						
CONGO, DEM R	181	181F	181F	169	169F	169F						
CÔTE DIVOIRE	52F	52F	52F	34F	34F	34F						
EGYPT	4610	8648	6864	2682	5533	4055	31	24		5	19	
GHANA	1			1								
KENYA	37	36	47	36	50	41	16	16	11	17	17	9
LIBYA	20*	20*	25*	25*	20*	30*						
MADAGASCAR		1	1F		1	1F						
MALAWI							30*			17		
MAURITIUS	108	147	148	156	146	158						
MOROCCO	360	391	496	290	358	355						
NIGERIA	120*	60*	60F	410F	210F	210F						
SENEGAL	5	17	17	4	14	17						
SEYCHELLES	1			3								
SOUTH AFRICA	2521	2981	2533	1367	1747	1318	51	115	73	72	111	78
SWAZILAND	77	165	82	150	216	128	1		33			6
TANZANIA	2	2F	2F	3	3F	3F						
TOGO	254	254F	254F	179	179F	179F						
TUNISIA	665	889	1042	454	768	678	20	17	25	23	19	29
UGANDA		87			93	1						
ZAMBIA	31	31F	31F	37	37F	37F						
ZIMBABWE	49	54	48	84	60	78						
N C AMERICA	18364	12808	12705	13668	9684	11893	47048	36073	33987	26714	25446	24677
BARBADOS	35	3	20	59	7*	33	1	2		3	4	
BELIZE	4	4F	4F	5	5F	5F						
CANADA	11879	7367	6166	7581	4200	3754	12253	6633	5685	8294	5442	7049
COSTA RICA	39	59	59F	36	58	58F	3			2		
CUBA	200*	200*	200*	200F	200F	200F						
DOMINICA	2	2F	2F	5	5F	5F						
DOMINICAN RP	200*	65*	65F	170*	70*	70F						
EL SALVADOR	68	15	1	82	21	3						
GRENADA	1			2								
GUATEMALA	104	110	110F	140	141	141F	41	25	25F	35	21	21F
HONDURAS	9	14	72	16	23	22						
JAMAICA	11*	21*	50*	15*	40*	70*						
MEXICO	2524			1656			2	16		2	25	3
NICARAGUA	119	617	245	127	707	188						
PANAMA	4	3	7	4	6	14						
ST LUCIA	29			47								
TRINIDAD TOB	32	22	43	51	29	44		2			3	
USA	3104	4306	5661	3472	4172	7286	34748	29395	28277	18378	19951	17604
SOUTHAMERICA	3863	2552	3569	2896	2205	2392	13072	12827	11038	7092	8416	5652
ARGENTINA	28	1	1	20	6	5	13011	12811	11018	7026	8375	5620
BOLIVIA	8	24	20*	4	26	10*						
BRAZIL	2236	1212	2412	1503	872	1354	1	1	1	6	4	5
CHILE	390	370	200*	262	277	150F						
COLOMBIA	770	459	387	750	563	370	1	1	5	4	2	6
ECUADOR	54	23	20	49	33	18		10	1		29	1
GUYANA	30*	50*	20*	25*	50*	20*						
PARAGUAY		1	1F	1	1	1F						
PERU	48	26	38	70	37	59		1			1	
URUGUAY	208	204	272	131	149	157	57		10	55		14
VENEZUELA	91	182	198*	81	191	248	2	3	3	1	5	6
ASIA	95820	45533	95776	59654	32624	59307	71213	4469	21420	38304	3989	12527
ARMENIA	3500F	4000F	93	4200F	4400F	73						
AZERBAIJAN		1200*	671		550*	284			15			23
BANGLADESH	454	11	28	940	22	63						
BRUNEI DARSM	1*			2*								
CHINA	54581	15838	62352	27414	8394	36698	1337	156	3120	810	188	2208
CHINA,H.KONG	6256	1425	9591	3659	1091	5347	2217	365	12175	1472	360	6890
CYPRUS			33			25						
INDIA	188	360	2000*	147	263	1900F	31	22	22F	41	25	25F

表 119

SITC 424.1

亜麻仁油

	輸入：MT			輸入：1,000 $			輸出：MT			輸出：1,000 $		
	1997	1998	1999	1997	1998	1999	1997	1998	1999	1997	1998	1999
INDONESIA	1692	1124	1523	1409	975	1284	63275		3330	31417		1112
IRAN	394	441	185	427	533	210						
ISRAEL	800F	100F	30F	650	100	25			5F			12
JAPAN	12	5	40	102	67	149	54	48	52	130	85	116
JORDAN	41	65	68	36	62	52			224			282
KAZAKHSTAN	1			1								
KOREA D P RP	90*	150*	120*	60*	70*	90*						
KOREA REP	5359	2711	4741	3713	2204	2991	1		15	1		10
CHINA, MACAO	24*	29	38	35	22	29						
MALAYSIA	3400*	2453	2472	3400F	1884	1791	1300*	1014	1055	2200*	823	736
NEPAL	630F	61F	61F	339	33	33F						
OMAN	39	39F	39F	44	44F	44F						
PAKISTAN	22	21	18	26	25	23						
PHILIPPINES	2240	1959	2511	1685	1578	1961						
SAUDI ARABIA	6527	3077	2900*	5262	2514	2300F		21	21F		27	27F
SINGAPORE	3914	3821	1269	2504	2782	998	2894	2791	1354	2149	2414	1056
SRI LANKA	192	88	77	155	75	66	3	6		4	4	
SYRIA		211	211F		200F	200F						
THAILAND	927	652	987	743	623	710	101	18	4	80	14	7
TURKEY	4536	5692	3718	2701	4113	1961		28	28		49	23
EUROPE	90712	91067	93106	55638	65405	56805	168633	164034	175278	96317	112908	97188
ALBANIA	177	11	11F	121	10	10F						
AUSTRIA	3019	1778	2338	2216	1358	1719	699	828	913	425	789	656
BELARUS		307	836		265	465		422	307		464	210
BEL-LUX	4852	8564	8377	3240	5748	5034	61694	54206	65936	31939	33249	31600
BOSNIA HERZG	290*	10*	10F	280*	10*	10F						
BULGARIA	2	1		5	3			1	1F	1		
CROATIA	246	229	263	179	202	182	20		35	29		50
CZECH REP	3995	1994	1764	2117	1617	1101	1344	493	38	886	393	37
DENMARK	1392	1319	1518	1006	1112	1108	175	298	380	874	650	1024
ESTONIA	507	430	219	419	404	151	19	12	3	11	7	2
FAEROE IS	1	1	1	3	3	3						
FINLAND	1007	1388	912	947	1689	918	20	559	22	36	368	21
FRANCE	7478	7073	6642	3800	4452	3421	3231	3282	3832	2235	2446	2708
GERMANY	3404	3931	1252	2220	3062	917	31544	38480	47619	17938	26095	25871
GREECE	1422	1208	1033	1249	1033	653	76		4	68		9
HUNGARY	1227	1057	918	838	873	680		3			7	
ICELAND	3	1	1	5	4	3						
IRELAND	880	234	392	1389	464	418		43	2		12	3
ITALY	9095	9526	10104	5123	6294	6178	277	401	348	267	443	346
LATVIA	1101	927	782	888	1396	920	53			17		
LITHUANIA	3	5	381	6	8	240	15			14		
MACEDONIA	1				1							
MALTA	72	88	98	78	97	92						
NETHERLANDS	27674	27780	38956	14464	18666	21096	56037	56853	45214	31259	39924	25986
NORWAY	157	369	398	132	517	520						
POLAND	9390	9528	2832	5380	6899	1436	2	53	1	4	18	2
PORTUGAL	459	469	753	359	415	580	52	50	4	36	39	5
ROMANIA	1100*	575	133	880F	429	97	53			14		
RUSSIAN FED	860*	842	1635	650F	641	535		59	8		64	18
SLOVAKIA	2883	1903	1712	1774	1183	925	32	3	1	23	3	1
SLOVENIA	230	207	180*	194	206	190*	2	6	6F	4	9	9F
SPAIN	2520	4077	2458	1544	1807	1273	690	106	236	208	58	130
SWEDEN	2356	2157	2112	1455	1563	1460	369	285	185	310	241	171
SWITZERLAND	914	884	879	745	861	796	36	16	25	80	85	122
UK	1847	2053	3146*	1784	1945	3604	12193	7575	10158	9637	7544	8207
YUGOSLAVIA	148	141	60*	147	169	70*				2		
OCEANIA	3716	4564	2867	2017	2467	1992	43	43	181	70	54	168
AUSTRALIA	3400*	4100*	2539*	1695	2048	1691	16	19	23	25	35	46
NEWCALEDONIA	5	3	3F	7	7	7F						
NEW ZEALAND	291	428	292	288	375	257	27	24	158	45	19	122
PAPUA N GUIN	1*	1F	1F	1*	1F	1F						
TONGA	19	32	32F	26	36	36F						

表 120

SITC 424.2

パーム油

	輸 入：MT			輸 入：1,000 $			輸 出：MT			輸 出：1,000 $		
	1997	1998	1999	1997	1998	1999	1997	1998	1999	1997	1998	1999
WORLD	9999009	10400890	12923343	5793072	6835185	7439150	12337274	10402905	13684234	6474199	6391391	5950326
AFRICA	1113791	1040343	1362688	696269	727168	833615	165063	194819	177806	107997	137622	116823
ALGERIA	14601	11300*	35000*	14000*	10000F	32000F						
ANGOLA	2500*	4300*	2200*	1600*	3000F	1400F						
BENIN	6400*	7700*	7000*	4200*	4900F	4200F	13000*	16500*	14500*	6000*	7500F	6500F
BOTSWANA	2	2F	2F	6	6F	6F						
BURKINA FASO	5800*	6000*	6100*	3800F	4000F	4000F						
BURUNDI	714	2300*	181	633	1256	153	201	72	33	48	24	11
CAMEROON	1508	2200*	7700*	886	1598*	5600F	13141	14702	15000*	13403	14719	15000F
CAPE VERDE	120			90								
COMOROS	570*	740*	390*	550*	730*	300*						
CONGO, DEM R	1657	1100*	3000*	1125	770F	2300*	700*	600*		140F	120F	
CONGO, REP	1200*	1700*	5200*	1000F	1500F	4400F						
CÔTE DIVOIRE	20000*	8300*	16500*	14500F	6000F	11500F	73200*	101700*	104800*	45000F	66000F	68000F
DJIBOUTI	15500*	18300*	23000*	12500F	15000F	18400F						
EGYPT	308663	299998	561000*	178875	189926	318000*	346	18	11	550	7	6
ETHIOPIA	17300*	13200*	20500*	10000F	7600F	11000F						
GABON	11200*	9500*	10600*	5500F	4800F	5300F	9000*	3400*	6100*	5100*	2000F	3700F
GAMBIA	1500*	1500*	1200*	690F	690F	650F						
GHANA	1641	8481	5663*	1127	5147	7390	17516	10388*	11164	8473	2392	6252
GUINEA	5100*	6300*	4800*	3300F	3800F	3000F	120*	120*	120F	50*	30*	30F
KENYA	208476	187312	214497	116604	142296	101422	25593	31005	12259	23917	33365	10596
LIBERIA							5000*	5500*	5500*	1500F	1600F	1650F
LIBYA	490*	3900*	1000*	450*	3500F	850F						
MADAGASCAR	3862	1172	1126	2122	590	722	110	237	258	96	186	121
MALAWI	6400*	6700*	4800*	3800F	4000F	2900F						
MALI	540*	450*	8100*	330F	280F	4900F						
MAURITANIA	10600*	6000*	10400*	8500F	4800F	8200F						
MAURITIUS	443	448	1514	317	315	808						
MOROCCO	5998	4514	6350	2889	2686	2486						
MOZAMBIQUE	15200*	9800*	18600*	12000F	7800F	14000F						
NIGER	9500*	23486	10100*	9700F	22073	11000F						
NIGERIA	119000*	83000*	83000F	95000*	66000F	66000F	3100*	3000*	3000F	2000*	1900F	1900F
RWANDA	12800*	13200*	13400*	10500F	11000F	11500F						
SENEGAL	17164	7534	5123	8309	3962	2768	2286	2162	2068	1083	955	954
SEYCHELLES	524	726	1100*	1318	1372	1900*						
SIERRA LEONE							50*	100*	50*	60*	120F	40*
SOMALIA	1100*	2400*	7300*	1000F	2300F	6900F						
SOUTH AFRICA	124456	127753	16198	54645	67743	9202*	746*	2529*	1108	351	1928	517
SUDAN	58000*	20400*	119000*	30000*	10000F	60000*						
SWAZILAND	25	16	10*	28	13	7						
TANZANIA	71300*	71600*	64400*	67000F	68000F	61000F	934			213		
TOGO	2929	2500*	4400*	1046	900F	1550F						
TUNISIA	8483	9173	13309	5096	6284	7343	20	17		13	19	
UGANDA	11900*	48085*	28542*	6000F	34673	17592		2769	1835		4757	1546
ZAMBIA	1100*	1100*	1300*	850*	870F	1000F						
ZIMBABWE	7525	6153	19083	4383	4988*	9966						
N C AMERICA	395624	351616	388594	217871	215690	221817	90792	127544	130142	52806	85774	80807
CANADA	7513	6669	3476	3473	5769	2411	167	603	1050	187	406	584
COSTA RICA	285	2306	1300*	355	1276	700F	71190	71575	81000*	40738	47851	41400F
CUBA	25900*	26500*	23000*	15000F	15500F	14000F						
DOMINICAN RP	3000F	1300*	6300F	2200F	950F	4600F						
EL SALVADOR	27775	25500*	37339	17061	24505	25769	190	136	509	110	84	304
GREENLAND		1			1							
GUATEMALA	5174	5704	3500*	2876	3275	1000*	12023	15619	25500*	7446	9771	23500*
HAITI	35900*	28800*	25200*	20000F	16000F	14000F						
HONDURAS	392	6258	7961	939	4663	4194	173	30473	15000*	62	22433	11000F
JAMAICA	1200*	6700*	7000*	700*	3900F	4200F						
MEXICO	132593	99625	100102	76376	59440	58470	19	1	1	18	5	1
NICARAGUA	19170	22032	28319*	12083	15382	17212	158	220	581	131	172	301
PANAMA	2080	3584	2084	500	1950	1141	2600	2841	2811	1288	1510	961
ST KITTS NEV	18			20								
ST LUCIA	18	16	16F	18	41	41F						
TRINIDAD TOB	87	750	138	109	469	94						
USA	134519	115871	142859	66161	62569	73985	4272	6076	3690	2826	3542	2756
SOUTHAMERICA	47016	70528	15954	25727	42417	6871	105925	107201	174565	54248	64174	76392
ARGENTINA	25	110	63	32	122	88						
BRAZIL	33060	37515	10074	18055	22112	3568	30237	26380	13617	15320	15888	8537
CHILE	51	788		40	702							

表 120

SITC 424.2

パーム油

	輸入：MT			輸入：1,000 $			輸出：MT			輸出：1,000 $		
	1997	1998	1999	1997	1998	1999	1997	1998	1999	1997	1998	1999
COLOMBIA	121	115	1231	207	193	589	60762	65998	89957	31068	39753	39626
ECUADOR	2094	2	1	1093	2	2	14906	13248	63581	7839	7542	24877
PARAGUAY								75	27		61	20
PERU	2925	27070	672	1668	16809	448	20		5890	21		2869
URUGUAY	1	5	1	2	1	1						
VENEZUELA	8739	4923	3912	4630	2476	2175	1500	1493			930	463
ASIA	6070467	6183487	8327591	3448339	4061012	4873196	11097097	9185741	12295986	5698378	5528927	5106105
AFGHANISTAN	950*	1700*	1700*	830*	1400F	1400*						
ARMENIA	100*	80F		86F	86F							
AZERBAIJAN			531			204						
BAHRAIN	9268	25700*	21000*	5629	15000F	12000*	2800*	20500*	16800*	2000*	14500F	12000F
BANGLADESH	330551	243494	70812	121643	85904	26187						
BRUNEI DARSM	1931*	3732*	6000*	1628*	3460F	4800*						
CAMBODIA	21300*	8700*	18000*	17000*	7000F	15000F						
CHINA	1235099	990317	1258271	654455	630413	631275	109032	34560	989*	67331	22308	615
CHINA,H.KONG	116531	101376	93814	68340	70510	43015	172495	102432	71076	94180	60702	37828
CYPRUS	1201	1515	1340	719	1042	583						
GAZA STRIP	6900F	6900F	6900F	5700F	5700F	5700F						
INDIA	1044407	1608056	3248000*	612617	1114188	1950000*	206	5	5F	197	1200F	5F
INDONESIA	91680	17617	523*	55456	8459	543	2967589	1479278	3298986	1446100	745278	1114243
IRAN	3090	35000	60000F	2062	22835	18000F						
IRAQ	178700*	101700*	117200*	134000F	76000F	94000F						
ISRAEL	6900*	11000F	8800F	6660	10456	9212		200F				117
JAPAN	369698	356877	364608	220878	240330	194389	200	166	159	339	598	239*
JORDAN	184959	71495	59841	102737	42970	32132	10141	3252	2091	5991	2129	1324
KAZAKHSTAN	1841	1969	3302	624	1773	2200F	10	4	7	8	2	3
KOREA D P RP	23800*	7400*	11600*	15500*	4800F	7500F						
KOREA REP	197059	151477	172099	109591	97511	81748	3	51	1	6	58	3
KUWAIT	11585	8191	13990	9101	6603	10202	62	3	69	61	2	62
KYRGYZSTAN			2700*			2000F						
LEBANON	2100*	2200*	4700*	1900*	1900F	3800*						
CHINA, MACAO	19	1163	5	41	154	1	39	327	764	8	38	146
MALAYSIA	21536	54550	199139	10000*	23000F	92398	7489970	7290179	8584640*	3838650	4492705	3738325
MONGOLIA	375	400F	400F	193	200F	200F						
MYANMAR	100500*	248100*	260500*	65340	161300F	169500F						
NEPAL	14000F	12000F	16000F	7201	6524	8000F						
OMAN	23685	43800*	39400*	16673	31000*	28000*	20	1500*	10000*	18	1300F	9000F
PAKISTAN	858005	1066486	961155	500137	719939	644677						
PHILIPPINES	17133	15016	61809	9710	10072	31875		18			8	
QATAR	2000*	2000*	2200*	1900*	1800F	2000F						
SAUDI ARABIA	184000*	134902	211900*	70798	93732	148000F	4921	1413	5500*	5242	915	3600F
SINGAPORE	345321	253459	317801	202232	169237	167806	224353	152761	204193	159431	117902	125967
SRI LANKA	64746	69296	95484	32298	40705	46506	145	14		110		11
SYRIA	20100*	21000*	30000F	7900*	8200F	12000F						
THAILAND	17380	8471	4024	10535	5413	2050	52690	26366	24330	32046	16422	8663
TURKEY	231817	173939	165943	131550	109295	81643	66	164	45	70	166	70
TURKMENISTAN	100*	200*	200F	75F	150F	150F						
UNTD ARAB EM	117000*	119000*	146000*	98000*	98000*	117000*	42000*	46000*	46000*	35700F	38200F	37000F
VIET NAM	94100*	73300*	129000*	70800*	55000*	98000*	20500*	26200*	29700*	11000*	14000*	16500*
YEMEN	119000*	129909	140900*	65800*	78951	77500F		417	417F		384	384F
EUROPE	2249669	2640534	2699445	1332865	1723138	1429277	572642	552677	627795	397312	430185	422431
ALBANIA	1124	569	569F	843	380	380F						
AUSTRIA	16303	19397	16534	12132	15762	11216	701	970	796	738	960	791
BELARUS		738	539		909	979			1			1
BEL-LUX	170684	143147	180715	106764	97329	108295	67311	58913	61894	45330	48751	44735
BOSNIA HERZG	100*	200*	160*	120*	270*	130*						
BULGARIA	934	2096	2000*	778	1623	1600F	16	12		5		
CROATIA	1022	2983	3226	1014	2754	2711	9		23	7		22
CZECH REP	23450	23299	23673	13773	15953	11858	7	3	60	8	3	39
DENMARK	80372	106777	80890	50196	70230	41786	13560	11385	9425	14634	12406	8053
ESTONIA	232	410	297	184	361	275		46	101		24	33
FAEROE IS	12	12	5	19	17	7						
FINLAND	13072	15112	9692	9252	11934	7040	156	55	172	113	68	154
FRANCE	103548	108271	112640	73893	89130	78688	4102	4234	1605	2968	2471	1484
GERMANY	494099	471911	412233	278974	298937	211648	64350	56216	61256	44438	44101	41110
GREECE	29978	32377	24319	18086	21634	12815	23	277	241	19	234	240
HUNGARY	14820	15009	15388	10537	11498	9822						
ICELAND	46	47	110	65	73	114						
IRELAND	12706	16282	17739	10504	13816	13592	63	20	211	115	7	59
ITALY	229459	227454	228903	134395	151114	126099	23101	21471	21930	23573	22734	22638
LATVIA	47	70	503	60	122	957		12	290		6F	165

表　120

SITC 424.2

パーム油

	輸入：MT			輸入：1,000 $			輸出：MT			輸出：1,000 $		
	1997	1998	1999	1997	1998	1999	1997	1998	1999	1997	1998	1999
LITHUANIA	876	490	528	981	480	380F	20	42	60	41	77	39
MACEDONIA	35*	50*	30*	37	55*	10*						
MALTA	407	128	654	364	122	436						
MOLDOVA REP				18		15						
NETHERLANDS	220994	695263	711663	123991	433898	349952	343081	349932	418367	224333	255992	265129
NORWAY	16540	15188	13409	11198	11402	8776	106	208	195	92	217	173
POLAND	48731	54767	40511	30428	35492	22621	27	107	42	20	95	18
PORTUGAL	21830	27505	27136	12975	18066	15326	470	299	411	252	247	232
ROMANIA	2000*	3091	3640	1800*	3216	3067						
RUSSIAN FED	94061	76823	106349	87439	56596	49357	87	21	601	167	53	1082
SLOVAKIA	3723	3525	3205	2358	2395	1807	40	9	71	39	6	56
SLOVENIA	650	642	850*	710	721	810*		17	17F	1	22	22F
SPAIN	144547	126915	128287	77396	79723	62494	9557	7666	6429	6768	6122	4345
SWEDEN	41093	44397	20917	24789	31261	14120	14386	14229	12798	10545	10999	10510
SWITZERLAND	8936	8993	9838	6073	6981	6598		15	22		17	22
UK	438434	372101	463337	213398	209001	205896	31463	26518	30777	23087	24568	21279
UKRAINE	12943	22034	37338	15796	27500F	46500F	5			8		
YUGOSLAVIA	1861	2461	1600*	1590	2383	1100*	1			1		
OCEANIA	122442	114382	129071	72001	65760	74374	305755	234923	277940	163458	144709	147768
AUSTRALIA	102700*	97000*	109189	57447	54704	61522	846	1003	125	861	865	123
COOK IS	3	21	6	9	30	12						
FIJI ISLANDS	1500*	1400*	1900*	1200*	1100F	1200*						
FR POLYNESIA	40*	60*	20*	50*	70*	30*						
NEWCALEDONIA		40	40F	1	35	35F						
NEW ZEALAND	10729	11001	12376	7524	6171	7345	9	20	15	11	17	12
PAPUA N GUIN	7400*	4800*	5500*	5700F	3600F	4200F	274900	212900	253800	144349	131327	133133
SOLOMON IS							30000*	21000*	24000*	18237	12500F	14500F
VANUATU	70*	60*	40*	70*	50*	30*						

表 121

SITC 424.3

やし油

	輸入：MT			輸入：1,000 $			輸出：MT			輸出：1,000 $		
	1997	1998	1999	1997	1998	1999	1997	1998	1999	1997	1998	1999
WORLD	1599805	1951699	1521512	1165448	1317597	1096761	2015202	1877615	1209609	1300725	1148351	827185
AFRICA	32086	31555	24269	23184	23383	17230	20686	24256	25000	14085	16028	15449
ALGERIA	2135	300*	2300*	1482	210F	1600F						
BOTSWANA	61	61F	61F	95	95F	95F						
CONGO, DEM R	6			2								
CÔTE DIVOIRE							17847*	19900*	13500*	12000F	13000F	8800F
DJIBOUTI	140*	570*	240*	140*	520*	320*						
EGYPT	10057	12618	4691	7576	9213	3553	10	4		44	2	
ETHIOPIA	758F	758F	758F	301F	301F	301F						
GHANA	5	503	748*	1	371	533	7	130	502	1	96	164
KENYA	500	1237	1000	408	1891	739	164	87	94*	119	74*	84
LIBYA	300F	268*	500*	300F	255*	450*						
MADAGASCAR	196		56	110		56	30		1	42		1
MALAWI	370*	30	30F	690*	40*	40F						
MAURITANIA	150F	150F	150F	50F	50F	50F						
MAURITIUS	211	209	228	278	154	220						
MOROCCO	50	17	13	64	36	17						
MOZAMBIQUE							1900*	2000*	4200*	990F	1100F	2300F
SENEGAL	467	812	345	251	474	185		171	466		97	235
SEYCHELLES	1		2	2	5							
SOMALIA	20*	20*	20F	15F	15F	15F						
SOUTH AFRICA	6728	3757	909	4071	2280	653	708*	496*	751	879	684	553
SUDAN	100F	100F	100F	90F	90F	90F						
SWAZILAND	4456	5499	7790	2941	3563	4770		1446	5486		951	3312
TANZANIA		40*			20*							
TOGO	73	73F	73F	4	4F	4F						
TUNISIA	3209	2594	3312	2535	1916	2732	20			10		
UGANDA		112	25		92	22		22			24	
ZAMBIA	20	20F	20F	4	4F	4F						
ZIMBABWE	2073	1805	900	1774	1784	781						
N C AMERICA	616114	629489	356228	427616	407333	271326	9299	7314	10685	7346	5648	9003
BARBADOS	4	2	7	6	4	10	1	1	1	2	2	3
BELIZE	12	33*	33F	19	50F	50F	2			13		
CANADA	12670	12514	14935	8483	8710	12260	264	312	141	256	250	175
COSTA RICA	2	5	5F	4	13	13F	8	1	1F	8	1	1F
DOMINICA	611	400*	400F	611	360*	360F	1300*	1300*	1300F	1100F	1000F	1000F
DOMINICAN RP							134	91	1105	64	21	771
EL SALVADOR	203	78	26	191	75	45	865	341	166	634	243	123
GREENLAND	1			2								
GRENADA	41	40*	40*	66	70*	70*						
GUATEMALA	359	402	220*	286	326	210*	20			16		
HONDURAS		3	5		4	14	22	21	21F	10F	13	13F
JAMAICA	2800*	2400*	2400*	3700F	3200F	3100F						
MEXICO	8607	24209	200*	6496	16221	150F	217	34	70	198	44	91
NICARAGUA	861	378	537	654	260	382						
PANAMA	31	164	13	47	130	24						
ST KITTS NEV	10	10F	10F	13	13F	13F						
ST LUCIA	218	124	124F	290	168	168F	29	259	370*	64	233	320*
ST VINCENT							181	181F	80*	168	168F	
TRINIDAD TOB	492	673	1489	846	555	1294	293	450	553	465	629	974
USA	589192	588054	335784	405902	377174	253163	5963	4323	6877	4348	3044	5532
SOUTHAMERICA	5954	6748	5344	5566	5510	5075	63	1053	20	60	809	29
ARGENTINA	3268	4644	3757	3045	3595	3546	25	15		28	25	1
BOLIVIA	99	56	56F	115	72	72F						
BRAZIL	143	84	72	237	117	119	6	18	20	10	57	28
CHILE	1690	1372	700*	1565	1168	600F						
COLOMBIA	369	5	500	254	20	460						
ECUADOR	156	2	1	72	12	9						
PERU	19	48	28	34	57	39		20F		1	27	
URUGUAY	210	537	230	244	469	230						
VENEZUELA							32	1000		21	700	
ASIA	198197	243786	342522	144289	167661	191642	1807810	1643453	944316	1140014	977750	611560
ARMENIA					1							
AZERBAIJAN	10*			20*								
BAHRAIN	135	60*	60F	245	110F	110F						
BANGLADESH	7520*	4102	3682	5827	6289	5922						
BRUNEI DARSM	24*			14*								

表 121

SITC 424.3

やし油

	輸入：MT			輸入：1,000 $			輸出：MT			輸出：1,000 $		
	1997	1998	1999	1997	1998	1999	1997	1998	1999	1997	1998	1999
CHINA	32670	72302	39483	23657	47372	30306	1157	3929	101	718	2346	102
CHINA,H.KONG	5579	2466	830	4237	1981	809	5236	3126	159	3521	2212	175
CYPRUS	60	100	57	63	93	62		1			1	
INDIA	1319	1373	23500*	1033	1039	18000F	1256	860	900*	2756	1560	2000F
INDONESIA	20	5007	91	38	2728	108	644252	372728	349644	401650	206021	209362
IRAN	7083	3375	6593	7160	3038	5876						
ISRAEL	800*	540*	320*	775	425	300*						
JAPAN	28045	33321	28128	21073	24036	24449	29	63	4	91	161	16
JORDAN	1120	348	366	946	276	307	49	45		38	26	
KAZAKHSTAN	746	95	100*	241	113	100F						
KOREA D P RP	70*	250*	200*	65F	230F	180*						
KOREA REP	45466	39084	40718	31344	24509	30947	30	2	4	41	2	4
KUWAIT	162	106	191	267	210	305						
LEBANON	3100*	3000*	2400*	3400*	3000F	2400F						
CHINA, MACAO			14	1	1	3			17			3
MALAYSIA	24200*	29741	157064	13300F	17609	39153	33000*	47893	86538	23000F	32178	33652
MYANMAR	1600*	1600*	1600*	1100F	1150F	1200F						
NEPAL	3200F	2900F	1800*	2121	1962	3400*						
OMAN	260	200*	100*	496	330*	130*	10			13		
PAKISTAN	3874	10669	9179	3383	7809	7098						
PHILIPPINES		1001	19		787	24	1080160	1178777	478709	673430	705664	342283
QATAR	40*	40*	45*	90*	60*	30*						
SAUDI ARABIA	1858	2341	900*	1599	2167	800F		33	33F		40	40F
SINGAPORE	11848	10328	11266	8841	6853	8680	20129	18953	15705	17844	15265	14116
SRI LANKA	18	166		12	125		3701	2668	3621	3275	2984	3457
SYRIA	239	781	781F	142	514	514F						
THAILAND	1	3	5	6	13	21	15764	9291	39	11353	5676	62
TURKEY	13560	13540	8710	9842	8694	6768	237	284	242	284	313	287
UNTD ARAB EM	860*	2100*	1300*	890F	2100F	1300F						
VIET NAM	2200*	2300*	2400*	1450F	1500F	1600F	2800*	4800*	8600*	2000F	3300F	6000F
YEMEN	510*	547	620*	610*	538	740*					1	1F
EUROPE	729457	1023255	774336	549262	699980	595983	100114	118507	147964	84064	94626	131540
ALBANIA	135	18	18F	47	11	11F						
AUSTRIA	8926	7302	4912	6741	5523	4330	149	463	615	187	521	699
BELARUS		1035	1616		1691	2852			60			68
BEL-LUX	46014	39033	49513	34542	27200	39396	9580	9577	8947	8202	8220	8673
BULGARIA	707	611	600*	745	585	600F	103			116		
CROATIA	365	434	578	409	458	706	1			3		
CZECH REP	9326	10185	2907	6623	6794	2556	12	23	56	18	29	36
DENMARK	7809	13158	5577	5955	10281	4968	880	1584	655	959	1628	730
ESTONIA	34	112	231	36	154	238	2	40	182	3	75	233
FAEROE IS	9	11	13	14	17	19						
FINLAND	2712	2393	1947	2341	1895	1794	4			3		
FRANCE	65165	73905	58870	50718	54190	48913	2958	2869	4649	2580	2244	4323
GERMANY	290518	342987	197549	208892	229605	149253	9896	10261	20361	8631	8944	18364
GREECE	428	911	237	369	784	288	2	15		3	17	
HUNGARY	2481	6364	1808	2456	5499	1883						
ICELAND	191	159	211	231	205	220						
IRELAND	7743	14918	8579	6846	12731	8022	2	160	278	6	164	208
ITALY	54747	72082	49421	40988	49521	41171	589	966	1234	639	965	1367
LATVIA	229	438	192	272	757	324		7			4	
LITHUANIA	421	875	706	467	810	655	22	198	86	15	346	113
MACEDONIA	42			110								
MALTA	18	22	24	23	24	33						
MOLDOVA REP	223	260*	215	310	279*	224	19			29		
NETHERLANDS	80971	275562	228966	58884	170880	169954	65367	85227	104110	52040	64752	89705
NORWAY	4399	4446	5278	2878	3038	4307	164	134	163	151	134	158
POLAND	17951	20714	12064	13847	14748	10363	19	7	17	31	11	25
PORTUGAL	2234	7049	2101	1722	4731	1760	44	103	81	40	73	53
ROMANIA	730*	2603	2086	1000F	2613	2233						
RUSSIAN FED	20534	17321	22990	22544	14108	17183	72	12	70	193	25	79
SLOVAKIA	778	743	726	702	679	752						
SLOVENIA	106	192	90*	133	217	110*	1			2		
SPAIN	40122	43032	28975	27790	27085	21562	1580	1859	1526	1534	1697	1446
SWEDEN	13243	10472	11809	10255	7848	11653	4418	2742	2757	3697	2292	2577
SWITZERLAND	4139	5525	5548	3328	4142	4414	3	17	4	8	10	8
UK	42380	42772	62436	31553	32657	34766	4225	2240	2113	4972	2472	2675
UKRAINE	3363	5131	5233	5246	7700F	8200F	2	3		2	3F	
YUGOSLAVIA	264	480	310*	268	520	270*						
OCEANIA	17997	16866	18813	15531	13730	15505	77230	83032	81624	55156	53490	59604
AUSTRALIA	13400*	14000*	14834	11003	11663	12273	50	128	117	64	150	155

表 121

SITC 424.3

やし油

	輸入：MT			輸入：1,000 $			輸出：MT			輸出：1,000 $		
	1997	1998	1999	1997	1998	1999	1997	1998	1999	1997	1998	1999
COOK IS	6	2	3	16	6	10						
FIJI ISLANDS	60F	60F	60F	45F	45F	45F	5905*	7000	6600*	3967	4573	4500F
FR POLYNESIA							4700*	5400*	4200*	2600F	3200F	2500F
NEWCALEDONIA	19	21	21F	26	45	45F						
NEW ZEALAND	4512	2783	3895	4441	1971	3132	4	7	8		6	
PAPUA N GUIN							48600	53200	50300	35618	33665	37745
SAMOA							5675	2800*	1900*	2644	1400F	1000F
SOLOMON IS							4000*	6700*	10000*	3367	4000F	6500F

表 122

SITC 424.4

パーム核油

	輸入：MT			輸入：1,000 $			輸出：MT			輸出：1,000 $		
	1997	1998	1999	1997	1998	1999	1997	1998	1999	1997	1998	1999
WORLD	952406	906304	1055673	697735	655599	782914	1028814	998120	1572415	658105	662143	878105
AFRICA	63752	58271	49976	43036	42184	36896	64479	34334	31987	39947	21135	20547
ALGERIA	88	3700*	3100*	100	4200F	3500F						
BENIN							4000*	4000*	4000F	2000F	2000F	2000F
BOTSWANA	37	37F	37F	42	42F	42F						
CAMEROON	150*	500*	500F	140*	430*	430F	11	1200*	1500*	4	850F	1000F
CONGO, DEM R	112			78			3800*	3000*	2000F	2100*	1700F	1200F
CÔTE DIVOIRE							12000*	16800*	15500*	8500*	11000F	11000*
EGYPT	13396	15325	10591	10434	11170	6192	21			15		
ETHIOPIA				13F	13F	13F						
GHANA	15*	25*	50*	18*	40*	85*	64	300		52	230*	
KENYA	1780	1275	2527	1273	1168	1918	34	46		27	40	
MALAWI	350*			330*	330*	330*						
MAURITIUS	9	10	8	10	9	8						
MOROCCO	2570	900	1003	1938	677	698						
NIGER		42	42F		7	7F						
NIGERIA							43081	7800*	7800F	26100F	4500F	4500F
SENEGAL	921	1	760	713	6	517			154			102
SOUTH AFRICA	36494	28642	25837	21338	18415	18449	292	296*	118	252	177	105
SUDAN	30*	110*	30*	28F	110F	5F						
SWAZILAND	210	131	40F	241	134	39	2		23	4*		3
TANZANIA	199	1300*	1300*	48	360*	370F						
TOGO	95				38		892	892F	892F	637	637F	637F
TUNISIA	1736	667	600	1346	469	451						
UGANDA		34			29						1	
ZAMBIA	2819	2819F	2819F	3160	3160F	3160F						
ZIMBABWE	2741	2753	732	1748	1415	682	282			256		
N C AMERICA	207855	172343	259452	162646	128594	200203	10979	14214	13371	8761	10290	10638
CANADA	14347	6493	5551	10167	5235	5109			301		3	386
COSTA RICA	1	1	1F				6350*	3582	6500*	5400F	2414	4700*
EL SALVADOR	1334	1653	1950	905	1160	1431						
GUATEMALA	55	28	660*	44	31	730F	1530	1227	1500*	992	935	1200*
HONDURAS			2			1		6166	1000*		4230	800F
MEXICO	29400	14558	42980	23538	9941	33827	1	10	4	3	30	20
NICARAGUA	40	167	1	31	106							
PANAMA	226	138	138	195	108	99	1676	820		812	434	
TRINIDAD TOB			24			28						
USA	162452	149305	208145	127766	112013	158978	1422	2409	4066	1554	2244	3532
SOUTHAMERICA	62646	40913	25125	40325	33555	18665	8793	8474	20917	6113	5887	14311
ARGENTINA	5317	2732	3917	4415	2287	3467	1			3	1	
BRAZIL	54690*	33833	18566	33566	27943	13088	151	243	290	289	388	488
CHILE	1998	3578	1400*	1736	2649	1100*						
COLOMBIA			855		4	662	5099	5415	12999	3347	3424	8793
ECUADOR							2268	1346	6750	1371	870	4307
PARAGUAY							1274	1466	878	1103	1192	723
PERU		338			299							
URUGUAY	579	335	387	572	304	348						
VENEZUELA	62	97		36	69			4			12	
ASIA	176105	226735	192592	132501	163265	148369	911820	896444	1470412	577301	593231	805290
AZERBAIJAN			221			69						
BANGLADESH	1185*	47		1F	25							
BRUNEI DARSM	35*	76*	120*	25*	26F	40*						
CHINA	8770	10543	21324	5848	6954	15472	60	2761		60	1889	
CHINA, H. KONG	1975	1528	1528	1566	1308	1579	5508	1342	1451	2256	791	1121
CYPRUS	273	20	338	198	18	234						
INDIA	347	7500*	2600*	358	8600F	3200F	21		420*	42		800F
INDONESIA	3159	553	1209	3011	527	1004	502979	347009	597842	294255	195447	347975
IRAN	555	2300*	1487	459	2100F	1667						
ISRAEL	340F	900F	310F	301	785	265						3
JAPAN	53390	52281	53061	40597	38491	41164		13	252		17	418
JORDAN	2719	1484	914	1822	1025	678	365		235	272		230
KAZAKHSTAN		93	130		200F	200F						
KOREA REP	9561	4275	11121	7589	3173	8397						
KUWAIT	5000*	5000*	5000*	2500*	2500	2500F						
LEBANON	1200*	630*	630F	1000F	530F	530F						
CHINA, MACAO				1	1							
MALAYSIA	12600*	54142	8664	7700*	31257	6633	396785	516003	835747	275512	376833	433044

表 122

SITC 424.4

パーム核油

	輸入：MT			輸入：1,000 $			輸出：MT			輸出：1,000 $		
	1997	1998	1999	1997	1998	1999	1997	1998	1999	1997	1998	1999
MONGOLIA	445			283								
MYANMAR	400*	500*	1000*	300F	350F	900*						
OMAN	97	2700*	500*	73	2000F	380F						
PAKISTAN	797	1566	3394	641	1326	2973						
PHILIPPINES	553	34	3154	372	30	2215		359			81	
SAUDI ARABIA	7481	14073	4400*	8655	15357	4800F	264			255		
SINGAPORE	13319	10365	10601	8699	6476	7304	2724	10622	2330	2285	7435	1850
SRI LANKA	9058	15018	9458	6299	10239	6467						
SYRIA	1015	232	2652	515	195	1376						
THAILAND					1		3040	18331	32135	2302	10734	19849
TURKEY	39531	37875	44876	31687	27172	34822	74	4		62	4	
UNTD ARAB EM	2300*	3000*	3900*	2000F	2600F	3500F						
EUROPE	436111	402540	520649	313196	282350	371695	17039	11353	14728	16379	11599	15319
AUSTRIA	744	2340	3892	559	1896	2887	25	1		26	3	
BELARUS			234			318						
BEL-LUX	12173	9922	12148	9323	7118	9478	2364	1935	1875	2074	1575	1730
BULGARIA		109	109F		185	185F						
CROATIA	195	139	115	209	146	152						
CZECH REP	1069	2522	9410	943	1907	6886						
DENMARK	25081	26483	26559	20384	21643	21504	1413	1083	2137	1802	1583	2639
ESTONIA	3	193	18	4	234	18		16			7	
FAEROE IS	3	3	2	4	5	4						
FINLAND	41	20	37	22	19							
FRANCE	18348	12286	16477	13161	8473	12188	501	12	134	578	24	168
GERMANY	156475	107817	210724	109163	71026	151354	189	109	361	275	130	362
GREECE	1335	3396	2776	978	2253	1999	27		17	1		25
HUNGARY	7919		595	6570		543						
ICELAND		4			8							
IRELAND	150	685	715	110	357	453						
ITALY	25419	18302	26578	18226	13773	19743	52	28	78	58	34	84
LATVIA	435	366	21	535	731	36		21	18		47	28
LITHUANIA	44	99	100	55	104	107	1	35		1	12	
MALTA	46	1	1	47	1	1						
MOLDOVA REP	8	10*	5	6	6*	8						
NETHERLANDS	61242	77845	68976	43151	54147	50701	10992	7145	8608	10228	7291	8915
NORWAY	91	328	319	175	745	657		2	21		5	15
POLAND	59	120	6464	67	115	4960	7	11		13	17	
PORTUGAL	1519	1083	1136	1108	715	865						
ROMANIA		4683	3411	666F	4096	2792	9		144	15		114
RUSSIAN FED	2200*	4414	5826	2600F	5559	4433		1		23F	2	
SLOVAKIA	88	272	47	101	268	53	11			17		
SLOVENIA	11	7	7F	11	9	9F						
SPAIN	33578	26632	28039	22272	17479	19379	805	201	136	642	169	91
SWEDEN	896	21	80	1024	36	81	50*	50F				1
SWITZERLAND	2778	2131	2608	2333	1873	2391	3	2	3	10	11	7
UK	82222	98092	90037	56858	64531	55141	590	701	1196	616	689	1140
UKRAINE	1100F	1200*	2700*	1600F	1800F	1800F						
YUGOSLAVIA	859	1015	500*	916	1089	550*						
OCEANIA	5937	5502	7879	6031	5651	7086	15704	33301	21000	9604	20001	12000
AUSTRALIA	5600*	5200*	7657	5698	5379	6901						
COOK IS		2		2	2							
FIJI ISLANDS	200F	200F	200F	170F	170F	170F						
NEW ZEALAND	125	40	22	147	45	15	4	1		4	1	
PAPUA N GUIN	12*	60*		14*	55*		15700*	33300*	21000*	9600F	20000F	12000*

表 123

SITC 424.5

ひまし油

	輸入：MT			輸入：1,000 $			輸出：MT			輸出：1,000 $		
	1997	1998	1999	1997	1998	1999	1997	1998	1999	1997	1998	1999
WORLD	255473	256087	242886	216177	218373	238684	224134	222719	235743	172349	181911	191351
AFRICA	1982	1655	1810	1934	1671	2062	47	47	81	67	94	64
ALGERIA	29			50								
BOTSWANA	10	10F	10F	30	30F	30F						
CAMEROON				1								
EGYPT	120	212	97	107	191	115		23	70		47	42
GHANA	1			5*								
KENYA	33	13*	43	49	17	82						
LIBYA					1*							
MADAGASCAR	2	11	1	3	16	3						
MAURITIUS	31	13	19	37	14	22						
MOROCCO	32	29	12	42	46	18						
NIGERIA	16]	16F	16F	21F	21F	21F						
SENEGAL	2	1	1	6	1	5						
SEYCHELLES				3	1							
SOUTH AFRICA	1596	1268	1518	1406	1219	1638	47	9	11	67	15	22
TOGO	1			4								
TUNISIA	52	52	67	80	62	86						
ZAMBIA	10	5*	10*	23	20*	20*						
ZIMBABWE	47	25	16	67	32	22		15			32	
N C AMERICA	43916	52050	50126	36345	44116	47363	2877	4095	2972	2907	4180	3022
BARBADOS	5	3	6	16	9	22				1	1	1
BELIZE	1			3								
CANADA	1346	1856	1728	1233	1616	1561	8	149	179	14	203	235
COSTA RICA	16	12	12F	32	26	26F	1	1	1F	2	2	2F
CUBA	10*	60*	60F	15F	90*	90F						
DOMINICA	1	1F	1F	4	4F	4F						
DOMINICAN RP	1*	1F	1F	2*	2F	2F						
EL SALVADOR	13	9	12	25	16	24						
GUATEMALA	40	13	10*	86	27	20*	20			18		
HONDURAS	15	28	20	21	39	31	6	6	6F	7	10	10F
JAMAICA	1*			5*	9F	9F	1	1*	1F	9	10*	10F
MEXICO	1430	1582	1591	1605	1647	2285	35	3	16	81	32	43
NICARAGUA	1			3								
PANAMA			2		2	5						
ST LUCIA				1	2	2F						
TRINIDAD TOB	11	8	8	42	28	23				1		
USA	41025	48477	46675	33252	40599	43259	2806	3935	2769	2774	3922	2721
SOUTHAMERICA	11174	9660	2529	9191	7751	2573	16817	17737	3676	12201	14208	3539
ARGENTINA	383	337	364	468	432	476	1	4	3	3	7	7
BOLIVIA	2	6	10*	3	9	10*						
BRAZIL	10005	8544	1523	7788	6382	1216	15560	17070	2608	11058	13541	2543
CHILE	101	56	110*	162	103	250*						
COLOMBIA	488	496	351	509	524	384			5			9
ECUADOR	1			3		1	1238	638	1034	1094	617	956
PARAGUAY		1	1F	1	1	1F	3	25	25	3	43	22
PERU	39	98	76	53	150	96			1			2
URUGUAY	78	72	68	99	94	101						
VENEZUELA	77	50	26	105	56	38	15			43		
ASIA	73688	75539	77408	63441	60580	75648	190663	189979	210314	142633	150056	162539
ARMENIA						1						
AZERBAIJAN									30			31
BAHRAIN	64	64F	70*	78	78F	10*						
BANGLADESH	28	5		57	9							
CHINA	25497	43590	35679	20706	32890	32400	267	176	87	405	255	234
CHINA,H.KONG	993	766	225	903	650	271	862	229	50	822	210	88
CYPRUS	1	1	1	4	3	3						
INDIA					1		186522	185750	207100*	137739	144211	158000F
INDONESIA	960	572	810	1052	662	926						
IRAN	407	20	233	583	20	334						
ISRAEL	40*	15F	30F	45	44	79						
JAPAN	25703	14610	22063	20920	11915	21526	171	354	360	686	1080	1126
JORDAN	19	12	4	26	16	15						
KOREA REP	2194	1700	2551	2725	2265	3354	1	1	1	2	3	7
KUWAIT	216	153	266	206	178	332						
MALAYSIA	1200*	2485	640	1200F	2510	782		1230*	36		1933	45
OMAN	3			15								

表 123

SITC 424.5

ひまし油

	輸入：MT			輸入：1,000 $			輸出：MT			輸出：1,000 $		
	1997	1998	1999	1997	1998	1999	1997	1998	1999	1997	1998	1999
PAKISTAN	300	2	14	160	2	21		13			9	
PHILIPPINES	129	70	61	157	88	83	142	381	423	163	296	404
SAUDI ARABIA	124	224	120*	153	273	160*						
SINGAPORE	433	316	341	812	553	641	757	70	75	797	133	164
SRI LANKA	116	85	107	136	84	115	1			4		
SYRIA	27			30	4	4F						
THAILAND	14173	9900	13285	12436	7368	13614	1940	1772	2151	2015	1924	2439
TURKEY	1061	948	907	1036	965	974		3	1		2	1
YEMEN		1	1F		3	3F						
EUROPE	123682	116335	109643	103935	103181	109435	13726	10853	18693	14531	13361	22177
AUSTRIA	543	522	301	542	544	401	72	22	26	109	39	46
BELARUS		507	396		630	886		10	1		33	2
BEL-LUX	1237	1368	1545	1254	1470	1917	396	346	552	519	494	849
BULGARIA	37	30	100	60	50	150F						
CROATIA	26	3	11	32	5	25				1		2
CZECH REP	683	431	424	641	542	548	150	52	49	147	90	66
DENMARK	633	794	1208	934	1186	2004	5		1	10		6
ESTONIA	42	86	5	42	127	11		78			141	
FINLAND	575	747	734	553	822	933	1	4	3	7	12	10
FRANCE	53567	41926	31728	41269	33899	27462	2150	1066	1479	2007	1077	1670
GERMANY	25807	28887	30430	21422	24541	29152	4904	5567	7282	6004	7173	10051
GREECE	189	188	206	222	249	272			16			24
HUNGARY	145	124	141	193	168	188	3			10		
ICELAND	16	20	14	29	36	25						
IRELAND	34	36	56	93	83	129						
ITALY	7627	8165	8150	6981	8143	9552	55	60	71	70	94	153
LATVIA	349	267	178	360	469	351	30	27		40	50	
LITHUANIA	138	88	43	177	114	67	64	42	21	98	51	31
MACEDONIA	6			31								
MALTA	2	4	4	5	8	10						
MOLDOVA REP												1
NETHERLANDS	6304	12795	11364	5042	10154	10009	4925	2879	8205	4056	2774	7446
NORWAY	71	59	54	96	85	78		1		4	4	1
POLAND	2024	1389	1124	2098	1623	1515	6	3		8	6	1
PORTUGAL	85	110	107	119	183	161			6			11
ROMANIA	350*	116	165	430F	170	400F						
RUSSIAN FED	5600*	2356	2869	5480F	1993	3394		17			22	1
SLOVAKIA	266	148	109	259	147	144	2			5	1	1
SLOVENIA	170	121	40*	211	182	80*	1	11	11F	4	24	24F
SPAIN	3269	4804	5046	2815	4972	5427	180	99	127	262	168	176
SWEDEN	4549	3334	3615	4093	3177	4008	185	210	296	206	231	358
SWITZERLAND	4103	4060	3946	3552	3939	4207	9	11	25	31	39	71
UK	5162	2776	5456	4806	3342	5801	588	348	522	933	838	1176
YUGOSLAVIA	73	74	74F	94	128	128F						
OCEANIA	1031	848	1370	1331	1074	1603	4	8	7	10	12	10
AUSTRALIA	860*	650*	1277	1026	766	1465		3	2		5	3
COOK IS				2	1*	1						
FIJI ISLANDS	10F	10F	10*	20F	20F	10*						
NEWCALEDONIA				1	1							
NEW ZEALAND	161	188	83	282	286	127	4	5	5	10	7	7

表 124

SITC EX 424.9

コーン油

	輸入：MT			輸入：1,000 $			輸出：MT			輸出：1,000 $		
	1997	1998	1999	1997	1998	1999	1997	1998	1999	1997	1998	1999
WORLD	795140	910823	754090	650801	815657	643802	785417	869638	744098	610008	756363	596159
AFRICA	86318	127329	114174	90955	126316	107481	10262	20332	26298	9179	24575	28474
ALGERIA	2			1								
ANGOLA	100*	10*	10F	90*	15*	15F						
CAMEROON	8	10*	10*	7	10*	10*						
CONGO, DEM R	49	40*	20*	14	15*							
CONGO, REP	5*	10*	10F	4*	9*	9F						
EGYPT	10964	15339	7309	8031	10685	6543	384	1017	287	567	810	249
ETHIOPIA	3000*	2500*	2500*	4100F	3400F	3200F						
GHANA	60	26	37	61	24	40						
KENYA	566	434	1710	344	316	1289	87	27	27	138	53	33
LIBYA	66300*	98500*	83000*	74000F	103000F	81000F	1000*	7000*	3000*	1300F	10000F	4000F
MADAGASCAR				2	3	1						
MALAWI	30*	5*	5F	30*	6*	6F						
MAURITIUS	10	33	34	20	42	45						
MOROCCO				4	4	1						
NIGER		4	4F		4	4F						
NIGERIA	20*	20*	20F	30*	20*	20F						
SENEGAL	7	3	3	12	3	4						
SOMALIA	5*			5*								
SOUTH AFRICA	1	163	436	3	160	335	4766	4194	6258	2865	3144	3882
SUDAN	1100*	1000*	1000*	1050F	950F	930F						
SWAZILAND			25			21						
TANZANIA	58	20*	20F	49	20*	20F						
TOGO	22	10*	10*	20	10*	10*						
TUNISIA	4009	9190	17983	3076	7610	13941	3952	8043	16726	4235	10516	20310
UGANDA		2	18		5	34		26*			24	
ZAMBIA		10*	10F		3*	3F						
ZIMBABWE				1		4	73	25		74	28	
N C AMERICA	33978	64459	61306	28178	47540	45037	494600	540579	436555	326141	413271	310347
ANTIGUA BARB	3*			3*								
ARUBA	530*	580*	440*	570*	520*	400*						
BARBADOS	397	142	359	509	190	423						
BELIZE	83	60F	20*	105	75F	30*						
CANADA	8373	22050	24780	5312	14701	16909	4769	17330	16632	4123	11478	9320
COSTA RICA	927	1071	1300*	1115	1246	1500F	4	1	1F	5	1	1F
CUBA		25*	25F		20*	20F						
DOMINICAN RP	3000*	2800*	3300*	2600*	2500F	2600F						
EL SALVADOR	259	238	280	415	362	413		1	28		2	32
GREENLAND	4	6	5	9	16	15						
GRENADA	11			16								
GUATEMALA	1430	2749	1500*	1369	2383	1300F	260	10	10F	513	17	17F
HONDURAS	440	329	618	416	399	655	10F	215F	215F	17	319	319F
JAMAICA	1100*	500*	800*	1400F	650F	950F						
MEXICO	9552	15580	5577	7026	10318	4816	169	595	118	233	384	431
NETHANTILLES	620*	280*	860*	760*	320*	900*						
NICARAGUA	74	198	118	113	261	133						
PANAMA	2066	1450	1897	1828	1487	1797						
ST KITTS NEV	23	23F	23F	33	33F	33F						
ST LUCIA	73	35	30*	139	61	40*						
TRINIDAD TOB	233	765	550	217	684	454		1	4	4	2	12
USA	4780	15578	18824	4223	11314	11649	489388	522426	419547	321246	401068	300215
SOUTHAMERICA	19122	21328	12090	15379	20220	10239	18971	12926	12233	16308	11789	9364
ARGENTINA	5871	2979	250	4456	3046	251	13161	9713	10156	12748	9441	7977
BOLIVIA	96	65	65F	72	69	69F						
BRAZIL	22	2183	395	47	1918	410	3829	2026	1751	2259	1440	1139
CHILE	413	738	400*	511	922	450F					1	1F
COLOMBIA	473	679	138	603	755	171	1980	1182	314	1299	901	231
ECUADOR	1056	1548	841	983	1630	799						
PARAGUAY	289	421	421F	296	466	466F						
PERU	386	82	113	481	132	148						
URUGUAY	3493	3781	3255	2810	3667	2604						
VENEZUELA	7023	8852	6212	5120	7615	4871	1	5	12	2	6	16
ASIA	354002	379322	364971	306153	370752	329311	111167	91062	80555	118931	92903	78697
ARMENIA			230			221						
AZERBAIJAN			2551			1519			248			399
BAHRAIN	3479	14900*	14100*	4100	18000F	15000F	16739	8200*	8500*	16516	8000F	8000F

表 124

SITC EX 424.9

コーン油

	輸入：MT			輸入：1,000 $			輸出：MT			輸出：1,000 $		
	1997	1998	1999	1997	1998	1999	1997	1998	1999	1997	1998	1999
BANGLADESH	58	25		120	50							
CHINA	5103	2109	5023	4308	1703	3979	85	82	11	83	102	13
CHINA,H.KONG	16208	16719	15712	14656	15479	13721	1285	1873	556	1757	1623	653
CYPRUS	3389	2419	3944	3091	2489	3634	1576	1443	1020	1557	1577	1052
INDIA			3400*			2400F	14			77		
INDONESIA	1321	2395	881	1889	2077	1139		3000	974*		1785	1106
IRAN	158	200*	300*	203	250F	330F						
IRAQ	22600*	38800*	31900*	35000F	60000F	46000F						
ISRAEL	9200*	13000*	12000F	7815	11664	11132			30F			13
JAPAN	1419	252	1054	1006	233	826	13	245	349	91	889	1649
JORDAN	13284	14725	11637	9418	11666	9294	2413	1268	8080	1915	973	7493
KAZAKHSTAN	155	242*		175	280*			3			15	
KOREA REP	31288	28402	23204	21092	21929	17183	3072	1474	46	3754	1823	59
KUWAIT	18216	21182	21673	19184	23437	21395	715	2013	1013	798	2425	1171
LEBANON	6900*	4100*	5800*	9500F	5600*	7200F						
CHINA, MACAO	716	758	536	965	1037	766	10	4	5	12	6	7
MALAYSIA	14000*	17420	17425	11200F	12956	10623	8400*	6119	6734	9000F	5773	5878
MALDIVES	90*	70*	190*	120*	100*	230*						
NEPAL		100*	20*		56							
OMAN	7099	9400*	9900*	6644	9000F	9000F	15834	21500*	22400*	14051	19500F	19500F
PAKISTAN	327	1767	1340	289	1593	1210						
PHILIPPINES	1872	1335	1098	1808	1386	1153		950			715	
QATAR	3400*	4400*	5000*	4600F	6500F	6500F						
SAUDI ARABIA	56819	69660	57600*	41731	64135	52000F	19610	11293	3000*	25356	13096	3200F
SINGAPORE	17758	18886	14895	13216	16208	11418	13820	13441	11810	13184	13385	11871
SRI LANKA	213	291	329	233	291	290				1		
SYRIA	600*	800*	800F	750F	950F	950F						
THAILAND	753	759	569	734	471	619		41	250		31	233
TURKEY	83577	62826	76780	56606	47252	54119	17581	2113	6529	18779	2185	6400
UNTD ARAB EM	34000*	30600*	24300*	35700F	33500F	25000F	10000*	16000*	9000*	12000F	19000F	10000F
YEMEN		780*	780F		460*	460F						
EUROPE	298570	315488	198771	206694	247889	148839	150165	204320	188277	139246	213480	169015
ALBANIA	26	49	50*	15	32	30*						
AUSTRIA	5657	7036	6061	5874	7055	5346	61	89	134	60	87	116
BELARUS	220F	912	315	230F	1219	415		13			17	
BEL-LUX	18337	14258	21995	12277	11504	15516	58923	57446	59887	49433	51531	47677
BULGARIA		9	10*		4	10*	1396	1349	600*	687	972	430F
CROATIA	94	7	43	155	9	51	23			27		1
CZECH REP	6	9	17	8	12	33		2			2	
DENMARK	2169	1800	1758	1737	1651	1581	285	107	138	327	185	198
ESTONIA	81	90	214	24	64	121	1F	14	253	1	7	121
FAEROE IS	16	18	20	40	39	41						
FINLAND	21	3	15	56	11	28	1	1	1	2	2	2
FRANCE	13508	13039	15234	10537	11736	11552	20672	24922	25181	16423	20957	19113
GERMANY	1667	1556	11214	1301	1517	9289	2999	4996	19723	2700	4324	14310
GREECE	28587	33473	24653	21952	25410	19524	1130	265	86	1082	321	79
HUNGARY	9730	9203	416	7607	7136	287	3445	11526	6782	2066	13266	4410
ICELAND	141	127	162	190	195	198						
IRELAND	1375	1099	832	1452	1402	964		1	3		2	3
ITALY	73257	84645	82111	50684	67529	57489	8176	23194	50872	8707	27424	54752
LATVIA	187	256	205	119	300	318	3			4		
LITHUANIA	65	172	46	82	82	54			4			5
MALTA	161	165	127	188	218	166						
MOLDOVA REP			2									
NETHERLANDS	10023	7629	5309	8161	6900	4875	4617	3514	1381	4487	3752	1348
NORWAY	527	574	686	635	700	713				1		2
POLAND	236	240	335	274	308	561	104		1	143		1
PORTUGAL	79		25	84	2	28	147	27	9	124	29	9
ROMANIA		475	16		117	17	212			133		
RUSSIAN FED	88331	52744	5262	49960	31384	2544	90	52	27	43	44	17
SLOVENIA	274	164	80*	216	161	60*	35	54	54F	27	83	83F
SPAIN	40075	78789	15120	28575	64233	10584	39393	67329	18333	43886	82038	18279
SWEDEN	679	1377	1948*	836	1737	2255	580	590	648	701	787	890
SWITZERLAND	1172	931	398	1767	882	341	62	58	60	128	128	216
UK	1752	4517*	4044*	1483	4152	3778	7808	8608	3937	8052	7365	6796
UKRAINE	117*	122*	48*	175F	188F	70F						
YUGOSLAVIA							2	163	163F	2	157	157F
OCEANIA	3150	2897	2778	3442	2940	2895	252	419	180	203	345	262
AUSTRALIA	1700*	1300*	1560	1844	1448	1665	106	353	114	73	302	194
COOK IS		1			2							
FIJI ISLANDS	280*	290*	390*	290*	290*	410*						

表 124

SITC EX 424.9

コーン油

	輸入：MT			輸入：1,000 $			輸出：MT			輸出：1,000 $		
	1997	1998	1999	1997	1998	1999	1997	1998	1999	1997	1998	1999
FR POLYNESIA	10*	10F	30*	20*	20F	30*						
NEWCALEDONIA	105	117	70*	154	167	100*						
NEW ZEALAND	769	749	478	870	563	470	146	66	66	130	43	68
PAPUA N GUIN	286*	430*	250*	264*	450F	220*						

تجارة وسائل الإنتاج الزراعي

農業生産資材貿易

TRADE IN MEANS OF AGRICULTURAL PRODUCTION

COMMERCE DES FACTEURS DE PRODUCTION AGRICOLE

COMERCIO DE MEDIOS DE PRODUCCIÓN AGRÍCOLA

表 125

SITC 722

トラクター

	輸入：台数			輸入：1,000 $			輸出：台数			輸出：1,000 $		
	1997	1998	1999	1997	1998	1999	1997	1998	1999	1997	1998	1999
WORLD	911825	1038575	1069170	9423808	9255225	7955125	1197390	1225586	1168595	9965820	9592921	8238809
AFRICA	40544	37471	60888	462538	383315	329046	887	890	782	12846	10880	9632
ALGERIA	430F	430F	430F	4100F	4100F	4100F	20F	20F	20F	115F	115F	115F
ANGOLA	400F	400F	400F	8000F	8000F	8000F						
BENIN	70F	70F	70F	700F	700F	700F						
BOTSWANA	1700F	1990F	2000F	2438	3224	3300F	13F	30F	28F	308	630	600F
BURKINA FASO	100F	100F	100F	1700F	1708	1708F	32F	40F	48F	250F	307	350F
BURUNDI	30F	30F	30F	400F	400F	400F						
CAMEROON	85F	115F	115F	1398	2500F	2500F	2F	2F	2F	41	41	41
CAPE VERDE		40F	45F		150F	180F	50F			139		
CENT AFR REP	26F	26F	26F	500F	500F	500F	5F	5F	5F	20F	20F	20F
CHAD	4F	4F	4F	35F	35F	35F						
CONGO, DEM R	10140	9400F	9400F	51926	52000F	52000F						
CONGO, REP	250F	250F	250F	2500F	2500F	2500F						
CÔTE DIVOIRE	520F	560F	560F	9000F	9700F	9700F	25F	27F	27F	450F	500F	500F
DJIBOUTI	5F	5F	5F	60F	60F	60F						
EGYPT	935	3975	2250	7706	30826	16935	1	27		5F	50	
ERITREA	6F	6F	6F	65F	65F	65F						
ETHIOPIA	350F	350F	350F	6950F	6950F	6950F						
GABON	500F	500F	500F	4000F	4000F	4000F	6F	6F	6F	20F	20F	20F
GAMBIA	21F	23F	23F	280F	309	300F						
GHANA	410F	370F	390F	5454	5000F	5500F	5F	5F	5F	43	45F	45F
GUINEA	50F	50F	50F	600F	600F	600F						
GUINEABISSAU	5F	5F	5F	130F	130F	130F						
KENYA	900F	1000F	500F	15458	18253	9207	40F	4F	1F	274	23	2
LESOTHO	140F	140F	140F	1800F	1800F	1800F						
LIBERIA	50F	50F	50F	600F	600F	600F						
LIBYA	2000F	2000F	2000F	25000F	25000F	25000F						
MADAGASCAR	316	226	322	1451	881	983						
MALAWI	98	120	130F	3551	4058	4100F	7	6	8F	73	84	100F
MALI	120F	120F	120F	2200F	2200F	2200F						
MAURITANIA	70F	70F	70F	1000F	1000F	1000F						
MAURITIUS	55F	65F	85F	2035	2324	3192	35F	11F	2F	1241	392	42
MOROCCO	2475	3017	2561	18330	23201	19212	10	4	4F	134	99	100F
MOZAMBIQUE	380F	380F	380F	6000F	6000F	6000F	50F	50F	50F	455F	455F	455F
NIGER	1100F	136	200F	11185	300	1000F		11			35	
NIGERIA	480F	400F	300F	14000F	11456	6036						
RÉUNION	168F	155F	155F	4200F	3900F	3900F	21F	21F	21F	115F	115F	115F
RWANDA	10F	10F	10F	200F	200F	200F						
SAO TOME PRN	2F	2F	2F	50F	50F	50F						
SENEGAL	345	535	532	1645	1528	2429	20	25		62	37	
SEYCHELLES	5F	5F	7	75F	75F	73						
SIERRA LEONE	25F	25F	25F	500F	500F	500F						
SOMALIA	150F	150F	150F	1500F	1500F	1500F						
SOUTH AFRICA	7038	3938	29470	151164	86547	53815	430F	415F	410F	7667	6083	5476
SUDAN	383	380F	380F	12704	10000F	10000F						
SWAZILAND	80F	120F	12F	1612	2486	2500F	43F	50F	52F	603	717	750F
TANZANIA	180F	180F	180F	2171	2200F	2200F						
TOGO	36F	70F	58F	677	1257	1000F	2F	21	20F	8	89	85F
TUNISIA	4814	4458	5514	25859	23588	30380	13F	10	22	70F	39	120
UGANDA	175F	169	202	3000F	2924	1360	32F	40F	48	180F	216	278
ZAMBIA	150F	150F	150F	3800F	3800F	3800F						
ZIMBABWE	2762	701	174	42829	12230	14846	25	60	3	573	768	418
N C AMERICA	175863	194032	171079	2981210	3146482	2547715	81324	79290	57598	2448271	2367996	1662536
ANTIGUA BARB	13F	13F	13F	170F	170F	170F						
ARUBA	10F	10F	10F	200F	200F	200F						
BAHAMAS	553	550F	550F	2092	2100F	2100F	36F	32F	32F	600F	550F	550F
BARBADOS	203	120F	265F	1408	805	1758	1		6	22		15
BELIZE	129	143	140F	2130	1493	1500F	1	5F	5F	16	56	55F
BERMUDA	400F	400F	400F	5600F	5600F	5600F						
BR VIRGIN IS	15F	15F	15F	200F	200F	200F						
CANADA	34458	41187	27736	729858	676768	717145	6816	8203	5506	485910	425320	332986
COSTA RICA	450F	500F	520F	14207	15375	16000F	20F	35F	35F	160	299	300F
CUBA	6100F	5300F	5300F	63000F	58000F	58000F						
DOMINICA	8	9F	9F	88	100F	100F						
DOMINICAN RP	296F	296F	296F	2600F	2600F	2600F						
EL SALVADOR	160F	127F	50F	4259	3406	1199	40F	37F	11F	136	131	40
GREENLAND	11F	33	14	192	223	203	8F	5F	1F	16F	10F	2
GRENADA	3F	3F	3F	36	50F	50F						
GUADELOUPE	55F	55F	55F	1850F	1850F	1850F	10F	10F	10F	223F	225F	225F
GUATEMALA	470F	750F	800F	10233	15775	17000F	23F	1F	1F	304	1	1F

表 125

SITC 722

トラクター

	輸入:台数			輸入:1,000 $			輸出:台数			輸出:1,000 $		
	1997	1998	1999	1997	1998	1999	1997	1998	1999	1997	1998	1999
HAITI	110F	110F	110F	1600F	1600F	1600F						
HONDURAS	3500F	3200F	3900F	25116	26066	34568	100F	100F	5F	566	580	26
JAMAICA	92F	92F	92F	2972	3000F	3000F						
MARTINIQUE	155F	155F	155F	3860F	3860F	3860F	4F	4F	4F	20F	20F	20F
MEXICO	4009	3938	8853	56907	63150	43909	7500F	6500F	5500F	102275	80120	67160
MONTSERRAT	5F	5F	5F	50F	50F	50F						
NETHANTILLES	8F	8F	8F	250F	250F	250F						
NICARAGUA	275F	253F	320F	6251	5771	7330	10F	14F		125	185	
PANAMA	245	222	244	8117	8342	6091	11F	11F		311F	311F	
ST KITTS NEV	38F	38F	38F	350F	350F	350F						
ST LUCIA		4	4F		64	65F	1F	1F	1F	5F	7F	7F
ST PIER MQ	2F	2F	2F	10F	10F	10F						
ST VINCENT	5F	12F	12F	144	150F	150F						
TRINIDAD TOB	73	78	109	1518	1279	1966	158			6548		
USA	123996	136388	121035	2035642	2247525	1618541	66585	64332	46481	1851034	1860181	1261149
US VIRGIN IS	16F	16F	16F	300F	300F	300F						
SOUTHAMERICA	38383	39196	20458	346979	356343	210208	17479	29569	12904	181906	156913	55978
ARGENTINA	12134	13000F	4200F	116397	139584	44047	230F	85F	20F	4866	1740	415
BOLIVIA	250F	190F	220F	6831	5217	6000F	47F	145F	155F	234	728	800F
BRAZIL	1300F	6560	3404	36373	42526	22786	16000F	28612	12462	166028	148415	53696
CHILE	2100F	2200F	1400F	33680	36140	23000F	35F	57F	68F	92	170	200F
COLOMBIA	820F	570F	250F	22691	15853	6525	870F	380F	35F	10000F	4000F	320
ECUADOR	2300F	2700F	640F	12777	16060	3789	50F	95F	80F	163	298	250F
FR GUIANA	60F	60F	60F	540F	550F	550F	2F	2F	2F	20F	20F	20F
GUYANA	320F	320F	320F	4500F	4500F	4500F						
PARAGUAY	3594	1904	1104	19495	11088	5857	166	12	4	363	15	5
PERU	950F	1400F	2700F	16126	24385	47343	2F	170F	1F	12	1493	3
SURINAME	610F	650F	650F	6150	6500F	6500F						
URUGUAY	5803	3220	3180F	30797	27304	27000F	12	1	2F	43	19	25F
VENEZUELA	8142	6422	2330	40622	26636	12311	65	10	75	85	15	244
ASIA	78277	177573	179425	856481	431054	492664	213143	252325	273782	1011496	1066662	1074569
AFGHANISTAN	180F	178F	178F	1200F	1200F	1200F						
ARMENIA	18F	42F	60	100F	250F	364	10F	10F	10	50F	50F	55
AZERBAIJAN	155F	550F	150F	750F	3068	695	350F	100F	230F	950F	270	699
BAHRAIN	1F	4F	4F	26	100F	100F	3F	4F	4F	55F	60F	60F
BANGLADESH	524	524	600F	3256	3018	3099F						
BHUTAN	21F	21F	21F	110F	110F	110F						
BRUNEI DARSM	17F	17F	17F	225F	225F	225F						
CAMBODIA	1000F	1000F	1000F	1300F	1300F	1300F	2F	2F	2F	7F	7F	7F
CHINA	1477	1180	1710	43392	36525	56900	45680	40393	64816	58447	46258	59204
CHINA,H.KONG	16	27	2	468	574	173	10		3	353		47
CYPRUS	1142	913	839	5560	5356	4386	2	8	26	57	79	190
GEORGIA	35F	35F	35F	350F	350F	350F	16F	16F	16F	98F	98F	98F
INDIA	36	65	70F	1623	2094	2100F	2790	2902	3000F	17329	17539	18000F
INDONESIA	7130F	4400F	1250F	37438	23108	6376	160F	270F	250F	1129	1850	1738
IRAN	600F	620F	700F	7011	7149	8064	380F	130F	850F	3155	1060	6798
ISRAEL	1300F	1300F	1300F	16734	17000F	17000F	38F	38F	38F	550	550F	550F
JAPAN	4152	2650F	2900F	148792	88248	90000F	135410	140000F	145000F	844271	867117	880000F
JORDAN	228	303	126	1699	2605	826	20	34	11	206	206	87
KAZAKHSTAN	400F	150F	155F	9000F	3373	3500F	2300F	1100F	1150F	22000F	10783	10500F
KOREA REP	4893	843	1772	104673	18304	33325	16721	5800	5503	20866	35993	31201
KUWAIT	55	300F	51	573	3680	573	5	50F	8	15	360	51
KYRGYZSTAN	185F	185F	185F	2255F	2255F	2255F	52F	52F	52F	661F	661F	661F
LAOS	65F	65F	65F	350F	350F	350F						
LEBANON	73F	73F	73F	700F	700F	700F						
CHINA, MACAO	1F	5F	1F	13	55	12	1F	1F	1F	4	4	4F
MALAYSIA	4300F	2350F	3200F	30000F	16359	22544	165F	450F	280F	2000F	4676	2712
MONGOLIA	89	93F	93F	3727	3900F	3900F	11	12F	12F	46	50F	50F
MYANMAR	17F	18F	18F	423	450F	450F						
NEPAL	570F	60F	180F	5621	230	800F						
OMAN	66	88F	88F	800	1000F	1000F	11	26F	26F	55	150F	150F
PAKISTAN	9000F	9600F	14000F	53104	48840	95992	700F	2950F	1300F	1349	6125	2582
PHILIPPINES	3885	1750F	2100F	12953	4897	7854	60F	380F	52F	260	1683	205
QATAR	40F	43F	43F	770F	800F	800F	5F	5F	5F	20F	20F	20F
SAUDI ARABIA	210F	308	315F	5000F	7099	7200F	37F	25	26F	800F	531	550F
SINGAPORE	1071	249	224	75983	17561	13376	607	762	625	14032	11782	9854
SRI LANKA	9891	11029	13278	16345	20937	20389	6	33	11	16	178	66
SYRIA	1450F	280F	510F	3064	793	1500F	17F	2F	3F	113	8	10F
TAJIKISTAN	180F	180F	180F	2200F	2200F	2200F	65F	65F	65F	800F	800F	800F
THAILAND	13718	127616	130000F	195756	28286	44748	5680	51450	49393	11702	32281	15452
TURKEY	7805	6929	347	45744	40433	20628	1474	4900	659	6800	22133	28868

表 125

SITC 722

トラクター

	輸入：台数			輸入：1,000 $			輸出：台数			輸出：1,000 $		
	1997	1998	1999	1997	1998	1999	1997	1998	1999	1997	1998	1999
TURKMENISTAN	225F	225F	225F	2700F	2700F	2700F	205F	205F	205F	2500F	2500F	2500F
UNTD ARAB EM	916	141	200F	8793	7675	6500F						
UZBEKISTAN	135F	135F	135F	1500F	1500F	1500F	150F	150F	150F	800F	800F	800F
VIET NAM	120F	120F	120F	1000F	1000F	1000F						
YEMEN	880F	904	900F	3300F	3297	3500F						
EUROPE	547546	561114	610687	4345771	4504503	4014796	883924	862829	822665	6306706	5986411	5432085
ALBANIA	536	366	355F	777	770	750F						
AUSTRIA	7000F	15708	15110	143123	130472	124889	5200F	19591	18773	165556	150043	116378
BELARUS	1850F	1058	884	16000F	16495	7803	12940F	18467	23785	180000F	193569	244410
BEL-LUX	34882	41236	32531	233725	288665	212145	19262	25441	18406	124520	150066	105905
BULGARIA	930F	950F	950F	10417	10500F	10500F	47F	47F	47F	1733	1700F	1700F
CROATIA	5000F	6300F	5100F	28389	34681	30000F	500F	300F	360F	2753	1677	2000F
CZECH REP	2850F	1550F	1439	45434	24150	19190	16700F	17600F	4587	110776	124752	41392
DENMARK	24184	18944	18458	176703	136335	130199	8463	6380	6476	25671	15380	15604
ESTONIA	524	662	530	15717	14460	8835	114	84	236	2013	2066	1474
FAEROE IS	27F	32F	31F	165	202	195						
FINLAND	17504	14197	11773	130399	105160	81864	31428	35104	41082	274570	305895	358811
FRANCE	131357	133015	125709	984420	954178	893752	67462	58603	56452	477043	388917	329165
GERMANY	49661	53703	46038	352686	388193	313761	201260	171096	159488	1487403	1325909	1256808
GREECE	21614	20307	15757	111825	109405	81661	164	598	509	264	743	470
HUNGARY	17683	19921	15583	65466	75946	54316	979	1447	1110	1889	1972	1741
ICELAND	383	400	334	9385	10258	9506	1	4	5F	46	134	150F
IRELAND	14001	16916	17512	82945	91544	97166	1462	725	1560	5020	3663	10953
ITALY	38636	44897	44508	270337	302728	296003	198816	174474	169834	1284570	1129762	1070134
LATVIA	590	1749	1687	11806	48700	27341	35	74	35	1277	2339	1927
LITHUANIA	1832	4157	3752	17542	27309	18187	264	599	495	3699	5629	4355
MACEDONIA	1250F	1750F	1750F	4204	6522	6550F	1F	1F	1F	8F	9	9F
MALTA	82	120	110F	378	549	500F						
MOLDOVA REP	528	590F	294	5754	6191	2587	481	440F	144	6628	6265	2381
NETHERLANDS	21347	22043	22343	129258	171767	182713	12102	13160	15765	30086	31616	40130
NORWAY	4478	3860	68523	110356	101746	11144	275	255	33158	3531	3309	4844
POLAND	5900F	10100F	6800F	41323	89420F	59828F	8400F	8700F	7300F	74952	77467F	61167F
PORTUGAL	17950	20563	23198	125086	140803	153019	719	396	456	3080	1534	2146
ROMANIA	501	250F	300F	12364	5625	6000F	6705	7272	7500F	39645	44342	45000F
RUSSIAN FED	7500F	3500F	3550F	58489	29301	29657	2200F	3100F	4847	21091	29875	40919
SLOVAKIA	7704	5900F	2100F	19703	12876	4224	1244	1300F	900F	27980	15679	9262
SLOVENIA	2850F	3500F	3700F	21752	24558	26000F	800F	930F	950F	5142	5889	6000F
SPAIN	18000F	30000F	35000F	389194	574096	414270	1845	3191	3171	9145	20744	20890
SWEDEN	19534	14753	18410	145943	137756	137756	5142	4587	5958	51353	31504	56111
SWITZERLAND	4268	4601	4831	103779	116597	116294	2608	2973	2869	19204	19662	21232
UK	51454	31266	49837	351795	224919	332191	272595	281990	232806	1846248	1873440	1538717
UKRAINE	9300F	9300F	9200F	101553	101553F	101000F	1300F	1300F	1300F	12963	12965F	12900F
YUGOSLAVIA	3850	2950F	2700F	17579	14618	13000F	2410	2600F	2300F	6847	7895	7000F
OCEANIA	31212	29189	26633	430829	433528	360696	633	683	864	4595	4059	4009
AUSTRALIA	24500F	25000F	18900F	380537	399689	302657	475	507	471	2884	2468	1551
COOK IS	15F	6	10	70F	30	28						
FIJI ISLANDS	45F	45F	45F	550F	550F	550F	1F	1F	1F	10F	10F	10F
FR POLYNESIA	60	60F	60F	845	850F	850F						
GUAM	3F	3F	3F	110F	110F	110F						
KIRIBATI	5F	5F	5F	35F	35F	35F						
NEWCALEDONIA	276	279	290F	1847	2036	2100F	4	7	7F	11	28	30F
NEW ZEALAND	5932	3500F	7024	41565	24758	48846	127	140F	357	1240	1053	1918
PAPUA N GUIN	270F	185F	190F	3000F	3200F	3250F	26F	28F	28F	450F	500F	500F
SAMOA	15F	15F	15F	120F	120F	120F						
SOLOMON IS	40F	40F	40F	1700F	1700F	1700F						
TONGA	45F	45F	45F	350F	350F	350F						
VANUATU	6F	6F	6F	100F	100F	100F						

表 126

SITC 271

未精製肥料

輸入：1,000 $ 　　　　　　　　　　　　　　　輸出：1,000 $

	1994	1995	1996	1997	1998	1999	1994	1995	1996	1997	1998	1999
WORLD (FMR)	1428527	1634614					998117	1083488				
WORLD	1465658	1685967	1714232	1855949	1927711	1849080	945124	1171820	1248214	1623554	1741947	1674107
AFRICA (FMR)	22260	25823					430020	443992				
AFRICA	22260	25823	27161	31263	24896	17975	430020	443992	536332	615422	664175	663746
ALGERIA	2	27	23	5	5	5	15839	14800	21559	23794	24000F	24000F
BOTSWANA	68	181	59	103	70	70F			1			
CAMEROON	360	210	100	50	50	50						
CAPE VERDE			12	1								
CENT AFR REP	1		181									
CHAD	6											
CONGO, REP	3	10										
CÔTE DIVOIRE			627	550	400	400						
EGYPT	46	296	1468	93	249		2518	8	222	5	6	17
GABON	63	60	48	50	50	50						
GAMBIA					47						2	
GHANA	50	50	75									
KENYA	97	52	29	426	42	246	2		16	10	2	30
LESOTHO	300F	300F	300F	300F	300F	300F						
LIBERIA	20	20										
LIBYA			35	30	30	30						
MADAGASCAR		1052				2						
MALAWI	196	33	30	51	1488	1471						
MALI	10											
MAURITIUS	200	199	186	474	117	151						
MOROCCO	720	572	538	688	643	961	281153	284237	347689	434962	459703	455336
MOZAMBIQUE	56		71						3			
NIGER					2	2					318	300F
NIGERIA						134						
RÉUNION	146	15	30F	20F	20F	20F						
SENEGAL	100	5705	4180F	3188	2136	25	25000	43246	43000	32419	30518	35187
SEYCHELLES	6		2	14	1	25						
SOUTH AFRICA	18606	16049	18006	24146	18479	13107	4822	795	646	679	345	423
SUDAN			1									
SWAZILAND	100	100	100	193	235	235F				5	14	15F
TANZANIA				147								
TOGO	3	1	85		12	12	68056	67013	86498	82336	115699	115000F
TUNISIA	44	216	335	114	104	205	32537	33880	36678	41211	33532	33391
UGANDA					51	53					36	37
ZAMBIA	50F	50F	50F	50F	50F	50F						
ZIMBABWE	1007	625	590	570	315	371	93	13	20	1		10
N C AMERICA	144291	183107	172392	216853	221549	201688	93098	88209	94174	94209	94531	96948
ANTIGUA BARB	10F	10F	10F	10F	10F	10F						
ARUBA	10F	10F	10F	10F	15F	15F						
BAHAMAS	250	250	270	270	270	270						
BARBADOS	6	8	9	34	4	42	1F	1*	1			
BELIZE	5	11	10	1								
CANADA	42865	44593	39825	45703	55214	33830	885	966	2850	3129	2631	4724
COSTA RICA	668	1514	385	419	1830	1710F	3			25	548	520
CUBA	400F	400F	400F	400F	400F	400F						
DOMINICA				1								
EL SALVADOR	30	74	85	98	32	27	39	98	37	97	115	119
GREENLAND	1			3	6	5						
GRENADA		7	1	14								
GUADELOUPE	49	96	100	100	100	100						
GUATEMALA	144	253	248	282	346	335	108	83	72	38	56	55
HONDURAS	158	365	180	728	192	275				1		
JAMAICA	222	10					3					
MARTINIQUE	780	1732	1720F	1720F	1720F	1720F						
MEXICO	49313	72473	68869	92370	89750	88748	628	1561	1214	919	1180	1495
NICARAGUA	66	78	538	1757	1957	905					1	30
PANAMA	1	930	246	616	249	669						4
ST KITTS NEV		12	13	12								
ST LUCIA	8	21	5	13	24							
ST VINCENT				1								
TRINIDAD TOB	15	14	11	13	13	7	31					1
USA	49290	60246	59457	72278	69417	72620	91400	85500	90000	90000	90000	90000

表 126

SITC 271

未精製肥料

輸　入：1,000 $　　　　　　　　　　　　　　　　　　輸　出：1,000 $

	1994	1995	1996	1997	1998	1999	1994	1995	1996	1997	1998	1999
SOUTHAMERICA	37444	54375	57593	73079	77409	63651	32109	45397	44646	50008	45305	45460
ARGENTINA	516	817	710	1056	1394	2061	25		10	582	83	86
BOLIVIA	10	151	69	109	148	175						
BRAZIL	22150	31727	37495	50063	50181	39709	181	140	428	275	398	345
CHILE	3354	8066	5150	4078	3471	3500	31429	45060	42955	44758	41981	42360
COLOMBIA	3506	6265	6868	7965	8848	2020	3	24	16	28	38	49
ECUADOR	2186	2732	461	1373	1356	1342	1					1
FR GUIANA	95	20	20F	20F	20F	20F						
GUYANA	200	200	200	200	200	200						
PARAGUAY	546	306	118	814	1237	941						
PERU	55	224	515	600	484	1177			1120	4162	2732	2115
SURINAME		87	159	131					2	6		
URUGUAY	1932	635	1709	1737	2926	2237	422	150	15			2
VENEZUELA	2894	3145	4119	4933	7144	10269	48	23	100	197	73	502
ASIA (FMR)	544333	610582					283300	312515				
ASIA	544398	610647	607055	618099	659316	631569	283300	312515	254248	541404	615387	572551
ARMENIA	60	60	64			44						
AZERBAIJAN				5	126							20
BAHRAIN	375	238	153	50	30	30	5					
BANGLADESH	9815	11942	11171	11966	11454	11035F						
BHUTAN	76											
BRUNEI DARSM	205	170	220	220	220	220						
CHINA	44585	36572	47870	25796	21598	24470	30215	42635	65655	82641	101727	112960
CHINA,H.KONG	266	514	576	250	273	254	249	432	586	374	226	116
CYPRUS	104	138	197	71	46	77	2	2	7	30	7	2
INDIA	153342	162577	133717	178839	200264	200206	301	370	109	291	395	420
INDONESIA	35471	38860	61978	42365	40993	42729	2383	2955	2500	1380	852	2032
IRAN				27826	29076	26738						1
ISRAEL	195	183	315	180	787	241	73558	70581	80017	74170	79283	67337
JAPAN	111133	129807	120094	110279	106069	104000	1198	1388	1095	1152	880	910
JORDAN	187	73		42	37	63	143665	150849	56622	328717	354436	340109
KAZAKHSTAN	5	5	6		4964						16724	
KOREA D P RP	2500F	2500F	2500F	2500F	2500F	2500F						
KOREA REP	92869	97470	97286	95304	86606	85430	873	658	977	848	1300	1198
KUWAIT	100	147	73	36	42	71		4	2	1		
KYRGYZSTAN			34									
CHINA, MACAO		4	1	28	2	2						
MALAYSIA	28279	33259	40200	37750F	41306	37954	1814	2466	2014	1550	1865	2841
MONGOLIA			12									
OMAN	1005	252	400	855	700	700	1552	5023	3637	1427	1500	1500
PAKISTAN	15646	15292	17875	10143	9573	12652	4728	2339	2945	1570	36	
PHILIPPINES	21689	51009	39798	15715	32652	22965	150	120	189	136	191	109
QATAR	11	10	15	20	20	20	246	250F	250F	270F	250F	250F
SAUDI ARABIA	2203	3905	5141	4500	5397	3900	4772	11284	9380	10000	10428	10300
SINGAPORE	466	988	509	421	496	1474	516	1001	814	567	610	925
SRI LANKA	147	207	171	142	513	475	32	77	46	18	35	44
SYRIA							16978	20000	26662	34805	44513	31284
THAILAND	1360	1847	2434	7668	16495	12218	50	35	499	97	114	80
TURKEY	22304	22618	23536	43866	46397	40175	13	46	242	1360	22	113
UNTD ARAB EM			709	1267	801	800						
EUROPE (FMR)	582434	658553					103169	125612				
EUROPE	619500	709841	765508	807932	839425	833382	105176	273944	306841	313860	316104	290784
ALBANIA	4500	4500	4002	4007	4007	4007F			3			
AUSTRIA	11974	12429	13468	12881	18191	21206	1797	2450	2443	3238	3001	3017
BELARUS					28876	26372					46	44
BEL-LUX	85664	95497	100260	113725	120412	118434	26590	35937	34667	32385	34462	29933
BULGARIA	16000	11995	22373	28123	19498	20000			547	503		
CROATIA	11409	14237	13677	17104	14304	14170	173	225	96	73	25	23
CZECH REP	6585	8949	8933F	6020	4717	3864	587	280	269	119	519	1087
DENMARK	556	926	7500	929	1197	4286	1140	1633	1770	1509	1074	1438
ESTONIA	135F	125F	35	35F	52	19						
FAEROE IS	3	12	7	1	9	3						
FINLAND	2981	4304	6845	4188	6151	5441	33	31	43	28	48	24
FRANCE	73208	85739	82143	87613	85512	80933	9390	10756	11892	9132	8746	9929
GERMANY	21846	20666	17579	19236	20145	15581	13424	14413	12054	11998	10313	9412
GREECE	10847	20673	31763	31868	27542	23289	3173	2299	1525	83	80	205
HUNGARY	74	206	178	1953	1513	925	186	489	202	123	134	
ICELAND		43	13	1	21	1					2	
IRELAND	1271	1967	3292	2013	3534	2853	1467	1609	1054	1307	2484	3168

表 126

SITC 271

未精製肥料

輸　入：1,000 $　　　　　　　　　　　　　　　　輸　出：1,000 $

	1994	1995	1996	1997	1998	1999	1994	1995	1996	1997	1998	1999
ITALY	16491	20967	20098	15693	17345	18444	8610	10125	12444	14697	13733	13698
LATVIA	30	177	153	64	26	107	12F	10	50	41	4	13
LITHUANIA	12850	23313	30323	34520	43838	57763	37	86	99	204	123	120
MACEDONIA	3030	3030	3408	3544F	6061	6064F	1120F	1120F	1225	1110F	67	68
MALTA		131	145	714	117	116						
MOLDOVA REP	31	185	55	101	115	71	6F	6	6F	6F		
NETHERLANDS	82119	106066	92485	105254	112915	102984	21891	23502	20264	18206	21334	27304
NORWAY	35089	36216	45239	45214	42957	47345	1707	1751	1986	2000	1990	2737
POLAND	54344	68389	79259	85691	87528	76049	2000	5915	7572	4425	2231	2374
PORTUGAL	6252	7432	7692	7168	9004	8054	4					
ROMANIA	34611	31451	32640	25552	15230	19437	50	758	1835	260	268	26
RUSSIAN FED	3400	4687	3316	5044	3550	4512	150	146690	178616	199848	200685	172843
SLOVAKIA	462	513	652	453	251	123	8	4	5	33	56	60
SLOVENIA	1404	972	735	703	902	865F	30	28	69	72	43	41
SPAIN	93772	93522	106943	116747	117871	125660	3916	6024	9560	7021	7638	5798
SWEDEN	6005	6278	5034	5462	5725	4922	127	113	477	311	273	303
SWITZERLAND	2171	2733	2788	2793	2359	2321	201	594	616	119	452	68
UK	7656	11411	13219	13688	10869	10087	7313	7063	5420	4958	6251	7051
YUGOSLAVIA	12730	10100	9256	9826	7087	7075	34F	33F	32	51	22	
OCEANIA	97765	102174	84523	108723	105116	100815	1421	7763	11973	8651	6445	4618
AUSTRALIA	37199	47412	37545	47010	52107	43704	1014	7322	11371	7740	5753	4278
COOK IS				1	1							
FIJI ISLANDS	164	180	200	196	200	200						
FR POLYNESIA	10	10	10	10	10	10						
KIRIBATI			1									
NEWCALEDONIA	100	100	100	100	100	100						
NEW ZEALAND	60132	54312	46507	61247	52538	56650	407	441	602	911	692	340
SAMOA	150F	150F	150F	150F	150F	150F						
VANUATU	10F	10F	10F	10F	10F							
CZECH F AREA	5000	5000					150	150				
USSR F AREA							55000	60000				
YUGO F AREA	10000	10000										

表 127

SITC 56

化成肥料

輸 入：10,000 $　　　　　　　　　　　　　輸 出：10,000 $

	1994	1995	1996	1997	1998	1999	1994	1995	1996	1997	1998	1999
WORLD (FMR)	1467557	1930237					1987398	2275799				
WORLD	1496682	1961483	1989785	1846781	1766135	1679576	1314969	1686692	1704681	1473656	1406666	1387827
AFRICA (FMR)	44810	48478					73268	98332				
AFRICA	45110	53182	64962	62368	72926	69614	73268	98332	100094	87815	94937	91578
ALGERIA	1820	3179	2718	3882	4000F	4000F	159	24	87	399	400	400
ANGOLA	300F	300F	300F	300F	300F	300F						
BENIN	270F	270F	245F	250F	250F	250F						
BOTSWANA	397	441	483	558	557	559F			1		2	
BURKINA FASO	220	230	200	220	3052	3082						
CAMEROON	897	1953	1301	1520	1498F	1498F			1	2	2	1
CAPE VERDE	8F	19	11	17	16F	16F						
CENT AFR REP	63	114	25	25	20	20						
CHAD	347	471	1385	120	120	120						
CONGO, DEM R	350F	400F	350F	350F	350F	350F						
CONGO, REP	77	57	50	50	50	50	10	12	10	10	10	10
CÔTE DIVOIRE	1000	1000	816	850	800	800						
EGYPT	1302	1966	1987	1106	5471	7471	5274	6511	1472	2060	4280	5769
ETHIOPIA	1800F	6204	6000F	6000F	6000F	6000F						
GABON	157	151F	196	180F	180F	180F						
GAMBIA	25F	25F	25F	25F	39	39						
GHANA	295F	330F	692	803	730F	730F			20	20F	20F	20F
GUINEA	20F	21F	21F	21F	21F	21F						
GUINEABISSAU	20F	20F	20F	20F	20F	20F						
KENYA	6202	4432	8293	6630F	6681	7689	95	45	33	36	107	20
LESOTHO	140F	140F	130F	130F	130F	130F						
LIBERIA	28F	28F	28F	28F	28F	28F						
LIBYA	1940F	1960F	1940F	1890F	1840F	1840F	4000F	4000F	4000F	4000F	4000F	4000F
MADAGASCAR	673	702	811	353	255	178						1
MALAWI	2665	3761	3450	3749	3015	3060			43	30	26	67	70
MALI	500	500	480	480	480	480						
MAURITANIA	75	70	70	70	70	70						
MAURITIUS	844	845	1056	915	775	728	2026	597	695	594	605	636
MOROCCO	6730	6243	10674	6427	7946	6952	27149	36029	38108	35212	34280	31707
MOZAMBIQUE	114	109	304	290	290	290		14	36	30	30	30
NIGER	210	220	220	220	374	370						
NIGERIA	750	700	650	600	5631	584						
RÉUNION	842	1020	940F	950F	950F	950F	1					
RWANDA	39F	39F	39F	39F	39F	39F						
SENEGAL	903	1352	990F	789	911	634	2122	4843	3133	3256	5203	3486
SEYCHELLES	21	23	20	22	11	8						
SIERRA LEONE	50F	54F	54F	54F	54F	54F						
SOMALIA	60F	70F	70F	70F	70F	70F						
SOUTH AFRICA	4261	4709	6680	6551	6094	6178	8416	15696	18531	13259	14248	15103
SUDAN	2700	2880	3886	3700	3700	3700						
SWAZILAND	240F	240F	240F	1810	1647	1665F				11	125	129
TANZANIA	1250	1300	1300	2119	1540	1540				3		
TOGO	672	859	1189	1027	1204	1171F		7	5	4	1	1
TUNISIA	648	723	602	575	416	467	23282	29798	32734	27957	30255	29105
UGANDA					664	653					6	6F
ZAMBIA	700	750	750	750	750	750						
ZIMBABWE	2485	2305	3272	5831	3886	3830	734	714	1197	936	1296	1084
N C AMERICA	225387	227624	242455	251449	266860	260590	445816	528615	497630	517299	518584	528101
ANTIGUA BARB	10F	10F	10F	10F	10F	10F						
ARUBA	10F	10F	25F	18F	25F	25F						
BAHAMAS	192F	164F	156F	138	146F	146F						
BARBADOS	147	225	173	256	193	221						
BELIZE	398	477	519	518	424	426F		1	1	3	1	5
BERMUDA	40	78	63	60	60	60						
CANADA	20340	23170	25914	24395	27138	25499	156538	168661	155736	175680	179930	194036
COSTA RICA	4094	5971	4019	7007	5898	5900F	1562	2206	3067	3733	2878	2837F
CUBA	8200	8200	8200	8200	8200	8200						
DOMINICA	208	268	195	207	203	203						
DOMINICAN RP	1850	1900	1900	1900	1900	1900	200	200	200	200	200	200
EL SALVADOR	3658	3256	5131	5588	3306	2701	6	28	21	19	38	23
GREENLAND	2	3	30	14	30	36						
GRENADA	80	49	49	27	25	25						
GUADELOUPE	452	412	410	410	410	410						
GUATEMALA	6651	7482	6719	9477	6808	6750F	80F	99	435	512	400	402F
HAITI	70F	75F	75F	75F	75F	75F						
HONDURAS	2645	2711	4218	4248	2480	3969	285	94	63	20	21	5
JAMAICA	962	1373	1311	927	785F	785F			12	10	10	10

表 127

SITC 56

化成肥料

輸　入：10,000 $　　　　　　　　　　　　　　　　　　輸　出：10,000 $

	1994	1995	1996	1997	1998	1999	1994	1995	1996	1997	1998	1999
MARTINIQUE	935	908	907F	907F	907F	907F	161	327	308	308	308	308
MEXICO	21869	9002	20136	26405	30256	33147	11169	25272	19514	18356	19791	15460
NETHANTILLES	3	3	3	3	3	3						
NICARAGUA	1828	1895	1769	3050	2307	2019	3	3	3	6	3	
PANAMA	2002	1610F	2770	2255	1769	1460				2	3	
ST KITTS NEV	30	58	77	44	41	41						
ST LUCIA	248	247	321	286	140						18	
ST VINCENT	90	205	204	182	166	166						
TRINIDAD TOB	218	220	283	256	337	282	5880	9504	11283	8451	4982	4816
USA	148156	157645	156871	154586	172818	165225	269932	322221	306988	310000	310000	310000
SOUTHAMERICA	132373	153841	199149	201864	185362	174161	8788	18534	15194	15153	17850	17137
ARGENTINA	12310	22661	42910	24740	23450	26185	96	77	127	199	66	88
BOLIVIA	194	953	1002	883	1304	1335F						
BRAZIL	73100	72985	85620	111373	95202	86181	3637	6305	6116	6060	5172	3799
CHILE	12224	16633	23051	16992	18536	17426	3512	3021	3541	3974	4672	4702F
COLOMBIA	15943	18475	17019	16321	17673	16317	614	881	1325	1184	985	896
ECUADOR	5075	6888	6077	5957	6033	4556	80		63	74	17	8
FR GUIANA	107	127	126F	126F	126F	126F						
GUYANA	400F	400F	400F	400F	400F	400F						
PARAGUAY	1808	2264	4062	4338	4090	3678				1		
PERU	6242	7969	9541	9300F	9787	8399		47	24	38	33	26
SURINAME			637	1067	10	10			8			
URUGUAY	3801	1991	7074	6684	5582	5358	550	632	1426	1593	1409	1428
VENEZUELA	1169	2496	1630	3683	3169	4191	300	7572	2565	2031	5496	6190
ASIA (FMR)	544201	847456					193249	251178				
ASIA	551823	852666	778102	733179	633194	622125	205485	266834	256257	237404	208173	204062
AFGHANISTAN	560	560	560	560	560	560	20	20	20	20	20	20
ARMENIA	206	206	281	280	300	325						
AZERBAIJAN	1000	1000			657	141	95	71				40
BAHRAIN	96	97	104	90F	90F	90F	1					
BANGLADESH	12014	13484	6093	11299	10898	10950F	6812	9696	10145	4011	3689	3700
BHUTAN	28	25	25	25	25	25						
BRUNEI DARSM	99	105F	105F	105F	105F	105F						
CAMBODIA	130	130	130	130	130	130						
CHINA	201380	383985	366206	308370	259535	232962	8749	14646	20326	22438	16649	23450
CHINA,H.KONG	863	770	630	490	506	389	457	377	154	193	149	226
CYPRUS	1089	1915	1525	1301	1479	1237	15	34	31	43	39	6
GEORGIA	11*	11*	11F	15F	15F	15F	247	257	261F	285F	285F	285F
INDIA	76755	143251	68157	84696	81931	81200	2258	2916	2349	683	680	723F
INDONESIA	7511	13374	21489	22051	10142	22524	17829	27571	26957	31120	16808	18530
IRAN				11833	6629	12165				37	4042	382
ISRAEL	1154	1964	1485	1470	1603	1696	28812	34132	32450	38246	42120	43110
JAPAN	47568	51404	52425	51902	47071	46100F	9754	12178	12181	10991	8372	8700F
JORDAN	873	1150	367	1262	1532	1363	26031	33550	11537	13493	14592	11045
KAZAKHSTAN	688	1070	981	750	667	630	1264	2003*	500	400	400	403
KOREA D P RP	1050	1050	1120	1120	1120	1120	170	170	180	180	180	180
KOREA REP	10494	15369	13488	13701	11983	13263	22430	25273	29420	21336	17642	14265
KUWAIT	195	199	200	187	248	190	9501	18026	14867	9993	6549	5655
KYRGYZSTAN	732	732	1000	900	900	900	2*	2*				
LAOS	55F	55F	55F	55F	55F	55F						
LEBANON	620F	620F	620F	620F	620F	620F	550	550	550	550	550	550
CHINA, MACAO	8	19	4	5	3	3						
MALAYSIA	27021	33877	33522	32350F	30877	34345	7670	12063	11677	9387F	6653	8849
MONGOLIA	470F	470F	210	210	210	210						
MYANMAR	750	800	800	800	800	800	210F	210F	210F	210F	210F	210F
NEPAL	2400	2883	2977	2680	1709	1700						
OMAN	787	730	872	697	650	650	46	7	128	90	80	80
PAKISTAN	26461	18502	35300	40575	26237	27956	5	554	231	205	28	
PHILIPPINES	19976	22790	22789	21398	20169	18061	10125	11992	10105	9925	9159	4410
QATAR	32	32	33	33	33	31	11548	12005	13005	14005	14005	14005
SAUDI ARABIA	1404	2157	2437	2400F	2871	2850	24907	31464	41070	31300	26963	26960F
SINGAPORE	2262	1915	1916	1530	1267	1446	1999	1331	1469	1534	1247	1485
SRI LANKA	3883	7437	6940	5572	5923	6485	3	4	2	4	85	7
SYRIA	6384	6858	6292	3823	1834	2259			9	2		
TAJIKISTAN	3637*	902*	838F	870F	850F	850F	55*	55*	55F	60F	60F	60F
THAILAND	53788	63343	71817	56000	42553	45305	150	377	911	2197	1915	2087
TURKEY	16861	36222	33073	29304	36407	27149	3197	2035	1928	775	1411	827
TURKMENISTAN	519	460	366	470	470	470	29	35	30	40	40	40
UNTD ARAB EM	180	180	927	1296	1526	1460F				3		
UZBEKISTAN	830	830	830	850	850	850	10545*	13234*	13500F	13650F	13550F	13550F
VIET NAM	19000	19100	19100	19100	19100	19100						

表　127

SITC 56

化成肥料

輸　入：10,000 $　　　　　　　　　　　　　　　輸　出：10,000 $

	1994	1995	1996	1997	1998	1999	1994	1995	1996	1997	1998	1999
YEMEN		636	3	3	53	52F						
EUROPE (FMR)	478520	603856					391917	496791				
EUROPE	500523	625987	628492	533913	543278	484694	579253	772027	833384	614182	564924	544216
ALBANIA	100	40	549	612	1680	1598F			114	38		
AUSTRIA	4592	6491	6787	7852	7278	6071	11561	4676	17152	1288	1668	1039
BELARUS	35	40	40	50	2027	1941	41186*	47708	42820	46100	50503	51054
BEL-LUX	44282	56494	52127	43044	46120	42100	64473	80810	101634	75094	72081	70445
BULGARIA			516	613	1	1	4500	23677	27175	17244	6484	6000
CROATIA	1517	2245	2026	2820	2352	1164	8619	11220	11815	8699	7558	7501
CZECH REP	5882	8097	8974	7588	6783	5517	5738	9224	10233	7113	6932	4541
DENMARK	18003	19344	17653	15558	13164	13617	7011	9520	6578	9809	5751	7625
ESTONIA	783	628	909	769	6151	6098	118	130	150	150	6084	4239
FAEROE IS	52	53	61	43	44	42						
FINLAND	5526	4699	5585	4781	5048	5039	8350	9633	10932	11725	9426	11356
FRANCE	91203	125161	126719	103632	114485	91087	28258	28079	28035	24356	21208	17641
GERMANY	76872	109706	90687	75580	82770	72554	100678	109935	119576	39114	32209	30048
GREECE	10298	11589	12554	12500	10068	9240	3520	6148	8166	7032	5475	4454
HUNGARY	4241	4186	7649	5914	5622	5079	867	1461	2284	1956	1422	1573
ICELAND	331	545	434	399	561	483		112	1			
IRELAND	19558	28999	27159	21506	16218	18184	2054	2753	2177	2586	5068	3889
ITALY	54199	62890	63105	64364	59897	52401	4517	5152	5250	4879	6331	5318
LATVIA	1165	1672	2551	1718	2619	2524	119	251	764	367	503	579
LITHUANIA	1359	1670	2083	2497	2463	1666	9083	12089	15677	14532	18218	17757
MACEDONIA	1071	731	1049	846	1059	1062F	10	22	50	75	584	582
MALTA	65	137	92	115	72	17						
MOLDOVA REP	282	288	52	601	181	102		5	430	48	18	
NETHERLANDS	28642	38233	27413	25304	26047	23617	85892	100227	99847	80933	75521	73373
NORWAY	9801	10698	10781	10104	11135	9774	36				1	125
POLAND	6516	7671	10221	12164	11650	13695	12103	29718	30343	26573	23288	18571
PORTUGAL	6288	6435	7372	6811	5736	5276	862	2521	3348	3689	3507	3179
ROMANIA	718	867	807	940	1557	982	20816	33478	35379	18047	4818	8368
RUSSIAN FED	4790	485	3881	1221	1145	352	113547*	186412	193493	159490	149424	143896
SLOVAKIA	2409	2916	3383	3014	2341	1568	7425	6489	9888	8323	6979	4325
SLOVENIA	2966	4028	4058	3855	3543	3517F	33	52	61	64	85	85
SPAIN	32380	40152	48825	33906	39848	32000	13897	23216	20553	15113	14823	15019
SWEDEN	7341	3858	4607	5742	4698	9096	1909	4482	4468	4560	3191	7055
SWITZERLAND	5924	6441	5368	4417	4113	3487	506	489	500	420	686	638
UK	48988	56567	67419	47742	40144	39138	11608	11706	12405	12406	13106	12022
UKRAINE	2345	1931	1850	1850	1850	1850	9959*	10637*	10730F	10730F	10730F	10730F
YUGOSLAVIA			3152	3443	2810	2760			1360	1629	1244	1190F
OCEANIA	41466	48182	76625	64007	64515	68392	2359	2350	2122	1802	2198	2734
AUSTRALIA	30555	34186	58412	49155	48717	55892	1653	1815	1683	1564	1939	1995
COOK IS	10	10	10	10	4	4						
FIJI ISLANDS	817	715F	715F	922	920F	920F						
FR POLYNESIA	75F	75F	70F	70F	70F	70F						
GUAM	17F	17F	18F	18F	18F	18F	1F	1F	1F	1F	1F	1F
KIRIBATI				1	1	1						
NEWCALEDONIA	55F	55F	60F	58	52	53F						
NEW ZEALAND	9417	12575	16726	13174	14134	10834	705	534	439	237	258	738
PAPUA N GUIN	510F	540F	605	590F	590F	590F						
SAMOA	4F	4F	4F	4F	4F	4F						
VANUATU	6F	5	5	5	5	5						
CZECH F AREA	1600	1600					7500	8000				
ETHIO F AREA	1500	1500										
USSR F AREA	800	800					872000	880000				
YUGO F AREA	1000	1000					1000	1000				

表 128

SITC 591

農薬

輸入：1,000 $ 輸出：1,000 $

	1994	1995	1996	1997	1998	1999	1994	1995	1996	1997	1998	1999
WORLD (FMR)	8345609	9870958					8964799	10539292				
WORLD	8639721	10232080	11125033	11103189	11634888	11730915	9013211	10566060	11394897	10738463	11437380	11176368
AFRICA (FMR)	519317	564442					117266	172555				
AFRICA	528666	568667	628690	659951	670718	589132	117266	172555	205989	187881	145374	129362
ALGERIA	22744	20535	13967	14000F	16000F	16000F	1053	552	106	200F	300F	300F
ANGOLA	2700F	2700F	2700F	2700F	2700F	2700F	100F	100F	100F	100F	100F	100F
BENIN	3500F	3500F	3500F	3500F	3500F	3500F						
BOTSWANA	2351	1897	2359	2560	2450	2500F	47	52	55	59	19	25F
BURKINA FASO	8000F	10000F	12000F	15000F	18802	20000F	8F	10F	15F	20F	27	35F
BURUNDI	4200F	4200F	4200F	4200F	4200F	4200F						
CAMEROON	14837	19587	12865	15020	16000F	16000F	229	1913	1157	643	1000F	1000F
CAPE VERDE	576	981	924	761	750F	730F						
CENT AFR REP	2821	3694	3760	3800F	3850F	3850F						
CHAD	2942	1134	678	650F	600F	600						
COMOROS	100F	100F	100F	100F	100F	100F						
CONGO, DEM R	6000F	6000F	6000F	6000F	6000F	6000F						
CONGO, REP	787	2480	2500F	2500F	2500F	2500F		5	5F	5F	5F	5F
CÔTE DIVOIRE	20000F	25677	20086	20000F	19500F	19500F	15000F	16915	10766	11000F	11000F	11000F
DJIBOUTI	200F	200F	200F	200F	200F	200F						
EGYPT	48085	57738	77837	87814	46719	35131	2225	4292	3498	1685	552	48
ERITREA	3700*	3700F	3700F	3700F	3700F	3700F						
ETHIOPIA	11449	6325	6300F	6300F	6300F	6300F						
GABON	2590	3000F	3922	3900F	3700F	3700F	12F	13F	13	15F	15F	15F
GAMBIA	1523	796	600F	450F	313	350F					18	15F
GHANA	17000F	18000F	19031	31793	30000F	32000F	50F	100F	144	37	50F	100F
GUINEA	140F	140F	140	140F	140F	140F						
GUINEABISSAU	100F	100F	100F	100F	100F	100F						
KENYA	23734	39712	31640	41643	62802	40497	6381	10064	10280	10218	12919	7004
LESOTHO	400F	400F	400F	400F	400F	400F						
LIBERIA	1600F	1600F	1600F	1600F	1600F	1600F						
LIBYA	13600F	13600F	13600F	13600F	13600F	13600F						
MADAGASCAR	5497	4576	6811	5433	4847	4930	16	62	49	39	13	19
MALAWI	5029	5697	8000F	14470	10035	10000F	14	22	32F	48	5	8F
MALI	14000F	14000F	14000F	14000F	14000F	14000F						
MAURITANIA	380F	380F	380F	380F	380F	380F						
MAURITIUS	8783	9577	10543	9939	9327	8347	92	216	23	168	158	242
MOROCCO	42786	44723	54475	51797	62674	53894	860	358	498	1009	1475	1500F
MOZAMBIQUE	20811	9393	11626	11700F	11800F	11800F	34	50	106	100F	100F	100F
NIGER	4000F	4000F	4000F	3736	2211	2500F				1000F	2663	2000F
NIGERIA	13000F	16065	19000*	25000F	37149	16000	1000F	2446	1500F	800F	6	183
RÉUNION	10952	12228	12200F	12200F	12200F	12200F	92	221	220F	220F	220F	220F
RWANDA	3200F	3200F	3200F	3200F	3200F	3200F	500F	500F	500F	500F	500F	500F
ST HELENA	14F	14	15F	15F	15F	15F						
SAO TOME PRN	70F	70F	70F	70F	70F	70F						
SENEGAL	7367	8019	8000F	6749	10424	11511	3390	4650	5000F	2750	12527	12595
SEYCHELLES	651	626	868	900F	1000F	199						
SIERRA LEONE	1000F	1000F	1000F	1000F	1000F	1000F						
SOMALIA	350F	350F	350F	350F	350F	350F						
SOUTH AFRICA	85102	94941	115473	111218	108862	101498	82705	126234	168686	154125	98460	89223
SUDAN	15000F	16300	9712	10000F	11000F	11000F						
SWAZILAND	8000F	8258	8500F	9434	7639	7500F	100F	107	130F	158	175	180F
TANZANIA	14000F	12500F	11000F	10151	10100F	10100F	80F	50F	25F	9	15F	15F
TOGO	4304	5631	5782	7219	7980	8000F	5F	7F	10F	14	506	300F
TUNISIA	14426	11330	23884	17855	22737	20042	654	725	765	136	437	595
UGANDA	4000F	6000F	8000F	11000F	13838	9511	30F	35F	40F	40F	38	179
ZAMBIA	2500F	2550F	2600F	2671	2700F	2700F	130F	110F	100F	71	60F	60F
ZIMBABWE	27765	29443	44492	37033	38654	32487	2459	2746	2166	2712	2011	1796
N C AMERICA	1224329	1426412	1551683	1748101	1879617	2091471	1290287	1499992	1583621	1854819	2026775	1883560
ANTIGUA BARB	870F	900F	900F	900F	900F	900F						
ARUBA	2000F	2000F	2000F	2000F	2000F	2000F						
BAHAMAS	4427	4700F	4900F	5164	5100F	5100F				44	40F	40F
BARBADOS	4917	5443	4903	5639	2036	6150	4070	7336	8098	8009	10250	10611
BELIZE	5320	4891	6134	5866	5063	5000F	4	4F		5	192	190F
BERMUDA	500F	1000F	1671	1600F	1600F	1600F						
BR VIRGIN IS	422	450F	450F	450F	450F	450F						
CANADA	420549	506592	504774	592210	694567	879072	62350	96083	92862	93057	111609	145626
CAYMAN IS	800F	800F	800F	800F	800F	800F						
COSTA RICA	72089	85224	75404	89127	98407	100000F	9354	14309	13908	16922	28185	30000F
CUBA	78000F	80000F	80000F	80000F	80000F	80000F						
DOMINICA	2200	2562	2676	2078	2000F	2000F	141	350	620	1484	1500F	1500F
DOMINICAN RP	10000F	10000F	12401	12000F	12000F	12000F	700F	700F	700F	700F	700F	700F

表　128

SITC 591

農　薬

輸　入：1,000 $　　　　　　　　　　　　　　　　　輸　出：1,000 $

	1994	1995	1996	1997	1998	1999	1994	1995	1996	1997	1998	1999
EL SALVADOR	14274	17769	16933	18562	19052	20132	6536	6899	8591	11286	11376	11642
GREENLAND	12	18	19	15	71	90						
GRENADA	820F	825F	830	850F	900F	900F		10F	11	15F	15F	15F
GUADELOUPE	11830	15187	15200F	15200F	15200F	15200F	72	118	120F	120F	120F	120F
GUATEMALA	40734	50136	47598	48909	53640	55000F	17159	28556	38332	49508	38278	35000F
HAITI	1500F	1500F	1500F	1500F	1500F	1500F						
HONDURAS	33923	37561	41131	32016	33933	36202	1140	503	313	148	633	82
JAMAICA	8523	10045	11836	11375	11300F	11300F	372	371	366	660	700F	700F
MARTINIQUE	13120	15676	19084	19100F	19000F	19000F	270	107	100F	100F	100F	100F
MEXICO	156884	148174	188031	243830	245403	253947	22754	21726	42045	99658	73500	66044
MONTSERRAT	90F	90F	90F	90F	90F	90F						
NETHANTILLES	2000F	2000F	2000F	2000F	2000F	2000F						
NICARAGUA	15479	19853	18274	21658	28053	29909	573	413	379	283	709	441
PANAMA	32037	35000F	38131	37486	32729	37520	55	60F	64	30	127	4
ST KITTS NEV	1300F	1484	1480	1500F	1600F	1600F			19	10F	8F	8F
ST LUCIA	4203	4067	6251	3543	3974	4000F	151	5	201	209	179	200F
ST PIER MQ		44	45F	45F	45F	45F						
ST VINCENT	3000F	3489	3000F	2236	2500F	2500F						
TRINIDAD TOB	7368	8296	9790	8655	10384	11314	1769	2146	2539	2138	2440	2610
USA	274898	350396	433207	481457	493080	493910	1162817	1320296	1374353	1570433	1746114	1577927
US VIRGIN IS	240F	240F	240F	240F	240F	240F						
SOUTHAMERICA	545354	669954	790046	1032932	1131255	951469	274882	359238	398378	503235	547839	500920
ARGENTINA	154166	207170	239484	314529	286898	205822	42100	59864	50637	87568	102377	121880
BOLIVIA	10471	12135	18005	29705	27373	25000F				220	180	200F
BRAZIL	86742	105089	108000F	211901	284959	296150	102182	127546	146073	191239	197442	153635
CHILE	65969	77516	93534	107921	105185	95778F	6393	7717	10992	12856	12980	13000F
COLOMBIA	46957	55953	63325	80837	94319	85006	101526	141169	163880	177924	194081	181305
ECUADOR	46373	59648	81510	76388	112591	66109	206	211	258	434	969	2209
FR GUIANA	2830	3323	3500F	3000F	3000F	3000F	15	15F	15F	15F	15F	15F
GUYANA	2000F	2000F	2000F	2000F	2000F	2000F	280F	300F	300F	300F	300F	300F
PARAGUAY	46440	46944	65491	71562	70045	49369	481	131	1111	2351	2112	881
PERU	34793	33865	36601	44515	45843	36810	1054	894	3221	3541	3986	4512
SURINAME	7000F	3913	7230	9547	10000F	10000F	80F	46	176	144	150F	150F
URUGUAY	23282	24553	36239	45947	53006	42026	4224	3916	5149	5633	6661	5396
VENEZUELA	18331	37845	35127	35080	36036	34399	16341	17429	16566	21010	26586	17437
ASIA (FMR)	1502518	1739823					927610	1224517				
ASIA	1570118	1809573	1912956	1829106	1762954	2025323	935560	1232977	1248375	1287145	1348858	1584303
AFGHANISTAN	100F	100F	100F	100F	100F	100F						
ARMENIA	100F	150F	150F	200F	250F	287	50F	60F	70F	80F	90F	96
AZERBAIJAN	3000F	3000F	2800F	2500F	3771	1511	700F	700F	700F	600F	246	330
BAHRAIN	2170	2669	1620	2193	2200F	2200F	50	101	83	51F	50F	50F
BANGLADESH	10723	11025	13927	15716	14196	18014	8	15	1205	37	34	40
BHUTAN	123	100F	100F	100F	100F	100F						
BRUNEI DARSM	2917	2900F	2900F	2900F	2900F	2900F		25F	25F	25F	25F	25F
CAMBODIA	600F	650F	669	700F	760F	760F						
CHINA	282006	319319	296429	321243	363182	415170	195594	281842	321171	359570	382972	509893
CHINA,H.KONG	85329	155849	124293	102627	86340	89176	90954	134010	107303	87414	94387	100198
CYPRUS	14002	16028	13597	10550	12768	12142	2431	2920	2837	2790	2140	1995
GEORGIA	700F	800F	900F	1000F	1000F	1000F	100F	100F	100F	100F	100F	100F
INDIA	29030	39987	44626	37338	39858	40000F	84162	162201	196645	186172	211716	210000F
INDONESIA	20956	24248	35685	30137	18589	30413	10698	13574	27671	35370	41822	58087
IRAN	200000F	140000F	100000F	83664	82592	119124	150F	180F	200F	224	379	333
IRAQ	5000F	5000F	5000F	5000F	5000F	5000F						
ISRAEL	34667	43637	44463	46568	47000F	47000F	68256	108554	105612	118214	120000F	120000F
JAPAN	239531	258598	272397	245913	253855	255000F	290814	311332	252594	245804	248715	247000F
JORDAN	9564	9484	3786	10691	13834	12861	38288	20396	15000F	11134	12855	16076
KAZAKHSTAN	35000F	37000F	38255	28000F	18046	18000F	4500F	4900F	4995	2800F	579	600F
KOREA REP	46197	53155	59016	53036	42305	53892	13241	18523	16767	26841	19217	23723
KUWAIT	6988	9094	9120	7495	7513	7873	698	894	1135	1325	1497	1644
KYRGYZSTAN	800F	800F	826	850F	850F	850F	100F	100F	103	110F	110F	110F
LAOS	90F	90F	90F	100F	120F	120F						
LEBANON	700F	700F	700F	700F	700F	700F	10F	10F	10F	10F	10F	10F
CHINA, MACAO	635	166	736	693	631	683	32	20F	8	2	2	4
MALAYSIA	50437	64741	76952	65000F	51865	60896	37496	57544	69172	65000F	60713	67388
MONGOLIA	400F	200F	159	158	155F	155F						
MYANMAR	9000F	9500F	10500F	11067	11500F	11500F						
NEPAL	582	1816	1351	2554	1208	1500F						
OMAN	7407	10372	11502	9577	10500F	12500F	882	1527	2173	1095	2300F	2300F
PAKISTAN	56309	98279	152421	137075	108812	135292	3	25	152	100F	46	1245
PHILIPPINES	40420	46902	53208	53663	50140	76879	2830	3729	4640	5767	5575	5196
QATAR	2774	2861	2900F	3000F	3100F	3100F	15F	43	45F	45F	45F	45F

337

表 128

SITC 591

農薬

輸入：1,000 $ 　　　　　　　　　　　　　　　　輸出：1,000 $

	1994	1995	1996	1997	1998	1999	1994	1995	1996	1997	1998	1999
SAUDI ARABIA	37797	40000F	50358	55000F	65154	65500F	858	1200F	1737	2000F	2399	2500F
SINGAPORE	52200	57150	68785	68719	50468	105783	59105	65963	70132	83235	81479	134595
SRI LANKA	9554	14975	16128	18223	21547	22054	304	396	638	209	105	13102
SYRIA	28100	25564	33586	25042	41971	42000F	108	195	58	156	656	700F
TAJIKISTAN	1000F	1000F	1000F	1000F	1000F	1000F	200F	200F	200F	200F	200F	200F
THAILAND	127825	150000F	174268	169114	130002	169574	14167	20000F	24547	27888	37545	47222
TURKEY	55140	91487	111490	119740	114352	101489	16402	19258	18143	20104	16821	16096
TURKMENISTAN	7000F	7000F	8000F	8000F	8000F	8000F	600F	600F	600F	600F	600F	600F
UNTD ARAB EM	13020	12952	14938	16935	17494	18000F	29	40	4	73	1428	800F
UZBEKISTAN	20000F	20000F	33000F	35000F	35000F	35000F	1700F	1800F	1900F	2000F	2000F	2000F
VIET NAM	20000F	20000F	20000F	20000F	20000F	20000F						
YEMEN	200F	200F	200F	200F	201	200F						
EUROPE (FMR)	4211986	5111499					6256823	7158752				
EUROPE	4629149	5598646	6009011	5564790	5956842	5792396	6327285	7207060	7858794	6776068	7257651	6953524
ALBANIA	300F	300F	258	191	460	500F			9		43	45F
AUSTRIA	78669	84860	82582	76269	85139	84268	60000F	66042	76698	78312	55116	93148
BELARUS	57000F	57500F	57800F	58000F	38783	39050	1400F	1500F	1600F	1500F	1823	649
BEL-LUX	296475	323559	301841	305381	343405	318903	714093	929461	1017148	384214	294184	319028
BULGARIA	25148	30921	33654	25595	33985	34000F	16677	14359	9041	8407	8500F	8500F
CROATIA	11589	20030	22926	24032	23826	23000F	10398	12808	14021	10006	9025	9000F
CZECH REP	67125	85505	104364	95686	102581	99942	21638	12763	25550	14784	14600	13113
DENMARK	113658	135966	121419	117379	120563	141081	38341	33187	71749	51630	62037	59976
ESTONIA	1750	1683	4616	4520	5868	5523	165	662	1086	1196	411	355
FAEROE IS	220	163	190	143	130	235						1
FINLAND	42132	49082	49264	44804	51157	48927	16553	26234	18639	11226	11629	9650
FRANCE	1132987	1479531	1495347	1240877	1418842	1469937	1335211	1515493	1688631	1674471	2040014	1723764
GERMANY	396789	590203	636582	583842	630853	656914	1581952	1750194	1803931	1656761	1761363	1842442
GREECE	114229	130526	141352	117564	129728	116284	9132	13452	12609	11899	15616	18106
HUNGARY	76068	91564	118691	118485	124371	130327	48538	67692	62173	58930	47564	44068
ICELAND	895	493	1077	972	945	832						
IRELAND	66386	74908	80039	79495	75000	79419	25725	32200	37954	49334	45221	40862
ITALY	381094	401040	462655	446875	429946	415556	221097	247459	335682	301243	298964	310201
LATVIA	1004	3063	5596	9672	23364	20949	703	764	895	1109	1965	1096
LITHUANIA	2664	5429	10045	16271	18743	18180	1066	2582	1677	619	939	789
MACEDONIA	7810	5493	7151	6506	5708	5700F	1	260	252	42	125	100F
MALTA	2874	2335	3082	2727	3132	3000F	267	309	104	351	245	200F
MOLDOVA REP	1930	17754	7431	15501	14890	2478	93	287	240	835	530	661
NETHERLANDS	348283	340462	323083	283718	280926	297702	502005	472144	449292	372938	332881	327929
NORWAY	31223	35118	37673	33008	46047	5773	5493	6258	7225	6754	7582	264
POLAND	121297	139318	174110	205048	216126	219551	7325	8484	9067	9581	12052	12473
PORTUGAL	64832	77081	89818	82789	90046	91492	8411	8211	8092	8262	12031	6585
ROMANIA	47820	66893	107202	106982	43351	76346	3178	1542	3262	7316	5836	6768
RUSSIAN FED	176878	163981	203680	203955	174505	75335	40153	19010	22611	10315	11288	6961
SLOVAKIA	31083	38594	49573	54922	50508	46810	13244	13021	9061	10672	23676	11720
SLOVENIA	13330	20115	18439	14782	16495	17000F	11033	11901	13623	9510	9227	9600F
SPAIN	220990	295134	364617	300275	346685	330878	66053	100977	126766	120662	134390	156314
SWEDEN	83142	86652	79483	66004	87856	73273	27341	32812	29729	22922	20766	17634
SWITZERLAND	93432	107343	117477	138990	184244	148648	549697	722437	755214	690394	739946	678294
UK	373043	468047	502506	469803	524856	501583	984302	1074605	1235479	1179746	1269397	1214728
UKRAINE	130000F	150000F	170000F	177552	177000F	177000F	5000F	6500F	7000F	7032	7000F	7000F
YUGOSLAVIA	15000F	18000F	23388	36175	16945	16000F	1000F	1500F	2784	2995	1665	1500F
OCEANIA	142105	158828	232647	268309	233502	281124	67931	94238	99740	129315	110883	124699
AUSTRALIA	82607	95625	145804	174879	158547	198769	57680	53711	58025	83027	64534	62846
COOK IS	252	276	181	150F	104	232						
FIJI ISLANDS	2047	2100F	2266	2300F	2400F	2500F	24	20F	14	14F	15F	15F
FR POLYNESIA	3910	4155	4247	4143	4100F	4100F	13	6	10F	7F	10F	10F
GUAM	320F	320F	320F	320F	320F	320F	30F	30F	30F	30F	20F	20F
KIRIBATI	47	440	450F	250F	150F	150F						
NEWCALEDONIA	3000F	3500F	3917	2586	2959	3000F			8	32	30	35F
NEW ZEALAND	43562	45032	68080	76236	57427	64558	10149	40446	41644	46195	46254	61753
PAPUA N GUIN	4180F	5200F	5203	5250F	5300F	5300F	35F	25F	9	10F	20F	20F
SAMOA	900F	900F	900F	900F	900F	900F						
SOLOMON IS	280F	280F	280F	280F	280F	280F						
TONGA	415	415F	415F	415F	415F	415F						
VANUATU	585	585F	584	600F	600F	600F						
CZECH F AREA	70000	70000					35232	35000				
ETHIO F AREA	5800	5800										
USSR F AREA	200000	200000					30000	30000				
YUGO F AREA	30000	30000					200	200				

2002年版 FAO農産物貿易年報

平成15年4月1日　第1刷発行

　編　集　　国際連合食糧農業機関(FAO)
　翻　訳　　社団
　発　行　　法人　国際食糧農業協会(FAO協会)
　　　　　　東京都千代田区神田駿河台1－2
　　　　　　馬事畜産会館　　　（〒101－0062）
　　　　　　電　話：03（3294）2425
　　　　　　ＦＡＸ：03（3294）2427
　　　　　　HPアドレス：http://www.fao-kyokai.or.jp
　　　　　　E-mail：jpnfao@mb.infoweb.ne.jp

　発　売　　社団法人　農山漁村文化協会
　　　　　　東京都港区赤坂7－6－1
　　　　　　　　　　　　　　　（〒107－8668）
　　　　　　電　話：03（3585）1141(代)
　　　　　　ＦＡＸ：03（3589）1387
　　　　　　振替口座：00120－3－144478

ISBN4-540-02257-1
（検印廃止）
©2003
Printed in Japan

印刷・製本　大東印刷工業(株)